Springer-Lehrbuch

Grundwissen Mathematik

Herausgeber der Grundwissen-Bände im Springer-Lehrbuch-Programm sind:
F. Hirzebruch, H. Kraft, K. Lamotke, R. Remmert, W. Walter

R. Remmert   G. Schumacher

Funktionen-
theorie 2

Dritte, neu bearbeitete Auflage

Mit 19 Abbildungen

 Springer

Prof. Dr. Reinhold Remmert
Mathematisches Institut
Universität Münster
Einsteinstraße 62
48149 Münster

Prof. Dr. Georg Schumacher
Fachbereich Mathematik und Informatik
Philipps-Universität Marburg
Hans-Meerwein-Straße, Lahnberge
35032 Marburg
E-mail: schumac@mathematik.uni-marburg.de

Dieser Band erschien bis zur 2. Auflage als Band 6 der Reihe *Grundwissen Mathematik*

Bibliografische Information der Deutschen Nationalbibliothek

Die Deutsche Nationalbibliothek verzeichnet diese Publikation in der Deutschen Nationalbibliografie; detaillierte bibliografische Daten sind im Internet über http://dnb.d-nb.de abrufbar.

Mathematics Subject Classification (2000): 30-01

ISBN 978-3-540-40432-3 Springer Berlin Heidelberg New York
ISBN 978-3-540-57052-3 2. Aufl. Springer-Verlag Berlin Heidelberg New York

Springer ist ein Unternehmen von Springer Science+Business Media

springer.de

© Springer-Verlag Berlin Heidelberg 1992, 1995, 2007

Satz: Datenerstellung durch die Autoren unter Verwendung eines Springer TEX-Makropakets
Herstellung: LE-TEX Jelonek, Schmidt & Vöckler GbR, Leipzig
Umschlaggestaltung: WMXDesign GmbH, Heidelberg

Gedruckt auf säurefreiem Papier   175/3100/YL - 5 4 3 2 1 0

Vorwort zur dritten Auflage

Diese dritte Auflage wurde zusammen mit dem zweitgenannten Autor kritisch durchgesehen, ergänzt und verbessert. Der Band wurde durch ein Kapitel „Schlichte Funktionen – BIEBERBACHsche Vermutung" erweitert. Gegenwärtig gilt der „kurze" hier aufgenommene Beweis von Weinstein als besonders elegant. Herr M. Hikmat, Frau F. Muth, Frau B. Schäfer und Frau M. Teubner haben die mühevolle und komplizierte Erfassung des Textes übernommen. Allen gebührt unser besonderer Dank.

Münster und Marburg,   *Reinhold Remmert*
28. Dezember 2006   *Georg Schumacher*

Vorwort zur zweiten Auflage

Neben Korrekturen von Druckfehlern wurde der Text an drei Stellen wesentlich geändert. Die Herleitung der STIRLINGschen Formel im Kap. 2, §4, folgt konsequenter dem Vorgehen von STIELTJES. Der Beweis des kleinen PICARDschen Satzes im Kap. 10, §2, wird im Anschluss an eine Idee von H. KÖNIG geführt. Schließlich wird im Kap. 11, §4, eine Inkorrektheit im Beweis des SZEGÖschen Satzes behoben.

Oberwolfach, 3. Oktober 1994   *Reinhold Remmert*

Vorwort zur ersten Auflage

> Wer sich mit einer Wissenschaft bekannt machen
> will, darf nicht nur nach den reifen Früchten
> greifen – er muss sich darum bekümmern, wie
> und wo sie gewachsen sind (J.C. POGGENDORF).

Darstellung der Funktionentheorie mit lebhaften Beziehungen zur geschichtlichen Entwicklung und zu Nachbardisziplinen: Das ist auch das Leitmotiv dieses zweiten Bandes. Der Leser soll Funktionentheorie persönlich erleben und teilhaben am Wirken des schaffenden Mathematikers. Natürlich lassen sich nicht immer im nachhinein die Gerüste aufstellen, die man zum Bau von Domen braucht, doch sollte ein Lehrbuch nicht GAUSS folgen, der sagte, man dürfe einem guten Bauwerke nach seiner Vollendung nicht mehr das Gerüste ansehen[1]. Bisweilen ist auch das Gefüge des überall glatt verputzten Hauses bloßzulegen.

Das Gebäude der Funktionentheorie wurde von ABEL, CAUCHY, JACOBI, RIEMANN, WEIERSTRASS errichtet. Daneben haben viele andere wichtige und schöne Beiträge geliefert; es ist nicht nur das Wirken der Könige zu schildern, sondern auch das Leben der Edelleute und Bürger in den Königreichen. Dadurch wurden die Literaturhinweise sehr umfangreich. Doch scheint das ein geringer Preis. „Man kann der studierenden Jugend keinen größeren Dienst erweisen als wenn man sie zweckmäßig anleitet, sich durch das Studium der Quellen mit den Fortschritten der Wissenschaft bekannt zu machen" (Brief von WEIERSTRASS an CASORATI vom 21. Dez. 1868).

Anders als im ersten Band finden sich häufig Ausblicke auf die Funktionentheorie mehrerer komplexer Veränderlichen: Damit soll unterstrichen werden, wie eigengesetzlich diese Disziplin geworden ist gegenüber der klassischen Funktionentheorie, aus der sie einst entsprang.

Beim Zitieren war ich – wie im ersten Band – bestrebt, vornehmlich Originalarbeiten anzugeben. Ich bitte wiederum um Nachsicht, wenn dieses nicht immer gelungen ist. Die Suche nach dem ersten Auftreten einer neuen Idee, die schnell zu mathematischer Folklore wird, ist häufig mühsam. Man kennt das *Xenion*:

> „Allegire der Erste nur falsch, da schreiben ihm zwanzig
> Immer den Irrthum nach, ohne den Text zu besehn."

Die Stoffauswahl ist konservativ, Schwerpunkte bilden der Produktsatz von WEIERSTRASS, der Satz von MITTAG-LEFFLER, der RIEMANNsche Abbildungssatz und die Approximationstheorie von RUNGE. Neben diesen obligatorischen Dingen findet man

---

[1] Vgl. W. Sartorius von Waltershausen: Gauß zum Gedächnis, Hirzel, Leipzig 1856; Nachdruck Martin Sändig oHG, Wiesbaden 1965, S. 82

- EISENSTEINs Beweis der EULERschen Sinusproduktformel,
- WIELANDTs Eindeutigkeitssatz für die Gammafunktion,
- eine intensive Diskussion der STIRLINGschen Formel,
- den Satz von ISS'SA,
- BESSEs Beweis, dass alle Gebiete in $\mathbb{C}$ Holomorphiegebiete sind,
- das Lemma von WEDDERBURN und die Idealtheorie der Ringe holomorpher Funktionen,
- ESTERMANNs Beweis, des Überkonvergenzsatzes und des BLOCHschen Satzes,
- eine holomorphe Einbettung der Einheitskreisscheibe in den $\mathbb{C}^3$,
- GAUSS' Gutachten vom November 1851 über RIEMANNs Dissertation.

Es wurde versucht, die Darstellung knapp zu halten. Indessen fragt man sich:

„Weiß uns der Leser auch für unsre Kürze Dank?
Wohl kaum? Denn Kürze ward durch Vielheit leider! lang."

Oberwolfach, 3. Mai 1990   *Reinhold Remmert*

Gratias ago

Es ist nicht möglich, hier allen, die mir wertvolle Hinweise gaben, namentlich zu danken. Nenne möchte ich die Herren R.B. BURCKEL, J. ELSTRODT, D. GAIER, W. KAUP, M. KOECHER, K. LAMOTKE, K.-J. RAMSPOTT und P. ULLRICH, die kritisch Stellung nahmen. Nennen muß ich auch die Volkswagenstiftung, die durch ein Akademie-Stipendium im Wintersemester 1982/83 die ersten Arbeiten an diesem Buch förderte.

Dank gebührt ferner dem Universitätsarchiv Göttingen für die Überlassung der Akten der Philosophischen Fakultät Nr. 135 aus dem Jahre 1851.

Mein ganz besonderer Dank gebührt Frau S. TERVEER und Herrn K. SCHLÖTER. Sie haben bei den Vorarbeiten wertvolle Hilfe geleistet und manche Mängel im Text behoben. Beide haben mit größter Sorgfalt die letzte Fassung kritisch durchgesehen, Korrekturen gelesen und Verzeichnisse erstellt.

Lesehinweise

Die drei Teile dieses Bandes sind weitgehend von einander unabhängig. Rückverweise auf den Band „Funktionentheorie I" beziehen sich auf die *fünfte* Auflage 2002, den Zitaten wird eine römische Eins vorangestellt, z.B. I.4.3.2.

Auf Abschnitte im Kleindruck wird später kein Bezug genommen; mit * gekennzeichnete Paragraphen bzw. Abschnitte können bei erster Lektüre übergangen werden. Historisches findet man in der Regel immer im Anschluss an die eigentlichen mathematischen Überlegungen. Seitenangaben zu Literaturhinweisen beziehen sich gegebenenfalls auf die Werkeausgaben.

Leser, die ältere Literatur suchen, mögen A. GUTZMERs deutschsprachige Umarbeitung von G. VIVANTIs *Theorie der eindeutigen analytischen Funktionen*, Teubner 1906, konsultieren. Dort sind 672 Titel (bis 1904) zusammengetragen.

Inhaltsverzeichnis

Teil II Abbildungstheorie

Teil III Selecta

Teil I

Unendliche Produkte und Partialbruchreihen

1. Unendliche Produkte holomorpher Funktionen

Allgemeine Sätze über die Convergenz der
unendlichen Producte sind zum großen
Theile bekannt. (WEIERSTRASS 1854).

Unendliche Produkte traten erstmals 1579 bei F. VIETA auf, Opera, S. 400, Leyden 1646; er gab für die Kreiszahl π die Formel

$$\frac{2}{\pi} = \sqrt{\frac{1}{2}} \cdot \sqrt{\frac{1}{2} + \frac{1}{2}\sqrt{\frac{1}{2}}} \cdot \sqrt{\frac{1}{2} + \frac{1}{2}\sqrt{\frac{1}{2} + \frac{1}{2}\sqrt{\frac{1}{2}}}} \cdots$$

an, (vgl. [280], S. 104 u. S. 118). J. WALLIS fand 1655, *Arithmetica infinitorum*, Opera I, S. 468, das berühmte Produkt

$$\frac{\pi}{2} = \frac{2 \cdot 2}{1 \cdot 3} \cdot \frac{4 \cdot 4}{3 \cdot 5} \cdot \frac{6 \cdot 6}{5 \cdot 7} \cdots \frac{2n \cdot 2n}{(2n-1) \cdot (2n+1)} \cdots,$$

(vgl.[280], S. 104 u. S. 119). Aber erst L. EULER hat systematisch mit unendlichen Produkten gearbeitet und wichtige Produktentwicklungen aufgestellt; vgl. Kapitel 9 seiner *Introductio*. Die ersten Konvergenzkriterien rühren von CAUCHY her, *Cours d'Analyse*, S. 562 ff. Ihren festen Platz in der Analysis fanden unendliche Produkte spätestens 1854 durch WEIERSTRASS, [275, S. 172 ff.][1]

Ein Ziel dieses Kapitels ist die Herleitung und Diskussion des EULERschen Produktes

$$\sin \pi z = \pi z \prod_{\nu=1}^{\infty} (1 - \frac{z^2}{\nu^2})$$

für die Sinusfunktion, wir geben im Paragraphen 3 1.3 zwei Beweise.

---

[1] Bereits 1847 hat EISENSTEIN in seiner lange vergessenen Arbeit [58] konsequent unendliche Produkte benutzt. Er operiert auch mit *bedingt konvergenten* Produkten (und Reihen) und diskutiert sorgfältig die damals nur wenig bekannte Problematik der bedingten und absoluten Konvergenz; er sagt aber nichts zu Fragen der kompakten Konvergenz. So werden unendliche Produkte bedenkenlos logarithmiert und unendliche Reihen ohne weiteres gliedweise differenziert; diese Sorglosigkeit mag vielleicht erklären, warum WEIERSTRASS die EISENSTEINsche Arbeit nirgends zitiert.

Da unendliche Produkte in der Lehrbuchliteratur zur Infinitesimalrechnung in geringerem Umfange behandelt werden, stellen wir im Paragraphen 1.1 zunächst grundlegende Fakten über unendliche Produkte von Zahlen und holomorphen Funktionen zusammen. Im Paragraphen 1.2 werden *normal konvergente* unendliche Produkte $\prod f_\nu$ von Funktionen untersucht, insbesondere wird der wichtige Satz über die *logarithmische Differentiation von Produkten* hergeleitet.

1.1 Unendliche Produkte

Wir betrachten vorab unendliche Produkte von Folgen komplexer Zahlen. Im zweiten Abschnitt wird das Nötigste zur Theorie der kompakt konvergenten Produkte von Funktionen gesagt. Eine detaillierte Diskussion unendlicher Produkte findet man bei [140].

1.1.1 Unendliche Produkte von Zahlen. Ist $(a_\nu)_{\nu \geq k}$ eine Folge komplexer Zahlen, so heißt die Folge $\left(\prod_{\nu=k}^{n} a_\nu \right)_{n \geq k}$ der Partialprodukte ein (*unendliches*) *Produkt* mit den *Faktoren* a_ν. Man schreibt $\prod_{\nu=k}^{\infty} a_\nu$ oder $\prod_{\nu \geq k} a_\nu$ oder einfach $\prod a_\nu$; im allgemeinen ist $k = 0$ oder $k = 1$.

Würde man nun – analog wie bei Reihen – ein Produkt $\prod a_\nu$ konvergent nennen, wenn die Folge der Partialprodukte einen Limes a hat, so ergäben sich unerwünschte Pathologien: zum einen wäre ein Produkt bereits konvergent mit Wert 0, wenn nur ein einziges Folgenglied a_ν Null wäre; zum anderen könnte $\prod a_\nu$ Null werden auch dann, wenn kein einziger Faktor Null ist (z.B. wenn stets $|a_\nu| \leq q < 1$). Man wird also Vorsichtsmaßnahmen gegen Nullfaktoren und Nullkonvergenz treffen. Man führt die Partialprodukte

$$p_{m,n} := a_m a_{m+1} \cdot \ldots \cdot a_n = \prod_{\nu=m}^{n} a_\nu, \quad k \leq m \leq n,$$

ein und nennt das Produkt $\prod a_\nu$ *konvergent*, wenn es einen Index m gibt, so daß die Folge $(p_{m,n})_{n \geq m}$ einen Limes $\widehat{a}_m \neq 0$ hat. Man nennt dann $a := a_k a_{k+1} \cdot \ldots \cdot a_{m-1} \widehat{a}_m$ den Wert des Produktes und schreibt suggestiv:

$$\prod a_\nu := a_k a_{k+1} \cdot \ldots \cdot a_{m-1} \widehat{a}_m = a.$$

Die Zahl a ist unabhängig vom Index m: wegen $\widehat{a}_m \neq 0$ gilt $a_n \neq 0$ für alle $n \geq m$, daher hat auch für jedes feste $l > m$ die Folge $(p_{l,n})_{n \geq l}$ einen Limes $\widehat{a}_l \neq 0$, und es gilt $a = a_k a_{k+1} \cdot \ldots \cdot a_{l-1} \widehat{a}_l$. – Nicht konvergente Produkte heißen *divergent*. Man zeigt sofort:

Ein Produkt $\prod a_\nu$ ist genau dann konvergent, wenn nur endlich viele Faktoren Null sind, und wenn die mit allen von Null verschiedenen Gliedern gebildete Partialproduktfolge einen Limes $\neq 0$ hat.

Durch die getroffenen Einschränkungen wird die Sonderrolle der Null optimal berücksichtigt. Wie für endliche Produkte gilt (per definitionem):

Ein konvergentes Produkt $\prod a_\nu$ ist Null genau dann, wenn wenigstens ein Faktor a_ν Null ist.

Wir notieren weiter:

Falls $\prod\limits_{\nu=0}^{\infty} a_\nu$ konvergiert, so existiert $\widehat{a}_n := \prod\limits_{\nu=n}^{\infty} a_\nu$ für alle $n \in \mathbb{N}$. Es gilt $\lim \widehat{a}_n = 1$ und $\lim a_n = 1$.

Beweis. Wir dürfen $a := \prod a_\nu \neq 0$ annehmen. Dann gilt $\widehat{a}_n = a/p_{0,n-1}$. Wegen $\lim p_{0,n-1} = a$ folgt $\lim \widehat{a}_n = 1$. Die Gleichung $\lim a_n = 1$ gilt, da stets $\widehat{a}_n \neq 0$ und $a_n = \widehat{a}_n/\widehat{a}_{n+1}$. □

Beispiele.

a) Sei $a_0 := 0, a_\nu := 1$ für $\nu \geq 1$. Es gilt $\prod a_\nu = 0$.

b) Sei $a_\nu := 1 - 1/\nu^2, \nu \geq 2$. Es gilt $p_{2,n} = \frac{1}{2}(1 + \frac{1}{n})$, also $\prod\limits_{\nu \geq 2} a_\nu = \frac{1}{2}$.

c) Sei $a_\nu := 1 - 1/\nu, \nu \geq 2$. Es gilt $p_{2,n} = 1/n$, also $\lim p_{2,n} = 0$. Das Produkt $\prod\limits_{\nu \geq 2} a_\nu$ ist divergent (da kein Faktor verschwindet), wenngleich $\lim a_n = 1$.

In 4.3.2 benötigen wir folgende Verallgemeinerung von c):

d) Es sei $a_0, a_1, a_2, \ldots$ *eine Folge reeller Zahlen mit $a_n \geq 0$ und $\sum(1 - a_\nu) = +\infty$. Dann gilt $\lim \prod\limits_{\nu=0}^{n} a_\nu = 0$.*

Beweis. Es gilt $0 \leq p_{0,n} = \prod\limits_{0}^{n} a_\nu \leq \exp[-\sum\limits_{0}^{n}(1 - a_\nu)], n \in \mathbb{N}$ da $t \leq e^{t-1}$ für alle $t \in \mathbb{R}$. Wegen $\sum(1 - a_\nu) = +\infty$ folgt $\lim p_{0,n} = 0$. □

Es ist *nicht* sinnvoll, in Analogie zu Reihen den Begriff der absoluten Konvergenz einzuführen. Würde man ein Produkt $\prod a_\nu$ absolut konvergent nennen, wenn $\prod |a_\nu|$ konvergiert, so würde Konvergenz stets absolute Konvergenz implizieren, hingegen wäre $\prod(-1)^\nu$ absolut konvergent, aber nicht konvergent! – Die erste umfassende Darstellung der Konvergenztheorie unendlicher Produkte gab 1889 A. PRINGSHEIM, vgl. [218].

Aufgabe.

a) $\displaystyle\prod_{\nu=2}^{\infty} \frac{\nu^3-1}{\nu^3+1} = \frac{2}{3}$, $\displaystyle\prod_{\nu=2}^{\infty} \frac{\nu+(-1)^{\nu+1}}{\nu} = 1$,

b) $\displaystyle\prod_{\nu=2}^{\infty} \cos\frac{\pi}{2^\nu} = \frac{2}{\pi}$ (VIETA-Produkt).

1.1.2 Unendliche Produkte von Funktionen. Es bezeichnet X einen *lokal-kompakten metrischen* Raum. Bekanntlich stimmen für solche Räume die Begriffe der *kompakten Konvergenz* und der *lokal gleichmäßigen Konvergenz* überein, vgl. I.3.1.3. Für eine Folge $f_\nu \in \mathcal{C}(X)$ von in X stetigen Funktionen mit Werten in $\mathbb{C}$ heißt das (unendliche) Produkt $\prod f_\nu$ *kompakt konvergent* in X, wenn es zu jedem Kompaktum K in X einen Index $m = m(K)$ gibt, so dass die Folge $p_{m,n} := f_m f_{m+1} \cdot \ldots \cdot f_n, n \geq m$, in K *gleichmäßig* gegen eine in K *nullstellenfreie* Funktion $\widehat{f}_m$ konvergiert. Für jeden Punkt $x \in X$ existiert dann

$$f(x) := \prod f_\nu(x) \in \mathbb{C} \text{ im Sinne von Abschnitt 1;}$$

wir nennen die Funktion $f : X \to \mathbb{C}$ den *Limes des Produktes* und schreiben

$$f = \prod f_\nu; \quad \text{auf } K \text{ gilt dann } f|K = (f_0|K) \cdot \ldots \cdot (f_{m-1}|K) \cdot \widehat{f}_m.$$

Es folgt unmittelbar (mit dem Stetigkeitssatz I.3.1.2):

a) *Konvergiert $\prod f_\nu$ in X kompakt gegen f, so ist f stetig in X, und die Folge f_ν konvergiert in X kompakt gegen 1.*

b) *Mit $\prod f_\nu$ und $\prod g_\nu$ konvergiert auch $\prod f_\nu g_\nu$ kompakt in X:*

$$\prod f_\nu g_\nu = \left(\prod f_\nu\right)\left(\prod g_\nu\right).$$

Vorrangig interessiert uns der Fall, dass X ein Gebiet in $\mathbb{C}$ ist, und dass alle Funktionen f_ν holomorph sind. Dann ist klar auf Grund des WEIER-STRASSschen Konvergenzsatzes (vgl. I.8.4.1):

c) *Jedes in einem Gebiet G in $\mathbb{C}$ kompakt konvergente Produkt $\prod f_\nu$ von in G holomorphen Funktionen f_ν hat einen in G holomorphen Limes f.*

Beispiele.

a) Die Funktionen $f_\nu := \left(1 + \dfrac{2z}{2\nu-1}\right) \Big/ \left(1 + \dfrac{2z}{2\nu+1}\right)$, $\nu \geq 1$, sind holomorph im Einheitskreis $\mathbb{E}$. Es gilt

$$p_{2,n} = \left(1 + \frac{2}{3}z\right)\Big/\left(1 + \frac{2z}{2n+1}\right)^{-1} \in \mathcal{O}(\mathbb{E}), \quad \text{also } \lim p_{2,n} = 1 + \frac{2}{3}z,$$

das Produkt $\displaystyle\prod_{\nu=1}^{\infty} f_\nu$ konvergiert daher in $\mathbb{E}$ kompakt gegen $1 + 2z$.

b) Sei $f_\nu(z) \equiv z$ für alle $\nu \geq 0$. Im Einheitskreis E konvergiert das Produkt $\prod_{\nu=0}^{\infty} f_\nu$ nicht (nicht einmal punktweise), denn $p_{m,n} = z^{n-m+1}$ ist für jedes m eine Nullfolge.

Wir notieren ein wichtiges hinreichendes

Konvergenzkriterium 1.1. *Es sei $f_\nu \in \mathscr{C}(X)$, $\nu \geq 0$. Es gebe ein $m \in \mathbb{N}$, so dass jede Funktion f_ν, $\nu \geq m$, einen Logarithmus $\log f_\nu \in \mathscr{C}(X)$ hat. Konvergiert dann $\sum_{\nu \geq m} \log f_\nu$ in X kompakt gegen $s \in C(X)$, so konvergiert $\prod f_\nu$ in X kompakt gegen $f_0 f_1 \cdot \ldots \cdot f_{m-1} \exp s$.*

Beweis. Da die Folge $s_n := \sum_{\nu=m}^{n} \log f_\nu$ in X kompakt gegen s konvergiert, so konvergiert die Folge $p_{m,n} = \prod_{\nu=m}^{n} f_\nu = \exp s_n$ in X kompakt gegen $\exp s$. Da $\exp s$ nullstellenfrei ist, folgt die Behauptung.[2]   □

1.2 Normale Konvergenz

Für Anwendungen ist das Konvergenzkriterium 1.1 kaum geeignet, weil aus Logarithmen gebildete Reihen i.a. schwierig zu handhaben sind. Überdies benötigt man – in Analogie zu unendlichen Reihen – ein Kriterium, das die kompakte Konvergenz *aller Teilprodukte* und *aller umgeordneten Produkte* garantiert. Hier erweist sich wiederum wie bei Reihen die „normale Konvergenz" der „kompakten Konvergenz" überlegen. Wir erinnern an diesen Konvergenzbegriff für Reihen, wobei wir den Raum X wieder als lokal-kompakt annehmen: dann ist $\sum f_\nu$, $f_\nu \in \mathscr{C}$, normal konvergent in X genau dann, wenn $\sum |f_\nu|_K < \infty$ für jedes Kompaktum $K \subset X$ (vgl. Abschnitt I.3.3.2). Normal konvergente Reihen sind kompakt konvergent; normale Konvergenz bleibt erhalten bei Übergang zu Teilreihen und bei beliebiger Gliederumordnung (vgl. Satz I.3.3.1).

Wir schreiben die Faktoren eines Produktes $\prod f_\nu$ oft in der Form $f_\nu = 1 + g_\nu$; nach 1.2.1 a) ist dann g_ν eine kompakt konvergente Nullfolge, falls $\prod f_\nu$ kompakt konvergiert.

1.2.1 Normale Konvergenz.   Ein Produkt $\prod f_\nu$ mit $f_\nu = 1 + g_\nu \in C(X)$ heißt *normal konvergent in* X, wenn die Reihe $\sum g_\nu$ in X normal konvergiert. Man überlegt sich sofort:

Ist $\prod_{\nu \geq 0} f_\nu$ normal konvergent in X, so konvergiert

– für jede Bijektion $\tau : \mathbb{N} \to \mathbb{N}$ das Produkt $\prod_{\nu \geq 0} f_{\tau(\nu)}$ normal in X,

– jedes Teilprodukt $\prod_{j \geq 0} f_{\nu_j}$ normal in X,

---

[2] Den einfachen Beweis dafür, daß kompakte Konvergenz von s_n gegen s kompakte Konvergenz von $\exp s_n$ gegen $\exp s$ impliziert, findet man in I.5.4.3 (F).

– das Produkt $\prod f_\nu$ kompakt in X.

Wir werden sehen, dass der Begriff der normalen Konvergenz ein guter Konvergenzbegriff ist. Zunächst ist nicht einmal klar, dass normal konvergente Produkte überhaupt einen Limes haben. Wir zeigen sofort darüber hinaus:

Umordnungssatz 1.2. *Es sei $\prod_{\nu \geq 0} f_\nu$ normal konvergent in X. Dann gibt es eine Funktion $f : X \to \mathbb{C}$, so dass für jede Bijektion $\tau : \mathbb{N} \to \mathbb{N}$ das umgeordnete Produkt $\prod\limits_{\nu \geq 0} f_{\tau(\nu)}$ in X kompakt gegen f konvergiert.*

Beweis. Für $w \in \mathbb{E}$ gilt: $\log(1 + w) = \sum\limits_{\nu \geq 1} \frac{(-1)^{\nu-1}}{\nu} w^\nu$. Es folgt:

$$|\log(1+w)| \leq |w|(1+|w|+|w|^2+\dots), \text{ also } |\log(1+w)| \leq 2|w|, \text{ falls } |w| \leq \frac{1}{2}.$$

Sei nun $K \subset X$ irgendein Kompaktum und $g_n = f_n - 1$. Es gibt ein $m \in \mathbb{N}$, so dass für $n \geq m$ gilt: $|g_n|_K \leq \frac{1}{2}$. Für alle diese n folgt:

$$\log f_n = \sum_{\nu \geq 1} \frac{(-1)^{\nu-1}}{\nu} g_n^\nu \in \mathscr{C}(K), \quad |\log f_n|_K \leq 2|g_n|_K.$$

Wir sehen $\sum\limits_{\nu \geq m} |\log f_\nu|_K \leq 2 \sum\limits_{\nu \geq m} |g_\nu|_K < \infty$. Nach dem Umordnungssatz für Reihen (vgl. I.0.4.3) konvergiert daher für jede Bijektion σ von $\mathbb{N}_m := \{n \in \mathbb{N} : n \geq m\}$ die Reihe $\sum\limits_{\nu \geq m} \log f_{\sigma(\nu)}$ in K gleichmäßig gegen $\sum\limits_{\nu \geq m} \log f_\nu$, daher konvergieren nach (1.1.2) für solche σ die Produkte $\prod\limits_{\nu \geq m} f_{\sigma(\nu)}$ und $\prod\limits_{\nu \geq m} f_\nu$ in K gleichmäßig gegen dieselbe Grenzfunktion. Da sich eine beliebige Bijektion τ von $\mathbb{N}$ (= Permutation von $\mathbb{N}$) nur um endlich viele Transpositionen (welche nichts an der Konvergenz ändern) von einer Permutation $\sigma' : \mathbb{N} \to \mathbb{N}$ mit $\sigma'(\mathbb{N}_m) = \mathbb{N}_m$ unterscheidet, folgt die Existenz einer Funktion $f : X \to \mathbb{C}$, so dass jedes Produkt $\prod\limits_{\nu \geq 0} f_{\sigma(\nu)}$ in X kompakt gegen f konvergiert.   □

Korollar 1.3. *Sei $f = \prod\limits_{\nu \geq 0} f_\nu$ normal konvergent in X. Dann folgt:*

1) *Jedes Produkt $\widehat{f}_n := \prod\limits_{\nu \geq 0} f_\nu$ konvergiert normal in X, es gilt:*

$$f = f_0 f_1 \cdot \ldots \cdot f_{n-1} \widehat{f}_n$$

2) *Ist $\mathbb{N} = \overset{\infty}{\underset{1}{\cup}} N_\kappa$ eine (endliche oder unendliche) Zerlegung von $\mathbb{N}$ paarweise disjunkte Teilmengen $N_1, \dots, N_\kappa, \dots$ so konvergiert jedes Produkt $\prod\limits_{\nu \in N_\kappa} f_\nu$ normal in X, es gilt:*

$$f = \prod_{\kappa=1}^{\infty} \left(\prod_{\nu \in N_\kappa} f_\nu \right).$$

Produkte können kompakt konvergieren, ohne normal konvergent zu sein, wie z.B. $\prod_{\nu \geq 1}(1+g_\nu)$, $g_\nu := (-1)^{\nu-1}/\nu$, zeigt: Es gilt stets $(1+g_{2\nu-1})(1+g_{2\nu}) = 1$, also $p_{1,n} = 1$ für gerades und $p_{1,n} = 1 + 1/n$ für ungerades n. Das Produkt $\prod_{\nu \geq 1}(1 + g_\nu)$ konvergiert daher kompakt in $\mathbb{C}$ gegen 1. In diesem Beispiel ist das Teilprodukt $\prod_{\nu \geq 1}(1 + g_{2\nu-1})$ nicht mehr konvergent!

In allen späteren Anwendungen (Sinusprodukt, JACOBIsches Tripel-Produkt, WEIERSTRASSsche Faktorielle, allgemeine WEIERSTRASS-Produkte) werden wir stets normal konvergente Produkte vorfinden.

Aufgaben.

1) Man beweise: Sind die Produkte $\prod f_\nu$ und $\prod g_\nu$ in X normal konvergent, so konvergiert auch das Produkt $\prod(f_\nu g_\nu)$ normal in X.

2) Zeigen Sie, dass die folgenden Produkte im Einheitskreis $\mathbb{E}$ normal konvergieren, und beweisen Sie die Identitäten

$$\prod_{\nu \geq 0}(1 + z^{2^\nu}) = \frac{1}{1-z}, \quad \prod_{\nu \geq 1}\left((1 + z^\nu)(1 - z^{2^{\nu-1}})\right) = 1.$$

1.2.2 Normal konvergente Produkte holomorpher Funktionen. Die Nullstellenmenge $N(f)$ jeder in G holomorphen Funktion $f \neq 0$ ist lokal endlich in G und somit eine höchstens abzählbare unendliche Menge (vgl. I.8.1.3). Für *endlich* viele Funktionen $f_0, f_1 \cdot \ldots \cdot f_n \in \mathcal{O}(G)$, $f_\nu \neq 0$, gilt

$$N(f_0 \cdot f_1 \cdot \ldots \cdot f_n) = \bigcup_0^n N(f_\nu) \quad \text{und} \quad o_c(f_0 \cdot f_1 \cdot \ldots \cdot f_n) = \sum_0^n o_c(f_\nu), \ c \in G,$$

wobei $o_c(f)$ die Nullstellenordnung von f in c bezeichnet (I.8.1.4). Für unendliche Produkte folgt

Satz 1.4. *Es sei $f = \prod f_\nu$, $f_\nu \neq 0$, ein in G normal konvergentes Produkt von in G holomorphen Funktionen. Dann gilt*

$$f \neq 0, \quad N(f) = \bigcup N(f_\nu), \quad o_c(f) = \sum o_c(f_\nu) \quad \textit{für alle} \ c \in G.$$

Beweis. Sei $c \in G$ fixiert. Da $f(c) = \prod f_\nu(c)$ konvergiert, gibt es einen Index n, so dass $f_\nu(c) \neq 0$ für alle $\nu \geq n$. Nach Korollar 1.3 gilt $f = f_0 \cdot f_1 \cdot \ldots \cdot f_{n-1} \cdot \widehat{f}_n$, wobei $\widehat{f}_n := \prod_{\nu \geq n} f_\nu \in \mathcal{O}(G)$ nach dem WEIERSTRASSschen Konvergenzsatz. Es folgt

$$o_c(f) = \sum_0^{n-1} o_c(f_\nu) + o_c(\widehat{f}_n) \quad \text{mit} \quad o_c(\widehat{f}_n) = 0 \quad (\text{da} \ (\widehat{f}_n)(c) \neq 0).$$

Damit ist die Summenregel für unendliche Produkte bewiesen. Speziell gilt $N(f) = \bigcup N(f_\nu)$. Wegen $f_\nu \neq 0$ ist jede Menge $N(f_\nu)$ und daher auch ihre abzählbare Vereinigung $N(f)$ abzählbar, womit auch $f \neq 0$ folgt. $\square$

Bemerkung. Der Satz gilt bereits, falls die Konvergenz des Produktes in G nur kompakt ist. Der Beweis bleibt wörtlich richtig, denn es ist leicht einzusehen, dass jedes „Restprodukt" $\widehat{f}_n = \prod\limits_{\nu \geq n} f_\nu$ in G kompakt konvergiert.

Im nächsten Abschnitt benötigen wir:

Ist $f = \prod f_\nu$, $f_\nu \in \mathcal{O}(G)$, *normal konvergent in* G, *so konvergiert die Folge* $\widehat{f}_n = \prod\limits_{\nu \geq n} f_\nu \in \mathcal{O}(G)$ *in* G *kompakt gegen* 1.

Beweis. Es sei $\widehat{f}_m \neq 0$. Dann ist $A := N(\widehat{f}_m)$ lokal endlich in G. Alle Partialprodukte $P_{m,n-1} \in \mathcal{O}(G), n > m$, sind nullstellenfrei in $G\backslash A$, es gilt

$$\widehat{f}_n(z) = \widehat{f}_m(z) \cdot (1/p_{m,n-1}(z)) \quad \text{für alle} \quad z \in G\backslash A.$$

Nun konvergiert die Folge $1/p_{m,n-1}$ in $G\backslash A$ kompakt gegen $1/\widehat{f}_m$. Daher konvergiert die Folge $\widehat{f}_n \in G\backslash A$ kompakt gegen 1. Nach dem verschärften Konvergenzsatz von WEIERSTRASS (vgl. I.8.5.4) konvergiert diese Folge dann auch in G kompakt gegen 1. □

Aufgabe. Zeigen Sie, dass $= \prod\limits_{\nu=1}^{\infty} \cos \frac{z}{2\nu}$ in $\mathbb{C}$ normal konvergiert. Bestimmen Sie $N(f)$. Zeigen Sie, dass es zu jedem $k \in \mathbb{N}\backslash\{0\}$ eine Nullstelle k-ter Ordnung von f gibt, und unter Benutzung des Sinusproduktes aus (1.2) dass gilt:

$$\prod_{\nu=1}^{\infty} \cos \frac{z}{2\nu} = \prod_{\nu=1}^{\infty} \left(\frac{2\nu - 1}{z} \sin \frac{z}{2\nu - 1} \right).$$

1.2.3 Logarithmische Differentiation. Die *logarithmische Ableitung* einer meromorphen Funktion $h \in \mathcal{M}(G), h \neq 0$, ist per definitionem die Funktion $h'/h \in \mathcal{M}(G)$ (vgl. hierzu I.9.3.1), wo der Fall von nullstellenfreien holomorphen Funktionen diskutiert wird). Für endliche Produkte $h = h_1 h_2 \cdot \ldots \cdot h_m, h_\mu \in \mathcal{M}(G)$ gilt:

Summenformel: $h'/h = h'_1/h_1 + h'_2/h_2 + \cdots + h'_m/h_m$.

Diese Formel überträgt sich auf unendliche Produkte holomorpher Funktionen.

Differentiationssatz 1.5. *Es sei* $f = \prod f_\nu$ *ein in* G *normal konvergentes Produkt holomorpher Funktionen. Dann ist* $\sum f'_\nu/f_\nu$ *eine in* G *normal konvergente Reihe meromorpher Funktionen, und es gilt:*

$$f'/f = \sum f'_\nu/f_\nu \in \mathcal{M}(G).$$

Beweis. 1) Für alle $n \in \mathbb{N}$ gilt (Korollar 1.3):

$$f = f_0 f_1 \ldots f_{n-1} \widehat{f_n} \quad \text{mit} \quad \widehat{f_n} := \prod_{\nu \geq n} f_\nu, \quad \text{also} \quad f'/f = \sum_{\nu=1}^{n-1} f'_\nu/f_\nu + \widehat{f'}_n/\widehat{f_n}.$$

Da die Folge $\widehat{f_n}$ in G kompakt gegen 1 konvergiert vgl. 1.2, so konvergieren die Ableitungen $\widehat{f'_n}$ nach WEIERSTRASS in G kompakt gegen 0. Zu jeder Scheibe B mit $\overline{B} \subset G$ gibt es daher ein $m \in \mathbb{N}$, sodass alle f_n, $n \geq m$, nullstellenfrei in B sind und die Folge $\widehat{f'_n}/\widehat{f_n} \in \mathcal{O}(B)$, $n \geq m$, in B kompakt gegen Null konvergiert. Damit ist gezeigt, dass $\sum f'_\nu/f_\nu$ in G kompakt gegen f'/f konvergiert.

2) Wir zeigen nun, dass $\sum f'_\nu/f_\nu$ in G normal konvergiert. Sei $g_\nu := f_\nu - 1$. Wir müssen zu jedem Kompaktum K in G einen Index m angeben, so dass jede Polstellenmenge $P(f'_\nu/f_\nu)$, $\nu \geq m$, punktfremd zu K ist und dass gilt:

$$\sum_{\nu \geq m} |f'_\nu/f_\nu|_K = \sum_{\nu \geq m} |g'_\nu/f_\nu|_K < \infty \quad \text{vgl. I.11.1.1} \tag{1.1}$$

Wir wählen m so groß, dass alle Mengen $N(f_\nu) \cap K$, $\nu \geq m$, leer sind und dass $\min_{z \in K} |f_\nu(z)| \geq \frac{1}{2}$ für alle $\nu \geq m$ (dies ist möglich, da die Folge f_ν kompakt gegen 1 konvergiert). Nun gibt es nach den CAUCHYschen Abschätzungen für Ableitungen ein Kompaktum $L \supset K$ in G und eine Konstante $M > 0$, so dass für alle ν gilt $|g'_\nu|_K \leq M|g_\nu|_L$ vgl. Korollar I.8.3.3. Damit gilt $|g'_\nu/f_\nu|_K \cdot (\min_{z \in K} |f_\nu(z)|)^{-1} \leq 2M|g_\nu|_L$ für $\nu \geq m$. Da $\sum |g_\nu|_L < \infty$ nach Voraussetzung, so folgt (1.1). $\square$

Der Differentiationssatz ist für konkrete Rechnungen ein wichtiges Hilfsmittel, wir werden ihn z.B. im nächsten Kapitel zur Herleitung des EULER-Produkts für den Sinus heranziehen, eine weitere Anwendung findet sich in 2.2.3. Der Satz gilt wörtlich, wenn man das Wort „normal" durch „kompakt" ersetzt (Beweis).

Unter Benutzung des Differentiationssatzes kann man zeigen:

Ist f holomorph im Nullpunkt, so lässt sich f in einer Kreisscheibe B um 0 in eindeutiger Weise als ein Produkt

$$f(z) = b z^k \prod_{\nu=1}^{\infty} (1 + b_\nu z^\nu), \quad b, b_\nu \in \mathbb{C}, \quad k \in \mathbb{N},$$

darstellen, das in B normal gegen f konvergiert.

Dieser Satz wurde 1929 von J.F. RITT bewiesen [228]. Es wird nicht behauptet, dass das Produkt in der *größten* Kreisscheibe um 0, wo f holomorph ist, konvergiert. Überzeugende Anwendungen dieser Produktentwicklung, die ein multiplikatives Analogon zur Taylorentwicklung ist, scheint es nicht zu geben.

1.3 Das Sinusprodukt $\sin \pi z = \pi z \prod\limits_{\nu=1}^{\infty} (1 - z^2/\nu^2)$

Das Produkt $\prod\limits_{\nu=1}^{\infty} (1 - z^2/\nu^2)$ ist in $\mathbb{C}$ normal konvergent, da $\sum\limits_{\nu=1}^{\infty} z^2/\nu^2$ in $\mathbb{C}$ normal konvergiert. EULER hat 1734 erkannt

$$\sin \pi z = \pi z \prod_{\nu=1}^{\infty} \left(1 - \frac{z^2}{\nu^2}\right), \quad z \in \mathbb{C}. \tag{1.2}$$

Wir geben für diese Formel zwei Beweise.

1.3.1 Standardbeweis (mittels logarithmischer Differentiation und der Partialbruchreihe des Cotangens).   Mit $f_\nu := 1 - z^2/\nu^2$ und $f(z) := \pi z \prod\limits_{\nu=1}^{\infty} f_\nu$ gilt

$$f'_\nu/f_\nu = \frac{2z}{z^2 - \nu^2}, \quad \text{also} \quad f'(z)/f(z) = \frac{1}{z} + \sum_{\nu=1}^{\infty} \frac{2z}{z^2 - \nu^2}.$$

Hier steht rechts die Funktion $\pi \cot \pi z$ (vgl. Satz I.11.2.1). Da diese auch die logarithmische Ableitung von $\sin \pi z$ ist, so gilt [3]

$$f(z) = c \sin \pi z \text{ mit } c \in \mathbb{C}^\times. \text{ Wegen } \lim_{z \to 0} \frac{f(z)}{\pi z} = 1 = \lim_{z \to 0} \frac{\sin \pi z}{\pi z} \text{ folgt } c = 1.$$

Durch Einsetzen spezieller Werte für z in (1.2) entstehen interessante (und uninteressante) Formeln. Für $z := \frac{1}{2}$ folgt die Produktformel

$$\frac{\pi}{2} = \frac{2}{1} \cdot \frac{2}{3} \cdot \frac{4}{3} \cdot \frac{4}{5} \cdot \frac{6}{5} \cdot \frac{6}{7} \cdots = \prod_{\nu=1}^{\infty} \frac{2\nu}{2\nu - 1} \cdot \frac{2\nu}{2\nu + 1} \quad \text{(WALLIS 1655)}.$$

Für $z := 1$ erhält man die triviale Gleichung $\frac{1}{2} = \prod\limits_{\nu=2}^{\infty} \left(1 - \frac{1}{\nu^2}\right)$, (vgl. Beispiel 1.1,b); hingegen entsteht für $z := i$ wegen $\sin \pi i = \frac{i}{2}(e^\pi - e^{-\pi})$ die bizarre Formel

---

[3] Sind $f \neq 0, g \neq 0$ zwei in einem Gebiet G meromorphe Funktionen mit gleicher logarithmischer Ableitung, so gilt $f = cg$ mit $c \in \mathbb{C}^*$. – Zum Beweis bemerkt man, dass für $f/g \in \mathscr{M}(G)$ gilt: $(f/g)' \equiv 0$.

$$\prod_{\nu=1}^{\infty} \left(1 + \frac{1}{\nu^2}\right) = \frac{e^{\pi} - e^{-\pi}}{2\pi}.$$

Mit Hilfe von $\sin z \cos z = \frac{1}{2} \sin 2z$ und Korollar 1.3 erhält man

$$\cos \pi z \sin \pi z = \pi z \prod_{\nu=1}^{\infty} \left(1 - \left(\tfrac{2z}{\nu}\right)^2\right) = \pi z \prod_{\nu=1}^{\infty} \left(1 - \left(\tfrac{2z}{2\nu}\right)^2\right) \prod_{\nu=1}^{\infty} \left(1 - \left(\tfrac{2z}{2\nu-1}\right)^2\right),$$

also die EULERsche Produktdarstellung das Cosinus:

$$\cos \pi z = \prod_{\nu=1}^{\infty} \left(1 - \frac{4z^2}{(2\nu - 1)^2}\right), \quad z \in \mathbb{C}. \qquad (1.3)$$

Mittels seines Sinusproduktes konnte EULER 1734/35 grundsätzlich alle Zahlen $\zeta(2n) := \sum_{\nu=1}^{\infty} \nu^{-2n}$ berechnen, $n = 1, 2, \ldots$ (vgl. hierzu auch I.11.3.2). So folgt z.B. sofort $\zeta(2) = \frac{1}{6}\pi^2$: Da $f_n(z) := \prod_{\nu=1}^{n} (1 - z^2/\nu^2) = 1 - \left(\sum_{\nu=1}^{n} \nu^{-2}\right) z^2 + \ldots$ kompakt gegen $f(z) := (\sin \pi z)/(\pi z) = 1 - \frac{1}{6}\pi^2 z^2 + \ldots$ strebt, so konvergiert $\frac{1}{2} f_n''(0) = -\sum_{\nu=1}^{n} \nu^{-2}$ gegen $\frac{1}{2} f''(0) = -\frac{1}{6}\pi^2$. $\square$

Mit Hilfe der WALLISschen Formel lässt sich das GAUSSsche Fehlerintegral $\int_{0}^{\infty} e^{-x^2} dx$ elementar bestimmen. Für $I_n := \int_{0}^{\infty} x^n e^{-x^2} dx$ gilt:

$$2I_n = (n - 1)I_{n-2}, \quad n \geq 2 \quad \text{(partielle Integration)}.$$

Hieraus entsteht durch Induktion, da $I_1 = \frac{1}{2}$:

$$2^k I_{2k} = 1 \cdot 3 \cdot 5 \cdot \ldots \cdot (2k - 1)I_0, \quad 2I_{2k+1} = k!, \quad k \in \mathbb{N}. \qquad (1.4)$$

Da $I_{n+1} + 2tI_n + t^2 I_{n-1} = \int_{0}^{\infty} x^{n-1}(x + t)^2 e^{-x^2} dx$ für alle $t \in \mathbb{R}$, so folgt

$$I_n^2 < I_{n-1}I_{n+1}, \quad \text{also } 2I_n^2 < nI_{n-1}^2.$$

Mit (1.4) erhält man nun

$$\frac{(k!)^2}{4k + 2} = \frac{2}{2k + 1} I_{2k+1}^2 < I_{2k}^2 < I_{2k-1}I_{2k+1} = \frac{(k!)^2}{4k}.$$

Dies lässt sich auch so schreiben:

$$I_{2k}^2 = \frac{(k!)^2}{4k + 2}(1 + \varepsilon_k) \quad \text{mit } 0 < \varepsilon_k < \frac{1}{2k}.$$

Trägt man hier I_0 gemäß (1.4) ein, so entsteht

$$2I_0^2 = \frac{[2 \cdot 4 \cdot 6 \cdot \ldots \cdot (2k)]^2}{[1 \cdot 3 \cdot 5 \cdot \ldots \cdot (2k-1)]^2 (2k+1)}(1 + \varepsilon_k).$$

Wegen $\lim \varepsilon_k = 0$ und der WALLISschen Formel folgt $2I_0^2 = \frac{1}{2}\pi$, also $\int_0^\infty e^{-x^2} dx = \frac{1}{2}\sqrt{\pi}$. ☐

Diese Herleitung gab 1890 T.-J. STIELTJES: *Note sur l'integral* $\int_0^\infty e^{-u^2} du$, Nouv. Ann. Math. 9, 3. Ser., 479 – 480 (1890); Œuvres Complètes 2, 263-264.

Aufgaben. Beweisen Sie:

1. $\lim \dfrac{2 \cdot 4 \cdot 6 \cdot \ldots \cdot 2n}{3 \cdot 5 \cdot 7 \cdot \ldots \cdot (2n+1)} \sqrt{n} = \dfrac{1}{2}\sqrt{\pi}$,

2. $\dfrac{1}{4}\pi = \displaystyle\prod_{\nu=1}^{\infty} \left(1 - \dfrac{1}{(2\nu+1)^2}\right)$,

3. $e^{az} - e^{bz} = (a-b)ze^{\frac{1}{2}(a+b)z} \displaystyle\prod_{\nu=1}^{\infty}(1 + (a-b)^2 z^2 / 4\nu^2 \pi^2)$,

4. $\cos(\dfrac{1}{4}\pi z) - \sin(\dfrac{1}{4}\pi z) = \displaystyle\prod_{n=1}^{\infty}\left(1 + \dfrac{(-1)^n z}{2n-1}\right)$.

1.3.2 Charakterisierung des Sinus durch die Verdopplungsformel.
Wir kennzeichnen die Sinusfunktion durch Eigenschaften, die für das Produkt $z\prod(1 - z^2/\nu^2)$ einfach zu verifizieren sind. Die Gleichung $\sin 2z = 2\sin z \cos z$ ist eine

Verdopplungsformel: $\sin 2\pi z = 2\sin \pi z \sin \pi(z + \frac{1}{2})$, $z \in \mathbb{C}$.

Um mit ihrer Hilfe den Sinus zu charakterisieren, zeigen wir zunächst

Lemma von Herglotz 1.6 (multiplikative Form).[4] *Es sei $G \subset \mathbb{C}$ ein Gebiet, das ein Intervall $[0, r), r > 1$, umfasst. Es sei $g \in \mathcal{O}(G)$ nullstellenfrei in $[0, r)$, und es gelte eine multiplikative Verdopplungsformel*

$$g(2z) = cg(z)g(z + \frac{1}{2}), \quad falls \ z, z + \frac{1}{2}, 2z \in [0, r) \quad (mit \ c \in \mathbb{C}^*). \quad (1.5)$$

Dann folgt $g(z) = ae^{bz}$ mit $1 = ace^{\frac{1}{2}b}$.

---

[4] Wir erinnern an das in (I.11.2.2) besprochene
Lemma von Herglotz (*additive Form*). *Es sei $[0, r) \subset G$ mit $r > 1$. Es sei $h \in \mathcal{O}(G)$, und es gelte die additive Verdopplungsformel $2h(2z) = h(z) + h(z + \frac{1}{2})$, falls $z, z + \frac{1}{2}, 2z \in [0, r)$. Dann ist h konstant.*
Beweis. Sei $t \in (1, r)$ und $M := \max\{|h'(z)| : z \in [0, t]\}$. Da $4h'(2z) = h'(z) + h'(z + \frac{1}{2})$ und da mit z auch immer $\frac{1}{2}z$ und $\frac{1}{2}(z + 1)$ in $[0, t]$ liegen, so folgt $4M \leq 2M$, also $M = 0$. Der Identitätssatz gibt $h' = 0$, also $h = \text{const.}$

Beweis. Die Funktion $h := g'/g \in \mathcal{M}(G)$ ist überall in $[0, r)$ holomorph, es gilt $2h(2z) = 2g'(2z)/g(2z) = h(z) + h(z + \frac{1}{2})$, falls $z, z + \frac{1}{2}, 2z \in [0, r)$. Nach dem Lemma von HERGLOTZ (additive Form) ist h konstant (1.5). Es folgt $g' = bg$ mit $b \in \mathbb{C}$, also $g(z) = ae^{bz}$. Mit (1.5) folgt noch $ace^{\frac{1}{2}b} = 1$.   □

Es ergibt sich nun schnell:

Satz 1.7. *Es sei f eine ungerade ganze Funktion, die in $[0, 1]$ nur in 0 und 1 verschwinde, und zwar von erster Ordnung. Es gelte eine*

Verdopplungsformel: $f(2z) = cf(z)f(z + \dfrac{1}{2})$, $z \in \mathbb{C}$, *wobei* $c \in \mathbb{C}^*$. (1.6)

Dann folgt $f(z) = 2c^{-1} \sin \pi z$.

Beweis. Die Funktion $g(z) := f(z)/\sin \pi z$ ist holomorph und nullstellenfrei in einem Gebiet $G \supset [0, r)$, $r > 1$; es gilt $g(2z) = \frac{1}{2}cg(z)g(z + \frac{1}{2})$. Nach HERGLOTZ folgt $f(z) = ae^{bz} \sin \pi z$ mit $ace^{\frac{1}{2}b} = 2$. Da $f(-z) = f(z)$, so folgt weiter $b = 0$.   □

Wir benutzen die Verdopplungsformel des Sinus noch zur Herleitung eines Integrals, das im Anhang zu 4.3.5 zum Beweis der JENSENschen Formel benötigt wird.

$$\int\limits_0^1 \log \sin \pi t \; dt = -\log 2 \tag{1.7}$$

Beweis. Man hat, wenn man zunächst die Existenz des Integrals unterstellt:

$$\int\limits_0^{\frac{1}{2}} \log \sin 2\pi t \; dt = \frac{1}{2} \log 2 + \int\limits_0^{\frac{1}{2}} \log \sin \pi t \; dt + \int\limits_0^{\frac{1}{2}} \log \sin \pi(t + \frac{1}{2}) \; dt. \tag{1.8}$$

Mit $\tau := 2t$ links und $\tau := t + \frac{1}{2}$ ganz rechts folgt (1.7) direkt. – Das zweite Integral rechts in (1.8) existiert, wenn das erste existiert (setze $t + \frac{1}{2} = 1 - \tau$). Das erste Integral existiert, da $g(t) := t^{-1} \sin \pi t$ stetig und nullstellenfrei in $[0, \frac{1}{2}]$ ist.[5]   □

1.3.3 Beweis der Eulerschen Formel mit Hilfe von Lemma 1.6. Die Funktion

$$s(z) := z \prod\limits_{\nu=1}^{\infty} (1 - z^2/\nu^2)$$

---

[5] Sei $f(t) = t^{-n}g(t), n \in \mathbb{N}$, *wobei g stetig und nullstellenfrei in $[0, r]$ ist, $r > 0$.*
Dann existiert $\int\limits_0^r \log f(t) \; dt$. Das ist klar, da $\int\limits_0^r \log t \; dt$ existiert (denn $x \log x - x$
ist Stammfunktion, und es gilt $\lim\limits_{\delta \searrow 0} \delta \log \delta = 0$).

ist *ganz* und *ungerade* und hat Nullstellen genau in den Punkten von $\mathbb{Z}$, und zwar von erster Ordnung. Da $s'(0) = \lim\limits_{z \to 0} s(z)/z = 1$, so folgt $\sin \pi z = \pi s(z)$ aus Satz 1.7, falls s einer Verdopplungsformel genügt. Dies wird direkt verifiziert. Da s normal konvergiert, so gilt nach Korollar 1.3:

$$s(2z) = 2z \cdot \prod_{\nu=1}^{\infty} \left(1 - \frac{(2z)^2}{(2\nu)^2}\right) \cdot \prod_{\nu=1}^{\infty} \left(1 - \frac{4z^2}{(2\nu - 1)^2}\right) \tag{1.9}$$

$$= 2s(z) \prod_{\nu=1}^{\infty} \left(1 - \frac{4z^2}{(2\nu - 1)^2}\right).$$

Man rechnet aus (!)

$$\left(1 - \frac{1}{4\nu^2}\right)\left(1 - \frac{4z^2}{(2\nu - 1)^2}\right) = \frac{1 + 2z/(2\nu - 1)}{1 + 2z/(2\nu + 1)}\left(1 - \frac{(2z + 1)^2}{(4\nu^2)}\right), \quad \nu \geq 1.$$

Damit folgt, wenn man Beispiel a) aus (1.1.2) beachtet:

$$\prod_{\nu=1}^{\infty} \left(1 - \frac{1}{(4\nu^2)}\right) \prod_{\nu=1}^{\infty} \left(1 - \frac{4z^2}{(2\nu - 1)^2}\right) = (1 + 2z) \prod_{\nu=1}^{\infty} \left(1 - \frac{(2z + 1)^2}{(4\nu^2)}\right)$$

$$= 2s(z + \frac{1}{2}).$$

Daher ist (1.9) eine Verdopplungsformel: $s(2z) = 4a^{-1}s(z)s(z + \frac{1}{2})$ mit $a := \prod \left(1 - \frac{1}{4\nu^2}\right) \neq 0$.

Dieser multiplikative Beweis geht auf den amerikanischen Mathematiker E.H. MOORE zurück; in seiner 1894 erschienenen Arbeit [177] wird viel gerechnet. Der Leser bemerke die enge Verwandtschaft mit dem SCHOTTKYSCHEN Beweis der Gleichung $\pi \cot \pi z = \frac{1}{2} + \sum\limits_{\nu = -\infty}^{\infty} \left(\frac{1}{z + \nu} - \frac{1}{\nu}\right)$ aus Satz I.11.2.1; die 1892 erschienene Arbeit von SCHOTTKY dürfte MOORE nicht gekannt haben.

1.3.4 Beweis der Verdopplungsformel für das Euler-Produkt nach Eisenstein*. Lange vor MOORE hat bereits EISENSTEIN die Verdopplungsformel für $s(z)$ nebenbei bewiesen. Er betrachtet 1847 in ([58, S. 461 ff.]) das auf den ersten Blick kompliziert aussehende Produkt

$$E(w, z) := \prod_{\nu=-\infty}^{\infty}{}_{e} \left(1 + \frac{z}{\nu + w}\right) = \left(1 + \frac{z}{w}\right) \lim_{n \to \infty} \prod_{\nu=-n}^{n}{}' \left(1 + \frac{z}{\nu + w}\right)$$

von zwei Variablen $(w, z) \in (\mathbb{C}\backslash\mathbb{Z}) \times \mathbb{C}$; hier bezeichnet $\prod_e = \lim\limits_{n \to \infty} \prod\limits_{-n}^{n}$ die Eisensteinmultiplikation (in Analogie zur Eisensteinsummation $\sum_e$, die wir in Abschnitt I.11.2 einführten), weiter signalisiert $\prod'$, dass der Faktor zum Index 0 fortgelassen wird. Das EISENSTEINsche Produkt $E(w, z)$ ist im (w, z)-Raum

$(\mathbb{C}\backslash\mathbb{Z})\times\mathbb{C}$ normal konvergent, da $\prod_{\nu=-n}^{n}{}' \left(1 + \frac{z}{(\nu+w)}\right) = \prod_{\nu=1}^{n}\left(1 - \frac{z^2+2wz}{(\nu^2-w^2)}\right)$ und

$\sum_{\nu=1}^{\infty} \frac{1}{w^2-\nu^2}$ in $\mathbb{C}\backslash\mathbb{Z}$ normal konvergieren (vgl. I.11.1.3 Beispiele). Die Funktion $E(w,z)$ ist also stetig in $(\mathbb{C}\backslash\mathbb{Z}) \times \mathbb{C}$ und für festes w jeweils holomorph in $z \in \mathbb{C}$. Mit $E(w,z)$ lässt sich elegant rechnen, so folgt direkt die

Verdopplungsformel $E(2w,2z) = E(w,z)E(w + \frac{1}{2}, z)$.

Beweis.

$$E(2w,2z) = \prod_{\nu=-\infty}^{\infty} {}_e \left(1 + \frac{2z}{2\nu + 2w}\right) \cdot \prod_{\nu=-\infty}^{\infty} {}_e \left(1 + \frac{2z}{2\nu + 1 + 2w}\right) \quad (1.10)$$

$$= E(w,z)E(w + \frac{1}{2}, z)$$

$\square$

EISENSTEIN benutzt die Umformung

$$1 + \frac{z}{\nu + w} = \left(1 + \frac{w+z}{\nu}\right) \Big/ \left(1 + \frac{w}{\nu}\right), \quad (1.11)$$

um sein „Doppelprodukt" auf das EULER-Produkt zurückzuführen:

$$E(w,z) = \frac{s(w+z)}{s(w)}, \quad \text{wobei} \quad s(z) = z \prod_{\nu \geq 1}(1 - z^2/\nu^2).$$

Beweis. $E(w,z) = \frac{w+z}{w} \lim_{n\to\infty} \prod_{\nu=-n}^{n}{}' \left(1 + \frac{w+z}{\nu}\right) \Big/ \lim_{n\to\infty} \prod_{\nu=-n}^{n}{}' \left(1 + \frac{w}{\nu}\right)$

$$= (w+z)\prod_{\nu=1}^{\infty}\left(1 - \frac{(w+z)^2}{\nu^2}\right) \Big/ \left(w\prod_{\nu=1}^{\infty}\left(1 - \frac{w^2}{\nu^2}\right)\right) = \frac{s(w+z)}{s(w)}. \quad \square$$

Die Verdopplungsformel für $s(z)$ ist nun in der Gleichung

$$\frac{s(2w + 2z)}{s(2w)} = E(2w,2z) = E(w,z)E(w + \frac{1}{2}, z) = \frac{s(w+z)}{s(w)} \cdot \frac{s(w+\frac{1}{2}+z)}{s(w+\frac{1}{2})}$$

enthalten: Da s stetig ist und da $\lim_{w\to 0} \frac{s(2w)}{s(w)} = 2$, so folgt

$$s(2z) = \lim_{w\to 0} \frac{s(2w)}{s(w)} s(w+z)\frac{s(w+\frac{1}{2}+z)}{s(w+\frac{1}{2})} = 2s(\frac{1}{2})^{-1}s(z)s(z + \frac{1}{2}). \quad \square$$

Die Eleganz in diesen EISENSTEINschen Schlüssen wird durch die zweite Variable w möglich. EISENSTEIN bemerkt auch (loc. cit.), dass E in w periodisch ist: $E(w+1,z) = E(w,z)$ (Beweis durch Änderung von ν in $\nu+1$); er verwendet E

und s zu einem Beweis des quadratischen Reziprozitätsgesetzes, die Verdopplungsformel findet sich auf S. 462 unten. Die Identität $E(w,z) = s(w+z)/s(w)$
heißt bei EISENSTEIN *Fundamentalformel*, er schreibt sie wie folgt (S. 402, der
Leser interpretiere):

$$\prod_{m \in \mathbb{Z}} \left(1 - \frac{z}{\alpha m + \beta}\right) = \frac{\sin \pi(\beta - z)/\alpha}{\sin \pi \beta/\alpha}, \quad \alpha, \beta \in \mathbb{C}, \quad \beta/\alpha \notin \mathbb{Z}.$$

1.3.5 Historisches zum Sinusprodukt. EULER hat das *Cosinus-* und
Sinusprodukt 1734/35 gefunden und 1740 in der berühmten Arbeit *De Summis
Serierum Reciprocarum*, [62, I-14,73-86], publiziert: auf S. 84 findet man (mit
$p := \pi$)

$$1 - \frac{s^2}{1 \cdot 2 \cdot 3} + \frac{s^4}{1 \cdot 2 \cdot 3 \cdot 4 \cdot 5} - \frac{s^6}{1 \cdot 2 \cdot 3 \cdot 4 \cdot 5 \cdot 6 \cdot 7} + \quad \text{etc.}$$
$$= \left(1 - \frac{s^2}{p^2}\right)\left(1 - \frac{s^2}{4p^2}\right)\left(1 - \frac{s^2}{9p^2}\right)\left(1 - \frac{s^2}{16p^2}\right) \quad \text{etc.}$$

Zur Begründung sagt EULER, dass die Nullstellen in der Reihe die Zahlen
$p, -p, 2p, -2p, 3p, -3p$ etc. seien und diese folglich (analog wie ein Polynom)
durch $1 - \frac{s}{p}, 1 + \frac{s}{p}, 1 - \frac{s}{2p}, 1 + \frac{s}{2p}$ etc. teilbar sei!

JOH. BERNOULLI betont in einem Brief an EULER vom 2. April 1737,
dass dieses Vorgehen nur dann legitim sei, wenn man wisse, dass die Funktion
$\sin z$ keine anderen Nullstellen in $\mathbb{C}$ habe als $n\pi$, $n \in \mathbb{Z}$: „demonstrandum
esset nullam contineri radicem impossibilem", [76, 2, S. 16]; weitere Kritik
übten D. und J. BERNOULLI, vgl. [277, 264-265]. Die von EULER z.T.
anerkannten Einwände gaben mit den Anstoß zur Entdeckung der Formel
$e^{iz} = \cos z + i \sin z$; im Jahre 1743 leitet EULER hieraus seine Produktformeln
her, die ihm dann nebenbei *alle* Nullstellen von $\cos z$ und $\sin z$ liefern ([62,
I-14, 144-146] für $\cos z$).

EULER schließt wie folgt: wegen $\lim(1 + z/n)^n = e^z$ und $\sin z = \frac{1}{2i}(e^{iz} - e^{-iz})$ gilt:

$$\sin z = \frac{1}{2i} \lim p_n \left(\frac{iz}{n}\right), \quad \text{wobei} \quad p_n(w) := (1 + w)^n - (1 - w)^n.$$

Für jeden geraden Index $n = 2m$ folgt

$$p_n(w) = 2nw(1 + w + \cdots + w^{n-2}). \tag{1.12}$$

Die Wurzeln ω von p_n werden durch $(1 + \omega) = \zeta(1 - \omega)$ gegeben, wo
$\zeta = \exp(2\nu\pi i/n)$ irgendeine n-te Einheitswurzel ist; daher hat p_{2m} als
ungerades Polynom vom Grad $n - 1$ die $n - 1$ verschiedenen Nullstellen
$0, \pm\omega_1, \ldots, \pm\omega_{m-1}$, wobei

$$\omega_\nu = \frac{\exp(2\nu\pi i/n) - 1}{\exp(2\nu\pi i/n) + 1} = i \tan \frac{\nu\pi}{n}, \quad \nu = 1, \ldots, m - 1.$$

Damit ergibt sich auf Grund von (1.12) die Faktorisierung

$$p_{2m}(w) = 2nw \prod_{\nu=1}^{m-1} \left(1 - \frac{w}{\omega_\nu}\right)\left(1 + \frac{w}{\omega_\nu}\right) = 2nw \prod_{\nu=1}^{m-1} \left(1 + w^2 \cot^2 \frac{\nu\pi}{n}\right).$$

Hiermit ergibt sich

$$\sin z = z \lim_{n\to\infty} \prod_{\nu=1}^{\frac{1}{2}n-1} \left(1 - z^2 \left(\frac{1}{n} \cot \frac{\nu\pi}{n}\right)^2\right).$$

Wegen $\lim_{n\to\infty} \left(\frac{1}{n} \cot \frac{\nu\pi}{n}\right) = \frac{1}{\pi\nu}$ folgt nach *Limesvertauschung* die Produktformel. Natürlich lässt sich dieser letzte Schritt streng begründen (vgl. z.B. [263, S. 42 und 56]). – Eine noch einfachere Herleitung des Sinusproduktes, die auf der gleichen Grundidee beruht, findet man in [280, 5.4.3].

1.4 Eulersche Partitionsprodukte*

Neben dem Sinusprodukt hat EULER das Produkt

$$\mathcal{Q}(z, q) := \prod_{\nu=1}^{\infty} (1 + q^\nu z) = (1 + qz)(1 + q^2 z)(1 + q^3 z) \cdot \ldots$$

intensiv studiert. Es ist für jedes $q \in \mathbb{E}$ wegen $\sum |q|^\nu < \infty$ normal konvergent in $\mathbb{C}$ und also eine ganze Funktion in z, die im Fall $q \neq 0$ genau in den Punkten $-q^{-1}, -q^{-2}, \ldots$ Nullstellen, und zwar von erster Ordnung, hat. Aus $\mathcal{Q}(z, q)$ entstehen für $z = 1$ bzw. $z = -1$ die im Einheitskreis holomorphen Produkte

$$(1 + q)(1 + q^2)(1 + q^3) \cdot \ldots \quad \text{bzw.} \quad (1 - q)(1 - q^2)(1 - q^3) \cdot \ldots, \quad q \in \mathbb{E}.$$

Ihre Potenzreihen um 0 spielen, wie wir im Abschnitt (1.4.1) sehen werden, in der Theorie der Partitionen natürlicher Zahlen eine wichtige Rolle. Die Entwicklung von $\prod(1 - q^\nu)$ enthält nur solche Monome q^n, bei denen n eine *Pentagonalzahl* $\frac{1}{2}(3\nu^2 \pm \nu)$ ist: dieses ist im berühmten Pentagonal-Zahlen-Satz enthalten, den wir im Abschnitt (1.4.2) besprechen. Im Abschnitt (1.4.3) entwickeln wir $\mathcal{Q}(z, q)$ nach Potenzen von z.

1.4.1 Partitionen natürlicher Zahlen und Eulersche Produkte.
Jede Darstellung einer natürlichen Zahl $n \geq 1$ als Summe von Zahlen aus $\mathbb{N}\backslash\{0\}$ heißt eine *Partition* von n. Mit $p(n)$ wird die Anzahl der Partitionen von n bezeichnet (dabei gelten zwei Partitionen als gleich, wenn sie sich höchstens in der Reihenfolge der Summanden unterscheiden), z.B. gilt $p(4) = 5$, denn 4

hat die Darstellungen $4 = 4$, $4 = 3+1$, $4 = 2+2$, $4 = 2+1+1$, $4 = 1+1+1+1$. Man setzt noch $p(0) := 1$. Die Werte von $p(n)$ wachsen astronomisch:

n	7	10	30	50	100	200
p(n)	15	42	5604	204226	190569292	3972999029388

Um die Partitionsfunktion p zu untersuchen, bildet EULER die Potenzreihe $\sum p(\nu)q^\nu$, er findet den überraschenden Satz [63, S. 267]:

Für alle $q \in \mathbb{E}$ gilt

$$\prod_{\nu=1}^{\infty}(1-q^\nu)^{-1} = \sum_{\nu=0}^{\infty} p(\nu)q^\nu. \tag{1.13}$$

Beweisskizze. Man betrachtet die geometrischen Reihen $(1-q^\nu)^{-1} = \sum_{k=0}^{\infty} q^{\nu k}, q \in \mathbb{E}$, und macht sich klar, dass $\prod_{\nu=1}^{n}(1-q^\nu)^{-1} = \sum_{k=0}^{\infty} p_n(k)q^k$, $q \in \mathbb{E}$, $n \geq 1$, wobei $p_n(0) := 1$ und $p_n(k)$ für $k \geq 1$ die Anzahl der Partitionen von k bezeichnet, deren Summanden alle $\leq n$ sind. Da $p_n(k) = p(k)$ für $n \geq k$, so folgt die Behauptung durch Grenzübergang. – Einen detaillierten Beweis findet man in [104, S. 275]. □

Es gibt viele zu (1.13) analoge Formeln. So findet man bei Euler [63, S. 268/69]:

Es bezeichne $u(n)$ bzw. $v(n)$ die Anzahl der Partitionen von $n \geq 1$ in ungerade bzw. in verschiedene Summanden. Dann folgt für jedes $q \in \mathbb{E}$:

$$\prod_{\nu \geq 1}(1-q^{2\nu-1})^{-1} = 1 + \sum_{\nu \geq 1} u(\nu)q^\nu, \quad \prod_{\nu \geq 1}(1+q^\nu) = 1 + \sum_{\nu \geq 1} v(\nu)q^\nu.$$

Hieraus erhält man wegen

$$(1+q)(1+q^2)(1+q^3)\cdots = \frac{1-q^2}{1-q} \cdot \frac{1-q^4}{1-q^2} \cdot \frac{1-q^6}{1-q^3} \cdots$$

$$= \frac{1}{1-q} \cdot \frac{1}{1-q^3} \cdot \frac{1}{1-q^5} \cdots$$

die überraschende und keineswegs auf der Hand liegende Folgerung

$$u(n) = v(n), \ n \geq 1. \qquad \square$$

Seit EULER ordnet man jeder Funktion $f : \mathbb{N} \to \mathbb{C}$ die formale Potenzreihe $F(z) = \sum f(\nu)z^\nu$ zu; diese Reihe konvergiert, wenn $f(\nu)$ nicht zu stark wächst. Man nennt F *die erzeugende Funktion von f*; die Produkte $\prod(1-q^\nu)^{-1}, \prod(1-q^{2\nu-1})^{-1}, \prod(1+q^\nu)$ sind also die erzeugenden Funktionen der Partitionsfunktionen $p(n), u(n), v(n)$. Erzeugende Funktionen spielen eine große Rolle in der Zahlentheorie, vgl. etwa [104, S. 274ff.].

1.4.2 Pentagonal-Zahlen-Satz. Rekursionsformeln für $p(n)$ und $\sigma(n)$. Die Suche nach der TAYLOR-Reihe von $\prod(1 - q^\nu)$ um 0 hat EULER jahrelang beschäftigt. Die Antwort gibt sein berühmter Pentagonal-Zahlen-Satz.

Pentagonal-Zahlen-Satz 1.8. *Für alle $q \in \mathbb{E}$ gilt*

$$\prod_{\nu \geq 1}(1 - q^\nu) = 1 + \sum_{\nu \geq 1}(-1)^\nu [q^{\frac{1}{2}(3\nu^2 - \nu)} + q^{\frac{1}{2}(3\nu^2 + \nu)}] \tag{1.14}$$

$$= \sum_{\nu=-\infty}^{\infty} (-1)^\nu q^{\frac{1}{2}(3\nu^2 - \nu)}$$

$$= 1 - q - q^2 + q^5 + q^7 - q^{12} - q^{15} + q^{22} + q^{26}$$
$$- q^{35} - q^{40} + q^{51} + \dots$$

Wir werden diesen Satz in Abschnitt 5.2 aus der JACOBIschen *Tripel-Produkt-Identität* herleiten.

Die Folge $\omega(\nu) := \frac{1}{2}(3\nu^2 - \nu)$, die mit 1, 5, 12, 22, 35, 51 beginnt, war bereits bei den Griechen bekannt, vgl. [51, S. 1]. Angeblich bestimmte PYTHAGORAS $\omega(n)$, indem er regelmäßige Fünfecke, deren Kantenlänge jeweils um 1 zunimmt, ineinanderlegte und die Zahl aller Eckpunkte zählte:

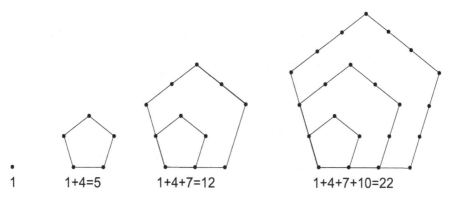

1   1+4=5   1+4+7=12   1+4+7+10=22

Wegen dieses Konstruktionsprinzips nennt man alle Zahlen $\omega(\nu)$, $\nu \in \mathbb{Z}$, *Pentagonal-Zahlen*, diese Bezeichnung gab der Identität (1.14) den Namen.

Aus der wegen (1.13) und (1.14) klaren Identität

$$1 = \left(\sum_{n \geq 0} p(\nu)q^\nu\right) \left(1 + \sum_{\nu \geq 1}(-1)^\nu [q^{\omega(\nu)} + q^{\omega(-\nu)}]\right)$$

lassen sich durch Koeffizientenvergleich Aussagen über die Partitionsfunktion p gewinnen. Tatsächlich erhielt EULER so (vgl. hierzu auch [104, S. 286/86]): Rekursionsformel für $p(n)$.

Setzt man $p(n) := 0$ für $n < 0$, so gilt

$$p(n) = p(n-1) + p(n-2) - p(n-5) - p(n-7) + \ldots$$
$$= \sum_{k \geq 1} (-1)^{k-1} [p(n - \omega(k)) + p(n - \omega(-k))]$$

Es war eine große Überraschung für EULER, als er erkannte und mittels des Pentagonal-Zahlen-Satzes bewies, dass fast dieselbe Formel für Teilersummen besteht. Bezeichnet $\sigma(n) := \sum_{d|n} d$ die Summe aller positiven Teiler der natürlichen Zahl $n \geq 1$, so gilt die

Rekursionsformel für $\sigma(\mathbf{n})$. *Setzt man* $\sigma(\nu) := 0$ *für* $\nu \leq 0$, *so gilt*

$$\sigma(n) = \sigma(n-1) + \sigma(n-2) - \sigma(n-5) - \sigma(n-7) + \ldots$$
$$= \sum_{k \geq 1} (-1)^{k-1} [\sigma(n - \omega(k)) + \sigma(n - \omega(-k))]$$

für jede natürliche Zahl $n \geq 1$, *die keine Pentagonzahl ist. Für jede Zahl* $n = \frac{1}{2}(3\nu^2 \pm \nu)$, $\nu \geq 1$, *gilt hingegen*

$$\sigma(n) = (-1)^{\nu-1} n + \sigma(n-1) + \sigma(n-2) - \sigma(n-5) - \sigma(n-7) + \ldots$$
$$= (-1)^{\nu-1} n + \sum_{k \geq 1} (-1)^{k-1} [\sigma(n - \omega(k)) + \sigma(n - \omega(-k))].$$

In der Literatur findet man häufig nur die erste Formel für *alle* $n \geq 1$ mit der Maßgabe, dass der Summand $\sigma(n - n)$, falls er vorkommt, den Wert n hat. So hat auch EULER die Formel angegeben. – Für $12 = \frac{1}{2}(3 \cdot 3^2 - 3)$ hat man

$$\sigma(12) = (-1)^2 12 + \sigma(11) + \sigma(10) - \sigma(7) - \sigma(5) + \sigma(0) = 12 + 12 + 18 - 8 - 6 = 28.$$

Beweis der Rekursionsformel für $\sigma(n)$ *nach* EULER. Man bildet die logarithmische Ableitung von (1.14). Eine einfache Umformung gibt

$$\sum_{\nu=1}^{\infty} \frac{\nu q^\nu}{1 - q^\nu} \cdot \sum_{\nu=-\infty}^{\infty} (-1)^\nu q^{\omega(\nu)} = \sum_{n=-\infty}^{\infty} (-1)^{n-1} \omega(n) q^{\omega(n)}. \qquad (1.15)$$

Die Potenzreihe der ersten Reihe links[6] um 0 ist $\sum_{\kappa=1}^{\infty} \sigma(\kappa) q^\kappa$. Multipliziert man die Reihen aus, so entsteht eine Doppelsumme mit dem allgemeinen Glied

---

[6] Reihen des Typs $\sum_{\nu=1}^{\infty} a_\nu \frac{q^\nu}{1-q^\nu}$ heißen LAMBERTsche Reihen. Da $q^\nu \cdot (1 - q^\nu)^{-1} = \sum_{\mu=1}^{\infty} q^{\mu\nu}$, so folgt sofort (vgl. hierzu auch [139, S. 466]):

Ist die LAMBERT*sche Reihe* $\sum_{\nu=1}^{\infty} a_\nu \frac{q^\nu}{1-q^\nu}$ *normal konvergent in* $\mathbb{E}$, *so gilt*

$$\sum_{\nu=1}^{\infty} a_\nu \frac{q^\nu}{1 - q^\nu} = \sum_{\nu=1}^{\infty} A_\nu q^\nu, \quad q \in \mathbb{E}, \quad wobei \quad A_\nu := \sum_{d|\nu} a_d.$$

$(-1)^\nu \sigma(\kappa) q^{\kappa+\omega(\nu)}$. Fasst man alle Terme mit gleichen Exponenten zusammen, so entsteht

$$\sum_{n=1}^{\infty} \left(\sum_{k\in\mathbb{Z}} (-1)^k \sigma(n-\omega(k)) \right) q^n.$$

Koeffizientenvergleich in (1.15) liefert die Behauptungen.   □

Elementare Beweise der Rekursionsformel für $\sigma(n)$ scheinen nicht bekannt zu sein. – Die Funktion $\sigma(n)$ lässt sich rekursiv durch die Funktion $p(n)$ ausdrücken. Es gilt für alle $\nu \geq 1$:

$$\sigma(n) = p(n-1)+2p(n-2)-5p(n-5)-7p(n-7)+12p(n-12)+15p(n-15)-\ldots$$
$$= \sum_{k\geq 1} (-1)^{k-1}[\omega(k)p(n-\omega(k))+\omega(-k)p(n-\omega(-k))].$$

Dies wurde 1884 von Chr. ZELLER bemerkt, vgl. [281]. Wir notieren noch eine Formel, die sich ebenfalls mittels des Pentagonal-Zahlen-Satzes herleiten lässt:

$$p(n) = \frac{1}{n} \sum_{\nu=1}^{n} \sigma(\nu) p(n-\nu).$$

1.4.3 Potenzreihenentwicklung von $\prod_{\nu=1}^{\infty} (1 + q^\nu z)$ nach z.

Während die Potenzreihenentwicklung dieser Funktion nach q nur für spezielle Werte von z bekannt ist (vgl. Abschnitte 1.4.1 und 1.4.2), lässt sich ihre Entwicklung nach z leicht finden. Setzt man $\mathcal{Q}(z,q) := \prod_{\nu\geq 1} (1+q^\nu z)$, so folgt direkt:

$$(1 + qz)\mathcal{Q}(qz,q) = \mathcal{Q}(z,q); \qquad (1.16)$$

aus dieser Funktionalgleichung erhält man sofort:

$$\prod_{n=1}^{\infty}(1 + q^\nu z) = 1 + \sum_{\nu\geq 1}^{\infty} \frac{q^{\frac{1}{2}\nu(\nu+1)}}{(1-q)(1-q^2)\cdot\ldots\cdot(1-q^\nu)} z^\nu, \quad (q,z) \in \mathbb{E} \times \mathbb{C}. \quad (1.17)$$

Beweis. Für festes $q \in \mathbb{E}$ sei $\sum_{\nu\geq 0} a_\nu z^\nu$ die Taylorreihe von $\mathcal{Q}(z,q)$. Es gilt $a_0 = 1$, und (1.16) liefert die Rekursionsformel

$$a_\nu q^\nu + a_{\nu-1}q^\nu = a_\nu, \quad \text{d.h.} \quad a_\nu = \frac{q^\nu}{1-q^\nu} a_{\nu-1} \quad \text{für } \nu \geq 1.$$

Es folgt (z.B. durch Induktion), dass $a_\nu = q^{\frac{1}{2}\nu(\nu+1)}[(1-q)\cdot\ldots\cdot(1-q^\nu)]^{-1}$.   □

Für $z = 1$ sehen wir

$$(1+q)(1+q^2)(1+q^3)\cdot\ldots = 1 + \frac{q}{1-q} + \frac{q^3}{(1-q)(1-q^2)}$$
$$+ \frac{q^6}{(1-q)(1-q^2)(1-q^3)} + \ldots.$$

Schreibt man q^2 statt q in (1.17) und setzt man $z = q^{-1}$, so folgt

$$\prod_{\nu=1}^{\infty}(1+q^{2\nu-1}) = 1 + \sum_{\nu=1}^{\infty} \frac{q^{\nu^2}}{(1-q^2)(1-q^4)\cdot\ldots\cdot(1-q^{2\nu})},$$

oder ausgeschrieben

$$(1+q)(1+q^3)(1+q^5)\cdot\ldots = 1 + \frac{q}{1-q^2} + \frac{q^4}{(1-q^2)(1-q^4)}$$
$$+ \frac{q^9}{(1-q^2)(1-q^4)(1-q^6)} + \cdots.$$

Diese Herleitung und mehr findet man in [63, S. 251 ff].

Das Produkt $\mathcal{Q}(z,q)$ ist einfacher als das Sinusprodukt. Nicht nur, dass sich die normale Konvergenz bereits mittels der geometrischen Reihe ergibt, auch die Funktionalgleichung (1.16), die an die Stelle der Verdopplungsformel für $s(z)$ tritt, folgt mühelos und ist überdies ergiebiger.

Aufgabe. Man zeige, dass für alle $(q,z) \in \mathbb{E} \times \mathbb{C}$ gilt:

a) $\displaystyle\prod_{\nu=1}^{\infty} \frac{1}{1-q^\nu z} = 1 + \sum_{\nu=1}^{\infty} \frac{q^\nu}{(1-q)\cdot(1-q^2)\cdot\ldots\cdot(1-q^\nu)} z^\nu,$

b) $\displaystyle\prod_{\nu=1}^{\infty} \frac{1}{1-q^\nu z} =$

$\displaystyle 1 + \sum_{\nu=1}^{\infty} \frac{q^{\nu^2}}{(1-q)\cdot(1-q^2)\cdot\ldots\cdot(1-q^\nu)\cdot(1-qz)\cdot(1-q^2z)\cdot\ldots\cdot(1-q^\nu z)} z^\nu.$

Man vergleiche die Ergebnisse für $z = 1$.

Hinweis. Im Falle a) betrachte man zunächst $\prod_{\nu=1}^{n} \frac{1}{1-q^\nu z}$, $1 \leq n < \infty$. Man verschaffe sich jeweils Funktionalgleichungen und simuliere den Beweis von (1.17); im Falle a) führe man abschließend den Grenzübergang $n \to \infty$ aus. – Die Gleichung b) findet sich z.B. in den *Fundamenta*, [130, 232–233].

1.4.4 Historisches zu Partitionen und zum Pentagonal-Zahlen-Satz.

Schon G.W. LEIBNIZ fragte Joh. BERNOULLI 1699 in einem Brief, ob er die Funktion $p(n)$ studiert habe; er bemerkte, dass dieses Problem nicht leicht, aber wichtig sei (*Math. Schriften*, ed. GERHARDT, Bd. III/2, S. 601). EULER wurde 1740 von PH. NAUDÉ (Berliner Mathematiker franz. Herkunft) gefragt, auf wie viele Weisen sich eine gegebene natürliche Zahl n als Summe von s verschiedenen natürlichen Zahlen darstellen lasse. EULER hat diese und verwandte Fragen mehrfach behandelt, er wurde so zum Vater eines neuen Gebietes der Analysis, das er „Partitio Numerorum" nannte. Bereits im April 1741, kurz vor seiner Abreise nach Berlin, legte er erste Resultate der Petersburger Akademie vor, [62, I-2, 163–193]. Am Ende dieser Arbeit spricht er den Pentagonal-Zahlen-Satz aus, nachdem er durch Ausmultiplizieren der ersten 51 Faktoren von $\prod(1-q^\nu)$ die Anfangsglieder der Pentagonal-Zahlen-Reihe bis zum Summanden q^{51} bestimmt hatte, loc. cit. S. 191/192. Es dauerte dann allerdings fast noch 10 Jahre, bis er den Satz beweisen konnte (Brief an GOLDBACH vom

9. Juni 1750, [54, 1, 522-524]). In der Introductio handelt das Kapital 16 ausführlich „von der Zerlegung der Zahlen in Teile", der Pentagonal-Zahlen-Satz wird erwähnt und angewendet, S. 269.

Die Rekursionsformel für die Funktion $p(n)$ findet sich erstmals 1750 in der Abhandlung *De Partitione Numerorum*, [62, I-2, S. 281]; sie wurde 1918 von P.A. MACMAHON bemüht, um $p(n)$ bis zu $n = 200$ zu berechnen, er fand $p(200) = 3\,972\,999\,029\,388$ (Proc. London Math. Soc. (2) 17, (1918), insb. 114–115).

Die Rekursionsformel für $\sigma(n)$ hatte EULER schon 1741 numerisch für alle $n < 300$ verifiziert (Brief an GOLDBACH vom 1. April 1741, [76, 1, 407–410]). Er nennt dort seine Entdeckung „*eine sehr wunderbare Ordnung in den Zahlen*" und schreibt, dass er keine „*demonstrationen rigorosam hätte. Wenn ich aber auch gar keine hätte, so würde man an der Wahrheit doch nicht zweifeln können, weil bis über* 300 *diese Regel immer eingetroffen.*" Er teilt GOLDBACH dann die Herleitung der Rekursionsformel aus dem (damals noch unbewiesenen) Pentagonal-Zahlen-Satz mit. Eine ausführliche Darstellung mit Beweis gibt er 1751 in *Découverte d'une loi tout extraordinaire des nombres par rapport à la somme de leurs diviseurs*, [62, I-2, 241–253]. - Weitere historische Angaben und Erläuterungen findet der Leser in [277, 276–281]. Es mussten noch nahezu weitere 80 Jahre vergehen, bis JACOBI 1829 die volle Erklärung für die EULERschen Identitäten mit seiner Theorie der Thetafunktionen geben konnte. Wir gehen hierauf im nächsten Paragraphen etwas näher ein.

1.5 Jacobis Produktdarstellung* der Reihe

$$J(z,q) := \sum_{\nu=-\infty}^{\infty} q^{\nu^2} z^\nu$$

Die LAURENT-Reihe $\sum\limits_{\nu=-\infty}^{\infty} q^{\nu^2} z^\nu = 1 + \sum\limits_{\nu=1}^{\infty} q^{\nu^2}(z^\nu + z^{-\nu})$ ist für jedes $q \in \mathbb{E}$ in $\mathbb{C}^*$ konvergent, daher gilt $J(z,q) \in \mathcal{O}(\mathbb{C}^*)$ für alle $q \in \mathbb{E}$. Wer die Thetafunktion kennt, bemerkt sofort

$$\vartheta(z,\tau) = J(e^{2\pi i z}, e^{-\pi\tau}) \quad \text{(vgl. hierzu Paragraph I.12.4)},$$

diese Beziehung spielt indessen im folgenden keine Rolle. Man zeigt direkt

$$J(i,q) = J(-1, q^4), \quad q \in \mathbb{E}. \tag{1.18}$$

JACOBI sah 1829, dass seine Reihe $J(z,q)$ mit dem von ABEL studierten Produkt

$$A(z,q) := \prod_{\nu=1}^{\infty} [(1-q^{2\nu})(1+q^{2\nu-1}z)(1+q^{2\nu-1}z^{-1})]$$

übereinstimmt. Es gilt $A(z,q) \in \mathcal{O}(\mathbb{C}^\times)$ für jedes $q \in \mathbb{E}$, da das Produkt jeweils in $\mathbb{C}^\times$ normal konvergiert. Zwischen dem Eulerprodukt $\mathcal{Q}(z,q)$ aus 1.4.3 und $A(z,q)$ besteht folgender Zusammenhang

$$A(z,q) = \prod_{\nu=1}^{\infty}(1-q^{2\nu}) \cdot \mathcal{Q}(q^{-1}z, q^2) \cdot \mathcal{Q}(q^{-1}z^{-1}, q^2).$$

Die Identität $J(z,q) = A(z,q)$ ist eine der vielen tiefen Formeln, die sich in JACOBIS *Fundamenta Nova* finden. Wir gewinnen diese JACOBIsche Tripel-Produkt-Identität im Abschnitt 1.5.2 mit Hilfe der Funktionalgleichungen

$$A(q^2 z, q) = (qz)^{-1} A(z,q), \quad A(z^{-1}, q) = A(z,q), \quad (z,q) \in \mathbb{C}^\times \times \mathbb{E}^\times, \tag{1.19}$$

$$A(i,q) = A(-1, q^4), \quad q \in \mathbb{E}, \tag{1.20}$$

die man alle leicht der Definition von A entnimmt, wobei man beim Beweis von (1.20) beachte, dass

$$\prod_{\nu=1}^\infty (1 - q^{\nu^2}) = \prod_{\nu=1}^\infty [(1 - q^{4\nu})(1 - q^{4\nu - 2})], \quad (1 + q^{2\nu-1} i)(1 - q^{2\nu-1} i) = 1 + q^{4\nu - 2}.$$

Aus der Gleichung $J(z,q) = A(z,q)$ entstehen durch Spezialisierung faszinierende Identitäten, die z.T. auf EULER zurückgehen; wir geben Kostproben im Abschnitt 1.5.2.

1.5.1 Theorem von Jacobi.

Satz 1.9 (Jacobi). *Für alle* $(q,z) \in \mathbb{E} \times \mathbb{C}^\times$ *gilt*

$$\sum_{\nu=-\infty}^\infty q^{\nu^2} z^\nu = \prod_{\nu=1}^\infty [(1 - q^{2\nu})(1 + q^{2\nu-1} z)(1 + q^{2\nu-1} z^{-1})]. \tag{1.21}$$

Beweis. (vgl. [104, S. 282/83]). Das Produkt $A(z,q)$ hat für jedes $q \in \mathbb{E}$ eine LAURENT-Entwicklung $\sum_{\nu=-\infty}^\infty a_\nu z^\nu$ in $\mathbb{C}^\times$ um 0 mit Koeffizienten a_ν, die von q abhängen. Die Gleichungen (1.19) der Einleitung implizieren $a_{-\nu} = a_\nu$ und $a_\nu = q^{2\nu-1} a_{\nu-1}$ für alle $\nu \in \mathbb{Z}$. Damit ist bereits klar, wenn wir $a(q)$ für a_0 schreiben, dass

$$A(z,q) = a(q) J(z,q) \quad \text{mit} \quad a(0) = 1.$$

Da $A(1,q)$ und $J(1,q)$ als Funktionen in q holomorph in $\mathbb{E}$ sind und da $J(1,0) = 1$, so ist $a(q)$ holomorph in einer Umgebung des Nullpunktes. Aus den Gleichungen (1.18) und (1.20) der Einleitung folgt, da $J(i,q) \not\equiv 0$,

$$a(q) = a(q^4) \quad \text{und mithin} \quad a(q) = a(q^{4n}), \quad n \geq 1 \quad \text{für alle} \quad q \in \mathbb{E}.$$

Die Stetigkeit von $a(q)$ in 0 erzwingt $a(q) = \lim_{n \to \infty} a(q^{4n}) = a(0) = 1$ für alle $q \in \mathbb{E}$. $\square$

Die Idee zu diesem eleganten Beweis soll auf JACOBI zurückgehen (vgl. [104, S. 296]). Es sei empfohlen, den Beweis bei KRONECKER anzuschauen, [151, 182–186]. Mit $z := e^{2iw}$ schreibt sich (1.21) in der Form

$$\sum_{\nu=-\infty}^\infty q^{\nu^2} e^{2i\nu w} = \prod_{\nu=1}^\infty [(1 - q^{2\nu})(1 + 2q^{2\nu-1} \cos 2w + q^{4\nu-2})].$$

Die Identität (1.21) wird gelegentlich auch wie folgt geschrieben

$$\sum_{\nu=-\infty}^\infty (-1)^\nu q^{\frac{1}{2}\nu(\nu+1)} z^\nu = (1 - z^{-1}) \prod_{\nu=1}^\infty [(1 - q^\nu)(1 - q^\nu z)(1 - q^\nu z^{-1})]. \tag{1.22}$$

Es entsteht (1.22) aus (1.21), wenn man dort $-qz$ für z einträgt, das entstehende Produkt umordnet und schließlich q statt q^2 schreibt.

1.5.2 Diskussion des Jacobischen Theorems. Für $z = 1$ entsteht aus (1.22) die Produktdarstellung der klassischen, in $\mathbb{E}$ konvergenten Thetareihe

$$\sum_{\nu=-\infty}^{\infty} q^{\nu^2} = 1 + 2\sum_{\nu=1}^{\infty} q^{\nu^2} = \prod_{\nu=1}^{\infty} [(1 + q^{2\nu-1})^2 (1 - q^{2\nu})]. \tag{1.23}$$

Wir notieren weiter:

Es seien $k, l \in \mathbb{N}\backslash\{0\}$ beide gerade oder ungerade. Dann gilt für alle $(z, q) \in \mathbb{C}^{\times} \times \mathbb{E}$,

$$\sum_{\nu=-\infty}^{\infty} q^{\frac{1}{2}\nu(k\nu+l)} z^{\nu} = \prod_{\nu=1}^{\infty} [(1 - q^{k\nu})(1 + q^{k\nu-\frac{1}{2}(k-l)}z)(1 + q^{k\nu-\frac{1}{2}(k+l)}z^{-1})]. \tag{1.24}$$

Beweis. Sei zunächst $0 < q < 1$. Dann sind $q^{\frac{1}{2}k}, q^{\frac{1}{2}l} \in (0,1)$ eindeutig bestimmt, und (1.21) geht, wenn man $q^{\frac{1}{2}k}$ statt q und $q^{\frac{1}{2}l}z$ statt z schreibt, über in (1.24). Diese Gleichung gilt also gewiss für alle $(z, q) \in \mathbb{C}^{\times} \times (0, 1)$. Da nach Voraussetzungen über k, l alle Exponenten in (1.24) ganzzahlig sind (!), so stehen in (1.24) bei festem z links und rechts holomorphe Funktionen in $q \in \mathbb{E}$. Nach dem Identitätssatz folgt die Behauptung. □

Für $k = l = 1$ und $z = 1$ geht (1.24) über in

$$\sum_{\nu=-\infty}^{\infty} q^{\frac{1}{2}\nu(\nu+1)} = 2 + 2\sum_{\nu=1}^{\infty} q^{\frac{1}{2}\nu(\nu+1)} = \prod_{\nu=1}^{\infty} [(1 - q^{2\nu})(1 + q^{\nu-1})]; \tag{1.25}$$

diese von EULER stammende Identität schreibt GAUSS 1808 so ([82, S. 20]):

$$1 + q + q^3 + q^6 + q^{10} + \text{etc.} = \frac{1 - qq}{1 - q} \cdot \frac{1 - q^4}{1 - q^3} \cdot \frac{1 - q^6}{1 - q^5} \cdot \frac{1 - q^8}{1 - q^7} \tag{1.26}$$

(zum Beweis benutze man Aufgabe 2) aus 1.2.1.

Für $k = 3$, $l = 1$ und $z = -1$ besagt (1.24):

$$\prod_{\nu=1}^{\infty} [(1 - q^{3\nu})(1 - q^{3\nu-1})(1 - q^{3\nu-2})] = \sum_{\nu=-\infty}^{\infty} (-1)^{\nu} q^{\frac{1}{2}\nu(3\nu+1)};$$

da hier links jeder Faktor $1 - q^{\nu}$, $\nu \geq 1$, genau einmal vorkommt, folgt – wie in 1.4.2 angekündigt - der *Pentagonal-Zahlen-Satz*

$$\prod_{\nu=1}^{\infty}(1 - q^{\nu}) = 1 + \sum_{\nu=1}^{\infty}(-1)^{\nu}[q^{\frac{1}{2}\nu(3\nu-1)} + q^{\frac{1}{2}\nu(3\nu+1)}], \quad q \in \mathbb{E}; \tag{1.27}$$

oder ausgeschrieben

$$(1 - q)(1 - q^2)(1 - q^3) \cdot \ldots = 1 - q - q^2 + q^5 + q^7 - q^{12} - q^{15} + \ldots . □ \tag{1.28}$$

Jetzt lässt sich auch grundsätzlich die Potenzreihe von $\prod(1 + q^{\nu})$ um 0 berechnen. Wegen $\prod(1 - q^{\nu}) \cdot \prod(1 + q^{\nu}) = \prod(1 - q^{2\nu})$ erhält man auch mit (1.28):

$$\prod_{\nu=1}^{\infty}(1+q^{\nu}) = \frac{1-q^2-q^4+q^{10}+q^{14}-\cdots}{1-q-q^2+q^5+q^7-\cdots}$$

$$= 1+q+q^2+2q^3+2q^4+3q^5+4q^6+5q^7+\cdots.$$

Die ersten Koeffizienten rechts hat bereits EULER angegeben ([63, S. 269]), eine einfache explizite Darstellung aller Koeffizienten ist nicht bekannt. – Zahlentheoretische Interpretationen der obigen Formeln sowie weitere Identitäten findet man bei [104].

Wir notieren abschließend noch Jacobis berühmte Formel für den Kubus des EULER-Produktes (vgl. [130, S. 237]) und [133, S. 0]

$$\prod_{\nu=1}^{\infty}(1-q^{\nu})^3 = \sum_{\nu=0}^{\infty}(-1)^{\nu}(2\nu+1)\,q^{\frac{1}{2}\nu(\nu+1)}; \qquad (1.29)$$

zum Beweis differenziert JACOBI die Identität (1.22) des Abschnittes 1.9 nach z und setzt dann $z = 1$ (der Leser führe die Einzelheiten aus, in der Reihe fasse man die Summanden mit Index ν und $-\nu - 1$ zusammen). JACOBI schrieb 1848 zur Identität 1.29, vgl. [133, S. 60]: „Dies mag wohl in der Analysis das einzige Beispiel sein, daß eine Potenz einer Reihe, deren Exponenten eine arithmetische Reihe zweiter Ordnung [= quadratische Form $an^2 + bn + c$] bilden, wieder eine solche Reihe giebt."

1.5.3 Historisches zur Jacobischen Identität. JACOBI hat 1829 die Tripel-Produkt-Identität in seiner großen Arbeit *Fundamenta nova theoriae functionum ellipticarum* bewiesen; er schreibt damals, [130, S. 232]:
„Aequationem identicam, quam antecedentibus comprobatum ivimus:

$$(1-2q\cos 2x+q^2)(1-2q^3\cos 2x+q^6)(1-2q^5\cos 2x+q^{10})\ldots \quad ''$$
$$= \frac{1-2q\cos 2x+2q^4\cos 4x-2q^9\cos 6x+2q^{16}\cos 8x-\cdots}{(1-q^2)(1-q^4)(1-q^6)(1-q^8)\cdot\ldots}$$

In einer 1848 veröffentlichten Arbeit hat JACOBI seine Gleichung systematisch ausgewertet, er sagt dort, [132, S. 221]:

„Die sämmtlichen diesen Untersuchungen zum Grunde gelegten Entwicklungen sind particuläre Fälle einer Fundamentalformel der Theorie der elliptischen Functionen, welche in der Gleichung

$$(1-q^2)(1-q^4)(1-q^6)(1-q^8)\ldots$$
$$\times(1-qz)(1-q^3z)(1-q^5z)(1-q^7z)\ldots$$
$$\times(1-qz^{-1})(1-q^3z^{-1})(1-q^5z^{-1})(1-q^7z^{-1})\ldots$$
$$= 1-q(z+z^{-1})+q^4(z^2+z^{-2})-q^9(z^3+z^{-3})+\cdots$$

enthalten ist."

Die Vorarbeiten zur JACOBIschen Formel leistete EULER durch seinen Pentagonal!-Zahlen-Satz. 1848 schreibt JACOBI an den Sekretär der Petersburger Akademie P.H. VON FUSS (1797–1855), vgl. [133, S. 60]: „Ich möchte mir bei dieser Gelegenheit noch erlauben, Ihnen zu sagen, warum ich mich so für diese EULERsche Entdeckung interessiere. Sie ist nämlich der erste Fall gewesen, in welchem Reihen aufgetreten sind, deren Exponenten eine arithmetische Reihe *zweiter* Ordnung bilden, und auf diese Reihen ist durch mich die Theorie der elliptischen Transcendenten gegründet worden. Die EULERsche Formel ist ein specieller Fall einer Formel, welche wohl das wichtigste und fruchtbarste ist, was ich in reiner Mathematik erfunden habe."

JACOBI wusste nicht, dass lange vor EULER schon Jacob BERNOULLI und LEIBNIZ auf Reihen gestoßen waren, deren Exponenten eine Reihe zweiter Ordnung bilden. Im Jahre 1685 stellte Jacob BERNOULLI im *Journal des Scavans* ein Problem aus der Wahrscheinlichkeitsrechnung, dessen Lösung er 1690 in den *Acta Eruditorum* gibt: dabei treten Reihen auf, von denen er ausdrücklich sagt, dass deren Exponenten arithmetische Reihen zweiter Ordnung sind. Kurze Zeit nach BERNOULLI löst auch LEIBNIZ in den *Acta Eruditorum* das Problem, er hält die Frage für besonders interessant, weil sie auf noch nicht näher untersuchte Reihen führe (ad series tamen non satis adhuc examinatas ducit). Wegen weiterer Einzelheiten vgl. den Artikel [59] von G.E. ENESTRÖM.

In seiner *Ars Conjectandi* ist BERNOULLI noch einmal auf das Problem zurückgekommen; in [12] findet man auf S. 142 die Reihe

$$1 - m + m^3 - m^6 + m^{10} - m^{15} + m^{21} - m^{28} + m^{36} - m^{45} + \dots \; .$$

BERNOULLI sagt, dass er die Reihe nicht summieren kann, dass sich aber leicht „Näherungswerthe in beliebig weit vorgetriebener Genauigkeit berechnen" lassen (Zitat nach der von R. HAUSSNER besorgten Übersetzung von [12, S. 59]). Für $m = \frac{5}{6}$ gibt BERNOULLI z.B. den Näherungswert $0,52392$ an, der bis auf eine Einheit in der letzten Ziffer genau ist.

GAUSS hat JACOBI wissen lassen, dass er bereits um 1808 dessen Formeln kannte (vgl. den ersten Brief von JACOBI an LEGENDRE, [129, S. 394]). LEGENDRE, ob des Reziprozitätsgesetzes und der Methode der kleinsten Quadrate über GAUSS verbittert, schreibt dazu an JACOBI [129, S. 398]: „Comment se fait-il que M. GAUSS ait osé vous faire dire que la plupart des vos théorèmes lui était connus et qu'il en avait fait la découverte dès 1808? Cet excès d'impudence n'est pas croyable de la part d'un homme qui a assez de mérite personnel pour n'avoir besoin des s'approprier les découvertes des autres ..." .

Doch GAUSS hatte recht: in seinem Nachlass fand sich JACOBIs Fundamentalformel und mehr. GAUSS' Manuskripte wurden 1876 im dritten Band seiner Werke abgedruckt, auf Seite 440 steht (ohne Konvergenzangaben) die Formel

$$(1+xy)(1+x^3y)(1+x^5y)\ldots\left(1+\frac{x}{y}\right)\left(1+\frac{x^3}{y}\right)\left(1+\frac{x^5}{y}\right)\ldots$$

$$=\frac{1}{[xx]}\left\{1+x\left(y+\frac{1}{y}\right)+x^4\left(yy+\frac{1}{yy}\right)+x^9\left(y^3+\frac{1}{y^3}\right)+\ldots\right\},$$

wobei $[xx]$ für $(1-x^2)(1-x^4)(1-x^6)\ldots$ steht. Damit hat man in der Tat das Resultat von (1.21) von JACOBI. Der Herausgeber des Bandes, SCHERING, versichert auf Seite 494, dass diese GAUSSschen Untersuchungen *wohl dem Jahre* 1808 *angehören*.

Der im Lob karge KRONECKER hat die Tripel-Produkt-Identität wie folgt gewürdigt, [151, S. 186]: „Hierin besteht die ungeheure Entdeckung *Jacobi's;* die Umwandlung der Reihe in das Produkt war sehr schwierig. *Abel* hat auch das Product, aber nicht die Reihe. Deshalb wollte Dirichlet sie auch als JACOBIsche Reihe bezeichnen."

Die JACOBIschen Formeln sind nur die Spitze eines Eisberges von faszinierenden Identitäten. Im Jahre 1929 fand G.N. WATSON (vgl. [266, S. 44–45]), die

Quintupel-Produkt-Identität 1.10. *Für alle* $(q,z)\in\mathbb{E}\times\mathbb{C}^\times$ *gilt:*

$$\sum_{\nu=-\infty}^{\infty}q^{3\nu^2-2\nu}(z^{3\nu}+z^{-3\nu}-z^{3\nu-2}-z^{-3\nu+2})$$

$$=\prod_{\nu=1}^{\infty}(1-q^{2\nu})(1-q^{2\nu-1}z)(1-q^{2\nu-1}z^{-1})(1-q^{4\nu-4}z^2)(1-q^{4\nu-4}z^{-2}),$$

aus der durch Spezialisierung viele weitere Formeln entstehen, vgl. hierzu auch [90] und [64]. – Seit einigen Jahren gibt es eine Renaissance der JACOBIschen Formeln in der Theorie der affinen Wurzelsysteme. Dabei wurden Identitäten entdeckt, die in der klassischen Theorie unbekannt waren. Eine Einführung mit vielen Literaturhinweisen gibt E. NEHER in [182].

2. Die Gammafunktion

1. Das Problem, die Funktion $n!$, $n \in \mathbb{N}$, auf reelle Argumente auszudehnen und eine möglichst einfache „Fakultätenfunktion" zu finden, die an der Stelle $n \in \mathbb{N}$ den Wert $n!$ hat, führte EULER 1729 zur Γ-Funktion. Er gibt das unendliche Produkt

$$\Gamma(z+1) := \frac{1 \cdot 2^z}{1+z} \cdot \frac{2^{1-z}3^z}{2+z} \cdot \frac{3^{1-z}4^z}{3+z} \cdot \ldots = \prod_{\nu=1}^{\infty} \left(1 + \frac{1}{\nu}\right)^z \left(1 + \frac{z}{\nu}\right)^{-1}$$

als Lösung an[1]. EULER betrachtet nur reelle Argumente; GAUSS lässt 1811 auch komplexe Zahlen zu. Am 21. November 1811 schreibt er an Bessel, der sich ebenfalls mit dem Problem der allgemeinen Fakultäten beschäftigte: „Will man sich aber nicht ... zahllosen Paralogismen und Paradoxen und Widersprüchen blossstellen, so muss $1 \cdot 2 \cdot 3 \ldots x =$ nicht als D e f i n i t i o n von $\prod x$ gebraucht werden, da eine solche nur, wenn x eine ganze Zahl ist, einen bestimmten Sinn hat, sondern man muss von einer höheren a l l g e m e i n, selbst auf imaginäre Werthe von x anwendbaren, Definition ausgehen, wovon ...jene als specieller Fall erscheint. Ich habe folgende gewählt

$$\prod x = \frac{1 \cdot 2 \cdot 3 \cdot \ldots \cdot k \cdot k^x}{x+1 \cdot x+2 \cdot x+3 \cdot \ldots \cdot x+k},$$

wenn k unendlich wird", vgl. [83, S. 362–63]. Wir werden in 2.2 verstehen, warum GAUSS gar keine andere Wahl blieb.

EULERsche und GAUSSsche Funktion sind durch die Gleichungen

---

[1] Genaue EULER-Zitate findet man in den entsprechenden Abschnitten dieses Kapitels; wir stützen uns weitgehend auf den Artikel *Übersicht über die Bände* 17, 18, 19 *der ersten Serie* von A. KRAZER und G. FABER in [62, I–19, insb. XLVII–LXV]

$$\Gamma(z+1) = \prod(z), \quad \Gamma(n+1) = \prod(n) = n! \quad \text{für} \quad n = 1, 2, 3, \ldots$$

miteinander verknüpft. Die Γ-Funktion ist *meromorph in* $\mathbb{C}$; alle Pole sind von *erster* Ordnung, sie liegen in den Punkten $-n, n \in \mathbb{N}$. Es hat ausschließlich historische Gründe, dass diese Funktion an der Stelle $n+1$ (und nicht an der Stelle n) den Wert $n!$ hat. Die GAUSSsche Notation $\prod z$ hat sich nicht durchgesetzt; LEGENDRE führte die heute übliche Bezeichnung $\Gamma(z)$ anstelle von $\prod(z-1)$ ein, vgl. [161, 2, S. 5]; seither spricht man von der Gammafunktion.

2. Im Jahre 1854 machte WEIERSTRASS den Kehrwert

$$Fc(z) := 1/\Gamma(z) := z \prod_1^\infty \left(\frac{\nu}{\nu+1}\right)^z \left(1 + \frac{z}{\nu}\right) = z \prod_1^\infty \left(1 + \frac{z}{\nu}\right) e^{-z \log\left(\frac{\nu+1}{\nu}\right)} \quad (2.1)$$

des EULERschen Produktes zum Ausgangspunkt der Theorie. Im Gegensatz zu $\Gamma(z)$ ist $Fc(z)$ überall in $\mathbb{C}$ holomorph; WEIERSTRASS sagt über sein Produkt [275, S. 161]: „Ich möchte für dasselbe die Benennung „Factorielle von u" und die Bezeichnung $Fc(u)$ vorschlagen, indem die Anwendung dieser Function in der Theorie der Facultäten dem Gebrauch der Γ-Funktion deshalb vorzuziehen sein dürfte, weil sie für keinen Werth von u eine Unterbrechung der Stetigkeit erleidet und überhaupt … im Wesentlichen den Charakter einer rationalen ganzen Function besitzt."

Übrigens entschuldigt WEIERSTRASS sich fast für sein Interesse an der Funktion $Fc(u)$; er schreibt (S. 158) „daß die Theorie der analytischen Facultäten in meinen Augen durchaus nicht die Wichtigkeit hat, die ihr in früherer Zeit viele Mathematiker beimassen."

Heute schreibt man WEIERSTRASS' „Factorielle" Fc vorwiegend in der Form

$$z e^{\gamma z} \prod_1^\infty \left(1 + \frac{z}{\nu}\right) e^{-z/\nu}, \gamma := \lim_{n \to \infty} \left(\sum_1^n \frac{1}{\nu} - \log n\right) = \textit{Eulersche Konstante}.$$

Wir setzen $\Delta := Fc$ und stellen die wichtigen Eigenschaften von Δ im Paragraphen 2.1 zusammen. Im Paragraphen 2.2 wird die Γ-Funktion studiert. Zentral ist der WIELANDT*sche Eindeutigkeitssatz*, der z.B. direkt die GAUSSschen Multiplikationsformeln gibt.

3. Eine Theorie der Gammafunktion ist unvollständig ohne klassische Integralformel und die STIRLINGsche Formel. Integraldarstellungen waren EULER von Anbeginn an vertraut: in seiner ersten Arbeit zur Γ-Funktion aus dem Jahre 1729 findet man schon die Gleichung

$$n! = \int_0^1 (-\log x)^n dx, \quad n \in \mathbb{N}.$$

Die zentrale Rolle spielt seit langem die EULERsche Identität

$$\Gamma(z) = \int\limits_{0}^{\infty} t^{z-1}e^{-t}dt \quad \text{für} \quad z \in \mathbb{C}, \quad \operatorname{Re} z > 0,$$

sie und die HANKELschen Formeln werden im Paragraphen 2.3 mit dem Satz von WIELANDT gewonnen. Die STIRLINGsche Formel mit einer *universellen Abschätzung der Fehlerfunktion* wird im Paragraphen 2.4 ebenfalls mit dem Satz von WIELANDT hergeleitet; die Fehlerfunktion wird dabei nach STIELT-JESschem Vorbild (1889) durch ein uneigentliches Integral definiert. Im Paragraphen 2.5 zeigen wir, wiederum mittels des Eindeutigkeitssatzes:

$$B(w,z) = \int\limits_{0}^{1} t^{w-1}(1-t)^{z-1}dt = \frac{\Gamma(w)\Gamma(z)}{\Gamma(w+z)}.$$

2.1 Die Weierstrasssche Funktion $\Delta(z)=ze^{\gamma z}\prod\limits_{\nu\geq 1}(1+z/\nu)e^{-z/\nu}$

Wir stellen grundlegende Eigenschaften der Funktion Δ zusammen, u.a.

$$\Delta \in \mathcal{O}(\mathbb{C}), \quad \Delta(z) = z\Delta(z+1), \quad \pi\Delta(z)\Delta(1-z) = \sin\pi z.$$

2.1.1 Die Hilfsfunktion $H(z) := z\prod\limits_{\nu=1}^{\infty}(1+z/\nu)e^{-z/\nu}$.   Grundlegend ist:

Das Produkt $\prod\limits_{\nu\geq 1}(1+z/\nu)e^{-z/\nu}$ *konvergiert normal in* $\mathbb{C}$.   (2.2)

Beweis. Sei $B_n := \{z \in \mathbb{C} : |z| < n\}$, $n \in \mathbb{N}\backslash\{0\}$. Es genügt zu zeigen:

$$\sum_{\nu\geq 1}\left|1 - \left(1+\frac{z}{\nu}\right)e^{-z/\nu}\right|_{B_n} < \infty \quad \text{für alle} \quad n \geq 1.$$

Aus der Identität

$$1 - (1-w)e^{w} = w^2\left[\left(1-\frac{1}{2!}\right) + \left(\frac{1}{2!}-\frac{1}{3!}\right)w + \dots\right.$$
$$\left. + \left(\frac{1}{\nu!}-\frac{1}{(\nu+1)!}\right)w^{\nu-1} + \dots\right]$$

erhält man, da rechts alle Klammerausdrücke $\left(\frac{1}{\nu!}-\frac{1}{\nu+1}\right)$ positiv sind:

$$|1 - (1 - w)e^w| \le |w|^2 \sum_1^\infty \left(\frac{1}{\nu!} - \frac{1}{(\nu + 1)!} \right) = |w|^2, \quad \text{falls } |w| \le 1.$$

Für $w = -z/\nu$ folgt $|1 - (1 + z/\nu)e^{-z/\nu}| \le |z|^2/\nu^2$, falls $|z| \le \nu$, also:

$$\sum_{\nu \ge 1} |1 - (1 + z/\nu)e^{-z/\nu}|_{B_n} \le n^2 \sum_{\nu \ge n} \frac{1}{\nu^2} < \infty. \qquad \square$$

Durch Anfügung der Exponentialfaktoren $\exp(-z/\nu)$ wird im Vorangehenden beim divergenten Produkt $\prod_{\nu \ge 1} (1 + z/\nu)$ *Konvergenz erzeugt.* Die Bedeutung dieses Tricks hat zuerst WEIERSTRASS erkannt; er hat daraus eine allgemeine Theorie entwickelt, vgl. Kapitel 3.

Wegen (2.2) ist $H(z) := z \prod (1 + z/\nu)e^{-z/\nu}$ eine ganze Funktion. Nach Abschnitt 1.2.2 hat H genau in den Punkten $-n, n \in \mathbb{N}$, Nullstellen, und zwar jeweils von 1. Ordnung. Die Identität

$$-H(z)H(-z) = z^2 \prod_{\nu \ge 1} (1 - z^2/\nu^2) = \pi^{-1} z \sin \pi z \qquad (2.3)$$

folgt direkt; sie besagt, dass $H(z)$ im wesentlichen aus der „Hälfte der Faktoren des Sinusproduktes" besteht. – Es gilt weiter:

$$H(1) = e^{-\gamma} \quad \text{mit} \quad \gamma := \lim_{n \to \infty} \left(1 + \frac{1}{2} + \frac{1}{3} + \ldots + \frac{1}{n} - \log n \right) \in \mathbb{R}. \qquad (2.4)$$

Beweis. Wegen $\prod_{\nu=1}^n \left(1 + \frac{1}{\nu} \right) = n + 1$ gilt:

$$H(1) = \lim_{n \to \infty} \prod_{\nu \ge 1}^n \left(1 + \frac{1}{\nu} \right) \exp \left(-\frac{1}{\nu} \right) = \lim_{n \to \infty} \exp \left(\log(n + 1) - \sum_{\nu \ge 1}^n \frac{1}{\nu} \right).$$

Da $H(1) > 0$, so folgt: $\gamma := -\log H(1) = \lim_{n \to \infty} \left(\sum_{\nu=1}^n \frac{1}{\nu} - \log(n + 1) \right) \in \mathbb{R}$. Wegen $\log(n+1) - \log n = \log \left(1 + \frac{1}{n} \right)$ und $\lim_{n \to \infty} \log \left(1 + \frac{1}{n} \right) = 0$ ergibt sich die Behauptung. $\qquad \square$

Die reelle Zahl γ heißt die EULERsche *Konstante.* Es gilt $\gamma = 0,5772156\ldots$

EULER hat diese Zahl 1734 eingeführt und bis auf 6 Dezimalstellen berechnet, [62, I-14, S. 94]; im Jahre 1781 gibt er 16 Dezimalstellen an [62, I-15, S. 115], von denen die ersten 15 richtig sind. *Es ist nicht bekannt, ob γ rational oder irrational ist;* auch ist es bisher nicht gelungen, eine Darstellung für γ mit einfachen arithmetischen Bildungsgesetzen, wie man sie z.B. für e und π kennt, zu finden.

Mit $n^z := e^{z\log n}$ gilt:

$$z\prod_{\nu=1}^{n}(1+z/\nu)e^{-z/\nu} = \frac{z(z+1)\cdot\ldots\cdot(z+n)}{n!n^z}\exp\left[z\left(\log n - \sum_{\nu=1}^{n}\frac{1}{\nu}\right)\right],$$

daher lässt sich H auch wie folgt schreiben:

$$H(z) = e^{-\gamma z}\lim_{n\to\infty}\frac{z(z+1)\cdot\ldots\cdot(z+n)}{n!n^z}. \tag{2.5}$$

Der hier störende Faktor $e^{-\gamma z}$ wird im nächsten Abschnitt eingewoben.

Aufgabe: Seien $p,q \in \mathbb{N}\backslash\{0\}$. Man zeige:

$$\lim_{n\to\infty}\left[\prod_{\nu=1}^{pn}\left(1-\frac{z}{\nu}\right)\cdot\prod_{\nu=1}^{qn}\left(1+\frac{z}{\nu}\right)\right] = \left[\exp\left(z\log\frac{q}{p}\right)\right]\cdot\frac{\sin\pi z}{\pi z}, \quad z\in\mathbb{C}^\times.$$

(PRINGSHEIM 1915.)

Hinweis. Man zeige u.a., dass für $q > p$ gilt: $\lim_{n\to\infty}\sum_{pn+1}^{qn}\frac{1}{\nu} = \log\frac{q}{p}$.

2.1.2 Die Funktion $\boldsymbol{\Delta(z) := e^{\gamma z}H(z)}$. Die ganze Funktion $\Delta(z) := e^{\gamma z}H(z)$ hat genau in den Punkten $-n, n \in \mathbb{N}$, Nullstellen, und zwar jeweils von 1. Ordnung. Es gilt

$$\overline{\Delta(z)} = \Delta(\bar{z}), \quad \Delta(x) > 0 \text{ für alle } x\in\mathbb{R}, \quad x > 0.$$

Aus (2.4) und (2.5) folgt

$$\Delta(1) = 1, \quad \Delta(z) = \lim_{n\to\infty}\frac{z(z+1)\cdot\ldots\cdot(z+n)}{n!n^z}. \tag{2.6}$$

Hieraus erhält man wegen $\lim(z+n+1)/n = 1$ sofort die

Funktionalgleichung $\boldsymbol{\Delta(z) = z\Delta(z+1)}$.

Zwischen der Sinusfunktion und der Funktion Δ besteht die Gleichung

$$\pi\Delta(z)\Delta(1-z) = \sin\pi z. \tag{2.7}$$

Beweis. Klar mit (2.3), da

$$\Delta(z)\Delta(1-z) = -z^{-1}\Delta(z)\Delta(-z) = -z^{-1}H(z)H(-z). \quad \square$$

In 2.2.5 benötigen wir die Multiplikationsformel

$$(2\pi)^{\frac{1}{2}(k-1)}\Delta\left(\frac{1}{k}\right)\Delta\left(\frac{2}{k}\right)\cdot\ldots\cdot\Delta\left(\frac{k-1}{k}\right) = \sqrt{k} \quad \text{für } k = 2,3,\ldots. \tag{2.8}$$

Beweis. Wir benutzen die bekannte Gleichung

$$2^{k-1} \prod_{\kappa=1}^{k-1} \sin \frac{\kappa}{k}\pi = k. \tag{2.9}$$

[Diese folgt am schnellsten, wenn man unter Beachtung von $\sin z = (2i)^{-1}e^{iz}(1 - e^{-2iz})$ und $\prod_{\kappa=1}^{k-1} e^{i\pi\kappa/k} = e^{i\pi(h-1)/2} = i^{k-1}$ das Sinusprodukt in (2.9) in der Form

$$(2i)^{1-k} j^{k-1} \prod_{\kappa=1}^{k-1} (1 - e^{-2i\pi\kappa/k})$$

schreibt und $1 + w + \ldots + w^{k-1} = \frac{w^k-1}{w-1} = \prod_{\kappa=1}^{k-1} (w - e^{-2i\pi\kappa/k})$ für $w = 1$ benutzt.]

Da $\prod_{\kappa=1}^{k-1} \Delta\left(\frac{\kappa}{k}\right) = \prod_{\kappa=1}^{k-1} \Delta\left(1 - \frac{\kappa}{k}\right)$ offensichtlich gilt, so ergibt sich mit (2.3) und (2.9):

$$\prod_{\kappa=1}^{k-1} \Delta\left(\frac{\kappa}{k}\right)^2 = \prod_{\kappa=1}^{k-1} \Delta\left(\frac{\kappa}{k}\right) \Delta\left(1 - \frac{\kappa}{k}\right) = \prod_{\kappa=1}^{k-1} \frac{1}{\pi} \sin \frac{\kappa}{k}\pi = k/(2\pi)^{k-1}.$$

Da $\Delta(x) > 0$ für $x > 0$, folgt die Behauptung durch Wurzelziehen.   □

Aufgabe.   Zeigen Sie

$$\Delta(z) = z \prod_{\nu \geq 1} \left(\frac{\nu}{\nu+1}\right)^z \left(1 + \frac{z}{\nu}\right) \qquad \text{(Weierstass 1876)}.$$

2.2 Die Gammafunktion

Wir definieren

$$\Gamma(z) := 1/\Delta(z)$$

und übersetzen die Resultate des vorangehenden Paragraphen in Aussagen über die Gammafunktion; damit ist deren Theorie rein multiplikativ begründet.

2.2.1 Eigenschaften der Γ-Funktion. Zunächst ist unmittelbar klar: *Die Funktion $\Gamma(z)$ ist holomorph und nullstellenfrei in $\mathbb{C}\backslash\{0, -1, -2, \dots\}$, der Punkt $-n$, $n \in \mathbb{N}$, ist ein* Pol *erster Ordnung von $\Gamma(z)$. Es gilt*

$$\Gamma(z+1) = z\Gamma(z) \quad \text{mit} \quad \Gamma(1) = 1 \quad (\textit{Funktionalgleichung}). \tag{2.10}$$

Die Funktionalgleichung (2.10) steht im Zentrum der ganzen weiteren Theorie. Kennt man etwa $\Gamma(z)$ im Streifen $0 < \text{Re } z \leq 1$, so findet man mit (2.10) sofort die Werte im Nachbarstreifen $1 < \text{Re } z \leq 2$ usf. Allgemein gewinnt man aus (2.10) induktiv für $n \in \mathbb{N}\backslash\{0\}$:

$$\Gamma(z+n) = z(z+1) \cdot \dots \cdot (z+n-1)\Gamma(z), \quad \Gamma(n) = (n-1)! \,. \tag{2.11}$$

Wir bestimmen sofort die Residuen der Gammafunktion:

$$\text{res}_{-n}\, \Gamma = \frac{(-1)^n}{n!}, \quad n \in \mathbb{N}. \tag{2.12}$$

Beweis. Da $-n$ ein Pol *erster* Ordnung von Γ ist, so gilt (vgl. z.B. Satz I.13.1.2): $\text{res}_{-n}\, \Gamma = \lim\limits_{z \to -n} (z+n)\Gamma(z)$. Wegen (2.11) folgt:

$$\text{res}_n\, \Gamma = \lim_{z \to -n} \frac{\Gamma(z+n+1)}{z(z+1) \cdot \dots \cdot (z+n-1)}$$

$$= \frac{\Gamma(1)}{(-n)(-n+1) \cdot \dots \cdot (-1)} = \frac{(-1)^n}{n!} \,.$$

$\square$

Bemerkung. Jede Funktion $h(z) \in \mathcal{M}(\mathbb{C})$, die der Gleichung $h(z+1) = zh(z)$ mit $h(1) \in \mathbb{C}^\times$ genügt, hat in $-n$, $n \in \mathbb{N}$, einen Pol 1. Ordnung mit dem Residuum $(-1)^n h(1)/(n!)$.

Die Formel (2.6) für $\Delta(z)$ wird zur GAUSSschen *Produktdarstellung*

$$\boxed{\Gamma(z) = \lim_{n \to \infty} \frac{n! n^z}{z(z+1) \dots (z+n)}} \tag{2.13}$$

Plausibilitätsbetrachtung, warum (2.13) die „einzige" Gleichung für Funktionen f ist, die (2.10) erfüllen: Für alle $z, n \in \mathbb{N}$ gilt wegen (2.10):

$$f(z+n) = (n-1)! \, n(n+1) \cdot \dots \cdot (n+z-1)$$

$$= (n-1)! \, n^z \left(1 + \frac{1}{n}\right)\left(1 + \frac{2}{n}\right) \cdot \dots \cdot \left(1 + \frac{z-1}{n}\right).$$

Man sieht $f(z+n) \sim (n-1)! n^z$ für große n, genauer:

$$\lim_{n \to \infty} f(z+n)/((n-1)! n^z) = 1.$$

Postuliert man diese Asymptotik für beliebige z, so führt (2.11) zwingend zu

$$f(z) = \lim_{n \to \infty} \frac{f(z+n)}{z(z+1) \cdot \ldots \cdot (z+n-1)} = \lim_{n \to \infty} \frac{(n-1)! n^z}{z(z+1) \cdot \ldots \cdot (z+n-1)},$$

was wegen $\lim n/(z+n) = 1$ gerade die GAUSSsche Gleichung (2.13) ist. Vgl. hierzu auch Abschnitt 2.3.4.

Mit (2.11) und (2.13) folgt direkt:

$$\lim_{n \to \infty} \frac{\Gamma(z+n)}{\Gamma(n) n^z} = 1. \tag{2.14}$$

Die Formel (2.7) übersetzt sich in den EULER*schen Ergänzungssatz*

$$\boxed{\Gamma(z)\Gamma(1-z) = \frac{\pi}{\sin \pi z}}. \tag{2.15}$$

Aus der Definition von $\Gamma(z)$ folgt direkt:

$$\overline{\Gamma(z)} = \Gamma(\overline{z}) \quad \text{und} \quad \Gamma(x) > 0 \quad \text{für} \quad x > 0.$$

Da $|n^z| = n^x$ und $|z + \nu| \geq x + \nu$ für alle z mit $x = \operatorname{Re} z > 0$, so folgt mit (2.13)

$$|\Gamma(z)| \leq \Gamma(x) \quad \text{für alle } z \in \mathbb{C} \text{ mit } x = \operatorname{Re} z > 0. \tag{2.16}$$

Insbesondere ist $\Gamma(z)$ in jedem Streifen $\{z \in \mathbb{C} : r \leq x \leq s\}$ mit $0 < r < s < \infty$ *beschränkt*; dies wird im Beweis des Eindeutigkeitssatzes (Satz 2.4) benötigt.

Wir notieren einige Folgerungen aus (2.15).

1 $\Gamma(\frac{1}{2}) = \sqrt{\pi}$, *allgemeiner:* $\Gamma(n + \frac{1}{2}) = \frac{(2n)!}{4^n n!} \sqrt{\pi}, n \in \mathbb{N}$,

2 $\Gamma(\frac{1}{2} + z)\Gamma(\frac{1}{2} - z) = \frac{\pi}{\cos \pi z}$, $\Gamma(z)\Gamma(-z) = -\frac{\pi}{z \sin \pi z}$, (2.2.1)

3 $|\Gamma(i\gamma)|^2 = \frac{\pi}{\gamma \sinh \pi\gamma}$, $|\Gamma(\frac{1}{2} + i\gamma)|^2 = \frac{\pi}{\cosh \pi\gamma}$,

4 $\int_0^1 \log \Gamma(t)\, dt = \log \sqrt{2\pi}$ (RAABE 1843, Crelle 25 und 28).

Beweis. 1) und 2) folgen aus (2.15).
3) folgt aus 2), wenn man $\overline{\Gamma(z)} = \Gamma(\overline{z})$, $\sinh t = -i \sin it$ und $\cosh t = \cos it$ beachtet.
4). Der Ergänzungssatz (2.15) liefert:

$$\int_0^1 \log \Gamma(t)\, dt + \int_0^1 \log \Gamma(1-t)\, dt = \log \pi - \int_0^1 \log \sin \pi t\, dt.$$

Hieraus folgt 4) sofort mit (1.7) und der dortigen Fußnote. $\square$

Aufgaben.

1. Für alle $z \in \mathbb{C} \backslash \{1, -2, 3, -4, \ldots\}$ gilt:

$$(1 - z) \left(1 + \frac{z}{2}\right) \left(1 - \frac{z}{3}\right) \left(1 + \frac{z}{4}\right) \cdot \ldots = \frac{\sqrt{\pi}}{\Gamma(1 + \frac{1}{2}z)\Gamma(\frac{1}{2} - \frac{1}{2}z)}.$$

2. Für alle $z \in \mathbb{C}$ gilt: $\sin \pi z = \pi z (1 - z) \prod\limits_{n=1}^{\infty} \left(1 + \frac{z(1-z)}{n(n+1)}\right)$.

Hinweis. Man benutze die Faktorisierung $n^2 + n + z(1 - z) = (n + z)(n + 1 - z)$ und (2.15).

2.2.2 Historische Notizen. Die EULERsche Relation (2.15) war EULER spätestens 1749 geläufig, vgl. [62, I-15,S. 82]. GAUSS machte 1812 das Produkt (2.13) zum Ausgangspunkt der Theorie, [81, S. 145]. Es scheint GAUSS nicht bekannt gewesen zu sein, dass EULER 1776 die Formel (2.13) bereits vorweggenommen hatte, [62, I-16, S. 144]; auch WEIERSTRASS gibt noch 1876 GAUSS als Entdecker an, [274, S. 91]. □
    Es hat sich eingebürgert, – vgl. z.B. [279, S. 236], – das Produkt

$$z\Gamma(z) = e^{-\gamma z} \prod_{\nu \geq 1} \frac{e^{z/\nu}}{1 + z/\nu} \tag{2.17}$$

nach WEIERSTRASS zu benennen. Es kommt aber bei ihm in dieser Form nicht vor; in [274, S. 91], findet sich allerdings das Produkt

$$\prod_{n=1}^{\infty} \left\{ \left(1 + \frac{x}{n}\right) e^{-x \log[(n+1)/n]} \right\}$$

für die „Faktorielle" $1/\Gamma(x)$.
Die Formel (2.17) wurde im letzten Jahrhundert sehr bewundert. So schreibt HERMITE am 31. Dezember 1878 an LIPSCHITZ „...son [WEIERSTRASS'] théorème concernant $1/\Gamma(z)$ aurait du occuper une place d'honneur qu'il est bien singulier qu'on ne luit ait pas donné", vgl. [244, S. 140].[2] – Die Gleichung (2.17) findet sich schon 1843 bei O. SCHLÖMILCH und 1848 bei F.W. NEWMAN, vgl. [247, S. 171] und [185, S. 57].

    Wegen $e^{z/\nu} = \left(1 + \frac{1}{\nu}\right)^{z} \exp\ z \left[\frac{1}{\nu} \log \nu - \log(\nu + 1)\right]$ und

$$\lim_{n \to \infty} \left(\sum_{\nu \geq 1}^{n} \frac{1}{\nu} - \log(n + 1) \right) = \gamma$$

---

[2] Lobesbriefe waren damals keine Seltenheit; es gab die „Société d'admiration mutuelle", wie der Astronom H. GLYDÈN die Gruppe HERMITE, KOWALEWSKAJA, MITTAG-LEFFLER, PICARD, WEIERSTRASS nannte.

erhält man aus (2.17) sofort

$$z\Gamma(z) = \prod_{\nu \geq 1} \frac{\nu^{z-1} \cdot (\nu+1)^z}{\nu + z} = \prod_{\nu \geq 1} \left(1 + \frac{1}{\nu}\right)^z \left(1 + \frac{z}{\nu}\right)^{-1} \quad \text{(EULER 1729)}.$$

Dieses Produkt war für EULER die Lösung des Problems, die Fakultätenfolge 1, 2, 6, 24, 120, ... zu interpolieren, vgl. [62, I-14, S. 1-24]. Auf das EULERsche Produkt wird bei WEIERSTRASS nirgends verwiesen.

Schreibt man u/ν statt z in (2.11)

$$u(u+v)(u+2v) \cdot \ldots \cdot (u + (n-1)v) = v^n \Gamma\left(\frac{u}{v} + n\right) \Big/ \Gamma\left(\frac{u}{v}\right) .$$

Das *endliche* Produkt links wurde unter dem Namen *analytische Fakultät* in der ersten Hälfte des 19. Jahrhunderts intensiv studiert. Man hatte für diese Funktion dreier Veränderlichen sogar das eigene Zeichen $u^{n|v}$ erfunden. GAUSS wendet sich 1812 gegen diesen Unsinn mit den Worten [81, S. 147]: „Sed consultius videtur, functionem *unius* variabilis in analysin introducere, quam functionem trium variabilium, praesertim quum hanc ad illam reducere liceat" (Es scheint aber ratsamer, eine Funktion *einer* Veränderlichen in die Analysis einzuführen als eine Funktion dreier Veränderlichen, um so mehr, als diese sich auf jene zurückführen lässt). Ungeachtet solcher Kritik blühte zunächst noch die Theorie der analytischen Fakultäten, z.B. durch Arbeiten von BESSEL, CRELLE und RAABE. Erst WEIERSTRASS setzte 1856 mit seiner Arbeit [274] diesen Aktivitäten ein Ende.

2.2.3 Die logarithmische Ableitung $\psi := \Gamma'/\Gamma$. Es genügt $\psi := \Gamma'/\Gamma \in \mathcal{M}(\mathbb{C})$ den Gleichungen

$$\psi(z+1) = \psi(z) + z^{-1}, \quad \psi(1-z) - \psi(z) = \pi \cot \pi z. \tag{2.18}$$

Diese Formeln liest man auch aus folgender Reihenentwicklung ab.

Satz 2.1. [Partialbruchdarstellung von $\psi(z)$.]

$$\psi(z) = -\gamma - \frac{1}{z} - \sum_{\nu=1}^{\infty} \left(\frac{1}{z+\nu} - \frac{1}{\nu}\right);$$

dabei konvergiert die Reihe normal in $\mathbb{C}$.

Beweis. Wegen $\Gamma = 1/\Delta$ gilt $\psi = -\Delta'/\Delta$. Daher folgt die Behauptung aus Satz 1.5 durch logarithmische Differentiation von $\Delta(z) = z e^{\gamma z} \prod(1 + z/\nu)e^{-z/\nu}$. $\square$

Korollar 2.2. *Es gilt*

$$\Gamma'(1) = \psi(1) = -\gamma; \quad \psi(k) = 1 + \frac{1}{2} + \cdots + \frac{1}{k-1} - \gamma \quad \textit{für } k = 2, 3 \ldots$$

Beweis. Es ist $\Gamma'(1) = \psi(1) = -\gamma - 1 - \sum_{\nu \geq 1} \left(\frac{1}{\nu+1} - \frac{1}{\nu} \right) = -\gamma - 1 + 1 = -\gamma$.

Die Behauptung für $\psi(k)$ folgt dann induktiv mittels (2.18). $\square$

Korollar 2.3 (Partialbruchdarstellung von $\psi'(z)$). *Es gilt*

$$\psi'(z) = \sum_{\nu=0}^{\infty} \frac{1}{(z+\nu)^2},$$

dabei konvergiert die Reihe normal in $\mathbb{C}$.

Beweis. Klar, da man (z.B. nach Satz I.11.1.2) normal konvergente Reihen meromorpher Funktionen gliedweise differenzieren darf. $\square$

Man bemerkt, dass die Reihen für ψ bzw. ψ' im wesentlichen die „halben" Partialbruchreihen von $\pi \cot \pi z$ bzw. $\pi^2 / \sin^2 \pi z$ sind (vgl. Satz I.11.2.1 und Satz 2.2.3).

Die erste Gleichung in (2.18) ermöglicht einen *additiven* Zugang zur Gammafunktion. Diesen Weg wählte N. NIELSEN 1906 in seinem Handbuch [186]. Man kann auch die Funktionalgleichung

$$g(z+1) = g(z) - z^{-2},$$

die von ψ' gelöst wird, an die Spitze stellen: für jede Lösung $g \in \mathcal{M}(\mathbb{C})$ dieser Gleichung gilt (Beweis durch Induktion)

$$g(z) = \sum_{\nu=0}^{n} \frac{1}{(z+\nu)^2} + g(z+n+1);$$

die Partialbruchreihe für ψ' ist also keine Überraschung.

Aufgabe. Zeigen Sie: $\psi(1) - \psi(\frac{1}{2}) = 2 \log 2$.

2.2.4 Das Eindeutigkeitsproblem. Die Exponentialfunktion ist die einzige in 0 holomorphe Funktion $F : \mathbb{C} \to \mathbb{C}$ mit $F'(0) = 1$, die der Funktionalgleichung $F(w+z) = F(w)F(z)$ genügt. Lässt sich auch die Γ-Funktion durch ihre Funktionalgleichung $F(z+1) = zF(z)$ charakterisieren? Zunächst wird diese Gleichung von allen Funktionen $F := g\Gamma$, wo $g \in \mathcal{M}(\mathbb{C})$ die Periode 1 hat, gelöst. Von H. WIELANDT wurde 1939 gezeigt:

Eindeutigkeitssatz 2.4. *Es sei F holomorph in der rechten Halbebene $\mathbb{T} := \{z \in \mathbb{C} : \operatorname{Re} z > 0\}$. Es gelte $F(z+1) = zF(z)$, weiter sei F im Streifen $S := \{z \in \mathbb{C} : 1 \leq \operatorname{Re} z < 2\}$ beschränkt. Dann folgt $F = a\Gamma$ in $\mathbb{T}$ mit $a := F(1)$.*

Beweis. (Demonstratio fere pulchrior theoremate). Für $v := F - a\Gamma \in \mathcal{O}(\mathbb{T})$ gilt ebenfalls $v(z+1) = zv(z)$. Daher hat v eine meromorphe Fortsetzung nach $\mathbb{C}$. Pole liegen höchstens bei $0, -1, -2, \ldots$. Da $v(1) = 0$, so folgt $\lim_{z \to 0} zv(z) = 0$, also ist v holomorph nach 0 fortsetzbar. Wegen $v(z+1) = zv(z)$ ist v auch in jeden Punkt $-n, n \in \mathbb{N}$, holomorph fortsetzbar.

Da $\Gamma | S$ beschränkt ist, vgl. (2.16), so ist auch $v | S$ beschränkt. Dann ist v aber auch im Streifen $S_0 := \{z \in \mathbb{C} : 0 \le \operatorname{Re} z \le 1\}$ beschränkt (für $z \in S_0$ mit $|\operatorname{Im} z| \le 1$ folgt das aus der Stetigkeit, für $|\operatorname{Im} z| > 1$ folgt das wegen $v(z) = v(z+1)/z$ aus der Beschränktheit von $v | S$). Da $v(1-z)$ und $v(z)$ in S_0 dieselben Werte annehmen, ist $q(z) := v(z)v(1-z) \in \mathcal{O}(\mathbb{C})$ in S_0 beschränkt. Da $q(z+1) = -q(z)$ (!), so ist q in ganz $\mathbb{C}$ beschränkt. Nach LIOUVILLE folgt $q(z) \equiv q(1) = v(1)v(0) = 0$. Also gilt $v \equiv 0$, d.h. $F = a\Gamma$. □

Wir werden fünf überzeugende Anwendungen des Eindeutigkeitssatzes kennenlernen: Im nächsten Abschnitt gibt er in wenigen Zeilen die GAUSSschen Multiplikationsformeln; im Paragraphen 2.3 ermöglicht er kurze Beweise für die EULERsche und HANKELsche Integraldarstellung von $\Gamma(z)$; im Paragraphen (2.4.2) führt er zur STIRLINGschen Formel und im Paragraphen (2.4.6) liefert er sofort die EULERsche Identität für das Beta-Integral.

Eine elementare Charakterisierung der *reellen* Γ-Funktion mit Hilfe des Begriffes der *logarithmischen Konvexität* – ohne Differenzierbarkeitsbedingungen – findet man 1931 bei E. ARTIN in seinem Büchlein [4], nämlich:

Eindeutigkeitssatz 2.5 (H. Bohr und J. Mollerup, 1922). *(Vgl. [26, S. 149 ff.]) Es sei $F : (0, \infty) \to (0, \infty)$ eine Funktion mit folgenden Eigenschaften:*

a) $F(x + 1) = xF(x)$ für alle $x > 0$ und $F(1) = 1$.

b) F ist logarithmisch konvex (d.h. $\log F$ ist konvex) in $(0, \infty)$.

Dann folgt $F = \Gamma | (0, \infty)$.

Die Eigenschaft b) ist für $\Gamma(x)$ erfüllt, da nach (2.2.3) gilt

$$(\log \Gamma(x))'' = \psi'(x) = \sum \frac{1}{(x + \nu)^2} > 0 \quad \text{für} \quad x > 0.$$

Historische Bemerkung. WEIERSTRASS hat 1854 bemerkt, [275, 193–194], dass die Γ-Funktion die einzige Lösung der Funktionalgleichung $F(z+1) = zF(z)$ mit der Normierung $F(1) = 1$ ist, welche überdies der Limesbedingung

$$\lim_{n \to \infty} \frac{F(z + n)}{n^z F(n)}$$

genügt (das ist offensichtlich: die ersten beiden Forderungen implizieren

$$F(z) = \frac{(n-1)!}{z(z+1) \cdot \ldots \cdot (z + n - 1)} \cdot \frac{F(z + n)}{F(n)};$$

mit der dritten Bedingung wird dies zum GAUSS-Produkt).

Hermann HANKEL (1839–1873, Schüler von RIEMANN) hat 1863 in seiner *Habilitationsdissertation* (Leipzig, bei L. VOSS) nach handlichen Bedingungen „über das Verhalten der Function für unendliche Werthe des $x[=z]$" gesucht. Er ist mit seinem Ergebnis unzufrieden: „Überhaupt scheint es, als ob die Definition von $\Gamma(x)$ durch ein System von Bedingungen, ohne Voraussetzung einer explicirten Darstellung derselben, nur in der Weise gegeben werden kann, dass man das Verhalten von $\Gamma(x)$ für $x = \infty$ in dieselbe aufnimmt. Die Brauchbarkeit einer solchen Definition ist aber sehr gering, insofern es nur in den seltensten Fällen möglich ist, ohne grosse Weitläufigkeiten und selbst Schwierigkeiten den asymptotischen Werth einer Function zu bestimmen" ([103, S. 5]).

Erst 1922 gelang BOHR und MOLLERUP die Charakterisierung der reellen Γ-Funktion mittels logarithmischer Konvexität. Dies ist aber – ungeachtet der sofort überzeugenden Anwendungen, vgl. [4] – keine Charakterisierung, wie sie HANKEL vorschwebte. Eine solche gab erst 1939 H. WIELANDT. Man findet seinen Satz kaum in der Literatur, wenngleich K. KNOPP ihn 1941 sogleich in seine *Funktionentheorie II*, Sammlung Göschen 703, 47–49, aufnahm.

Bereits 1914 leitete G.D. BIRKHOFF in seiner Arbeit *Note on the gamma function*, Bull. AMS 20, 1–10 (1914), den Satz von EULER (S. 45) und die Eulersche Identität (S. 58) mit Hilfe des LIOUVILLEschen Satzes her: Er untersucht die Quotienten der Funktionen zunächst im abgeschlossenen Streifen $\{z \in \mathbb{C} : 1 \leq \mathrm{Re}\ z \leq 2\}$ und zeigt dann, dass sie beschränkte ganze Funktionen und daher konstant sind, loc. cit. S. 8 und 10. Schwebte ihm vielleicht schon ein Eindeutigkeitssatz à la WIELANDT vor?

2.2.5 Multiplikationsformeln. Die Gammafunktion genügt den Gleichungen

$$\Gamma(z)\Gamma\left(z + \frac{1}{k}\right)\Gamma\left(z + \frac{2}{k}\right) \cdot \ldots \cdot \Gamma\left(z + \frac{k-1}{k}\right) \qquad (2.19)$$
$$= (2\pi)^{\frac{1}{2}(k-1)} k^{\frac{1}{2}-kz}\Gamma(kz), \quad k = 2, 3, \ldots .$$

Beweis. Für $F(z) := \Gamma\left(\frac{z}{k}\right)\Gamma\left(\frac{z+1}{k}\right) \cdot \ldots \cdot \Gamma\left(\frac{z+k-1}{k}\right) / (2\pi)^{\frac{1}{2}(k-1)} k^{\frac{1}{2}-z} \in \mathcal{O}(\mathbb{C}^-)$ gilt

$$F(z+1) = k\Gamma\left(\frac{z}{k}\right)^{-1} F(z) \cdot \Gamma\left(\frac{z+k}{k}\right) = zF(z);$$

weiter folgt $F(1) = 1$ sofort mit (2.14) Da $|k^z| = k^x$ und $|\Gamma(z)| \leq \Gamma(x)$, falls $x = \mathrm{Re}\ z > 0$, vgl. (2.16), so ist F in $\{z \in \mathbb{C} : 1 \leq \mathrm{Re}\ z < 2\}$ beschränkt. Mit dem Eindeutigkeitssatz 2.4 folgt $F = \Gamma$, also $F(kz) = \Gamma(kz)$, d.h. (2.19). $\square$

Historische Notiz. Bereits um 1776 kannte EULER die Formeln

$$\sqrt{k}\Gamma\left(\frac{1}{k}\right)\Gamma\left(\frac{2}{k}\right) \cdot \ldots \cdot \Gamma\left(\frac{k-1}{k}\right) = (2\pi)^{\frac{1}{2}(k-1)}, \quad [62, \text{I-19, S. 483}]; \quad (2.20)$$

sie verallgemeinern die Gleichung $\Gamma(\frac{1}{2}) = \sqrt{\pi}$. Die Gleichungen (2.19) wurden 1812 von GAUSS bewiesen, [81, S. 150]; auch E. E. KUMMER gab noch 1847 einen Beweis, [152]. □

Logarithmische Differentiation macht aus (2.19) die handlichen

$$\textit{Summenformeln:} \quad \psi(kz) = \log k + \frac{1}{k} \sum_{\kappa=0}^{k-1} \psi\left(k + \frac{\kappa}{k}\right), \quad k = 2, 3, \ldots.$$

Für $k = 2$ wird (2.19) zur

$$\textit{Verdoppelungsformel:} \quad \sqrt{\pi}\,\Gamma(2z) = 2^{2z-1}\Gamma(z)\Gamma(z + \frac{1}{2}), \tag{2.21}$$

die bereits 1811 von LEGENDRE angegeben wurde, [161, 1, S. 284].

Die Identitäten (2.19) enthalten

Multiplikationsformeln für $\sin \pi z$. *Für alle* $k \in \mathbb{N}, k \geq 2$, *gilt:*

$$\sin k\pi z = 2^{k-1} \sin \pi z \sin \pi \left(z + \frac{1}{k}\right) \sin \pi \left(z + \frac{2}{k}\right) \cdot \ldots \cdot \sin \pi \left(z + \frac{k-1}{k}\right).$$

Beweis. Die EULERsche Formel (2.15) und (2.11) liefern wegen $1 - kz = k(-z + 1/k)$:

$$\pi(\sin k\pi z)^{-1} =$$

$$\Gamma(kz)\Gamma(k(-z + 1/k)) = (2\pi)^{1-k} \sum_{\kappa=0}^{k-1} \left[\Gamma\left(z + \frac{\kappa}{k}\right)\Gamma\left(-z + \frac{1+\kappa}{k}\right)\right].$$

Da offensichtlich $\sum_{\kappa=0}^{k-2} \Gamma\left(-z + \frac{1+\kappa}{k}\right) = \sum_{\kappa=1}^{k-1} \Gamma\left(1 - z - \frac{\kappa}{k}\right)$, so folgt

$$\pi(\sin k\pi z)^{-1} = (2\pi)^{1-k}\Gamma(z)\Gamma(1-z) \sum_{\kappa=1}^{k-1} \left[\Gamma\left(z + \frac{\kappa}{k}\right)\Gamma\left(1 - \left(z + \frac{\kappa}{k}\right)\right)\right]$$

$$= (2\pi)^{1-k}\pi(\sin \pi z)^{-1} \sum_{\kappa=1}^{k-1} \left[\pi\left(\sin \pi \left(z + \frac{\kappa}{k}\right)\right)^{-1}\right]. \qquad □$$

Die Verdopplungsformel führt zu einem weiteren Eindeutigkeitssatz.

Eindeutigkeitssatz 2.6. *Es sei* $F \in \mathcal{M}(\mathbb{C})$ *positiv in* $(0, \infty)$, *und es gelte:*

$$F(z+1) = zF(z) \quad und \quad \sqrt{\pi}F(2z) = 2^{2z-1}F(z)F(z+\frac{1}{2}).$$

Dann folgt $F = \Gamma$.

Beweis. Für $g := F/\Gamma \in \mathcal{M}(\mathbb{C})$ gilt $g(2z) = g(z)g(z+\frac{1}{2})$ und $g(z+1) = g(z)$. Es folgt $g(x) > 0$ für alle $x \in \mathbb{R}$. Wegen Lemma 1.6 gilt dann $g(z) = ae^{bz}$, wobei jetzt $b \in \mathbb{R}$. Da g die Periode 1 hat, folgt $b = 0$, d.h. $g(z) \equiv 1$, d.h. $F = \Gamma$. □

Aufgaben.

1. Man zeige: $\int\limits_0^1 \log \Gamma(t)\, dt = \log\sqrt{2\pi}$ direkt mit der Verdopplungsformel (2.21)

2. $\int\limits_0^1 \log \Gamma(\zeta + z)\, d\zeta = \log\sqrt{2\pi} + z\log z - z$ für $z \in \mathbb{C}\backslash(-\infty, 0)$ (RAABE-Funktion).

3. $1 + \frac{1}{2} + \frac{1}{3} + \ldots + \frac{1}{k-1} - \gamma = \frac{1}{k}\sum\limits_{\kappa=0}^{k-1} \psi\left(1 + \frac{\kappa}{k}\right)$, $k = 2, 3, \ldots$.

2.2.6 Satz von Hölder*. Man kann fragen, ob die Γ-Funktion – analog wie die Funktionen $\exp z$ und $\cos z$, $\sin z$ – einer einfachen Differentialgleichung genügt. Dies ist nicht der Fall; von O. HÖLDER wurde 1886 bewiesen, vgl. [121]:

Satz von Hölder 2.7. *Die Γ-Funktion genügt keiner algebraischen Differentialgleichung, d.h. es gibt kein Polynom* $F(X, X_0, X_1, \ldots, X_n) \neq 0$ *in endlich vielen Unbestimmten über* $\mathbb{C}$, *so dass gilt:*

$$F(z, \Gamma(z), \Gamma'(z), \ldots, \Gamma^{(n)}(z)) \equiv 0.$$

Von WEIERSTRASS war als Aufgabe gestellt, diesen Satz zu verifizieren. Es gibt eine Reihe von Beweisen, so z.B. von E. H. MOORE (1897), F. HAUSDORFF (1925) und von A. OSTROWSKI (1919/1925), vgl. [178, 109, 196]. Der OSTROWSKIsche Beweis von 1925 gilt als besonders einfach, man findet ihn u.a. bei [20, 356–359]. Alle Beweise konstruieren einen Widerspruch zwischen der Funktionalgleichung $\Gamma(z+1) = z\Gamma(z)$ und der unterstellten Differentialgleichung.

2.2.7 Der Logarithmus der Γ-Funktion*. Da $\Gamma(z)$ im Sterngebiet $\mathbb{C}^- = \mathbb{C}\backslash(-\infty, 0]$ nullstellenfrei ist, so ist $\psi(z) = \Gamma'(z)/\Gamma(z)$ dort holomorph und

$$l(z) := \int\limits_{[1,z]} \psi(\zeta)d\zeta, \quad z \in \mathbb{C}^-, \quad \text{mit } l(1) = 0 \qquad (2.22)$$

als Stammfunktion der logarithmischen Ableitung von $\Gamma(z)$ ein Logarithmus zu $\Gamma(z)$ d.h. es gilt $e^{l(z)} = \Gamma(z)$, vgl. I.9.3. Man schreibt $\log \Gamma(z)$ für diese Funktion $l(z)$; diese Schreibweise bedeutet aber nicht, dass $l(z)$ in $\mathbb{C}^-$ durch Einsetzen von $\Gamma(z)$ in die Funktion $\log z$ erhalten wird. Mit Satz 2.1 folgt aus (2.22) leicht:

$$\log \Gamma(z) = -\gamma z - \log z + \sum_{\nu=1}^{\infty} \left[\frac{z}{\nu} - \log\left(1 + \frac{z}{\nu}\right) \right], \quad z \in \mathbb{C}^-. \tag{2.23}$$

Beweis. Da die Partialbruchreihe $-\gamma - \frac{1}{\zeta} - \sum_{\nu=1}^{\infty} \left(\frac{1}{\zeta+\nu} - \frac{1}{\nu} \right)$ in $\mathbb{C}^-$ normal konvergiert, darf man gliedweise integrieren, vgl. I.8.4.4. Da für $z \in \mathbb{C}^-$ und $\nu \geq 1$ stets $\left(1 + \frac{z}{\nu}\right) \in \mathbb{C}^-$ und $\log(z + \nu) - \log(1 + \nu) = \log\left(1 + \frac{z}{\nu}\right) - \log\left(1 + \frac{1}{\nu}\right)$ gilt (!), so entsteht:

$$\log \Gamma(z) = -\gamma z + \gamma - \log z - \sum_{\nu=1}^{\infty} \left[\log(z + \nu) - \log(1 + \nu) - \frac{z}{\nu} + \frac{1}{\nu} \right]$$

$$= -\gamma z + \gamma + \sum_{\nu=1}^{\infty} \left[\frac{z}{\nu} - \log\left(1 + \frac{z}{\nu}\right) + \log\left(1 + \frac{1}{\nu}\right) - \frac{1}{\nu} \right].$$

Da $\sum_{\nu=1}^{n} \left[\frac{1}{\nu} - \log\left(1 + \frac{1}{\nu}\right) \right] = \sum_{\nu=1}^{n} \frac{1}{\nu} - \log(n+1)$ gegen γ strebt, folgt (2.23). $\square$

Wir betrachten nun in $\mathbb{E}$ die Funktion $\log \Gamma(z + 1)$. Ihre TAYLOR-Reihe um 0 hat den Konvergenzradius 1; wir behaupten:

$$\log \Gamma(z + 1) = -\gamma z + \sum_{n=2}^{\infty} \frac{(-1)^n}{n} \zeta(n) z^n, \quad \text{wobei} \quad \zeta(n) := \sum_{\nu=1}^{\infty} \frac{1}{\nu^n}. \tag{2.24}$$

Beweis. Da $\frac{1}{z+\nu} - \frac{1}{\nu} = \frac{1}{\nu}\left(\frac{1}{1+z/\nu} - 1 \right) = \sum_{n=1}^{\infty} \frac{(-1)^n}{\nu} \left(\frac{z}{\nu} \right)^n$, falls $|z| < \nu$, so gilt

$$\psi(z + 1) = -\gamma - \sum_{\nu=1}^{\infty} \left(\sum_{n=1}^{\infty} \frac{(-1)^n}{\nu^{n+1}} z^n \right) = -\gamma + \sum_{n=2}^{\infty} (-1)^n \zeta(n) z^{n-1}, \quad z \in \mathbb{E},$$

auf Grund von (2.19) und Satz 2.2.1. Wegen $(\log \Gamma(z + 1))' = \psi(z + 1)$ und $\log \Gamma(1) = 0$ folgt (2.24). $\square$

Aus der Reihe (2.24) entsteht für $z = 1$ die Formel

$$\gamma = \sum_{\nu=2}^{\infty} \frac{(-1)^n}{n} \zeta(n) \quad \text{(EULER 1769)}. \tag{2.25}$$

Beweis. Wegen $\zeta(n + 1) < \zeta(n)$ fallen die Glieder der alternierenden Reihe rechts monoton gegen 0, daher ist die Reihe konvergent. Man kann somit auf (2.24) den ABELschen Grenzwertsatz anwenden:

$$\sum_{n=2}^{\infty} \frac{(-1)^n}{n} \zeta(n) = \lim_{x \nearrow 1} \sum_{n=2}^{\infty} \frac{(-1)^n}{n} \zeta(n) x^n = \gamma + \log \Gamma(2) = \gamma.$$

$\square$

Historische Notiz. Aus der Reihe (2.24) lassen sich rascher konvergente Reihen für $\log \Gamma(z+1)$ gewinnen, vgl. z.B. [186, S. 38]. Damit kann man bei guter Kenntnis der ersten Werte $\zeta(n)$ die Logarithmen der Gammafunktion tabellieren. Die erste solche Tafel stellte LEGENDRE auf: sie enthält die Werte von $\log \Gamma(x+1)$ von $x = 0$ bis $x = 0,5$ mit den Abständen 0,005 bis auf 7 Dezimalstellen. Später hat LEGENDRE Tafeln von $x = 0$ bis $x = 1$ mit dem Abstand 0.001 veröffentlicht, die bis auf 7 Stellen nach dem Komma korrekt sind, [161, 1, 302–306]; 1817 hat er diese Tabellen bis auf 12 Stellen nach dem Komma verbessert, [161, 2,85–95]. GAUSS hat 1812 die Funktionswerte von $\psi(1+x)$ und $\log \Gamma(1+x)$ von $x = 0$ bis $x = 1$ mit dem Abstand 0.01 bis auf 20 Dezimalstellen angegeben, [81, 161–162]. - Die Gleichung (2.25) hat EULER 1769 mitgeteilt [62, I-15, S. 119].

2.3 Eulersche und Hankelsche Integraldarstellung von $\Gamma(z)$

Bereits 1729 – in seiner ersten Arbeit [62, I-14, S. 1–24] zur Gammafunktion – bemerkt EULER, dass die Fakultätenfolge 1, 2, 6, 24, ... durch die Integrale

$$n! = \int_0^1 (-\log \tau)^n \, d\tau, \quad n \in \mathbb{N},$$

gegeben wird, loc. cit. S. 12. Allgemein gilt

$$\Gamma(z+1) = \int_0^1 (-\log \tau)^z \, d\tau, \quad \text{falls} \quad \operatorname{Re} z > -1;$$

hieraus entsteht mit z statt $z+1$ und $t := -\log \tau$ die Gleichung

$$\Gamma(z) = \int_0^{\infty} t^{z-1} e^{-t} dt, \quad z \in \mathbb{T} := \{z \in \mathbb{C} : \operatorname{Re} z > 0\}. \tag{2.26}$$

Das *uneigentliche* Integral rechts in (2.26) wurde 1811 von LEGENDRE das *Eulersche Integral* 2. *Art* genannt, [161, 1, S. 221]. Die Existenz liegt nicht auf der Hand; wir beweisen Konvergenz und Holomorphie im folgenden Abschnitt 2.3.1. Die Identität (2.26) ist ein Kernstück der Theorie der Gammafunktion; wir beweisen sie im Abschnitt 2.3.2 mit Hilfe des Eindeutigkeitssatzes 2.4.

Mittels dieses Satzes gewinnen wir im Abschnitt 2.3.4 auch die HANKELschen Formeln für $\Gamma(z)$.

Integraldarstellungen der Γ-Funktion haben seit EULER immer wieder das Interesse der Mathematiker gefunden. So promovierte R. DEDEKIND 1852 in Göttingen mit einer Arbeit *Über die Elemente der Theorie der EULERschen Integrale*, vgl. Ges. Math. Werke 1, 1–31, und H. HANKEL habilitierte sich 1863 in Leipzig mit einer Schrift *Die EULERsche Integrale bei unbeschränkter Variabilität des Argumentes*, vgl. [103].

2.3.1 Konvergenz des Eulerschen Integrals. Wir erinnern an folgendes Majorantenkriterium.

Satz 2.8. *Es sei $g : D \times [a, \infty) \to \mathbb{C}$ stetig, wobei $D \subset \mathbb{C}$ ein Bereich und $a \in \mathbb{R}$ ist. Es gebe eine Funktion $M(t)$ in $[a, \infty)$, so dass gilt:*

$$|g(z,t)| \leq M(t) \quad \text{für alle} \quad z \in D, \ t \geq a, \ \text{und} \quad \int_a^\infty M(t)dt \in \mathbb{R} \quad \text{existiert.}$$

Dann konvergiert $\int_a^\infty g(z,t)dt$ gleichmäßig und absolut in D. Falls $g(z,t) \in \mathcal{O}(D)$ für jedes $t \geq a$, so ist $\int_a^\infty g(z,t)dt$ holomorph in D.

Beweis. Sei $\varepsilon > 0$. Wähle $b \geq a$, so dass $\int_b^\infty M(t)dt \leq \varepsilon$. Dann folgt

$$\left| \int_b^c g(z,t)dt \right| \leq \int_b^c |g(z,t)|dt \leq \int_b^c M(t)dt \leq \varepsilon \quad \text{für alle} \quad z \in D \quad \text{und} \quad c \geq b.$$

Nach dem CAUCHYschen Konvergenzkriterium folgt die gleichmäßige und absolute Konvergenz des Integrals in D. Ist g für festes t immer holomorph in D, so gilt im Falle $a < r < s < \infty$ stets $\int_r^s g(z,t)dt \in \mathcal{O}(D)$, vgl. Abschnitt I.8.2.2. Dann gilt auch $\int_a^\infty g(z,t)dt \in \mathcal{O}(D)$. (Diese Holomorphie lässt sich übrigens mit Hilfe des Satzes von VITALI bequemer zeigen, vgl. Abschnitt 7.4.2).

Für $r \in \mathbb{R}$ bezeichne nun S_r^+ bzw. S_r^- die *rechte* bzw. *linke* Halbebene $\operatorname{Re} z \geq r$ bzw. $\operatorname{Re} z \leq r$. Wir setzen abkürzend:

$$u(z) := \int_0^1 t^{z-1}e^{-t}dt, \quad v(z) := \int_1^\infty t^{z-1}e^{-t}dt.$$

Konvergenzsatz 2.9. *Das Integral $v(z)$ konvergiert gleichmäßig und absolut in S_r^- für jedes $r \in \mathbb{R}$. Es gilt $v(z) \in \mathcal{O}(\mathbb{C})$.*

Das Integral $u(z)$ konvergiert gleichmäßig und absolut in S_r^+ für jedes $r > 0$. Es gilt $u(z) \in \mathcal{O}(\mathbb{T})$ und

$$u(z) = \sum_{\nu=0}^{\infty} \frac{(-1)^\nu}{\nu!} \frac{1}{z+\nu} \quad \text{für jedes } z \in \mathbb{T}. \tag{2.27}$$

Beweis. a) Für alle $z \in S_r^-$ gilt $|t^{z-1}| \leq t^{r-1}$. Da $\lim\limits_{t \to \infty} t^{r-1} e^{-\frac{1}{2}t} = 0$, so gibt es ein $M > 0$, so dass $|t^{z-1}e^{-t}| \leq Me^{-\frac{1}{2}t}$ für alle $z \in S_r^-$, $t \geq 1$. Da $\int\limits_1^\infty e^{-\frac{1}{2}t}dt = 2/\sqrt{e}$ und $t^{z-1}e^{-t} \in \mathcal{O}(\mathbb{C})$ für alle $t \geq 1$, so folgen die über v gemachten Behauptungen mit dem Majorantenkriterium.

b) Setzt man $s := 1/t$, so gilt $u(z) = \int\limits_1^\infty e^{-1/s}s^{-z-1}ds$. Falls $r > 0$, so gilt

$$|e^{-1/s} \cdot s^{-z-1}| \leq s^{-r-1} \text{ für alle } z \in S_r^+ \text{ und weiter } \int\limits_1^\infty s^{-r-1}ds = r^{-1}. \text{ Das}$$

Majorantenkriterium gibt nun die Behauptungen über u bis auf Gleichung (2.27), die sich aus der für alle $\delta \in (0,1)$ geltenden Identität

$$\int\limits_\delta^1 t^{z-1}e^{-t}dt = \sum_{\nu=0}^{\infty} \frac{(-1)^\nu}{\nu!} \int\limits_\delta^1 t^{z+\nu-1}\,dt = \sum_{\nu=0}^{\infty} \frac{(-1)^\nu}{\nu!} \frac{1}{z+\nu} - \delta^z \sum_{\nu=0}^{\infty} \frac{(-1)^\nu}{\nu!} \frac{\delta^\nu}{z+\nu}$$

ergibt (Vertauschungssatz für Integration und Summation, vgl. Abschnitt I.6.2.3), da der letzte Summand wegen $\operatorname{Re} z > 0$ im Fall $\delta \to 0$ gegen 0 strebt. □

Die Integrale $u(r)$, $r < 0$, divergieren. Wegen $t \in (0,1)$ gilt

$$\int\limits_\delta^1 t^{r-1}e^{-t}dt \geq e^{-1} \int\limits_\delta^1 t^{r-1}dt = e^{-1}r^{-1}(1-\delta^r), \quad \text{also} \quad \lim_{\delta \to 0}\int\limits_\delta^1 t^{r-1}e^{-t}dt = \infty.$$

2.3.2 Der Satz von Euler.

Satz 2.10. *Das Integral $\int\limits_0^\infty t^{z-1}e^{-t}dt$ konvergiert gleichmäßig und absolut in jedem Streifen $\{z \in \mathbb{C} : a \leq \operatorname{Re} z \leq b\}, 0 < a < b < \infty$, gegen $\Gamma(z)$:*

$$\Gamma(z) = \int\limits_0^\infty t^{z-1}e^{-t}\,dt \quad \text{für } z \in \mathbb{T}$$

Beweis. Die Konvergenz folgt aus dem Konvergenzsatz 2.9, da das Integral in $\mathbb{T}$ mit $F := u + v$ übereinstimmt. Für $F \in \mathcal{O}(\mathbb{T})$ verifiziert man direkt:

$$F(z+1) = zF(z), \quad F(1) = 1, \quad |F(z) \leq F(\operatorname{Re} z)| \quad \text{für alle} \quad z \in \mathbb{T}.$$

Insbesondere ist F beschränkt, wenn $1 \leq \operatorname{Re} z < 2$. Mit Satz 2.4 folgt $F = \Gamma$.
□

Natürlich gibt es auch direkte Beweise der Gleichung $F = \Gamma$. Der Leser konsultiere etwa [4], wo die logarithmische Konvexität von $F(x)$, $x > 0$, gezeigt wird, oder [279], wo sich der GAUSSsche Beweis findet: Man verifiziert durch Induktion die Gleichungen

$$\frac{n! n^z}{z(z+1) \cdot \ldots \cdot (z+n)} = \int_0^n t^{z-1} (1 - t/n)^n dt, \quad z \in \mathbb{T}, \quad n = 1, 2, \ldots$$

und beweist, dass die rechte Folge gegen $F(z)$ konvergiert. □

Mit dem Γ-Integral lassen sich viele Integrale bestimmen. So ist das im Band I ausgiebig diskutierte GAUSSsche Fehlerintegral ein spezieller Γ-Wert:

$$\int_0^\infty e^{-x^\alpha} dx = \alpha^{-1} \Gamma(\alpha^{-1}) \quad \text{für} \quad \alpha > 0, \quad \text{insbesondere} \quad \int_0^\infty e^{-x^2} dx = \frac{1}{2}\sqrt{\pi}.$$

Beweis. Mit $t := x^\alpha$ gilt $t^{\alpha^{-1}-1} = x^{1-\alpha}$ und $dt = \alpha x^{\alpha-1} dx$, also

$$\Gamma(\alpha^{-1}) = \int_0^\infty t^{\alpha^{-1}-1} e^{-t} dt = \int_0^\infty x^{1-\alpha} e^{-x^\alpha} x^{\alpha-1} dx = \alpha \int_0^\infty e^{-x^\alpha} dx.$$

Die letzte Gleichung ist klar, da $\Gamma(\frac{1}{2}) = \sqrt{\pi}$ nach (2.2.1) □

Durch partielle Integration ergibt sich induktiv (vgl. auch Band I. (12.21))

$$\int_0^\infty x^{2n} e^{-x^2} dx = \frac{1}{2} \Gamma(n + \frac{1}{2}), \quad n \in \mathbb{N}.$$

Auch die bereits in Abschnitt I.7.1.6* bestimmten *Fresnelschen Integrale* ordnen sich dem Γ-Integral unter, vgl. hierzu Abschnitt 2.3.3.

Wir erwähnen noch die 1876 von F.E. PRYM, [222], angegebene Partialbruchdarstellung der Γ-Funktion

Partialbruchdarstellung der Γ-Funktion 2.11.
Für alle $z \in \mathbb{C} \backslash \{0, -1, -2, \ldots\}$ gilt

$$\Gamma(z) = \sum_{\nu=0}^\infty \frac{(-1)^\nu}{\nu!} \frac{1}{z+\nu} + \int_1^\infty t^{z-1} e^{-t} dt.$$

Beweis. Für $z \in \mathbb{T}$ trifft die Behauptung zu. Da die auftretenden Funktionen holomorph in $\mathbb{C}\backslash\{0, -1, -2, \dots\}$ sind, folgt der Allgemeinfall mit dem Identitätssatz. $\square$

2.3.3 Variante des Eulerschen Integrals*.

Satz 2.12. *Für alle z mit $0 < \operatorname{Re} z < 1$ gilt*

$$\Gamma(z) = e^{\pi i z/2} \int\limits_0^\infty t^{z-1} e^{-it} dt$$

Beweis. Es sei

$$g(\zeta) := \zeta^{z-1} e^{-\zeta}, \tag{2.28}$$

also $|g(\zeta)| \le e^{\pi|y|} r^{x-1} e^{-r\cos\varphi}$, wo $z = x + iy \in \mathbb{C}$, $\zeta = re^{i\varphi} \in \mathbb{C}^-$. Da $g \in \mathcal{O}(\mathbb{C}^{-1})$, so gilt nach CAUCHY (Figur:)

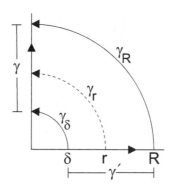

$$\int\limits_{\gamma'+\gamma_R} g \, d\zeta = \int\limits_{\gamma_\delta+\gamma} g \, d\zeta. \tag{2.29}$$

Zeigen wir

$$\lim_{\delta\to 0} \int\limits_{\gamma_\delta} g \, d\zeta = \int\limits_{\gamma_R} g \, d\zeta = 0, \quad 0 < \operatorname{Re} z < 1, \tag{2.30}$$

so folgt die Behauptung durch Limesbildung in (2.29), da γ der Weg $\zeta(t) := it$, $\delta \le t \le R$ ist. Wegen (2.28) gilt für alle $r \in (0, \infty)$

$$\int\limits_{\gamma_r} g \, d\zeta = \int\limits_0^{\pi/2} g(re^{i\varphi}) i r e^{i\varphi} d\varphi, \tag{2.31}$$

also

$$\left| \int\limits_{\gamma_r} g \, d\zeta \right| \le e^{\pi|y|} r^x \int\limits_0^{\pi/2} e^{-r\cos\varphi} d\varphi.$$

Da $e^{-r\cos\varphi} \le 1$ für $\varphi \in [0, \frac{1}{2}\pi]$, so folgt unmittelbar:

$$\left| \int_{\gamma_\delta} g d\zeta \right| \le \frac{1}{2}\pi e^{\pi|y|}\delta^x, \quad \text{also} \quad \lim_{\delta \to 0} \int_{\gamma_\delta} g d\zeta = 0, \quad \text{wenn} \quad x > 0.$$

Um die zweite Gleichung in (2.30) zu verifizieren, beachten wir, dass $\cos\varphi \ge 1 - \frac{2}{\pi}\varphi$ für alle $\varphi \in [0, \frac{1}{2}\pi]$ wegen der Konkavität von $\cos\varphi$ gilt. Damit folgt

$$\int_0^{\pi/2} e^{-R\cos\varphi}d\varphi \le \int_0^{\pi/2} \exp(2R\pi^{-1}\varphi - R)d\varphi = e^{-R}\frac{\pi}{2R}e^{2R\pi^{-1}\varphi}\Big|_0^{\frac{1}{2}\pi} < \frac{\pi}{2R}.$$

Mit (2.31) entsteht

$$\left| \int_{\gamma_R} g d\zeta \right| \le \tfrac{1}{2}\pi e^{\pi|y|}R^{x-1}, \quad \text{also} \quad \lim_{R \to \infty} \int_{\gamma_R} g d\zeta = 0, \quad \text{wenn} \quad x < 1. \qquad \square$$

Für $z := x \in (0, 1)$ ergibt die Zerlegung in Real- und Imaginärteil:

$$\int_0^\infty t^{x-1}\cos t\, dt = \cos(\tfrac{1}{2}\pi x)\Gamma(x), \quad \int_0^\infty t^{x-1}\sin t\, dt = \sin(\tfrac{1}{2}\pi x)\Gamma(x). \qquad (2.32)$$

Für $x := \frac{1}{2}$ und $\tau^2 := t$ sind dies die Fresnelschen Formeln vgl. I.7.1.6*:

$$\int_0^\infty \cos^2\tau d\tau = \int_0^\infty \sin^2\tau d\tau = \frac{1}{2}\sqrt{\frac{1}{2}\pi}.$$

Die Gleichungen (2.32) lassen sich u.a. benutzen, um mit Hilfe der EULERschen Summenformel einen recht einfachen Beweis für die Funktionalgleichung der RIE-MANNschen ζ-Funktion zu geben, vgl. [260, S. 15].

Aufgaben.

1. Benutzen Sie die vorangegangenen Überlegungen, um zu zeigen:

$$\int_0^\infty t^{z-1}e^{-wt}dt = w^{-z}\Gamma(z), \quad \text{falls} \quad w, z \in \mathbb{T}.$$

(Oben war w = i. Man braucht jetzt nicht die Konkavität von $\cos\varphi$).

2. Man zeige, dass für die ζ-Funktion $\zeta(z) := \sum_{n=1}^\infty n^{-z}$ gilt:

$$\zeta(z)\Gamma(z) = \int_0^\infty \frac{t^{z-1}}{e^t - 1}dt \quad \text{für alle} \quad z \in \mathbb{T}.$$

(Mit dieser Formel lässt sich die Funktionalgleichung

$$\zeta(1 - z) = 2(2\pi)^{-z}\cos\frac{1}{2}\pi z\Gamma(z)\zeta(z)).$$

gewinnen.

Historische Notiz. EULER kannte 1781 die Formeln (2.32). In [62, I-19, S. 225], gewinnt er aus $w^x \int\limits_0^\infty t^{x-1}e^{-wt}dt = \Gamma(x)$ mit $w = p + iq$ durch Übergang zu Real- und Imaginärteil die Gleichungen

$$\int\limits_0^\infty t^{x-1}e^{-pt}\cos qt\ dt = \Gamma(x)\cdot f^{-x}\cos x\theta,$$

$$\int\limits_0^\infty t^{x-1}e^{-pt}\sin qt\ dt = \Gamma(x)\cdot f^{-x}\sin x\theta,$$

wobei $\theta := \arctan(q/p)$ und $f := |w| = \sqrt{p^2+q^2}$. EULER kümmert sich nicht um den Geltungsbereich seiner Identitäten; für $p = 0, q = 1$ entsteht (2.32) (vgl. hierzu auch Abschnitt I.7.1.6*).

2.3.4 Das Hankelsche Schleifenintegral. Das EULERsche Integral stellt $\Gamma(z)$ nur in der rechten Halbebene dar. Wir führen nun ein Integral mit dem Integranden $w^{-z}e^w$ ein, das $\Gamma(z)$ in ganz $\mathbb{C}\backslash(-\mathbb{N})$ darstellt; die störende Singularität von $w^{-z}e^w$ in 0 wird „umlaufen". Ersichtlich gilt:

$$|w^{-z}e^w| \leq e^{\pi|y|}|w|^{-x}e^{\operatorname{Re}w} \quad \text{für } z = x + iy \in \mathbb{C}, \quad w \in \mathbb{C}^-. \tag{2.33}$$

Es seien nun $s \in (0,\infty)$ und $c \in \partial B_s(0)$, $c \neq \pm s$, fest gewählt. Wir bezeichnen mit γ den „uneigentlichen Schleifenweg" $\gamma_1 + \delta + \gamma_2$ (Figur) und mit S einen Streifen $[a,b] \times i\mathbb{R}$, $a < b$. Mit (2.33) folgt, da $\lim\limits_{t\to\infty}|t - c|^q e^{-\frac{1}{2}t} = 0$ für jedes $q \in \mathbb{R}$:

Es gibt ein t_0, so dass $\max\limits_{z\in S}|w^{-z}e^w| \leq e^{\pi|y|}e^{-\frac{1}{2}t}$ für $w = \gamma_2(t) = c-t$, $t \geq t_0$.
$$\tag{2.34}$$

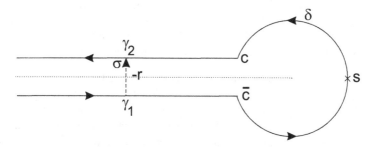

Wir behaupten nun:

Lemma 2.13. *Das „Schleifenintegral" $\frac{1}{2\pi i}\int\limits_\gamma w^{-z}e^w dw$ konvergiert in $\mathbb{C}$ kompakt und absolut gegen eine ganze Funktion h. Es gilt $h(1) = 1$ und $h(-n) = 0$, $n \in \mathbb{N}$, weiter ist $h(z)e^{-\pi|y|}$ in jedem Streifen S beschränkt.*

Beweis. Da $e^{\pi|y|}$ auf jedem Kompaktum $K \subset \mathbb{C}$ beschränkt ist, konvergiert wegen (2.34) das Integral längs γ_2 auf K gleichmäßig und absolut (Majorantenkriterium). Da Gleiches für das Integral längs γ_1 gilt, so folgt die Konvergenzbehauptung.

Für jedes $m \in \mathbb{Z}$ gilt $\lim_{r \to \infty} \int_\sigma w^{-m} e^w dw = 0$ (Figur). Daher gilt $h(m) = \mathrm{res}_0(w^{-m} e^w)$ für $m \in \mathbb{Z}$. Es folgt $h(1) = 1$ und $h(-\mathbb{N}) = 0$. Mit (2.34) ergibt sich weiter, dass $h(z)e^{-\pi|y|}$ in S beschränkt ist. $\square$

Es folgen nun schnell die HANKELschen Formeln

$$\frac{1}{\Gamma(z)} = \frac{1}{2\pi i} \int_\gamma w^{-z} e^w dw, \quad z \in \mathbb{C} \; ;$$

$$\Gamma(z) = \frac{1}{2i \sin \pi z} \int_\gamma w^{z-1} e^w dw, \quad z \in \mathbb{C} \backslash (-\mathbb{N}).$$

Beweis. Wir bezeichnen die rechts stehenden Funktionen mit h bzw. F. Dann gilt

$$F(z) = \pi \frac{h(1-z)}{\sin \pi z}, \quad z \in \mathbb{C} \backslash \mathbb{Z}. \tag{2.35}$$

Wegen $h(-\mathbb{N}) = 0$ (Lemma 2.13) folgt $F \in \mathcal{O}(\mathbb{T})$. Partielle Integration des Integrals für h gibt $h(z) = zh(z+1)$, woraus $F(z+1) = zF(z)$ folgt. Da $|2 \sin z| \geq e^{|y|} - e^{-|y|}$, so folgt nach Lemma 2.13

$$|F(z)| = \pi \frac{|h(1-z)|}{|\sin \pi z|} \leq \frac{A}{1 - e^{-2\pi|y|}} \quad \text{für } 1 \leq \mathrm{Re}\, z < 2, \; y \neq 0,$$

mit einer Konstanten $A > 0$. Somit ist F *beschränkt* für $1 \leq \mathrm{Re}\, z < 2$. Nach dem Eindeutigkeitssatz 2.4 folgt $F = a\Gamma$, $a \in \mathbb{C}$. Der Ergänzungssatz $\Gamma(z)\Gamma(1-z)\sin \pi z = \pi$ und (2.35) geben dann $h = a/\Gamma$. Da $a = h(1) = 1$ nach Lemma 2.13, sind die HANKELschen Formeln bewiesen. $\square$

Historische Notiz. HANKEL hat seine Formeln 1863 gefunden, vgl. [103, S. 7]. Der hier mitgeteilte Beweis folgt einer Idee von H. WIELANDT.

HANKEL erhält aus seinem „allgemein gültigen Integrale durch Aenderungen des Integrationsweges mit Leichtigkeit die bisher bekannten mannigfachen Formen des Integrals $\Gamma(x)$ oder des Quotienten $1 : \Gamma(x)$", so z.B. die Gleichungen (2.28) vgl. [103, S. 10, oben] Man konsultiere auch [279, S. 246].

HANKELs Formeln bleiben für $c = -s$ richtig, wenn man in den Integralen längs γ_1 (von $-\infty$ nach $-s$) bzw. γ_2 (von $-s$ nach $-\infty$) als Integranden die Grenzwerte von $w^{-z} e^w$ bzw. $w^{z-1} e^w$ auf $(-\infty, s)$ bei Annäherung aus der *unteren* bzw. *oberen* Halbebene nimmt, also $e^{\mp i\pi(z-1)} e^t |t|^{z-1}$, $-\infty < t < -s$, in der 2. Formel. Setzt man hier noch $z \in \mathbb{T}$ voraus, so darf man auch s gegen 0 gehen lasen. So entsteht, wenn man über den entarteten Schleifenweg (von $-\infty$ nach 0 und zurück) integriert, für alle $z \in \mathbb{T}$:

$$2i\Gamma(z)\sin\pi z = e^{-i\pi(z-1)} \int\limits_{-\infty}^{0} |t|^{z-1}e^t dt + e^{i\pi(z-1)} \int\limits_{0}^{-\infty} |t|^{z-1}e^t dt$$

$$= 2i\sin\pi z \int\limits_{-\infty}^{0} |t|^{z-1}e^t dt.$$

Hier steht ganz rechts das Integral $\int\limits_{0}^{\infty} t^{z-1}e^{-t}dt$. Damit ist gezeigt:

Aus der 2. Hankelschen Formel folgt die Eulersche Formel für $\Gamma(z)$, $z \in \mathbb{T}$.

Die EULERsche Formel ist also ein Entartungsfall der HANKELschen. Man kann umgekehrt aus diesem *Entartungsfall* HANKELs Formeln zurückgewinnen, vgl. z.B. [103, 6–8] oder [279, 244–245] .

2.4 Stirlingsche Formel und Gudermannsche Reihe

> Invenire summam quotcunque
> Logarithmorum, quorum numeri sint in
> progressione Arithmetica (J. STIRLING,
> 1730, Methodus Differentialis).

Für Anwendungen - nicht nur numerischer Art – muss man das Wachstum der Funktion $\Gamma(z)$ kennen: Man möchte $\Gamma(z)$ in der geschlitzten Ebene $\mathbb{C}^- := \mathbb{C}\backslash(-\infty, 0]$ für große z durch „einfachere" Funktionen approximieren (man lässt die Halbgerade $(-\infty, 0]$ weg, da $\Gamma(z)$ in $-\mathbb{N}$ Pole hat). Bei der Suche lassen wir uns vom Wachstum der Folge $n!$ leiten, das durch die klassische STIRLINGsche Formel beschrieben wird, vgl. [265, 351–353]:

$$n! = \sqrt{2\pi}n^{n+\frac{1}{2}}e^{-n}e^{a_n} \quad \text{mit} \quad \lim a_n = 0. \tag{2.36}$$

Diese Formel legt es nahe, zur Γ-Funktion eine „Fehlerfunktion" $\mu \in \mathcal{O}(\mathbb{C}^-)$ zu suchen, so dass in ganz $(\mathbb{C}^-)$ eine Gleichung

$$\Gamma(z) = \sqrt{2\pi}z^{z-\frac{1}{2}}e^{-z}e^{\mu(z)} \quad \text{mit} \quad \lim_{z\to\infty} \mu(z) = 0$$

gilt, wobei $z^{z-\frac{1}{2}} = \exp[(z - \frac{1}{2})\log(z)]$; hierin wäre (2.36) wegen $n\Gamma(n) = n!$ enthalten. Wir werden sehen, dass

$$\mu(z) = \log \Gamma(z) - (z - \frac{1}{2}) \log z + z - \frac{1}{2} \log 2\pi$$

eine ideale Fehlerfunktion ist, *sie strebt sogar wie* $1/z$ *gegen null, wenn die Entfernung von* z *zur negativen reellen Achse gegen unendlich strebt.* Mithin ist $\sqrt{2\pi} z^{z-\frac{1}{2}} e^{-z}$ eine „einfachere" Funktion, die $\Gamma(z)$ in $\mathbb{C}^-$ approximiert.

Die angegebene Gleichung für $\mu(z)$ eignet sich nicht gut zur Definition. Wir definieren $\mu(z)$ im Abschnitt 2.4.1 durch ein uneigentliches Integral, welches die wesentlichen Eigenschaften dieser Funktion evident macht und im Abschnitt 2.4.2 sofort zur STIRLINGschen Formel mit soliden Abschätzungen für $\mu(z)$ führt. Diese Abschätzungen werden im Abschnitt 2.4.4 noch verbessert. In den Abschnitten 2.4.5 und 2.4.6 wird die STIRLINGsche Formel zur STIRLINGschen Reihe mit Restabschätzungen verallgemeinert.

Zur Abschätzung von Integranden mit Potenzen von $z + t$ im Nenner benutzen wir stets folgende Ungleichung:

$$|z + t| \geq (|z| + t) \cos \frac{1}{2}\varphi \quad \text{für} \quad z = |z|e^{i\varphi} \quad \text{und} \quad t \geq 0. \qquad (2.37)$$

Beweis. Sei $r := |z|$. Wegen $\cos \varphi = 1 - 2 \sin^2 \frac{1}{2}\varphi$ und $(r + t)^2 \geq 4rt$ folgt $|z + t|^2 = r^2 + 2rt \cos \varphi + t^2 = (r + t)^2 - 4rt \sin^2 \frac{1}{2}\varphi \geq (r + t)^2 \cos^2 \frac{1}{2}\varphi.$ $\square$

Eine Konsequenz ist eine „gleichmäßige" Abschätzung in Winkelräumen: Sei $0 < \delta \leq \pi$ und $t \geq 0$. Dann gilt (wegen $\cos \frac{1}{2}\varphi \geq \sin \frac{1}{2}\delta$):

$$|z + t| \geq (|z| + t) \sin \frac{1}{2}\delta \quad \text{für alle} \quad z = |z|e^{i\varphi} \quad \text{mit} \quad |\varphi| \leq \pi - \delta. \qquad (2.38)$$

2.4.1 Stieltjessche Definition der Funktion $\mu(z)$. Die reellen Funktionen

$$P_1(t) := t - [t] - \frac{1}{2} \quad \text{und} \quad Q(t) := \frac{1}{2}(t - [t] - (t - [t])^2), \qquad (2.39)$$

wobei $[t]$ die größte ganze Zahl $\leq t$ bezeichnet, sind stetig in $\mathbb{R}\backslash\mathbb{Z}$ und haben die Periode 1; $P_1(t)$ ist die „Sägezahn-Funktion". Die Funktion $Q(t)$ ist in $\mathbb{R}\backslash\mathbb{Z}$ eine Stammfunktion von $-P_1(t)$, es gilt $0 \leq Q(t) \leq \frac{1}{8}$; ferner ist Q stetig auf ganz $\mathbb{R}$.

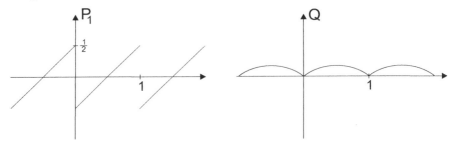

Ausgangspunkt für alle weiteren Überlegungen ist nun folgende Definition:

$$\mu(z) := -\int\limits_0^\infty \frac{P_1(t)}{z+t}\,dt = \int\limits_0^\infty \frac{Q(t)}{(z+t)^2}\,dt \in \mathcal{O}(\mathbb{C}^-)$$

(2.40)

Diese Definition ist gewiss dann legitim, wenn wir zeigen, dass die Integrale in (2.40) lokal gleichmäßig in $\mathbb{C}^-$ gegen dieselbe Funktion konvergieren. Sei $\delta \in (0, \pi]$ und $\varepsilon > 0$. Für alle $t \geq 0$ gilt dann (vgl. (2.38) der Einleitung)

$$\left| \frac{Q(t)}{(z+t)^2} \right| \leq \frac{1}{8} \frac{1}{\sin^2 \frac{1}{2}\delta} \cdot \frac{1}{(\varepsilon+t)^2}, \quad \text{falls } z = |z|e^{i\varphi} \text{ mit } |z| \geq \varepsilon \text{ und } |\varphi| \leq \pi - \delta.$$

Das zweite Integral konvergiert also lokal gleichmäßig in $\mathbb{C}^-$ nach dem Majorantenkriterium Satz 2.8. Das erste Integral konvergiert nun ebenfalls in $\mathbb{C}^-$ lokal gleichmäßig gegen dieselbe Grenzfunktion, da gilt

$$-\int\limits_r^s \frac{P_1(t)}{z+t}\,dt = \frac{\mathbb{Q}(t)}{(z+t)}\Big|_r^s + \int\limits_r^s \frac{\mathbb{Q}(t)}{(z+t)^2}\,dt \quad \text{für } 0 < r < s < \infty.$$

(die partielle Integration ist wegen der Stetigkeit von $\mathcal{Q}$ erlaubt).   □

Wir erhalten sofort eine *Funktionalgleichung* für die μ-Funktion:

$$\mu(z) - \mu(z+1) = -\int\limits_0^1 \frac{\frac{1}{2}-t}{z+t}\,dt = (z+\frac{1}{2})\log(1+\frac{1}{z}) - 1, \quad z \in \mathbb{C}^-.$$

(2.41)

Beweis. Man beachtet $P_1(t+1) = P_1(t)$ und schreibt

$$\mu(z+1) = \int\limits_0^\infty \frac{P_1(t+1)}{z+t+1}\,dt = -\int\limits_1^\infty \frac{P_1(t)}{z+t}\,dt = \mu(z) - \int\limits_0^1 \frac{\frac{1}{2}-t}{z+t}\,dt.$$

Der Integrand rechts hat $(z+\frac{1}{2})\log(z+t) - t$ als Stammfunktion; damit folgt (2.41), da in ganz $\mathbb{C}^-$ gilt: $\log(z+1) - \log z = \log(1+\frac{1}{z})$.   □

2.4.2 Die Stirlingsche Formel. Wir bezeichnen für jedes $\delta \in (0, \pi]$ mit W_δ den die negative reelle Achse aussparenden Winkelraum $\{z = |z|e^{i\varphi} \in \mathbb{C}^\times : |\varphi| \leq \pi - \delta\}$. Den Zusammenhang zwischen den Funktionen $\Gamma(z)$ und $\mu(z)$ sowie das Wachstum von $\mu(z)$ beschreibt folgender Satz

Stirlingsche Formeln 2.14. *Es gilt*

$$\Gamma(z) = \sqrt{2\pi}z^{z-\frac{1}{2}}e^{-z}e^{\mu(z)}, \quad z \in \mathbb{C}^-,$$

$$|\mu(z)| \leq \frac{1}{8}\frac{1}{\cos^2\frac{1}{2}\varphi}\frac{1}{|z|}, \quad z = |z|e^{i\varphi} \in \mathbb{C}^-, \qquad (2.42)$$

$$|\mu(z)| \leq \frac{1}{8}\frac{1}{\sin^2\frac{1}{2}\delta}\frac{1}{|z|}, \quad z \in W_\delta, \ 0 < \delta \leq \pi.$$

Beweis. Da $Q(t) \leq \frac{1}{8}$ und $|z + t| \geq |z|\cos\frac{1}{2}\varphi \geq |z|\sin\frac{1}{2}\delta$ (vgl. Einleitung), so folgen die Ungleichungen aus (2.40). Wir zeigen weiter, dass $F(z) := z^{z-\frac{1}{2}}e^{-z}e^{\mu(z)} \in \mathcal{O}(\mathbb{C}^-)$ die Voraussetzungen des Eindeutigkeitssatzes 2.4 erfüllt. Die Funktionalgleichung (2.41) für $\mu(z)$ gibt direkt

$$F(z+1) = (z+\frac{1}{2})^{z+\frac{1}{2}}e^{-z-1}e^{\mu(z)-(z+\frac{1}{2})\log(1+\frac{1}{z})+1} = z^{z+\frac{1}{2}}e^{-z}e^{\mu(z)} = zF(z).$$

Weiter ist F im Streifen $S = \{z \in \mathbb{C} : 1 \leq \operatorname{Re} z < 2\}$ beschränkt: Gewiss ist $e^{\mu(z)}$ dort beschränkt. Für alle $z = x + iy = |z|e^{i\varphi} \in \mathbb{C}^-$ gilt $|z^{z-\frac{1}{2}}e^{-z}| = |z|^{x-\frac{1}{2}}e^{-y\varphi}$. Falls $z \in S$ und $|y| \geq 2$, so gilt $x - \frac{1}{2} \leq 2$, $|z| \leq 2\gamma$ und $-\gamma\varphi \leq -\frac{1}{2}\pi|y|$; für solche z folgt $|z^{z-\frac{1}{2}}e^{-z}| \leq 4y^2 e^{-\frac{1}{2}\pi|y|}$. Da $\lim\limits_{|y|\to\infty} y^2 e^{-\frac{1}{2}\pi|y|} = 0$, so ist F beschränkt in S.

Mit Satz 2.4 ergibt sich nun $\Gamma(z) = az^{z-\frac{1}{2}}e^{-z}e^{\mu(z)}$. Um $a = \sqrt{2\pi}$ zu zeigen, tragen wir die rechte Seite in die LEGENDREsche Verdopplungsformel (2.21) ein. Es entsteht (nach Kürzen)

$$\sqrt{2\pi e} \cdot e^{\mu(2z)-\mu(z)-\mu(z+\frac{1}{2})} = a \cdot \left(1 + \frac{1}{2z}\right)^z.$$

Da $\lim\limits_{x\to\infty} \mu(x) = 0$, und da $\lim\limits_{x\to\infty}(1+\frac{1}{2x})^x = \sqrt{e}$, so folgt $a = \sqrt{2\pi}$. $\qquad\square$

Die Gleichung (2.42) zeigt, daß – wie in der Einleitung behauptet – gilt:

$$\log \Gamma(z) = \frac{1}{2}\log 2\pi + (z - \frac{1}{2})\log z - z + \mu(z). \qquad (2.43)$$

Im Reellen lässt sich (2.42) wie folgt schreiben:

$$\Gamma(x+1) = \sqrt{2\pi x} \cdot x^x \cdot e^{-x+\theta(x)/(8x)}, \quad x > 0, \quad 0 < \theta(x) < 1; \quad (2.44)$$

für $x = n$ präzisiert dies die Gleichung (2.42) der Einleitung.

Die große Kraft des Theorems liegt in den Abschätzungen für $\mu(z)$. Sie werden allerdings selten in dieser Schärfe benutzt. Meistens reicht es aus zu wissen, dass $\mu(z)$ in jedem Winkelraum W_δ *gleichmäßig* wie $1/z$ gegen null geht, wenn z gegen ∞ strebt.

Die Aussagen von (2.42) werden gern zur „asymptotischen Gleichung"

$$\Gamma(z) \sim \sqrt{2\pi} z^{z-\frac{1}{2}} e^{-z} \quad \text{oder} \quad \Gamma(z+1) \sim \sqrt{2\pi z} \left(\frac{z}{e}\right)^z$$

zusammengefasst, wobei das Zeichen $\sim$ bedeutet, dass der Quotient aus linker und rechter Seite in jedem um 0 gelochten Winkelraum W_δ mit $z \to \infty$ *gleichmäßig* gegen 1 konvergiert. Eine Folgerung ist (Beweis!)

$$\Gamma(z+a) \sim z^a \Gamma(z), \quad a \in \mathbb{C} \backslash \{-1, -2, -3, \dots\}$$

fest.

Die Ungleichungen in (2.42) lassen sich durch bessere Abschätzungen des $\mu(z)$ definierenden Integrals sofort verschärfen. Man bemerkt zunächst

$$|\mu(z)| \leq \frac{1}{8} \int_0^\infty \frac{dt}{|z+t|^2} = \frac{1}{8|z|} \int_0^\infty \frac{ds}{(s+\cos\varphi)^2 + \sin^2\varphi}.$$

Beachtet man nun, dass $\arctan x = \frac{1}{2}\pi - \text{arccot } x$ eine Stammfunktion von $(x^2+1)^{-1}$ ist, so folgt sofort (mit $\varphi/\sin\varphi := 1$ für $\varphi = 0$):

$$|\mu(z)| \leq \frac{1}{8} \frac{\varphi}{\sin\varphi} \frac{1}{|z|} \quad \text{für} \quad z = |z|e^{i\varphi} \in \mathbb{C}^-. \quad (2.45)$$

Da $\varphi/\sin\varphi$ in $[0,\pi)$ monoton wächst, so ist hierin enthalten:

$$|\mu(z)| \leq \frac{1}{8} \frac{\pi-\delta}{\sin\delta} \frac{1}{|z|}, \quad z \in W_\delta, \quad 0 < \delta \leq \pi. \quad (2.46)$$

Die Schranken in (2.45) und (2.46) sind *besser* als die alten aus (2.42), falls $\varphi \neq 0$ bzw. $\delta \neq \pi$. [Dann gilt $|\varphi| < \tan\frac{1}{2}|\varphi|$ bzw. $\pi-\delta < 2\cot\frac{1}{2}\delta$, woraus sofort $\varphi/\sin\varphi < (\cos\frac{1}{2}\varphi)^{-2}$ bzw. $(\pi-\delta)/\sin\delta(\sin\frac{1}{2}\delta)^{-2}$ folgt].

Historische Notiz. Für die geschlitzte Ebene $\mathbb{C}^-$ wurde die STIRLINGsche Formel erstmals in 1889 von T.-J. STIELTJES bewiesen, vgl. [255]. Vorher hatte man die Formel nur in der *rechten* Halbebene. STIELTJES benutzte *konsequent* die im Abschnitt 2.4.1 gegebene Definition der μ-Funktion mittels $P_1(t)$, [255, S. 428 ff.]. Sie hat gegenüber älteren Formeln von BINET und GAUSS (vgl. [279, S. 246 ff.]) und Abschnitt 2.5.2 den Vorteil, in ganz C^- und nicht nur in der rechten Halbebene $\mathbb{T}$ zu gelten. Diese Formel für $\mu(z)$ wurde 1875 von PH. GILBERT publiziert in *Recherches sur le développement de la fonction Γ et sur certaines intégrales définies qui en dépendent, Mém. de Acad. de Belgique* 41, 1-60, insbes. S. 12. Überzeugende Anwendungen für große Winkelräume sind uns allerdings nicht bekannt.

2.4.3 Wachstum von $|\Gamma(x + iy)|$ für $|y| \to \infty$. Eine elementare Folgerung aus den STIRLINGschen Formeln ist, dass $\Gamma(x + iy)$ mit wachsendem y *exponentiell* gegen Null geht. Bereits 1889 bemerkte S. PINCHERLE, [204, S. 234]:

$$\text{Für} \quad |y| \to \infty \quad \text{gilt kompakt gleichmäßig in} \quad x \in \mathbb{R}: \qquad (2.47)$$

$$|\Gamma(x + iy)| \sim \sqrt{2\pi}|y|^{x-\frac{1}{2}}e^{-\frac{1}{2}\pi|y|}.$$

Beweis. Nach (2.42) gilt $|\Gamma(z)| \sim \sqrt{2\pi}|z^{z-\frac{1}{2}}||e^{-z}|$. Da $|z^{z-\frac{1}{2}}| = |z|^{x-\frac{1}{2}}e^{-y\varphi}$ für $z = x + iy = |z|e^{i\varphi}$. $\varphi \in (-\pi, \pi)$, so folgt

$$|\Gamma(x + iy)| \sim \sqrt{2\pi}|z|^{x-\frac{1}{2}}e^{-x-y\varphi} \quad \text{für} \quad |y| \to \infty \qquad (2.48)$$

kompakt gleichmäßig in x. Da $|z| \sim |y|$ für $|y| \to \infty$, so gilt

$$|z|^{x-\frac{1}{2}} \sim |y|^{x-\frac{1}{2}} \quad \text{für} \quad |y| \to \infty \quad \text{kompakt gleichmäßig in} \quad x. \qquad (2.49)$$

Um $\exp(-x - y\varphi)$ asymptotisch zu behandeln, darf man sich wegen $\Gamma(\overline{z}) = \overline{\Gamma(z)}$ auf den Fall $y \to +\infty$ beschränken. Wegen $\tan(\frac{1}{2}\pi - \varphi) = xy^{-1}$ gilt

$$\varphi = \frac{1}{2}\pi - \arctan xy^{-1}, \quad \text{wobei} \quad \arctan w = w - \frac{1}{3}w^3 + \frac{1}{5}w^5 \pm \dots, \ |w| < 1.$$

Da $\lim_{y\to\infty} y \arctan xy^{-1} = x$ kompakt gleichmäßig in x, so sieht man $e^{-x-\varphi y} \sim e^{-\frac{1}{2}\pi\gamma}$ für $y \to \infty$. Mit (2.48) und (2.49) folgt (2.47). $\qquad\square$

2.4.4 Gudermannsche Reihe*. Die Gleichung (2.41) liefert

$$\sum_{\nu=0}^{n} \left[\left(z + \nu + \frac{1}{2}\right) \log\left(1 + \frac{1}{z + \nu}\right) - 1\right] = -\int_{0}^{n} \frac{P_1(t)}{z + t}dt.$$

Hieraus folgt mit (2.41) sofort GUDERMANNs Reihendarstellung:

$$\mu(z) = \sum_{\nu=0}^{\infty} \left[\left(z + \nu + \frac{1}{2}\right) \log\left(1 + \frac{1}{z + \nu}\right) - 1\right] \quad \text{in} \quad \mathbb{C}^-. \qquad (2.50)$$

Mit (2.50) lässt sich in (2.42) der Faktor $\frac{1}{8}$ zu $\frac{1}{12}$ verbessern. Wir schreiben abkürzend $\lambda(z)$ für $(z + \frac{1}{2}) \log(1 + \frac{1}{z}) - 1$ und zeigen vorab:

$$\lambda(z) = \frac{1}{2} \int_0^1 \frac{t(1-t)}{(z+t)^2} dt = 2 \int_0^{\frac{1}{2}} \frac{(\frac{1}{2} - t)^2}{(z+t)(z+1-t)} dt, \quad z \in \mathbb{C}^- \qquad (2.51)$$

$$|\lambda(z)| \le \frac{1}{12} \frac{1}{\cos^2 \frac{1}{2}\varphi} \left(\frac{1}{|z|} - \frac{1}{|z+1|} \right). \qquad (2.52)$$

Beweis. Wir zeigen (2.51): Partielle Integration in (2.41) gibt für $\lambda(z)$ das erste Integral. Integriert man in (2.41) von 0 bis $\frac{1}{2}$ und $\frac{1}{2}$ bis 1 und substituiert man dann im zweiten Summanden $1 - t$ für t, so entsteht das zweite Integral. Wir begründen (2.52) folgendermaßen: Da $t(1 - t) \ge 0$ in $[0,1]$, so ergeben (2.41) der Einleitung und (2.51):

$$|\lambda(z)| \le \frac{1}{2} \int_0^1 \frac{t(1-t)}{|z+t|^2} dt \le \left(\cos \frac{1}{2}\varphi \right)^{-2} \lambda(|z|).$$

Da $(r + t)(r + 1 - t) \ge r(r + 1)$ für $t \in [0, 1]$, so gibt das 2. Integral in (2.51):

$$\lambda(r) \le \frac{2}{r(r+1)} \int_0^{\frac{1}{2}} \left(\frac{1}{2} - t \right)^2 dt = \frac{1}{12} \left(\frac{1}{r} - \frac{1}{r+1} \right) \quad \text{für alle } r > 0. \qquad \square$$

Man kann $\lambda(r)$ auch über die Potenzreihe für $\log \frac{1+r}{1-r}$ abschätzen, vgl. [4, S. 20].

Es folgt nun ohne weiteres:

Satz 2.15. *Die* GUDERMANN*sche Reihe konvergiert normal in* $\mathbb{C}^-$. *Es gilt:*

$$|\mu(z)| \le \frac{1}{12|z|} \frac{1}{\cos^2 (\frac{1}{2}\varphi)} \frac{1}{|z|} \quad \text{für } z = |z|e^{i\varphi} \in \mathbb{C}^-.$$

Beweis. Mit (2.50) und (2.52) folgt unmittelbar:

$$|\mu(z)| \le \sum_{\nu=0}^{\infty} |\lambda(z + \nu)| \le \frac{1}{12} \left(\cos \frac{1}{2}\varphi \right)^{-2} \sum_{\nu=0}^{\infty} \left(\frac{1}{|z+\nu|} - \frac{1}{|z+\nu+1|} \right). \qquad \square$$

Es gilt nun (2.44) mit $\frac{1}{12}$ statt $\frac{1}{8}$ im Exponenten. Weiter folgt direkt:

$$|\mu(z)| \le \frac{1}{12 \, \text{Re} \, z} \quad \text{im Falle} \quad \text{Re} \, z > 0, \quad |\mu(iy)| \le \frac{1}{6|y|} \quad \text{für } y \in \mathbb{R}.$$

Die Schranken für $\mu(z)$ sind besser als die Schranken in (2.45) und (2.46) solange $\tan \frac{1}{2}\varphi < \frac{3}{4}\varphi$ und $\cot \frac{1}{2}\delta > \frac{3}{4}(\pi - \delta)$, d.h. für $\varphi < 110,8°$ und

$\delta > 69,2°$: In Abschnitt 2.4.8 werden wir sehen, dass im Winkelraum $|\varphi| \leq \frac{1}{4}\pi$ stets $|\mu(z)| \leq \frac{1}{12}|z|^{-1}$ gilt.

Historische Notiz. CHR. GUDERMANN hat 1845 die seither nach ihm benannte Reihe für $\mu(z)$ gefunden, vgl. [101]. Die Ungleichung mit dem klassischen Vorfaktor $\frac{1}{12}$ anstelle von $\frac{1}{8}$ steht 1889 bei STIELTJES, [255, S. 443].

2.4.5 Stirlingsche Reihe*. Man sucht eine *asymptotische* Entwicklung der Funktion $\mu(z)$ nach Potenzen von z^{-1}. Man arbeitet mit den *Bernoullischen Polynomen*

$$B_k(w) = \sum_{\kappa=0}^{k} \binom{k}{\kappa} B_\kappa w^{k-\kappa} = w^k - \frac{1}{2}kw^{k-1} + \ldots + B_k, \; k \geq 1, \quad (2.53)$$

wo $B_\kappa := B_\kappa(0)$ die κ-te BERNOULLI- Zahl ist. Es gilt (vgl. I.7.5.4)

$$B'_{k+1}(w) = (k+1)B_k(w), \quad k \in \mathbb{N}, \quad \text{und} \quad B_k(0) = B_k(1) \quad \text{für} \quad k \geq 2. \quad (2.54)$$

Wir ordnen jedem Polynom $B_n(t)$ eine *periodische* Funktion $P_n : \mathbb{R} \to \mathbb{R}$ zu:

$$P_n(t) := B_n(t) \quad \text{für} \quad 0 \leq t < 1, \quad P_n(t) \text{ hat die Periode } 1. \quad (2.55)$$

Dann ist $P_1(t)$ die Sägezahn-Funktion. Wir setzen nun

$$\mu_k(z) := \frac{1}{k} \int_0^\infty \frac{P_k(t)}{(z+t)^k} dt, \quad k \geq 1. \quad (2.56)$$

Alle Funktionen μ_k sind holomorph in $\mathbb{C}^-$; ferner gilt:

$$\mu_1(z) = \mu(z), \quad \mu_k(z) = \frac{B_{k+1}}{k(k+1)}\frac{1}{z^k} + \mu_{k+1}(z), \quad \mu_{2n}(z) = \mu_{2n+1}(z)$$

$$\mu(z) = \sum_{\nu=1}^{n} \frac{B_{2\nu}}{(2\nu-1)2\nu}\frac{1}{z^{2\nu-1}} + \mu_{2n+1}(z). \quad (2.57)$$

Beweis von (2.57). Die Rekursionsformel folgen durch partielle Integration von (2.56), die Gleichungen $\mu_{2n} = \mu_{2n+1}$ gelten, da $B_3 = B_5 = \cdots = 0$. □

Die Reihe in (2.57) heißt STIRLINGsche Reihe mit dem Restglied μ_{2n+1}. Für $n = 1$ steht hier:

$$\mu(z) = \frac{1}{12\,z} - \frac{1}{3} \int_0^\infty \frac{P_3(t)}{(z+t)^3} dt \quad \text{mit}$$

$$P_3(t) = t^3 - \frac{3}{2}t^2 + \frac{1}{2}t \quad \text{für} \quad t \in [0,1]. \quad (2.58)$$

Da $|P_3(t)| < \frac{1}{20}$ (das Maximum liegt bei $\frac{1}{2} \pm \frac{1}{6}\sqrt{3}$) und $\int\limits_0^\infty |z+1|^{-3}dt = |z|^{-1}(|z| + \operatorname{Re} z)^{-1}$, (denn $a^{-2}x(x^2 + a^2)^{-\frac{1}{2}}$ ist Stammfunktion von $(x^2 + a^2)^{-3/2}$), so folgt:

$$\left| \mu(z) - \frac{1}{12\,z} \right| < \frac{1}{60\,|z|}\, \frac{1}{|z| + \operatorname{Re} z}, \quad z \in \mathbb{C}^-. \tag{2.59}$$

Die STIRLINGsche Reihe (2.57) gibt für $n \to \infty$ keine LAURENT-Entwicklung von μ, denn μ hat in 0 keine isolierte Singularität. Es gilt sogar:

Für jedes $z \in \mathbb{C}^\times$ *ist die Folge* $\dfrac{B_{2\nu}}{(2\nu - 1)2\nu} \cdot \dfrac{1}{z^{2\nu - 1}}$ *unbeschränkt.*

Das folgt, da $|B_{2\nu}| > 2(2\nu)!/(2\pi)$, vgl. I.11.3.1, und $\lim n!/r^n = \infty$ für $r > 0$.

Die STIRLINGsche Reihe erhält erst durch brauchbare Abschätzungen des verwickelten Restgliedes ihren vollen Sinn. Wegen (2.57) gilt (mit $k = 2n - 1$):

$$\mu_{2n-1}(z) = \frac{1}{2n} \int\limits_0^\infty \frac{B_{2n} - P_{2n}(t)}{(z+t)^{2n}}dt \quad \text{(beachte:} \ \frac{1}{k\,z^k} = \int\limits_0^\infty \frac{dt}{(z+t)^{k+1}}). \tag{2.60}$$

Damit folgt sofort, wenn man $M_n := \sup\limits_{t \geq 0} |B_{2n} - P_{2n}(t)| \in \mathbb{R}$ setzt:

$$|\mu_{2n-1}(z)| \leq \frac{M_n}{(2n-1)2n} \frac{1}{\cos^{2n}\frac{1}{2}\varphi} \frac{1}{|z|^{2n-1}}, \quad z = |z|e^{i\varphi} \in \mathbb{C}^-, \ n \geq 1. \tag{2.61}$$

$\square$

Eine direkte Abschätzung von $\mu_{2n-1}(z)$ ohne den Umweg über (2.60) hätte statt (2.61) nur eine Nennerpotenz $|z|^{2n-2}$ gegeben. – Mit (2.56) und (2.61) ergibt sich sofort:

$$\lim_{z \in W_\delta, z \to \infty} z^{2n-1}\mu_{2n-1}(z) = \frac{B_{2n}}{(2n-1)2n}.$$

Aus (2.57) und (2.61) folgt für jeden Winkelraum W_δ die Limesgleichung

$$\lim_{z \in W_\delta, z \to \infty} \left| \mu(z) - \sum_{\nu=1}^n \frac{B_{2\nu}}{(2\nu-1)2\nu} \frac{1}{z^{2\nu-1}} \right| |z|^{2n} = 0, \quad n \geq 1. \tag{2.62}$$

Die STIRLINGsche Reihe ist also eine *asymptotische Entwicklung von* $\mu(z)$ *um* ∞, (vgl. auch Abschnitt I.9.6.1). Ist z groß im Vergleich zu n, so hat man eine sehr gute Approximation von $\mu(z)$; es bringt aber nichts, bei festem z den Index n groß zu machen. Für $n = 3$ hat man z.B.

$$\log \Gamma(z) = (z - \frac{1}{2})\log z - z + \log\sqrt{2\pi} + \frac{1}{12}\frac{1}{z} - \frac{1}{360}\frac{1}{z^3} + \frac{1}{1260}\frac{1}{z^5} - \text{Fehlerglied}.$$

2.4.6 Feinabschätzungen des Restgliedes*. Wer ehrgeizig ist, sucht gute numerische Werte für die Schranken M_n in (2.61). Schon STIELTJES zeigte, [255, S. 434–436]:

$$|\mu_{2n-1}(z)| \leq \frac{|B_{2n}|}{(2n-1)2n} \frac{1}{\cos^{2n} \frac{1}{2}\varphi} \frac{1}{|z|^{2n-1}}, \quad z = |z|e^{i\varphi} \in \mathbb{C}^-, \quad n \geq 1. \quad (2.63)$$

Für $n = 1$ ist dies die Ungleichung aus Satz 2.15. Der Beweis von (2.63) benutzt folgende nicht evidente Vorzeicheneigenschaft der Funktion $P_{2n}(t)$, $t \geq 0$:

$$B_{2n} - P_{2n}(t) \quad \text{hat für alle } t \text{ das Vorzeichen } (-1)^{n-1}, \quad n \geq 1. \quad (2.64)$$

Mit (2.64) folgt (2.63) schnell: Da $B_{2n} - P_{2n}(t)$ nie das Vorzeichen wechselt, so ergibt sich aus (2.60) mit $z = re^{i\varphi}$ direkt

$$\cos^{2n}\frac{\varphi}{2} \cdot |\mu_{2n-1}(z)| \leq \frac{1}{2n} \int_0^\infty \frac{|B_{2n} - P_{2n}(t)|}{(r+t)^{2n}} dt =$$

$$\frac{1}{2n} \left| \int_0^\infty \frac{|B_{2n} - P_{2n}(t)|}{(r+t)^{2n}} dt \right| = |\mu_{2n-1}(r)|.$$

Um $\mu_{2n-1}(r)$ abzuschätzen, benutzt man (2.57). Es gilt

$$\mu_{2n-1}(r) - \mu_{2n+1}(r) = \frac{B_{2n}}{(2n-1)2n} \frac{1}{r^{2n-1}}.$$

Da $\mu_{2n-1}(r)$ und $\mu_{2n+1}(r)$ wegen (2.60) und (2.64) für alle $r > 0$ dasselbe ~~r~~zeichen haben, so folgt

$$|\mu_{2n-1}(r)| \leq |\mu_{2n-1}(r) - \mu_{2n-1}(r)| = \frac{|B_{2n}|}{(2n-1)2n} \frac{1}{r^{2n-1}}.$$

~~mi~~t ist (2.63) unter Verwendung von (2.64) bewiesen. Zum Nachweis von ~~(2.64)~~ zieht man die FOURIER-Reihe von $P_{2n}(t)$ heran, (vgl. I.14.3.4):

$$P_{2n}(t) = (-1)^{n-1} \frac{2(2n)!}{(2\pi)^{2n}} \sum_{\nu=1}^\infty \frac{\cos 2\pi\nu t}{\nu^{2n}}, \quad t \geq 0, \quad n \geq 1.$$

~~P_{2n}(0~~)) $= B_{2n}$ (EULERsche Formel), so folgt

$$B_{2n} - P_{2n}(t) = (-1)^{n-1} \frac{2(2n)!}{(2\pi)^{2n}} \sum_{\nu=1}^\infty \frac{1 - \cos 2\pi\nu t}{\nu^{2n}}$$

~~(2.64~~) evident wird, da kein Summand rechts negativ ist.   □

2.4.7 Binetsches Integral. Neben der STIELTJESschen Integralformel und der GUDERMANNschen Reihe gibt es andere interessante Darstellungen der μ–Funktion, die allerdings nur in der rechten Halbebene gelten. So zeigte J.M. BINET bereits 1839, [21, S. 243]:

$$\mu(z) = 2 \int\limits_0^\infty \frac{\arctan(t/z)}{e^{2\pi t} - 1} dt, \quad \text{falls} \quad \mathrm{Re}\, z > 0. \tag{2.65}$$

Zum Beweis benutzt man zweckmäßig die PLANAsche Summenformel.

Planasche Summenformel 2.16. *Es sei holomorph in einer Umgebung der abgeschlossenen Halbebene $\{z \in \mathbb{C} : \mathrm{Re}\, z \geq 0\}$ mit folgenden Eigenschaften:*

1) $\sum\limits_0^\infty f(\nu)$ und $\int\limits_0^\infty f(x)dx$ existieren.

2) $\lim\limits_{|t| \to \infty} f(x + it)e^{-2\pi|t|} = 0$ gleichmäßig für $x \in [0, s]$, $s > 0$ beliebig,

3) $\lim\limits_{s \to \infty} \int\limits_{-\infty}^\infty |f(s + iy)|e^{-2\pi|y|}dy = 0$

Dann gilt:

$$\sum_{\nu=0}^\infty f(\nu) = \frac{1}{2} f(0) + \int\limits_0^\infty f(x)dx + i \int\limits_0^\infty \frac{f(iy) - f(-iy)}{e^{2\pi y} - 1}\, dy. \tag{2.66}$$

Einen Beweis dieser Formel findet man in [241, S. 438–440]. PLANA hat seine Formel 1820 in [205] angegeben.

Drei Jahre später gelangte ABEL zu dieser Formel „très remarquable". CAUCHY gab 1826 einen ersten korrekten Beweis; 1889 hat KRONECKER den Fragenkreis behandelt. Für weitere Details siehe [164, S.68-69]. □

Ersichtlich erfüllt die Funktion $h(w) := (z + w)^{-2}$ für jede (feste) Zahl $z \in \mathbb{T}$ die Voraussetzung der PLANAschen Summenformel. Es gilt (vgl. (2.47))

$$\sum_{\nu=0}^\infty h(\nu) = (\log \Gamma)''(z), \quad h(0) = \frac{1}{z^2},$$

$$\int\limits_0^\infty h(x)dx = \frac{1}{z}, \quad h(it) - h(-it) = \frac{-4izt}{(z^2 + t^2)^2}.$$

Daher folgt:

$$(\log \Gamma)''(z) = \frac{1}{2z^2} + \frac{1}{z} + \int\limits_0^\infty \frac{4zt}{(z^2 + t^2)^2} \frac{dt}{e^{2\pi t} - 1}, \quad \mathrm{Re}\, z > 0. \tag{2.67}$$

Aus dieser Gleichung entsteht durch Integration unter dem Integral:

$$
\mu'(z) = -\int_0^\infty \frac{2t}{z^2 + t^2}\, \frac{dt}{e^{2\pi t} - 1}, \qquad \mathrm{Re}\, z > 0,
$$

$$
\mu(z) = \int_0^\infty \frac{2 \arctan t/z}{e^{2\pi t} - 1}\, dt, \qquad \mathrm{Re}\, z > 0. \tag{2.68}
$$

Beweis. Eine erste Integration von (2.67) liefert:

$$
(\log \Gamma)'(z) = c_1 - \frac{1}{2z} + \log z - \int_0^\infty \frac{2t}{z^2 + t^2}\, \frac{dt}{e^{2\pi t} - 1}; \tag{2.69}
$$

Erneute Integration gibt, da $[(z - \frac{1}{2}) \log z - z]' d = \log z - \frac{1}{2z}$:

$$
\log \Gamma(z) = c_0 + c_1 z + \left(z - \frac{1}{2}\right) \log z - z + \int_0^\infty \frac{2 \arctan t/z}{e^{2\pi t} - 1}\, dt \tag{2.70}
$$

mit gewissen Konstanten c und c_1. Vergleich von (2.70) mit (2.43) führt zur Gleichung

$$
\mu(z) = c_0 - \frac{1}{2} \log 2\pi + c_1 z + \int_0^\infty \frac{2 \arctan t/z}{e^{2\pi t} - 1}\, dt.
$$

Für das Integral $I(z)$ rechts gilt, da $0 \le \arctan t/x \le t/x$ für $x > 0$:

$$
0 \le I(x) \le \frac{2}{x} \int_0^\infty \frac{t}{e^{2\pi t} - 1}\, dt, \quad \text{also} \quad \lim_{x \to \infty} I(x) = 0.
$$

Da auch $\lim_{x \to \infty} \mu(x) = 0$, so folgt $c_0 = \frac{1}{2} \log 2\pi$ und $c_1 = 0$. □

Die Gleichungen (2.68) heißen *die Binetschen Integrale für μ' und μ.* Es gibt weitere Integraldarstellungen von $\mu(z)$, z.B.

$$
\mu(z) = -\frac{z}{\pi} \int_0^\infty \frac{\log(1 - e^{-2\pi t})}{z^2 + t^2}\, dt, \quad \mathrm{Re}\, z > 0.
$$

(Partielle Integration führt zu (2.68)). Alle diese Formeln gelten – anders als die STIELTJESsche Formel – nur in der rechten Halbebene.

2.4.8 Lindelöfsche Abschätzung. Durch Entwicklung von $2t/(z^2 + t^2)$ in eine Reihe erhält man aus dem Binetschen Integral Formeln für die BERNOULLIschen Zahlen B_{2n} und die Funktionen $\mu'_{2n-1}(z)$:

$$\int_0^\infty \frac{t^{2n-1}}{e^{2\pi t} - 1} dt = \frac{(-1)^{n-1}}{4n} \cdot B_{2n}, \quad n \geq 1$$

$$\mu'_{2n-1}(z) = 2\frac{(-1)^{n-1}}{z^{2n-2}} \int_0^\infty \frac{t^{2n-1}}{z^2 + t^2} \frac{dt}{e^{2\pi t} - 1}, \quad n \geq 1, \quad \operatorname{Re} z > 0. \tag{2.71}$$

Beweis. Wegen $1/(1+q) = \sum_{\nu=1}^{n-1} (-1)^{\nu-1} q^{\nu-1} + (-q)^{n-1}/(1+q)$ gilt (mit $q = t^2/z^2$)

$$\frac{2t}{z^2 + t^2} = 2\sum_{\nu=1}^{n-1} (-1)^{\nu-1} \frac{t^{2\nu-1}}{z^{2\nu}} + 2(-1)^{n-1} \frac{t^{2n-1}}{z^2 + t^2} \cdot \frac{1}{z^{2n-2}}.$$

Damit liefert (2.68) für $\operatorname{Re} z > 0$ die Reihe

$$\mu'(z) = -\sum_{\nu=1}^{n-1} 2(-1)^{\nu-1} \frac{1}{z^{2\nu}} \int_0^\infty \frac{t^{2\nu-1}}{e^{2\pi t} - 1} dt + \frac{2(-1)^{n-1}}{z^{2n-2}} \int_0^\infty \frac{t^{2n-1}}{z^2 + t^2} \frac{dt}{e^{2\pi t} - 1}. \tag{2.72}$$

Andererseits entsteht aus (2.52) die Reihe

$$\mu'(z) = -\sum_{\nu=1}^{n-1} \frac{B_{2\nu}}{2\nu} \frac{1}{z^{2\nu}} + \mu'_{2n-1}(z). \tag{2.73}$$

Nun gehen in (2.72) und (2.73) die letzten Terme bei festem n für große $z > 0$ wie z^{-2n} gegen null: Im Fall (2.72) folgt das direkt; im Fall (2.73) schätzt man die aus (2.60) durch Differentiation unter dem Integral entstehende Gleichung

$$\mu'_{2n-1}(z) = -\int_0^\infty \frac{B_{2n} - P_{2n}(t)}{(z+1)^{2n+1}} dt, \quad \operatorname{Re} z > 0,$$

ab. Somit sind (2.72) und (2.73) „asymptotische LAURENT-Entwicklungen" von $\mu'(z)$. Wie bei Potenzreihen folgt (vgl. Abschnitt I.9.6.1, S. 263) die Eindeutigkeit solcher Entwicklungen. Koeffizientenvergleich gibt (2.71). $\square$

Wir schätzen nun $\mu'_{2n-1}(z)$ ab. Für die im Intervall $(-\frac{1}{2}\pi, \frac{1}{2}\pi)$ durch

$$c(\varphi) := 1 \quad \text{für} \quad |\varphi| \leq \frac{1}{4}\pi \quad \text{und} \quad c(\varphi) := |\sin 2\varphi|^{-1} \quad \text{für} \quad \frac{1}{4}\pi < |\varphi| < \frac{1}{2}\pi$$

definierte Funktion gilt $|z^2 + t^2| \geq |z|^2 |\sin 2\varphi| \geq |z|^2/c(\varphi)$, falls $z = |z|e^{i\varphi}$ und $|\varphi| < \frac{1}{2}\pi$.
Mit (2.71) folgt

$$|\mu'_{2n-1}(z)| \leq \frac{|B_{2n}|}{2n} \frac{c(\varphi)}{|z|^{2n}}, \quad \text{falls} \quad \operatorname{Re} z > 0. \tag{2.74}$$

Da $\lim\limits_{t \to \infty} \mu'(zt) = 0$ für $z \in \mathbb{C}^-$, so ergibt Integration längs $\zeta(t) = zt$, $t \geq 1$:

$$\mu_{2n-1}(z) = -\int\limits_0^\infty z\mu'_{2n-1}(zt)dt.$$

Für alle z mit $\operatorname{Re} z > 0$ gilt also:

$$|\mu_{2n-1}(z)| \leq |z| \int\limits_1^\infty |\mu'_{2n-1}(zt)|dt \leq \frac{|B_{2n}|}{2n} \frac{c(\varphi)}{|z|^{2n-1}} \int\limits_1^\infty \frac{dt}{t^{2n}}.$$

Hieraus ergeben sich direkt die LINDELÖFschen Abschätzungen, [164, S. 99] für $z = |z|\,e^{i\varphi}$ mit $\varphi| < \frac{1}{2}\pi$:

$$|\mu_{2n-1}(z)| \leq \frac{|B_{2n}|}{(2n-1)(2n)} \frac{c(\varphi)}{|z|^{2n-1}}, \quad n \geq 1. \tag{2.75}$$

Im Winkelraum $|\varphi| \leq \frac{1}{4}\pi$ sind diese Ungleichungen besser als (2.63); z.B. folgt

$$|\mu(z)| \leq \frac{1}{12|z|} \quad \text{für alle} \quad z = |z|e^{i\varphi} \quad \text{mit} \quad |\varphi| \leq \frac{1}{4}\pi.$$

LINDELÖFs Schranke $c(\varphi) = 1$ lässt sich für $|\varphi| \leq \frac{1}{4}\pi$ wegen (2.62) nicht verbessern. Für $|\varphi| > \frac{1}{4}\pi$ ist (2.75) besser als (2.63), so lange wie $|\sin 2\varphi| > \cos^{2n+2} \frac{1}{2}\varphi$ ist.

Das Interesse an Feinabschätzungen wie (2.75) ist bis heute lebendig. Kürzlich zeigten W. SCHÄFKE und A. FINSTERER in einer Arbeit im Crelleschen Journal, dass $|\sin 2\varphi|^{-1}$ im Winkelraum $\frac{1}{4}\pi < |\varphi| < \frac{1}{2}\pi$ *die beste von n unabhängige* Schranke ist, für welche (2.75) gilt, vgl. [242]. Für jedes n gibt es jedoch eine individuelle bessere Schranke $c_n(\varphi) < c(\varphi)$, vgl. [243].

2.5 Die Betafunktion

Das uneigentliche Integral

$$B(w,z) := \int\limits_0^1 t^{w-1}(1-t)^{z-1}dt \tag{2.76}$$

konvergiert *kompakt* und *absolut* im Viertelraum $\mathbb{T} \times \mathbb{T} = \{(w,z) \in \mathbb{C}^2 : \operatorname{Re} z > 0, \operatorname{Re} w > 0\}$ und ist daher bei festem $w \in \mathbb{T}$ (bzw. $z \in \mathbb{T}$) holomorph in $z \in \mathbb{T}$ (bzw. $w \in \mathbb{T}$). Das zeigt man analog wie beim Γ-Integral mittels eines Majorantentests (vgl. auch Abschnitt 7.4.2). Die Funktion $B(w,z)$ heißt die (EULERsche) *Betafunktion*; LEGENDRE spricht 1811 vom EULERschen *Integral 1. Art*, [161, 1, S. 221]. Das Hauptresultat der Theorie der Betafunktion ist die

$$Eulersche\ Identität:\quad B(w,z) = \frac{\Gamma(w)\Gamma(z)}{\Gamma(w+z)} \quad \text{für alle} \quad w, z \in \mathbb{T}.$$

Sie wird im folgenden Abschnitt mittels des Eindeutigkeitssatzes 2.4 hergeleitet.

2.5.1 Beweis der Eulerschen Identität. Man benötigt:

$$B(w,1) = w^{-1}, \tag{2.77}$$

$$B(w, z+1) = \frac{z}{w+z} B(w,z), \tag{2.78}$$

$$|B(w,z)| \le B(\operatorname{Re} w, \operatorname{Re} z). \tag{2.79}$$

Beweis. Es ist (2.77) offensichtlich; (2.78) folgt so:

$$(w+z)B(w, z+1) - zB(w,z)$$

$$= (w+z) \int_0^1 t^{w-1}(1-t)^z dt - z \int_0^1 t^{w-1}(1-t)^{z-1} dt$$

$$= \int_0^1 \{wt^{w-1}(1-t)^z - t^w z(1-t)^{z-1}\} dt = [t^w(1-t)^z]_0^1 = 0.$$

Die Abschätzung (2.79) gilt wegen $|(1-t)^{w-1}t^{z-1}| \le (1-t)^{\operatorname{Re} w - 1} t^{\operatorname{Re} z - 1}$. $\quad\square$

Zum Beweis der EULER-Identität wählen wir nun $w \in \mathbb{T}$ fest und setzen $F(z) := B(w,z)\Gamma(w+z) \in \mathcal{O}(\mathbb{T})$. Wegen (2.77) und (2.78) gilt $F(1) = \Gamma(w)$ und $F(z+1) = zF(z)$. Da $|\Gamma(w+z)| \le \Gamma(\operatorname{Re}(w+z))$, so ist F wegen (2.79) im Streifen $\{1 \le \operatorname{Re} z < 2\}$ beschränkt. Nach dem Eindeutigkeitssatz 2.4 folgt $F(z) = \Gamma(w)\Gamma(z)$. $\quad\square$

Einen Beweis der EULERschen Identität für reelle Argumente unter Benutzung der logarithmischen Konvexität des Produktes $B(x,y)\Gamma(x+y)$ findet man bei ARTIN [4, 16-18].

Durch die Formel $B(w,z) = \Gamma(w)\Gamma(z)/\Gamma(w+z)$ verliert die Betafunktion ihr Eigeninteresse. Dessen ungeachtet lebte sie neben der Gammafunktion lange als selbständige Funktion: man leitete, vornehmlich mittels der Identitäten (2.77) und (2.78) eine Fülle von Relationen zwischen Betafunktionen her, die sich häufig bei Anwendung der EULERschen Identität sofort in Trivialitäten auflösen; man vergleiche z.b. die klassischen Arbeiten von LEGENDRE [161, 162], passim, und BINET [21], oder sogar von EULER selbst (siehe hierzu auch [186, S. 15]) .

Nützlich sind folgende, für alle $w, z \in \mathbb{T}$ geltenden Integralformeln:

$$B(w,z) = 2 \int_0^{\pi/2} (\sin\varphi)^{2w-1}(\cos\varphi)^{2z-1}d\varphi = \int_0^\infty \frac{s^{w-1}}{(1+s)^{w+z}}ds. \tag{2.80}$$

Beweis. In (2.76) der Einleitung substituiere man $t = \sin^2\varphi$ bzw. $s = \tan^2\varphi$, also $(1+s)^{-1} = \cos^2\varphi$ und $ds = 2\tan\varphi(\cos\varphi)^{-2}d\varphi$.   □

Historische Notiz. EULER hat 1766 das Integral

$$\int_0^1 x^{p-1}(1-x^n)^{\frac{q}{n}-1}dx = \int_0^1 \frac{x^{p-1}dx}{\sqrt[n]{(1-x^n)^{n-q}}} \tag{2.81}$$

systematisch studiert, [62, I–17, S. 268-287]; er schreibt $\left(\frac{p}{q}\right)$ für sein Integral. Durch die Substitution $y := x^n$ entsteht

$$\left(\frac{p}{q}\right) = \frac{1}{n}\int_0^1 y^{\frac{p}{n}-1}(1-y)^{\frac{q}{n}-1}dy = \frac{1}{n}B\left(\frac{p}{n}, \frac{q}{n}\right).$$

Integrale vom Typ (2.81) kommen bei EULER bereits in der am 12. Januar 1739 der Petersburger Akademie vorgelegten Arbeit *De productis ex infinitis factoribus ortis* vor, die erst 1750 veröffentlicht wurde, [62, I-14, S. 260–290].

Die Reduktion der Beta- auf die Gammafunktion kennt EULER spätestens 1771, [62, I-17, S. 355]

2.5.2 Klassische Beweise der Eulerschen Identität. Wegen der Holomorphie von B in $\mathbb{T}$ braucht man die Formel nur für reelle Zahlen $w > 0$, $z > 0$ zu verifizieren (Identitätssatz).

Beweis von DIRICHLET (1839, [54, S. 398]). Man hat zunächst wegen des Satzes von EULER (vgl. Abschnitt 2.3.2)

$$(1+s)^{-z}\Gamma(z) = \int_0^\infty t^{z-1}e^{-(1+s)t}dt, \quad \mathrm{Re}\,s > -1, \quad z > 0 \text{ (sogar } z \in \mathbb{T}).$$

Mit $w + z$ statt z entsteht durch Einsetzen in (2.80)

$$\Gamma(w+z)B(w,z) = \int_0^\infty s^{w-1}\left[\int_0^\infty t^{w+z-1}e^{-(1+s)t}dt\right]ds, \quad w > 0, \quad z > 0.$$

Hier ist nach Sätzen der reellen Analysis die Vertauschung der Integrations-reihenfolge für alle reellen $w > 0$, $z > 0$ legitim(!), also:

$$\Gamma(w + z)B(w, z) = \int_0^\infty \left[\int_0^\infty s^{w-1} e^{-ts} ds \right] t^{w+z-1} e^{-t} dt.$$

Das innere Integral hat den Wert $\Gamma(w)t^{-w}$. Damit folgt

$$\Gamma(w + z)B(w, z) = \Gamma(w) \int_0^\infty t^{z-1} e^{-t} dt = \Gamma(w)\Gamma(z). \qquad \square$$

DIRICHLET geht sorgfältig auf den benutzten Vertauschungssatz ein. JACOBI argumentierte 1833 lapidar wie folgt, [131]:

Demonstratio formulae

$$\int_0^1 w^{a-1}(1-w)^{b-1}\partial w = \frac{\int_0^\infty e^{-x}x^{a-1}\partial x \cdot \int_0^\infty e^{-x}x^{b-1}\partial x}{\int_0^\infty e^{-x}x^{a+b-1}\partial x} = \frac{\Gamma a\,\Gamma b}{\Gamma(a+b)}.$$

(Auct. Dr. *C. G. J. Jacobi*, prof. math. Regiom.)

Quoties variabilibus x, y valores omnes positivi tribuuntur inde a 0 usque ad $+\infty$, posito

$$x + y = r, \quad x = r\,w,$$

variabili novae z valores conveniunt omnes positivi a 0 usque ad $+\infty$, variabili w valores omnes positivi a 0 usque ad $+1$. Fit simul

$$\partial x\,\partial y = r\,\partial r\partial w.$$

Sit iam c notatione nota:

$$\Gamma(a) = \int_0^\infty e^{-x}x^{a-1}\partial x,$$

habetur

$$\Gamma(a)\,\Gamma(b) = \iint e^{-x-y}x^{a-1}y^{b-1}\partial x\,\partial y,$$

variabilibus x, y tributis valoribus omnibus positivis a 0 usque ad $+\infty$. Posito autem:

$$x + y = r, \quad x = r\,w,$$

integrale duplex propositum ex antecedentibus altero quoque modo in duos factores discerpitur:

$$\Gamma(a)\,\Gamma(b) = \int_0^\infty e^{-r}r^{a+b-1}\partial r \int_0^1 w^{a-1}(1-w)^{b-1}\partial w,$$

unde

$$\int_0^1 w^{a-1}(1-w)^{b-1}\partial w = \frac{\Gamma(a)\,\Gamma(b)}{\Gamma(a+b)}.$$

Quod est theorema fundamentale, quo integralium Eulerianorum, quae ill. L e g e n d r e vocavit, altera species per alteram exhibetur.

23. Aug. 1833.

Aufgaben.

1. Man beweise:

$$\int_0^{\pi/2} (\cos\varphi)^{2m-1}(\sin^{2n-1})d\varphi = \frac{1}{2}\frac{(m-1)!(n-1)!}{(m+n-1)!} \quad \text{für} \quad m,n \in \mathbb{N}\backslash\{0\}.$$

2.

$$\frac{\pi}{\sin\pi z} = \int_0^\infty \frac{t^{z-1}}{(t-1)^z}dt = 2\int_0^\infty (\tan\varphi)^{2z-1}d\varphi = \int_0^\infty \frac{s^{z-1}}{1+s}ds \quad \text{für} \quad 0 < \operatorname{Re} z < 1.$$

3. Ganze Funktionen zu vorgegebenen Nullstellen

Es ist also stets möglich, eine ganze eindeutige Function $G(x)$ mit vorgeschriebenen Null-Stellen $a_1, a_2, a_3 \ldots$ zu bilden, wofern nur die nothwendige Bedingung $\lim_{n=\infty} |a_n| = \infty$ erfüllt ist. WEIERSTRASS, Math. Werke 2, S. 97

Ist $f \neq 0$ eine holomorphe Funktion in einem Gebiet G, so ist ihre Nullstellenmenge $N(f)$ auf Grund des Identitätssatzes (vgl. Satz I.8.1.3) *lokal endlich* in G. Es ist naheliegend, folgendes Problem zu stellen:

Es sei T irgendeine in G lokal endliche Menge, jedem Punkt $d \in T$ sei irgendwie eine natürliche Zahl $\mathfrak{o}(d) \geq 1$ zugeordnet. Man konstruiere in G holomorphe Funktionen, die T als genaue Nullstellenmenge besitzen, und die überdies in jedem Punkt $d \in T$ die Nullstellenordnung $\mathfrak{o}(d)$ haben.

Es ist keineswegs klar, dass es solche Funktionen gibt. Wenn T endlich ist, so leisten natürlich die Polynome

$$\prod_{d \in T} (z - d)^{\mathfrak{o}(d)} \quad \text{bzw.} \quad z^{\mathfrak{o}(0)} \prod_{d \in T \backslash 0} \left(1 - \frac{z}{d} \right)^{\mathfrak{o}(d)}$$

das Gewünschte (wobei der Vorfaktor $z^{\mathfrak{o}(0)}$ nur im Fall $0 \in T$ auftritt). WEIERSTRASS hat 1876 diese Produktkonstruktion auf ganze transzendente Funktionen ausgedehnt: er bildet zu vorgegebener Folge $d_\nu \in \mathbb{C}^\times$ mit $\lim d_\nu = \infty$ Produkte der Form

$$z^m \prod_{\nu=1}^{\infty} \left[\left(1 - \frac{z}{d_\nu} \right) \exp\left(\frac{z}{d_\nu} + \frac{1}{2} \left(\frac{z}{d_\nu} \right)^2 + \ldots + \frac{1}{k_\nu} \left(\frac{z}{d_\nu} \right)^{k_\nu} \right) \right]$$

und erzwingt ihre normale Konvergenz in $\mathbb{C}$ durch geeignete Wahl natürlicher Zahlen k_ν. Das Neue an dieser Konstruktion ist die Verwendung nullstellenfreier *konvergenzerzeugender Faktoren* (wegen historischer Einzelheiten siehe Abschnitt 3.1.6.

Im folgenden behandeln wir ausgiebig diese WEIERSTRASSsche Konstruktion; in 2.3.2 diskutieren wir Anwendungen.

3.1 Weierstraßscher Produktsatz für $\mathbb{C}$

Ziel dieses Abschnittes ist der Beweis des WEIERSTRASSschen Produktsatzes für die Ebene. Um bequem formulieren zu können, bedienen wir uns des Divisorbegriffs, den wir im Abschnitt 3.1.1 mit Blick auf spätere Verallgemeinerungen für beliebige Bereiche in D in $\mathbb{C}$ diskutieren. Das einfache Prinzip, wie man mit WEIERSTRASS-*Produkten* holomorphe Funktionen zu vorgegebenem Divisor gewinnt, wird durch Satz 3.1.2 beschrieben. Um diesen Satz anwenden zu können, führen wir im Abschnitt 3.1.3 die WEIERSTRASS-*Faktoren* $E_n(z)$ ein. Mit ihnen werden im Abschnitt 3.1.4 für den Fall $D = \mathbb{C}$ die klassischen WEIERSTRASS-*Produkte* konstruiert. Der Abschnitt 3.1.5 enthält elementare, aber wichtige Folgerungen aus dem Produktsatz.

3.1.1 Divisoren und Hauptdivisisoren. Eine Abbildung $\mathfrak{d} : D \to \mathbb{Z}$, deren *Träger* $T := \{z \in D : \mathfrak{d}(z) \neq 0\}$ lokal endlich in D ist, heißt ein *Divisor in D*. Jede in D meromorphe Funktion h mit in D diskreter Nullstellenmenge $N(h)$ und Polstellenmenge $P(h)$ bestimmt vermöge $z \mapsto o_z(h)$ einen Divisor (h) in D mit der Menge $N(h) \cup P(h)$ als Träger; solche Divisoren heißen *Hauptdivisoren in D*. Das in der Einleitung zu diesem Kapitel gestellte Problem ist nun in folgender Aufgabe enthalten:

Man zeige, dass jeder Divisor in D ein Hauptdivisor ist.

Wir machen zunächst einige allgemeine Bemerkungen. Divisoren $\mathfrak{d}, \widehat{\mathfrak{d}}$ lassen sich (als Abbildungen in $\mathbb{Z}$) in natürlicher Weise *addieren*, die Summe $\mathfrak{d} + \widehat{\mathfrak{d}}$ ist wieder ein Divisor. Es folgt leicht:

Die Menge $\mathrm{Div}(D)$ *aller Divisoren in D ist mit der Addition als Verknüpfung eine* ABEL*sche Gruppe.*

Ein Divisor $\mathfrak{d}$ heißt *positiv*, in Zeichen $\mathfrak{d} \geq 0$, wenn $\mathfrak{d}(z) \geq 0$ für alle $z \in D$ gilt; positive Divisoren nennt man aus evidenten Gründen auch *Nullstellenverteilungen*. Holomorphe Funktionen f haben positive Divisoren (f). Die Menge $\mathcal{M}(D)^{\times}$ aller in D meromorphen Funktionen mit diskreter Nullstellenmenge ist eine *multiplikative* ABEL*sche* Gruppe, genauer: $\mathcal{M}(D)^{\times}$ ist die *Einheitengruppe* des Ringes $\mathcal{M}(D)$. Ist $D = G$ ein Gebiet, so ist $\mathcal{M}(G)$ ein Körper, also $\mathcal{M}(G)^{\times} = \mathcal{M}(G) \backslash 0$ (vgl. (I.10.3.3)).

Man verifiziert sofort:

Die Abbildung $\mathcal{M}(D)^{\times} \to \mathrm{Div}(D)$, $h \mapsto (h)$ *ist ein Gruppenhomomorphismus. Es gilt*

1) $f \in \mathcal{M}(D)^{\times}$ *ist holomorph in D* $\Leftrightarrow$ $(f) \geq 0$
2) $f \in \mathcal{M}(D)^{\times}$ *ist Einheit in $\mathcal{O}(D)$* $\Leftrightarrow$ $(f) = 0$.

Jeder Divisor $\mathfrak{d}$ ist die Differenz *zweier positiver Divisoren*:
$\mathfrak{d} = \mathfrak{d}^+ - \mathfrak{d}^-$, wobei $\mathfrak{d}^+(z) := \max(0, \mathfrak{d}(z))$ $\mathfrak{d}^-(z) := \max(0, -\mathfrak{d}(z))$, $z \in D$.

Hieraus folgt sofort:

Es ist $\mathfrak{d}$ Hauptdivisor in D, wenn $\mathfrak{d}^+$ und $\mathfrak{d}^-$ Hauptdivisoren in D sind.

Beweis. Sei $\mathfrak{d}^+ = (f)$, $\mathfrak{d}^- = (g)$ mit $f, g \in \mathcal{O}(D)$. Für $h := f/g \in \mathcal{M}(D)^\times$ gilt
dann $(h) = (f/g) = (f) - (g) = \mathfrak{d}^+ - \mathfrak{d}^- = \mathfrak{d}$. $\square$

Damit ist die gestellte Aufgabe auf folgende reduziert:

*Man konstruiere zu jedem positiven Divisor $\mathfrak{d}$ in D eine Funktion $f \in$
$\mathcal{O}(D)$ mit $(f) = \mathfrak{d}$.*

Die Konstruktion solcher Funktionen gelingt mit Hilfe spezieller Produkte,
die wir nun einführen.

3.1.2 Weierstrass-Produkte.   Es sei $\mathfrak{d} \neq 0$ ein *positiver* Divisor in D. Der
Träger $T \neq 0$ von $\mathfrak{d}$ ist eine *höchstens abzählbare* Menge (da T lokal endlich in
D ist). Wir bilden *irgendwie* aus den Punkten von $T \backslash \{0\}$ eine endliche oder
unendliche Folge $d_1, d_2, \ldots$ derart, dass jeder Punkt $d \in T \backslash \{0\}$ in dieser Folge
genau $\mathfrak{d}(d)$-*mal* vorkommt. Wir nennen $d_1, d_2, \ldots$ *eine zu $\mathfrak{d}$ gehörende Folge.*
Ein Produkt

$$f = z^{\mathfrak{d}(0)} \prod_{\nu \geq 1} f_\nu, \quad f_\nu \in \mathcal{O}(D), \tag{3.1}$$

heißt ein WEIERSTRASS-*Produkt zum Divisor $\mathfrak{d} \geq 0$ in D*, wenn gilt:

1) f_ν *ist nullstellenfrei in $D \backslash \{d_\nu\}$, es gilt $o_{d_\nu}(f_\nu) = 1$, $\nu \geq 1$.*
2) *Das Produkt $\prod_{\nu \geq 1} f_\nu$ konvergiert normal in D.*

Diese Redeweise wird sich als besonders bequem erweisen, wir zeigen sofort:

Satz 3.1. *Ist f ein* WEIERSTRASS-*Produkt zu $\mathfrak{d} \geq 0$, so gilt $(f) = \mathfrak{d}$, d.h.
die Nullstellenmenge von $f \in \mathcal{O}(D)$ ist der Träger T von $\mathfrak{d}$, und jeder Punkt
$d \in T$ ist eine Nullstelle von f der Ordnung $\mathfrak{d}(d)$.*

Beweis. Wegen 2) gilt $f \in \mathcal{O}(D)$. Da jeder Punkt $d \in T$, $d \neq 0$, genau $\mathfrak{d}(d)$-
mal in der Folge d_ν vorkommt, so folgt $o_z(f) = \mathfrak{d}(z)$ für alle $z \in D$ aus 1)
und aus Satz 1.4 (angewendet auf die Zusammenhangskomponenten von D).
Mithin gilt $(f) = \mathfrak{d}$. $\square$

Aus der Definition folgt unmittelbar

Ist $z^{\mathfrak{d}(0)} \prod f_\nu$ bzw. $z^{\widetilde{\mathfrak{d}}(0)} \prod \widetilde{f}_\nu$ ein WEIERSTRASS-Produkt zu $\mathfrak{d} \geq 0$ bzw. $\widetilde{\mathfrak{d}} \geq$

0, so ist $z^{\mathfrak{d}(0)+\widetilde{\mathfrak{d}}(0)}g_\nu$, wobei $g_{2\nu-1} := f_\nu$ und $g_{2\nu} := \widetilde{f}_\nu$ ein WEIERSTRASS-Produkt zu $\mathfrak{d} + \widetilde{\mathfrak{d}}$.

Wir werden zu jedem positiven Divisor $\mathfrak{d}$ WEIERSTRASS-Produkte konstruieren. (Das ist mehr, als Funktionen $f \in \mathcal{O}(D)$ mit $(f) = \mathfrak{d}$ finden). Es kommt dazu „nur noch" darauf an, die Faktoren $f \in \mathcal{O}(D)$ so zu wählen, dass 1) und 2) gelten. Im Fall $D = \mathbb{C}$ lassen sich solche Faktoren explizit angeben.

3.1.3 Weierstrass-Faktoren. Die ganzen Funktionen

$$E_0(z) := 1 - z, \ E_n(z) := (1 - z)\exp\left(z + \frac{z^2}{2} + \frac{z^3}{3} + \cdots + \frac{z^n}{n}\right), \ n \geq 1,$$

heißen WEIERSTRASS-Faktoren. Wir bemerken sofort

$$E_n'(z) = -z^n \exp\left(z + \frac{z^2}{2} + \cdots + \frac{z^n}{n}\right) \quad \text{für } n \geq 1, \tag{3.2}$$

$$E_n(z) = 1 + \sum_{\nu>n} a_\nu z^\nu \ \text{mit} \ \sum_{\nu>n} |a_\nu| = 1, \quad \text{für } n \geq 0. \tag{3.3}$$

Beweis. Für $t_n(z) := z + z^2/2 + \cdots + z^n/n$ gilt $(1 - z)t_n'(z) = 1 - z^n$. Um (3.2) zu zeigen, schreibt man $E_n'(z) = -\exp t_n(z) + (1 - z)t_n'(z)\exp t_n(z) = -z^n \exp t_n(z)$. Gleichung (3.3) folgt so: $\sum a_\nu z^\nu$ ist die TAYLOR-Reihe von E_n um 0. Der Fall $n = 0$ ist trivial. Für $n \geq 1$ gilt $\sum \nu a_\nu z^{\nu-1} = -z^n \exp t_n'(z)$ auf Grund von (3.2). Da die Funktion rechts eine Nullstelle n-ter Ordnung in 0 hat, und da alle TAYLOR-Koeffizienten von $\exp t_n(z)$ um 0 positiv sind, sehen wir

$$a_1 = \cdots = a_n = 0 \ \text{ und } \ a_\nu \leq 0, \ \text{ also } \ |a_\nu| = -a_\nu, \ \text{ für } \ \nu > n.$$

Wegen $a_0 = E_n(0) = 1$ und $0 = E_n(1) = 1 + \sum_{\nu>n} a_\nu$ folgt (3.3). □

Aus (3.3) ergibt sich direkt:

Für alle $z \in \mathbb{C}$ mit $|z| \leq 1$ gilt: $|E_n(z) - 1| \leq |z|^{n+1}$, $n = 0, 1, 2, \ldots$. (3.4)

Zweiter Beweis von (3.4) nur mit (3.2). Wegen $|e^w| \leq e^{|w|}$, $w \in \mathbb{C}$, folgt direkt

$$|E_n'(tz)| \leq -|z|^n |E_n'(t)| \quad \text{für alle } (t, z) \in [0, \infty) \times \overline{\mathbb{E}}.$$

Da $f(z) - f(0) = z\int_0^1 f'(tz)\,dt$ für alle $f \in \mathcal{O}(\mathbb{C})$ und alle $z \in \mathbb{C}$, so folgt

$$|E_n(z) - 1| \leq |z| \int_0^1 |E_n'(2)|dt \leq -|z|^{n+1} \int_0^1 |E_n'(t)|dt, \ z \in \overline{\mathbb{E}}.$$

Das Integral rechts hat den Wert -1. $\square$

Aus WEIERSTRASS-Faktoren werden im nächsten Abschnitt WEIER-STRASS-Produkte gebildet; zum Konvergenzbeweis benötigt man entscheidend die Abschätzung (3.4).

Historische Notiz. Die Folge E_n findet sich in [275, S. 94]. Aus der Gleichung

$$1 - z = \exp(\log(1 - z)) = \exp\left(-\sum_{\nu \geq 1} \frac{z^\nu}{\nu}\right), \quad z \in \mathbb{E},$$

gewinnt er die Formel $E_n(z) = \exp\left(-\sum_{\nu > 1} z^\nu/\nu\right)$, $z \in \mathbb{E}$, die in seinen Überlegungen an die Stelle der Abschätzung (3.4) tritt. – Der oben wiedergegebene erste Beweis von (3.4) wird L. FEJÉR zugeschrieben, vgl. hierzu [120, 1, S. 227] sowie [70, 2, 849/50]. Das Argument findet sich jedoch schon 1903 bei L. ORLANDO, vgl. [190].

3.1.4 Produktsatz von Weierstrass. In diesem Abschnitt bezeichnet $\mathfrak{d} \neq 0$ einen *positiven Divisor* in $\mathbb{C}$ und $(d_\nu)_{\nu \geq 1}$ eine Folge zu $\mathfrak{d}$.

Lemma 3.2. *Ist $(k_\nu)_{\nu \geq 1}$ irgendeine Folge natürlicher Zahlen, so dass*

$$\sum_{\nu=1}^{\infty} |r/d_\nu|^{k_\nu+1} < \infty \quad \text{für jedes reelle } r > 0, \tag{3.5}$$

so ist $z^{\mathfrak{d}(0)} \prod_{\nu \geq 1} E_{k_\nu}(z/d_\nu)$ ein WEIERSTRASS-Produkt zu $\mathfrak{d}$.

Beweis. Wir dürfen annehmen, dass $\mathfrak{d}$ unendlich ist. Nach (3.4) gilt

$$|E_{k_\nu}(z/d_\nu) - 1| \leq |r/d_\nu|^{k_\nu+1} \quad \text{für alle } z \in B_r(0) \quad \text{und alle } \nu \text{ mit } |d_\nu| \geq r.$$

Da $\lim |d_\nu| = \infty$, so gibt es zu jedem $r > 0$ ein $n(r)$, so dass $|d_\nu| \geq r$ für $\nu > n(r)$. Daher folgt

$$\sum_{\nu > n(r)} |E_{k_\nu}(z/d_\nu) - 1|_{B_r(0)} \leq \sum_{\nu > n(r)} |r/d_\nu|^{k_\nu+1} < \infty \quad \text{für jedes } r > 0,$$

womit die normale Konvergenz des Produktes gezeigt ist. Da der Faktor $E_k(z/d_\nu) \in \mathcal{O}(\mathbb{C})$ in $\mathbb{C}\backslash\{d_\nu\}$ nullstellenfrei ist und in d_ν von erster Ordnung verschwindet, so haben wir ein WEIERSTRASS-Produkt zu $\mathfrak{d}$. $\square$

Produktsatz 3.3. *Zu jedem Divisor* $\mathfrak{d} \geq 0$ *in* $\mathbb{C}$ *existieren* WEIERSTRASS-*Produkte, z.B.*

$$z^{\mathfrak{d}(0)} \prod_{\nu \geq 1} E_{\nu-1}(z/d_\nu) =$$

$$z^{\mathfrak{d}(0)} \prod_{\nu \geq 1} \left[\left(1 - \frac{z}{d_\nu} \right) \cdot \exp\left(\frac{z}{d_\nu} + \frac{1}{2} \left(\frac{z}{d_\nu} \right)^2 \cdot \ldots \cdot \frac{1}{\nu-1} \left(\frac{z}{d_\nu} \right)^{\nu-1} \right) \right].$$

Beweis. Zu $r > 0$ wähle man $m \in \mathbb{N}$, so dass $|d_\nu| > 2r$ für $\nu > m$. Dann folgt $\sum_{\nu > m} |r/d_\nu|^\nu < \sum_{\nu > m} 2^{-\nu} < \infty$. Mithin gilt (3.5) für $k_\nu := \nu - 1$.   □

Die Wahl $k_\nu := \nu - 1$ ist *nicht optimal*. Es reicht etwa, nur $k_\nu > \alpha \log \nu$ mit $\alpha > 1$ zu fordern: da fast immer $|d_\nu| > e \cdot r$, so gilt dann nämlich $|r/d_\nu|^{k_\nu+1} < \nu^{-\alpha}$, so dass (3.5) zutrifft.

3.1.5 Folgerungen.   Der Produktsatz 3.3 hat wichtige Konsequenzen.

Existenzsatz 3.4. *Jeder Divisor in* $\mathbb{C}$ *ist ein Hauptdivisor.*

Faktorisierungssatz 3.5. *Jede ganze Funktion* $f \neq 0$ *lässt sich in der Form*

$$f(z) = e^{g(z)} z^m \prod_{\nu \geq 1} \left[\left(1 - \frac{z}{d_\nu} \right) \exp\left(\frac{z}{d_\nu} + \frac{1}{2} \left(\frac{z}{d_\nu} \right)^2 \cdot \ldots \cdot \frac{1}{k_\nu} \left(\frac{z}{d_\nu} \right)^{k_\nu} \right) \right]$$

schreiben, wobei $g \in \mathcal{O}(\mathbb{C})$ *und* $z^m \prod_{\nu \geq 1} \ldots$ *ein (evtl. leeres)* WEIERSTRASS-*Produkt zum Divisor* (f) *ist.*

Nur der Faktorisierungssatz bedarf einer Begründung. Nach dem Produktsatz gibt es ein WEIERSTRASS-Produkt $\widehat{f}$ zum Divisor (f). Dann ist $f/\widehat{f}$ eine Funktion ohne Nullstellen und mithin von der Form $\exp g$ mit $g \in \mathcal{O}(\mathbb{C})$, (vgl. Abschnitt I.9.3.2).   □

Eine einfache Folgerung aus dem Exisenzsatz ist die

Quotientendarstellung meromorpher Funktionen 3.6. *Zu jeder in* $\mathbb{C}$ *meromorphen Funktion* h *gibt es zwei ganze Funktionen* f, g *ohne gemeinsame Nullstellen in* $\mathbb{C}$, *so dass gilt:* $h = f/g$.

Beweis. Sei $h \neq 0$. Durch $\mathfrak{d}^+(z) := \max\{0, o_z(h)\}$ und $\mathfrak{d}^-(z) := \max\{0, -o_z(h)\}$, $z \in \mathbb{C}$, werden positive Divisoren in $\mathbb{C}$ mit *disjunkten* Trägern definiert; es gilt $(h) = \mathfrak{d}^+ - \mathfrak{d}^-$. Man wähle ein $g \in \mathcal{O}(\mathbb{C})$ mit $(g) = \mathfrak{d}^-$. Es gilt $g \neq 0$. Für $f := gh$ folgt $(f) = (g) + (h) = \mathfrak{d}^+ \geq 0$, daher ist f holomorph in $\mathbb{C}$. Nach Konstruktion ist $N(f) \cap N(g)$ leer.   □

Wir haben insbesondere gezeigt:

Der Körper $\mathcal{M}(\mathbb{C})$ der in $\mathbb{C}$ meromorphen Funktionen ist der Quotientenkörper des Integritätsringes $\mathcal{O}(\mathbb{C})$ der in $\mathbb{C}$ holomorphen Funktionen.

Der Satz enthält mehr als diese letzte Aussage: bei einem beliebigen Quotienten f/g ganzer Funktionen können Zähler und Nenner evtl. unendlich viele gemeinsame Nullstellen haben, dann ist es ohne den Existenzsatz nicht klar, dass sich diese Nullstellen *alle* wegkürzen lassen.   □

Wir notieren abschließend noch ein

Wurzelkriterium 3.7. *Folgende Aussagen über eine ganze Funktion $f \neq 0$ und eine natürliche Zahl $n \geq 1$ sind äquivalent:*

i) *Es existiert eine holomorphe n-te Wurzel aus f, d.h. es gibt ein $g \in \mathcal{O}(\mathbb{C})$ mit $g^n = f$.*

ii) *Jede natürliche Zahl $o_z(f)$, $z \in \mathbb{C}$, ist durch n teilbar.*

Beweis. Es ist nur die Implikation ii) $\Rightarrow$ i) zu zeigen. Nach Voraussetzung gibt es einen positiven Divisor $\mathfrak{d}$ in $\mathbb{C}$ mit $n\mathfrak{d} = (f)$. Sei $\widehat{g} \in \mathcal{O}(\mathbb{C})$ so gewählt, dass $(\widehat{g}) = (\mathfrak{d})$. Dann ist $\widehat{u} := f/\widehat{g}^n$ holomorph und nullstellenfrei in $\mathbb{C}$, daher gibt es ein $u \in \mathcal{O}(\mathbb{C})$ mit $\widehat{u} = u^n$ (Existenzsatz für holomorphe Wurzeln, vgl. Abschnitt I.9.3.3). Die Funktion $g := u\widehat{g}$ ist nun eine n-te Wurzel aus f.   □

Auf Grund des Existenzsatzes kann man die Pole meromorpher Funktionen ihrer Lage und Ordnung nach vorschreiben. Das dabei sogar auch *alle* Hauptteile noch beliebig vorgegeben werden dürfen, werden wir im Kapitel 6 sehen. Durch logarithmische Differentiation von Weierstrass-Produkten erhält man aber aus dem Produktsatz 3.3 sofort

Satz 3.8. *Es sei $0, d_1, d_2, \ldots$ eine Folge paarweiser verschiedener Punkte in $\mathbb{C}$, die in $\mathbb{C}$ keinen Häufungspunkt hat. Dann ist*

$$\frac{1}{z} + \sum_{\nu \geq 1}\left(\frac{1}{z - d_\nu} + \frac{1}{d_\nu} + \frac{z}{d_\nu^2} + \ldots + \frac{z^{\nu-2}}{d_\nu^{\nu-1}}\right)$$

eine in $\mathbb{C}$ meromorphe Funktion, die in $\mathbb{C}\backslash\{0, d_1, d_2, \ldots\}$ holomorph ist und in d_ν, $\nu \geq 1$ den Hauptteil $(z - d_\nu)^{-1}$ hat.

3.1.6 Historisches zum Produktsatz. Weierstrass hat seine Theorie 1876 entwickelt, [275, 77–124]. Sein Hauptanliegen war, den „allgemeinen Ausdruck" für alle Funktionen aufzustellen, die in $\mathbb{C}$ bis auf endlich viele Punkte meromorph sind. „[Dazu] hatte ich jedoch... zuvor eine in der Theorie der transcendenten ganzen Functionen bestehende … Lücke auszufüllen, was mir erst nach manchen vergeblichen Versuchen vor nicht langer Zeit in befriedigender Weise gelungen ist", [275, S. 85]. Die erwähnte Lücke wurde durch den Produktsatz geschlossen, [275, S. 92–97]. Das Neue und für die Zeitgenossen Sensationelle an der WEIERSTRASSschen Konstruktion ist die Verwendung *konvergenzerzeugender Faktoren* die keinen Einfluss auf das Nullstellenverhalten haben. Auf die Idee, durch Anfügung von Exponentialfaktoren Konvergenz zu erzwingen, ist WEIERSTRASS übrigens, wie er sagt [275, S. 91], durch die Produktformel

$$1/\Gamma(z) = z \prod_{\nu \geq 1} \left\{ \left(1 + \frac{z}{\nu}\right) \left(\frac{\nu + 1}{\nu}\right)^{-z} \right\} = z \prod_{\nu \geq 1} \left\{ \left(1 + \frac{z}{\nu}\right) e^{-z \log\left(\frac{\nu+1}{\nu}\right)} \right\},$$

gekommen, die er GAUSS und nicht EULER zuschreibt, (vgl. Abschnitt 2.2.2). H. POINCARÉ wertete 1898 in seinem Nachruf auf Weierstrass die Entdeckung der Faktoren $E_n(z)$ wie folgt, [211, S. 8]: „La principale contribution de Weierstraß aux progès de la théorie des fonctions est la découverte des facteurs primaires". Spezialfälle des Produktsatzes kommen bereits vor 1876 in der Literatur vor, so z.B. 1859/60 bei E. Betti, vgl. hierzu Abschnitt 2.2.1.

Die Erkenntnis, dass es ganze Funktionen mit „willkürlich" vorgegebenen Nullstellen gibt, revolutionierte das Denken der Funktionentheoretiker. Auf einmal konnte man holomorphe Funktionen „konstruieren", die im klassischen Arsenal nicht einmal andeutungsweise vorkommen. Diese Freiheit steht natürlich nicht im Widerspruch zu der durch den Identitätssatz bedingten *Solidarität des Werteverhaltens* holomorpher Funktionen: der „analytische Kitt" erweist sich als knetbar genug, um lokal vorgegebene Daten auf analytische Weise global zu verheften.

WEIERSTRASS hat aus seinem Produktsatz sofort den Satz von der Quotientendarstellung meromorpher Funktionen gefolgert, [275, S. 102]. Allein damit erregte er Aufsehen. Kein Geringerer als H. POINCARÉ griff 1883 diese Bemerkung des „célèbre géomètre de Berlin" auf und übertrug sie auf meromorphe Funktionen von zwei Veränderlichen, [209]. Mit seinem Satz über die Darstellbarkeit jeder im $\mathbb{C}^2$ meromorphen Funktion als Quotient $f(w,z)/g(w,z)$ von zwei (lokal überall teilerfremden) ganzen Funktionen im $\mathbb{C}^2$ initiierte Poincaré eine Theorie, die durch Arbeiten von P. COUSIN, H. CARTAN, K. OKA, J.-P. SERRE und H. GRAUERT bis in die Gegenwart hinein lebendig geblieben ist, vgl. hierzu die Ausblicke in den Abschnitten 4.2.4, 5.2.6 und 6.2.4.

3.2 Diskussion des Produktsatzes

Bei Anwendungen des Produktlemmas 3.2 wird man die Zahlen k_ν so klein wie möglich wählen gemäß der Vorstellung, *je kleiner k_ν, umso einfacher der Faktor $E_{k_\nu}(z/d_\nu)$*. Situationen, in denen alle k_ν gleich gewählt werden können, sind besonders angenehm; sie führen zum Begriff des *kanonischen* Produkts

(3.2.1). Im Abschnitt 3.2.2 zeigen wir, dass sowohl die EULER-Produkte aus Kapitel 3.1.4 als auch das Sinusprodukt als auch das für die Theorie der Gammafunktion so wichtige Produkt $H(z)$ kanonische WEIERSTRASS-Produkte sind.

In den Abschnitten 3.2.3 und 3.2.4 diskutieren wir das σ-Produkt und die $\wp$-Funktion. Wir zeigen die Holomorphie bzw. Meromorphie von $\sigma(z; \omega_1, \omega_2)$ bzw. $\wp(z; \omega_1, \omega_2)$ in allen *drei Variablen*. Diese Funktionen spielen seit EISENSTEIN und WEIERSTRASS die zentrale Rolle in der Theorie der *elliptischen Funktionen*. Im Abschnitt 3.2.5 findet sich noch eine Bemerkung von HURWITZ.

3.2.1 Kanonische Produkte. Es bezeichnet wieder $\mathfrak{d}$ einen positiven Divisor in $\mathbb{C}$ und $d_1, d_2, \ldots$ eine zugehörige Folge. Wir notieren vorab:

Satz 3.9. *Konvergiert* $f(z) = \prod(1 - z/d_\nu)e^{p_\nu(z)}$ *normal in $\mathbb{C}$ und ist jede Funktion p_ν ein Polynom vom Grade $\leq k$, so konvergiert $\sum |1/d_\nu|^{k+1}$.*

Beweis. Differenziert man $f'(z)/f(z) = \sum \left(\frac{1}{z-d_\nu} + p_\nu'(z) \right)$ noch k-mal, so entsteht die in $0 \in \mathbb{C}$ absolut konvergente Reihe $\sum(-1)^k k!/(z - d_\nu)^{k+1}$. $\square$

Wir fragen nun, wann es zu $\mathfrak{d}$ WEIERSTRASS-Produkte der besonders einfachen Form $z^{\mathfrak{d}(0)} \prod_{\nu \geq 1} E_k(z/d_\nu)$ mit festem $k \in \mathbb{N}$ gibt.

Satz 3.10. *Genau dann ist* $z^{\mathfrak{d}(0)} \prod_{\nu \geq 1} E_k(z/d_\nu)$ *ein Weierstrass-Produkt zu $\mathfrak{d}$, wenn $\sum |1/d_\nu|^{k+1} < \infty$.*

Beweis. Ist das in Rede stehende Produkt ein WEIERSTRASS-Produkt zu $\mathfrak{d}$, so folgt $\sum |1/d_\nu|^{k+1} < \infty$ mit Satz 3.9, da $E_k(z/d) = (1-z/d)e^{p(z)}$ mit einem Polynom p vom Grad k. Gilt umgekehrt $\sum |1/d_\nu|^{k+1} < \infty$, so ist das Produkt nach Lemma 3.2 ein WEIERSTRASS-Produkt zu $\mathfrak{d}$. $\square$

Existieren zu $\mathfrak{d}$ WEIERSTRASS-Produkte gemäß Satz 3.10, so kann man k *minimal* wählen; alsdann heißt $z^{\mathfrak{d}(0)} \prod_{\nu \geq 1} E_k(z/d_\nu)$ das *kanonische* WEIERSTRASS-*Produkt* zu $\mathfrak{d}$.

Also:

Satz 3.11. *Genau dann ist* $z^{\mathfrak{d}(0)} \prod_{\nu \geq 1} E_k(z/d_\nu)$ *das kanonische Produkt zu $\mathfrak{d}$, wenn*

$$\sum |1/d_\nu|^k = \infty \quad und \quad \sum |1/d_\nu|^{k+1} < \infty.$$

Beispiele für kanonische Produkte finden sich in den nächsten beiden Abschnitten. Solche Produkte hängen nur vom Divisor $\mathfrak{d}$ ab, die zufällige Wahl der Folge d_ν spielt – im Gegensatz zur allgemeinen Situation – keine Rolle. Wenn die Folge d_ν zu langsam wächst, gibt es kein kanonisches Produkt: z.B. dann nicht, wenn $\log(1+\nu)$ eine Teilfolge der Folge d_ν ist (Beweis!). Hiermit sieht man leicht, dass die Funktion $1 - \exp(\exp z)$ *kein* kanonisches Produkt hat. – Wir notieren noch ohne Beweis:

Satz 3.12. *Ist $m > 0$ so beschaffen, dass $|d_\mu - d_\nu| \geq m$ für alle $\mu \neq \nu$, so gilt $\sum |1/d_\nu|^\alpha < \infty$ für $\alpha > 2$. Alsdann gibt es ein kanonisches Produkt zu $\mathfrak{d}$ mit $k \leq 2$.*

Historische Notiz. Satz 3.12 wurde 1859/60 von E. BETTI bewiesen, um elliptische Funktionen als Quotienten von Theta-Reihen schreiben zu können; vgl. hierzu den Artikel [262] von P. ULLRICH, S. 166.

3.2.2 Drei klassische kanonische Produkte. 1) Das in Abschnitt 1.4.3 diskutierte Produkt

$$\prod_{\nu \geq 1} (1 + q^\nu z) = \prod_{\nu \geq 1} E_0(-q^\nu z), \quad \text{wobei}\ \ 0 < |q| < 1,$$

ist das *kanonische* Produkt zum Divisor in $\mathbb{C}$, der durch

$$\mathfrak{d}(-q^{-\nu}) := 1 \ \ \text{für}\ \ \nu = 1, 2, \ldots; \ \ \mathfrak{d}(z) := 0 \ \ \text{sonst},$$

gegeben wird. (Satz 3.12 gilt mit $k = 0$);

2) Die in Abschnitt 2.1.1 betrachtete Funktion

$$H(z) = e^{-\gamma z}/\Gamma(z) = z \prod_{\nu \geq 1}(1 + z/\nu)e^{-z/\nu} = z \prod_{\nu \geq 1} E_1(-z/\nu)$$

ist das kanonische Produkt zum Divisor $\mathbb{C}$, der durch

$$\mathfrak{d}(-\nu) := 1 \ \ \text{für}\ \ \nu \in \mathbb{N}, \ \ \mathfrak{d}(z) := 0 \ \ \text{sonst},$$

definiert wird. (Satz 3.11 gilt mit $k = 1$, aber nicht mit $k = 0$);

3) Das Sinusprodukt

$$z \prod_{\nu \geq 1}(1 - z^2/\nu^2) = z \prod_{\nu \geq 1}[(1 - z/\nu)e^{z/\nu}(1 + z/\nu)e^{-z/\nu}] = z \prod_{\nu \geq 1} E_1(z/\nu)E_1(-z/\nu)$$

ist das kanonische Produkt zum Divisor in $\mathbb{C}$, der durch

$$\mathfrak{d}(v) := 1 \ \ \text{für}\ \ v \in \mathbb{Z}, \ \ \mathfrak{d}(z) := 0 \ \ \text{sonst},$$

erklärt ist. (Satz 3.11 gilt mit $k = 1$ aber nicht mit $k = 0$; eine zugehörige Folge d_ν ist $1, -1, 2, -2, \ldots$).

In Vorlesungen bzw. Lehrbüchern werden bisweilen diese Beispiele als Anwendungen des WEIERSTRASSschen Produktsatzes angegeben. Diese Produkte waren allerdings lange vor WEIERSTRASS bekannt. Sein Satz zeigt allerdings, dass ihnen allen dasselbe Konstruktionsprinzip zugrunde liegt.

Aufgabe. Bestimmen Sie das kanonische Produkt zu $\mathfrak{d} \geq 0$ in $\mathbb{C}$ mit der Folge:

1. $d_\nu := (-1)^\nu \sqrt[3]{\nu}$, $\nu \geq 1$.
2. $d_\nu := \mu\, i^\nu$ wobei $\mu \in \mathbb{N}$ mit $4\mu - 3 \leq \nu \leq 4\mu$ für $\nu \geq 1$.

3.2.3 Die σ-Funktion. Sind $\omega_1, \omega_2 \in \mathbb{C}$ *reell linear unabhängig*, so heißt die Menge

$$\Omega := \mathbb{Z}_{\omega_1} + \mathbb{Z}_{\omega_2} = \{\omega = m\omega_1 + n\omega_2 : m, n \in \mathbb{Z}\}$$

ein *Gitter* in $\mathbb{C}$. Dann ist Ω lokal endlich in $\mathbb{C}$, und

$$\delta : \mathbb{C} \to \mathbb{N}, \quad z \mapsto \delta(z) := 1 \quad \text{oder} \quad 0, \quad \text{je nachdem ob} \quad z \in \Omega \quad \text{oder} \quad z \notin \Omega,$$

ist ein positiver Divisor in $\mathbb{C}$ mit Ω als Träger.

Satz 3.13. *Die ganze Funktion*

$$\sigma(z) := \sigma(z, \Omega) := z \prod_{0 \neq \omega \in \Omega} \left(1 - \frac{z}{\omega}\right) e^{\frac{z}{\omega} + \frac{1}{2}\left(\frac{z}{\omega}\right)^2} = z \prod_{0 \neq \omega \in \Omega} E_2\left(\frac{z}{\omega}\right) \quad (3.6)$$

ist das kanonische WEIERSTRASS-*Produkt zum Gitterdivisor* δ.

Der Satz ist enthalten in der Bettischen Aussage Satz 3.12. Wir geben einen direkten Beweis, der sogar die normale Konvergenz des σ-Produktes (3.6) in allen drei Variablen z, ω_1, ω_2 zeigt. Die Menge $U := \{(u, v) \in \mathbb{C}^2 : u/v \in \mathbb{H}\}$ ist ein Gebiet im $\mathbb{C}^2$. Für jeden Punkt $(\omega_1, \omega_2) \in U$ ist $\Omega(\omega_1, \omega_2) := \mathbb{Z}_{\omega_1} + \mathbb{Z}_{\omega_2}$ ein Gitter in $\mathbb{C}$, umgekehrt hat *jedes* Gitter $\Omega \subset \mathbb{C}$ eine Basis in U. Entscheidend ist nun:

Lemma 3.14 (Konvergenzlemma). *Sei $K \subset U$ kompakt und $\alpha > 2$. Dann gibt es eine Schranke $M > 0$, so dass gilt:*

$$\sum_{0 \neq \omega \in \Omega(\omega_1, \omega_2)} |\omega|^{-\alpha} \leq M \quad \text{für alle} \quad (\omega_1, \omega_2) \in K, \quad \sum_{0 \neq \omega \in \Omega(\omega_1, \omega_2)} |\omega|^{-2} = \infty.$$

Beweis. Die Funktion

$$q : (\mathbb{R}^2 \backslash (0, 0)) \times U \to \mathbb{R}, \quad (x, y, \omega_1, \omega_2) \mapsto |x\omega_1 + y\omega_2| / \sqrt{x^2 + y^2}$$

ist homogen in x, y, daher gilt $q(\mathbb{R}^2 \backslash (0,0) \times U) = q(S^1 \times U)$. Da q stetig ist, so hat q auf dem Kompaktum $S^1 \times K$ ein Maximum T und ein Minimum t. Da q wegen der $\mathbb{R}$-linearen Unabhängigkeit von ω_1, ω_2 stets positiv ist, so folgt $t > 0$. Da

$$t\sqrt{m^2 + n^2} \leq |m\omega_1 + n\omega_2| \leq T\sqrt{m^2 + n^2}$$

für alle $(\omega_1, \omega_2) \in K$ und alle $(m, n) \in \mathbb{Z}^2$, so ist die Konvergenz von $\sum |\omega|^{-\alpha}$ gleichbedeutend mit der Konvergenz von

$$\sum_{0 \neq (m,n) \in \mathbb{Z}^2} (m^2 + n^2)^{-\beta} = 4 \sum_{m=1}^{\infty} \frac{1}{m^\alpha} + 4 \sum_{m,n=1}^{\infty} \frac{1}{(m^2 + n^2)^\beta}, \quad \text{wo} \quad \beta = \frac{1}{2}\alpha.$$

Da $m^2 + n^2 \geq 2mn > mn > 0$ für alle $m, n \geq 1$, so gilt

$$\sum_{m,n=1}^{\infty} \frac{1}{(m^2 + n^2)^\beta} < \sum_{m,n=1}^{\infty} \frac{1}{m^\beta n^\beta} = \left(\sum_{n=1}^{\infty} \frac{1}{n^\beta} \right) \left(\sum_{m=1}^{\infty} \frac{1}{m^\beta} \right) < \infty \text{ für } \alpha > 2.^1 \square$$

Die Divergenz für $\beta = 1$ folgt, da wegen $m^2 + n^2 \leq 2n^2$ für $1 \leq m \leq n$ gilt:

$$\sum_{m,n=1}^{\infty} \frac{1}{m^2 + n^2} > \sum_{n=1}^{\infty} \sum_{m=1}^{n} \frac{1}{m^2 + n^2} \geq \frac{1}{2} \sum_{n=1}^{\infty} \sum_{m=1}^{n} \frac{1}{n^2} = \frac{1}{2} \sum_{n=1}^{\infty} \frac{1}{n} = \infty. \qquad \square$$

Da $|E_2(z/\omega) - 1| < |z/\omega|^3$ für $|z| < |\omega|$, so folgt jetzt nicht nur der Satz direkt, sondern darüber hinaus:

Satz 3.15. *Das σ-Produkt $\sigma(z; \omega_1, \omega_2) := \sigma(z, \Omega(z_1, z_2))$ konvergiert in $\mathbb{C} \times U$ normal gegen eine dort holomorphe Funktion in z, ω_1, ω_2.*

Historische Bemerkung. Der Trick, den Beweis mittels $m^2 + n^2 > mn$ zu trivialisieren, stammt von WEIERSTRASS; er hat ihn „im Jahre 1863 Herrn F. MERTENS dictirt", [272, Vorwort und S. 117]. – Die *arithmetisch-geometrische Ungleichung* $n_1^\beta + \ldots + n_d^\beta \geq (n_1 \cdot \ldots \cdot n_d)^{\beta/d}$ gibt sogar:

$$\sum_{(n_1,\ldots,n_d) \neq 0} \frac{1}{(n_1^\beta + n_2^\beta + \ldots + n_d^\beta)^\alpha} < \infty,$$

falls $d \in \mathbb{N} \backslash \{0\}$, $\alpha > 0$, $\beta > 0$ und $\alpha\beta > d$.

Solche Reihen (mit $\beta = 2$) wurden 1847 von EISENSTEIN betrachtet, Werke 361-363.

---

[1] Für $\gamma > 0$ gilt, wenn man $\frac{\gamma}{n-1} \leq \left(\frac{n}{n-1} \right)^\gamma - 1$ beachtet:

$$\sum_2^{\infty} \frac{\gamma}{n^{1+\gamma}} < \sum_2^{\infty} \frac{\gamma}{(n-1)n^\gamma} \leq \sum_2^{\infty} \left(\frac{1}{(n-1)^\gamma} - \frac{1}{n^\gamma} \right) = 1.$$

Eine *Beweisvariante* gibt 1958 H. KNESER, [139, 201–202]. Er ersetzt q durch die Funktion $|x\omega_1 + y\omega_2|/\max(|x|,|y|)$. Wie oben gibt es Zahlen $S \geq s > 0$, so dass $s \leq |m\omega_1 + n\omega_2|/\max(|m|,|n|) \leq S$. Die Konvergenz von $\sum |\omega|^{-\alpha}$ ist nun gleichbedeutend mit der von

$$\sum_{0 \neq (m,n) \in \mathbb{Z}^2} [\max(|m|,|n|)]^{-\alpha} = 4 \sum_{m=1}^{\infty} \frac{1}{m^\alpha} + 4 \sum_{m,n=1}^{\infty} [\max(m,n)]^{-\alpha}.$$

Die Reihe rechts lässt sich aber wie folgt schreiben(!)

$$\sum_{n=1}^{\infty} \left(nn^{-\alpha} + \sum_{m=n+1}^{\infty} m^{-\alpha} \right) = \sum_{n=1}^{\infty} n^{1-\alpha} + \sum_{k=1}^{\infty} (k-1)k^{-\alpha} = \sum_{n=1}^{\infty} (2n^{1-\alpha} - n^{-\alpha}),$$

sie konvergiert für $\alpha > 2$ und divergiert für $\alpha = 2$.

3.2.4 Die $\wp$-Funktion. Da das Produkt $\sigma(z; \omega_1, \omega_2) \in \mathcal{O}(\mathbb{C} \times U)$ nach (3.15) normal konvergiert, darf man es logarithmisch nach z differenzieren, Satz 1.2.3:

$$\zeta(z; \omega_1, \omega_2) := \frac{\sigma'(z; \omega_1, \omega_2)}{\sigma(z; \omega_1, \omega_2)} = \frac{1}{z} + \sum_{0 \neq \omega \in \Omega(\omega_1, \omega_2)} \left(\frac{1}{z - \omega} + \frac{1}{\omega} + \frac{z}{\omega_2} \right) \quad (3.7)$$

$$\in \mathcal{M}(\mathbb{C} \times U).$$

Diese in $\mathbb{C} \times U$ normal konvergente Reihe (von meromorphen Funktionen) heißt die EISENSTEIN-WEIERSTRASSsche ζ-Funktion. Gewöhnliche Differentiation von (3.7) gibt

$$\wp(z; \omega_1, \omega_2) := -\zeta'(z; \omega_1, \omega_2) = \frac{1}{z^2} + \sum_{0 \neq \omega \in \Omega(\omega_1, \omega_2)} \left(\frac{1}{(z - \omega)^2} - \frac{1}{\omega^2} \right) \quad (3.8)$$

$$\in \mathcal{M}(\mathbb{C} \times U).$$

Diese Reihe konvergiert ebenfalls normal in $\mathbb{C} \times U$. Die ζ- bzw. $\wp$-Funktion ist bei festen ω_1, ω_2 holomorph in $\mathbb{C} \backslash \Omega(\omega_1, \omega_2)$ und hat in jedem Gitterpunkt einen Pol *erster* bzw. *zweiter* Ordnung. Die $\wp$-Funktion ist *doppelt-periodisch* (= *elliptisch*) mit $\Omega(\omega_1, \omega_2)$ als *Periodengitter*. In der Theorie der elliptischen Funktionen ist es fundamental, dass die $\wp$-Funktion *meromorph in allen drei Variablen* z, ω_1, ω_2 ist, dies wird in der Literatur häufig nicht genügend betont.

Die Funktionen $\sigma, \zeta, \wp$ werden im Fall $\omega_2 = \infty$ *trigonometrische* Funktionen:

Man hat, wenn man ω für $\omega_1 \in \mathbb{C}^\times$ schreibt:

$$\sigma(z; \omega, \infty) := \frac{\omega}{\pi} e^{\frac{\pi^2}{6} \left(\frac{z}{\omega} \right)^2} \sin \pi \frac{z}{\omega}, \quad \zeta(z; \omega, \infty) := \frac{\pi^2}{3} \left(\frac{z}{\omega} \right)^2 + \frac{\pi}{\omega} \cot \pi \frac{z}{\omega}$$

$$\wp(z; \omega, \infty) := -\frac{1}{3} \left(\frac{\pi}{\omega} \right)^2 + \left(\frac{\pi}{\omega} \right)^2 \left(\sin \left(\pi \frac{z}{\omega} \right) \right)^{-2},$$

$$\sigma(z; \infty, \infty) := z, \quad \zeta(z; \infty, \infty) := \frac{1}{z}, \quad \wp(z; \infty, \infty) := \frac{1}{z^2}.$$

Dabei gilt weiterhin $\zeta = \sigma'/\sigma$ und $\wp = -\zeta'$. Mit etwas Aufwand sieht man, dass $\lim\limits_{\omega_2 \to \infty} \sigma(z; \omega_1, \omega_2) = \sigma(z; \omega_1, \infty)$ *kompakt* konvergiert, dasselbe gilt für ζ und $\wp$. Die Theorie der elliptischen Funktionen enthält also die Theorie der trigonometrischen Funktionen als Entartungsfall.

3.2.5 Eine Bemerkung von Hurwitz*.

Satz 3.16. *Jeder positive Divisor $\mathfrak{d}$ in $\mathbb{C}$ ist der Divisor einer ganzen Funktion $\sum a_\nu z^\nu$, deren Koeffizienten a_ν sämtlich im Körper $\mathbb{Q}(i)$ der komplex-rationalen Zahlen liegen. Gilt insbesondere $\mathfrak{d}(\overline{z}) = \mathfrak{d}(z)$ für alle $z \in \mathbb{C}$, so kann man alle Zahlen a_ν in $\mathbb{Q}$ wählen.*

Zum Beweis benötigen wir folgenden

Hilfssatz 3.17. *Es sei f holomorph um $0 \in \mathbb{C}$. Dann gibt es eine ganze Funktion g, so dass alle Koeffizienten a_ν der TAYLOR-Reihe von $f \exp g$ um 0 zu $\mathbb{Q}(i)$ gehören. Sind insbesondere alle Koeffizienten der TAYLOR-Reihe von f um 0 reell, so kann man g so wählen, dass alle a_ν in $\mathbb{Q}$ liegen.*

Beweis. Sei $f \neq 0$. Es gilt $f(z) = z^s e^{h(z)}$, $s \in \mathbb{N}$, wobei $h(z) = b_0 + b_1 z \cdots \cdot b_n z^n + \ldots$ um 0 holomorph ist (man schreibe $f(z) = z^s \widetilde{f}(z)$, wobei $\widetilde{f}$ um 0 holomorph und nullstellenfrei ist; dann kann man $\widetilde{f}$ in die Form e^h bringen). Da der Körper $\mathbb{Q}(i)$ dicht in $\mathbb{C}$ liegt, gibt es Zahlen $q_1, q_2, \ldots \in \mathbb{Q}(i)$, so dass $g(z) := -b_0 + \sum\limits_{\nu \geq 1} (q_\nu - b_\nu) z^\nu$ eine ganze Funktion ist. Es gilt

$$f(z)e^{g(z)} = z^s e^{q_1 z + q_2 z^2 + \cdots} = z^s \left[1 + \sum_{\nu \geq 1} \frac{1}{\nu!}(q_1 z + q_2 z^2 + \ldots)^\nu \right].$$

Die Entwicklung der rechten Seite nach Potenzen von z liefert TAYLOR-Koeffizienten $a_\nu \in \mathbb{Q}(i)$, da jedes a_ν ein Polynom mit rationalen Koeffizienten in endlich vielen der $q_1, q_2, \ldots \in \mathbb{Q}(i)$ ist. Hat die Potenzreihe von f um 0 reelle Koeffizienten, so sind alle b_ν mit $\nu \geq 1$ reell und man kann stets $q_\nu \in \mathbb{Q}$ und also $a_\nu \in \mathbb{Q}$ wählen. $\quad\square$

Nunmehr ist der Beweis der HURWITZschen Bemerkung schnell erbracht. Wir wählen $f \in \mathcal{O}(\mathbb{C})$ mit $(f) = \mathfrak{d}$. Dann ist $\mathfrak{d}$ auch der Divisor jeder Funktion $q := f \exp g$, $g \in \mathcal{O}(\mathbb{C})$. Auf Grund von Hilfssatz 3.17 kann man g so wählen, dass alle TAYLOR-Koeffizienten a_ν von q zu $\mathbb{Q}(i)$ gehören.

Gilt stets $\mathfrak{d}(\overline{z}) = \mathfrak{d}(z)$, so ist $\mathfrak{d}$ auch der Divisor der ganzen Funktion $\widetilde{q}$, deren TAYLOR-Koeffizienten die Zahlen $\overline{a}_\nu$ sind. Dann ist $2\mathfrak{d}$ der Divisor von $q\widetilde{q}$; nach dem Wurzelkriterium gibt es ein $\widehat{q} \in \mathcal{O}(\mathbb{C})$ mit $\widehat{q}^2 = q\widetilde{q}$. Es gilt $(\widehat{q}) = \mathfrak{d}$. Da alle TAYLOR-Koeffizienten von $q\widetilde{q}$ reell-rational und der erste nicht verschwindende Koeffizient positiv ist, so sind alle TAYLOR-Koeffizienten von $\widehat{q}$ reell-rational.

Die eben hergeleitete Aussage hat HURWITZ 1889 bewiesen, [124]. Als überraschendes Korollar notiert HURWITZ noch:

Korollar 3.18. *Jede (reelle oder komplexe) Zahl a (z.B. also e oder π) ist Wurzel einer Gleichung* $0 = r_0 + r_1 z + r_2 z^2 + \ldots$, *deren rechte Seite eine ganze Funktion mit rationalen (reellen bzw. komplexen) Koeffizienten ist, welche außer a keine weiteren Nullstellen hat.*

4. Holomorphe Funktionen zu vorgegebenen Nullstellen*

Wir übertragen die im Kapitel 3 für *ganze* Funktionen gewonnenen Resultate auf holomorphe Funktionen in *beliebigen* Bereichen D in $\mathbb{C}$. Das Ziel ist zu zeigen, dass *jeder* Divisor in D ein Hauptdivisor ist (Existenzsatz 3.4). Dazu konstruieren wir im Paragraphen 4.1 zunächst zu jedem *positiven* Divisor WEIERSTRASS-Produkte. Sie werden wie früher aus WEIERSTRASS-Faktoren E_n aufgebaut und konvergieren normal in Bereichen, die $\mathbb{C} \backslash \partial D$ umfassen, Satz 4.1.3. Im Paragraphen 4.2 entwickeln wir u.a. die Theorie des größten gemeinsamen Teilers für alle Integritätsringe $\mathcal{O}(G)$.

Spezielle WEIERSTRASS-Produkte in E sind die BLASCHKE-Produkte; sie werden im Paragraphen 4.3 studiert und dienen der Konstruktion *beschränkter* Funktionen aus $\mathcal{O}(E)$ zu vorgegebenen positiven Divisoren. In einem Anhang zum Paragraphen 4.3 beweisen wir die JENSENsche Formel.

4.1 Produktsatz für beliebige Bereiche

Im Abschnitt 4.1.1 wird ein Konvergenzlemma bewiesen. Im Abschnitt 4.1.2 werden für spezielle Divisoren WEIERSTRASS-Produkte konstruiert; an die Stelle der Faktoren $E_n(z/d)$ treten (mit $c \neq d$) jetzt Faktoren der Form

$$E_n\left(\frac{d-c}{z-c}\right) = \left(\frac{z-d}{z-c}\right) \cdot \exp\left[\frac{d-c}{z-c} + \frac{1}{2}\left(\frac{d-c}{z-c}\right)^2 + \ldots + \frac{1}{n}\left(\frac{d-c}{z-c}\right)^n\right],$$

die ebenfalls im Punkt d von erster Ordnung verschwinden. Im Abschnitt 4.1.3 wird der allgemeine Produktsatz hergeleitet.

4.1.1 Konvergenzlemma. Es sei $\mathfrak{d}$ ein positiver Divisor in D mit Träger T. Wir bilden aus den Punkten der *abzählbaren* Menge T irgendwie eine Folge $(d_\nu)_{\nu \geq 1}$ derart, dass *jeder* der Punkte $d \in \mathbb{T}$ genau $\mathfrak{d}(d)$-mal in dieser Folge vorkommt (im Gegensatz zu früher - in 3.1.2 - wird der eventuell in T liegende Nullpunkt nicht ausgeschlossen). An die Stelle von Lemma 3.14 tritt folgendes

Lemma 4.1. *Es gebe eine Folge $(c_\nu)_{\nu \geq 1}$ in $\mathbb{C} \backslash D$ und eine Folge $(k_\nu)_{\nu \geq 1}$ natürlicher Zahlen, so dass*

$$\sum_{\nu=1}^{\infty} |r(d_\nu - c_\nu)|^{k_\nu+1} < \infty \quad \text{für alle } r > 0. \tag{4.1}$$

Dann konvergiert in $\mathbb{C} \backslash \overline{\{c_1, c_2, \dots\}} \supset D$ *das Produkt*

$$\prod_{\nu \geq 1} E_{k_\nu}\left(\frac{d_\nu - c_\nu}{z - c_\nu}\right) = \prod_{\nu \geq 1}\left(\frac{z - d_\nu}{z - c_\nu}\right) \cdot \exp\left[\left(\frac{d_\nu - c_\nu}{z - c_\nu}\right) + \frac{1}{2}\left(\frac{d_\nu - c_\nu}{z - c_\nu}\right)^2\right.$$
$$\left. + \dots + \frac{1}{k_\nu}\left(\frac{d_\nu - c_\nu}{z - c_\nu}\right)^{k_\nu}\right] \tag{4.2}$$

normal; es ist in D *ein* WEIERSTRASS-*Produkt zum Divisor* $\mathfrak{d}$.

Beweis. Wir setzen $S := \overline{\{c_1, c_2, \dots\}}$. Für $f_\nu(z) := [E_{k_\nu}(d_\nu - c_\nu)/(z - c_\nu)]$ gilt

$$f_\nu \in \mathcal{O}(\mathbb{C} \backslash S), \quad f_\nu(z) \neq 0, \quad \text{falls } z \neq d_\nu, \quad o_{d_\nu}(f_\nu) = 1. \tag{4.3}$$

Sei K ein Kompaktum im Bereich $\mathbb{C} \backslash S$. Da $|z - c_\nu| \geq d(K, c_\nu) \geq d(K, S) > 0$ für alle $z \in K$, so gilt $|(d_\nu - c_\nu)/(z - c_\nu)|_K \leq r|d_\nu - c_\nu|$ mit $r := d(K, S)^{-1}$. Da $\lim |d_\nu - c_\nu| = 0$ wegen (4.1), so gibt es zu r ein $n(K) \in \mathbb{N}$, so dass $r|d_\nu - c_\nu| < 1$ für $\nu > n(K)$. Da $|E_n(w) - 1| \leq |w|^{n+1}$ für $w \in \mathbb{E}$ nach (3.4), so folgt:

$$\sum_{\nu > n(K)} |f_\nu - 1|_K \leq \sum_{\nu > n(K)} |r(d_\nu - c_\nu)|^{k_\nu+1} < \infty.$$

Damit ist die normale Konvergenz von $\prod f_\nu$ in $\mathbb{C} \backslash S$ gezeigt. Wegen (4.3) ist dieses Produkt in D ein WEIERSTRASS-Produkt zu $\mathfrak{d}$. $\square$

Korollar 4.2. *Falls* $\sum |d_\nu - c_\nu|^{k+1} < \infty$ *mit* $k \in \mathbb{N}$, *so ist das Produkt* $\prod_{\nu \geq 1} E_k[(d_\nu - c_\nu)/(z - c_\nu)]$ *ein* WEIERSTRASS-*Produkt zu* $\mathfrak{d}$ *in* D.

Beweis. Es gilt (4.1) mit $k_\nu = k$. $\square$

4.1.2 Produktsatz für spezielle Divisoren.

Der Konvergenzbereich des im Lemma 4.1 konstruierten Produktes ist i.a. größer als D. Da T die Null-stellenmenge des Produktes ist, so ist T abgeschlossen in diesem größeren Bereich. Wir bemerken allgemein (der Leser führe den Beweis):

Satz 4.3. *Ist* T *eine diskrete Menge in* $\mathbb{C}$, *so ist die Menge* $T' := \overline{T} \backslash T$ *aller Häufungspunkte[1] von* T *in* $\mathbb{C}$ *abgeschlossen in* $\mathbb{C}$. *Der Bereich* $\mathbb{C} \backslash T'$ *ist der größte Teilbereich von* $\mathbb{C}$, *in dem* T *abgeschlossen ist.*

Wegen Satz 4.3 lässt sich jeder positive Divisor $\mathfrak{d}$ in D mit Träger T als ein positiver Divisor in $\mathbb{C} \backslash T' \supset D$ mit gleichem Träger auffassen (man setzt $\mathfrak{d}(z) := 0$ für $z \in (\mathbb{C} \backslash T') \backslash D$). Ersichtlich gilt $T' \subset \partial D$. Mit Lemma 4.1 folgt nun schnell:

---

[1] Nach G. CANTOR heißt T' die Ableitung von T in $\mathbb{C}$.

Produktsatz 4.4. *Es sei $\mathfrak{d}$ ein positiver Divisor in D mit zugehöriger Folge $(d_\nu)_{\nu \geq 1}$. Es gebe eine Folge $(c_\nu)_{\nu \geq 1}$ in T', so dass $\lim |d_\nu - c_\nu| = 0$. Dann ist das Produkt $\prod E_{\nu-1}[(d_\nu - c_\nu)/(z - c_\nu)]$ ein* WEIERSTRASS-*Produkt zu $\mathfrak{d}$ in $\mathbb{C}\backslash T'$.*

Beweis. Wegen $\lim |d_\nu - c_\nu| = 0$ folgt $\sum |r(d_\nu - c_\nu)|^\nu < \infty$ für jedes $r > 0$. Daher ist (4.1) erfüllt mit $k_\nu = \nu - 1$. Nun gilt $\{c_1, c_2, \ldots\} \subset T'$ (beide Mengen sind sogar gleich!). Daher folgt die Behauptung aus Lemma 4.1. $\qquad\square$

Bemerkung. In $\mathbb{C}^\times$ hat jeder Divisor $\mathfrak{d}$ mit $\lim d_\nu = 0$ die „Satelliten-folge" $c_\nu := 0$. Für solche Divisoren in $\mathbb{C}^\times$ gilt der Produktsatz mit $\prod E_{\nu-1}(d_\nu/z)$. Dies ist, wenn man $w := z^{-1}$ setzt, das WEIERSTRASS-Produkt $\prod E_{\nu-1}(w/d_\nu^{-1})$ zum Divisor $\mathfrak{d}'$ in $\mathbb{C}$ mit der Folge $(d_\nu^{-1})_{\nu \geq 1}$. Der Produktsatz 3.3 ordnet sich somit dem obigen Produktsatz unter. $\qquad\square$

„Satellitenfolgen" $(c_\nu)_{\nu \geq 1}$ mit $c_\nu \in T'$ oder nur $c_\nu \in \mathbb{C}\backslash D$ existieren i.a. nicht, z.B. nicht für Divisoren in $D = \mathbb{H}$ mit Träger $T = \{i, 2i, 3i, \ldots\}$. Es gilt aber:

Satz 4.5. *Ist T' nicht leer und ist jede Menge $T(\varepsilon) := \{z \in T : d(T', z) \geq \varepsilon\}$, $\varepsilon > 0$, endlich, so existiert eine Folge $(c_\nu)_{\nu \geq 1}$ in T' mit $\lim |d_\nu - c_\nu| = 0$.*

Beweis. Da T' abgeschlossen in $\mathbb{C}$ ist, gibt es zu jedem d_ν ein $c_\nu \in T'$, so dass $|d_\nu - c_\nu| = d(T', d_\nu)$. Wäre $d_\nu - c_\nu$ keine Nullfolge, so gäbe es ein $\varepsilon_0 > 0$, so dass $|d_\nu - c_\nu| \geq \varepsilon_0$ für unendlich viele ν. Dann wäre die Menge $T(\varepsilon_0)$ unendlich. $\qquad\square$

Ist T beschränkt und nicht endlich, so ist T' nicht leer und jede Menge $T(\varepsilon)$, $\varepsilon > 0$, endlich (denn sonst hätte die Menge $T(\varepsilon_0)$, $\varepsilon_0 > 0$ einen Häufungspunkt $d^* \in T'$, was unmöglich ist, da für alle $w \in T(\varepsilon_0)$ gilt: $|d^* - w| \geq d(T', w) \geq \varepsilon_0$). Damit folgt:

Satz 4.6. *Zu jedem positiven Divisor $\mathfrak{d}$ in D mit beschränktem, nicht endlichem Träger existiert eine Folge $(c_\nu)_{\nu \geq 1}$ in T' mit $\lim |d_\nu - c_\nu| = 0$.*

Insbesondere ist damit klar, dass in *beschränkten* Bereichen jeder Divisor ein Hauptdivisor ist. (Spezialfall des Existenzsatzes 4.9).

4.1.3 Allgemeiner Produktsatz.

Satz 4.7. *Es sei D irgendein Bereich in $\mathbb{C}$. Dann existieren zu jedem positiven Divisor in $\mathfrak{d}$ in D mit Träger T* WEIERSTRASS-*Produkte in $\mathbb{C}\backslash T'$.*

Die Beweisidee ist, den Divisor $\mathfrak{d}$ als Summe zweier Divisoren zu schreiben, zu denen es WEIERSTRASS-Produkte in $\mathbb{C}\backslash T'$ gibt. Dazu benötigen wir einen Hilfssatz aus der mengentheoretischen Topologie, der auch in Abschnitt 6.2.2 6.8 bei dem analogen Problem für Hauptteil-Verteilungen benutzt wird.

Hilfssatz 4.8. *Es sei A eine diskrete Menge in $\mathbb{C}$, so dass $A' = \overline{A}\backslash A \neq \emptyset$. Es sei*

$$A_1 := \{z \in A : |z| d(A', z) \geq 1\}, \quad A_2 := \{z \in A : |z| d(A', z) < 1\}.$$

Dann ist A_1 abgeschlossen in $\mathbb{C}$. Jede Menge $A_2(\varepsilon) := \{z \in A_2 : d(A', z) \geq \varepsilon\}$, $\varepsilon > 0$, ist endlich.

Beweis. 1) Hätte A_1 einen Häufungspunkt $a \in \mathbb{C}$, so wäre $a \in A'$, und es gäbe eine Folge $a_n \in A_1$ mit $\lim a_n = a$. Wegen $d(A', a_n) \leq |a - a_n|$ wäre $|a_n| d(A', a_n)$ eine Nullfolge im Widerspruch zur Definition von A_1. Also gilt $\overline{A} = A_1$.

2) Für alle $z \in A_2(\varepsilon)$ gilt $|z| < \varepsilon^{-1}$. Gäbe es ein ε_0, so dass $A_2(\varepsilon_0)$ *nicht* endlich wäre, so hätte $A_2(\varepsilon_0)$ einen Häufungspunkt $a \in A'$, was nicht geht, da $|a - z| \geq d(A', z) \geq \varepsilon_0$ für alle $z \in A_2(\varepsilon_0)$.   □

Beweis des allgemeinen Produktsatzes. Wir fassen $\mathfrak{d}$ als positiven Divisor in $\mathbb{C}\backslash T'$ auf. Wir dürfen $T' \neq \emptyset$ annehmen. Die Mengen T_1, T_2 seien wie im Hilfssatz (mit $A := T$) definiert. Es gilt $T_1' = \emptyset$ und $T_2' = T'$. Da T_1 bzw. T_2 lokal endlich in $\mathbb{C}$ bzw. $\mathbb{C}\backslash T'$ ist, wird durch

$$\mathfrak{d}_j(z) := \mathfrak{d}(z) \quad \text{für} \quad z \in T_j, \quad \mathfrak{d}_j(z) := 0 \quad \text{sonst}, \quad j = 1, 2,$$

ein positiver Divisor $\mathfrak{d}_1$ bzw. $\mathfrak{d}_2$ in $\mathbb{C}$ bzw. $\mathbb{C}\backslash T'$ mit Träger T_1 bzw. T_2 gegeben. Da $T_1 \cap T_2 = \emptyset$, so gilt $\mathfrak{d} = \mathfrak{d}_1 + \mathfrak{d}_2$ in $\mathbb{C}\backslash T'$. Nach dem Produktsatz 3.1.4 gibt es ein WEIERSTRASS-Produkt zu $\mathfrak{d}_1$ in $\mathbb{C}$. Da alle Mengen $T_2(\varepsilon)$ endlich sind, gibt es nach Satz 4.5 und dem Produktsatz 2 4.4 ein WEIERSTRASS-Produkt zu $\mathfrak{d}_2$ in $\mathbb{C}\backslash T'$. Nach Abschnitt 3.1.2 gibt es dann auch ein WEIERSTRASS-Produkt zu $\mathfrak{d} = \mathfrak{d}_1 + \mathfrak{d}_2$ in $\mathbb{C}\backslash T'$.

4.1.4 Zweiter Beweis des allgemeinen Produktsatzes*. Die Idee ist, mittels einer biholomorphen Abbildung v den Divisor $\mathfrak{d}$ in einen Divisor $\mathfrak{d} \circ v^{-1}$ in einen anderen Bereich so zu überführen, dass dort zu $\mathfrak{d} \circ v^{-1}$ ein WEIERSTRASS-Produkt $\widehat{f}$ existiert, und dann mittels v dieses Produkt in ein WEIERSTRASS-Produkt $\widehat{f} \circ v$ zu $\mathfrak{d}$ zurück zu transportieren. Wir nehmen T als nicht endlich an, fassen $\mathfrak{d}$ als Divisor in $\mathbb{C}\backslash T'$ auf, fixieren ein $a \in \mathbb{C}\backslash \overline{T}$ und bilden $\mathbb{C}\backslash a$ vermöge $v(z) := (z - a)^{-1}$ biholomorph auf $\mathbb{C}^\times$ ab. Dann gilt $0 \notin v(T)$ und $v(T)' = v(T')$. Durch

$$\widehat{\mathfrak{d}}(w) := \mathfrak{d}(v^{-1}(w)), \quad w \in \mathbb{C}\backslash v(T'), \quad \widehat{\mathfrak{d}}(0) := 0$$

wird ein positiver Divisor $\widehat{\mathfrak{d}}$ in $\mathbb{C}\backslash v(T)'$ mit Träger $v(T)$ definiert; ist $(d_\nu)_{\nu \geq 1}$ eine Folge zu $\mathfrak{d}$, so ist $(\widehat{d}_\nu)_{\nu \geq 1}$ mit $\widehat{d}_\nu := v(d_\nu)$ eine Folge zu $\widehat{\mathfrak{d}}$ (Divisor-Transport bezüglich v). Da $v(T)$ nicht endlich und wegen $a \neq \overline{T}$ *beschränkt* ist, gibt es auf Grund von Satz 4.6 und des Produktsatzes 4.4 zu $\widehat{\mathfrak{d}}$ in $\mathbb{C}\backslash v(T)'$ ein WEIERSTRASS-Produkt

$\prod \widehat{f_\nu}$ mit $\widehat{f_\nu}(w) := E_{\nu-1}[(\widehat{d_\nu} - c_\nu)/(w - c_\nu)]$, wobei $c_\nu \in v(T')$.

Wir setzen nun $f_\nu(z) := \widehat{f_\nu}(v(z))$ für $z \in \mathbb{C}\backslash(T' \cup a)$ und $f_\nu(a) := 1$. Wegen $\lim\limits_{z \to a} f_\nu(z) = \lim\limits_{w \to \infty} \widehat{f_\nu}(w) = E_{\nu-1}(0) = 1$ ist f_ν holomorph in $\mathbb{C}\backslash T'$. Die normale Konvergenz von $\prod \widehat{f_\nu}$ in $\mathbb{C}\backslash v(T')$ impliziert die normale Konvergenz von $\prod f_\nu$ in $\mathbb{C}\backslash(T' \cup a)$. Da a isoliert in $\mathbb{C}\backslash T'$ liegt, herrscht in ganz $\mathbb{C}\backslash T'$ normale Konvergenz (Konvergenzfortsetzung nach innen, vgl. I.8.5.4). Da f_ν nur in $d_\nu = v^{-1}(\widehat{d_\nu})$ verschwindet, und zwar von 1. Ordnung, so ist $\prod f_\nu$ ein WEIERSTRASS-Produkt zu $\eth$ in $\mathbb{C}\backslash T'$.

4.1.5 Folgerungen. Der Produktsatz aus Abschnitt 4.1.3 hat - wie früher in Abschnitt 3.1.5 für $\mathbb{C}$ - wichtige Konsequenzen für beliebige Bereiche; die Beweise verlaufen analog wie in 3.1.5.

Existenzsatz 4.9. *In jedem Bereich $D \subset \mathbb{C}$ ist jeder Divisor ein Hauptdivisor.*

Faktorisierungssatz 4.10. *Jede in einem beliebigen Gebiet G holomorphe Funktion $f \neq 0$ lässt sich in der Form*

$$f = u \prod_{\nu \geq 1} f_\nu$$

schreiben, wobei u eine Einheit im Ring $\mathcal{O}(G)$ und $\prod\limits_{\nu \geq 1} f_\nu$ ein (eventuell leeres) WEIERSTRASS-Produkt zum Divisor (f) in G ist.

Die Einheit u ist i.a. nicht mehr eine Exponentialfunktion (für (homologisch) einfach zusammenhängende Gebiete ist das richtig, vgl. I.9.3.2).

Quotientendarstellung meromorpher Funktionen 4.11. *Zu jeder in G meromorphen Funktion h gibt es zwei in G holomorphe Funktionen f, g ohne gemeinsame Nullstellen in G, so dass gilt: $h = f/g$. Insbesondere ist der Körper $\mathcal{M}(G)$ der Quotientenkörper des Integritätsringes $\mathcal{O}(G)$.*

Das Wurzelkriterium lautet:

Wurzelkriterium 4.12. *Folgende Aussagen über eine Funktion $f \in \mathcal{O}(G)\backslash\{0\}$ und eine natürliche Zahl $n \geq 1$ sind äquivalent:*

i) Es gibt eine Einheit $u \in \mathcal{O}(G)$ und ein $g \in \mathcal{O}(G)$, so dass $f = ug^n$.
ii) Jede Zahl $o_z(f)$, $z \in G$, ist durch n teilbar.

Die Einheit u ist i.a. in $\mathcal{O}(G)$ *keine* n-te Potenz mehr; für (homologisch) einfach zusammenhängende Gebiete kann man stets $u = 1$ wählen, vgl. I.9.3.3.

Der Existenzsatz wird in der älteren Literatur häufig wie folgt ausgesprochen:

Satz. Es sei T irgendeine diskrete Menge in $\mathbb{C}$, jedem Punkt $d \in T$ sei eine ganze Zahl $n_d \neq 0$ zugeordnet. Dann gibt es im Bereich $\mathbb{C}\backslash T'$, wo $T' := \overline{T}\backslash T$, eine meromorphe Funktion h, die in $(\mathbb{C}\backslash T')\backslash T$ holomorph und nullstellenfrei ist und für die gilt

$$o_d(h) = n_d \quad \text{für alle} \quad d \in T.$$

$\mathbb{C}\backslash T'$ ist der größte Bereich von $\mathbb{C}$, in dem es solche Funktionen gibt.

Beweis. Nach Satz 4.3 ist $\mathbb{C}\backslash T'$ der größte Bereich in $\mathbb{C}$, in dem T abgeschlossen ist. Es gibt einen Divisor $\mathfrak{d}$ in $\mathbb{C}\backslash T'$ mit Träger T, so dass $\mathfrak{d}(d) = n_d$, $d \in T$. Der Existenzsatz liefert ein $h \in \mathcal{M}(\mathbb{C}\backslash T')$ mit $(h) = \mathfrak{d}$.   □

4.2 Anwendungen und Beispiele

Wir beweisen zunächst mit Hilfe des Produktsatzes 4.1.3, dass in *jedem* Integritätsring $\mathcal{O}(G)$ zu jeder nichtleeren Menge ein *größter gemeinsamer Teiler* existiert. Weiter behandeln wir explizit einige WEIERSTRASS-Produkte in $\mathbb{E}$ bzw. $\mathbb{C}\backslash\partial\mathbb{E}$, u.a., ein mit Hilfe der Gruppe $SL(2,\mathbb{Z})$ gebildetes Produkt von E. PICARD.

4.2.1 Teilbarkeit in $\mathcal{O}(G)$. Größter gemeinsamer Teiler. Die Grundbegriffe der Arithmetik werden wie üblich erklärt: $f \in \mathcal{O}(G)$ heißt *ein Teiler von* $g \in \mathcal{O}(G)$, wenn $g = f \cdot h$ mit $h \in \mathcal{O}(G)$. Teiler der Eins heißen *Einheiten*. Eine Nichteinheit $v \neq 0$ heißt *Primelement* in $\mathcal{O}(G)$, wenn v nur dann ein (endliches) Produkt teilt, wenn es einen der Faktoren teilt. Die Funktionen $z - c$, $c \in G$ sind – bis auf Faktoren, die Einheiten sind - genau die Primelemente in $\mathcal{O}(G)$. Funktionen $\neq 0$ aus $\mathcal{O}(G)$ mit unendlich vielen Nullstellen in G lassen sich nicht als Produkt endlich vieler Primelemente schreiben. Da nach Satz 4.1.3 in jedem Gebiet G solche Funktionen existieren, so sehen wir:

Kein Ring $\mathcal{O}(G)$ ist faktoriell.

Dessen ungeachtet haben alle Ringe $\mathcal{O}(G)$ eine übersichtliche Teilbarkeitstheorie. Der Grund dafür ist, dass *Teilbarkeitsaussagen* über Elemente f, g zu *Anordnungsaussagen* über ihre Divisoren $(f), (g)$ äquivalent sind. Schreibt man $\mathfrak{d} \leq \widehat{\mathfrak{d}}$, wenn $\widehat{\mathfrak{d}} - \mathfrak{d}$ *positiv* ist, so hat man das folgende einfache Teilbarkeitskriterium.

Teilbarkeitskriterium 4.13. *Seien $f, g \in \mathcal{O}(G)\backslash\{0\}$. Dann gilt*

$$f \quad \text{teilt} \quad g \Leftrightarrow (f) \leq (g).$$

Beweis. f teilt g genau dann, wenn $h := g/f \in \mathcal{O}(G)$, d.h. wenn $o_z(h) = o_z(g) - o_z(f) \geq 0$ für alle $z \in G$ gilt, d.h. wenn $(f) \leq (g)$. $\qquad\square$

Ist S eine nichtleere Menge in $\mathcal{O}(G)$, so heißt $f \in \mathcal{O}(G)$ ein *gemeinsamer Teiler* von S, wenn f jedes Element g von S teilt; ein gemeinsamer Teiler f von S heißt ein *größter gemeinsamer Teiler* von S, wenn jeder gemeinsame Teiler von S ein Teiler von f ist. Größte gemeinsame Teiler sind – falls sie existieren – nur bis auf Einheiten als Faktoren eindeutig bestimmt, man spricht dessen ungeachtet kurz von *dem* größten gemeinsamen Teiler f von S und schreibt $f = \mathrm{ggT}(S)$. Eine Menge $S \neq \emptyset$ heißt *teilerfremd*, wenn $1 = \mathrm{ggT}(S)$.

Genau dann ist $S \neq 0$ teilerfremd, wenn die Funktionen aus S keine gemeinsame Nullstelle in G haben, d.h. wenn $\bigcap_{g \in S} N(g) = \emptyset$.

Eine direkte Verifikation zeigt:

Falls $f = \mathrm{ggT}(S)$ und $g = \mathrm{ggT}(T)$ so gilt $\mathrm{ggT}(S \cup T) = \mathrm{ggT}\{f, g\}$.

Ist $\mathfrak{D} \neq \emptyset$ eine Menge von Divisoren $\mathfrak{d} \geq 0$ in G, so ist $G \to \mathbb{Z}$, $z \mapsto \min\{\mathfrak{d}(z) : \mathfrak{d} \in \mathfrak{D}\}$ ein Divisor $\min\{\mathfrak{d} : \mathfrak{d} \in \mathfrak{D}\} \geq 0$. Das Teilbarkeitskriterium impliziert:

Jede Funktion $f \in \mathcal{O}(G)$ mit $(f) = \min\{(g) : g \in S,\ g \neq 0\}$ ist ein ggT von $S \neq \{0\}$.

Aus Abschnitt 4.1.3 für den größten gemeinsamen Teiler folgt nun direkt:

Existenz des ggT 4.14. *Im Ring $\mathcal{O}(G)$ besitzt jede Menge $S \neq \emptyset$ einen ggT.*

Beweis. Für $S \neq \{0\}$ wähle man ein $f \in \mathcal{O}(G)$ mit $(f) = \min\{(g) : g \in S, g \neq 0\}$. $\qquad\square$

Es mag überraschen, dass zum Beweis der Existenz des ggT (selbst wenn S nur zwei Elemente hat!) der Produktsatz 4.1.3 benötigt wird. Doch darf man nicht vergessen, dass es kommutative Integritätsringe mit Eins gibt, in denen nicht stets ein ggT existiert: so haben z.B im Ring $\mathbb{Z}[\sqrt{-5}]$ die beiden Elemente 6 und $2(1 + \sqrt{-5})$ keinen ggT.

In Hauptidealringen wie $\mathbb{Z}, \mathbb{Z}[i]$, $\mathbb{C}[z]$ hat jede Menge S einen ggT, er ist sogar stets eine endliche Linearkombination von Elementen aus S. Diese Aussage gilt auch für die Ringe $\mathcal{O}(G)$, falls S *endlich* ist, wie wir in Abschnitt 6.3.3 mittels des Satzes von MITTAG-LEFFLER sehen werden.

Aufgabe. Man definiere – wie in der Zahlentheorie – den Begriff des kleinsten gemeinsamen Vielfachen und schreibe kgV im Falle der Existenz. Man zeige:

1) Jede Menge $S \neq \emptyset$ besitzt ein kgV. Ist $(f) = \mathrm{kgV}(S) \neq 0$, so gilt $(f) = \max\{(g) : g \in S\}$.

2) Ist f bzw. g ein ggT bzw. kgV von zwei Funktionen $u, v \in \mathcal{O}(G) \backslash \{0\}$, so unterscheiden sich die Produkte $f \cdot g$ und $u \cdot v$ nur um eine Einheit als Faktor.

4.2.2 Beispiele von Weierstrass-Produkten. 1) *Es sei $\mathfrak{d} \geq 0$ ein Divisor in $\mathbb{E}$ mit $\mathfrak{d}(0) \neq 0$ und Folge $(d_\nu)_{\nu \geq 1}$, es gelte $\sum\limits_{\nu \geq 1} (1 - |d_\nu|) < \infty$. Dann ist*

$$\prod_{\nu \geq 1} E_0 \left(\frac{d_\nu - \overline{d}_\nu^{-1}}{z - \overline{d}_\nu^{-1}} \right) = \prod_{\nu \geq 1} \overline{d}_\nu \frac{z - d_\nu}{\overline{d}_\nu z - 1} \in \mathcal{O}(\mathbb{C} \backslash \{\overline{d}_1^{-1}, \overline{d}_2^{-1}, \dots\}) \qquad (4.4)$$

ein WEIERSTRASS-*Produkt zu* $\mathfrak{d}$.

Beweis. Für $c_\nu := 1/\overline{d}_\nu$ gilt $\sum |c_\nu - d_\nu| < \infty$, da

$$|d_\nu - c_\nu| = |\overline{d}_\nu|^{-1} (1 - |d_\nu|^2) \leq 2m^{-1} (1 - |d_\nu|) \quad \text{mit} \quad m := \min\{|d_\nu| := \nu \geq 1\}. \tag{4.5}$$

Damit folgt die Behauptung aus Lemma 4.1 mit $k_\nu := 0$. □

Die Produkte (4.4) sind in $\mathbb{E}$ *beschränkt*; es sind – bis auf eine Normierung – BLASCHKE-Produkte, vgl. hierzu Abschnitt 4.3.3.

Wegen der Bedeutung dieser Produkte geben wir noch einen *direkten Konvergenzbeweis*: Mit (4.5) folgt

$$\left| \overline{d} \frac{z - d}{\overline{d}z - 1} - 1 \right| = \frac{1 - |d|^2}{|\overline{d}||z - \overline{d}^{-1}|} \leq \frac{2}{m} \cdot \frac{1 - |d|}{|z - \overline{d}^{-1}|}, \quad z \neq \overline{d}^{-1}, \quad d \in \{d_1, d_2 \dots\}.$$

Nun existiert zu jedem Kompaktum K in $\mathcal{O}(\mathbb{C} \backslash \{\overline{d}_1^{-1}, \overline{d}_2^{-1}, \dots\})$ ein $t > 0$, so dass $|z - \overline{d}_\nu^{-1}| \geq t$ für alle $z \in K$ und alle $\nu \geq 1$. Damit hat man

$$\sum_{\nu \geq 1} \left| \overline{d}_\nu \frac{z - d_\nu}{\overline{d}_\nu z - 1} - 1 \right|_K \leq \frac{2t^{-1}}{m} \sum_{\nu \geq 1} |1 - d_\nu| < \infty,$$

also die normale Konvergenz von (4.4) in $\mathcal{O}(\mathbb{C} \backslash \{\overline{d}_1^{-1}, \overline{d}_2^{-1}, \dots\})$.

2) Es sei $r_\nu > 0$, $r_\nu \neq 1$, eine Folge paarweise verschiedener reeller Zahlen mit $\lim r_\nu = 0$. Die Menge

$$T := \{d_{\nu p} = (1 - r_\nu)_{c_{\nu p}}, : 0 \le p < \nu, \nu = 1, 2, \dots\}$$

mit $c_{\nu p} := \exp(2p\pi i/\nu) \in \partial\mathbb{E}$ ist lokal endlich in $\mathbb{C}\backslash\partial\mathbb{E}$. Da $d_{\nu p} - c_{\nu p} = -r_\nu c_{\nu p}$ gegen 0 strebt, so ist $\prod\limits_{\nu=1}^{\infty} \prod\limits_{p=0}^{\nu-1} E_{\nu-1}\left(\frac{r_\nu c_{\nu p}}{c_{\nu p}-z}\right)$ nach dem Produktsatz aus Abschnitt 4.1.2 ein WEIERSTRASS-Produkt in $\mathbb{C}\backslash\partial\mathbb{E}$, das genau in den Punkten von T in erster Ordnung verschwindet.

Da $\sum\limits_{\nu=1}^{\infty} \sum\limits_{p=0}^{\nu-1} |d_{\nu p} - c_{\nu p}|^{k+1} = \sum\limits_{\nu=1}^{\infty} \nu r_\nu^{k+1}$ im Falle $r_\nu = 1/\nu$ bzw. $r_\nu = 1/\nu^3$ für $k = 2$ bzw. $k = 0$ konvergiert, so haben wir nach dem Korollar 4.2 die WEIERSTRASS-Produkte

$$\prod_{\nu,p}\left(1 + \frac{1}{\nu}\frac{c_{\nu p}}{z - c_{\nu p}}\right) \exp\left[\frac{c_{\nu p}}{\nu(c_{\nu p} - z)} + \frac{c_{\nu p}^2}{2\nu^2(c_{\nu p} - z)^2}\right]$$

bzw.

$$\prod_{\nu,p}\left(1 + \frac{1}{\nu^3}\frac{c_{\nu p}}{z - c_{\nu p}}\right).$$

4.2.3 Historisches zum allgemeinen Produktsatz.

WEIERSTRASS hat es anderen überlassen, seinen Produktsatz auf Bereiche in $\mathbb{C}$ auszudehnen. Bereits 1881 behandelt E. PICARD in [203, 69–71], den Bereich $\mathbb{C}\backslash\partial\mathbb{E}$; er diskutiert u.a. das Produkt

$$\prod E_1\left(\frac{A - B}{z - B}\right) = \prod \frac{z - A}{z - B} \exp\frac{A - B}{z - B}$$

$$\text{mit } A := \frac{\beta + \gamma - (\alpha - \delta)i}{\alpha + \delta - (\beta - \gamma)i}, \quad B := \frac{\beta + \delta i}{\delta + \beta i},$$

wo $\alpha, \beta, \gamma, \delta$ alle Zahlen aus $\mathbb{Z}$ mit $\alpha\delta - \beta\gamma = 1$ durchlaufen. Dieses PI-CARD-Produkt ist wohl das erste Beispiel eines WEIERSTRASS-Produktes in einem Bereich $\neq \mathbb{C}$, wo bewusst konvergenzerzeugende Faktoren nach WEI-ERSTRASSschem Vorbild verwendet werden. Zur Konvergenz seines Produktes sagt PICARD nichts, 1893 macht er folgende Andeutung (vgl. Traité d'analyse, Bd. 2, S. 149): „...,c'est ce que l'on reconnaît en considérant à la place de la série une intégrale triple convenable dont la valeur reste finie quand les limites deviennent infinies." – Ein Jahr später untersucht PI-CARD Schlitzbereiche, [203, 91–93], – PICARD führt in seinen Noten die Produkte $\prod E_\nu((d_\nu - c_\nu)/(z - c_\nu))$ ein. Sie werden auch 1884 von MITTAG-LEFFLER benutzt, um für allgemeine Bereiche den Existenzsatz zu beweisen, [173],insbes. S. 32–38. Die PICARDschen Noten werden von MITTAG-LEFFLER nicht erwähnt; LANDAU spricht 1918 [157, S. 157], von der „bekannten PICARD-MITTAG-LEFFLERschen Produktkonstruktion."

H. BEHNKE und K. STEIN haben 1948 in ihrer erst 1950 veröffentlichten Arbeit [10] den Existenzsatz 4.9 auf beliebige nicht kompakte RIEMANNsche Flächen übertragen, loc. cit. Satz 2, S. 158.

4.2.4 Ausblicke auf mehrere Veränderliche. WEIERSTRASS hat mit seinem Produktsatz das Tor für eine Entwicklung geöffnet, die auch in der mehrdimensionalen Funktionentheorie zu neuen Einsichten führte. Bereit 1895 wurde der Produktsatz von P. COUSIN, einem Schüler POINCARÉS, auf den Fall von mehreren komplexen Variablen übertragen, [49]. Dabei machte bereits die Fassung des Divisorbegriffes Schwierigkeiten, da Nullstellen von holomorphen Funktionen im $\mathbb{C}^n$, $n \geq 2$, nicht mehr isoliert liegen, sondern reell $(2n - 2)$-dimensionale Flächen bilden. COUSIN und seine Nachfolger konnten den analogen Satz nur für $\mathbb{C}^n$ selbst und *Zylindergebiete* im $\mathbb{C}^n$ – das sind Produktgebiete $G_1 \times G_2 \times \cdots \times G_n$, wobei G_ν jeweils ein Gebiet in $\mathbb{C}$ ist – herleiten. COUSIN hatte noch geglaubt, seinen Satz für *alle* Zylindergebiete bewiesen zu haben. Der amerikanische Mathematiker T.H. GRONWALL hat aber 1917 entdeckt, dass COUSINS Schlüsse nur für spezielle Zylinderbereiche gelten: es müssen wenigstens $(n - 1)$ der n Gebiete $G_1, \ldots, G_n$ *einfach zusammenhängen*, vgl. [98, S. 53]. Es gibt also - und das war eine Sensation - *topologische Hindernisse!* Man vermutete bald, dass der COUSINsche Satz für viele topologisch angenehme Holomorphiegebiete richtig ist[2], z.B. zeigten H. BEHNKE und K. STEIN 1937, dass der Satz für alle *sternartigen* Holomorphiegebiete gilt, [9, S. 188]. Ein Durchbruch gelang 1939 dem japanischen Mathematiker K. OKA; er konnte zeigen, dass in beliebigen Holomorphiegebieten $G \subset \mathbb{C}^n$ ein positiver Divisor genau dann der Divisor einer in G *holomorphen* Funktion ist, wenn er der Divisor einer in G *stetigen* Funktion ist, [187, S. 33/34]. Diese Aussage ist das berühmte OKA-*Prinzip*, das 1951 von K. STEIN auf seine Mannigfaltigkeiten übertragen und homologisch interpretiert und präzisiert wurde, [255]. Es war J.P. SERRE, der 1953 dem COUSINschen Problem die finale Lösung gab [251, 263–264]:

In einer Steinschen Mannigfaltigkeit X ist ein Divisor $\mathfrak{d}$ genau dann der Divisor einer in X meromorphen Funktion, wenn seine Chernsche Cohomologieklasse $c(\mathfrak{d}) \in H^2(X, \mathbb{Z})$ verschwindet. Insbesondere ist in einer Steinschen Mannigfaltigkeit X mit $H^2(X, \mathbb{Z}) = 0$ jeder Divisor ein Hauptdivisor.

Hier wird die große Bedeutung der zweiten Cohomologiegruppe mit ganzzahligen Koeffizienten für die Lösbarkeit des Problems von WEIERSTRASS-COUSIN sichtbar. In der 30-er Jahren dachte man noch, dass der Fundamentalgruppe $\pi_1(X)$ in diesem Zusammenhang eine große Bedeutung zukäme; SERRE gibt in [251, S. 265], ein einfach zusammenhängendes Holomorphiegebiet im $\mathbb{C}^3$ an, wo nicht alle Divisoren Hauptdivisoren sind.

Die von SERRE gemeinsam mit CARTAN entwickelten Methoden zum Beweis eines Satzes revolutionierten die Mathematik: die Theorie der kohärenten analytischen Garben und ihre Cohomologietheorie begannen ihren Siegeszug. SERRE gab auch dem alten Satz von Poincaré (vgl. Abschnitt 3.1.6) den letzten Schliff, [251, S.265]:

In einer Steinschen Mannigfaltigkeit ist jede meromorphe Funktion der Quotient von zwei (nicht mehr notwendig lokal teilerfremden) holomorphen Funktionen.

---

[2] Zum Begriff des Holomorphiegebietes und der STEINschen Mannigfaltigkeit vgl. auch Abschnitt 5.2.6

Mit diesen Andeutungen müssen wir uns hier begnügen, eine ausführliche Darstellung findet man in [95].

Das OKAsche Prinzip wurde 1957 von H. GRAUERT ganz wesentlich erweitert, er zeigte u.a., dass holomorphe Faserbündel über STEINschen Mannigfaltigkeiten genau dann holomorph trivial sind, wenn sie topologisch trivial sind, [93], insb. S. 268. WEIERSTRASS, POINCARÉ und COUSIN wären gewiss recht beeindruckt zu sehen, wie ihre Theorien im 20-sten Jahrhundert im Prinzip von OKA-GRAUERT kulminierten: *Lokal vorgegebene analytische Daten mit global stetigen Lösungen haben durchweg auch global holomorphe Lösungen.*

4.3 Beschränkte Funktionen in E und ihre Divisoren

Die Nullstellen von in D holomorphen Funktionen können auf Grund des Produktsatzes aus Abschnitt 4.1.3 beliebig in D verteilt sein, solange sie sich nur nirgends in D häufen. Die Situation wird anders, wenn man Wachstumsbedingungen an die Funktionen stellt. So gibt es zu Divisoren $\mathfrak{d} \neq 0$ in $\mathbb{C}$ niemals *beschränkte* Funktionen f mit $(f) = \mathfrak{d}$.

Ein WEIERSTRASS-Produkt $\prod f_\nu$ ist sicher dann beschränkt in D, wenn stets $|f_\nu|_D \leq 1$. Produkte mit solch angenehmen Faktoren sind selten. Wir studieren im folgenden den Fall $D = \mathbb{E}$. Für die Funktionen

$$g_d(z) = \frac{z - d}{\bar{d}z - 1}, \quad d \in \mathbb{E},$$

die uns als Automorphismen von $\mathbb{E}$ vertraut sind, gilt $|g_d|_{\mathbb{E}} = 1$. Wir werden sehen, dass ein Divisor $\mathfrak{d} \geq 0$ in $\mathbb{E}$ mit $\mathfrak{d}(0) = 0$ genau dann der Divisor einer in $\mathbb{E}$ beschränkten Funktion ist, wenn es zu $\mathfrak{d}$ ein WEIERSTRASS-Produkt der Form $\prod(|d_\nu|/d_\nu)g_{d_\nu}(z)$ gibt, und dass solche Produkte genau dann existieren, wenn gilt:

$$\sum(1 - |d_\nu|) < \infty \quad (\text{BLASCHKE-Bedingung}).$$

Die Notwendigkeit dieser Bedingung, die einen Identitätssatz impliziert, folgt schnell im Abschnitt 4.3.2 mit der Jensenschen Ungleichung (Abschnitt 4.3.1). Dass die BLASCHKE-Bedingung auch hinreichend ist, wird in Abschnitt 4.3.3 bewiesen.

4.3.1 Verallgemeinerung des Schwarzschen Lemmas.

Lemma 4.15. *Es sei $f \in \mathcal{O}(\mathbb{E})$, und es seien $d_1, \ldots, d_n \in \mathbb{E}$ paarweise verschiedene Nullstellen von f. Dann gilt*

$$|f(z)| \leq \left| \frac{z - d_1}{\bar{d}_1 z - 1} \right| \cdot \ldots \cdot \left| \frac{z - d_n}{\bar{d}_n z - 1} \right| \cdot |f|_{\mathbb{E}} \quad \text{für alle } z \in \mathbb{E}. \tag{4.6}$$

Beweis. Sei $z \in \mathbb{E}$ fixiert und $m := \max\{|z|, |d_1|, \ldots, |d_n|\}$. Mit $h := \prod_1^n g_{d_\nu}$ folgt $g := f/h \in \mathcal{O}(\mathbb{E})$ und $|g(z)| \leq |f|_\mathbb{E}/\min_{|w|=r}\{|h(w)|\}$ für alle $r \in (m, 1)$ nach dem Maximumprinzip. Nun gilt $|h(w)| = 1$ für alle $w \in \partial\mathbb{E}$ (da $\overline{w}g_d(w) = (1 - d\overline{w}/(\overline{d}w - 1)$ für $w \in \partial\mathbb{E}$). Damit folgt

$$\lim_{r \to 1} \min_{|w|=r}\{|h(w)|\} = 1 \quad \text{und also} \quad |g(z)| \leq |f|_\mathbb{E}. \qquad \square$$

Bemerkung. Falls $|f|_\mathbb{E} \leq 1$ und $n = 1$, $d_1 = 0$, so ist (4.6) das SCHWARZsche Lemma, vgl. I.9.2.1. Wie in jenem Fall hat man auch jetzt eine Verschärfung:

Besteht in (4.6) Gleichheit für einen Punkt $d \in \mathbb{E}\backslash\{d_1, \ldots, d_n\}$, so gilt

$$f(z) = \eta|f|_\mathbb{E}\prod_1^n g_{d_\nu}(z) \quad \text{mit} \quad \eta \in S^1.$$

Für $z = 0$ geht (4.6) über in die „JENSENsche Ungleichung"

$$|f(0)| \leq |d_1 d_2 \cdot \ldots \cdot d_n| \cdot |f|_\mathbb{E}. \tag{4.7}$$

Diese Ungleichung (4.7) ist ein Spezialfall der JENSENschen Formel, die wir im Anhang zu diesem Paragraphen herleiten.

Historische Notiz. Der obige Beweis geht auf C. CARATHÉODORY und L. FEJÉR zurück, vgl. [38]. Die Ungleichung (4.7) findet sich 1898/99 bei J.L.W.V. JENSEN und 1899 bei J. PETERSEN vgl. [134] und [202].

4.3.2 Notwendigkeit der Blaschke-Bedingung. *Es sei $f \neq 0$ holomorph und beschränkt in $\mathbb{E}$, es sei $d_1, d_2, \ldots$ eine Folge zum Divisor (f). Dann gilt:*

$$\sum(1 - |d_\nu|) < \infty.$$

Beweis. Wir dürfen $f(0) \neq 0$ annehmen. Wäre $\sum_\nu(1 - |d_\nu|) = \infty$ so wäre $\lim|d_1 d_2 \cdot \ldots \cdot d_n| = 0$ nach dem Beispiel d) aus Abschnitt 1.1.1, also $f(0) = 0$ wegen (4.7). $\qquad \square$

Als Korollar notieren wir den überraschenden Identitätssatz für in $\mathbb{E}$ beschränkte Funktionen.

Korollar 4.16. *Es sei $A = \{a_1, a_2, \ldots\}$ eine abzählbare Menge in $\mathbb{E}$, so dass gilt $\sum(1 - |a_\nu|) = \infty$. Es seien $f, g \in \mathcal{O}(\mathbb{E})$ in $\mathbb{E}$ beschränkt, und es gelte $f|A = g|A$. Dann gilt bereits $f = g$.*

Beweis. Die Funktion $h := f - g \in \mathcal{O}(\mathbb{E})$ ist beschränkt in $\mathbb{E}$. Wäre $h \neq 0$, so wäre $\sum(1 - |a_\nu|)$ eine Teilreihe der durch die Folge (d_ν) zum Divisor von h bestimmten Reihe $\sum(1 - |d_\nu|)$ und mithin nach obiger Aussage konvergent.

□

In $\mathbb{E}$ beschränkte holomorphe Funktionen verschwinden also identisch, sobald Nullstellen sich zu langsam an die Peripherie von $\mathbb{E}$ bewegen (was durch $\sum(1 - |a_\nu|) = \infty$ präzisiert wird). So ist $f \in \mathcal{O}(\mathbb{E})$ schon dann die Nullfunktion, wenn f beschränkt ist und in allen Punkten $1 - 1/n$, $n \geq 1$, verschwindet.

4.3.3 Blaschke-Produkte.

Für jeden Punkt $d \in \mathbb{E}$ setzen wir

$$b(z, d) := \frac{|d|}{d} \frac{z - d}{\overline{d}z - 1} = |d|^{-1} E_0\left(\frac{d - \overline{d}^{-1}}{z - \overline{d}^{-1}}\right) \quad \text{für} \quad d \neq 0; \quad b(z, 0) := z. \quad (4.8)$$

Die Funktion $b(z, d)$ ist holomorph um $\overline{\mathbb{E}}$ und nullstellenfrei in $\mathbb{E} \backslash d$; der Punkt d ist eine Nullstelle erster Ordnung. Es gilt $|b(z, d)|_{\mathbb{E}} = 1$.

Sei nun $\mathfrak{d} \geq 0$ ein Divisor in $\mathbb{E}$ und $(d_\nu)_{\nu \geq 1}$ eine zugehörige Folge. Das Produkt

$$b(z) := \prod_{\nu \geq 1} b(z, d_\nu)$$

heißt das BLASCHKE-*Produkt* zu $\mathfrak{d}$, wenn es in $\mathbb{E}$ (und dann sogar in $\mathbb{C} \backslash \partial \mathbb{E}$) normal konvergiert. BLASCHKE-Produkte sind also spezielle WEIERSTRASS-Produkte.

Es gilt $b \in \mathcal{O}(\mathbb{E})$, $(b) = \mathfrak{d}$ *und* $|b|_{\mathbb{E}} \leq 1$. *Falls* $b(0) \neq 0$, *so gilt*:

$$b(z) = b(0)^{-1} \prod_{\nu=1}^{\infty} E_0[(d_\nu - \overline{d}_\nu^{-1})/(z - \overline{d}_\nu^{-1})] \quad \textit{mit} \quad b(0) := \prod_{\nu=1}^{\infty} |d_\nu|. \quad (4.9)$$

Das Beispiel 1) aus Abschnitt 4.2.2 enthält den Existenzsatz für BLASCHKE-Produkte:

Falls $\displaystyle\sum_{\nu=1}^{\infty}(1 - |d_\nu|) < \infty$, so existiert das BLASCHKE-Produkt zu $\mathfrak{d}$ (4.10)

Der direkte Beweis – ohne Rückgriff auf Lemma 4.1 – geht wie folgt: Für $d \in \mathbb{E} \backslash \{0\}$ hat man $b(z, d) - 1 = (1 - |d|)(d + |d|z)/[d(\overline{d}z - 1)]$. Da $|\overline{d}z - 1| \geq 1 - |z|$ für $d \in \mathbb{E}$ und da $(1 + |z|)/(1 - |z|) \leq 2(1 - r)^{-1}$, falls $|z| \leq r < 1$, so folgt

$$|b(z, d) - 1|_{B_r(0)} \leq \frac{2}{1 - r}(1 - |d|) \quad \text{für alle} \quad r \in (0, 1) \quad \text{und alle} \quad d \in \mathbb{E}.$$

Damit ist $\displaystyle\sum_{1}^{\infty} |b(z, d_\nu) - 1|_{B_r(0)} < \infty$ klar; das BLASCHKE-Produkt konvergiert also normal in $\mathbb{E}$.

Mit (4.10) und Abschnitt 4.3.2 ergibt sich nun direkt:

Satz 4.17. *Folgende Aussagen über eine Divisor $\mathfrak{d} \geq 0$ in $\mathbb{E}$ sind äquivalent:*

i) $\mathfrak{d}$ *ist der Divisor einer in* $\mathbb{E}$ *beschränkten Funktion aus* $\mathcal{O}(\mathbb{E})$.

ii) $\sum\limits_{z \in \mathbb{E}} \mathfrak{d}(z)(1 - |z|) < \infty$ *(BLASCHKE-Bedingung).*

iii) Zu $\mathfrak{d}$ *existiert das* BLASCHKE-*Produkt* $\prod\limits_{\nu=1}^{\infty} b(z, d_\nu)$.

Wegen ii) gibt es z.b. keine beschränkte Funktion $f \in \mathcal{O}(\mathbb{E})$, die in den Punkten $1 - 1/n^2$ jeweils von n-ter Ordnung verschwindet, $n \in \mathbb{N}\backslash\{0\}$. Ferner folgt sofort:

Zu jeder beschränkten Funktion $f \in \mathcal{O}(\mathbb{E})$ *gibt es ein* BLASCHKE-*Produkt* b *und ein* $g \in \mathcal{O}(\mathbb{E})$, *so dass gilt:* $f = e^g \cdot b$.

Historische Notiz. W. BLASCHKE hat seine Produkte 1915 eingeführt und den Existenzsatz bewiesen, [22, S. 199]. Das Hauptanliegen BLASCHKEs galt damals allerdings – wie bereits der Titel seiner Arbeit andeutet – dem Konvergenzsatz von VITALI; wir gehen darauf in 7.1.4 ein. Edmund LANDAU hat die BLASCHKEsche Arbeit 1918 kritisiert und die Beweise unter Verwendung der JENSENschen Ungleichung vereinfacht, vgl. [157].

4.3.4 Beschränkte Funktionen in der rechten Halbebene.   Durch $t(z) := (z - 1)/(z + 1)$ wird $\mathbb{T} := \{z \in \mathbb{C} : \operatorname{Re} z < 0\}$ biholomorph auf $\mathbb{E}$ abgebildet; es gilt

$$1 - |t(z)|^2 = \frac{4 \operatorname{Re} z}{|z + 1|^2} = \frac{4}{|1 + z^{-1}|^2} \operatorname{Re}(1/z) \quad \text{für alle} \quad z \in \mathbb{C}\backslash\{0, -1\}. \tag{4.11}$$

Die für $\mathbb{E}$ gewonnenen Resultate lassen sich nun leicht nach $\mathbb{T}$ übertragen:

a) *Ein positiver Divisor* $\mathfrak{d}$ *in* $\mathbb{T}$ *mit zugehöriger Folge* $d_1, d_2, \ldots$ *ist genau dann der Divisor einer in* $\mathbb{T}$ *beschränkten holomorphen Funktion, wenn*

$$\sum_{\nu=1}^{\infty} \frac{\operatorname{Re} d_\nu}{|1 + d_\nu|^2} < \infty \quad (\text{BLASCHKE-Bedingung für } \mathbb{T}).$$

b) *Die Funktion* $f \in \mathcal{O}(\mathbb{T})$ *sei beschränkt in* $\mathbb{T}$ *und verschwinde in den paarweise verschiedenen Punkten* $d_1, d_2, \ldots$, *wobei* $\delta := \inf\{|d_n|\} > 0$ *und* $\sum\limits_{\nu \geq 1} \operatorname{Re}(1/d_\nu)$ $= \infty$. *Dann verschwindet* f *überall in* $\mathbb{T}$.

Beweis. a) Die Abbildung $\mathfrak{d} \circ t^{-1} : \mathbb{E} \to \mathbb{N}$ ist ein positiver Divisor in $\mathbb{E}$ mit zugehöriger Folge $\widehat{d}_n := t(d_n)$. Für eine in $\mathbb{T}$ beschränkte Funktion $f \in \mathcal{O}(\mathbb{T})$ gilt $(f) = \mathfrak{d}$ genau dann, wenn $(f \circ t^{-1}) = \mathfrak{d} \circ t^{-1}$ für die in $\mathbb{E}$ beschränkte Funktion $f \circ t^{-1} \in \mathcal{O}(\mathbb{E})$ gilt. Nach Satz 4.17 trifft dies genau dann zu, wenn $\sum(1 - |\widehat{d}_\nu|) < \infty$. Die Behauptung folgt nun aus (4.11), da

$$\frac{1}{2}(1 - |w|^2) \le 1 - |w| \le 1 - |w|^2 \quad \text{für alle} \quad w \in \mathbb{E}.$$

b) Da $|1 + w^{-1}|^{-2} \ge (1 + \delta^{-1})^{-2}$ für alle w mit $|w| \ge \delta$, so folgt mit (4.11)

$$\sum_{\nu \ge 1} \frac{\operatorname{Re} d_\nu}{|1 + d_\nu|^2} \ge \frac{1}{(1 + \delta^{-1})^2} \sum_{\nu \ge 1} \operatorname{Re}(1/d_\nu) = \infty.$$

Wegen a) muss f dann identisch verschwinden.   □

Die Aussage b) wird im Abschnitt 7.4.3 beim Beweis des Satzes von MÜNTZ benutzt.

Analoga der Aussagen a) und b) gelten für die *obere* Halbebene $\mathbb{H}$. Da $\mathbb{H} \simeq \mathbb{T}$, $z \mapsto -iz$, biholomorph ist und da $\operatorname{Re}(-iz) = \operatorname{Im} z$, so erhält man in dieser Situation in a) die Konvergenzbedingung $\sum(\operatorname{Im} d_\nu / |i + d_\nu|^2) < \infty$ und in b) die Divergenzbedingung $\sum \operatorname{Im}(1/d_\nu) = -\infty$.

Aufgabe. Man definiere „BLASCHKE-Produkte" für $\mathbb{T}$ und $\mathbb{H}$ und beweise für diese Halbebenen das Analogon zu (4.9).

4.3.5 Anhang zu Paragraph 4.3: Die Jensensche Formel.

Die JEN-SENsche Ungleichung (4.7) lässt sich zu einer Gleichung verbessern:

Jensensche Formel 4.18. *Es sei $f \in \mathcal{O}(\mathbb{E})$, $f(0) \ne 0$. Es sei $0 < r < 1$, und es seien $d_1, d_2, \dots, d_n$ alle Nullstellen von f in $B_r(0)$, wobei jede Nullstelle so oft vorkommt wie ihre Ordnung angibt. Dann gilt:*

$$\log |f(0)| + \log \frac{r^n}{|d_1 \cdot d_2 \cdot \dots \cdot, d_n|} = \frac{1}{2\pi} \int_0^{2\pi} \log |f(re^{i\theta})| d\theta. \tag{4.12}$$

Hier steht rechts ein *uneigentliches* Integral, wenn f Nullstellen auf dem Rand von $B_r(0)$ besitzt. Der zweite Summand links ist null, wenn f keine Nullstellen in $B_r(0)$ hat. – Da $\log x$ für $x > 0$ monoton ist, so führt (4.12) sofort zur Ungleichung

$$r^n |f(0)| \le |d_1 \cdot d_2 \cdot \dots \cdot, d_n| \cdot |f|_{\partial B_r(0)}.$$

Durch Grenzübergang $\lim r = 1$ entsteht die JENSENsche Ungleichung (4.9)

Wir reproduzieren den Beweis, den J.L.W.V. JENSEN 1898/99 mitgeteilt hat, [134, S.362ff]; JENSEN lässt übrigens auch Polstellen der Funktion f zu. Die Formel findet sich auch 1899 bei J. PETERSEN, [202, S. 87].

Wir schreiben B für $B_r(0)$. Ausgangspunkt ist folgender Spezialfall von (4.12).

Satz 4.19. *Ist $g \in \mathcal{O}(\mathbb{E})$ nullstellenfrei in $\overline{B}$ so gilt*

$$\log |g(0)| = \frac{1}{2\pi} \int\limits_0^{2\pi} \log |g(re^{i\theta})| d\theta. \tag{4.13}$$

Beweis. Es gibt eine Scheibe U mit $\overline{B} \subset U \subset \mathbb{E}$ und ein $h \in \mathcal{O}(U)$, so dass $g|U = g(0) \exp h$ mit $h(0) = 0$.[3] Wegen $h(z)/z \in \mathcal{O}(U)$ gilt

$$0 = \int\limits_{\partial B} \frac{h(\zeta)}{\zeta} d\zeta = i \int\limits_0^{2\pi} h(re^{i\theta}) d\theta.$$

Da $\operatorname{Re} h(z) = \log |g(z)/g(0)|)$ für $z \in U$, so folgt

$$0 = \operatorname{Re} \int\limits_0^{2\pi} h(re^{i\theta}) d\theta = \int\limits_0^{2\pi} \log |g(re^{i\theta})| d\theta - 2\pi \log |g(0)|.$$

$\square$

Die Aussage (4.13) ist die POISSONsche Mittelwertgleichung für die um $\overline{B}$ harmonische Funktion $\log |g(z)|$, vgl. auch I.7.2.5*.

Um (4.12) auf (4.13) zurückzuführen, benötigt man

$$\int\limits_0^{2\pi} \log |1 - e^{i\theta}| d\theta = 0. \tag{4.14}$$

Beweis. Da $|1 - e^{2i\varphi}| = 2 \sin \varphi$ für $\varphi \in [0, \pi]$, so gilt (mit $\theta = 2\varphi$)

$$\frac{1}{2} \int\limits_0^{2\pi} \log |1 - e^{i\theta}| d\theta = \int\limits_0^{\pi} \log (2 \sin \varphi) d\varphi = \pi \log 2 + \int\limits_0^{\pi} \log \sin \varphi d\varphi$$

Das Integral rechts existiert und hat nach (1.7) den Wert $-\pi \log 2$. $\square$

Die Formel (4.14) wird üblicherweise mit funktionentheoretischen Methoden hergeleitet. Obige direkte Berechnung stützt KRONECKERs spöttelnde Sentenz vom bisweilen „gute Früchte bringenden Glauben an die Unwirksamkeit des Imaginären", vgl. auch I.14.2.3.

---

[3] Man wähle U so, dass $g|U$ nullstellenfrei ist. Da U ein Sterngebiet ist, gilt $g = \exp \widehat{h}$ mit $\widehat{h} \in \mathcal{O}(U)$. Man setzt dann $h := \widehat{h} - \widehat{h}(0)$.

Beweis. Der Beweis von (4.12) ist nun schnell geführt. Sind $c_1, \ldots, c_m$ alle Nullstellen von f auf ∂B so ist die Funktion

$$g(z) := f(z) \prod_{\nu=1}^{n} \frac{\overline{d_\nu} z - r^2}{r(z - d_\nu)} \prod_{\mu=1}^{m} \frac{c_\mu}{c_\mu - z} \in \mathcal{O}(\mathbb{E})$$

nullstellenfrei in $\overline{B}$. Da $g(0) = f(0) r^n / d_1 \cdot d_2 \cdot \ldots, d_n$ und $\left| \frac{\overline{d_\nu} z - r^2}{r(z-d_\nu)} \right| = 1$ für $z \in \partial B$, so folgt mit (4.13), wenn man $c_\mu = r e^{i\theta_\mu}$ setzt:

$$\log |f(0)| + \log \frac{r^n}{|d_1 d_2 \cdot \ldots \cdot d_n|} = \frac{1}{2\pi} \int_0^{2\pi} \log \left| f(re^{i\theta}) \prod_{\mu=1}^{m} (1 - e^{i(\theta - \theta_\mu)})^{-1} \right| d\theta.$$

(4.15)

Da der Integrand rechts die Differenz $\log |f(re^{i\theta})| - \sum_{\mu=1}^{m} \log /1 - e^{i(\theta - \theta_\mu)})$ ist, so folgt (4.12) aus (4.15) wegen (4.14). □

Bei Anwendungen kann man r oft so wählen, dass f keine Nullstellen auf $\partial B_r(0)$ hat (z.B. in der Herleitung von (4.7). Dann entfallen die Faktoren $c_\mu/(c_\mu - z)$ und (4.12) folgt direkt – ohne (4.14) zu benutzen – aus (4.19).

Die JENSENsche Formel findet wichtige Anwendungen in der Theorie der ganzen Funktionen und der Theorie der HARDY-Räume; aus Platzgründen können wir hierauf nicht näher eingehen.

5. Satz von Iss'sa. Holomorphiegebiete

Wir geben zunächst zwei interessante Anwendungen des WEIERSTRASSschen Produktsatzes, die kaum Eingang in die deutsche Lehrbuchliteratur gefunden haben. Im Paragraphen 5.1 diskutieren wir den erst 1965 entdeckten Satz von ISS'SA; im Paragraphen 5.2 zeigen wir – einmal direkt und einmal mit Hilfe des Produktsatzes –, dass *jedes* Gebiet in $\mathbb{C}$ ein Holomorphiegebiet ist. Im Paragraphen 5.3 schließlich diskutieren wir einfache Beispiele von Funktionen, die Gebiete der Form $\{z \in C : |q(z)| < R\}$, $q \in \mathbb{C}[z]$, zum Holomorphiegebiet haben, hierunter fallen insbesondere CASSINI-Gebiete.

5.1 Der Satz von Iss'sa

Jede nichtkonstante holomorphe Abbildung $h : \widehat{G} \to G$ zwischen Gebieten in $\mathbb{C}$ „liftet" jede in G meromorphe Funktion f zur in $\widehat{G}$ meromorphen Funktion $f \circ h$. Somit induziert h den $\mathbb{C}$-Algebra-Homomorphismus

$$\varphi : \mathcal{M}(G) \to \mathcal{M}(\widehat{G}), f \mapsto f \circ h,$$

der $\mathcal{O}(G)$ in $\mathcal{O}(\widehat{G})$ abbildet (vgl. hierzu auch I.10.3.3). Der Satz von ISS'SA besagt, dass *jeder* $\mathbb{C}$-Algebra-Homomorphismus $\mathcal{M}(G) \to \mathcal{M}(\widehat{G})$ von einer holomorphen Abbildung $\widehat{G} \to G$ induziert wird. Wir beweisen vorbereitend, dass alle $\mathbb{C}$-Algebra-Homomorphismen $\mathcal{O}(G) \to \mathcal{O}\widehat{G}$ von holomorphen Abbildungen $\widehat{G} \to G$ induziert werden. Der Beweis dieses Satzes von BERS ist elementar, er beruht auf der Tatsache, dass jeder *Charakter* $\chi : \mathcal{O}(G) \to \mathbb{C}$ eine „Evaluierung" ist. Der Beweis des allgemeinen ISS'SAschen Satzes hingegen benötigt neben dem WEIERSTRASSschen Produktsatz Hilfsmittel aus der *Bewertungstheorie*; im Hintergrund steht der Satz, dass jede Bewertung von $\mathcal{M}(G)$ zur Ordnungsfunktion o_c eines Punktes $c \in G$ äquivalent ist (Satz 5.7). - Mit $G, \widehat{G}$ werden stets Gebiete in $\mathbb{C}$ bezeichnet.

5.1.1 Satz von Bers. Jeder $\mathbb{C}$-Algebra-Homomorphismus $\mathcal{O}(G) \to \mathbb{C}$ heißt ein *Charakter von* $\mathcal{O}(G)$. Jede *Evaluierung* $\chi_c : \mathcal{O}(G) \to \mathbb{C}, f \mapsto f(c), c \in G$), ist ein Charakter. Wir zeigen, dass dies *alle* Charaktere von $\mathcal{O}(G)$ sind.

Satz 5.1. *Für jeden Charakter χ von $\mathcal{O}(G)$ gilt $\chi = \chi_c$ mit $c := \chi(id_G) \in G$.*

Beweis. Für $e(z) := z - c$ gilt $\chi(e) = \chi(id_G) - c = 0$. Es folgt $c \in G$, denn sonst wäre e eine Einheit in $\mathcal{O}(G)$, und man hätte $1 = \chi(e \cdot e^{-1}) = \chi(e)\chi(e^{-1}) = 0$. Sei nun $f \in \mathcal{O}(G)$ beliebig. Es gilt $f(z) = f(c) + e(z)f_1(z)$ mit $f_1 \in \mathcal{O}(G)$. Es folgt

$$\chi(f) = \chi(f(c)) + \chi(e)\chi(f_1) = f(c) = \chi_c(f), \quad \text{also} \quad \chi = \chi_c.$$

$\square$

Mit Hilfe von (5.1) ergibt sich schnell der Satz von BERS.

Satz von Bers 5.2. *Zu jedem $\mathbb{C}$-Algebra-Homomorphismus $\varphi : \mathcal{O}(G) \to \mathcal{O}(\widehat{G})$ gibt es genau eine Abbildung $h : \widehat{G} \to G$, so dass $\varphi(f) = f \circ h$ für alle $f \in \mathcal{O}(G)$. Es gilt $h = \varphi(id_G) \in \mathcal{O}(\widehat{G})$. - Es ist φ genau dann bijektiv, wenn h biholomorph ist.*

Beweis. Da stets $\varphi(f) = f \circ h$ sein soll, so muss $\varphi(id_G) = id_G \circ h = h$ gelten. Wir zeigen, dass der Satz in der Tat für $h := \varphi(id_G)$ gilt. Da $\chi_a \circ \varphi$, $a \in \widehat{G}$, stets ein Charakter von $\mathcal{O}(G)$ ist, so ergibt sich mit Satz 5.1

$$\chi_a \circ \varphi = \chi_c \quad \text{mit} \quad c = (\chi_a \circ \varphi)(id_G) = \chi_a(h) = h(a), \quad a \in \widehat{G}.$$

Damit folgt $\varphi(f) = f \circ h$ für alle $f \in \mathcal{O}(G)$, denn man hat nun für alle $a \in \widehat{G}$

$$\varphi(f)(a) = \chi_a(\varphi(f)) = (\chi_a \circ \varphi)(f) = \chi_{h(a)}(f) = f(h(a)) = (f \circ h)(a).$$

Die letzte Aussage des Satzes erhält man unmittelbar. $\square$

Der Satz von Bers enthält echte Überraschungen:

- aus der *algebraischen Isomorphie* der Funktionenalgebren $\mathcal{O}(G)$ und $\mathcal{O}(\widehat{G})$ folgt die *biholomorphe Isomorphie* der Gebiete G und $\widehat{G}$.
- jeder $\mathbb{C}$-Algebra-Homomorphismus $\varphi : \mathcal{O}(G) \to \mathcal{O}(\widehat{G})$ ist *von selbst stetig*, (konvergiert eine Folge aus $\mathcal{O}(G)$ in G kompakt gegen f, so konvergiert die Bildfolge in $\widehat{G}$ kompakt gegen $\varphi(f)$).

5.1.2 Satz von Iss'sa. *Es sei $\varphi : \mathcal{M}(G) \to \mathcal{M}(\widehat{G})$ irgendein $\mathbb{C}$-Algebra-Homomorphismus. Dann gibt es genau eine holomorphe Abbildung $h : \widehat{G} \to G$, so dass $\varphi(f) = f \circ h$ für alle $f \in \mathcal{M}(G)$.*

Auf Grund des Satzes von BERS und der Tatsache, dass $\mathcal{M}(G)$ der Quotientenkörper von $\mathcal{O}(G)$ ist (Satz 4.10) genügt es, folgendes zu zeigen:

Lemma 5.3. *Für jeden Körperhomomorphismus $\varphi : \mathcal{M}(G) \to (\widehat{G})$ gilt:*

$$\varphi(\mathcal{O}(G)) \subset \mathcal{O}(\widehat{G}).$$

Der Beweis wird im nächsten Abschnitt geführt. Wir benutzen (Algebraikern wohlvertraute, klassischen Funktionentheoretikern weniger geläufige) Methoden der Bewertungstheorie. Wir schreiben $\mathcal{M}(G)^\times$ für die *multiplikative Gruppe* $\mathcal{M}(G)\backslash\{0\}$. Eine Abbildung $v : \mathcal{M}(G)^\times \to \mathbb{Z}$ heißt eine *Bewertung* von $\mathcal{M}(G)$, wenn für alle $f, g \in \mathcal{M}(G)^\times$ gilt:

B1) $v(fg) = (f) + v(g)$ *(Produktregel)*,
B2) $v(f + g) \geq \min\{v(f), v(g)\}$, falls $f \neq -g$.

Der Buchstabe v steht für „valuation". Wir notieren sogleich:

Ist v eine Bewertung von $\mathcal{M}(G)$, so gilt $v(c) = 0$ für alle $c \in \mathbb{C}^\times$.

Beweis. Zu jedem $n \geq 1$ gibt es ein $c_n \in \mathbb{C}^\times$, so dass $(c_n)^n = c$. Nach B1) folgt $v(a) = nv(c_n) \in n\mathbb{Z}$ für alle $n \geq 1$, was nur für $v(c) = 0$ möglich ist. $\square$

Die Bedingung B2) lässt sich verschärfen:

B2') $v(f + g) = \min\{v(f), v(g)\}$,   falls $f \neq -g$ und $v(f) \neq v(g)$.

Beweis. Sei $v(f) \leq v(g)$. Wegen $v(-g) = v(g)$ folgt mittels B2):

$$v(f) \geq \min\{v(f + g), v(g)\} \geq \min\{v(f), v(g)\} = v(f),$$

also $\min\{v(f+g), v(g)\} = v(f)$. Falls $v(f) < v(g)$, so folgt $v(f+g) = v(f)$. $\square$

Die funktionentheoretisch wichtigen Bewertungen von $\mathcal{M}(G)$ sind die Ordnungsfunktionen o_c, $c \in G$, die jeder Funktion $f \in \mathcal{M}(G)^\times$ ihre Ordnung im Punkte c zuweisen; vgl. I.10.3.4. Es ist unmittelbar klar:

Holomorphiekriterium 5.4. *Eine meromorphe Funktion $f \in \mathcal{M}(G)^\times$ ist genau dann holomorph in G, wenn für alle $c \in G$ gilt $o_c(f) \geq 0$.*

5.1.3 Beweis von Lemma 5.3.

Hilfssatz 5.5. *Ist v eine Bewertung auf $\mathcal{M}(\mathbb{C})$, so gilt $v(z) \geq 0$.*

Beweis. (vgl. [128, 39–40]). Angenommen, es wäre $v(z) = -m$ mit $m \geq 1$. Da $v(c) = 0$ für alle $c \in \mathbb{C}^\times$, so folgt nach B2'):

$$v(z - c) = -m \quad \text{für alle } c \in \mathbb{C}^\times. \tag{5.1}$$

Sei nun $d \in \mathbb{N}$, $d \geq 2$. Nach dem Existenzsatz 3.4 gibt es eine in $\mathbb{C}\backslash\mathbb{N}$ nullstellenfreie Funktion $q \in \mathcal{O}(\mathbb{C})$, die in $k \in \mathbb{N}$ von der Ordnung d^k verschwindet. Für $q_n(z) := q(z)/\prod_{0}^{n-1}(z - \nu)^{d^\nu} \in \mathcal{O}(\mathbb{C})$, $n \geq 1$, gilt dann wegen B1) und (5.1)

$$v(q_n) = v(q) + m \sum_0^{n-1} d^\nu = v(q) + \frac{m}{d-1}(d^n - 1). \tag{5.2}$$

Nach der Konstruktion von q_n teilt d^n jede Zahl $o_z(q_n)$, $z \in \mathbb{C}$; nach dem Wurzelkriterium 3.7 gibt es also ein $g_n \in \mathcal{O}(\mathbb{C})$ mit $g_n^{d^n} = q_n$. Es gilt mithin $d^n v(g_n) = v(q_n)$, daher impliziert (5.2):

$$v(q) + \frac{m}{d-1}(d^n - 1) \in d^n \mathbb{Z} \quad \text{für alle } n \geq 1, \tag{5.3}$$

Hieraus folgt $(d-1)v(q) - m \in d^n \mathbb{Z}$ für alle $n \geq 1$ was nur für $v(q) = \frac{m}{d-1}$ möglich ist. Da $d \geq 2$ beliebig gewählt wurde, folgt der Widerspruch $m = 0$. $\square$

Aus dem Hilfssatz folgt sofort: *Für jede Bewertung v von $\mathcal{M}(G)$ gilt:*

$$v(f) \geq 0 \text{ für alle } f \in \mathcal{O}(G)\backslash\{0\}. \tag{5.4}$$

Beweis von (5.4). Eine Verifikation zeigt, dass für jedes $f \neq 0$ aus $\mathcal{O}(G)$ die Abbildung $v_f : \mathcal{M}(\mathbb{C})^\times \to \mathbb{Z}$, $g \mapsto v(g \circ f)$, eine Bewertung von $\mathcal{M}(\mathbb{C})$ ist. Da $v_f(z) = v(f)$, so folgt (5.4) aus Hilfssatz 5.5.

Nach diesen Vorbereitungen ist nun der *Beweis des Lemmas* schnell geführt: Da φ als Körperhomomorphismus injektiv ist, gilt $\varphi(f) \neq 0$ für alle $f \in \mathcal{M}(G)^\times$. Daher wird für jedes $c \in \widehat{G}$ durch

$$v_c(f) := o_c(\varphi(f)), \quad f \in \mathcal{M}(G)^\times,$$

eine Bewertung von $\mathcal{M}(G)$ definiert. Wegen (5.4) folgt $o_c(\varphi(f)) \geq 0$ für alle $c \in \widehat{G}$, falls $f \in \mathcal{O}(G)^\times$. Aus Satz 5.4 ergibt sich dann $\varphi(f) \in \mathcal{O}(\widehat{G})$, also die Behauptung. $\square$

5.1.4 Historisches zu den Sätzen von Bers und Iss'sa. Der amerikanische Mathematiker Lipman Bers hat seinen Satz 1946 gefunden und 1948 publiziert, [13]. Bers betrachtet nur Isomorphismen, er arbeitet mit den maximalen Hauptidealen der Ringe $\mathcal{O}(G)$ und $\mathcal{O}(\widehat{G})$. Bers beweist übrigens mehr: er geht von *Ring*-Isomorphismen $\varphi : \mathcal{O}(G) \to \mathcal{O}(\widehat{G})$ aus und zeigt trickreich, dass φ auf $\mathbb{C}$ die Identität oder die Konjugierung induziert, entsprechend ist $h : \widehat{G} \to G$ biholomorph oder anti-biholomorph.

Vor Bers haben bereits C. Chevalley und S. Kakutani den schwierigeren Fall der Algebra der beschränkten holomorphen Funktionen studiert (unveröffentlicht). Einen historischen Überblick findet man bei [32, S.84].

Für holomorphe Funktionen von mehreren Veränderlichen gilt der Satz von Bers ebenfalls, wenn man als Definitionsbereiche normale Steinsche Räume zu Grunde legt. Der Beweis wird indessen recht anspruchsvoll; man muss cohomologische Methoden verwenden und die Theorie der kohärenten analytischen Garben heranziehen, vgl. hierzu [95], Kapitel V, § 7.

Hej Iss'sa (Pseudonym für einen bekannten japanischen Mathematiker) hat 1965 den Bersschen Satz auf Funktionenkörper ausgedehnt. Er behandelt sofort den Fall *komplexer Räume* (vgl. hierzu Abschnitt 5.2.6) sein Resultat ist ([63, Theorem II S. 34]):

Satz 5.6. *Es seien G ein normaler komplexer Raum und $\widehat{G}$ ein reduzierter STEINscher Raum, und es sei $\varphi : \mathcal{M}(G) \to \mathcal{M}(\widehat{G})$ irgendein $\mathbb{C}$ -Algebra-Homomorphismus. Dann gibt es genau eine holomorphe Abbildung $h : \widehat{G} \to G$, so dass $\varphi(f) = f \circ h$ für alle $f \in \mathcal{M}(G)$.*

Die Hauptlast des Beweises besteht wiederum im Nachweis, dass φ den Ring $\mathcal{O}(G)$ in $\mathcal{O}(\widehat{G})$ abbildet. Zum Iss'saschen Satz vergleiche man auch die 1968 erschienene Arbeit [138] von J.J. Kelleher.

5.1.5 Bestimmung aller Bewertungen* von $\mathcal{M}(G)$. Algebraisch interessierte Leser werden fragen, ob es überhaupt Bewertungen von $\mathcal{M}(G)$ gibt, die nicht Ordnungsfunktionen sind. Gewiss ist für jeden Punkt $c \in G$ und jedes $m \in \mathbb{N}$ die Funktion mo_c eine Bewertung von $\mathcal{M}(G)$. Wir zeigen, dass es keine weiteren Bewertungen gibt.

Satz 5.7. *Zu jeder Bewertung $v \neq 0$ von $\mathcal{M}(G)$ gibt es genau einen Punkt $c \in G$, so dass $v(z - c) \geq 1$. Mit $m := v(z - c)$ gilt $v(h) = mo_c(h)$ für alle $h \in \mathcal{M}(G)^{\times}$.*

Beweis. (vgl. [63, 40–41]). Zunächst gilt $v(e) = 0$ für jede Einheit $e \in \mathcal{O}(G)$, da $0 = v(1) = v(e \cdot 1/e) = v(e) + v(1/e)$ und $v(e) \geq 0$ sowie $v(1/e) \geq 0$ nach (5.4).

Wir setzen nun $A := \{a \in G : v(z - a) > 0\}$ und behaupten:

$$\text{Für jedes } f \in \mathcal{O}(G), \ f \neq 0, \ \text{mit } N(f) \cap A = \emptyset \ \text{gilt}: \ v(f) = 0. \qquad (5.5)$$

Ist $N(f)$ endlich, so gilt $f(z) = e(z) \prod_{\nu=1}^{n} (z - c_\nu)$ mit einer Einheit $e \in \mathcal{O}(G)$. Da $v(z - c_\nu) \geq 0$ nach (5.4) und da $c_\nu \notin A$, so folgt $v(f) = v(e) = 0$ nach B1). Ist hingegen $N(f) = \{c_1, c_2, \dots\}$ unendlich, so wählen wir nach dem Existenzsatz 4.9 ein $h \in \mathcal{O}(G)$ mit

$$N(h) = N(f) \ \text{ und } \ o_{c_\nu}(h) = o_{c_\nu}(f) \cdot (\nu! - 1), \quad \nu = 1, 2, \dots.$$

Für $h_n = h \cdot f / \prod_{\nu=1}^{n-1} (z - c_\nu)^{o_{c_\nu}(f) \cdot \nu!} \in \mathcal{O}(G)$ gilt dann

$$N(h_n) = \{c_n, c_{n+1}, \dots\}, \quad v(h_n) = v(h) + v(f) \ \text{ und } \ o_{c_\nu}(h_n) = o_{c_\nu}(f) \cdot \nu!$$

für $\nu \geq n$. Mithin teilt $n!$ jede Zahl $o_z(h_n)$, $z \in G$; nach dem Wurzelkriterium 4.12 gibt es also ein $g_n \in \mathcal{O}(G)$, so dass $h_n/g_n^{n!}$ eine Einheit in $\mathcal{O}(G)$ ist. Es folgt $v(h_n) =$

$n!v(g_n)$, also $v(h) + v(f) = v(h_n) \in n!\mathbb{Z}$, $n = 1, 2, \dots$ Dieses hat $v(h) + v(f) = 0$ zur Folge. Da $v(h) \geq 0$ und $v(f) \geq 0$ nach (5.4), so ergibt sich $v(f) = 0$, womit (5.5) verfiziert ist.

Aus (5.5) folgt unmittelbar, dass A *nicht leer* ist, denn sonst würde $v(f) = 0$ für alle $f \in \mathcal{O}(G)\backslash\{0\}$ gelten und dieses würde – da $\mathcal{M}(G)$ nach Satz 4.11 der Quotientenkörper von $\mathcal{O}(G)$ ist – bedeuten, dass v die Nullbewertung wäre. Es gibt also ein $c \in A$. Weitere Punkte $c' \in A$, $c' \neq c$, gibt es nicht, denn dann würde aus $r(z - c') - r(z - c) = 1$, wobei $r := (c - c')^{-1} \in \mathbb{C}^\times$, der Widerspruch folgen:
$$0 = \nu(1) \geq \min\{v(z - c'), v(z - c)\} > 0.$$
Es gilt mithin $A = \{c\}$, womit die erste Behauptung des Satzes bewiesen ist. Sei nun $m := v(z-c)$. Ist dann $f \neq 0$ aus $\mathcal{O}(G)$ und $n := o_c(f)$, so hat $g := f/(z-c)^n \in \mathcal{O}(G)$ keine Nullstelle in A, nach (5.5) folgt daher
$$v(g) = 0, \quad \text{d.h.} \quad v(f) = v((z - c)^n) = mo_c(f).$$
Durch die Quotientenbildung erhält man hieraus $v(h) = mo_c(h)$ für alle $h \in \mathcal{M}(G)^\times$.
$$\square$$

5.2 Holomorphiegebiete

> Es giebt analytische Functionen, die nur für einen Theil der Ebene existieren und für den übrigen Theil der Ebene gar keine Bedeutung haben (WEIERSTRASS 1884).

1. Ein Gebiet G in $\mathbb{C}$ heißt das *Holomorphiegebiet* einer in G holomorphen Funktion f, wenn für jeden Punkt $c \in G$ die Konvergenzkreisscheibe der Taylorreihe von f um c in G liegt. Dann folgt sofort:
Ist G das Holomorphiegebiet von f, so ist G das „maximale Existenzgebiet" von f, d.h. jedes Gebiet $\widehat{G} \supset G$, in dem es eine Funktion $\widehat{f} \in \mathcal{O}(\widehat{G})$ mit $\widehat{f}|G = f$ gibt, stimmt mit G überein.

Ist eine *Kreisscheibe* das maximale Existenzgebiet von f, so ist sie auch das Holomorphiegebiet von f (Beweis!); die in I.5.3.4 für Kreisscheiben gegebene Definition ist also mit der obigen konsistent. Im *allgemeinen besagt Holomorphiegebiet aber mehr als maximales Existenzgebiet*. Die geschlitzte Ebene $\mathbb{C}^-$ ist z.B. das maximale Existenzgebiet der Funktionen $\sqrt{z}$, $\log z \in \mathcal{O}(\mathbb{C}^-)$, jedoch nicht deren Holomorphiegebiet: die TAYLOR-Reihen von $\sqrt{z}$ und $\log z$ um $c \in \mathbb{C}^-$ haben $B_{|c|}(c)$ als Konvergenzkreis, und es gilt $B_{|c|}(c) \not\subset \mathbb{C}^-$, falls $\operatorname{Re} c < 0$. (Die Funktionen $\sqrt{z}$ und $\log z$ sind „von oben und unten" in jedem Punkt auf der negativen reellen Achse holomorph fortsetzbar, alle Randpunkte in $\mathbb{C}^-$ sind aber „singulär" für $\sqrt{z}$ und $\log z$ in dem Sinne, dass keiner eine Umgebung U mit einer Funktion $h \in \mathcal{O}(U)$ hat, die in $U \cap \mathbb{C}^-$ mit $\sqrt{z}$ bzw.

$\log z$ übereinstimmt, vgl. hierzu I.5.3.4 und Abschnitt 5.2.3 dieses Paragraphen).

2. Das Gebiet $\mathbb{C}$ bzw. $\mathbb{C}^\times$ bzw. $\mathbb{E}$ ist das Holomorphiegebiet von z bzw. z^{-1} bzw. $\sum z^{2^\nu}$ (zum letzten Beispiel vgl. I.5.3.4). Im Mittelpunkt dieses Paragraphen steht folgender allgemeiner Existenzsatz.

Existenzsatz 5.8. *Zu jedem Gebiet G in $\mathbb{C}$ gibt es eine in G holomorphe Funktion f, so dass G das Holomorphiegebiet von f ist.*

Zum Beweis bieten sich zwei Wege an. Man konstruiert eine Funktion $f \in \mathcal{O}(G)$, die bei Annäherung an den Rand von G gegen ∞ strebt bzw. deren Nullstellenmenge $N(f) \neq G$ sich gegen jeden Randpunkt häuft. Schwierigkeiten entstehen, wenn der Rand ∂G tückisch ist (z.B. Stachelhäufungen, vgl. Figur auf Seite 174). Man muss sicherstellen, dass eine Randannäherung „aus allen Richtungen innerhalb von G" erfolgt. Zur Präzisierung dieser Art von Randapproximation führen wir in den Abschnitten 5.2.2 bzw. 5.2.4 den Begriff der *gut verteilten Randmenge* bzw. der *randnahen Menge* ein. Der erste Beweis gelingt dann mit „GOURSATschen Reihen"; der zweite Beweis zieht den Existenzsatz (4.9) heran.

Im folgenden verwenden wir Begriffe und Schlussweisen der mengentheoretischen Topologie. Wir benutzen, dass jeder Punkt einer in $\mathbb{C}$ offenen Menge D in einer eindeutig bestimmten Zusammenhangskomponente von D liegt (vgl. hierzu z.B. I.0.6.4). Wir sprechen kurz von den *Komponenten* von D, jede solche Komponente ist ein *nichtleeres maximales Teilgebiet* von D.

Bemerkung. Folgende schwache Form des Existenzsatzes ist leicht zu gewinnen:

Jedes Gebiet G ist das maximale Existenzgebiet einer Funktion $f \in \mathcal{O}(G)$.

Beweis. Man wähle eine lokal endliche Menge A in G, die sich gegen jeden Randpunkt von G häuft. Nach dem allgemeinen Produktsatz existiert ein $f \in \mathcal{O}(G)$ mit $N(f) = A$. Wegen des Identitätssatzes gibt es keine holomorphe Fortsetzung von f in ein Gebiet $\widehat{G} \supset G$. □

5.2.1 Eine Konstruktion von Goursat.
Wir fixieren eine Folge $a_1, a_2, \ldots$ in $\mathbb{C}^\times$ mit $\sum |a_\nu| < \infty$ und eine Folge $b_1, b_2, \ldots$ von paarweise verschiedenen Punkten in $\mathbb{C}$. Wir bezeichnen mit A den Abschluss der Menge $\{b_1, b_2, \ldots\}$ in $\mathbb{C}$.

Die Reihe $\quad f(z) = \sum_{\nu=1}^{\infty} \frac{a_\nu}{z - b_\nu} \quad$ *konvergiert normal in* $\mathbb{C} \backslash A$. $\qquad$ (5.6)

Beweis. Ist $K \subset \mathbb{C}\backslash A$ kompakt, so ist der Abstand d zwischen K und A positiv. Da $|z - b_\nu| \geq d$ für $z \in K$, so folgt $\sum |a_\nu/(z-b_\nu)|_K \leq d^{-1} \sum |a_\nu| < \infty$. □

Die durch (5.6) definierte Funktion $f \in \mathcal{O}(\mathbb{C} \backslash A)$ wird bei radialer Annäherung an die Punkte von A beliebig groß; genauer gilt:

Hilfssatz (Goursat) 5.9. *Es sei B eine Kreisscheibe in $\mathbb{C} \backslash A$, so dass ein Folgenglied b_n auf ∂B liegt. Dann gilt $\lim\limits_{w \to b_n} f(w) = \infty$, wenn w längs des Radius von B nach b_n gegen b_n strebt.*

Beweis. Liegt w auf dem Radius von B nach b_n, so gilt (!)

$$|w - b_n| < |w - b_\nu| \quad \text{für alle} \quad \nu \neq n. \tag{5.7}$$

Sei $p > n$ so gewählt, dass $\sum\limits_{\nu=p+1}^{\infty} |a_\nu| \leq \frac{1}{2}|a_n|$. Schreibt man (5.6) in der Form

$$f(z) := \frac{a_n}{z - b_n} + g(z) + \sum_{\nu=p+1}^{\infty} \frac{a_\nu}{z - b_\nu} \quad \text{mit} \quad g(z) := \left(\sum_{1}^{p} \frac{a_\nu}{z - b_\nu} \right) - \frac{a_n}{z - b_n},$$

so folgt wegen (5.7) für alle w auf dem Radius von B nach b_n:

$$|f(w)| \geq \frac{|a_n|}{|w - b_n|} - |g(w)| - \sum_{\nu=p+1}^{\infty} \frac{a_\nu}{w - b_\nu} \geq \frac{1}{2} \frac{a_n}{w - b_n} - |g(w)|.$$

Da $|g(w)|$ bei Annäherung an b_n endlich bleibt, folgt die Behauptung. □

Bemerkung. Die Aussage des Hilfssatzes ist nicht selbstverständlich, sobald der Punkt b_n Häufungspunkt von anderen Punkten b_k ist. Dann könnte das Wachstum des „Polgliedes" $a_n/(z - b_n)$ um b_n durch die unendlich vielen weiteren Glieder $a_k/(z - b_k)$, welche zu sich gegen b_n häufenden b_k gehören, kompensiert werden. Dieses Phänomen tritt in der Tat bei anderen Reihen auf. So hat jeder Summand der in $\mathbb{E}$ normal konvergenten Reihe

$$g(z) = \sum_{\nu=0}^{\infty} 2^\nu z^{2^\nu - 1} / (1 + z^{2^\nu})$$

Pole auf $\partial\mathbb{E}$, verschiedene Summanden haben nie gleiche Pole (so dass sich hier nichts neutralisiert), die Pole aller Summanden liegen dicht auf $\partial\mathbb{E}$, und dennoch erfolgt im Limes eine vollständige Kompensation dieser Pole: Die Grenzfunktion hat keineswegs unendlich viele Singularitäten auf $\partial\mathbb{E}$, vielmehr gilt $g(z) = 1/(1 - z)$, wie man sofort durch logarithmische Differentiation des Produktes $\prod\limits_{\nu=0}^{\infty} (1 + z^{2^\nu})$ erkennt (vgl. hierzu Aufgabe 2 in Abschnitt 1.2.1). □

Historische Notiz. Reihen des Typs $\sum a_\nu/(z - b_\nu)$ wurden 1887 von E. GOURSAT zur Konstruktion von Funktionen mit natürlichen Grenzen benutzt, vgl. [91]. A. PRINGSHEIM hat solche Reihen intensiv studiert, vgl. [222, 982–990].

5.2.2 Gut verteilte Randmengen. Erster Beweis des Existenzsatzes.
Ist b ein Randpunkt von G, so heißt eine Scheibe $V \subset G$ ein *Sichtkreis zu*
b, wenn $b \in \partial V$, alsdann heißt b ein *(aus G) sichtbarer Randpunkt von G.*
Gebiete haben i.a. nicht sichtbare Randpunkte. So sind in Quadraten die
Eckpunkte nicht sichtbar, in gestachelten Gebieten (Figur auf Seite 174) gibt
es Randkurven, deren Punkte alle nicht sichtbar sind.

Definition 5.10. *Eine Menge M von sichtbaren Randpunkten von G heißt*
gut verteilt, *wenn folgendes gilt*
Ist B eine Scheibe um einen Punkt $c \in G$, die ∂G trifft, so liegt in der
Komponente von $B \cap G$ durch c ein Sichtkreis V zu einem Punkt $b \in M \cap B$.

Mit Hilfe dieses Begriffs gewinnen wir ein erstes Kriterium für Holomorphiegebiete.

Erstes Kriterium für Holomorphiegebiete. *Ist $\{b_1, b_2, \dots\} \subset \partial G$ ei-*
ne abzählbare gut verteilte Randmenge, so ist G das Holomorphiegebiet jeder
Funktion

$$f(z) = \sum_1^\infty a_\nu/(z - b_\nu), \quad z \in G, \quad \text{wobei} \quad a_\nu \in \mathbb{C}^\times, \quad \sum_1^\infty |a_\nu| < \infty.$$

Beweis. Wegen $\overline{\{b_1, b_2, \dots\}} \subset \partial G$ gilt $f \in \mathcal{O}(G)$ nach (5.6). Sei $c \in G$ und B
die Konvergenzkreisscheibe der TAYLOR-Reihe h von f um c. Angenommen
$B \cap \partial G \neq 0$, so liegt in der Komponente W von $B \cap G$ durch c ein Sichtkreis
V zu einem Punkt $b_n \in B$. Da $h|W = f|W$, so strebt h nach dem Hilfssatz
5.9, da M gut in G verteilt ist, gegen ∞, wenn man sich b_n längs des nach
b_n führenden Radius von V nähert. Dann läge b_n aber nicht in B. Es folgt
$B \subset G$.   □

Die folgende Aussage liegt nicht auf der Hand:

Satz 5.11. *Ist $G \neq \mathbb{C}$, so gibt es gut verteilte abzählbare Randmengen M zu G.*

Beweis. Sei R abzählbar und dicht in G, z.B. $R = (\mathbb{Q} + i\mathbb{Q}) \cap G$. Zu jedem $\zeta \in R$ wähle man $b \in \partial G$ auf dem Rand des *größten* Kreises $V \subset G$ um ζ. Die Menge M aller dieser sichtbaren Randpunkte b ist abzählbar.

Sei nun B eine Scheibe um $c \in G$, die ∂G trifft. Wählt man $\zeta \in R$ nahe genug bei c, so liegt die größte Scheibe $V \subset G$ um ζ einschließlich ∂V in B und es gilt $c \in V$. Nach Konstruktion von M ist V der Sichtkreis zu einem Punkt $b \in M$. Da $b \in \partial V \subset B$ und da $V \subset B \cap G$ wegen $c \in V$ in der Komponente von $B \cap G$ durch c liegt, so ist Satz 5.11 bewiesen. $\qquad\square$

Die Konstruktion der Menge M mittels $(\mathbb{Q} + i\mathbb{Q}) \cap G$ ist motiviert durch den Satz von POINCARÉ-VOLTERRA, der u.a. besagt, dass alle möglichen holomorphen Fortsetzungen von f bereits erhalten werden durch die TAYLOR-Reihe von f um alle komplex-rationalen Punkte (diese „Funktionselemente" liegen dicht im „analytischen Gebilde" zu f).

Mit Satz 5.11 und dem Kriterium folgt der Existenzsatz unmittelbar.

Historische Notiz. Den hier mitgeteilten Beweis des Existenzsatzes findet man 1932 bei PRINGSHEIM, [222, 986–988], der ihn einer mündlichen Mitteilung von F. HARTOGS verdankt. PRINGSHEIM arbeitet nur mit dichten Mengen sichtbarer Randpunkte. 1938 hat J. BESSE auf Mängel bei solcher Wahl der Randpunktmenge aufmerksam gemacht (vgl. anschließende Aufgabe) und sie behoben, [14, 303–305]. – H. KNESER diskutiert in seiner *Funktionentheorie*, 2. Aufl. S. 158/159, nur die schwache Form des Existenzsatzes (vgl. Einleitung), er geht wie PRINGSHEIM vor.

Aufgabe.   Man zeige

a) Gut verteilte Randmengen zu G liegen dicht in ∂G.
b) Es gibt Gebiete, bei denen *nicht* jede dichte Menge von sichtbaren Randpunkten gut verteilt ist.
c) Ist G *konvex*, so ist jede dichte Menge sichtbarer Randpunkte gut verteilt.

5.2.3 Diskussion des Begriffes Holomorphiegebiet. Eine Funktion $f \in \mathcal{O}(G)$ heißt *holomorph fortsetzbar in einen Randpunkt p* von G, wenn es eine Umgebung U von p und eine holomorphe Funktion $g \in \mathcal{O}(U)$ gibt, so dass f und g auf einer Komponente W von $U \cap G$ mit $p \in \partial W$ übereinstimmen; anderenfalls heißt p ein *singulärer* Punkt von f. Die Umgebung U ist i.a. „groß": So existiert zum Randpunkt 0 des Gebietes $G := \mathbb{H} \backslash \bigcup_{n=1}^{\infty} (-\infty, n] \times \{i/n\}$ überhaupt keine Scheibe $B \neq \mathbb{C}$, so dass 0 im Rand einer Komponente von $B \cap G$

liegt; jede Funktion $f := g|G$ mit $g \in \mathcal{O}(\mathbb{C})$ ist natürlich holomorph nach 0 fortsetzbar (mit $U := \mathbb{C}$).

Gibt es Scheiben $B \subset U$ um p, so dass $B \cap G$ zusammenhängt, so kann man für U solche Scheiben wählen. Da bei *konvexen* Gebieten G für jede Scheibe B der Bereich $B \cap G$ wieder konvex und also ein Gebiet ist, so folgt

Satz 5.12. *Ist G konvex und $f \in \mathcal{O}(G)$ holomorph nach $p \in \partial G$ fortsetzbar, so gibt es eine Scheibe B um p und ein $g \in \mathcal{O}(U)$, so dass $g|B \cap G = f|B \cap G$.*

Auf Grund von Satz 5.12 stimmt für Kreisscheiben die jetzt eingeführte Redeweise „singulärer Punkt von f" mit der in I.5.3.3 eingeführten überein. – Wir präzisieren nun die Vorstellung, dass Holomorphiegebiete *maximale* Gebiete der Holomorphie sind.

Satz 5.13. *Folgende Aussagen über eine Funktion $f \in \mathcal{O}(G)$ sind äquivalent:*

i) Das Gebiet G ist das Holomorphiegebiet von f.

ii) Es gibt kein Gebiet $\widehat{G} \not\subset G$ mit einer Funktion $\widehat{f} \in \mathcal{O}(\widehat{G})$, so dass die Menge $\{z \in G \cap \widehat{G} : f(z) = \widehat{f}(z)\}$ innere Punkte hat.

iii) Jeder Randpunkt von G ist ein singulärer Punkte von f.

Die Bedingung ii) verschärft die in der Einleitung diskutierte Maximaleigenschaft, dort wurde $\widehat{G} \supset G$ verlangt. – Zum Beweis des Satzes benötigen wir folgenden Hilfssatz.

Hilfssatz 5.14. *Es seien $G, \widehat{G}$ Gebiete in $\mathbb{C}$, und es sei W eine Komponenten von $G \cap \widehat{G}$. Dann gilt $\widehat{G} \cap \partial W \subset \partial G$. Falls $\widehat{G} \not\subset G$, so ist $\widehat{G} \cap \partial W$ nicht leer* (Figur).

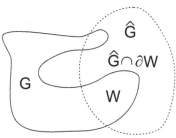

Beweis. 1) Sei $q \in \widehat{G} \cap \partial W$. Wegen $\partial W \subset \overline{W} \subset \overline{G}$ folgt $q \in \overline{G}$. Da $q \in G$ wegen $q \in \widehat{G}$ zu $q \in W$ führt, was $q \in \partial W$ widerspricht, so folgt $q \in \overline{G} \backslash G = \partial G$.

2) Sei $\widehat{G} \not\subset G$. Dann ist $\widehat{G} \backslash W$ nicht leer, denn sonst müsste wegen $W \subset \widehat{G}$ gelten $W = \widehat{G}$, was wegen $W \subset G$ den Widerspruch $\widehat{G} \subset G$ gäbe. Da $\widehat{G} = W \cup (\widehat{G} \backslash W)$ und da W offen und $\widehat{G}$ zusammenhängend ist, so ist $\widehat{G} \backslash W$ nicht offen in $\mathbb{C}$. Sei $p \in \widehat{G} \backslash W$ kein innerer Punkt von $\widehat{G} \backslash W$. Dann ist $U \cap W \neq \emptyset$ für jede Umgebung U von p, d.h $p \in \partial W$. Es folgt $p \in \widehat{G} \cap \partial W$. □

Wir beweisen nun die Äquivalenz des Satzes in der Form „non i) $\Rightarrow$ non ii) $\Rightarrow$ non iii) non $\Rightarrow$ i)."

non i) $\Rightarrow$ non ii). Es gibt ein $c \in G$, so dass die Konvergenzkreisscheibe $\widehat{G}$ der Taylorreihe $\widehat{f}$ von f um c *nicht* in G liegt. Da $\widehat{f} \in \mathcal{O}(\widehat{G})$ und $f|W = \widehat{f}|W$ auf der Komponenten W von $G \cap \widehat{G}$ durch c, so folgt non ii).

non ii) $\Rightarrow$ non iii). Es sei $\widehat{G} \not\subset G$, $\widehat{f} \in \mathcal{O}(\widehat{G})$ und W_1 eine Komponente von $G \cap \widehat{G}$, so dass $f|W_1 = \widehat{f}|W_1$. Nach dem Hilfssatz gibt es einen Punkt $p \in \widehat{G} \cap \partial W_1 \subset \partial G$. Wir dürfen annehmen, dass p ein sichtbarer Randpunkt von W_1 ist (Dichtheit, vgl. Aufg. 2.a)). Wir wählen eine Scheibe $U \subset \widehat{G}$ um p und einen Sichtkreis $V \subset W_1$ zu $p \in \partial W_1$. Dann liegt $U \cap V$ in einer Komponente W von $G \cap U$. Wegen $p \in \partial V \cap \partial G$ gilt $p \in \partial W$. Für $g := \widehat{f}|U$ folgt $g|W = f|W$ (da $V \cap U \subset W_1$), d.h. p ist kein singulärer Randpunkt von f.

non iii) $\Rightarrow$ non i). Es sei $p \in \partial G$ nicht singulär für f, es seien U, g, W entsprechend gewählt. Sei r der Konvergenzradius der Taylor-Reihe von g um p. Wir wählen ein $c \in W$ mit $|c - p| < \frac{1}{2}r$. Die Konvergenzkreisscheibe der Taylor-Reihe von g um c enthält dann den Punkt $p \in \partial G$. Da f und g um $c \in W$ dieselbe Taylor-Reihe haben, so ist G nicht das Holomorphiegebiet von f. $\square$

Aufgabe. Ist G konvex, so ist G bereits dann das Holomorphiegebiet $f \in \mathcal{O}(G)$, wenn G im Sinne der Einleitung das maximale Existenzgebiet von f ist.

5.2.4 Randnahe Mengen. Zweiter Beweis des Existenzsatzes. Wir führen die folgende Redeweise ein.

Definition 5.15. *Eine lokal endliche Menge A in einem Gebiet G heißt* rand- *nah in G, wenn gilt:*

Ist $\widehat{G} \subset \mathbb{C}$ irgendein Gebiet und ist W eine Komponente von $G \cap \widehat{G}$, so ist jeder Punkt von $\widehat{G} \cap \partial W$ Häufungspunkt von $A \cap W$.

Mit Hilfe dieses Begriffes gewinnen wir ein zweites Kriterium für Holomorphiegebiete.

Zweites Kriterium für Holomorphiegebiete. *Ist die Nullstellenmenge $N(f)$ von $f \in \mathcal{O}(G)$ randnah in G, so ist G das Holomorphiegebiet von f.*

Beweis. Wir zeigen, dass Aussage iii) von Satz 5.13 zutrifft. Angenommen, es gäbe einen Punkt $p \in \partial G$, eine Kreisscheibe U um p und eine Funktion $g \in \mathcal{O}(U)$, so dass $f|W = g|W$ auf einer Komponente W von $G \cap U$ mit $p \in \partial W$. Da $N(f)$ randnah in G ist, so ist p ein Häufungspunkt von $N(f) \cap W$. Da $N(f) \cap W = N(g) \cap W$, so folgt $g \equiv 0$ nach dem Identitätssatz. Hieraus folgt $f \equiv 0$, was nicht geht, da $N(f)$ als randnahe Menge diskret in G ist. $\square$

Es ist nicht selbstverständlich, dass immer randnahe Mengen existieren.

$$\text{Ist } G \neq \mathbb{C}, \text{ so gibt es randnahe Mengen } A \text{ in } G. \qquad (5.8)$$

Beweis. Die Menge $(\mathbb{Q} + i\mathbb{Q}) \cap G$ wird zu einer Folge $\zeta_1, \zeta_2, \ldots$ angeordnet. In der größten Scheibe $B^\nu \subset G$ um ζ_ν wähle man einen Punkt a_ν mit $d(a_\nu, \partial G) < 1/\nu$. Sei $A := \{a_1, a_2, \ldots\}$. Da jedes Kompaktum $K \subset G$ einen positiven Randabstand $d(K, \partial G)$ hat, so ist $A \cap K$ stets endlich; d.h. A ist lokal endlich in G.

Seien nun $\widehat{G}$, W wie in Definition 5.15 und sei $p \in \widehat{G} \cap \partial W$. Dann gibt es zu jedem $\varepsilon > 0$ mit $B_\varepsilon(p) \subset \widehat{G}$ einen rationalen Punkt $\zeta_k \in B_\varepsilon(p) \cap W$ mit $|p - \zeta_k| < \frac{1}{2}\varepsilon$. Die größte in G enthaltenen Kreisscheibe B^k um ζ_k liegt nun, da $p \in \partial G$ nach Hilfssatz 5.14, in $B_\varepsilon(p)$. Da $B^k \cap W \neq \emptyset$, so folgt $B^k \subset W$, denn W ist ein maximales Teilgebiet von $G \cap \widehat{G}$. Für den zu ζ_k gehörenden Punkt $a_k \in B^k$ folgt nun $a_k \in B_\varepsilon(p) \cap A \cap W$. Da $\varepsilon > 0$ beliebig ist, so ist die Bedingung der Definition 5.2.4 verifiziert. $\square$

Aus (5.8) und dem Kriterium folgt nun erneut der Existenzsatz, da es nach dem Existenzsatz 4.9 ein $f \in \mathcal{O}(G)$ mit $N(f) = A$ gibt. $\square$

Neben Holomorphiegebieten betrachtet man auch *Meromorphiegebiete*. Man nennt G das *Meromorphiegebiet* einer in G meromorphen Funktion h, wenn es kein Gebiet $\widehat{G} \not\subset G$, mit einer Funktion $\widehat{h} \in \mathcal{M}(\widehat{G})$ gibt, so dass $\widehat{h}$ und h auf einer Komponente von $G \cap \widehat{G}$ übereinstimmen. Ersichtlich ist $\mathbb{C}^\times$ das Meromorphiegebiet von $\exp(1/z)$ (aber nicht von $1/z$). Der Leser mache sich klar, dass wir oben sogar gezeigt haben:

Jedes Gebiet G in $\mathbb{C}$ ist das Meromorphiegebiet einer in G holomorphen Funktion.

Aufgabe. Man beweise: Ist G konvex, so ist jede in G abgeschlossene und diskrete Menge, die sich gegen jeden Randpunkt von G häuft, randnah.

5.2.5 Historisches zum Begriff des Holomorphiegebietes.

Bereits 1842 war WEIERSTRASS damit vertraut, dass holomorphe Funktionen „natürliche Grenzen" haben können, [268, S. 84]. In seinen Vorlesungen hat er ab 1863 darauf hingewiesen; zur selben Zeit wusste KRONECKER, dass $\mathbb{E}$ das Holomorphiegebiet der Thetareihe $1 + 2\sum q^{\nu^2}$ ist, vgl. hierzu I.12.4. Die erste gedruckte Mitteilung über das Auftreten natürlicher Grenzen findet sich 1866 in einer Abhandlung von WEIERSTRASS (Monatsber. Akad. Wiss. Berlin, S. 617; in WEIERSTRASS' Werken, welche keine getreue Wiedergabe der Originalarbeiten sind, ist diese Stelle gestrichen).

Weierstrass hat 1880 behauptet, dass alle Gebiete in $\mathbb{C}$ Holomorphiegebiete sind, er sagt [273, S. 223]: „Es ist leicht,...selbst für einen beliebig begrenzten Bereich ...die Existenz von [holomorphen] Functionen [anzugeben], die über diesen Bereich hinaus nicht [holomorph] fortgesetzt werden können." Eine Präzisierung dieser Aussage oder gar einen Beweis hat er nicht gegeben. Einige Jahre später, 1885, gab Runge einen Beweis mittels des von ihm eigens zu diesem Zwecke aufgestellten Approximationssatzes (vgl. hierzu Kapitel 12 und 13);bei Runge liest man ([228, S. 229]), „dass der Gültigkeitsbereich einer eindeutigen analytischen Function ...keiner andern Beschränkung unterliegt als derjenigen, zusammenhängend zu sein."

Mittag-Leffler stellte in einer Fußnote zu Runges Arbeit heraus (loc. cit. S. 229), dass dessen Resultat bereits 1884 in seiner Arbeit [173] stehe; explizit findet sich der Existenzsatz dort aber nicht. Der Beweis mittels des Produktsatzes kommt in vielen Lehrbüchern vor, z.b. 1912 bei Osgood, 1932 bei Pringsheim, 1934 bei Bieberbach und 1956 bei Behnke-Sommer (vgl.[193, 481–82], [221, 713–716], [18, S. 295], [7, 253–255]). In den ersten drei Büchern werden dabei, wie 1938   J. Besse – ein Schüler von G. Pólya – bemerkte, die Probleme der Randapproximationen übersehen; in [14] hat er eine elegante Lösung des Problems gegeben.

5.2.6 Ausblick auf mehrere Veränderliche.   Der Begriff des Holomorphiegebietes kann – fast wörtlich wie in der Einleitung – auch für holomorphe Funktionen von mehreren Veränderlichen eingeführt werden. Dann stellt sich überraschend heraus, dass nicht mehr alle Gebiete im $\mathbb{C}^n$, $n \geq 2$, Holomorphiegebiete sind: z. B. sind punktierte Gebiete G/p, wo $p \in G$, niemals Holomorphiegebiete, da holomorphe Funktionen von $n \geq 2$ Veränderlichen keine isolierten Singularitäten haben können; hierauf hat Hurwitz schon 1897 aufmerksam gemacht, [124] insbes. S. 474. Bald darauf, 1903, entdeckte F. Hartogs in seiner Dissertation den berühmten „Kugelsatz": Ist G ein beschränktes Gebiet im $\mathbb{C}^n$, $2 \leq n < \infty$, mit zusammenhängendem Rand ∂G, so ist *jede* in einer Umgebung von ∂G holomorphe Funktion in ganz G hinein holomorph fortsetzbar, [105], insb. S. 231.

Die bekanntesten Beispiele von Nichtholomorphiegebieten sind „gekerbte" Dizylinder Z im $\mathbb{C}^2$, die aus dem Einheitszylinder $D := \{(w, z) \in \mathbb{C}^2 | w| < 1, |z| < 1\}$ durch Herausnahme von Mengen der Form $\{(w, z) \in D : |w| \geq r, |z| \leq s\}$, $0 < r$, $s < 1$, entstehen: jede Funktion $f \in \mathcal{O}(Z)$ ist holomorph in ganz D fortsetzbar.

Im Jahre 1932 erkannten H. Cartan und P. Thullen die *Holomorphiekonvexität* als eine charakteristische Eigenschaft von Holomorphiegebieten, vgl. [46]. In der Folgezeit entwickelte sich eine Theorie, die tiefe Einsichten in die Natur der Singularitäten holomorpher Funktionen mehrerer Veränderlichen brachte und die bis heute lebendig ist. Näheres findet der Leser im Ergebnisbericht [11] von H. Behnke und P. Thullen sowie im Hochschultext [94].

Im Jahre 1951 hat K. Stein in seiner denkwürdigen Arbeit [253] komplexe Räume entdeckt, die ähnliche Eigenschaften wie Holomorphiegebiete haben. Ein komplexer Raum X heißt ein Steinscher Raum, wenn auf ihm viele holomorphe Funktionen leben; genauer fordert man:

a) *Zu je zwei Punkten $p, q \in X$, $p \neq q$, gibt es ein $f \in \mathcal{O}(X)$ mit $f(p) \neq f(q)$ (Trennungsaxiom).*

b) *Zu jeder in X unendlichen, lokal endlichen Menge A gibt es ein $f \in \mathcal{O}(X)$ mit $\sup\{|f(x)| : x \in A\} = \infty$ (Konvexitätsaxiom).*

Ein Gebiet G in $\mathbb{C}^n$ ist genau dann ein Holomorphiegebiet, wenn es ein STEINscher Raum ist. Es hat sich gezeigt, dass viele Sätze der komplexen Analysis sogleich für STEINsche Räume beweisbar sind (vgl. hierzu auch 4.2.4 und 6.3.5). Leser, die tiefer in diese Dinge eindringen möchten, seien auf [95] verwiesen.

5.3 Einfache Beispiele von Holomorphiegebieten

Für Gebiete G mit kompliziertem Rand ist es selten möglich, *explizit* holomorphe Funktionen anzugeben, die G zum Holomorphiegebiet haben. Für Kreisscheiben, CASSINI-Gebiete und allgemeiner Gebiete der Form $\{z \in \mathbb{C} : |q(z)| < R\}$, wo q eine nichtkonstante ganze Funktion ist, gibt es indessen einfache Konstruktionen, wie wir nun sehen werden.

5.3.1 Beispiele für $\mathbb{E}$. Die Scheibe $\mathbb{E}$ ist das Holomorphiegebiet von $\sum z^{2^\nu}$, vgl. Abschnitt I.5.3.4; allgemeiner haben HADAMARDsche Lückenreihen ihren Konvergenzkreis zur natürlichen Grenze, vgl. 11.2.3 und auch 11.1.4. Wir geben Beispiele anderer Art.

1) *Sei $a \in \mathbb{C}$, $|a| > 1$; sei $\omega \in \mathbb{R} \backslash \mathbb{Q}\pi$. Dann hat die „GOURSAT-Reihe"*

$$f(z) := \sum_{\nu=1}^{\infty} \frac{a^{-\nu}}{z - e^{i\nu\omega}} \in \mathcal{O}(\mathbb{E})$$

die Scheibe $\mathbb{E}$ zum Holomorphiegebiet. Es gilt $ae^{i\omega} f(e^{i\omega}z) = (z-1)^{-1} + f(z)$.

Beweis. Wegen $\omega \notin \mathbb{Q}\pi$ ist $\{e^{i\nu\omega}, \nu \geq 1\}$ eine gut verteilte Randmenge. Daher folgt die Behauptung dem ersten Kriterium aus Abschnitt 5.2.2. $\qquad \square$

2) *Die Potenzreihe $\sum\limits_{\lambda=0}^{\infty} \frac{z^\lambda}{e^{1+i\lambda}-1}$ hat $\mathbb{E}$ zum Holomorphiegebiet.*

Beweis. Im Fall $G = \mathbb{E}$ hat die „GOURSAT-Reihe" $f(z) = \sum\limits_{1}^{\infty} a_\nu/(z-b_\nu)$ folgende TAYLORreihe in $\mathbb{E}$ um 0:

$$f(z) = -\sum_{\nu=1}^{\infty} \frac{a_\nu}{b_\nu} \cdot \frac{1}{1-z/b_\nu} = -\sum_{\nu=1}^{\infty} \frac{a_\nu}{b_\nu} \sum_{\lambda=0}^{\infty} \left(\frac{z}{b_\nu}\right)^\lambda = -\sum_{\lambda=0}^{\infty} \left(\sum_{\nu=1}^{\infty} \frac{a_\nu}{b_\nu^{\lambda+1}}\right) z^\lambda,$$

$z \in \mathbb{E}$. Mit $b_\nu := e^{i\nu}$ und $a_\nu := -e^{-\nu}b_\nu$ ergibt sich 2) direkt. $\qquad \square$

3) *Das Produkt* $f(z) = \prod_{\nu=0}^{\infty}(1 - z^{2^{\nu}}) \in \mathcal{O}(\mathbb{E})$ *hat* $\mathbb{E}$ *zum Holomorphiegebiet.*

Beweis(skizze). In der Nähe jeder 2^n-ten Einheitswurzel ζ nimmt f beliebig kleine Werte an. Das ist richtig für $\zeta = 1$ (da für alle t, $0 < t < 1$, gilt $f(t) = (1 - t)(1 - t^2)(1 - t^4) \cdots < 1 - t$) und folgt allgemein wegen

$$f(z) = f(z^{2^n}) \prod_{\nu=0}^{n-1}(1 - z^{2^{\nu}}), \quad \text{also} \quad |f(z)| < 2^n |f(z^{2^n})|.$$

Nunmehr folgt 3) da die 2^n-ten Wurzeln ζ dicht in $\partial\mathbb{E}$ liegen.   □

4) Die Produkte aus Beispiel 2 in 4.2.2 haben $\mathbb{E}$ zum Holomorphiegebiet, wenn man dort stets $r_n < 1$ wählt.

5.3.2 Liftungssatz.

Hilfssatz 5.16. *Es sei* $\widetilde{G}$ *ein Gebiet,* $q \in \mathcal{O}(\mathbb{C})$ *nicht konstant und* G *eine Komponente von* $q^{-1}(\widetilde{G})$. *Ist* $\widetilde{G}$ *das Holomorphiegebiet von* $\widetilde{f}$, *so ist* G *das Holomorphiegebiet von* $f := \widetilde{f} \circ q|G$.

Beweis. Angenommen f wäre holomorph fortsetzbar in einen Punkt $p \in \partial G$. Es gibt dann eine Scheibe U um p und ein $g \in \mathcal{O}(U)$, so dass $g|W = f|W$ auf einer Komponente W von $U \cap G$ mit $p \in \partial W$.

Sei *zunächst* $q'(p) \neq 0$. Dann ist q lokal-biholomorph um p. Wir wählen U so klein, dass U durch q biholomorph auf ein Gebiet $\widehat{G}$ abgebildet wird. Wegen $q(p) \in \partial\widetilde{G}$ gilt $\widehat{G} \not\subset \widetilde{G}$. Für $\widehat{f} := g \circ (q|U)^{-1} \in \mathcal{O}(\widehat{G})$ folgt $\{z \in \widehat{G} \cap \widetilde{G} : \widehat{f}(z) = \widetilde{f}(z)\} \supset q(W)$. Nach Satz 5.14 wäre $\widetilde{G}$ nicht das Holomorphiegebiet von $\widetilde{f}$.

Sei nun $q'(p) = 0$. Da $U \cap \partial W \subset \partial G$ nach Hilfssatz 5.14, so wird f vermöge g auch in alle Randpunkte $\overline{p}$ von G, die zu $U \cap \partial W$ gehören, fortgesetzt. Da p eine *isolierte* Nullstelle von q' ist, gibt es nach dem schon Bewiesenen solche Punkte $\overline{p}$ nicht beliebig nahe bei p. Daher ist p ein *isolierter* Randpunkt von W. Dann ist p auch ein isolierter Randpunkt von G und $\widetilde{p} := q(p)$ folglich ein isolierter Randpunkt von $\widetilde{G}$. Es wäre nun f um p und also $\widetilde{f}$ um $\widetilde{p}$ beschränkt, was nicht geht, da $\widetilde{G}$ das Holomorphiegebiet von $\widetilde{f}$ ist.   □

Anwendungen des Liftungssatzes liegen auf der Hand. Im nächsten Abschnitt diskutieren wir eine Situation, die in der Theorie der Überkonvergenz eine wichtige Rolle spielt, vgl. auch Abschnitte 11.2.1-4.

5.3.3 Cassini-Bereiche und Holomorphiegebiete.
Jeder Bereich $D := \{z \in \mathbb{C} : |z - z_1||z - z_2| < \text{const}\}$, z_1, z_2 fest, heißt ein Cassini-Bereich (nach dem italienisch-französischen Astronomen G.D. Cassini, 1625–1712 der – im Gegensatz zu Kepler – als Bahn der Sonne um die Erde nicht Ellipsen, sondern Cassini-Kurven (Lemniskaten) $|z - z_1||z - z_2| = \text{const}$. wählte).

Als Normalform bietet sich an

$$|z - a||z + a| = R^2 \text{ mit } a, R \in \mathbb{R}, \ a > 0, \ R > 0. \tag{5.9}$$

Diese CASSINI-Kurven haben nur glatte Punkte außer im Fall $a = R$, wo 0 ein Doppelpunkt ist (Figur links). Der zu (5.9) gehörende CASSINI-Bereich D hat zwei Komponenten bzw. hängt zusammen, falls $a \geq R$ bzw. $a < R$. Wir zeigen genauer:

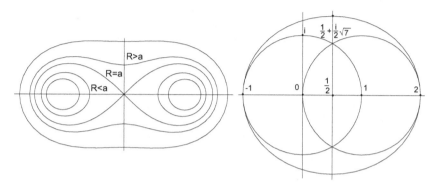

Ist $a < R$, so ist der CASSINI-Bereich D ein Sterngebiet mit 0 als Zentrum.

Beweis. In Polarkoordinaten hat (5.9) die Form $r^4 - 2a^2 r^2 \cos 2\varphi = R^4 - a^4$. Mit $g(t) := (t - a^2 \cos 2\varphi)^2 + a^4 \sin^2 2\varphi - R^4$ folgt $D = \{re^{i\varphi} \in \mathbb{C} : g(r^2) < 0\}$. Da g wegen $R^4 > a^4$ genau eine positive und eine negative Nullstelle hat, so gilt $g(\rho^2) < 0$ für alle $\rho \in [0, r]$, falls $g(r^2) < 0$. Mit $re^{i\varphi}$ gehören also auch alle Punkte $tre^{i\varphi}$, $0 \leq t \leq 1$, zu D. $\qquad\square$

Mit dem Liftungssatz aus 5.3.2 folgt direkt:

Für jedes $p \in \mathbb{N} \backslash \{0\}$ konvergiert die Reihe $\sum\limits_{0}^{\infty} (\frac{1}{2} z(z-1))^{2^\nu p}$ kompakt im CASSINI-*Gebiet $W := \{z \in \mathbb{C} : |z(z-1)| < 2\}$. Die Grenzfunktion hat W zum Holomorphiegebiet. Es gilt $W \supset (\overline{\mathbb{E}} \backslash \{-1\}) \cup (\overline{B_1(1)} \backslash \{2\})$.*

Die Figur rechts zeigt das Gebiet W (schreibt man $z + \frac{1}{2}$ statt z, so erhält man für W die Normalform (5.9) mit $a = \frac{1}{2}$, $R = \sqrt{2}$). – Das CASSINI-Gebiet W wird uns in der Theorie der Überkonvergenz in Abschnitt 11.2.1 wieder begegnen.

6. Funktionen zu vorgegebenen Hauptteilen

Ist h meromorph im Bereich D, so ist die Polstellenmenge $P(h)$ *lokal endlich* in D. Auf Grund des Existenzsatzes 4.9 kommt jede in D diskrete und abgeschlossene Menge als Polstellenmenge einer Funktion $h \in \mathcal{M}(D)$ vor, vgl. auch Satz 3.8. Wir stellen nun folgende Aufgabe:

> *Es sei $T = \{d_1, d_2, \ldots\}$ eine in D lokal endliche Menge, jedem Punkt $d_\nu \in T$ sei irgendwie ein „endlicher Hauptteil" $q_\nu(z) = \sum\limits_{\mu=1}^{m_\nu} a_{\nu\mu}(z - d_\nu)^{-\mu} \neq$ 0 zugeordnet. Man konstruiere eine in D meromorphe Funktion, die T als genaue Polstellenmenge besitzt, und überdies in jedem Punkt d_ν den Hauptteil q_ν hat.*

Es ist keineswegs klar, dass solche Funktionen existieren. Wenn T endlich ist, so leistet natürlich die endliche „Partialbruchreihe"

$$\sum q_\nu(z) = \sum_{\nu,\mu} a_{\nu\mu}(z - d_\nu)^{-\mu}$$

das Gewünschte. Ist dagegen $\mathbb{T}$ unendlich, so wird diese Reihe i.a. divergieren. MITTAG-LEFFLER hat im letzten Jahrhundert die Konvergenz erzwungen, indem er von jedem Hauptteil einen konvergenzerzeugenden Summanden $g_\nu \in \mathcal{O}(D)$ subtrahierte: die MITTAG-LEFFLER-*Reihe* $\sum(q_\nu(z) - g_\nu(z))$ ist dann eine in D meromorphe Funktion mit den gewünschten Polen und Hauptteilen.

In diesem Kapitel behandeln wir zunächst den MITTAG-LEFFLERschen Satz für die Zahlenebene in 6.1. Im Paragraphen 6.2 diskutieren wir den Fall beliebiger Bereiche. Im Paragraphen 6.3 entwickeln wir als Anwendung die Grundlagen der Idealtheorie in Ringen holomorpher Funktionen.

6.1 Satz von Mittag-Leffler für $\mathbb{C}$

Ziel dieses Paragraphen ist der Beweis des Satzes von MITTAG-LEFFLER für die Ebene. Um bequem formulieren zu können, bedienen wir uns des Begriffs der *Hauptteil-Verteilung*, den wir im Abschnitt 6.1.1 mit Blick auf spätere

Verallgemeinerungen für beliebige Bereiche D in $\mathbb{C}$ diskutieren. Das einfache Prinzip, wie man mit MITTAG-LEFFLER-Reihen meromorphe Funktionen zu vorgegebener Hauptteil-Verteilung findet, wird durch 6.1.2 beschrieben. Im Abschnitt 6.1.3 werden für $D = \mathbb{C}$ die klassischen MITTAG-LEFFLER-Reihen konstruiert.

6.1.1 Hauptteil-Verteilungen. Jede LAURENT-Reihe $\sum_{1}^{\infty} b_\mu (z-d)^{-\mu} \in$ $\mathcal{O}(\mathbb{C}\backslash d)$ heißt ein *Hauptteil* in $d \in \mathbb{C}$; ein Hauptteil heißt *endlich*, wenn fast alle b_μ verschwinden.

Hilfssatz 6.1. *Genau dann ist* $q \in \mathcal{O}(\mathbb{C}\backslash d)$ *ein Hauptteil in* d, *wenn* $\lim\limits_{z\to\infty} q(z) = 0$.

Beweis. Jedes $q \in \mathcal{O}(\mathbb{C}\backslash d)$ hat eine LAURENT-Darstellung (vgl. I.12.1.2-3):

$$q = q^+ + q^- \quad \text{mit} \quad q^+ \in \mathcal{O}(\mathbb{C}), \quad q^-(z) = \sum_{\mu=1}^{\infty} b_\mu (z-d)^{-\mu} \in \mathcal{O}(\mathbb{C}\backslash d)$$

und $\lim\limits_{z\to\infty} q^-(z) = 0$. Wegen des Satzes von LIOUVILLE gilt $\lim\limits_{z\to\infty} q(z) = 0$ genau dann, wenn $q^+ \equiv 0$.   □

Eine Abbildung φ, die jedem Punkt $d \in D$ einen (endlichen) Hauptteil q_d in d zuordnet, heißt eine *Verteilung von (endlichen) Hauptteilen* in D, wenn ihr Träger $T := \{z \in D : \varphi(z) \neq 0\}$ lokal endlich in D ist. Wir nennen φ auch kurz eine *Hauptteil-Verteilung* in D.

Jede Funktion h, die in D bis auf isolierte Singularitäten holomorph ist, besitzt in jeder solchen Singularität d einen wohlbestimmten Hauptteil $h^- \in \mathcal{O}(\mathbb{C}\backslash d)$, vgl. etwa I.12.1.3. Daher bestimmt jede solche Funktion eine Hauptteil-Verteilung $HV(h)$ in D, deren Träger die Menge der nicht hebbaren Singularitäten von h in D ist. Genau dann ist $HV(h)$ eine Verteilung von endlichen Hauptteilen in D, wenn h *meromorph* in D ist; alsdann ist die Polstellenmenge $P(h)$ von h der Träger von $HV(h)$.

Hauptteil-Verteilungen in D lassen sich in natürlicher Weise addieren und subtrahieren, sie bilden (wie Divisoren) eine *additive abelsche* Gruppe.

Es besteht ein einfacher Zusammenhang zwischen Divisoren und Hauptteil-Verteilungen:

Hilfssatz 6.2. *Ist* $\mathfrak{d}$ *der Divisor von* $f \in \mathcal{O}(D)$, *so ist* $\varphi(d) := \mathfrak{d}(d)/(z-d)$, $d \in D$, *die Hauptteil-Verteilung der logarithmischen Ableitung* $f'/f \in \mathcal{M}(D)$.

Das ist klar, da aus $f(z) = (z-d)^n g(z)$ mit $g(d) \neq 0$ sofort $f'(z)/f(z) = n/(z-d) + v(z)$ folgt, wobei v in d holomorph ist.   □

Das in der Einleitung zu diesem Kapitel gestellte Problem ist nun in folgender Aufgabe enthalten:

Man konstruiere zu jeder Hauptteil-Verteilung φ in D mit Träger T eine Funktion $h \in \mathcal{O}(D\backslash T)$ mit $HV(h) = \varphi$.

Den Schlüssel zur Konstruktion solcher Funktionen h bilden spezielle Reihen, die wir nun einführen.

6.1.2 Mittag-Leffler Reihen. Wie bei Divisoren ist der Träger T jeder Hauptteil-Verteilung φ höchstens abzählbar. Wir ordnen die Punkte von T irgendwie zu einer Folge $d_1, d_2, \ldots$ an, wobei jetzt aber - anders als bei Divisoren - jeder Punkt von T *genau einmal* in dieser Folge vorkommt. Wir verabreden ein für allemal, dass $d_1 = 0$ sein soll, wenn der Nullpunkt zu T gehört. Die Hauptteil-Verteilung φ wird nun durch die Folge (d_ν, q_ν) mit $q_\nu := \varphi(d_\nu)$ eindeutig beschrieben.

Ein Reihe $h = \sum\limits_{1}^{\infty}(q_\nu - g_\nu)$ heißt eine MITTAG-LEFFLER-*Reihe zur Hauptteil-Verteilung (d_ν, q_ν) in D*, wenn gilt:

1) *g_ν ist holomorph in D.*
2) *Die Reihe h konvergiert normal in $D\backslash\{d_1, d_2, \ldots\}$*

Diese Redeweise wird sich als besonders bequem erweisen; wir zeigen sofort:

Hilfssatz 6.3. *Ist h eine Mittag-Leffler-Reihe zu (d_ν, q_ν), so gilt*

$$h \in \mathcal{O}(D\backslash\{d_1, d_2, \ldots\}) \quad und \quad HV(h) = (d_\nu, q_\nu).$$

Beweis. Wegen 2) ist h in $D\backslash\{d_1, d_2, \ldots\}$ holomorph. Da alle Summanden $q_\nu - g_\nu$, $\nu \neq n$, in einer Umgebung $U \subset D$ von d_n holomorph sind, so konvergiert $\sum\limits_{\nu\neq n}(q_\nu - g_\nu)$ in U einschließlich des Punktes d_n kompakt gegen eine Funktion $\widehat{h}_n \in \mathcal{O}(U)$ (Konvergenzfortsetzung nach innen, vgl. I.8.5.4). Da $h - q_n = \widehat{h}_n - g_n$ in $U\backslash\{d_n\}$ gilt, und da $\widehat{h}_n$ und g_n in d_n holomorph sind, so ist q_n der Hauptteil von h in d_n, $n \geq 1$. Dies beweist $HV(h) = (d_\nu, q_\nu)$. $\square$

Wir bemerken noch:

Ist $\sum(q_\nu - g_\nu)$ eine MITTAG-LEFFLER-Reihe zu einer Verteilung von *endlichen* Hauptteilen, so ist jeder Summand $q_\nu - g_\nu$ *meromorph* in D, und die Reihe ist eine in D *normal konvergente Reihe meromorpher Funktionen* (im Sinne von I.11.1.1).

Die Terme g_ν in $\sum(q_\nu - g_\nu)$ erzwingen die Konvergenz der Reihe, ohne dabei das durch q_ν vorgeschriebene singuläre Verhalten der Reihe um d_ν zu stören. Man nennt die Funktionen $g_1, g_2, \ldots$ *konvergenzerzeugende Summanden der* MITTAG-LEFFLER-*Reihe*.

Wir werden zu *jeder* Hauptteil-Verteilung φ MITTAG-LEFFLER-Reihen konstruieren. (Das ist mehr als Funktionen h mit $HV(h) = \varphi$ zu finden, vgl. den Satz über die Partialbruchzerlegung 6.6 und Satz 6.15). Dazu benötigen wir eine Methode, konvergenzerzeugende Summanden zu bestimmen. Das ist im Fall $D = \mathbb{C}$ relativ einfach.

6.1.3 Satz von Mittag-Leffler. In diesem Abschnitt bezeichnet $(d_\nu, q_\nu)_{\nu \geq 1}$ eine Hauptteil-Verteilung in $\mathbb{C}$. Jede Funktion $q_\nu \in \mathcal{O}(\mathbb{C} \backslash d_\nu)$ hat um 0 eine TAYLOR-Entwicklung, die im Kreis vom Radius $|d_\nu|$ konvergiert, $\nu \geq 2$ (beachte, dass $d_1 = 0$ möglich ist). Wir bezeichnen mit $p_{\nu k}$ das k-te Taylorpolynom von q_ν um 0 (es gilt grad $p_{\nu k} \leq k$) und zeigen, dass diese Polynome als konvergenzerzeugende Summanden dienen können.

Satz von Mittag-Leffler 6.4. *Zu jeder Hauptteil-Verteilung* $(d_\nu, q_\nu)_{\nu \geq 1}$ *in* $\mathbb{C}$ *existieren* MITTAG-LEFFLER-*Reihen in* $\mathbb{C}$ *der Form*

$$q_1 + \sum_{\nu=2}^{\infty} (q_\nu - p_{\nu k_\nu}), \quad \text{wobei} \;\; p_{\nu k_\nu} := k_\nu\text{-tes Taylorpolynom von} \;\; q_\nu \;\; \text{um} \;\; 0.$$

Beweis. Da die Folge $(p_{\nu k})_{k \geq 1}$ in $B_{|d_\nu|}(0)$ kompakt gegen q_ν konvergiert, gibt es zu jedem $\nu \geq 2$ ein $k_\nu \in \mathbb{N}$, so dass $|q_\nu(z) - p_{\nu k_\nu}(z)| \leq 2^{-\nu}$ für alle z mit $|z| \leq \frac{1}{2}|d_\nu|$. Wegen $\lim d_\nu = \infty$ liegt jedes Kompaktum K von $\mathbb{C}$ in fast allen Scheiben $B_{\frac{1}{2}|d_\nu|}(0)$. Daher folgt

$$\sum_{\nu \geq n} |q_\nu - p_{\nu k_\nu}|_K \leq \sum_{\nu \geq n} 2^{-\nu} < \infty \;\; \text{für geeignetes} \;\; n = n(K).$$

Dies beweist die normale Konvergenz der Reihe $\mathbb{C} \backslash \{d_1, d_2, \ldots\}$. Da stets $p_{\nu k_\nu} \in \mathcal{O}(\mathbb{C})$, so handelt es sich um eine MITTAG-LEFFLER-Reihe in $\mathbb{C}$ zu $(d_\nu, q_\nu)_{\nu \geq 1}$. □

Die in 3.8 angeschriebene Reihe $\frac{1}{z} + \sum_{\nu=2}^{\infty} \left(\frac{1}{z-d_\nu} + \frac{1}{d_\nu} + \frac{z}{d_\nu^2} + \cdots + \frac{z^{\nu-2}}{d_\nu^{\nu-1}} \right)$ ist eine MITTAG-LEFFLER-Reihe (mit $q_\nu(z) = (z - d_\nu)^{-1}$ und $p_{\nu, \nu-2}(z)$).

6.1.4 Folgerungen. Der Satz von MITTAG-LEFFLER hat wichtige Konsequenzen.

Existenzsatz 6.5. *Jede Hauptteil-Verteilung in* $\mathbb{C}$ *mit Träger* T *ist die Hauptteil-Verteilung einer in* $\mathbb{C} \backslash T$ *holomorphen Funktion.*

Partialbruchzerlegung meromorpher Funktionen 6.6. *Jede in* $\mathbb{C}$ *meromorphe Funktion* h *ist darstellbar durch eine in* $\mathbb{C}$ *normal konvergente Reihe* $\sum h_\nu$ *mit rationalen Summanden* h_ν, *wobei jede Funktion* h_ν *in* $\mathbb{C}$ *höchstens einen Pol hat.*

Der Existenzsatz ist klar; der zweite Satz ergibt sich wie folgt: Nach Satz 6.4 gibt es zur Hauptteil-Verteilung $HV(h)$ in $\mathbb{C}$ eine MITTAG-LEFFLER-Reihe $\widehat{h}$ in $\mathbb{C}$, deren konvergenzerzeugende Summanden Polynome sind. Da alle Hauptteile von $\widehat{h}$ endlich sind, so sind alle Summanden dieser Reihe rationale Funktionen, die genau einen Pol in $\mathbb{C}$ haben. Die Differenz $h - \widehat{h}$ ist eine ganze Funktion und also eine in $\mathbb{C}$ normal konvergente Reihe von Polynomen (TAYLOR-Reihe). □

Aus dem MITTAG-LEFFLERschen Satz lässt sich der WEIERSTRASSsche Produktsatz gewinnen. Wir skizzieren den Beweis für den Fall, dass $\mathfrak{d}$ ein positiver Divisor in $\mathbb{C}$ mit $\mathfrak{d}(0) = 0$ ist, der nur Nullstellen erster Ordnung vorschreibt. Ist $d_1, d_2, \ldots$ eine zu $\mathfrak{d}$ gehörende Folge, so betrachten wir in $\mathbb{C}$ die Hauptteil-Verteilung $(d_\nu, 1/(z - d_\nu))_{\nu \geq 1}$. Das k-te TAYLOR-Polynom ist $-(d_\nu)^{-1} \sum_{\kappa=0}^{k} (z/d_\nu)^\kappa$; MITTAG-LEFFLER-Reihen zu dieser Verteilung sehen so aus:

$$h(z) := \sum_{\nu=1}^{\infty} h_\nu(z) \quad \text{mit} \quad h_\nu(z) := \frac{1}{z - d_\nu} + \frac{1}{d_\nu} \sum_{\kappa=0}^{k_\nu} \left(\frac{z}{d_\nu} \right)^\kappa .$$

Jedes $f \in \mathcal{O}(\mathbb{C})$ mit $f'/f = h$ hat nun $\mathfrak{d}$ als Divisor. Da

$$f'_\nu / f_\nu = h_\nu \quad \text{für} \quad f_\nu(z) := \left(1 - \frac{z}{d_\nu} \right) \left[\exp \sum_{\kappa=0}^{k_\nu} \frac{1}{\kappa + 1} \left(\frac{z}{d_\nu} \right)^{\kappa+1} \right] , \quad \nu \in \mathbb{N},$$

so gelangt man von selbst zum WEIERSTRASSschen Ansatz $f = \prod E_{k_\nu}(z/d_\nu)$. Es bleibt natürlich noch zu zeigen, dass dieses Produkt konvergiert. Das kann z.B. durch Integration der f'_ν/f_ν geschehen, wegen Einzelheiten vergleiche [71, 176–177].

6.1.5 Kanonische Mittag-Leffler-Reihen. Beispiele.

Bei Anwendungen des Satzes 6.4 wird man – wie bei WEIERSTRASS-Produkten – die Zahlen k_ν so klein wie möglich wählen. Lassen sich alle k_ν gleich wählen, so nennen wir die MITTAG-LEFFLER-Reihe $q_1 + \sum_{2}^{\infty}(q_\nu - p_{\nu k})$ mit dem kleinsten $k \geq 0$ die *kanonische* Reihe zur Hauptteilverteilung $(d_\nu, q_\nu)_{\nu \geq 1}$ in $\mathbb{C}$. Wir geben vier *Beispiele*

1) Die EISENSTEIN-Reihe

$$\varepsilon_m(z) := \sum_{-\infty}^{\infty}(z + \nu)^{-m}, \ m \geq 2$$

ist die kanonische Reihe zur Hauptteil-Verteilung $(-\nu, 1/(z+\nu)^m)_{\nu \in \mathbb{Z}}$, hier benötigt man keine konvergenzerzeugenden Summanden. Wir erinnern an die expliziten Formeln (I.11.2.3)

$$\frac{\pi^2}{\sin^2 \pi z} = \sum_{-\infty}^{\infty} \frac{1}{(z-\nu)^2}, \quad \pi^3 \frac{\cot \pi z}{\sin^2 \pi z} = \sum_{-\infty}^{\infty} \frac{1}{(z+\nu)^3}.$$

2) Die Cotangensreihe

$$\pi \cot \pi z = \varepsilon_1(z) = \frac{1}{2} + \sum_{-\infty}^{\infty}{}' \left(\frac{1}{z+\nu} - \frac{1}{\nu} \right)$$

ist die kanonische Reihe zur Hauptteil-Verteilung $(-\nu, 1/(z+\nu))_{\nu \in \mathbb{Z}}$, hier gilt $k = 0$.

3) Die Reihe

$$\frac{\Gamma'(z)}{\Gamma(z)} = -\gamma - \frac{1}{z} - \sum_{\nu=1}^{\infty}{}' \left(\frac{1}{z+\nu} - \frac{1}{\nu} \right), \quad \text{vgl. Satz 2.1}$$

ist, wenn man vom Term $-\gamma$ absieht, die *kanonische* Reihe zur Hauptteil-Verteilung $(-\nu, -1/(z+\nu))_{\nu \geq 0}$. Wieder gilt $k = 0$.

4) Die EISENSTEIN-WEIERSTRASS-Reihe

$$\wp(z) := \frac{1}{z^2} + \sum_{\omega \neq 0} \left(\frac{1}{(z+\omega)^2} - \frac{1}{\omega^2} \right)$$

ist die *kanonische* Reihe zur Hauptteil-Verteilung $(-\omega, 1/(z+\omega)^2)_{\omega \in \Omega}$, wo ein Ω ein Gitter in $\mathbb{C}$ bezeichnet, vgl. Abschnitt 3.2.4. Auch hier gilt $k = 0$.   □

Diese Beispiele waren wohlbekannt, bevor MITTAG-LEFFLER seinen Satz bewies. Der Satz zeigt, dass allen vier Beispielen dasselbe Konstruktionsprinzip zugrundeliegt.

6.1.6 Historisches zum Satz von Mittag-Leffler für $\mathbb{C}$.

Im Anschluss an die 1876 von WEIERSTRASS veröffentlichten Untersuchungen [269, 77–124] hat MITTAG-LEFFLER 1876/77 seinen Satz für den Fall, dass alle Hauptteile endlich sind, in schwedischer Sprache in den Berichten der Königlichen Akademie der Wissenschaften zu Stockholm veröffentlicht, vgl. [173, S. 20 u. 21]. WEIERSTRASS vereinfachte 1880 in seiner Note [269, 189-199], den Beweis wesentlich durch Einführung der Taylorpolynome als konvergenzerzeugende Summanden; in dieser Arbeit stellt WEIERSTRASS auch den von MITTAG-LEFFLER 1877 bewiesenen Satz über die Partialbruchzerlegung besonders heraus (vgl. S. 194/5).

„Es lässt sich also jede eindeutige analytische Function $f(x)$, für die im Endlichen keine wesentliche singuläre Stelle existirt, als eine Summe von rationalen Functionen der Veränderlichen x dergestalt ausdrücken, dass jede dieser Functionen im Endlichen höchstens eine Unendlichkeits-Stelle hat."

Die Herleitung des WEIERSTRASSschen Produktsatzes für $\mathbb{C}$ aus dem MITTAG-LEFFLERschen Satz für $\mathbb{C}$ mittels Integration logarithmischer Ableitungen teilte HERMITE 1880 MITTAG-LEFFLER brieflich mit, [115, insbes. 48–52]. Diese Beweisführung fand zu Anfang dieses Jahrhunderts Eingang in die Lehrbücher. Über solches Vorgehen entrüstet sich 1915 A. PRINGSHEIM [219, S. 388]: „Wenn nun aber einige Lehrbücher sich so weit von der WEIERSTRASSschen Methode entfernen, dass sie den fraglichen Satz als Folgerung (!) aus dem MITTAG-LEFFLER-Satze durch logarithmische Integration herleiten (und zwar dieses Verfahren nicht etwa nur in Form einer gelegentlichen, ja sehr nahe liegenden Bemerkung, sondern als einzigen und maßgebenden Beweis mitteilen), so dürfte diese Art, die Dinge auf den Kopf zu stellen, wohl von niemanden gebilligt werden, der in der Mathematik etwas anderes sieht, als eine regellose Anhäufung mathematischer Resultate." Interessante Einzelheiten zur Ideengeschichte des Mittag-Lefflerschen Satzes findet man in Y. DOMARs Artikel [55].

6.2 Satz von Mittag-Leffler für beliebige Bereiche

Mit D wird wie immer ein Bereich in $\mathbb{C}$ bezeichnet. Das Ziel ist, zu jeder Hauptteil-Verteilung in D MITTAG-LEFFLER-Reihen in D zu konstruieren. Es werden nur Hauptteil-Verteilungen (d_ν, q_ν) mit unendlichem Träger betrachtet.

Im Abschnitt 6.2.1 werden zunächst MITTAG-LEFFLER-Reihen für spezielle Hauptteil-Verteilungen angegeben. Im Satz 6.8 wird der allgemeine Fall behandelt.

6.2.1 Spezielle Hauptteil-Verteilungen. Wir zeigen vorab:

Es sei $q(z) \in \mathcal{O}(\mathbb{C}\backslash\{d\})$ ein Hauptteil in $d \in \mathbb{C}$, und es sei $c \in \mathbb{C}\backslash\{d\}$. Dann hat q im Kreisring $\{z \in \mathbb{C} : |z - c| > |d - c|\}$ um c eine LAURENTentwicklung der Form $\sum\limits_{\mu=-1}^{\infty} a_\mu(z - c)^\mu$.

Beweis. Die Koeffizienten a_μ der LAURENT-Reihe von q im angegebenen Kreisring genügen für alle $\rho > |d - c|$ den CAUCHYschen Ungleichungen

$$\rho^\mu|a_\mu| \leq M(\rho) := \max\{|q(z)| : z \in \partial B_\rho(c)\}, \quad \mu \in \mathbb{Z}.$$

Da $\lim\limits_{\rho\to\infty} M(\rho) = 0$ wegen $\lim\limits_{z\to\infty} q(z) = 0$ (vgl. Abschnitt 6.1.1), so folgt $a_\mu = 0$ für alle $\mu \geq 0$.   □

Wir nennen $g_k(z) := \sum\limits_{\mu=-1}^{-k} a_\mu(z - c)^\mu \in \mathcal{O}(\mathbb{C}\backslash\{c\})$ den k-ten LAURENT-Term *von q um c.* Wir werden sehen, dass in speziellen Situationen solche LAURENT-Terme als konvergenzerzeugende Summanden für MITTAG-LEFFLER-Reihen dienen können.

Es sei $(d_\nu, q_\nu)_{\nu \geq 1}$ eine Hauptteil-Verteilung in D mit Träger T. Wie in Abschnitt 4.1.2 bezeichne $T' := \overline{T} \backslash T$ die in $\mathbb{C}$ abgeschlossene Menge aller Häufungspunkte von T in $\mathbb{C}$. Dann lässt sich $(d_\nu, q_\nu)_{\nu \geq 1}$ in natürlicher Weise als Hauptteil-Verteilung im Bereich $\mathbb{C} \backslash T' \supset D$ auffassen.

Satz 6.7. *Es gebe eine Folge* $(c_\nu)_{\nu \geq 1}$ *in* T' *mit* $\lim |d_\nu - c_\nu| = 0$. *Es bezeichne* $g_{\nu k}$ *den k-ten* LAURENT*term von* q_ν *um* c_ν. *Dann existieren (viele) Folgen* $(k_\nu)_{\nu \geq 1}$ *natürlicher Zahlen, so dass* $\sum\limits_{\nu=1}^{\infty} (q_\nu - g_{\nu k_\nu})$ *eine* MITTAG-LEFFLER-*Reihe zu* $(q_\nu, d_\nu)_{\nu \geq 1}$ *in* $\mathbb{C} \backslash T'$ *ist.*

Beweis. Da die Folge $(g_{\nu k})_{k \geq 0}$ in $\{z \in \mathbb{C} : |z - c_\nu| \geq 2 |d_\nu - c_\nu|\}$ gleichmäßig gegen q_ν konvergiert, so gibt es zu jedem $\nu \geq 1$ ein $k_\nu \in \mathbb{N}$, so dass

$$|q_\nu(z) - g_{\nu k_\nu}(z)| \leq 2^{-\nu} \text{ für alle } z \in \mathbb{C} \text{ mit } |z - c_\nu| \geq 2|d_\nu - c_\nu|.$$

Sei nun K ein Kompaktum in $\mathbb{C} \backslash \overline{T}$. Wegen $d(K, \overline{T}) > 0$ und $\lim |d_\nu - c_\nu| = 0$ gibt es ein $n(K)$, so dass für alle $\nu \geq n(K)$ gilt:

$$K \subset \{z \in \mathbb{C} : |z - c_\nu| \geq 2|d_\nu - c_\nu|\}, \text{ also } \sum_{\nu \geq n(K)} |q_\nu - g_{\nu k_\nu}|_K \leq \sum 2^{-\nu} < \infty.$$

Dies beweist die normale Konvergenz der Reihe in $\mathbb{C} \backslash \overline{T}$. Da $g_{\nu k_\nu}$ in $\mathbb{C} \backslash \{c_\nu\} \supset \mathbb{C} \backslash T'$ holomorph ist, so ist $\sum (q_\nu - g_{\nu k_\nu})$ eine MITTAG-LEFFLER-Reihe zu $(d_\nu, q_\nu)_{\nu \geq 1}$ in $\mathbb{C} \backslash T'$. □

Allgemeiner Satz von Mittag-Leffler 6.8. *Es sei* D *irgendein Bereich in* $\mathbb{C}$. *Dann existieren zu jeder Hauptteil-Verteilung* φ *in* D *mit Träger* T MITTAG-LEFFLER-*Reihen in* $\mathbb{C} \backslash T'$.

Beweis. (Analog wie der Beweis des allgemeinen Produktsatzes 4.4.) Wir fassen φ als Hauptteilverteilung in $\mathbb{C} \backslash T'$ auf und nehmen $T' \neq \emptyset$ an. Die Mengen T_1 und T_2 seien wie im Hilfssatz 4.8 (mit $A := T$) definiert. Da $T_1' = \emptyset$, $T_2' = T$ und da T_1 bzw. T_2 lokal endlich in $\mathbb{C}$ bzw. $\mathbb{C} \backslash T'$ ist, so wird durch

$$\varphi_j(z) := \varphi(z) \text{ für } z \in T_j, \quad \varphi_j(z) := 0 \text{ sonst } j = 1, 2$$

eine Hauptteil-Verteilung φ_1 bzw. φ_2 in $\mathbb{C}$ bzw. $\mathbb{C} \backslash T'$ mit Träger T_1 bzw. T_2 gegeben. Da $T_1 \cap T_2 = \emptyset$, so gilt $\varphi = \varphi_1 + \varphi_2$ in $\mathbb{C} \backslash T'$. Nach Satz 6.4 gibt es eine MITTAG-LEFFLER-Reihe $\sum (q_{1\nu} - g_{1\nu})$ zu φ_1 in $\mathbb{C}$. Da alle Mengen $T_2(\varepsilon) = \{z \in T_2 : d(T_2', z) \geq \varepsilon\}$, $\varepsilon > 0$, endlich sind, gibt es nach Satz 4.5 und Satz 6.7 eine MITTAG-LEFFLER-Reihe $\sum (q_{2\nu} - g_{2\nu})$ zu φ_2 in $\mathbb{C} \backslash T'$. Aus der in $\mathbb{C} \backslash \overline{T}$ normal konvergenten Summe $\sum (q_{1\nu} - g_{1\nu}) + \sum (q_{2\nu} - g_{2\nu})$ lässt sich nun durch Umordnung der Reihenglieder (auf mannigfache Weise) eine MITTAG-LEFFLER-Reihe zu φ in $\mathbb{C} \backslash T'$ bilden. □

Bemerkung. Auch der zweite Beweis aus Abschnitt 4.1.4 lässt sich als Vorbild für einen Beweis nehmen. Man arbeitet wieder mit der Abbildung $v(z) = (z-a)^{-1}$ und zeigt zunächst:

Ist q ein Hauptteil in $d \neq a$, so ist $\widehat{q} := q \circ v^{-1} - q(a)$ ein Hauptteil in $v(d)$. (6.1)

Daher ist $(\widehat{d}, \widehat{q})_{\nu \geq 1}$ mit $\widehat{d}_\nu := v(d_\nu)$, $\widehat{q}_\nu := q_\nu \circ v^{-1} - q_\nu(a)$ die vermöge v nach $\mathbb{C} \setminus v(T')$ gebrachte Hauptteil-Verteilung. Wegen Satz 4.6 und Satz 6.7 gibt es in $\mathbb{C} \setminus v(T')$ eine zugehörige MITTAG-LEFFLER-Reihe

$$\sum (\widehat{q}_\nu - \widehat{g}_\nu), \quad \text{wobei } \widehat{g}_\nu \in \mathcal{O}(\mathbb{C} \setminus v(T')) \quad \text{mit } \lim_{w \to \infty} \widehat{g}_\nu(w) = 0.$$

Man zeigt nun, dass $g_\nu := \widehat{g}_\nu \circ v + q_\nu(a)$ in $\mathbb{C} \setminus T'$ holomorph ist. Wegen (6.1) gilt $q_\nu - g_\nu = (\widehat{q}_\nu - \widehat{g}_\nu) \circ v$; damit folgt, dass $\sum(q_\nu - g_\nu)$ eine gesuchte MITTAG-LEFFLER-Reihe in $\mathbb{C} \setminus T'$ ist. Der Leser führe die Einzelheiten aus.

Einen dritten Beweis mittels RUNGE-Theorie geben wir in Abschnitt 13.1.1.

6.2.2 Folgerungen. Wir notieren als erstes

Existenzsatz 6.9. *Jede Hauptteil-Verteilung in einem beliebigen Bereich $D \subset \mathbb{C}$ mit Träger T ist die Hauptteil-Verteilung einer in $D \setminus T$ holomorphen Funktion.*

Jede Verteilung von endlichen Hauptteilen in D ist die Hauptteil-Verteilung einer in D meromorphen Funktion.

Satz über Partialbruchzerlegung meromorpher Funktionen 6.10.
Jede in $D \subset \mathbb{C}$ meromorphe Funktion ist darstellbar durch eine Partial-bruchreihe, d.h. durch eine in D normal konvergente Reihe $\sum h_\nu$ von in D meromorphen Funktionen h_ν, wobei jede Funktion h_ν in D höchstens einen Pol hat.

Durch Kombination des allgemeinen Produktsatzes 4.5 mit dem allgemeinen MITTAG-LEFFLERschen Satz erhalten wir den folgenden

Anschmiegungssatz von Mittag-Leffler 6.11. *Es sei T lokal endlich in D. Zu jedem Punkt $d \in T$ sei eine in $\mathbb{C} \setminus T$ konvergente Reihe $v_d(z) = \sum\limits_{-\infty}^{n_d} a_{d\nu}(z-d)^\nu$ vorgegeben, wobei $n_d \in \mathbb{N}$. Dann existiert eine in $D \setminus T$ ho-lomorphe Funktion h, deren LAURENT-Entwicklung um d die Funktion v_d als „Abschnitt" hat, d.h. es gilt $o_d(h - v_d) > n_d$ für alle $d \in T$.*

Beweis. Es sei $f \in \mathcal{O}(D)$ so gewählt, dass $n_d < o_d(f) < \infty$ für alle $d \in T$. Wir betrachten in D die Hauptteil-Verteilung $(d, q_d)_{d \in T}$ mit Träger T, wo q_d der Hauptteil von v_d/f in d ist. Es sei $g \in \mathcal{O}(D \setminus T)$ eine Lösung dieser Verteilung. Dann ist $h := f \cdot g$ eine gesuchte Funktion.

Zunächst ist klar, dass h in $D\backslash T$ holomorph ist. Um $d \in T$ sind

$$p_d := g - q_d \quad \text{und} \quad r_d := (v_d/f) - q_d$$

holomorph. Da offensichtlich um $d \in T$ die Gleichung

$$h = f \cdot (p_d + q_d) = f \cdot (v_d/f + p_d - r_d) = v_d + f \cdot (p_d - r_d)$$

besteht, und da $p_d - r_d$ holomorph um d ist, folgt $o_d(h - v_d) > n_d$ für alle $d \in T$. □

Ein Spezialfall des Anschmiegungssatzes ist der

Interpolationssatz für holomorphe Funktionen 6.12. *Es sei T lokal endlich in D; jedem Punkt $d \in T$ sei ein Polynom $p_d(z) = \sum_0^{n_d} a_{d\nu}(z - d)^\nu$ zugeordnet. Dann gibt es eine in D holomorphe Funktion f, deren* TAYLOR-*Entwicklung um d mit dem Polynom p_d beginnt, $d \in T$.*

Dieser Satz besagt für $D = \mathbb{C}$ insbesondere, dass es stets ganze Funktionen gibt, die auf einer Folge $d_1, d_2, \ldots$ ohne Häufungspunkte in $\mathbb{C}$ willkürlich vorgegebene Werte $w_1, w_2, \ldots$ haben. Diese Aussage verallgemeinert den LA-GRANGEschen Interpolationssatz, der bekanntlich aussagt, dass es zu n verschiedenen Punkten $d_1, \ldots, d_n$ und n beliebigen Zahlen $w_1, \ldots, w_n$ (stets genau) ein Polynom $p(z)$ vom Grad $\leq n - 1$ mit $p(d_\nu) = w_\nu$ gibt, $1 \leq v \leq n$; nämlich (LAGRANGEsche Interpolationsformel)

$$p(z) = \sum_{\nu=1}^n w_\nu \prod_{\mu \neq \nu} (z - d_\nu)/(d_\nu - d_\mu).$$

Aufgabe. Sei $(a_\nu)_{\nu \geq 0}$ eine Folge paarweise verschiedener komplexer Zahlen mit $a_0 = 0$ und $\lim a_\nu = \infty$. Es sei $f \in \mathcal{O}(\mathbb{C})$ nullstellenfrei in $\mathbb{C}\backslash\{a_0, a_1, \ldots\}$, und es gelte $o_{a_\nu}(f) = 1$ für alle ν. Dann gibt es zu jeder Folge $(b_\nu)_{\nu \geq 0}, b_\nu \in \mathbb{C}$, eine Folge $(n_\nu)_{\nu \geq 0}$ mit $n_\nu \in \mathbb{N}$, so dass die Reihe

$$\frac{b_0 f(z)}{z f'(0)} + \sum_{\nu=1}^\infty \frac{b_\nu f(z)}{f'(a_\nu)(z - a_\nu)} \left(\frac{z}{a_\nu}\right)^{n_\nu}$$

in $\mathbb{C}$ normal gegen eine Funktion $F \in \mathcal{O}(\mathbb{C})$ konvergiert. Es gilt $F(a_\nu) = b_\nu$ für $\nu \geq 0$.

6.2.3 Historisches zum allgemeinen Satz von Mittag-Leffler.

Satz 6.8 wurde 1884 von MITTAG-LEFFLER angegeben [173, S. 8]. Seit 1876 hatte er sich auf Anregung von WEIERSTRASS mit diesen Fragen beschäftigt und mehrere Arbeiten dazu in schwedischer bzw. französischer Sprache publiziert. Y. DOMAR [55, S. 10] schreibt: „The extensive paper [173] is the final summing-up of MITTAG-LEFFLERs theory... The paper is rather circumstantial, with much repetition in the argumentation, and when reading it one is annoyed that MITTAG-LEFFLER is so parsimonious with credits to other researchers in the field, Schering, Schwarz, Picard, Guichard, yes, even Weierstrass. But as a whole, the exposition is impressive, showing MITTAG-LEFFLERs mastering of the subject."

In [173] wird auch der Anschmiegungssatz für den Fall endlicher Hauptteile behandelt, vgl. S. 43 und 53/54; unser eleganter Beweis findet sich 1930 bei H. CARTAN, [44, 114–131]. Die Arbeit [173], in der bereits Begriffsbildungen von G. CANTOR vorkommen, hat das hohe Ansehen MITTAG-LEFFLERs in der mathematischen Welt mitbegründet (vgl. seine Kurzbiographie S. 353). Die Resultate übten sofort einen großen Einfluss aus, so schrieb D. RUNGE seine richtungsweisende Arbeit zur Approximationstheorie unter dem Eindruck dieser MITTAG-LEFFLERschen Arbeit (vgl. Abschnitt 13.1.4 und Runges Kurzbiographie S. 355).

H. BEHNKE und K. STEIN haben 1948 mit Methoden aus der Funktionentheorie mehrerer Veränderlichen gezeigt, dass Satz 6.8 und damit die Folgerungen in 6.8 wörtlich richtig bleiben, wenn man anstelle von Bereichen in $\mathbb{C}$ beliebige nichtkompakte RIEMANNsche Flächen zulasst, vgl. [10, Satz 1, S. 156]; der Anschmiegungssatz findet sich am Schluss dieser Arbeit als Hilfssatz C.

6.2.4 Ausblicke auf mehrere Veränderliche.

In seiner bereits in 4.2.4 erwähnten Arbeit [49] hat COUSIN den MITTAG-LEFFLERschen Satz auf Zylindergebiete im $\mathbb{C}^n$ übertragen. Wie beim Produktsatz entstehen bereits wieder Schwierigkeiten bei der Formulierung des Problems: der Begriff der Hauptteil-Verteilung muss anders gefasst werden, da die Polstellen meromorpher Funktionen nicht mehr isoliert liegen, sondern – wie die Nullstellen – reell $(2n-2)$-dimensionale Flächen bilden; überdies können Pol-und Nullstellenflächen sich noch schneiden, wie z.B. bei der Funktion w/z.

Es stellte sich nun überraschend heraus, dass die Situation trotz dieser Komplikationen angenehmer ist als bei der Übertragung des WEIERSTRASSschen Produktsatzes, vgl. 4.2.4. *Es treten keine topologischen Hindernisse auf!* Zunächst bemerkte H. CARTAN 1934, dass ein Gebiet im $\mathbb{C}^2$, für das der Satz von MITTAG-LEFFLER gilt, notwendig ein Holomorphiegebiet ist, [44, S. 472]; ein Beweis hierfür wurde 1937 von H. BEHNKE und K. STEIN mitgeteilt, [9, S. 183/4]. Im gleichen Jahr konnte K. OKA beweisen, dass der MITTAG-LEFFLERsche Satz für *alle* Holomorphiegebiete im $\mathbb{C}^n$ gilt, [189]. Schließlich zeigten 1953 H. CARTAN und J.-P. SERRE – wiederum mit garbentheoretischen und cohomologischen Methoden – dass es in jedem STEINschen Raum zu vorgegebenen Hauptteil-Verteilungen immer meromorphe Funktionen gibt, [45, S. 679]. Präzisierungen dieser Aussagen findet der Leser in [95, insb. S. 140–142]; weitere historische Einzelheiten stehen in der Monographie [11].

6.3 Idealtheorie in Ringen holomorpher Funktionen

> Der Weierstraßsche Produktsatz lehrt uns,
> dass in den Bereichen der z-Ebene alle
> [endlich erzeugten] Ideale Hauptideale sind.
> (H. BEHNKE, 1940).

Bekanntlich heißt eine Teilmenge $\mathfrak{a} \neq \emptyset$ eines kommutativen Ringes R mit Einselement 1 ein *Ideal* in R, wenn für alle $a, b \in \mathfrak{a}$ und alle $r, s \in R$ gilt $ra + sb \in \mathfrak{a}$. Ist $M \neq \emptyset$ irgendeine Teilmenge von R, so ist die Menge aller endlichen Linearkombinationen $\sum r_\nu f_\nu$, $r_\nu \in R$, $f_\nu \in M$, ein Ideal in R mit M als *Erzeugendensystem*. Ideale $\mathfrak{a}$, die ein endliches Erzeugendensystem $\{f_1, \ldots, f_n\}$ besitzen, heißen *endlich erzeugbar*, man schreibt dann suggestiv $\mathfrak{a} = Rf_1 + \cdots + Rf_n$. Ideale der Form Rf heißen Hauptideale. Ein Ring R heißt *noethersch* bzw. ein *Hauptidealring*, wenn jedes Ideal in R endlich erzeugbar bzw. ein Hauptideal ist.

Ein Ziel dieses Paragraphen ist es u.a. zu zeigen, dass im Ring $\mathcal{O}(G)$ aller in einem Gebiet $G \subset \mathbb{C}$ holomorphen Funktionen jedes endlich erzeugbare Ideal ein Hauptideal ist 6.3.3. Hilfsmittel sind ein Lemma von WEDDERBURN 6.3.2 und der Satz 4.14 über die Existenz des ggT; damit bilden MITTAG-LEFFLER-Reihen und WEIERSTRASS-Produkte die Grundlage für die Idealtheorie in $\mathcal{O}(G)$.

6.3.1 Nicht endliche erzeugbare Ideale in $\mathcal{O}(G)$. Es sei A eine *unendliche*, lokal endliche Menge in G. Die Menge

$$\mathfrak{a} := \{f \in \mathcal{O}(G) : f \text{ verschwindet } fast \text{ überall auf } A\},$$

ist ein Ideal in $\mathcal{O}(G)$. Sind $f_1, \ldots, f_n$ beliebige Funktionen aus $\mathfrak{a}$, so besteht ihre gemeinsame Nullstellenmenge wieder aus fast allen Punkten von A. Da es nach dem Existenzsatz 4.9 zu jedem Punkt $a \in A$ ein $f \in \mathfrak{a}$ mit $f(a) \neq 0$ gibt, so ist das Ideal $\mathfrak{a}$ nicht endlich erzeugbar. Damit ist gezeigt:

Kein Ring $\mathcal{O}(G)$ ist noethersch, insbesondere ist $\mathcal{O}(G)$ niemals ein Hauptidealring.

Aufgabe. Es sei $G := \mathbb{C}$ und es bezeichne $\mathfrak{a}$ das von den Funktionen

$$\sin \pi z \cdot \prod_{\nu=-n}^{n} (z - \nu)^{-1} \in \mathcal{O}(\mathbb{C}), \quad n \in \mathbb{N},$$

erzeugte Ideal in $\mathcal{O}(\mathbb{C})$. Ist $\mathfrak{a}$ endlich erzeugbar?

Die Idealtheorie der Ringe $\mathcal{O}(G)$ ist auf Grund des eben Bewiesenen notwendig komplizierter als die Idealtheorie von $\mathbb{Z}$ bzw. $\mathbb{Z}[i]$ bzw. von Polynomringen $\mathbb{C}[X_1, \ldots, X_n]$ in endlich vielen Unbestimmten. Nichtsdestoweniger werden wir sehen, dass $\mathcal{O}(G)$ eine interessante idealtheoretische Struktur hat. Ausgangspunkt ist ein Lemma von WEDDERBURN.

6.3.2 Lemma von Wedderburn (Darstellung der Eins).

Lemma 6.13 (Lemma von Wedderburn). *Es seien u, v zwei in G teilerfremde holomorphe Funktionen. Dann besteht eine Gleichung*

$$au + bv = 1 \quad \text{mit Funktionen} \quad a, b \in \mathcal{O}(G).$$

Beweis. Wir dürfen $uv \neq 0$ annehmen. Da $N(u) \cap N(v) = \emptyset$ wegen $1 = \mathrm{ggT} \{u, v\}$, so ist die Polstellenmenge von $1/uv$ die *disjunkte* Vereinigung der Polstellenmengen von $1/u$ und $1/v$. Durch Umordnung einer (normal konvergenten) Partialbruchreihe für $1/uv$ (man benötigt hier Satz 6.6) lässt sich also erreichen:

$$1/uv = a_1 + b_1, \quad a_1, b_1 \in \mathcal{M}(G),$$

wobei a_1 bzw. b_1 nur in den Punkten c von $N(v)$ bzw. $N(u)$ Pole der Ordnung $-o_c(v)$ bzw. $-o_c(u)$ hat. Dann sind $a := v a_1$ und $b := u b_1$ holomorph in G, und es folgt $au + bv = 1$.

Historische Notiz. Das eben bewiesene Lemma hat J.H.M. WEDDERBURN im Jahre 1915 publiziert; wir haben hier seinen in der Literatur kaum bekannten eleganten Beweis wiedergegeben, [267, S. 329]. Der Trick, die Polstellenmenge einer meromorphen Funktion h in zwei disjunkte Mengen P_1, P_2 zu zerlegen und dann eine MITTAG-LEFFLERsche Reihe zu h als Summe $h_1 + h_2$ zweier solcher Reihen mit $P(h_1) = P_1$ und $P(h_2) = P_2$ zu schreiben, wurde in anderem Zusammenhang bereits 1897 von A. HURWITZ benutzt. [125, S. 457].

Das Lemma von WEDDERBURN kommt 1940 implizit bei O. HELMER wieder vor für $G = \mathbb{C}$, [112, S. 351/2]; er betrachtet ganze Funktionen mit Koeffizienten in einem fest vorgegebenen Unterkörper von $\mathbb{C}$. HELMER kennt die WEDDERBURNsche Arbeit nicht. $\square$

Wir geben einen zweiten Beweis des WEDDERBURNschen Lemmas mit Hilfe des MITTAG-LEFFLERschen Anschmiegungssatzes, der sogar ein Verschärfung liefert: *Sind $u, v \in \mathcal{O}(G)$ teilerfremd, so gibt es Funktionen $a, b \in \mathcal{O}(G)$, so dass gilt:*

$$au + bv = 1, \quad a \text{ ist nullstellenfrei in } G.$$

Beweis. Falls $v \equiv 0$, so setze man $a := 1/u$, $b := 0$. Sei $v \not\equiv 0$. Es genügt zu zeigen, dass es Funktionen $\lambda, h \in \mathcal{O}(G)$ mit $u - \lambda v = e^h$ gibt, denn dann leisten $a := e^{-h}$, $b := -\lambda e^{-h}$ das Verlangte. Da $N(u) \cap N(v) = \emptyset$, so gibt es zu jedem $c \in N(v)$ eine Kreisscheibe $U_c \subset G$ um c und ein $f_c \in \mathcal{O}(U_c)$, so dass $u|U_c = e^{f_c}$. Da $N(v)$ lokal endlich in G ist, gibt es nach dem Anschmiegungssatz 6.11 ein $h \in \mathcal{O}(G)$, so dass $o_c(h - f_c) > o_c(v)$, $c \in N(v)$. Es folgt nun (man beachte, dass $o_c(e^q - 1) = o_c(q)$ immer dann, wenn q in c verschwindet):

$$o_c(u - e^h) = o_c(e^{f_c} - e^h) = o_c(e^{f_c - h} - 1) = o_c(f_c - h), \quad c \in N(v).$$

Mithin gilt $\lambda := (u - e^h)/v \in \mathcal{O}(G)$. $\square$

Der vorstehende Beweis wurde 1978 von L.A. RUBEL skizziert, der allerdings das WEDDERBURNsche Lemma verwendet. [234] Es ist i.a. nicht möglich, *beide* Funktionen a und b als nullstellenfrei zu wählen, z.B. nicht im Fall $G = \mathbb{C}$ mit $u = 1, v = z$, vgl. hierzu [234, S. 505].

Aufgabe. Man zeige, dass zu jedem $g \in \mathcal{M}(G)$ ein $f \in \mathcal{O}(G)$ existiert, so dass $f(z) \neq g(z)$ für alle $z \in G$.
Hinweis. Man gehe von einer Darstellung $g = f_1/f_2$ mit teilerfremden $f_1, f_2 \in \mathcal{O}(G)$ aus.

6.3.3 Lineare Darstellung des ggT. Hauptidealsatz.
In Abschnitt 4.2.1 haben wir gesehen, dass jede nicht leere Menge in $\mathcal{O}(G)$ einen ggT hat. Das Lemma von WEDDERBURN ermöglicht es in wichtigen Fällen, den ggT additiv darzustellen.

Satz 6.14. *Ist $f \in \mathcal{O}(G)$ ein ggT der endlich vielen Funktionen $f_1, \ldots, f_n \in \mathcal{O}(G)$, so gibt es Funktionen $a_1, \ldots, a_n \in \mathcal{O}(G)$, so dass gilt*

$$f = a_1 f_1 + a_2 f_2 + \cdots + a_n f_n.$$

Beweis. (Induktion nach n). Sei $f \neq 0$. Der Fall $n = 1$ ist klar. Sei $n > 1$ und $\widehat{f} := \text{ggT} \{f_2, \ldots, f_n\}$. Nach Induktionsannahme gilt $\widehat{f} = \widehat{a}_2 f_2 + \cdots + \widehat{a}_n f_n$ mit $\widehat{a}_2, \ldots, \widehat{a}_n \in \mathcal{O}(G)$. Da $f = \text{ggT} \{f_1 \widehat{f}\}$ nach Abschnitt 4.2.1 so sind $u := f_1/f, v := \widehat{f}/f \in \mathcal{O}(G)$ teilerfremd. Nach WEDDERBURN besteht also eine Gleichung $1 = au + bv$ mit $a, b \in \mathcal{O}(G)$. Es folgt $f = a_1 f_1 + \cdots + a_n f_n$ mit $a_1 := a, a_\nu := b\widehat{a}_\nu$ für $\nu \geq 2$. $\square$

Eine wichtige Folgerung aus dem Satz und der Existenz des ggT ist der Hauptidealsatz.

Hauptidealsatz 6.15. *Jedes endlich erzeugte Ideal $\mathfrak{a}$ in $\mathcal{O}(G)$ ist ein Hauptideal: Wird $\mathfrak{a}$ von $f_1, \ldots, f_n$ erzeugt, so gilt $\mathfrak{a} = \mathcal{O}(G)f$, wobei $f = \text{ggT} \{f_1, \ldots, f_n\}$.*

Beweis. Nach dem Satz gilt $\mathcal{O}(G)f \subset \mathfrak{a}$. Da f alle Funktionen $\{f_1, \ldots, f_n\}$ teilt, so gilt $\{f_1, \ldots, f_n\} \in \mathcal{O}(G)f$ also $\mathfrak{a} \subset \mathcal{O}(G)f$. $\square$

Der Satz und der Hauptidealsatz nebst Beweisen gelten für jeden Integritätsring R mit ggT, wenn für R die Aussage des WEDDERBURNschen Lemmas richtig ist. – Man nennt gelegentlich Integritätsringe, in denen jeweils endlich viele Elemente $\{f_1, \ldots, f_n\}$ stets einen ggT haben, *Pseudobézoutringe*, man spricht von *Bézoutringen*, wenn dieser ggT überdies eine Linearkombination der $\{f_1, \ldots, f_n\}$ ist, vgl. [29, 85–86] Exercises 20, 21. $\mathcal{O}(G)$ ist also ein *Bézoutring*.

Aufgabe. Es bezeichne A die Menge $\{\sin(2^{-n}z) : n \in \mathbb{N}\}$ in $\mathcal{O}(\mathbb{C})$. Ist das von A erzeugte Ideal in $\mathcal{O}(\mathbb{C})$ ein Hauptideal?

6.3.4 Nullstellenfreie Ideale. Ein Punkt $c \in G$ heißt *Nullstelle* eines Ideals $\mathfrak{a}$ in $\mathcal{O}(G)$, wenn $f(c) = 0$ für alle $f \in \mathfrak{a}$, d.h. wenn $\mathfrak{a} \subset \mathcal{O}(G) \cdot (z - c)$. Wir nennen $\mathfrak{a}$ *nullstellenfrei*, wenn $\mathfrak{a}$ keine Nullstelle in G hat. Ein Ideal $\mathfrak{a}$ in $\mathcal{O}(G)$ heißt *abgeschlossen*, wenn die Grenzfunktion jeder in G kompakt konvergenten Folge $f_n \in \mathfrak{a}$ wieder zu $\mathfrak{a}$ gehört.

Satz 6.16. *Für jedes abgeschlossene, nullstellenfreie Ideal $\mathfrak{a}$ in $\mathcal{O}(G)$ gilt $\mathfrak{a} = \mathcal{O}(G)$.*

Zum Beweis benötigen wir eine Kürzungsregel.

Kürzungsregel 6.17. *Es sei $\mathfrak{a}$ ein Ideal in $\mathcal{O}(G)$, das im Punkt $c \in G$ keine Nullstelle hat. Es seien $f, g \in \mathcal{O}(G)$, wobei f in G höchstens in c verschwindet, es gelte $fg \in \mathfrak{a}$. Dann gilt bereits $g \in \mathfrak{a}$.*

Beweis. Man wähle ein $h \in \mathfrak{a}$ mit $h(c) \neq 0$. Sei $n := o_c(f)$. Falls $n \geq 1$, so gilt

$$\frac{f}{z - c} \cdot g = -\frac{1}{h(c)} \left[\frac{h(z) - h(c)}{z - c} \cdot fg - \frac{fg}{z - c} h \right] \in \mathfrak{a}.$$

n-fache Anwendung gibt $[f/(z - c)^n] \cdot g \in \mathfrak{a}$. Da $f/(z - c)^n$ invertierbar in $\mathcal{O}(G)$ ist, folgt $g \in \mathfrak{a}$.

Der Beweis des Satzes geht nun wie folgt: Sei $f \in \mathfrak{a}$, $f \neq 0$. Sei $\prod f_\nu$ eine Faktorisierung von f, wobei $f_\nu \in \mathcal{O}(G)$ genau eine Nullstelle c_ν in G hat. Dann konvergiert die Folge $\widehat{f_\nu} := \prod_{\nu \geq n} f_\nu \in \mathcal{O}(G)$ in G kompakt gegen 1 (vgl. Abschnitt 1.2.2). Es gilt $\widehat{f_n} = f_n \widehat{f_{n+1}}$.

Da $\widehat{f_0} = f \in \mathfrak{a}$, und da f_n in $G\backslash\{c_n\}$ nullstellenfrei ist, so folgt (induktiv) nach der Kürzungsregel $\widehat{f_\nu} \in \mathfrak{a}$ für alle $n \geq 0$. Da $\mathfrak{a}$ abgeschlossen ist, folgt $1 \in \mathfrak{a}$, also $\mathfrak{a} = \mathcal{O}(G)$. □

Die Voraussetzung des Abgeschlossenheit von $\mathfrak{a}$ ist wesentlich für die Gültigkeit des Satzes: die im Abschnitt 6.3.1 angegebenen Ideale sind nullstellenfrei, aber nicht endlich erzeugbar und also auch nicht abgeschlossen.

Aufgabe. Es sei $\mathfrak{a} \neq \mathcal{O}(G)$ ein nullstellenfreies Ideal in $\mathcal{O}(G)$. Man zeige, dass jede Funktion $f \in \mathfrak{a}$ unendliche viele Nullstellen in G hat.

6.3.5 Hauptsatz der Idealtheorie für $\mathcal{O}(G)$.

Satz 6.18. *Folgende Aussagen über ein Ideal $\mathfrak{a} \subset \mathcal{O}(G)$ sind äquivalent:*

i) $\mathfrak{a}$ ist endlich erzeugt.
ii) $\mathfrak{a}$ ist ein Hauptideal.
iii) $\mathfrak{a}$ ist abgeschlossen.

Beweis. i) $\Rightarrow$ ii) Hauptidealsatz; ii): $\Rightarrow$ i): trivial.

ii) $\Rightarrow$ iii): Sei $\mathfrak{a} = \mathcal{O}(G)f \neq 0$, sei $g_n = a_n f \in \mathfrak{a}$ eine Folge, die kompakt gegen $g \in \mathcal{O}(G)$ konvergiert. Dann konvergiert $a_n = g_n/f$ in $G \backslash N(f)$ kompakt, und also nach dem verschärften WEIERSTRASSschen Konvergenzsatz sogar in G kompakt gegen eine Funktion $a \in \mathcal{O}(G)$, (vgl. I.8.5.4). Es folgt $g = af \in \mathfrak{a}$.

iii) $\Rightarrow$ ii): Nach Satz 4.2.1 hat $\mathfrak{a}$ in $\mathcal{O}(G)$ einen größten gemeinsamen Teiler f. Dann ist $a' := f^{-1}\mathfrak{a}$ ein nullstellenfreies Ideal in $\mathcal{O}(G)$. Mit $\mathfrak{a}$ ist auch a' abgeschlossen, nach 6.16 gilt daher: $\mathfrak{a}' = \mathcal{O}(G)$. Es folgt $\mathfrak{a} = \mathcal{O}(G)f$.   □

Korollar 6.19. *Folgende Aussagen über ein Ideal $\mathfrak{m} \subset \mathcal{O}(G)$ sind äquivalent:*

i) $\mathfrak{m}$ ist abgeschlossen und ein maximales Ideal in $\mathcal{O}(G)$.[1]
ii) Es gibt einen Punkt $c \in G$, so dass $\mathfrak{m} = \{f \in \mathcal{O}(G) : f(c) = 0\}$.
iii) Es gibt einen Charakter $\mathcal{O}(G) \to \mathbb{C}$, dessen Kern $\mathfrak{m}$ ist.

Beweis. Der Leser führe den Beweis aus und mache sich überdies klar, dass es überabzählbar viele maximale Ideale in $\mathcal{O}(G)$ gibt, die nicht abgeschlossen sind.   □

Man wird meinen, dass im Fall *nicht abgeschlossener maximaler Ideale* $\mathfrak{m}$ in $\mathcal{O}(G)$ die Restklassenkörper $\mathcal{O}(G)/\mathfrak{m}$ kompliziert sind. Indessen hat M. HENDRIKSEN 1951 (für $G = \mathbb{C}$) mit transfiniten Methoden gezeigt, dass $\mathcal{O}(G)/\mathfrak{m}$ als Körper stets zu $\mathbb{C}$ isomorph ist, [114, S. 183]; diese Isomorphismen sind extrem pathologisch.

Alle in diesem Paragraphen gewonnenen Ergebnisse bleiben richtig, wenn man anstelle von Gebieten in $\mathbb{C}$ beliebige nicht kompakte RIEMANNsche Flächen zulässt. Da nämlich die Sätze von WEIERSTRASS und MITTAG-LEFFLER in dieser Situation zur Verfügung stehen (vgl. Abschnitte 4.2.4 und 6.2.3) so hat man das WEDDERBURNsche Lemma und die Existenz eines ggT für beliebige nichtkompakte RIEMANNsche Flächen zur Verfügung, so dass man analog wie für Gebiete schließen kann.

---

[1] Ein Ideal $\mathfrak{m} \neq R$ eines Ringes heißt *maximal*, wenn R das einzige $\mathfrak{m}$ echt umfassende Ideal von R ist. Mit Hilfe des ZORNschen Lemmas zeigt man, dass jedes Ideal $\mathfrak{a} \neq R$ in einem maximalen Ideal enthalten ist.

6.3.6 Historisches zur Idealtheorie holomorpher Funktionen. Die Idealtheorie der Ringe $\mathcal{O}(G)$ ist erst relativ spät im 20. Jahrhundert entstanden. Die Mathematiker des 19. und des frühen 20. Jahrhunderts haben sich dafür nicht interessiert. R. DEDEKIND beherrschte zwar bereits 1871 souverän die Idealtheorie der Ringe ganz-algebraischer Zahlen, (vgl. sein berühmtes Supplement zur 2. Auflage von Dirichlets „Vorlesungen über Zahlentheorie", siehe auch DEDEKINDs Gesammelte Mathematische Werke, Bd. 3, S. 396–407). Doch selbst ein großer Algebraiker wie WEDDERBURN, der gewiss die DEDEKINDsche Theorie kannte, und der mit seinem Lemma bereits 1912 den Schlüssel zur Idealtheorie in beliebigen Gebieten $G \subset \mathbb{C}$ besaß, sagte nichts zur Idealtheorie: sein Ziel war – wie auch der Titel seiner Arbeit [267] andeutet – Normalformen für holomorphe Matrizen zu gewinnen (vgl. hierzu auch [181, S. 139 ff]). Es musste erst Emmy NOETHER kommen – der man übrigens den Satz zuschreibt: „Es steht alles schon bei DEDEKIND"–, bevor auch die Idealtheorie von nicht DEDEKINDschen Ringen Beachtung fand.

Die Idealtheorie des Ringes $\mathcal{O}(\mathbb{C})$ wurde erstmals 1940 von O. HELMER behandelt. HELMER lässt Unterkörper von $\mathbb{C}$ zu. Er beweist zunächst die Bemerkung von HURWITZ `Abschnitt 3.2.5) ohne sich auf HURWITZ zu berufen, [112, S. 346]. Helmers Hauptresultat ist, dass endlich erzeugte Ideale Hauptideale sind, [112, S. 351]; dazu beweist er – im Vergleich zu WEDDERBURN recht kompliziert – das WEDDERBURNsche Lemma. Bei den Funktionentheoretikern mehrerer Variablen war der Hauptidealsatz 6.15 um 1940 bereits Folklore, das Motto dieses Paragraphen steht im BEHNKEschen Referat (Fortschr. Math. 66, S. 385 (1940)) zur CARTANschen Arbeit [45, 539–564], vgl. auch Abschnitt 7.

Im Jahre 1946 erschien eine Arbeit von O.F.G. SCHILLING, in der man als Lemma 1 unseren Satz 6.3.4 im Falle $G = \mathbb{C}$ findet, [246, S. 949]. Dann erschienen in rascher Folge weitere Arbeiten, in denen beliebige Gebiete in $\mathbb{C}$ und schließlich beliebige nichtkompakte RIEMANNsche Flächen zugelassen wurden. Der Zugang war damals etwas anders: man bewies zunächst den Hauptidealsatz und leitete daraus alles weitere her. Wir haben von diesen zahlreichen Publikationen nur die Arbeit [2] von N.L. ALLING aufgenommen, die einen guten Überblick über den status quo gibt. Alle diese Arbeiten sind stark algebraisch ausgerichtet und geben vorrangig an der Funktionentheorie interessierten Lesern wenig.

6.3.7 Ausblicke auf mehrere Veränderliche. Die Idealtheorie holomorpher Funktionen mehrerer Variablen ist – im Gegensatz zu einer Veränderlichen – lange ein Schwerpunkt der Forschung gewesen und hat die Theorie ganz wesentlich mitgeprägt. Die *lokale* Theorie wurde schon 1931 entwickelt. Damals zeigte W. RÜCKERT, ein Schüler von W. KRULL, in seiner erst 1933 publizierten und heute klassischen Arbeit [235], dass der Ring aller konvergenten Potenzreihen in n Veränderlichen, $1 \leq n < \infty$, *noethersch* ist, d.h., dass jedes Ideal endlich erzeugbar ist (für $n = 1$ handelt es sich sogar um einen Hauptidealring, wie wir aus I.4.4.4 wissen). Das analytische Hilfsmittel ist der sog. *Weierstrasssche Divisionssatz*; im übrigen schließt RÜCKERT algebraisch, er sagt stolz (S. 260): „[Es] wird gezeigt, dass eine sachgemäße Behandlung nur formale Methoden, also keine funktionentheoretischen Hilfsmittel benötigt. Als solche Methoden erweisen sich die allgemeine Idealtheorie ...". Die RÜCKERTsche Arbeit wurde zunächst nicht beachtet, da Funktionentheoretiker damals wenig Geschmack an Algebra fanden.

Das wortgetreue Analogon des WEDDERBURNschen Lemmas findet sich 1931 für den Fall $G = \mathbb{C}^2$ bei H. CARTAN in [44, S. 279], in dieser Arbeit kommen aber noch keine Ideale vor. Die konsequente Entwicklung der *globalen* Idealtheorie beginnt erst 1940; in der Arbeit [45, 539–564], zum Heftungslemma holomorpher Matrizen schreibt CARTAN vorsichtig (S. 540): „Notre théorème semble susceptible de jouer un rôle important dans l'étude *globale* des *idéaux de fonctions* holomorphes". Er hatte recht. Doch obgleich CARTAN sofort zeigte, dass im Fall von Holomorphiegebieten $G \subset \mathbb{C}$ endlich viele Funktionen $f_1, \ldots, f_p \in \mathcal{O}(G)$ ohne gemeinsame Nullstellen in G stets das Ideal $\mathcal{O}(G)$ erzeugen, vgl. S. 560, war es noch ein weiter Weg zur allgemeinen Idealtheorie in STEINschen Räumen. Zuerst musste die lokale RÜCKERT-Theorie verfeinert werden. Weiter stand man, da die gemeinsamen Nullstellen von Systemen holomorpher Funktionen nicht notwendig isoliert liegen, zunächst vor unüberwindlich erscheinenden Schwierigkeiten bei globalen Problemen. OKA kämpfte 1948 in seiner berühmten, erst 1950 publizierten Arbeit mit dem bezeichnenden Titel *On some arithmetical notions* mit „Idealen in unbestimmten Gebieten", [188, S. 84,107]. Erst CARTAN konnte ab 1950 durch systematische Benutzung des Begriffes der kohärenten analytischen Garbe die Probleme verständlich formulieren und in einem Kalkül einordnen, vgl. z.B. [45, S. 626]. Die allgemeine Theorie der kohärenten analytischen Garben in STEINschen Räumen liefert dann trivial, dass in jedem STEINschen Raum X zu endlich vielen Funktionen $f_1, \ldots, f_p \in \mathcal{O}(X)$ ohne gemeinsame Nullstellen in X immer Funktionen $a_1, \ldots, a_p \in \mathcal{O}(X)$ existieren, so dass $1 = \sum a_j f_j$, vgl. z.B. [45, S. 681]. - eine detaillierte Darstellung der Idealtheorie in STEINschen Räumen mit ausführlichen Beweisen findet man in [95] und [96].

Teil II

Abbildungstheorie

7. Die Sätze von Montel und Vitali

In der Infinitesimalrechnung ist das Prinzip der Auswahl konvergenter Folgen aus beschränkten Mengen M des $\mathbb{R}^n$ unentbehrlich: Jede Folge von Punkten aus M hat eine in $\mathbb{R}^n$ konvergente Teilfolge (WEIERSTRASS-BOLZANO-Eigenschaft). Die Übertragung dieses Häufungsstellensatzes auf Funktionenmengen ist für viele Überlegungen der Analysis fundamental. Allerdings ist Vorsicht geboten: Nicht jede Folge von im Intervall $[0,1]$ reell analytischen Funktionen, deren Werte *alle* in einem festen beschränkten Intervall liegen, hat konvergente Teilfolgen, ein nichttriviales Beispiel ist die Folge $\sin 2n\pi x$, vgl. Abschnitt 7.1.1.

Es ist für die Funktionentheorie von größter Bedeutung, dass hier mit dem Satz von MONTEL ein schlagkräftiges Häufungsstellenprinzip zur Verfügung steht. Wir formulieren, beweisen und diskutieren diesen Satz in den Paragraphen 7.1 und 7.2. Im Paragraphen 7.3 behandeln wir den Konvergenz-Fortpflanzungssatz von VITALI. *Die Sätze von* MONTEL *und* VITALI *sind äquivalent*: jeder lässt sich leicht aus dem anderen herleiten, vgl. Abschnitte 7.1.4 und 7.3.2. Der Paragraph 7.4 enthält ungewöhnliche Anwendungen des VITALIschen Satzes.

In der Analysis nennt man Mengen von Funktionen gern Familien[1]; wir schließen uns dieser Praxis an.

7.1 Der Satz von Montel

> Une suite infinie de fonctions analytiques et bornées à l'intérieur d'un domaine simplement connexe, admet au moins une fonction limite à l'intérieur de ce domaine (P. MONTEL 1907)

Ist $f_0, f_1, f_2, \ldots$ eine Folge von in einem Bereich D in $\mathbb{C}$ definierten Funktionen, die in einem Punkt $a \in D$ beschränkt ist, so gibt es – da $\mathbb{C}$ die

---

[1] Um die Jahrhundertwende hatte man noch einen sehr engen Mengenbegriff; man reservierte das Wort Menge vorwiegend für Mengen in $\mathbb{R}$ bzw. $\mathbb{R}^n$. Man meinte, Mengen von Funktionen seien komplizierter und ersann die Bezeichnung *Familie*, die bis heute lebendig geblieben ist.

WEIERSTRASS-BOLZANO-Eigenschaft hat – eine Teilfolge, die in a konvergiert. Da Übergang zu Teilfolgen vorhandene Konvergenz nicht zerstört, so führt das Diagonalverfahren von CANTOR zu folgender Einsicht:

(*) *Es sei* $f_n : D \to \mathbb{C}, n \in \mathbb{N}$, *eine Funktionenfolge, die in jedem Punkt aus* D *beschränkt ist. Dann gibt es zu jeder abzählbaren Teilmenge* A *von* D *eine Teilfolge* g_n *der Folge* f_n, *die in* A *punktweise konvergiert.*

Beweis. Sei $a_0, a_1, a_2, \ldots$ eine Abzählung von A. Zu jedem $l \in \mathbb{N}$ gibt es eine Teilfolge $f_{l0}, f_{l1}, f_{l2}, \ldots$ der Folge $f_0, f_1, f_2, \ldots$ so dass gilt:

a) Die Folge $(f_{ln})_{n \geq 0}$ konvergiert in a_l.
b) Die Folge $(f_{ln})_{n \geq 0}$, $l \geq 1$, ist eine Teilfolge der Folge $(f_{l-1,n})_{n \geq 0}$.

Man schließt induktiv: liegen die Folgen $(f_{kn})_{n \geq 0}$, $k < l$, schon vor, so wähle man eine Teilfolge $(f_{ln})_{n \geq 0}$ der Folge $(f_{l-1,n})_{n \geq 0}$, die in a_l konvergiert. Dann sind a) und b) für alle Folgen $(f_{kn})_{n \geq 0}$, $k \leq l$, erfüllt.

Aus den Folgen $f_{l0}, \; f_l, f_{l2}, \ldots$ bildet man nun die *Diagonalfolge* $g_0, g_1, g_2, \ldots$ mit $g_n := f_{nn}$, $n \in \mathbb{N}$. Sie konvergiert in jedem Punkt $a_m \in A$, denn wegen b) ist sie vom Glied g_m ab eine Teilfolge der Folge $f_{m0}, f_{m1}, f_{m2}, \ldots$ die nach a) in a_m konvergiert. $\square$

Für die Gültigkeit von (*) ist die Abzählbarkeit von A wesentlich. Man kann nicht erwarten, dass die gewonnene Teilfolge g_n überall in D punktweise konvergiert. Unter zusätzlichen Annahmen über die Folge $f_0, f_1, f_2, \ldots$ ist dieses aber der Fall. Man kann sogar kompakte Konvergenz erreichen, wie nun gezeigt werden soll.

7.1.1 Der Satz von Montel für Folgen. Eine Familie $\mathcal{F} \subset \mathcal{O}(D)$ heißt *beschränkt* in einer Teilmenge $A \subset D$, wenn es eine reelle Zahl $M > 0$ gibt, so dass für alle $f \in \mathcal{F}$ gilt: $|f|_A \leq M$. Das lässt sich auch so formulieren:
$$\sup_{f \in \mathcal{F}} \sup_{z \in A} |f(z)| < \infty.$$
Die Familie $\mathcal{F}$ heisst *lokal beschränkt in* D, wenn jeder Punkt $z \in D$ eine Umgebung $U \subset D$ besitzt, so dass $\mathcal{F}$ in U beschränkt ist; dies trifft genau dann zu, wenn die Familie $\mathcal{F}$ auf jedem Kompaktum in D beschränkt ist. Insbesondere ist eine Familie $\mathcal{F} \subset \mathcal{O}(B)$ in einer Kreisscheibe $B_r(c)$, $r > 0$, genau dann lokal beschränkt in B, wenn sie in jeder Kreisscheibe $B_\rho(c)$, $\rho < r$, beschränkt ist.

Beschränkte Familien sind lokal beschränkt; die Umkehrung gilt nicht, wie etwa das Beispiel der Familie $\{nz^n \in \mathcal{O}(\mathbb{E}), n \in \mathbb{N}\}$ zeigt. Eine Folge $f_0, f_1, f_2, \ldots$ von Funktionen $f_n \in \mathcal{O}(D)$ heißt (lokal) beschränkt in D, wenn die Familie $\{f_0, f_1, f_2, \ldots\}$ in D (lokal) beschränkt ist.

Satz von Montel für Folgen 7.1. *Jede in* D *lokal beschränkte Folge* $f_0, f_1, f_2, \ldots$ *von in* D *holomorphen Funktionen besitzt eine Teilfolge, die in* D *kompakt konvergiert.*

Warnung. Die Aussage des Satzes ist *falsch für Folgen reell-analytischen Funktionen:* die in $\mathbb{R}$ beschränkte Folge $\sin nx, n \in \mathbb{N}$ hat nicht einmal *punktweise konvergente* Teilfolgen. Es gilt nämlich:

Für jede Folge $n_1 < n_2 < \dots$ *aus* $\mathbb{N}$ *ist die Menge aller Konvergenzpunkte* $\{x \in \mathbb{R} : \lim_{k \to \infty} \sin n_k x \text{ existiert}\}$ *eine* LEBESGUE*sche Nullmenge.*

Diese Aussage verträgt sich mit dem Satz von ARZELÀ-ASCOLI, denn die Folge $\sin nx$ ist *nicht lokal gleichgradig stetig,* vgl. Abschnitt 7.2.2

Der Beweis des MONTELschen Satzes wird im nächsten Abschnitt geführt, wir benutzen folgenden

Hilfssatz 7.2. *Es sei* $\mathcal{F} \subset \mathcal{O}(D)$ *eine in* D *lokal beschränkte Familie. Dann gibt es zu jedem Punkt* $c \in D$ *und zu jedem* $\varepsilon > 0$ *eine Kreisscheibe* $B \subset D$ *um* c, *so dass gilt:*

$$|f(w) - f(z)| \leq \varepsilon \quad \text{für alle} \quad f \in \mathcal{F} \quad \text{und alle} \quad w, z \in B.$$

Beweis. Wir wählen $r > 0$ so klein, dass $B_{2r}(c) \subset D$. Wir setzen $\widetilde{B} := B_r(c)$ und $B' := B_{2r}(c)$. Aus der CAUCHYschen Integralformel

$$f(w) - f(z) = \frac{1}{2\pi i} \int_{\partial B'} f(\zeta) \left[\frac{1}{\zeta - w} - \frac{1}{\zeta - z} \right] d\zeta = \frac{w - z}{2\pi i} \int_{\partial B'} \frac{f(\zeta)}{(\zeta - w)(\zeta - z)} d\zeta$$

folgt nach der Standardabschätzung, da $|(\zeta - w)(\zeta - z)| \geq r^2$ für alle $w, z \in \widetilde{B}$, $\zeta \in \partial B'$.

$$|f(w) - f(z)| \leq |w - z| \frac{2}{r} |f|_{B'} \quad \text{für alle} \quad w, z \in \widetilde{B} \quad \text{und alle} \quad f \in \mathcal{F}.$$

Da $\mathcal{F}$ lokal beschränkt ist, so gilt $M := (2/r) \cdot \sup\{|f|_{B'} : f \in \mathcal{F}\} < \infty$; wir dürfen $M > 0$ annehmen. Es genügt nun, $B := B_\delta(c)$ mit $\delta := \min\{\varepsilon/(2M), r\}$ zu setzen. □

Der Hilfssatz besagt, dass lokal beschränkte Familien lokal gleichgradig stetig sind, vgl. hierzu 7.2.2.

7.1.2 Beweis des Satzes von Montel. Wir wählen eine in D *dichte abzählbare* Menge $A \subset D$, etwa die Menge aller komplex-rationalen Zahlen aus D. Nach (*) der Einleitung gibt es eine Teilfolge g_n der Folge f_n, die in A punktweise konvergiert. Wir behaupten, dass die Folge g_n in D *kompakt* konvergiert. Dazu ist nur zu zeigen, dass sie in D stetig konvergiert[2], d.h.

---

[2] Eine Folge $h_n \in \mathcal{C}(D)$ konvergiert in D *stetig* gegen $h : D \to \mathbb{C}$, wenn für jede Folge $z_n \in D$ mit $\lim z_n = z^* \in D$ gilt: $\lim h_n(z_n) = h(z^*)$. Stetige Konvergenz der Folge h_n in D ist äquivalent mit *kompakter* Konvergenz in D (der Leser beweise dies bzw. konsultiere Abschnitt I.3.1.5*). Ist eine Folge $h_n \in \mathcal{C}(D)$ so beschaffen, dass für jede Folge $z_n \in D$ mit $\lim z_n = z^* \in D$ die komplexe Zahlenfolge $h_n(z_n)$ eine CAUCHY-Folge ist, so konvergiert ersichtlich die Folge h_n in D stetig gegen die durch $h(z) := \lim h_n(z)$, $z \in D$, definierte Grenzfunktion.

dass gilt:

Für jede Folge $z_n \in D$ mit $\lim z_n = z^* \in D$ existiert $\lim g_n(z_n)$.

Sei $\varepsilon > 0$ vorgegeben. Nach Hilfssatz 7.2 gibt es eine Kreisscheibe $B \subset D$ um z^*, so dass für alle n gilt: $|g_n(w) - g_n(z)| \leq \varepsilon$, falls $w, z \in B$. Da A dicht in D liegt, gibt es einen Punkt $a \in A \cap B$. Wegen $\lim z_n = z^*$ gibt es ein $n_1 \in \mathbb{N}$, so dass $z_n \in B$ für alle $n \geq n_1$. Da stets

$$|g_m(z_m) - g_n(z_n)| \leq |g_m(z_m) - g_m(a)| + |g_m(a) - g_n(a)| + |g_n(z_n) - g_n(a)|,$$

so folgt $|g_m(z_m) - g_n(z_n)| \leq 2\varepsilon + |g_m(a) - g_n(a)|$ für alle $m, n \geq n_1$. Da $\lim g_n(a)$ existiert, gibt es ein n_2, so dass $|g_m(a) - g_n(a)| \leq \varepsilon$ für alle $m, n \geq n_2$. Damit ist gezeigt: $|g_m(z_m) - g_n(z_n)| \leq 3\varepsilon$ für alle $m, n \geq \max(n_1, n_2)$, d.h. die Folge $g_n(z_n)$ ist eine CAUCHY-Folge und also konvergent.   □

Zur Geschichte des MONTELschen Satzes wird in Abschnitt 7.2.3 etwas gesagt. Der Satz wird häufig in folgender Form benutzt:

7.1.3 Montelsches Konvergenzkriterium.   *Eine in D lokal beschränkte Folge $f_0, f_1, f_2, \ldots$ von Funktionen $f_n \in \mathcal{O}(D)$ konvergiert in D kompakt gegen $f \in \mathcal{O}(D)$, wenn jede in D kompakt konvergente Teilfolge der Folge f_n gegen f konvergiert.*

Beweis. Wäre dem nicht so, so gäbe es ein Kompaktum $K \subset D$, so dass $|f_n - f|_K$ keine Nullfolge wäre. Es gäbe dann ein $\varepsilon > 0$ und eine Teilfolge g_j der Folge f_n, so dass $|g_j - f|_K \geq \varepsilon$ für alle j. Da auch die Folge g_j lokal beschränkt ist, gäbe es nun nach Satz 7.1 eine in D kompakt konvergente Teilfolge h_k der Folge g_j. Da $|h_k - f|_K \geq \varepsilon$ für alle k, so wäre f nicht der Limes dieser Folge. Widerspruch.   □

Als erste Anwendung beweisen wir den

7.1.4 Satz von Vitali.

Satz von Vitali 7.3. *Es sei G ein Gebiet in $\mathbb{C}$, und es sei $f_0, f_1, f_2, \ldots$ eine in G lokal beschränkte Folge von Funktionen $f_n \in \mathcal{O}(G)$. Die Menge*

$$A := \{w \in G : \lim f_n(w) \text{ existiert in } \mathbb{C}\}$$

der Konvergenzpunkte dieser Folge habe wenigstens einen Häufungspunkt in G. Dann konvergiert die Folge $f_0, f_1, f_2, \ldots$ kompakt in G.

Beweis. Auf Grund des MONTELschen Kriteriums 7.1.3 genügt es zu zeigen, dass alle kompakt konvergenten Teilfolgen der Folge f_n denselben Limes haben. Das aber ist klar nach dem Identitätssatz, da zwei solche Limiten notwendig auf der Menge A, die Häufungspunkte in G hat, übereinstimmen.   □

Durch Simulation des eben geführten Beweises erhält man auch den Konvergenzsatz von Blaschke.

Konvergenzsatz von Blaschke 7.4. *Es sei $f_n \in \mathcal{O}(\mathbb{E})$ eine in $\mathbb{E}$ beschränkte Folge. Es gebe eine abzählbare Menge $A = \{a_1, a_2, \ldots\}$ in $\mathbb{E}$ mit $\sum(1 - |a_\nu|) = \infty$, so dass für jeden Punkt $a_j \in A$ der Limes $\lim\limits_{n} f_n(a_j)$ existiert. Dann konvergiert die Folge f_n kompakt in $\mathbb{E}$.*

Beweis. Sind $f, \tilde{f} \in (\mathbb{E})$ Limiten zweier kompakt konvergenter Teilfolgen der Folge f_n, so gilt $f|A = \tilde{f}|A$. Nun sind $f, \tilde{f}$ beide beschränkt in $\mathbb{E}$. Nach dem Identitätssatz 4.16 folgt $f = \tilde{f}$. Das MONTELsche Konvergenzkriterium liefert die Behauptung.   □

Zur Geschichte des VITALIschen und BLASCHKEschen Satzes vgl. Abschnitt 7.3.3.

Weitere überzeugende Anwendungen des MONTELschen Satzes werden wir beim Beweis des RIEMANNschen Abbildungssatzes im Abschnitt 8.2 und im Kapitel 9 in der Theorie der Automorphismen beschränkter Gebiete kennenlernen.

7.1.5 Punktweise konvergente Folgen holomorpher Funktionen.

Kann man in den Sätzen von MONTEL und VITALI auf die Voraussetzung der lokalen Beschränktheit der Folge verzichten, wenn man die Konvergenz der Folge in *allen* Punkten postuliert? Die Antwort ist negativ: wir werden in Abschnitt 12.3.1 Folgen holomorpher Funktionen konstruieren, die *punktweise, aber nicht kompakt* konvergieren, und deren Grenzfunktion nicht holomorph ist. Solche Grenzfunktionen sind aber notwendig *fast überall* holomorph; wir behaupten:

Satz 7.5 (Osgood [192, S.33]). *Es sei $f_0, f_1, f_2, \ldots$ eine Folge von in D holomorphen Funktionen, die in D punktweise gegen eine Funktion f konvergiert. Dann konvergiert diese Folge kompakt in einem Teilbereich D' von D, der dicht in D liegt; insbesondere ist f in D' holomorph.*

Den Beweis stützen wir auf folgenden

Hilfssatz 7.6. *Es sei $\mathcal{F}$ eine Familie stetiger Funktionen $f : D \to \mathbb{C}$, die in D punktweise beschränkt ist (d.h. jede Menge $\{f(z); f \in \mathcal{F}\}, z \in D$, ist beschränkt in $\mathbb{C}$). Dann gibt es einen nichtleeren Teilbereich D' von D, so dass die auf D' eingeschränkte Familie $\{f|D'; f \in \mathcal{F}\}$, in D' lokal beschränkt ist.*

Beweis. (durch Widerspruch). Sei die Behauptung falsch. Wir konstruieren induktiv eine Folge $g_0, g_1, \ldots$ in $\mathcal{F}$ und eine absteigende Folge $K_0 \supset K_1 \supset \ldots$ von kompakten Scheiben $K_n \subset D$, so dass gilt: $|g_n(z)| > n$ für alle $z \in K_n$. Sei $g_0 \neq 0$ aus $\mathcal{F}$ und $K_0 \subset D$ eine kompakte Scheibe, so dass $0 \notin g_0(K_0)$. Seien g_{n-1} und K_{n-1} schon konstruiert. Nach Annahme gibt es ein $g_n \in \mathcal{F}$ und einen Punkt z_n im Innern von K_{n-1}, so dass $|g_n(z_n)| > n$. Da g_n stetig ist, gibt es eine kompakte Scheibe $K_n \subset K_{n-1}$ um z_n, so dass $|g_n(z_n)| > n$ für alle $z \in K_n$.

Die Menge $\bigcap K_n$ ist nicht leer. Für jeden ihrer Punkte z^* gilt $|g_n(z^*)| > n$ für alle n im Widerspruch zur punktweisen Beschränktheit von $\mathcal{F}$. $\square$

Der Satz von OSGOOD folgt nun, indem man den Hilfssatz auf die Familie $f_0, f_1, f_2, \ldots$ und *alle* Teilbereiche von D anwendet: Man erhält einen *dichten* Teilbereich D', so dass die Folge $f_n|D'$ lokal beschränkt ist. Nach VITALI konvergiert sie dann kompakt in jeder Zusammenhangskomponente von D', die Grenzfunktion f ist nach WEIERSTRASS holomorph in D'.

7.2 Normale Familien

Das MONTELsche Häufungsstellenprinzip lässt sich von Folgen direkt auf Familien übertragen. In der klassischen Literatur wurde dabei der Begriff der „normalen Familie" geprägt, so wie er auch heute noch benutzt wird.

7.2.1 Satz von Montel für normale Familien. Eine Familie $\mathcal{F} \subset \mathcal{O}(\check{D})$ heißt *normal* in D, wenn jede Folge von Funktionen aus $\mathcal{F}$ eine Teilfolge besitzt, die in D kompakt konvergiert. Wir machen sofort eine einfache

Bemerkung. Jede in D normale Familie $\mathcal{F} \subset \mathcal{O}(D)$ ist lokal beschränkt in D.

Beweis. Es ist zu zeigen, dass für jedes Kompaktum $K \subset D$ die Zahl $\sup\{|f|_K : f \in \mathcal{F}\}$ endlich ist. Wäre das für ein Kompaktum $L \subset D$ nicht der Fall, so gäbe es eine Folge $f_n \in \mathcal{F}$ mit $\lim\limits_{n \to \infty} |f_n|_L = \infty$. Diese Folge f_n hätte keine in D kompakt konvergente Teilfolge, denn für deren Limes $f \in \mathcal{O}(D)$ wäre $|f|_L \geq |f_n|_L - |f - f_n|_L$. Widerspruch! $\square$

Die Umkehrung der eben gemachten Bemerkung ist der allgemeine Satz von Montel.

Satz 7.7. *Jede in D lokal beschränkte Familie $\mathcal{F} \subset \mathcal{O}(D)$ ist normal in D.*

Diese Aussage folgt unmittelbar aus dem MONTELschen Satz 7.1 für Folgen.
    $\square$

Die Redeweisen „normale Familie" und „lokal beschränkte Familie" sind nach dem Gezeigten äquivalent.

Beispiele normaler Familien. 1) Die Familie aller holomorphen Abbildungen von D in einen (fest vorgegebenen) *beschränkten* Bereich D' ist normal in D.
2) Für jedes $M > 0$ ist die Familie

$$\mathcal{F}_M := \{f = \sum a_\nu z^\nu : |a_\nu| \le M \text{ für alle } \nu \in \mathbb{N}\}$$

normal in $\mathbb{E}$: Für jedes $r \in (0,1)$ und jedes $f \in \mathcal{F}_M$ gilt nämlich $|f(z)| \le M(1-r)^{-1}$ für alle $z \in B_r(0)$, daher ist $\mathcal{F}_M$ lokal beschränkt in $\mathbb{E}$.

3) *Ist $\mathcal{F}$ eine normale Familie in D, so ist auch jede Familie $\{f^{(k)} : f \in \mathcal{F}\}$, $k \in \mathbb{N}$, normal in D.*

Beweis. Da $\mathcal{F}$ lokal beschränkt in D ist, gibt es zu jeder Kreisscheibe $B = B_{2r}(c)$ mit $\overline{B} \subset D$ ein $M > 0$, so dass $|f|_B \le M$ für alle $f \in \mathcal{F}$. Nach den CAUCHYschen Abschätzungen für Ableitungen gilt dann, wenn $\widehat{B} := B_r(c)$ gesetzt wird, (vgl. I.8.3.1)

$$|f^{(k)}|_{\widehat{B}} \le 2(M/r^k) \cdot k! \text{ für alle } f \in \mathcal{F} \text{ und alle } k \in \mathbb{N}.$$

Für festes $k \in \mathbb{N}$ ist daher die Familie $\{f^{(k)} : f \in \mathcal{F}\}$ in $\widehat{B}$ beschränkt. Sie ist daher lokal beschränkt und somit normal in D. $\square$

Ein weiteres Beispiel einer normalen Familie findet sich in 7.4*.

Bemerkung. In der Literatur wird der Begriff der normalen Familie oft allgemeiner als hier gefasst: *Man lässt auch kompakte Konvergenz der Teilfolgen gegen ∞ zu.* Diese Begriffsbildung ist besonders dann vorteilhaft, wenn man auch meromorphe Funktionen mit einschließen will.

7.2.2 Diskussion des Montelschen Satzes.
Der Satz von MONTEL ist – im Gegensatz zum VITALIschen Satz – kein Satz der Funktionentheorie im eigentlichen Sinne: er kann nämlich leicht einem klassischen Satz der reellen Analysis untergeordnet werden. Man benötigt einen neuen Begriff. Eine Familie $\mathcal{F}$ von Funktionen $f : D \to \mathbb{C}$ heißt *gleichgradig stetig* in D, wenn es zu jedem $\varepsilon > 0$ ein $\delta > 0$ gibt, so dass für alle $f \in \mathcal{F}$ gilt:

$$|f(w) - f(z)| \le \varepsilon \text{ für alle } w, z \in D \text{ mit } |w - z| \le \delta.$$

Die Familie $\mathcal{F}$ heißt *lokal gleichgradig stetig* in D, wenn jeder Punkt $z \in D$ eine Umgebung $U \subset D$ besitzt, so dass die auf U eingeschränkte Familie $\mathcal{F}|U$ gleichgradig stetig in U ist. Jede Funktion aus einer in D lokal gleichgradig stetigen Familie ist lokal gleichmäßig stetig in D. Es gilt nun, wenn man die Redeweise „normale Familie" auf beliebige Funktionenfamilien wörtlich überträgt, folgender

Satz von Arzelà-Ascoli 7.8. *Eine Familie $\mathcal{F}$ von in D komplex-wertigen Funktionen ist stets dann normal in D, wenn folgende Bedingungen erfüllt sind:*

1) $\mathcal{F}$ ist lokal gleichgradig stetig in D.
2) Für jedes $w \in D$ ist die Menge $\{f(w) : f \in \mathcal{F}\} \subset \mathbb{C}$ beschränkt in $\mathbb{C}$.

In diesem Satz, der nicht von holomorphen Funktionen handelt, ist der Satz von Montel enthalten: Ist nämlich eine Familie $\mathcal{F} \subset \mathcal{O}(D)$ lokal beschränkt in D, so gilt 1) auf Grund von Hilfssatz 7.2, während 2) trivial ist. Der Leser vergegenwärtige sich, dass wir in 7.1.2 eigentlich den Satz von ARZELÀ-ASCOLI für Familien von stetigen Funktionen bewiesen haben.

Der Satz von ARZELÀ-ASCOLI spielt in der reellen Analysis und Funktionalanalysis eine wichtige Rolle, an die Stelle von Bereichen in $\mathbb{C}$ treten Bereiche in $\mathbb{R}^n$.

7.2.3 Historisches zum Satz von Montel. DAVID HILBERT hat 1899 beim Beweis des DIRICHLETschen Prinzips erstmals ein Verfahren der Auswahl konvergenter Teilfolgen aus Funktionenmengen zur Konstruktion der gesuchten Potentialfunktion verwendet, [118, S.13/14]. HILBERT benutzt noch nicht den bereits 1884 von G. ASCOLI (1843-1896) eingeführten Begriff der lokalen gleichgradigen Stetigkeit und den 1895 von C. ARZELÁ (1847-1912) gefundenen „Satz von ARZELÁ-ASCOLI".

PAUL MONTEL hat als erster die große Bedeutung des Prinzips der Auswahlkonvergenz für die Funktionentheorie erkannt. Den nach ihm benannten Satz hat er 1907 in seiner Thèse veröffentlicht, [175, 298–302]. MONTEL führt seinen Satz auf den Auswahlsatz von ARZELÁ-ASCOLI zurück, indem er zeigt, dass im holomorphen Fall lokale Beschränktheit lokale gleichgradige Stetigkeit impliziert (Hilfssatz 7.2). Unabhängig von MONTEL hat 1908 PAUL KOEBE den Satz entdeckt und bewiesen, [141, S. 349]; KOEBE sagt, dass er den Grundgedanken zum Beweis der vierten Mitteilung von HILBERT zur *Theorie der linearen Integralgleichung*, Gött. Nachr. 1906, S. 162, entnommen habe. In der Literatur wird der MONTELsche Satz gelegentlich auch als Satz von STIELTJES-OSGOOD bezeichnet (z.B. im Buch von S. SAKS und A. ZYGMUND, vgl. [239, S. 119]).

Die griffige Redeweise der normalen Familie hat MONTEL 1912 eingeführt, vgl. Ann. Sci. Ec. Norm. Sup. 24 (1912), S. 493. Er hat diesen Familien die Arbeit eines halben Menschenalters gewidmet; eine kohärente Theorie hat er 1927 in der Monographie [176] publiziert.

7.2.4 Quadrat-integrable Funktionen und normale Familien*. Für jede Funktion $f \in \mathcal{O}(G)$ setzen wir

$$\|f\|_G^2 := \iint\limits_G |f(z)|^2 do \in [0, \infty], \quad (do := \text{euklidisches Flächenelement}).$$

Beispiel. Sei $f = \sum a_\nu (z-c)^\nu \in \mathcal{O}(B_R(c))$ und $B := B_r(c)$, $0 < r < R$. Dann gilt

$$\|f\|_B^2 = \pi \sum \frac{|a_\nu|^2}{\nu+1} r^{2\nu+2}, \quad \text{speziell } |f(c)| \leq (\sqrt{\pi}r)^{-1}\|f\|_B. \tag{7.1}$$

Beweis. In Polarkoordinaten $z - c = \rho e^{i\varphi}$ gilt $do = \rho d\rho d\varphi$ und

$$|f(z)|^2 = \sum_{\mu,\nu=0}^{\infty} a_\mu \bar{a}_\nu \rho^{\mu+\nu} e^{i(\mu-\nu)\varphi}, \quad z \in B.$$

Hiermit folgt

$$\|f\|_B^2 = \int_0^r \int_0^{2\pi} |f(z)|^2 \rho d\rho d\varphi = \sum_{\mu,\nu=0} a_\mu \bar{a}_\nu \int_0^r \rho^{\mu+\nu+1} d\rho \int_0^{2\pi} e^{i(\mu-\nu)\varphi} d\varphi.$$

Falls $\mu \neq \nu$, so verschwinden ganz rechts die Integrale. $\qquad\square$

Wir nennen $f \in \mathcal{O}(G)$ *quadrat-integrabel in* G, wenn $\|f\|_G < \infty$. Die Menge $H(G)$ aller in G quadrat-integrablen Funktionen ist ein $\mathbb{C}$-Untervektorraum von $\mathcal{O}(G)$, da für alle $a, b \in \mathbb{C}$, $f, g \in \mathcal{O}(G)$ gilt

$$|af(z) + bg(z)|^2 \leq 2(|a|^2|f(z)|^2 + |b|^2|g(z)|^2), \quad z \in G.$$

Ist G beschränkt, so enthält $H(G)$ alle in G beschränkten holomorphen Funktionen. – Wegen $2u \cdot \bar{v} = |u+v|^2 + i|u+iv|^2 - (1+i)(|u|^2 + |v|^2)$ gilt

$$\langle f, g \rangle := \iint_G f(z)\overline{g(z)} do \in \mathbb{C} \quad \text{für alle } f, g \in H(G).$$

Eine Verifikation zeigt, dass $\langle f, g \rangle$ eine positiv-definite Hermitesche Form auf $H(G)$ ist. Es gilt stets:

$$\|f\|_G \leq \sqrt{\text{vol } G} \cdot |f|_G,$$

wobei

$$\text{vol}(G) := \iint_G do$$

den euklidischen Flächeninhalt von G bezeichnet. Wichtiger ist die

Bergmannsche Ungleichung 7.9. *Ist K ein Kompaktum in $G \neq \mathbb{C}$ und bezeichnet d die euklidische Randdistanz von K zu ∂G, so gilt*

$$|f|_K \leq (\sqrt{\pi}d)^{-1}\|f\|_G \quad \text{für alle } f \in H(G). \tag{7.2}$$

Beweis. Sei $c \in K$ und $r \in (0, d)$. Da $B := B_r(c) \subset G$, so gilt $\|f\|_B \leq \|f\|_G$. Mit (7.1) folgt im Limes : $|f(c)| \leq (\sqrt{\pi}d)^{-1}\|f\|_G$ für alle $c \in K$. $\qquad\square$

Aus der BERGMANNschen Ungleichung erhält man unmittelbar:

Satz 7.10. *Jede Kugel* $\{f \in H(G) : \|f\|_G < r\}$ *im unitären Raum* $H(G)$ *ist eine normale Familie.*

Beweis. Klar nachMONTEL, da jede Kugel in $H(G)$ auf Grund der BERGMANNschen Ungleichung eine lokal beschränkte Familie aus $\mathcal{O}(G)$ ist.   □

Bemerkung. Die Resultate dieses Abschnittes lassen sich moderner ausdrücken, wenn man sich funktionalanalytischer Redeweisen bedient. Dann stellt man zunächst fest, dass $\mathcal{O}(G)$ bezüglich der Topologie der kompakten Konvergenz ein FRÉCHET-Raum und $H(G)$ bezüglich des Skalarproduktes $\langle f, g \rangle$ ein HILBERT-Raum ist. Dann kann man formulieren:

Die Injektion $H(G) \to \mathcal{O}(G)$ *ist stetig und kompakt* (d.h. beschränkte Mengen in $H(G)$ sind relativ kompakt in $\mathcal{O}(G)$).

Aufgaben.

1. a) Man gebe ein $f \in H(\mathbb{E})$ an, so dass $f' \notin H(\mathbb{E})$. b) Man zeige: $H(\mathbb{C}) = \{0\}$.
2. (*Schwarzsches Lemma für quadrat-integrierbare Funktionen*). Für alle $f \in H(\mathbb{E})$ und alle r mit $0 < r < 1$ gilt

$$\|f\|_{B_r(0)} \leq r^n \|f\|_{\mathbb{E}}, \quad \text{wobei} \quad n := o_0(f).$$

7.3 Der Satz von Vitali

> Man kann die Fortpflanzung der Konvergenz
> mit der Ausbreitung einer Infektion vergleichen.
> (G. PÓLYA und G. SZEGÖ 1924)

Konvergiert eine Potenzreihe $\sum a_\nu, z^\nu$ in einem Punkt $a \neq 0$, so konvergiert sie normal im Kreis vom Radius $|a|$ um 0. Dieses elementare Konvergenzkriterium ist das einfachste Beispiel für *Konvergenzfortpflanzung*. Das Phänomen tritt auch in allgemeineren Situationen auf: Konvergenz von Folgen holomorpher Funktionen ist häufig *ansteckend*, sie kann sich von Teilmengen auf den ganzen Definitionsbereich ausbreiten. Ein eindrucksvolles Beispiel hierfür ist der VITALIsche Konvergenzsatz, der bereits im Paragraphen 7.1 bewiesen wurde. Der Satz von VITALI wird besonders gut verstanden, wenn man ihn in Analogie zum Identitätssatz sieht. So wie eine in einem *Gebiet* G holomorphe Funktion f bereits völlig bestimmt ist, wenn man ihre Werte an unendlich vielen Stellen in G kennt, die sich in G häufen, so ist eine lokal beschränkte Folge $f_j \in \mathcal{O}(G)$ bereits dann in G kompakt konvergent, wenn sie an unendlich vielen Stellen in G, die sich in G häufen, konvergiert.

7.3.1 Konvergenzlemma.

Lemma 7.11. *Es sei $B = B_r(c)$, $r > 0$. Dann sind folgende Aussagen über eine in B beschränkte Folge $f_n \in \mathcal{O}(B)$, $n \in \mathbb{N}$, äquivalent:*

i) Die Folge f_n ist in B kompakt konvergent.

ii) Für jedes $k \in \mathbb{N}$ ist die Zahlenfolge $f_0^{(k)}(c), f_1^{(k)}(c), \ldots$ konvergent.

Beweis. Da mit der Folge f_n auch die Folgen $f_n^{(k)}$ aller Ableitungen in B kompakt konvergieren, so ist nur die Implikation ii) $\Rightarrow$ i) zu verifizieren. Wir dürfen $B = \mathbb{E}$ und $|f_n|_{\mathbb{E}} \le 1$, $n \in \mathbb{N}$, annehmen. Wir betrachten die TAYLOR-Reihen

$$f_n(z) = \sum a_{n\nu} z^\nu, \quad \text{wobei} \quad a_{n\nu} = \frac{1}{\nu!} f_n^{(\nu)}(0).$$

Nach Voraussetzung existieren alle Limiten $a_\nu := \lim_n a_{n\nu}$, $\nu \in \mathbb{N}$. Da stets $|a_{n\nu}| \le 1$ auf Grund der CAUCHYschen Ungleichungen, so folgt $|a_\nu| \le 1$ für alle $\nu \in \mathbb{N}$ und also $f(z) = \sum a_\nu z^\nu \in \mathcal{O}(\mathbb{E})$. Wir fixieren ein ρ mit $0 < \rho < 1$. Für alle $z \in \mathbb{C}$ mit $|z| \le \rho$ und alle $l \in \mathbb{N}$, $l \ge 1$, gilt:

$$|f_n(z) - f(z)| \le \sum_{\nu=0}^{l-1} |a_{n\nu} - a_\nu| \rho^\nu + 2\rho^l/(1-\rho), \quad n \in \mathbb{N}.$$

Sei nun $\varepsilon > 0$ beliebig. Wegen $\rho < 1$ kann man zunächst l so wählen, dass $2\rho^l/(1-\rho) \le \varepsilon$. Wegen $\lim_n \sum_{\nu=0}^{l-1} |a_{n\nu} - a_\nu| \rho^\nu = 0$ gibt es nun ein n_0, so dass diese l-gliedrige Summe für $n \ge n_0$ kleiner als ε ist. Es folgt $|f_n(z) - f(z)| \le 2\varepsilon$ für alle $n \ge n_0$ und alle z mit $|z| \le \rho$. Da $\rho < 1$ beliebig nahe bei 1 wählbar ist, konvergiert die Folge f_n in $\mathbb{E}$ kompakt gegen f. □

Ohne eine Beschränktheitsannahme ist die Implikation ii) $\Rightarrow$ i) i.a. falsch: für die Folge $f_n(z) := n^n z^n \in \mathcal{O}(\mathbb{E})$ gilt $\lim_{n \to \infty} f_n^{(k)}(0) = 0$ für alle $k \in \mathbb{N}$, indessen ist die Folge f_n in keinem Punkt $z \ne 0$ von $\mathbb{E}$ konvergent.

7.3.2 Satz von Vitali (endgültige Fassung).
Wir bringen den Satz in eine Form, deren Analogie zum Identitätssatz I.8.1.3 ins Auge springt.

Satz von Vitali 7.12. *Folgende Aussagen über eine im Gebiet G lokal beschränkte Folge $f_0, f_1, f_2, \ldots$ von Funktionen $f_n \in \mathcal{O}(G)$ sind äquivalent:*

i) Die Folge f_n ist in G kompakt konvergent.

ii) Es gibt einen Punkt $c \in G$, so dass für jedes $k \in \mathbb{N}$ die Zahlenfolge $f_0^{(k)}(c)$, $f_1^{(k)}(c)$, $f_2^{(k)}(c), \ldots$ konvergiert.

iii) Die Menge $A := \{w \in G : \lim f_n(w) \text{ existiert in } \mathbb{C}\}$ der Konvergenzpunkte der Folge f_n hat einen Häufungspunkt in G.

Beweis. i) ⇒ ii) ist klar, da für jedes k die Folge $f_n^{(k)}, n \in \mathbb{N}$, in G kompakt konvergiert. Um ii) ⇒ iii) zu zeigen, sei B eine Kreisscheibe um c mit $\overline{B} \subset G$. Dann ist die Folge $f_n|B$ beschränkt in B und also nach dem Konvergenzlemma 7.11 in B kompakt konvergent. Es folgt $B \subset A$, also iii).

iii) ⇒ i). Das wurde in Abschnitt 7.1.4 gezeigt.   □

Der Vitali*sche Satz impliziert in trivialer Weise den* Montel*schen Satz* 7.1.1 *für Folgen.* Hat man nämlich eine in G lokal beschränkte Folge f_n von in G holomorphen Funktionen, so verschafft man sich zunächst mittels des Diagonalverfahrens (wie in Abschnitt 7.1.2) eine Teilfolge g_n, die in einer abzählbaren dichten Teilmenge von G punktweise konvergiert. Nach Vitali konvergiert diese Folge kompakt in G.

Aufgabe. Es sei $g \in \mathcal{O}(G)$, es gebe einen Punkt $c \in G$, so dass die Reihe

$$g(z) + g'(z) + g''(z) + \ldots + g^{(n)}(z) + \ldots$$

in c (absolut) konvergiert. Dann ist g eine ganze Funktion und die Reihe konvergiert kompakt (normal) in ganz $\mathbb{C}$.

7.3.3 Historisches zum Satz von Vitali. Im Jahre 1885 hat C. Runge bemerkt, dass Folgen holomorpher Funktionen, die auf Gebietsrändern kompakt konvergieren, stets auch in den Gebieten selbst kompakt konvergent sind: „Wenn ein Ausdruck von der Form $\lim g_n(x)$ auf einer geschlossenen Curve von endlicher Länge gleichmäßig convergirt, so ist er auch im Innern derselben gleichmäßig convergent." [237, S. 247]. Diese *Konvergenzfortsetzung nach innen* war auch Weierstrass wohlvertraut. Die Rungesche Bemerkung ist das Anfangsglied in einer Kette von Sätzen, welche sukzessive aus immer geringeren Voraussetzungen dasselbe Ergebnis liefern: den Nachweis, dass Folgen holomorpher Funktionen $f_n \in \mathcal{O}(G)$ in G kompakt konvergieren. Der Niederländer Th.J. Stieltjes hat 1894 das Prinzip der *Konvergenzfortpflanzung* klar gesehen. In seiner Arbeit [256] beweist er den Vitalischen Satz unter der stärkeren Voraussetzung, dass die Folge f_n in einem Teilgebiet von G kompakt konvergiert; in einem Brief an Hermite vom 14.2.1894 drückt Stieltjes seine Verwunderung über sein Ergebnis aus: „... ayant longuement réfléchi sur cette démonstration, je suis sûr qu'elle est bonne, solide et valable. J'ai dû l'examiner avec d'autant plus de soin qu'a *priori* il me semblait que le théorème énoncé *ne pouvait pas exister et devait être faux*", vgl. [116, S. 370].

W.F. Osgood schwächte 1901 die Stieltjessche Voraussetzung wesentlich ab, er kommt mit punktweiser Konvergenz in einer Menge von G aus, die in einem Teilbereich von G dicht ist, [192, S. 26]. Im Jahre 1903 schließlich reduzierte G. Vitali die Konvergenzannahmen auf das Mindestmaß, [264, S. 73]. Der Amerikaner M.B. Porter (1869–1960) hat den Vitalischen Satz

1904 wiederentdeckt, vgl. [216]. MONTEL hat 1907 den Satz von VITALI-PORTER noch nicht gekannt, er zitiert nur die Arbeiten von OSGOOD und STIELTJES.

Die Voraussetzung der lokalen Beschränktheit im VITALIschen Satz lässt sich ersetzen durch die Annahme, dass es zwei verschiedene komplexe Konstanten a und b gibt derart, dass alle Funktionen f_n in G beide Werte a und b auslassen. Dies haben 1911 C. CARATHÉODORY und E. LANDAU in ihrer Arbeit [39] gezeigt; diese Arbeit enthält auch viele historische Notizen.

Ein Beweis des VITALIschen Satzes mittels des SCHWARZschen Lemmas ohne den Rückgriff auf den Satz von MONTEL, findet sich 1914 in der Berliner Dissertation von R. JENTZSCH, die erst 1917 publiziert wurde, [135, S. 223-26]. Die Idee findet sich schon 1913 bei LINDELÖF in [165]. Der JENTZSCHe Beweis wurde in der ersten Auflage dieses Buches wiedergegeben.

W. BLASCHKE hat seinen in 7.1.4 besprochenen Konvergenzsatz 1915 mittels des VITALIschen und des MONTEL-KOEBEschen Satzes bewiesen, vgl. [22], wo übrigens nur KOEBE zitiert wird. Einen direkten Beweis, der sogar den ursprünglichen VITALIschen Satz für $\mathbb{E}$ mitliefert, gaben 1923 K. LÖWNER und T. RADÓ, vgl. [169]; auch [31, S. 219].

7.4 Anwendungen des Satzes von Vitali

Der Satz von VITALI wird vielfach als Anhängsel zum Satz von MONTEL gesehen und als Kuriosum empfunden. Indessen ist der Satz sehr nützlich; die Holomorphie von verwickelten analytischen Ausdrücken ergibt sich oft mit Hilfe des VITALIschen Satzes recht bequem. Wir erläutern dies an klassischen Beispielen; eine weitere schöne Anwendung wird in Abschnitt 11.1.3 gegeben.

Bereits STIELTJES hat mittels seines Satzes die kompakte Konvergenz eines Kettenbruches in der geschlitzten Ebene $\mathbb{C}^-$ aus dessen kompakter Konvergenz in der rechten Halbebene $\mathbb{T}$ begründet, er schreibt an HERMITE, [116, S. 371]: „L'utilité que pourra avoir mon théorème, ..., ce sera de permettre de reconnaître plus aisément la possibilité de continuation analytique de certaines fonctions, définies d'abord dans un domaine restreint."

7.4.1 Vertauschung von Integration und Differentiation. In Abschnitt I.8.2.2 haben wir als Anwendung des MORERAschen Satzes gezeigt, dass

$$F(z) := \int_\gamma f(\zeta, z)d\zeta, \quad z \in D,$$

holomorph in D ist, wenn f stetig in $|\gamma| \times D$ und bei festem $\zeta \in |\gamma|$ jeweils holomorph in D ist. OSGOOD hat 1902 bemerkt, dass diese Aussage und mehr unmittelbar aus dem Satz von VITALI folgt. Wir bezeichnen mit $\gamma : [0,1] \to \mathbb{C}$ einen stetig differenzierbaren Weg in $\mathbb{C}$ und behaupten:

Satz 7.13. *Es sei* $f(w, z) : |\gamma| \times D \to \mathbb{C}$ *lokal beschränkt (z.B. stetig). Für jeden Punkt* $\zeta \in |\gamma|$ *sei* $f(\zeta, z)$ *holomorph in* D, *ferner möge jedes (Riemannsche) Integral* $\int_\gamma f(\zeta, z) d\zeta$ $z \in D$, *existieren. Dann ist die Funktion*

$$F(z) = \int_\gamma f(\zeta, z) d\zeta, \quad z \in D,$$

holomorph in D. *Es existieren auch alle Integrale* $\int_\gamma \frac{\partial f}{\partial z}(\zeta, z) d\zeta$, $z \in D$, *und es gilt*

$$F'(z) = \int_\gamma \frac{\partial f}{\partial z}(\zeta, z) \, d\zeta, \quad z \in D, \quad \text{(Vertauschungsregel)}.$$

Beweis. [192, 33–34]. Wir dürfen f als beschränkt annehmen, etwa $|f|_{|\gamma| \times D} \leq M$. Setzt man $g(t, z) := f(\gamma(t), z) \gamma'(t)$, so konvergiert für jeden Punkt $z \in D$ jede Folge RIEMANNscher Summen

$$S_n(z) := \sum_{\nu=1}^n g(\zeta_\nu^{(n)}, z)(t_{\nu+1}^{(n)} - t_\nu^{(n)})$$

nach Voraussetzung gegen $F(z)$. Die Funktionen $S_n(z)$ sind holomorph in D, ferner gilt $|S_n|_D \leq M \cdot |\gamma'|_I$. Somit konvergiert die Folge S_n nach VITALI kompakt in D, die Grenzfunktion F ist daher holomorph in D; weiter konvergiert die Folge

$$S_n'(z) = \sum_{\nu=1}^n \frac{\partial g}{\partial z}(\zeta_\nu^{(n)}, z)(t_{\nu+1}^{(n)} - t_\nu^{(n)})$$

als Folge der Ableitungen der S_n nach WEIERSTRASS kompakt gegen F'. Da die $S_n'(z)$ beliebige RIEMANNsche Summenfolgen zu $\frac{\partial g}{\partial z}(t, z)$ bilden, ist alles gezeigt.   □

7.4.2 Kompakte Konvergenz des Γ-Integrals. Sei $0 < a < b < \infty$. Da $e^{-t} t^{z-1}$ in $[a, b] \times \mathbb{C}$ stetig und für festes t holomorph in $\mathbb{C}$ ist, so gilt

$$f(z, a, b) := \int_a^b t^{z-1} e^{-t} dt \in \mathcal{O}(\mathbb{C})$$

nach Satz 7.13. Unterstellt man die Existenz des reellen Γ-Integrals $h(x) := \int_0^\infty t^{x-1} e^{-t} dt$, $x > 0$ (punktweise Konvergenz), so folgt trivial:

Die Familie $\{f(z,a,b) : a,b \in \mathbb{R} \ mit \ 0 < a < b\}$ *ist lokal beschränkt in*
$\mathbb{T} = \{z \in \mathbb{C} : \mathrm{Re}\, z > 0\};$ *für alle* $z = x + iy \ mit \ 0 < c \le x \le d < \infty \ gilt:$

$$|f(z,a,b)| \le \int\limits_0^1 t^{c-1} e^{-t} dt + \int\limits_1^\infty t^{d-1} e^{-t} dt.$$

Mit VITALI erhält man nun sofort:

Für jede Wahl von reellen Folgen a_n, b_n *mit* $0 < a_n < b_n$, $\lim a_n = 0$,
$\lim b_n = \infty$ *konvergiert die Folge* $f(z,a_n,b_n)$ *in* $\mathbb{T}$ *kompakt gegen eine in* $\mathbb{T}$
holomorphe Funktion.

Da die Grenzfunktion unabhängig von der Wahl der Folgen a_n und b_n ist
(denn auf $(0,\infty)$ stimmt sie mit $h(x)$ überein!), so sieht man

Das Γ-*Integral* $\int\limits_0^\infty t^{z-1} e^{-t} dt$ *existiert in* $\mathbb{T}$ *und ist dort holomorph.*

Dieser Holomorphiebeweis benutzt nur die Existenz des reellen Γ-
Integrals, über die Γ-Funktion selbst braucht man nichts zu wissen.

Analog lässt sich aus der punktweisen Konvergenz des Beta-Integrals

$$\int\limits_0^1 t^{x-1}(1-t)^{y-1} dt \quad \text{für} \ x > 0, \ y > 0,$$

die kompakte Konvergenz dieses Integrals in $\mathbb{T} \times \mathbb{T}$ folgern. Interessierte Leser mögen
sich einen Beweis zurechtlegen.

7.4.3 Satz von Müntz. Jede in $I := [0,1]$ stetige reelle Funktion h ist nach
dem WEIERSTRASSschen Approximationssatz in I gleichmäßig durch reelle Polynome
approximierbar: z.B. durch die Folge der BERNSTEIN-*Polynome*

$$q_n(x) = \sum_{\nu=0}^n \binom{n}{\nu} h\left(\frac{\nu}{n}\right) x^\nu (1-x)^{n-\nu}, \quad n \in \mathbb{N},$$

zu h (vgl. z.B. M. BARNER und F. FLOHR: Analysis I, De Gruyter 1974, S. 324).

Korollar 7.14. *Es sei* h *stetig in* I, *und es gelte*

$$\int\limits_0^1 h(t) t^n dt = 0 \quad \text{für alle} \ n \in \mathbb{N}. \tag{7.3}$$

Dann verschwindet h *identisch in* I.

Beweis. Wegen (7.3) gilt $\int_0^1 h(t)q(t)dt = 0$ für alle Polynome $q \in \mathbb{R}[t]$ also

$$\int_0^1 h(t)^2 dt = \int_0^1 h(t)[h(t) - q(t)]dt \quad \text{für alle} \quad q \in \mathbb{R}[t].$$

Hieraus erhält man für alle $q \in \mathbb{R}[t]$ die Abschätzung $\int_0^1 h(t)^2 dt \leq |h - q|_I \int_0^1 |h(t)|dt$.

Da $\inf\{|h - q|_I : q \in \mathbb{R}[t]\} = 0$, so folgt $\int_0^1 h(t)^2 dt = 0$ und also $h \equiv 0$.   □

Wir zeigen nun auf funktionentheoretische Weise, dass in (7.3) gar *nicht alle Potenzen* von t nötig sind, um $h \equiv 0$ zu erzwingen.

Identitätssatz von Müntz 7.15. *Es sei k_ν eine reelle Folge, so dass $0 < k_1 < \cdots < k_n < \ldots$ und $\sum 1/k_\nu = \infty$. Dann ist eine in I stetige Funktion h bereits dann identisch null, wenn*

$$\int_0^1 h(t)t^{k_n} dt = 0 \quad \text{für alle} \quad n = 1, 2, \ldots.$$

Beweis. Durch $f(t,z) := h(t)t^z$ für $t > 0$, $f(0,z) := 0$, wird eine in $I \times \mathbb{T}$ stetige Funktion definiert. Da $f(t,z)$ für festes $t \in I$ stets holomorph in $\mathbb{T}$ ist, und da $|f|_{I \times \mathbb{T}} \leq |h|_I$, so ist $F(z) := \int_0^1 f(t,z)dt$ nach Satz 7.13 holomorph in $\mathbb{T}$. Da $|F|_{\mathbb{T}} \leq |h|_I$, so ist F beschränkt in $\mathbb{T}$. Da $F(k_n) = 0$ für alle $n \geq 1$ und da $\sum 1/k_\nu = \infty$, so verschwindet F nach 4.3.4 b) identisch in $\mathbb{T}$.

Speziell folgt

$$F(n + 1) = \int_0^1 t \cdot h(t) \cdot t^n dt = 0 \quad \text{für alle} \quad n \in \mathbb{N}.$$

Daher ist $t \cdot h(t)$ nach dem Korollar identisch null in I.   □

Historische Bemerkung. Ch. H. Müntz hat 1914 in seiner Arbeit [180] folgende Verallgemeinerung des Weierstrassschen Approximationssatzes entdeckt:

Es sei k_n eine reelle Folge, so dass $0 < k_1 < \cdots < k_n < \ldots$ und $\sum 1/k_\nu = \infty$. Dann ist jede in $[0,1]$ stetige Funktion in $[0,1]$ gleichmäßig durch Funktionen der Form $\sum_1^n a_\nu x^{k_\nu}$ approximierbar.

Hieraus hat Müntz seinen Identitätssatz hergeleitet, (man schließt wie oben im Beweis des Korollars). Der obige funktionentheoretische Beweis geht auf T. Carlemann zurück, [40], insbs. S. 15. Die Aussagen des Müntzschen Identitäts-und

Approximationssatzes sind umkehrbar, man vergleiche hierzu [236, 312–315]. - Elementare Beweise des Müntzschen Approximationssatzes findet man bei L.C.G. Rogers, [230], und bei M. v. Golitschek, [88].

7.5 Folgerungen aus einem Satz von Hurwitz

Wir stellen hier Eigenschaften von Grenzfunktionen von Folgen holomorpher Funktionen zusammen, die später benötigt werden. Ein Zusammenhang mit den Sätzen von Montel und Vitali besteht nicht; am Anfang der Überlegungen steht vielmehr folgendes im Abschnitt I.8.5.5 gewonnene

Lemma von Hurwitz 7.16. *Die Folge $f_n \in \mathcal{O}(G)$ konvergiere in G kompakt gegen eine nicht konstante Funktion $f \in \mathcal{O}(G)$. Dann gibt es zu jedem Punkt $c \in G$ einen Index $n_c \in \mathbb{N}$ und eine Folge $c_n \in G$, $n \geq n_c$, so dass gilt:*

$$\lim c_n = c \quad und \quad f_n(c_n) = f(c), \quad n \geq n_c.$$

Dieses Lemma, das ein Spezialfall eines allgemeineren Hurwitzschen Satzes ist (vgl. Abschnitt I.8.5.5), hat wichtige Konsequenzen. Wohlbekannt ist das

Korollar 7.17. *Die Folge $f_n \in \mathcal{O}(G)$ konvergiere in G kompakt gegen $f \in \mathcal{O}(G)$. Alle Funktionen f_n seien nullstellenfrei in G, weiter sei f nicht identisch null. Dann ist f nullstellenfrei in G.*

Beweis. Wir dürfen annehmen, dass f nicht konstant ist. Hätte f dann eine Nullstelle $c \in G$, so hätten nach Hurwitz fast alle f_n Nullstellen $c_n \in G$. □

Aus diesem Korollar gewinnt man weiter:

Folgerung. *Konvergiert die Folge $f_n \in \mathcal{O}(G)$ in G kompakt gegen eine nichtkonstante Funktion $f \in \mathcal{O}(G)$, so gilt:*

(1) *Sind alle Bilder $f_n(G)$ in einer festen Menge $A \subset \mathbb{C}$ enthalten, so gilt auch $f(G) \subset A$.*
(2) *Sind alle Abbildungen $f_n := G \to \mathbb{C}$ injektiv, so ist auch $f : G \to \mathbb{C}$ injektiv.*
(3) *Sind alle Abbildungen $f_n := G \to \mathbb{C}$ lokal biholomorph, so ist auch $f : G \to \mathbb{C}$ lokal biholomorph.*

Beweis. (1) Sei $b \in \mathbb{C} \backslash A$. Wegen $f_n(G) \subset A$ ist jede Funktion $f_n - b$ nullstellenfrei in G. Da $f - b \not\equiv 0$, so ist $f - b$ nach dem Korollar nullstellenfrei in G. Dies bedeutet $b \notin f(G)$. Es folgt $f(G) \subset A$.

(2) Sei $c \in G$. Wegen der Injektivität aller f_n sind alle Funktionen $f_n - f_n(c)$ nullstellenfrei in $G \backslash c$. Da $f - f(c) \not\equiv 0$, so ist $f - f(c)$ nach dem Korollar nullstellenfrei in $G \backslash c$. Also gilt $f(z) \neq f(c)$ für alle $z \in G \backslash c$. Da $c \in G$ beliebig gewählt wurde, folgt die Injektivität von f.

(3) Die Folge f_n' der Ableitungen konvergiert in G kompakt gegen f'. Da f nicht konstant ist, so ist f' nicht die Nullfunktion. Nach dem lokalen Biholomorphiekriterium aus I.9.4.2 sind alle f_n' nullstellenfrei in G. Nach dem Korollar ist also auch f' nullstellenfrei in G, daher ist – wieder nach I.9.4.2 – die Abbildung $f : G \to \mathbb{C}$ lokal biholomorph. $\square$

Bemerkung. Die Aussage (1) folgt, falls A ein Gebiet mit $\overset{\circ}{\overline{A}} = A$ – z.B. eine Kreisscheibe - ist, unmittelbar aus dem Offenheitssatz I.8.5.1 (Beweis!).

Die Aussagen (1) und (2) werden beim Beweis des RIEMANNschen Abbildungssatzes in folgender Fassung benutzt:

Injektionssatz von Hurwitz 7.18. *Es seien G, G' Gebiete, und es sei $f_n := G \to G'$ eine Folge holomorpher Injektionen, die in G kompakt gegen eine nicht konstante Funktion $f \in \mathcal{O}(G)$ konvergiert. Dann gilt $f(G) \subset G'$, und die induzierte Abbildung $f : G \to G'$ ist injektiv.*

Wir notieren noch einen Zusatz zur Aussage (2), der in Abschnitt 9.1.1 benutzt wird.

(2') *Sind alle Abbildungen f_n injektiv, so folgt aus $\lim f_n(b_n) = f(b)$, wobei $b_n, b \in G$, stets $\lim b_n = b$. Speziell gilt:*

$$\lim f_n^{-1}(a) = f^{-1}(a) \quad \text{für jedes} \quad a \in f(G) \cap \bigcap_{n \geq 0} f_n(G).$$

Beweis. Wäre $\lim b_n \neq b$, so gäbe es ein $\varepsilon > 0$ und eine Teilfolge $b_{n'}$ der Folge b_n mit $b_{n'} \notin B := B_\varepsilon(b)$. Die Folge $f_{n'} - f_{n'}(b_{n'})$ wäre dann wegen der Injektivität aller f_n nullstellenfrei in B, daher müsste auch ihr Limes $f - f(b)$ nullstellenfrei in B sein, was nicht stimmt. Also gilt $\lim b_n = b$. $\square$

8. Der Riemannsche Abbildungssatz

> Zwei gegebene einfach zusammenhängende
> ebene Flächen können stets so auf einander
> bezogen werden, dass in jedem Punkt der
> einen Ein mit ihm stetig fortrückender
> Punkt der andern entspricht und ihre
> entsprechenden kleinsten Theile ähnlich
> sind. (B. RIEMANN 1851)

In der geometrischen Funktionentheorie steht seit RIEMANN das Problem, alle zueinander biholomorph (= konform) äquivalenten Gebiete in der Zahlenebene zu bestimmen, im Vordergrund des Interesses. Existenz- und Eindeutigkeitssätze ermöglichen es, interessante und wichtige holomorphe Funktionen zu studieren, ohne dass man geschlossene analytische Ausdrücke (wie Integralformeln oder Potenzreihen) für diese Funktionen kennt; vielmehr gewinnt man aus geometrischen Eigenschaften der vorgegebenen Gebiete analytische Eigenschaften der Abbildungsfunktionen.

Der RIEMANNsche Abbildungssatz – Motto dieses Kapitels – löst das Problem der biholomorphen Abbildbarkeit für *einfach zusammenhängende* Gebiete. Um diesen Satz zu verstehen, machen wir uns im Paragraphen 8.1 zunächst mit dem *topologischen* Begriff „einfach zusammenhängendes Gebiet" vertraut. Anschaulich sind das Gebiete ohne Löcher, d.h. Gebiete, in denen sich jeder geschlossene Weg stetig auf einen Punkt zusammenziehen lässt (*Nullhomotopie*). Wir diskutieren zwei Integralsätze; das für die weiteren Überlegungen entscheidende Resultat ist:

Einfach zusammenhängende Gebiete G in $\mathbb{C}$ hängen homologisch einfach zusammen:

$\int_\gamma f d\zeta = 0$ *für alle $f \in \mathcal{O}(G)$ und alle stückweise stetig differenzierbaren Wege γ in G.*

Leser, die vorrangig am RIEMANNschen Abbildungssatz interessiert sind, sollten bei erster Lektüre den Paragraphen 8.1 überschlagen und die Begriffe

„einfach zusammenhängend" und „homologisch einfach zusammenhängend" als äquivalent ansehen.

Es hat lange gedauert und größter Anstrengungen bedurft, die Riemannsche Behauptung zu beweisen[1]; Mathematiker wie C. NEUMANN, H.A. SCHWARZ, H. POINCARÉ, D. HILBERT, P. KOEBE und C. CARATHÉODORY haben daran gearbeitet. 1922 schließlich gaben die ungarischen Mathematiker L. FEJÉR und F. RIESZ ihren ingeniösen Beweis mittels eines Extremalprinzips. Wir reproduzieren im Paragraphen 8.2 die CARATHÉODORYsche Variante des FEJER-RIESZschen Beweises.

Im Paragraphen 8.3 berichten wir ausführlich über die Geschichte des Abbildungssatzes. Der Paragraph 8.4 enthält Ergänzungen zum Abbildungssatz; wir diskutieren u.a. ein SCHWARZsches Lemma für einfach zusammenhängende Gebiete.

8.1 Integralsätze für homotope Wege

In Sterngebieten hängen Wegintegrale über holomorphe Funktionen bei festem Anfangs- und Endpunkt nicht von der Wahl der Integrationswege ab. Diese Wegunabhängigkeit bleibt für beliebige Gebiete richtig, solange man die Integrationswege „nur stetig deformiert". Was das genau bedeutet, wird in diesem Paragraphen erklärt.

Grundlegend sind zwei Homotopiebegriffe, die in den Abschnitten 8.1.1 und 8.1.2 eingeführt werden. Zu jedem Homotopiebegriff gehört eine Version des Cauchyschen Integralsatzes. Die Beweise dieser Integralsätze sind elementar, aber recht technisch; sie benutzen aus der Funktionentheorie nur, dass holomorphe Funktionen in Kreisscheiben Stammfunktionen haben.

In Abschnitt 8.1.3 zeigen wir, dass nullhomotope Wege stets nullhomolog sind, dass aber die Umkehrung i.a. nicht gilt. Der grundlegende Begriff „einfach zusammenhängendes Gebiet" wird im Abschnitt 8.1.4 eingeführt und ausführlich besprochen.

8.1.1 Homotope Wege bei festen Endpunkten. Zwei Wege $\gamma, \widetilde{\gamma}$ mit gleichem Anfangspunkt a und Endpunkt b in einem metrischen (allgemeiner: topologischen) Raum X heißen *homotop in X bei festen Endpunkten*, wenn es eine stetige Abbildung $\psi : I \times I \to X, (s,t) \mapsto \psi(s,t)$ gibt, so dass für alle $s, t \in I$ gilt:

$$\psi(0,t) = \gamma(t) \quad \text{und} \quad \psi(1,t) = \widetilde{\gamma}(t), \quad \psi(s,0) = a \quad \text{und} \quad \psi(s,1) = b. \quad (8.1)$$

---

[1] L. AHLFORS schreibt gelegentlich: „RIEMANN's writings are full of almost cryptic messages to the future. For instance, RIEMANN's mapping theorem is ultimately formulated in terms which would defy any attempt of proof, even with modern methods."

Die Abbildung ψ heißt eine *Homotopie zwischen* γ und $\widetilde{\gamma}$. Für jedes $s \in I$ ist $\gamma_s : I \to X$, $t \mapsto \psi(s,t)$, ein Weg in X von a nach b, die Wegeschar $(\gamma_s)_{s \in I}$ ist eine „Deformation" des Weges $\gamma_0 = \gamma$ in den Weg $\gamma_1 = \widetilde{\gamma}$. Wir bemerken (ohne Angabe des einfachen Beweises), dass die Relation „homotop in X bei festen Endpunkten" auf der Menge aller Wege in X von a nach b eine Äquivalenzrelation ist.

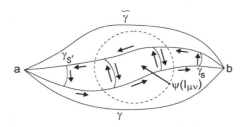

Die Wichtigkeit des eingeführten Homotopiebegriffes zeigt:

Cauchyscher Integralsatz 8.1 (1. Homotopiefassung). *Es seien* γ, $\widetilde{\gamma}$ *stückweise stetig differenzierbare Wege im Gebiet* $G \subset \mathbb{C}$, *die in* G *bei festen Endpunkten homotop sind.*

Dann gilt

$$\int\limits_{\gamma} f\,d\zeta = \int\limits_{\widetilde{\gamma}} f\,d\zeta \quad \text{für alle} \ \ f \in \mathcal{O}(G).$$

Man beachte, dass die Deformationswege γ_s, $0 < s < 1$, *nicht* stückweise stetig differenzierbar sein müssen.   □

Die *Beweisidee* ist schnell erläutert. Man unterteilt $I \times I$ so in Rechtecke $I_{\mu\nu}$, dass die Bilder $\psi(I_{\mu\nu})$ in Kreisscheiben $\subset G$ liegen (Figur). Nach dem Integralsatz für Kreisscheiben sind die Integrale über f längs aller Ränder $\partial\psi(I_{\mu\nu})$ null. Daher sind für hinreichend benachbarte Deformationswege $\gamma_s, \gamma_{s'}$ die Integrale über f gleich (Figur S. 167). – Die technisch etwas mühseligen Details finden sich in den Abschnitten 8.1.5 und 8.1.6, sie können bei erster Lektüre ausgelassen werden.

8.1.2 Frei homotope geschlossene Wege. Zwei geschlossene Wege γ, $\widetilde{\gamma}$ in X heißen *frei homotop in* X, wenn es eine stetige Abbildung $\psi : I \times I \to X$ mit folgenden Eigenschaften gibt:

$$\psi(0,t) = \gamma(t) \ \text{ und } \ \psi(1,t) = \widetilde{\gamma}(t) \ \text{ für alle } \ t \in I, \ \ \psi(s,0) = \psi(s,1)$$
$$\text{für alle} \ \ s \in I. \tag{8.2}$$

Dann sind alle Deformationswege $\gamma_s : I \to X$, $t \mapsto \psi(s,t)$ geschlossen; ihre Anfangspunkte durchlaufen in X den Weg $\delta : I \to X$, $t \mapsto \psi(t,0)$, Figur. Die Wege γ und $\delta + \widetilde{\gamma} - \delta$ haben gleichen Anfangs- und Endpunkt. Folgende Aussage ist anschaulich klar:

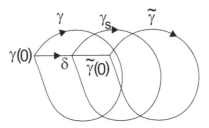

Satz 8.2. *Sind γ und $\widetilde{\gamma}$ frei homotop in X, so sind die Wege γ und $\delta + \widetilde{\gamma} - \delta$ homotop in X bei festen Endpunkten.*

Beweis. Für jedes $s \in I$ setze man $\chi_s := \delta|[0,s] + \gamma_s - \delta|[0,s]$. Man kann so parametrisieren, dass $\chi : I \times I \to X, (s,t) \mapsto \chi_s(t)$ stetig und daher eine Homotopie zwischen γ und $\delta + \widetilde{\gamma} - \delta$ bei festen Endpunkten ist.

Cauchyscher Integralsatz 8.3 (2. Homotopiefassung). *Es seien γ, $\widetilde{\gamma}$ stückweise stetig differenzierbare geschlossene Wege im Gebiet $G \subset \mathbb{C}$, die in G frei homotop sind. Dann gilt*

$$\int_{\gamma} f d\zeta = \int_{\widetilde{\gamma}} f d\zeta \quad \text{für alle } f \in \mathcal{O}(G)$$

Der Beweis ist mit den Sätzen 8.2 und 8.1 trivial, wenn δ zusätzlich stückweise stetig differenzierbar ist, denn dann gilt:

$$\int_{\gamma} f d\zeta = \int_{\delta + \widetilde{\gamma} - \delta} f d\zeta = \int_{\delta} f d\zeta + \int_{\widetilde{\gamma}} f d\zeta - \int_{\delta} f d\zeta = \int_{\widetilde{\gamma}} f d\zeta.$$

Den Allgemeinfall beweist man völlig analog wie Satz 8.1 (vgl. Abschnitte 8.1.5 und 8.1.6, wobei ψ dann eine „freie Homotopie" zwischen γ und $\widetilde{\gamma}$ ist).

8.1.3 Nullhomotopie und Nullhomologie. Ein geschlossener Weg γ in G heißt *nullhomotop* in G, wenn er frei homotop zu einem konstanten Weg (Punktweg) ist. Das gilt wegen Satz 8.2 genau dann, wenn γ in G bei festen Endpunkten zum Punktweg $t \mapsto \gamma(0)$ homotop ist. Mit Satz 8.3 folgt sofort

Satz 8.4. *Jeder in G stückweise stetig differenzierbare geschlossene Weg γ, der in G nullhomotop ist, ist nullhomolog in G:*

$$\int_{\gamma} f d\zeta = 0 \quad \text{für alle } f \in \mathcal{O}(G).$$

Das *Innere* Int γ eines solchen Weges liegt also in G, vgl. I.9.5.2 Null-homotopie hat Nullhomologie zur Folge, die Umkehrung gilt indessen nicht. Betrachtet man z.B. in $G := \mathbb{C}\backslash\{-1, 1\}$ die Ränder $\gamma_1, \gamma_2, \gamma_3, \gamma_4$ der Kreis-scheiben $B_1(-1), B_1(1), B_2(-2), B_2(2)$, jeweils mit 0 als Anfangs- und End-punkt (Figur), so lässt sich zeigen:

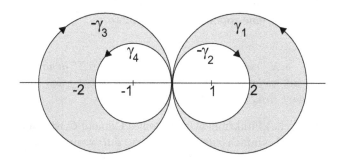

Der geschlossene Weg $\gamma := \gamma_1 - \gamma_3 - \gamma_2 + \gamma_4$ *ist nullhomolog, aber nicht nullhomotop in* G.

Es ist leicht einzusehen, dass γ nullhomolog in G ist:

$$\text{Int } \gamma = [B_2(-2)\backslash\overline{B_1(-1)}] \cup [B_2(2)\backslash\overline{B_1(1)}] \subset G, \qquad \text{(Figur)}.$$

Anschaulich leuchtet auch sofort ein, dass γ in G nicht nullhomotop ist: Jede Deformationsabbildung ψ von γ auf einen Punkt muss gewisse Kreisränder $\gamma_1, \ldots, \gamma_4$ über die herausgenommenen Punkte 1 oder -1 hinwegziehen. Ein sauberes Argument ist anspruchsvoller, man kann z.B. wie folgt schließen: Man wählt eine um 0 holomorphe Funktion f, die längs *jedes Weges* in G ho-lomorph fortsetzbar ist, deren Fortsetzung längs γ aber nicht zu f zurückführt (eine solche Funktion ist z.B. $f(z) = \sqrt{\log \frac{1}{2}(1 + z)}$ mit $f(0) = i\sqrt{\log 2}$]. Nach dem Monodromiesatz ist γ dann nicht nullhomolog in G. Das Argument zeigt, dass die Fundamentalgruppe der 2-fach punktierten Ebene *nicht abelsch* ist.

8.1.4 Einfach zusammenhängende Gebiete.

Ein wegzusammenhän-gender Raum X heißt *einfach zusammenhängend*, wenn jeder geschlossene Weg in X nullhomotop ist. Das trifft offensichtlich genau dann zu, wenn zwei beliebige Wege in X mit gleichem Anfangs- und Endpunkt stets homotop in X bei festen Endpunkten sind.

Satz 8.5. *Jedes Sterngebiet* G *in* $\mathbb{C}$ *(bzw.* $\mathbb{R}^n$) *hängt einfach zusammen.*

Beweis. Sei $c \in G$ ein Zentrum in G. Ist γ ein geschlossener Weg in G, so ist die stetige Abbildung

$$\psi : I \times I \to G, \quad (s,t) \mapsto \psi(s,t) := (1-s)\gamma(t) + sc$$

eine freie Homotopie zwischen γ und dem Punktweg c.   □

Insbesondere hängen alle *konvexen* Gebiete, speziell also Zahlenebene $\mathbb{C}$ und Einheitskreis $\mathbb{E}$, einfach zusammen. – Die Eigenschaft „*einfach zusammenhängend sein*" ist eine topologische Invariante:

Satz 8.6. *Ist $X \to X'$ ein Homöomorphismus, so ist X' genau dann einfach zusammenhängend, wenn X es ist. Insbesondere hängt jedes topologisch auf $\mathbb{E}$ abbildbare Gebiet in $\mathbb{C}$ einfach zusammen.*

Die (CAUCHYsche) Funktionentheorie eines Gebiete G ist am einfachsten, wenn G homologisch einfach zusammenhängt, d.h. wenn jeder geschlossene Weg in G nullhomolog in G ist. Mit Satz 8.4 folgt direkt:

Satz 8.7. *Jedes einfach zusammenhängende Gebiet G in $\mathbb{C}$ ist homologisch einfach zusammenhängend.*

Mit Hilfe dieses Satzes werden wir den RIEMANNschen Abbildungssatz beweisen; dabei wird sich zeigen, dass auch die Umkehrung des eben notierten Satzes gilt, vgl. 8.18. Später werden wir mit Hilfe der RUNGE-Theorie noch sehen, dass einfach zusammenhängende Gebiete G in $\mathbb{C}$ auch dadurch charakterisiert sind, dass sie keine Löcher (= kompakte Komponenten von $\mathbb{C}\backslash G$) haben, vgl. Abschnitt 13.2.4.

Historische Notiz. RIEMANN hat 1851 den Begriff des einfachen Zusammenhanges eingeführt und dessen große Bedeutung für viele funktionentheoretische Probleme erkannt; er definiert, [226, S. 9]: „*Eine zusammenhängende Fläche heißt, wenn sie durch jeden Querschnitt in Stücke zerfällt, eine einfach zusammenhängende.*" Unter Querschnitten versteht er dabei „*Linien, welche von einem Begrenzungspunkt das Innere einfach – keinen Punkt mehrfach – bis zu einem Begrenzungspunkt durchschneiden.*" Es ist anschaulich klar, dass diese Definition in der Tat die einfach zusammenhängenden Gebiete beschreibt.

8.1.5 Reduktion des Integralsatzes 8.1 auf ein Lemma*. Wir zeigen zunächst

Satz 8.8. *Ist* $\psi : I \times I \to G$ *stetig, so gibt es Zahlen* $s_0, s_1, \ldots, s_m, t_0, t_1, \ldots, t_n$ *mit* $0 = s_0 < s_1 < \cdots < s_m = 1$ *und* $0 = t_0 < t_1 < \cdots < t_n = 1$, *so dass für jedes Rechteck* $I_{\mu\nu} := [s_\mu, s_{\mu+1}] \times [t_\nu, t_{\nu+1}]$ *das* ψ-*Bild* $\psi(I_{\mu\nu})$ *in einer offenen Scheibe* $B_{\mu\nu} \subset G$ *enthalten ist,* $0 \le \mu < m$, $0 \le \nu < n$.

Beweis. Wir überdecken G durch offene Scheiben $B_j, j \in J$. Wegen der Stetigkeit von ψ ist die Familie $\{\psi^{-1}(B_j),\ j \in J\}$ eine offene Überdeckung von $I \times I$ (wobei $I \times I \subset \mathbb{R}^2$ die Relativtopologie trägt). Es gibt eine Überdeckung von $I \times I$ durch offene achsenparallele Rechtecke R, so dass $\overline{R}$ jeweils in einer Menge $\psi^{-1}(B_j)$ liegt. Da $I \times I$ kompakt ist, wird es bereits von *endlich vielen* solchen Rechtecken $R_1, \ldots, R_k$ überdeckt. Jedes Rechteck $\overline{R}_\kappa$ ist von der Form $[\sigma, \sigma'] \times [\tau, \tau']$ mit $0 \le \sigma < \sigma' \le 1$, $0 \le \tau < \tau' \le 1$. Ordnet und nummeriert man alle hier auftretenden σ und τ, so erhält man Zahlen $s_0, \ldots, s_m$, $t_0, \ldots, t_n$ mit $0 = s_0 < s_1 < \cdots < s_m = 1$ und $0 = t_0 < t_1 < \cdots < t_n = 1$, so dass jedes Rechteck $I_{\mu\nu}$ in einer Menge $\psi^{-1}(B_j)$ liegt. □

Es sei nun $\psi : I \times I \to G$ eine Homotopie zwischen γ und $\tilde{\gamma}$ mit festen Endpunkten. Wir wählen die Rechtecke $I_{\mu\nu}$ und Scheiben $B_{\mu\nu}$ gemäß Satz 8.8. Zu jedem $f \in \mathcal{O}(G)$ existieren Stammfunktionen auf $B_{\mu\nu}$, die bis auf additive Konstanten bestimmt sind. Durch geschickte Wahl dieser Konstanten lässt sich folgendes erreichen:

Lemma 8.9. *Zu jedem* $f \in \mathcal{O}(G)$ *gibt es eine stetige Funktion* $\varphi : I \times I \to \mathbb{R}$ *und Stammfunktionen* $F_{\mu\nu} \in \mathcal{O}(B_{\mu\nu})$ *von* $f | B_{\mu\nu}$, *so dass gilt*

$$\varphi | I_{\mu\nu} = F_{\mu\nu} \circ (\psi | I_{\mu\nu}) \quad \text{für } 0 \le \mu < m, \quad \text{bzw. } 0 \le \nu < n.$$

Die Funktionen $\varphi(s, 0)$ *und* $\varphi(s, 1), s \in I$, *sind konstant, insbesondere hat man*

$$\varphi(0, 0) = \varphi(1, 0) \quad \text{und} \quad \varphi(0, 1) = \varphi(1, 1).$$

Mit diesem Lemma ergibt sich der Integralsatz 8.8 sofort: Es sei $\gamma_0 + \ldots \gamma_{n-1}$ bzw. $\tilde{\gamma}_0 + \cdots + \tilde{\gamma}_{n-1}$ die Zerlegung des Weges γ bzw. $\tilde{\gamma}$ in Teilwege, die zur Intervallzerlegung $0 = t_0 < t_1 < \cdots < t_n = 1$ gehört. Dann gilt:

$$\int_\gamma f d\zeta = \sum_{\nu=0}^{n-1} \int_{\gamma_\nu} f d\zeta \quad \text{und} \quad \int_{\tilde{\gamma}} f d\zeta = \sum_{\nu=0}^{n-1} \int_{\tilde{\gamma}_\mu} f d\zeta.$$

Da $\gamma(t) = \psi(0, t) \subset B_{0\nu}$ für $t \in [t_\nu, t_{\nu+1}]$, und da $F_{0\nu}$ eine Stammfunktion von $f | B_{0\nu}$ ist, so gilt nach dem Lemma:

$$\int_{\gamma_\nu} f d\zeta = F_{0\nu}(\psi(0, t_{\nu+1})) - F_{0\nu}(\psi(0, t_\nu)) = \varphi(0, t_{\nu+1}) - \varphi(0, t_\nu), \ \ 0 \le \nu < n.$$

Damit folgt $\int_\gamma f d\zeta = \varphi(0,1) - \varphi(0,0)$. In analoger Weise findet man $\int_{\tilde\gamma} f d\zeta = \varphi(1,1) - \varphi(1,0)$. Das Lemma zeigt, dass beide Integrale übereinstimmen.

Bemerkung. Das Lemma ist, wenn man die Theorie der Liftung von Wegen kennt, eine spezielle Form des Monodromiesatzes. Ein Stammkeim F_1 von f in a wird längs aller Wege γ_s holomorph fortgesetzt. Diese Fortsetzungen sind eine Liftung der Homotopie ψ in den „Garbenraum " $\mathcal{O}$. Nach dem Monodromiesatz für Wegliftungen bestimmen die Fortsetzungen von F_a längs aller Wege γ_s *denselben* Endkeim F_b.

8.1.6 Beweis von Lemma 8.9*. Es sei $F_{\mu\nu} \in \mathcal{O}(B_{\mu\nu})$ irgendeine Stammfunktion von $f|B_{\mu\nu}$; $0 \le \mu < m$, $0 \le \nu < n$. Sei μ fixiert. Der Bereich $B_{\mu\nu} \cap B_{\mu,\nu+1}$ hängt zusammen und ist nicht leer (er enthält $\psi([s_\mu, s_{\mu+1}] \times \{t_{\nu+1}\})$; daher unterscheiden sich $F_{\mu\nu}$ und $F_{\mu,\nu+1}$ dort nur um eine Konstante. Durch sukzessive Addition von Konstanten zu $F_{\mu 1}, F_{\mu 2}, \ldots, F_{\mu,n-1}$ kann man somit erreichen, dass $F_{\mu\nu}$ und $F_{\mu,\nu+1}$ auf $B_{\mu\nu} \cap B_{\mu,\nu+1}$ übereinstimmen, $0 \le \nu < n-1$. Setzt man nun

$$\varphi_\mu(s,t) := F_{\mu\nu}(\psi(s,t)) \ \ \text{für} \ \ (s,t) \in I_{\mu\nu}, \ 0 \le \nu < n, \tag{8.3}$$

so ist die Funktion φ_μ stetig auf $[s_\mu, s_{\mu+1}] \times I$. Man führe diese Konstruktion für alle $\mu = 0, 1, \ldots, m-1$ durch. Die Definitionsmengen von φ_μ und $\varphi_{\mu+1}$ haben den Durchschnitt $\{s_{\mu+1}\} \times I$. Wir behaupten:

Es gibt ein $c_{\mu+1} \in \mathbb{C}$, so dass

$$\varphi_\mu(s_{\mu+1}, t) - \varphi_{\mu+1}(s_{\mu+1}, t) = c_{\mu+1} \ \ \text{für alle} \ \ t \in I, \ 0 \le \mu < m. \tag{8.4}$$

Beweis von (8.4). Laut Definition von φ_μ gilt für alle $t \in [t_\nu, t_{\nu+1}]$:

$$\varphi_\mu(s_{\mu+1}, t) - \varphi_{\mu+1}(s_{\mu+1}, t) = F_{\mu\nu}(\psi(s_{\mu+1}, t)) - F_{\mu+1,\nu}(\psi(s_{\mu+1}, t)).$$

Da $\psi(\{s_{\mu+1}\} \times [t_\nu, t_{\nu+1}]) \subset B_{\mu\nu} \cap B_{\mu+1,\nu}$ und da $F_{\mu\nu}$ und $F_{\mu+1,\nu}$ Stammfunktionen von f in diesem Gebiet sind, so ist ihre Differenz dort konstant. Also gibt es ein $c_{\mu\nu} \in \mathbb{C}$, so dass

$$\varphi_\mu(s_{\mu+1}, t) - \varphi_{\mu+1}(s_{\mu+1}, t) = c_{\mu\nu} \ \ \text{für} \ \ t \in [t_\nu, t_{\nu+1}], 0 \le \mu < m, 0 \le \nu < n.$$

Da $t_{\nu+1} \in [t_\nu, t_{\nu+1}] \cap [t_{\nu+1}, t_{\nu+2}]$ so folgt, $c_{\mu 0} = c_{\mu 1} = \cdots = c_{\mu,n-1}$ für alle $\mu = 0, \ldots, m-1$. Damit ist (8.4) verifiziert. $\qquad\square$

Geht man nun von φ_μ zu $\varphi_\mu + \sum\limits_{\kappa=1}^{\mu} c_\kappa$ über, $1 \le \mu < m$, so erhält man, wenn die bisherigen Schreibweisen beibehalten werden:

$$\varphi_\mu(s_{\mu+1}, t) = \varphi_{\mu+1}(s_{\mu+1}, t) \quad \text{für } t \in I,\ 0 \le \mu < m.$$

Ersetzt man schließlich $F_{\mu\nu}$ durch $F_{\mu\nu} + \sum\limits_{\kappa=1}^{\mu} c_\kappa$, $1 \le \mu < m$, so bleibt (8.3) gültig. Nun wird durch

$$\varphi(s, t) := \varphi_\mu(s, t) \quad \text{für } s \in [s_\mu, s_{\mu+1}],\ t \in I,\ 0 \le \mu < m$$

eine auf $I \times I$ stetige Funktion gegeben, für die gilt:

$$\varphi | I_{\mu\nu} = F_{\mu\nu} \circ (\psi | I_{\mu\nu}), \quad 0 \le \mu < m,\ 0 \le \nu < n.$$

Wegen $a := \psi(0,0) = \psi(s,0)$, $b := \psi(0,1) = \psi(s,1)$ für alle $s \in I$ folgt für $s \in [s_\mu, s_{\mu+1}]$:

$$\varphi(s,0) = \varphi_\mu(s,0) \quad = F_{\mu 0}(\psi(s,0)) = F_{\mu 0}(a),$$
$$\varphi(s,1) = \varphi_\mu(s,1) = F_{\mu,n-1}(\psi(s,1)) = F_{\mu,n-1}(b).$$

Die Funktionen $\varphi(s,0)$ und $\varphi(s,1)$, $s \in I$ sind damit konstant, insbesondere folgt $\varphi(0,0) = \varphi(1,0)$ und $\varphi(0,1) = \varphi(1,1)$. $\qquad\square$

Bemerkung. Die Beweismethode des Lemmas ist Topologen wohlvertraut. Man zeigt mit ihr, dass die Vereinigung $G \cup G'$ einfach zusammenhängender Gebiete G, G' mit zusammenhängendem Durchschnitt $G \cup G'$ wieder einfach zusammenhängt; allgemeiner berechnet man mit dieser Methode für beliebige Gebiete G, G' die Fundamentalgruppe $\pi_1(G \cup G')$, wenn die Gruppen $\pi_1(G), \pi_1(G')$ und $\pi_1(G \cup G')$ bekannt sind (Theorem von SEIFERT und VAN KAMPEN, der interessierte Leser konsultiere W.S. MASSEY: Algebraic Topology: An Introduction, GTM, Springer 1987, S. 113 ff.).

8.2 Der Riemannsche Abbildungssatz

Welche Gebiete G in $\mathbb{C}$ lassen sich biholomorph auf die Einheitskreisscheibe $\mathbb{E}$ abbilden? Sicher muss $G \ne \mathbb{C}$ gelten, da jede holomorphe Abbildung $\mathbb{C} \to \mathbb{E}$ konstant ist. (LIOUVILLE) Da biholomorphe Abbildungen Homöomorphismen sind, und da $\mathbb{E}$ einfach zusammenhängt, so muss auch G einfach zusammenhängen, (vgl. Sätze 8.5 und 8.6. Wir behaupten, dass G keinen weiteren Zwängen unterliegt.

Riemannscher Abbildungssatz 8.10. *Jedes einfach zusammenhängende Gebiet $G \ne \mathbb{C}$ in der Ebene $\mathbb{C}$ ist biholomorph auf die Einheitskreisscheibe $\mathbb{E}$ abbildbar.*

Man bemerkt, dass die Unbeschränktheit von G keine Rolle spielt, so sind obere Halbebene $\mathbb{H}$ und geschlitzte Ebene $\mathbb{C}^-$ vermöge

$$\mathbb{H} \xrightarrow{\sim} \mathbb{E},\ z \mapsto \frac{z-i}{z+i} \quad \text{und} \quad \mathbb{E} \xrightarrow{\sim} \mathbb{C}^-,\ z \mapsto \left(\frac{z+1}{z-1}\right)^2$$

biholomorph äquivalent zum Einheitskreis.

Allein die topologische Aussage des Abbildungssatzes ist beeindruckend. Da

$$\mathbb{C} \to \mathbb{E},\ z \mapsto z / \sqrt{1+|z|^2}$$

eine topologische Abbildung von $\mathbb{C}$ auf $\mathbb{E}$ ist, so sehen wir:

Jedes einfach zusammenhängende Gebiet G in $\mathbb{C}$ ist topologisch auf $\mathbb{E}$ abbildbar. Speziell sind zwei beliebige einfach zusammenhängende Gebiete in $\mathbb{R}^2$ stets homöomorph (d.h. topologisch aufeinander abbildbar).

Die nachstehende Figur zeigt ein einfach zusammenhängendes Gebiet, von dem man sich kaum vorstellen kann, dass es topologisch und sogar biholomorph (also winkel- und orientierungstreu) auf $\mathbb{E}$ abbildbar ist.

8.2.1 Reduktion auf $\mathcal{Q}$-Gebiete. Der erste Beweisschritt besteht darin, die *topologische* Eigenschaft des einfachen Zusammenhangs von G durch eine *algebraische* Eigenschaft des Rings $\mathcal{O}(G)$ zu ersetzen.

Lemma 8.11. *Hängt $G \subset \mathbb{C}$ einfach zusammen, so hat jede Einheit aus $\mathcal{O}(G)$ eine Quadratwurzel in $\mathcal{O}(G)$ (Quadratwurzel-Eigenschaft).*

Beweis. Nach Satz 8.7 hängt G homologisch einfach zusammen. Nach Abschnitt I.9.3.3 haben homologisch einfach zusammenhängende Gebiete die Quadratwurzel-Eigenschaft. $\qquad\square$

Im folgenden wird nur noch die Quadratwurzel-Eigenschaft benutzt. Der topologische Begriff „einfach zusammenhängend" darf zunächst vergessen werden. (Ist allerdings der Abbildungssatz erst einmal bewiesen, so erweisen sich Quadratwurzel-Eigenschaft und einfacher Zusammenhang als äquivalent, vgl. Äquivalenzheorem 8.18). – Wir benutzen folgende elementare Invarianzaussage:

Satz 8.12. *Ist* $f : G \xrightarrow{\sim} \widehat{G}$ *biholomorph, so hat mit* G *auch* $\widehat{G}$ *die Quadratwurzel-Eigenschaft.*

Beweis. Ist $\widehat{u}$ eine Einheit in $\mathcal{O}(\widehat{G})$, so ist $u := \widehat{u} \circ f$ eine Einheit in $\mathcal{O}(G)$. Falls $u = v^2$ mit $v \in \mathcal{O}(G)$, so gilt $\widehat{u} = \widehat{v}^2$ mit $\widehat{v} := v \circ f^{-1}$. □

Um eine bequeme Redeweise zu haben, nennen wir Gebiete G in $\mathbb{C}$ mit $0 \in G$, welche die Quadratwurzel-Eigenschaft haben, kurz $\mathcal{Q}$-Gebiete. Der RIEMANNsche Abbildungssatz ist dann in folgender Aussage enthalten:

Satz 8.13. *Jedes* $\mathcal{Q}$-*Gebiet* $G \neq \mathbb{C}$ *ist biholomorph auf* $\mathbb{E}$ *abbildbar.*

Der Beweis dieses Satzes wird in den nächsten drei Abschnitten geführt. Die wesentlichen Hilfsmittel sind

- ein auf CARATHÉODORY und KOEBE zurückgehender „Quadratwurzeltrick",
- der Satz von MONTEL
- der Injektionssatz von HURWITZ
- die involutorischen Automorphismen $g_c : \mathbb{E} \to \mathbb{E}$, $z \mapsto (z - c)/(\bar{c}z - 1)$, $c \in \mathbb{E}$.

8.2.2 Existenz holomorpher Injektionen. *Zu jedem* $\mathcal{Q}$-*Gebiet* $G \neq \mathbb{C}$ *gibt es eine holomorphe Injektion* $f : G \to \mathbb{E}$ *mit* $f(0) = 0$.

Beweis. Sei $a \in \mathbb{C}\backslash G$. Dann ist $z - a$ eine Einheit in $\mathcal{O}(G)$, es gibt also ein $v \in \mathcal{O}(G)$ mit $v(z)^2 = z - a$. Die Abbildung $v : G \to \mathbb{C}$ ist injektiv. Es gilt

$$v(G) \cap (-v)(G) = \emptyset, \tag{8.5}$$

denn gäbe es Punkte $b, b' \in G$ mit $v(b) = -v(b')$, so wäre $b - a = v(b)^2 = v(b')^2 = b' - a$, also $b = b'$ also $v(b) = 0$, was wegen $b \neq a$ nicht möglich ist.

Da $(-v)(G)$ nicht leer und offen ist, gibt es wegen (8.5) eine Kreisscheibe $B = B_r(c)$, $r > 0$, so dass $(-v)(G) \subset \mathbb{C}\backslash\overline{B}$. Da $\mathbb{C}\backslash\overline{B}$ vermöge

$$g(z) := \frac{1}{2}r \cdot \left(\frac{1}{z - c} - \frac{1}{v(0) - c} \right)$$

injektiv in $\mathbb{E}$ abgebildet wird, so leistet $f := g \circ v$ das Gewünschte. □

Eine wesentliche Verallgemeinerung des Injektionssatzes geben wir in Abschnitt 13.2.4.

Die Aussage ist für Gebiete, deren Komplement innere Punkte c hat, nicht aufregend: dann führen Abbildungen $z \mapsto \varepsilon(z-c)^{-1}$, $\varepsilon > 0$ klein, sofort zum Ziel. In allen Fällen, wo $\mathbb{C}\backslash G$ ohne innere Punkte ist (Schlitzbereiche, z.B. $\mathbb{C}^-$), liefert der „Quadratwurzeltrick" die einfachsten konformen Abbildungen auf Gebiete, die Kreisscheiben im Komplement enthalten. Dieser Trick stammt von P. KOEBE, der bereits 1912 bemerkte, dass jede holomorphe Quadratwurzel aus einer Einheit $(z-a)/(z-b) \in \mathcal{O}(G)$, wobei $a, b \in \partial G$, $a \neq b$, ein Bildgebiet vermittelt, dessen Komplement innere Punkte hat. [143, S. 845]

8.2.3 Existenz von Dehnungen. Ist G ein Gebiet mit $0 \in G \subset \mathbb{E}$, so heißt jede holomorphe Injektion $\kappa : G \to \mathbb{E}$, für die gilt

$$\kappa(0) = 0 \quad \text{und} \quad |\kappa(z)| > |z| \quad \text{für alle} \quad z \in G\backslash 0,$$

eine (echte) *Dehnung von G in $\mathbb{E}$* (bezüglich des Nullpunktes). Wir konstruieren Dehnungen als Umkehrabbildungen von Kontraktionen. Wir bezeichnen mit j die Quadratabbildung $\mathbb{E} \to \mathbb{E}$, $z \mapsto z^2$, und machen vorab eine simple, aber nicht naheliegende Bemerkung:

Jede Abbildung $\psi_c : \mathbb{E} \to \mathbb{E}$, $z \mapsto (g_{c^2} \circ j \circ g_c)(z)$, *wo* $c \in \mathbb{E}$, *ist echt kontraktiv:*

$$\psi_c(0) = 0, \quad |\psi_c(z)| < |z| \quad \text{für alle} \quad z \in \mathbb{E}\backslash\{0\}. \tag{8.6}$$

Beweis. Klar nach SCHWARZ, da ψ_c wegen $j \notin \operatorname{Aut} \mathbb{E}$ keine Drehung um 0 ist.   □

Lemma 8.14 (Quadratwurzel-Verfahren). *Es sei $G \subset \mathbb{E}$ ein Q-Gebiet, es sei $c \in \mathbb{E}$ mit $c^2 \notin G$. Es sei $v \in \mathcal{O}(G)$ die Quadratwurzel aus $g_{c^2}|G \in \mathcal{O}(G)$ mit $v(0) = c$. Dann ist die Abbildung $\kappa : G \to \mathbb{E}$, $z \mapsto g_c(v(z))$ eine Dehnung von G. Es gilt*

$$id_G = \psi_c \circ \kappa. \tag{8.7}$$

Beweis. Da g_{c^2} nullstellenfrei in G ist und da $g_{c^2}(0) = c^2$, so sind v und wegen $v(G) \subset \mathbb{E}$ auch κ wohldefiniert. Es gilt $\kappa(G) \subset \mathbb{E}$ und $\kappa(0) = g_c(v(0)) = g_c(c) = 0$. Wegen $g_c \circ g_c = id_{\mathbb{E}}$ und $j \circ v = g_{c^2}$ folgt

$$\psi_c \circ \kappa = g_{c^2} \circ j \circ g_c \circ g_c \circ v = g_{c^2} \circ g_{c^2} = id_G.$$

Mithin ist $\kappa : G \to \mathbb{E}$ injektiv, wegen (8.6) gilt $|z| = |\psi_c(\kappa(z))| < |\kappa(z)|$ für alle $z \in G$ mit $\kappa(z) \neq 0$, also für alle $z \in G\backslash 0$.   □

Bemerkungen. Dass man Quadratwurzeln zur Konstruktion von Dehnungen benutzt, überrascht kaum, da $x \mapsto \sqrt{x}$ eine einfache Dehnung des Invervalles $[0, 1)$ ist.   □

Die „Hilfsfunktion" ψ_c lässt sich explizit angeben:

$$\psi_c(z) = \left(z\frac{z-b}{\bar{b}z-1}\right) \quad \text{mit} \quad b := \psi_c'(0) = \frac{2c}{1+|c|^2} \in \mathbb{E}. \tag{8.8}$$

Der Leser führe die Rechnung durch. Wegen (8.7) folgt insbesondere

$$\kappa'(0) = \frac{1+|c|^2}{2c}. \tag{8.9}$$

Die Abbildung ψ_c ist eine *endliche* Abbildung von $\mathbb{E}$ auf sich vom *Abbildungsgrad* 2, vgl. Abschnitte 9.3.2 und 9.4.4.

Historische Notiz. Die Kontraktion ψ_c wurde 1909 von KOEBE geometrisch eingeführt und als Majorante benutzt, [142, S. 209]. CARATHÉODORY schreibt sie 1912 explizit hin [33, S. 401], er normiert durch $\psi_c'(0) > 0$. Die Funktion ψ_c wird uns im Anhang bei der „CARATHÉODORY-KOEBE-Theorie" wiederbegegnen.

8.2.4 Existenzbeweis mittels eines Extremalprinzips. Ist $G \neq \mathbb{C}$ ein Q-Gebiet, so ist die Familie

$$\mathcal{F} := \{f \in \mathcal{O}(G) : f \ \ bildet \ \ G \ \ injektiv \ in \ \mathbb{E} \ \ ab, \ f(0) = 0\}$$

nach Abschnitt 8.2.2 nicht leer. Jedes $f \in \mathcal{F}$ bildet G biholomorph auf $f(G) \subset \mathbb{E}$ ab (Biholomorpiekriterium I.9.4.1). Die Funktionen aus $\mathcal{F}$ mit $f(G) = \mathbb{E}$ lassen sich überraschend einfach durch eine Extremaleigenschaft kennzeichnen.

Satz 8.15. *Es sei $G \neq \mathbb{C}$ ein Q-Gebiet, es sei $p \neq 0$ ein fester Punkt aus G. Dann gilt $h(G) = \mathbb{E}$ für jede Funktion $h \in \mathcal{F}$ mit*

$$|h(p)| = \sup\{|f(p)| : f \in \mathcal{F}\}. \tag{8.10}$$

Beweis. Wegen Satz 8.12 ist mit G auch $h(G) \subset \mathbb{E}$ ein Q-Gebiet. Wäre $h(G) \neq \mathbb{E}$, so existiert nach Lemma 8.14 eine Dehnung $\kappa : h(G) \to \mathbb{E}$. Es gilt $g := \kappa \circ h \in \mathcal{F}$. Da $h(p) \neq 0$ wegen der Injektivität von h, so folgt $|g(p)| = |\kappa(h(p))| > |h(p)|$. Widerspruch! $\qquad\square$

Nunmehr lässt sich Satz 8.13 schnell beweisen. Sei $p \in G\backslash\{0\}$ fixiert. Da $\mathcal{F}$ nicht leer ist, so gilt $\mu := \sup\{|f(p)| : f \in \mathcal{F}\} > 0$. Wir wählen eine Folge $f_0, f_1, \ldots$ in $\mathcal{F}$ mit $\lim|f_n(p)| = \mu$. Da $\mathcal{F}$ beschränkt ist, so konvergiert nach MONTEL eine Teilfolge h_j der Folge f_n in G kompakt gegen eine Funktion $h \in \mathcal{O}(G)$. Es gilt $h(0) = 0$ und $|h(p)| = \mu$. Da h wegen $\mu > 0$ nicht konstant ist, so ist h nach dem HURWITZschen Injektionssatz (7.18) eine Injektion h :

$G \to \mathbb{E}$. Es folgt $h \in \mathcal{F}$. Nach obigem Satz gilt $h(G) = \mathbb{E}$. Somit ist $h :$ $G \to \mathbb{E}$ biholomorph. Damit ist Satz 8.13 und also auch der RIEMANNsche Abbildungssatz bewiesen.   □

Hinweis. Das benutzte Extremalprinzip wird besser verstanden, wenn man allgemein bemerkt, dass biholomorphe Abbildungen $h : G \xrightarrow{\sim} \mathbb{E}$ mit $h(0) = 0$ unter allen holomorphen Abbildungen $f : G \to \mathbb{E}$ mit $f(0) = 0$ durch folgende Extremaleigenschaften charakterisiert sind (man wende das SCHWARZsche Lemma auf $f \circ h^{-1}$ an):

Es gilt $|h(z)| \geq |f(z)|$ für alle $z \in G$: Besteht Gleichheit für einen Punkt $p \neq 0$, so ist $f : F \xrightarrow{\sim} \mathbb{E}$ biholomorph.

Geht man also erst einmal davon aus, dass biholomorphe Abbildungen $G \xrightarrow{\sim} \mathbb{E}$ existieren, so muss man unter *allen* holomorphen Abbildungen $f : G \to \mathbb{E}$ mit $f(0) = 0$ solche suchen, für die $|f(p)|$ maximal ist.

8.2.5 Zur Eindeutigkeit der Abbildungsfunktion.   Mit dem SCHWARZschen Lemma allein erhält man den auf POINCARÉ zurückgehenden

Eindeutigkeitssatz 8.16. *Es seien $h, \hat{h}$ biholomorphe Abbildungen eines Gebietes G auf $\mathbb{E}$, es gebe einen Punkt $a \in G$, so dass $h(a) = \hat{h}(a)$ und $h'(a)/\hat{h}'(a) > 0$. Dann gilt bereits $h = \hat{h}$.*

Beweis. Sei $b := h(a)$. Falls $b = 0$, so gilt $f := \hat{h} \circ h^{-1} \in \operatorname{Aut} \mathbb{E}$ mit $f(0) = 0$, $f'(0) = \hat{h}'(a)/h'(a) > 0$. Nach SCHWARZ folgt $f = id$, also $\hat{h} = h$.

Falls $b \neq 0$, so setze man $g := -g_{b_2}$, $h_1 := g \circ h$, $\hat{h}_1 := g \circ \hat{h}$. Dann liegt der bereits behandelte Fall vor: es folgt: $\hat{h}_1 = h_1$, also $\hat{h} = h$.   □

Man hat nun den folgenden

Existenz- und Eindeutigkeitssatz 8.17. *Ist $G \neq \mathbb{C}$ einfach zusammenhängend, so existiert zu jedem Punkt $a \in G$ genau eine biholomorphe Abbildung $h : G \xrightarrow{\sim} \mathbb{E}$ mit $h(a) = 0$ und $h'(a) > 0$.*

Beweis. Es ist nur die Existenz von h nachzuweisen. Nach RIEMANN existiert eine biholomorphe Abbildung $h_1 : G \xrightarrow{\sim} \mathbb{E}$. Für $h_2 := g_c \circ h_1$ mit $c := h_1(a)$ folgt $h_2(a) = 0$. Für $h := e^{i\varphi} h_2$ mit $e^{i\varphi} := |h_2'(a)|/h_2'(a)$ gilt dann $h(a) = 0$ und $h'(a) > 0$.

8.2.6 Äquivalenztheorem.

Satz 8.18. *Folgende Aussagen über ein Gebiet G in $\mathbb{C}$ sind äquivalent:*

i) G ist homologisch einfach zusammenhängend.

ii) Jede in G holomorphe Funktion ist integrabel in G.

iii) Für alle $f \in \mathcal{O}(G)$ und jeden geschlossenen Weg γ in G gilt:

$$\operatorname{ind}_\gamma(z) f(z) = \frac{1}{\pi i} \int_\gamma \frac{f(\zeta)}{\zeta - z} d\zeta, \quad z \in G \backslash |\gamma|.$$

iv) Das Innere $\operatorname{Int}\gamma$ eines jeden geschlossenen Weges γ in G liegt in G.

v) Jede Einheit in $\mathcal{O}(G)$ besitzt einen holomorphen Logarithmus in G.

vi) Jede Einheit in $\mathcal{O}(G)$ besitzt eine holomorphe Quadratwurzel in G.

vii) Es gilt $G = \mathbb{C}$ oder G ist biholomorph auf $\mathbb{E}$ abbildbar.

viii) G ist topologisch auf $\mathbb{E}$ abbildbar.

ix) G ist einfach zusammenhängend.

Beweis. Die Äquivalenzen *i)* bis *vi)* sind aus Abschnitt I.9.5.4 bekannt. – *vi)* $\Rightarrow$ *vii)*. Das ist Satz 8.13 (wobei $0 \in G$ jetzt unwesentlich ist). – *vii)* $\Rightarrow$ *viii)* $\Rightarrow$ *ix)* trivial (man beachte die Einleitung zu diesem Paragraphen und die Sätze 8.5 und 8.6. – *ix)* $\Rightarrow$ i). Das ist Satz 8.7. $\qquad\square$

Das Äquivalenztheorem ist ein zentraler Punkt der Funktionentheorie. Es erweisen sich als gleichbedeutend

- *topologische* Aussagen (einfach zusammenhängend)
- *analytische* Aussagen (Cauchysche Integralformel)
- *algebraische* Aussagen (Quadratwurzel-Existenz)

Jede dieser Aussagen beinhaltet, dass man in Wahrheit $\mathbb{C}$ oder $\mathbb{E}$ vor sich hat.

Die Liste der neun Äquivalenzen lässt sich noch erheblich auf nicht triviale Weise verlängern. So kann man ihr noch anfügen:

x) G hat keine Löcher.

xi) Jede Funktion aus $\mathcal{O}(G)$ ist in G kompakt durch Polynome approximierbar (Runge-Gebiet).

xii) G ist bzgl. $\operatorname{Aut} G$ homogen, und es gilt $G \not\cong \mathbb{C}^\times$.

xiii) Es gibt einen Punkt $a \in G$ mit nicht endlicher Isotropiegruppe $\operatorname{Aut}_a G$.

xiv) Für G gilt der Monodromiesatz.

Die Äquivalenzen *ix)*, *x)* und *xi)* werden im Abschnitt 13.2.4 bewiesen. Die Äquivalenz *xii)* $\Leftrightarrow$ *ix)* wird für beschränkte Gebiete „mit glatten Randstücken" in Abschnitt 9.1.3 gezeigt. Die letzten beiden Äquivalenzen werden nicht weiter verfolgt.

8.3 Zur Geschichte des Riemannschen Abbildungssatzes

Mit der Geschichte des RIEMANNschen Abbildungssatzes sind die Namen vieler Mathematiker unlösbar verbunden:

CARATHÉODORY, COURANT, FEJÉR, HILBERT, KOEBE,
RIEMANN, RIESZ, SCHWARZ, WEIERSTRASS.

Es gibt drei verschiedene Wege, den Satz zu beweisen: man benutzt

- das DIRICHLETsche Prinzip,
- Methoden der Potentialtheorie,
- das Extremalprinzip von FEJÉR-RIESZ.

Wir beschreiben die wichtigsten Stationen, die bei diesen Beweisansätzen durchlaufen wurden.

8.3.1 Riemanns Dissertation. RIEMANN hat den Abbildungssatz 1851 in seiner Dissertation ausgesprochen und einen Beweis skizziert, der auf beschränkte Gebiete G mit stückweise glattem Rand zugeschnitten ist, [226, S. 40]. Er benutzt eine Beweismethode, die das Problem der Existenz einer biholomorphen Abbildung $G \xrightarrow{\sim} \mathbb{E}$ mit dem DIRICHLETschen Randwertproblem für harmonische Funktionen verknüpft. Das Randwertproblem löst RIEMANN mit Hilfe des DIRICHLET*schen Prinzips*, das die gesuchte Funktion als diejenige Funktion $\varphi(x, y)$ mit vorgegebenen Randwerten charakterisiert, für welche das Dirichletsche Integral

$$\iint\limits_{G} (\varphi_x^2 + \varphi_y^2)\,dxdy$$

einen kleinstmöglichen Wert hat. RIEMANNs revolutionäre Ideen werden von seinen Zeitgenossen nicht angenommen, die Zeit ist noch nicht reif. Es fehlt ein Bewusstsein dafür, dass der Abbildungssatz ein Existenzsatz ist. Erst nach seinem Tod findet RIEMANN in H.A. SCHWARZ, L. FUCHS und vor allem F. KLEIN beredte Anhänger, vgl. F. KLEIN: RIEMANN *und seine Bedeutung für die Entwicklung der modernen Mathematik*, Vortrag gehalten 1894, Ges. Math. Abh. 3, 482-497.

Wie hat die philosophische Fakultät der ehrwürdigen Georgia Augusta zu Göttingen RIEMANNs Dissertation beurteilt? Darüber berichtet H. SCHERING in einem am 1. Dez. 1866 vor der Göttinger Akademie gehaltenen Nachruf *Zum Gedächtnis an B. RIEMANN*, der erst 1909 in Scherings Ges. Math. Werke 2, S. 375, Verlag Mayer und Müller Berlin, veröffentlicht wurde. Dieser Nachruf war bislang kaum bekannt, erst kürzlich erschien er in der von R. NARASIMHAN besorgten Neuausgabe von RIEMANNs Werken, S. 828–847, Springer und Teubner 1990, vgl. insbes. S. 836.

Wir drucken auf Seite 182 mit freundlicher Genehmigung des Universitätsarchivs Göttingen Teile der RIEMANN-Akte Nr. 135 ab. Der Dekan der Fakultät, EWALD

(1803–1875 evangelischer Theologe, Orientalist und Politiker, einer der Göttinger Sieben), bittet GAUSS um ein Gutachten; die Spectabilität findet „das Latein im dem Gesuche und der Vita [von RIEMANN] ungelenk und kaum erträglich." GAUSS geht in seiner knappen Stellungnahme mit keiner Silbe auf den Inhalt der Arbeit ein. Der als lobkarg bekannte Referent spricht aber von „gründlichen und tief eindringenden Studien in demjenigen Gebiete, welchem der darin behandelte Gegenstand angehört", von „strebsamen ächt mathematischen Forschungsgeiste" und von rühmlicher productiver Selbstthätigkeit." Er meint „der größte Theil der Leser möchte wohl in einigen Theilen noch eine größere Durchsichtigkeit der Anordnung wünschen"; er fasst aber zusammen: „Das Ganze ist eine gediegene werthvolle Arbeit, das Maaß der Anforderungen, welche man gewöhnlich an Probeschriften zur Erlangung der Doctorwürde stellt, nicht bloß erfüllend, sondern weit überragend." Ein Prädikat schlägt GAUSS nicht vor, ein Drittel seines Schreibens handelt von einem ihm genehmen, nicht zu frühen Nachmittagstermin für das Rigorosum.

8.3.2 Frühgeschichte. 1870 entzog WEIERSTRASS durch seine Kritik am DIRICHLETschen Prinzip dem RIEMANNschen Beweis zunächst den Boden, indem er an Beispielen zeigte, dass die Existenz einer Minimalfunktion keineswegs sicher ist, [271]. Um die Jahrhundertwende entkräftete HILBERT diese Kritik durch einen strengen Beweis des DIRICHLETschen Prinzips in dem von RIEMANN benötigten Umfang, [119, 10–14, 15–37], seitdem gehört es wieder zu den mächtigen Hilfsmitteln der klassischen Analysis, vgl. auch [119, 73–80], und die Dissertation [48] von R. COURANT aus dem Jahre 1910.

In der Zwischenzeit waren andere Methoden entwickelt worden. C. NEUMANN und H.A. SCHWARZ ersannen um 1870 das sog. *alternierende Verfahren*, vgl. hierzu die Enzyklopädieartikel [163] und [17] von L. LICHTENSTEIN und L. BIEBERBACH, insbes. [163, § 48]. Das alternierende Verfahren erlaubt es, die Randwertaufgabe der Potentialtheorie für Gebiete zu lösen, welche die Vereinigung von Gebieten sind, für die Lösbarkeit der Randwertaufgabe schon feststeht.

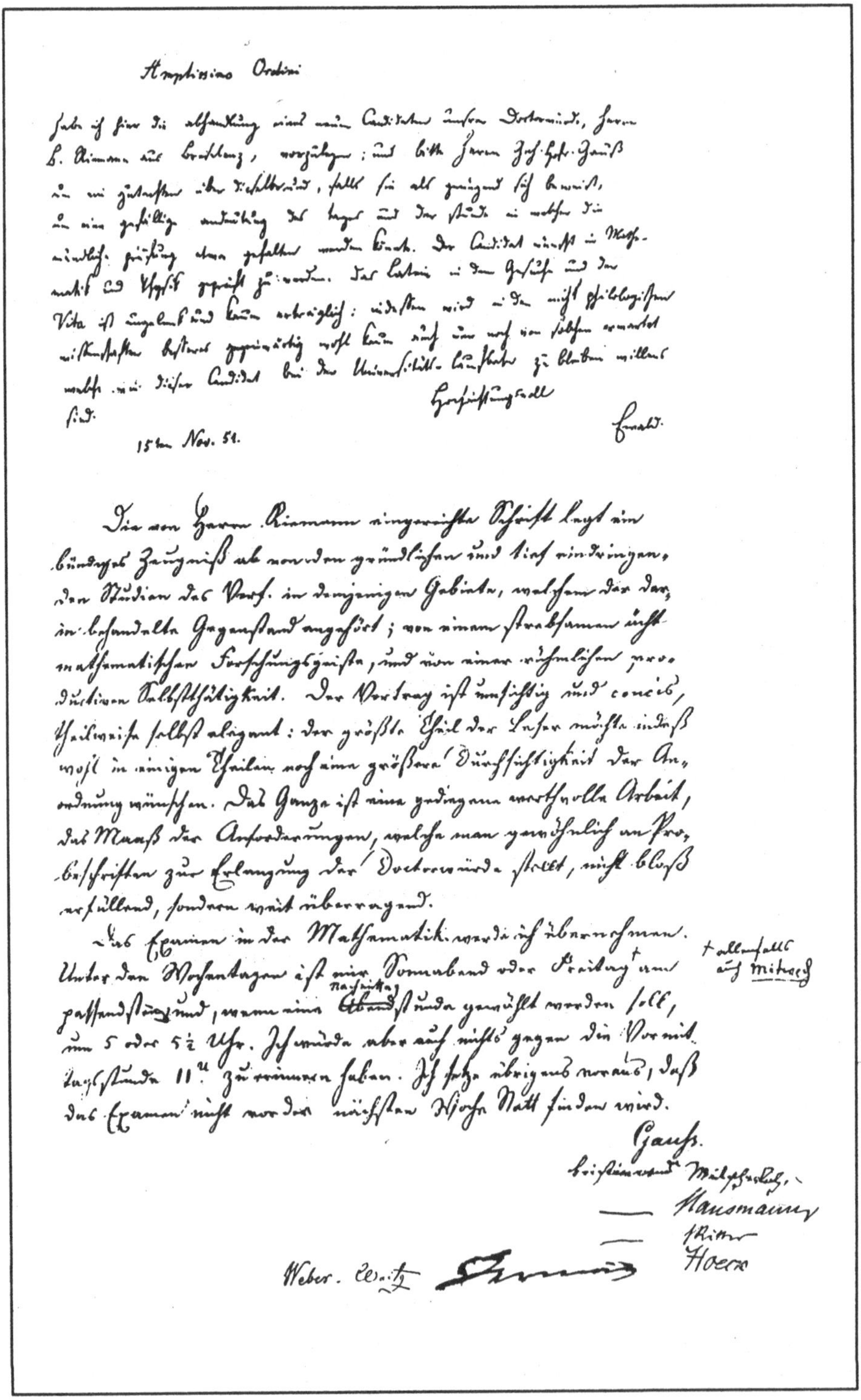

Amplissimo Ordini

habe ich hier die Abhandlung eines neuen Candidaten unserer Doctorwürde, Herrn B. Riemann aus Breselenz, vorzulegen; und bitte Herrn Hofr. Gauß um ein Gutachten über dieselbe und, falls sie als genügend sich beweist, um eine gefällige Andeutung der Tage und der Stunde in welcher die mündliche Prüfung etwa gehalten werden könnte. Der Candidat wünscht in Mathematik und Physik geprüft zu werden. Das Latein in dem Gesuche und der Vita ist ungelenk und kaum erträglich: indessen wird in den nicht philologischen Wissenschaften bisher gegenwärtig wohl kaum auch nur noch ein solches erwartet welches wie dieser Candidat bei der Universitäts-Laufbahn zu bleiben willens sind.

Hochachtungsvoll
Ewald.

15ten Nov. 51.

Die von Herrn Riemann eingereichte Schrift legt ein bündiges Zeugniß ab von den gründlichen und tief eindringenden Studien des Verf. in demjenigen Gebiete, welchem der darin behandelte Gegenstand angehört; von einem strebsamen ächt mathematischen Forschungsgeiste, und von einer rühmlichen productiven Selbstthätigkeit. Der Vortrag ist umsichtig und concis, theilweise selbst elegant: der größte Theil der Leser möchte indeß wohl in einigen Theilen noch eine größere Durchsichtigkeit der Anordnung wünschen. Das Ganze ist eine gediegene werthvolle Arbeit, das Maaß der Anforderungen, welche man gewöhnlich an Probeschriften zur Erlangung der Doctorwürde stellt, nicht bloß erfüllend, sondern weit überragend.

Das Examen in der Mathematik werde ich übernehmen. Unter den Wochentagen ist ~~mir~~ Sonnabend oder Freitag + am passendsten, und, wenn eine Nachmittags~~Abend~~stunde gewählt werden soll, um 5 oder 5½ Uhr. Ich würde aber auch nichts gegen die Vormittagsstunde 11 U. zu erinnern haben. Ich setze übrigens voraus, daß das Examen nicht vor der nächsten Woche statt finden wird.

+ allenfalls auch Mittwoch

Gauß.

beistimmend Mitscherlich.
— Hausmann
— Ritter
Hoeck
Weber. Waitz [illegible]

Mittels dieser Methode, die überdies das POISSONsche Integral und das SCHWARZsche Spiegelungsprinzip heranzieht, gelangte SCHWARZ zu Resultaten, die schließlich in folgendem Satz gipfelten, [250, 2. Band], passim:

Ist G ein einfach zusammenhängendes Gebiet, das von endlich vielen reell analytischen Wegen berandet wird, die sich unter von 0 verschiedenen Winkeln schneiden, so gibt es eine topologische Abbildung von $\overline{G}$ auf $\overline{\mathbb{E}}$, die biholomorph G auf $\mathbb{E}$ abbildet.

Aussagen dieser Art galten zu SCHWARZ' Zeiten als die schwierigsten der ganzen Analysis. - Einfach zusammenhängende Gebiete mit beliebigem Rand wurden erstmals 1900 von W.F. OSGOOD behandelt, [191]; die OSGOODsche Untersuchung fußt auf vorangegangenen Entwicklungen von SCHWARZ und POINCARÉ.

8.3.3 Von Carathéordory-Koebe zu Fejér-Riesz.

Der Beweis in den Abschnitten 8.2.2 bis 8.2.4 ist ein Amalgam aus Ideen von C. CARATHÉODORY, P. KOEBE, L. FEJÉR und F. RIESZ. Alle bis 1912 bekannten Beweisanordnungen benutzen den Umweg über die Lösung des (reellen) Randwertproblems für die Potentialgleichung $\Delta u = 0$. CARATHÉODORY hatte 1912 die glückliche Idee, bei gegebenem Gebiet G den Einheitskreis $\mathbb{E}$ durch iterierte Quadratabbildungen $f_1, f_2, \ldots$ auf eine Folge von RIEMANNschen Flächen abzubilden, deren „Kern" gegen G konvergiert; die Folge f_n selbst konvergiert dann kompakt gegen eine biholomorphe Abbildung $f : \mathbb{E} \xrightarrow{\sim} G$, vgl. [42, 400–405] und Satz VI, S. 390. So wurde erstmals mit verhältnismäßig einfachen, rein funktionentheoretischen Mitteln „die Abbildungsfunktion durch ein *rekurrentes Verfahren*" gewonnen, das bei jedem Schritt nur die Auflösung von Gleichungen ersten und zweiten Grades verlangt" (loc. cit. S. 365). KOEBE konnte sofort die RIEMANNschen Hilfsflächen bei CARATHÉODORY weitgehend eliminieren [143, 144]; so entstand ein sehr durchsichtiger *konstruktiver* Beweis für den *Fundamentalsatz der konformen Abbildung*. Die im Lemma 8.14 beschriebene Konstruktion von Dehnungen spielt die zentrale Rolle, [144, 184–185]. Wir werden diese schöne CARATHÉODORY-KOEBE-Theorie im Anhang zu diesem Kapitel im einzelnen darstellen und dabei auch näher auf den „Wettstreit" zwischen diesen beiden Mathematikern eingehen.

1922 erkannten L. FEJÉR und F. RIESZ, dass sich die gesuchte RIEMANNsche Abbildungsfunktion als Lösung eines Extremalproblems für Ableitungen gewinnen lässt. Ihren verblüffend kurzen Beweis ließen sie durch T. RADÓ in der gerade gegründeten ungarischen Zeitschrift *Acta Szeged* veröffentlichen. Zur Darstellung benötigt RADÓ eine gute Seite, [223, 241–242]; bei diesem „Existenzbeweis reinsten Wassers" hat die CARATHÉODORY-KOEBEsche-Quadratwurzeltransformation Pate gestanden.

FEJÈR und RIESZ betrachten beschränkte Q-Gebiete G und zeigen:

Es gibt ein $\rho > 0$ und eine biholomorphe Abbildung $h : G \xrightarrow{\sim} B_\rho(0)$ mit $h(0) = 0$ und $h'(0) = 1$.

Den Schlüssel zum Beweis bildet die (nicht leere) Familie

$$\mathcal{H} := \{f \in \mathcal{O}(G) : f \text{ ist beschränkt und injektiv, } f(0) = 0, f'(0) = 1\}.$$

Zu $\rho := \inf\{|f|_G, f \in \mathcal{H}\} < \infty$ existiert eine in G beschränkte Folge $f_j \in \mathcal{H}$ mit $\lim |f_j|_G = \rho$. Eine Teilfolge konvergiert nach MONTEL in G kompakt gegen ein $h \in \mathcal{O}(G)$. Es gilt $h(0) = 0$, $h'(0) = 1$ und $|h|_G = \rho$. Nach HURWITZ ist $h : G \to B_\rho(0)$ *injektiv*, speziell folgt $h \in \mathcal{H}$ und $\rho > 0$. Die *Surjektivität* von h ist nun der springende Punkt: unter der Annahme $h(G) \neq B_\rho(0)$ konstruieren FEJÉR und RIESZ mit Hilfe der Quadratwurzel-Methode von CARATHÉODORY und KOEBE eine Funktion $\hat{h} \in \mathcal{H}$ mit $|\hat{h}|_G < \rho$, was der Minimalität von ρ widerspricht.

8.3.4 Der finale Beweis von Carathéodory. FEJÉR und RIESZ müssen zum Nachweis von $\hat{h}'(0) = 1$ explizit Ableitungen ausrechnen, vgl. [223, 241–242]. A. OSTROWKI hat 1929 eine Variante des FEJÉR-RIESZschen Beweises veröffentlicht, bei der „sämtliche Rechnungen – auch die Berechnung der Null-punktsableitung der Abbildungsfunktion – vermieden werden", [197, 17–19].

OSTROWSKI arbeitet mit der Familie $\mathcal{F}$ aus Abschnitt 8.2.4 und bemerkt zunächst (Ersatz für Satz 8.15):

Ist $G \neq \mathbb{C}$ ein Q-Gebiet, so gilt $h(G) = \mathbb{E}$ für jede Funktion $h \in \mathcal{F}$ mit

$$|h'(0)| = \sup\{|f'(0)| : f \in \mathcal{F}\}. \tag{8.11}$$

Zu jedem $g \in \mathcal{F}$ mit $f(G) \neq \mathbb{E}$ gibt es nämlich nach Lemma 8.14 eine Dehnung $\kappa : g(G) \to \mathbb{E}$. Da $|\kappa'(0)| > 1$ (vgl. Anhang 8.5.1), so folgt $|\hat{g}'(0)| > |g'(0)|$ für $\hat{g} := \kappa \circ g \in \mathcal{F}|$. - Die Existenz einer (8.11) genügenden Funktion $h \in \mathcal{F}$ folgt nun wieder daraus, dass es nach MONTEL eine Folge $h_j \in \mathcal{F}$ mit $\lim |h_j'(0)| = \mu := \sup\{|f'(0)| : f \in \mathcal{F}\}$ gibt, die kompakt gegen ein $h \in \mathcal{O}(G)$ konvergiert. Dann gilt $|h'(0)| = \mu$. Da $\mu > 0$ wegen $\mathcal{F} \neq 0$, so folgt $h \in \mathcal{F}$ nach HURWITZ.

Als OSTROWSKI seinen Beweis publizierte, wusste er nicht, dass CA-RATHÉODORY kurz vorher, 1928, im schwer zugänglichen *Bulletin of the Calcutta Mathematical Society* eine Variante mitgeteilt hatte, die gänzlich frei von Ableitungen ist: „... durch eine geringe Modifikation in der Wahl des Variationsproblems [kann man] den FEJÉR-RIESZ*schen-Beweis* noch wesentlich vereinfachen" [33, 300–301]. Wir haben in den Abschnitten 8.2.2 bis 8.2.4 diese CARATHEODORYsche Fassung dargestellt. Es ist der eleganteste Beweis des RIEMANNschen Abbildungssatzes. In der gängigen Literatur hat sich indessen die OSTROWSKIsche Version bis in die Gegenwart hinein vor der CARATHEO-DORYschen behauptet; eine Ausnahme macht das 1985 erschienene Lehrbuch [181] von R. NARASIMHAN.

CARATHÉODORY hat zur Geschichte der Beweise des Abbildungssatzes 1928 folgendes geschrieben [33, S. 300]: „Nachdem die Unzulänglichkeit des ursprünglichen RIEMANNschen Beweises erkannt worden war, bildeten für viele Jahrzehnte die wunderschönen, aber sehr umständlichen Beweismethoden, die H.A. SCHWARZ entwickelt hatte, den einzigen Zugang zu diesem Satze. Seit etwa zwanzig Jahren sind dann in schneller Folge eine große Reihe von neuen kürzeren und besseren Beweisen [von ihm selbst und von KOEBE] vorgeschlagen worden; es war aber den ungarischen Mathematikern L. FEJÉR und F. RIESZ vorbehalten, auf den Grundgedanken von RIEMANN zurückzukehren und die Lösung des Problems der konformen Abbildung wieder mit der Lösung eines Variationsproblems zu verbinden. Sie wählten aber nicht ein Variationsproblem, das, wie das DIRICHLETsche Prinzip, außerordentlich schwer zu behandeln ist, sondern ein solches, von dem die Existenz einer Lösung feststeht. Auf diese Weise entstand ein Beweis, der nur wenige Zeilen lang ist, und der auch sofort in allen neueren Lehrbüchern aufgenommen worden ist". In der Tat finde sich der FEJÉR-RIESZsche Beweis bereits 1927 im BIEBERBACHschen Lehrbuch der Funktionentheorie, Band 2, S. 5. Die alten Beweise gerieten in Vergessenheit.

8.3.5 Historisches zur Eindeutigkeit und zum Randverhalten. RIEMANN hat in seiner Dissertation nicht nur die Existenz der konformen Abbildung $f : G_1 \xrightarrow{\sim} G_2$ zwischen einfach zusammenhängenden Gebieten G_1, G_2 behauptet, sondern darüber hinaus erklärt, dass sich f als topologische Abbildung $\overline{G}_1 \xrightarrow{\sim} \overline{G}_2$ wählen lässt, d. h. dass f insbesondere die Ränder $\partial G_1, \partial G_2$ topologisch aufeinander bezieht (für RIEMANN sind alle Ränder stückweise glatt). RIEMANN hatte auch genaue Vorstellungen darüber, wann f eindeutig bestimmt ist, er schreibt, [226, S. 40]:

„Zu Einem innern Punkte und zu Einem Begrenzungspunkte [kann] der entsprechende beliebig gegeben werden; dadurch aber ist für alle Punkte die Beziehung bestimmt."

POINCARÉ hat 1884 einen Unitätssatz bewiesen, der über die Existenz der Abbildung auf dem Rand von G nichts voraussetzt, vgl. *Lemme fondamental* [212, S. 327]. POINCARÉs Lemma ist – in heutiger Sprache – nichts anderes als der Eindeutigkeitssatz 8.16; unser Beweis ist im wesentlichen derselbe wie der bei POINCARÉ (loc. cit. S. 327/28). – Das Problem der Unität hat in der Geschichte der Theorie der konformen Abbildung eine wichtige Rolle gespielt. 1912 hat CARATHÉODORY durch die Feststellung, dass für den Eindeutigkeitssatz letzten Endes das SCHWARZsche Lemma ursächlich ist, [33, 362–365], den Dingen den eleganten Schliff gegeben.

SCHWARZ hat 1869 das Problem der konformen Abbildung eines Gebietes auf einen Kreis scharf getrennt vom Problem der stetigen Fortsetzung dieser Abbildung auf den Rand. CARATHÉODORY hat das Fortsetzungsproblem ab 1913 studiert und seine scharfsinnige *Theorie der Primenden* entwickelt, vgl.

hierzu die ersten drei Arbeiten im Band 4 seiner Gesammelten Mathematischen Schriften.

Um die Höhepunkte der Fortsetzungstheorie zu formulieren, betrachten wir eine biholomorphe Abbildung $f : \mathbb{E} \to G$ auf ein beschränktes Gebiet G. Als erstes zeigt man folgendes

Fortsetzungslemma 8.19. *Die Abbildung f ist genau dann zu einer stetigen Abbildung von $\overline{\mathbb{E}}$ nach $\overline{G}$ fortsetzbar, wenn der Rand von G ein geschlossener Weg ist (d.h. wenn es eine stetige Abbildung $\varphi : \partial\mathbb{E} \to \mathbb{C}$ mit $\varphi(\partial\mathbb{E}) = \partial G$ gibt).*

Mit Hilfe dieses Lemmas erhält man das

Theorem von Carathéodory 8.20. *Die Abbildung $f : \mathbb{E} \to G$ ist genau dann zu einer topologischen Abbildung von $\overline{\mathbb{E}}$ nach $\overline{G}$ fortsetzbar, wenn der Rand von G eine geschlossene* JORDAN*-Kurve ist (d.h. wenn eine topologische Abbildung $\varphi : \partial\mathbb{E} \to \mathbb{C}$ mit $\varphi(\partial\mathbb{E}) = \partial G$ existiert).*

Eine einfache Folgerung ist das Theorem von SCHOENFLIES über JORDAN-Kurven, welches nichts mit Funktionentheorie zu tun hat:

Jede topologische Abbildung einer JORDAN*-Kurve auf eine andere ist zu einer topologischen Abbildung von $\mathbb{C}$ auf sich fortsetzbar.*

Näheres zu dieser Theorie findet man im Buch [215].

8.3.6 Ausblick auf mehrere Veränderliche. Es gibt keine naheliegende Verallgemeinerung des RIEMANNschen Abbildungssatzes auf einfach-zusammenhängende Gebiete im $\mathbb{C}^n, n > 1$, selbst nicht im Fall $n = 2$. *Dizylinder* $\{(w, z) \in \mathbb{C}^2 : |w| < 1; |z| < 1\}$ und *Hyperkugel* $\{(w, z) \in \mathbb{C}^2 : |w|^2 + |z|^2 < 1\}$ sind natürliche Analoga zur Einheitskreisscheibe; beide Gebiete sind topologisch 4-dimensionale Zellen, also gewiss einfach-zusammenhängend. Doch hat POINCARÉ bereits 1907 gezeigt:

Es gibt keine biholomorphe Abbildung der Hyperkugel auf den Dizylinder.

Einfache Beweise findet man in [137, S. 8] und in [225, S. 24]. Es gibt sogar *Familien von beschränkten Holomorphiegebieten G_t, $t \in \mathbb{R}$, mit überall reell analytischen Rändern ∂G_t*, so dass alle Gebiete G_t diffeomorph zur 4-dimensionalen Zelle sind, dass aber zwei Gebiete $G_t, G_{\tilde{t}}$ nur dann biholomorphe äquivalent sind, falls $t = \tilde{t}$.

Positive Aussagen lassen sich gewinnen, wenn man die Automorphismen der Gebiete ins Spiel bringt. So hat z.B. E. CARTAN 1935 gezeigt, [42]:

Jedes beschränkte homogene Gebiet im $\mathbb{C}^2$ ist biholomorph abbildbar entweder auf die Hyperkugel oder auf den Dizylinder.

Ab $n \geq 3$ wird auch bei beschränkten homogenen Gebieten die Situation komplizierter.

8.4 Isotropiegruppen einfach zusammenhängender Gebiete

Die Automorphismengruppe $\operatorname{Aut} G$ aller biholomorphen Abbildungen eines Gebietes G auf sich enthält wichtige Informationen über die Funktionentheorie von G. Zwei Gebiete G, G' sind höchstens dann biholomorph aufeinander abbildbar, wenn ihre Gruppe $\operatorname{Aut} G$, $\operatorname{Aut} G'$ isomorph sind. Neben Automorphismen studiert man *innere* Abbildungen von G, das sind *holomorphe Abbildungen von G in sich*. Die Menge $\operatorname{Hol} G$ aller inneren Abbildungen von G ist bezüglich der Komposition von Abbildungen eine *Halbgruppe* mit $\operatorname{Aut} G$ als *Untergruppe*.

Für jeden Punkt $a \in G$ ist die Menge $\operatorname{Hol}_a G$ aller inneren Abbildungen von G mit a als Fixpunkt eine *Unterhalbgruppe* von $\operatorname{Hol} G$. Die Menge $\operatorname{Aut}_a G$ der Automorphismen von G mit Fixpunkt a ist eine *Untergruppe* von $\operatorname{Hol}_a G$; man nennt $\operatorname{Aut}_a G$ auch die *Isotropiegruppe* von G zu a. Für das Studium von $\operatorname{Hol}_a G$ und $\operatorname{Aut}_a G$ ist die Abbildung

$$\sigma : \operatorname{Hol}_a G \to \mathbb{C}, \quad f \mapsto f'(a)$$

fundamental. Sie ist *multiplikativ* (Kettenregel):

$$(f \circ g)'(a) = f'(a)g'(a), \quad f, g \in \operatorname{Hol}_a G,$$

insbesondere induziert σ einen Homomorphismus $\operatorname{Aut}_a G \to \mathbb{C}^\times$ der Gruppe $\operatorname{Aut}_a G$ in die *multiplikative Gruppe* $\mathbb{C}^\times$.

Im Abschnitt 8.4.1 beschreiben wir σ für vier spezielle Gebiete. Im Abschnitt 8.4.2 wird σ für einfach zusammenhängende Gebiete $\neq \mathbb{C}$ untersucht. Die Hilfsmittel dabei sind der RIEMANNsche Abbildungssatz und das SCHWARZsche Lemma, das wir in folgender Form benutzen:

Satz 8.21. *Es gilt $|g'(0)| \leq 1$ für $g \in \operatorname{Hol}_0 \mathbb{E}$ und $\operatorname{Aut}_0 \mathbb{E} = \{g \in \operatorname{Hol}_0 \mathbb{E} : |g'(0)| = 1\}$. Die Abbildung $\operatorname{Aut}_0 \mathbb{E} \to S^1$, $g(z) \mapsto g'(0)$ ist ein Gruppen-Isomorphismus.*

8.4.1 Beispiele. 1) Da $\operatorname{Aut}_a \mathbb{C} = \{z \mapsto uz + a(1 - u) : u \in \mathbb{C}^\times\}$, so ist $\sigma : \operatorname{Aut}_a \mathbb{C} \to \mathbb{C}^\times$ ein *Isomorphismus*.

2) Da $\operatorname{Aut}_a \mathbb{C}^\times = \{\operatorname{id}_{\mathbb{C}^\times}, z \mapsto a^2/z\}$, so ist $\sigma : \operatorname{Aut}_a \mathbb{C}^\times \to \mathbb{C}^\times$ *injektiv, die Bildgruppe ist die zyklische Gruppe* $\{1, -1\}$ *der Ordnung* 2.

3) Wegen Satz 8.21 ist $\sigma : \operatorname{Aut}_0 \mathbb{E} \to \mathbb{C}^\times$ *injektiv, die Bildgruppe ist die Kreisgruppe* S^1.

4) Sei $\zeta := \exp(2\pi i/m)$ mit $m \in \mathbb{N}\backslash\{0\}$, sei $\widehat{\mathbb{E}} := \mathbb{E}\backslash\{\frac{1}{2}\zeta, \frac{1}{2}\zeta^2, \ldots, \frac{1}{2}\zeta^m\}$. Damit gilt $\operatorname{Aut}_0 \widehat{\mathbb{E}} = \{z \mapsto \zeta^\mu z : \mu \in \mathbb{N}\}$. Daher ist $\sigma : \operatorname{Aut}_{\mathbb{E}} \to \mathbb{C}^\times$ *injektiv, die Bildgruppe ist die zyklische Gruppe* $\{1, \zeta, \ldots, \zeta^{m-1}\}$ *der Ordnung* m.

In diesen Beispielen ist σ stets *injektiv*, im Falle $G \neq \mathbb{C}$ ist die Bildgruppe immer *eine Untergruppe von* S^1, und neben S^1 kommen alle *endlichen zyklischen* Gruppen als Isotropiegruppen (beschränkter Gebiete) vor. Mit Hilfe der Uniformisierungstheorie lässt sich zeigen, dass die Beispiele bereits charakteristisch sind: neben $\mathbb{C}$ besitzen nur Gebiete, die sich biholomorph auf $\mathbb{E}$ abbilden lassen, unendliche Isotropiegruppen.

8.4.2 Die Gruppe $\mathrm{Aut}_a\, G$ für einfach zusammenhängende Gebiete

$G \neq \mathbb{C}$. Nach dem RIEMANNschen Abbildungssatz existiert zu jedem Punkt $a \in G$ eine biholomorphe Abbildung $u : \mathbb{E} \to G$ mit $u(0) = a$. Man verifiziert sofort:

Satz 8.22. *Die Zuordnung* $\iota : \mathrm{Hol}_a\, G \to \mathrm{Hol}_0\, \mathbb{E}$, $f \mapsto g := u^{-1} \circ f \circ u$, *ist bijektiv und ein Halbgruppen-Homomorphismus. Es gilt* $\sigma(f) = g'(0)$. *Vermöge* ι *wird* $\mathrm{Aut}_a\, G$ *auf* $\mathrm{Aut}_0\, \mathbb{E}$ *abgebildet.*

Mit den Sätzen 8.21 und 8.22 der Einleitung folgt nun direkt ein SCHWARZsches Lemma für einfach zusammenhängende Gebiete:

Satz 8.23. *Hängt* $G \neq \mathbb{C}$ *einfach zusammen, so gilt* $|f'(a)| \leq 1$ *für jedes* $f \in \mathrm{Hol}_a\, G$, $a \in G$. *Weiter gilt* $\mathrm{Aut}_a\, G = \{f \in \mathrm{Hol}_a\, G : |f'(a)| = 1\}$.

Da σ die Komposition des Isomorphismus $\iota : \mathrm{Aut}_a\, G \to \mathrm{Aut}_0\, \mathbb{E}$ mit dem Isomorphismus $\mathrm{Aut}_0\, \mathbb{E} \to S^1$, $g \mapsto g'(0)$ ist, folgt weiter:

Satz 8.24. *Hängt* $G \neq \mathbb{C}$ *einfach zusammen, so bildet* $\sigma : \mathrm{Aut}_a\, G \to \mathbb{C}, f \mapsto f'(a)$, *die Gruppe* $\mathrm{Aut}_a\, G$ *isomorph auf die Kreisgruppe* S^1 *ab.*

Als Korollar ergibt sich ein

Unitätssatz 8.25. *Es sei* $G \neq \mathbb{C}$ *einfach zusammenhängend, oder es sei* $G \simeq \mathbb{C}^\times$. *Es sei* $f \in \mathrm{Aut}_a\, G$, *so dass* $f'(a) > 0$. *Dann gilt* $f = \mathrm{id}_G$.

Beweis. Der Fall $G \simeq \mathbb{C}^\times$ ist klar (Beispiel 8.4.1 2). Im anderen Fall gilt $|f'(a)| = 1$, also $f'(a) = 1$ wegen $f'(a) > 0$. Da σ injektiv ist, folgt $f = \mathrm{id}_G$. $\qquad\square$

Man hat nun auch folgenden Eindeutigkeitssatz.

Es sei $G \neq \mathbb{C}$ einfach zusammenhängend, es seien $g, h \in \operatorname{Aut}_a G$, $a \in G$. Dann gilt $g = h$ bereits dann, wenn g und h „in a dieselbe Richtung" haben, d.h. wenn $g'(a)/|g'(a)| = h'(a)/|h'(a)|$.

Beweis. Für $f := g^{-1} \circ h \in \operatorname{Aut}_a G$ verifiziert man $f'(a) = |h'(a)|/|g'(a)| > 0$. $\qquad\square$

Die Resultate diese Abschnittes werden im Abschnitt 9.2.3 mittels Iterationstheorie für *beliebige beschränkte* Gebiete bewiesen. Mittels Uniformisierungstheorie lässt sich zeigen, dass sie sogar für *alle* Gebiete $\neq \mathbb{C}$ gelten.

8.4.3 Abbildungsradius, Monotoniesatz*. Hängt $G \neq \mathbb{C}$ einfach zusammen, so existiert zu jedem Punkt $a \in G$ genau eine biholomorphe Abbildung f von G auf eine Kreisscheibe $B_\rho(0)$ mit $f(a) = 0$, $f'(a) = 1$: nämlich $f := (1/h'(a))h$, wo $h : G \xrightarrow{\sim} \mathbb{E}$ mit $h(a) = 0$, $h'(a) > 0$ gemäß Abschnitt 8.2.5 gewählt ist. Die Zahl $\rho = \rho(G, a)$ heißt der Abbildungsradius von G bzgl. a. Es gilt also:

$$\rho(G, a) = 1/h'(a) \tag{8.12}$$

Man setzt noch $\rho(\mathbb{C}, a) := \infty$ für alle $a \in \mathbb{C}$.

Monotoniesatz 8.26. *Hängen $\widehat{G}, G$ einfach zusammen und gilt $\widehat{G} \subset G$, so ist*

$$\rho(\widehat{G}, a) \leq \rho(G, a) \quad \text{für alle } a \in \widehat{G}. \tag{8.13}$$

Gibt es einen Punkt $b \in \widehat{G}$, so dass $\rho(\widehat{G}, b) = \rho(G, b)$, so gilt bereits $\widehat{G} = G$.

Beweis. Sei $G \neq \mathbb{C}$, es seien $h : G \xrightarrow{\sim} \mathbb{E}$, $\widehat{h} : \widehat{G} \to \mathbb{E}$ gemäß Satz 8.17 zu a gewählt. Dann gilt $g := \widehat{h}^{-1} \circ h \in \operatorname{Hol}_a G$. Da $g'(a) = h'(a)/\widehat{h}'(a) > 0$, so folgt $g'(a) \leq 1$ nach Satz 8.23 also $h'(a) \leq \widehat{h}'(a)$, also (8.13) wegen (8.12).

Aus $\rho(\widehat{G}, b) = \rho(G, b)$ folgt $h'(b) = \widehat{h}'(b)$, also $g'(b) = 1$ für die zu b gehörenden Abbildungen. Mit Satz 8.23 und Satz 8.24 folgt $\widehat{h}^{-1} \circ h = \operatorname{id}_G$, also $\widehat{h}^{-1}(\mathbb{E}) = G$, d.h. $\widehat{G} = G$. $\qquad\square$

Aufgaben.

1. Man berechne $\rho(G, a)$, $a \in G$, in folgenden Fällen:
   a) $G := B_r(c)$, $c \in \mathbb{C}$, $r > 0$
   b) $G := \mathbb{H} =$ obere Halbebene
   c) $G := \{z = r e^{i\varphi} \in \mathbb{C} : r > 0 \text{ beliebig}, 0 < \varphi < \varphi_0, \text{ wobei } \varphi_0 \in (0, 2\pi]\}$
2. Hängt G einfach zusammen und ist $g : G \to \mathbb{C}$ eine holomorphe Injektion, so gilt:
$$\rho(g(G), g(a)) = |g'(a)|\rho(G, a) \quad \text{für alle } a \in G.$$

3. Es sei $G \neq \mathbb{C}$ einfach zusammenhängend, es sei $a \in G$. Man zeige:
   a) $|f|_G \geq \rho(G, a)$ für jedes $f \in \mathcal{O}(G)$ mit $f(a) = 0, f'(a) = 1$.
   b) In a) gilt das Gleichheitszeichen genau dann, wenn G vermöge f biholomorph auf $B_\rho(0)$ abgebildet wird („Minimum-maximorum-Prinzip").

Anhang zu Kapitel 8:
Carathéodory-Koebe-Theorie

Der Beweis von FEJÉR-RIESZ-CARATHÉODORY ist *nicht konstruktiv*: Es wird (in 8.2.4) keine Vorschrift angegeben, wie die Folge f_n mit $\lim_n |f_n(p)| = \mu$ zu konstruieren ist, und es wird schon gar nicht gesagt, wie man die Teilfolge h_j der Folge f_n findet. Von diesen Mängeln frei ist ein Beweis, den P. KOEBE 1914 unter Verwendung CARATHÉODORYscher Ideen geführt hat: Das Gebiet wird durch *Dehnung* sukzessive auf Teilgebiete von $\mathbb{E}$ so abgebildet, dass diese Teilgebiete den Einheitskreis ausschöpfen. Die Dehnungsabbildungen gewinnt KOEBE elementar durch Lösung einer quadratischen Gleichung und Bestimmung eines Randpunktes, dessen Abstand vom Nullpunkt *minimal* ist; seine *Dehnungsfolgen* konvergieren – wenn auch langsam – gegen die gesuchte biholomorphe Abbildung $G \xrightarrow{\sim} \mathbb{E}$; *ein Übergang zu Teilfolgen* ist nicht nötig.

Im Paragraphen 8.5 diskutieren wir die von KOEBE benutzten Dehnungen, im Paragraphen 8.6 beschreiben wir den CARATHÉODORY-KOEBE-Algorithmus und wenden ihn auf die spezielle Dehnungsfamilie $\mathcal{K}_2$ an. Im Paragraphen 8.7 werden weitere Familien konstruiert, die für den Algorithmus geeignet sind.

8.5 Einfache Eigenschaften von Dehnungen

Wir beginnen mit einem einfachen Dehnungslemma 8.5.1, das für die Überlegungen dieses Anhangs grundlegend ist. Im Abschnitt 8.5.2 werden „zulässige" Dehnungen diskutiert. Als Beispiel solcher Dehnungen betrachten wir im Abschnitt 8.5.3 die „Mondsichel-Dehnung".

8.5.1 Dehnungslemma. Ist G ein Gebiet in $\mathbb{C}$ mit $0 \in G$, so heißt

$$r(G) := \sup\{t \in \mathbb{R} : B_t(0) \subset G\} = d(0, \partial G)$$

der *innere Radius von G (bezüglich des Nullpunktes)*. Es gilt $0 < r(G) \leq \infty$; im Fall $r(G) \neq \infty$ gibt es stets Randpunkte $a \in \partial G$ mit $|a| = r(G)$. Entscheidend für die Überlegungen dieses Anhangs ist folgende Monotonieeigenschaft innerer Radien bezüglich holomorpher Abbildungen:

Dehnungslemma 8.27. *Es seien $f, g \in \mathcal{O}(G)$ nicht konstant, die Abbildung $g : G \to \mathbb{C}$ sei injektiv. Ferner gelte $f(0) = 0$ und $|f(z)| \geq |g(z)|$ für alle $z \in G$. Dann folgt: $r(f(G)) \geq r(g(G))$.*

Beweis. Sei $B = B_s(0) \subset g(G)$, $s < \infty$. Es genügt zu zeigen: $B \subset f(g^{-1}(B))$. Das folgt, wenn wir zeigen: *Für jeden Punkt $b \in \partial f(g^{-1}(B))$ gilt $|b| \geq s$.*

Wir setzen $h := f \circ g^{-1}$. Es gibt eine Folge $a_n \in B$ mit $a := \lim a_n \in \overline{B}$ und $b = \lim h(a_n)$. Es gilt $|a| \geq s$, da sonst $a \in B$, also $b = h(a) \in h(B)$. Nun gilt für alle $w \in B$ die Ungleichung $|h(w)| = |f(g^{-1}(w))| \geq |g(g^{-1}(w))| = |w|$. Daher folgt: $|b| = \lim |h(a_n)| \geq \lim |a_n| = |a| \geq s$. $\qquad\square$

Sei nun $G \subset \mathbb{E}$ und $0 \in G$. Dann gilt $r(G) \leq 1$. Nach Abschnitt 8.2.3 heißen holomorphe Injektionen $\kappa : G \to \mathbb{E}$ mit $\kappa(0) = 0$ und $|\kappa(z)| > |z|$, $z \in G \backslash 0$, *Dehnungen von G*. Dann ist trivial:

Satz 8.28. *Sind $\kappa : G \to \mathbb{E}$, $\widehat{\kappa} : \widehat{G} \to \mathbb{E}$ Dehnungen mit $\widehat{G} \supset \kappa(G)$, so ist $\widehat{\kappa} \circ \kappa : G \to \mathbb{E}$ eine Dehnung.*

Wichtig ist nun:

Satz 8.29. *Ist $\kappa : G \to \mathbb{E}$ eine Dehnung, so gilt $|\kappa'(0)| > 1$ und $r(\kappa(G)) \geq r(G)$.*

Beweis. Es gilt $\kappa(z) = z f(z)$ mit $f \in \mathcal{O}(G)$. Da $|f(z)| > 1$ in $G \backslash 0$, so gilt auch $|f(0)| > 1$ (Minimumprinzip), also $|\kappa'(0)| = |f(0)| > 1$. – Die Ungleichung $r(\kappa(G)) \geq r(G)$ folgt direkt aus dem Dehnungslemma. $\qquad\square$

Warnung. Die naheliegende Annahme, dass für Dehnungen stets $\kappa(G) \supset G$ gilt, ist nicht gültig. Instruktive Gegenbeispiele sind die *Mondsichel-Dehnungen*, vgl. Abschnitt 8.5.3.

Man spricht häufig schon dann von Dehnungen, wenn neben $\kappa(0) = 0$ nur $|\kappa(z)| \geq |z|$ gilt. Der Satz bleibt mit $|\kappa'(0)| \geq 1$ richtig.

8.5.2 Zulässige Dehnungen. Quadratwurzelverfahren.

Ein Q-Gebiet heißt KOEBE-*Gebiet*, wenn $G \underset{+}{\subset} \mathbb{E}$. Dann gilt $0 < r(G) < 1$. Eine Dehnung κ eines KOEBE-Gebietes heißt *zulässig*, wenn $\kappa(G)$ wieder ein KOEBE-Gebiet ist. Mit Satz 8.12 folgt trivial:

Satz 8.30. *Jede Dehnung $\kappa : G \to \mathbb{E}$ eines KOEBE-Gebietes G mit $\kappa(G) \neq \mathbb{E}$ ist zulässig.*

Zulässige Dehnungen kommen bereits im Lemma 8.14 vor. Wir präzisieren (mit den dort benutzten Notationen) hier:

Quadratwurzelverfahren 8.31. *Es sei* G *ein Koebe-Gebiet, es sei* $c \in \mathbb{E}, c^2 \notin G$. *Es sei* $v \in \mathcal{O}(G)$ *die Quadratwurzel aus* $g_{c^2}|G$ *mit* $v(0) = c$. *Es bezeichne* $\vartheta : \mathbb{E} \to \mathbb{E}$ *eine Drehung um* 0. *Dann ist* $\kappa := \vartheta \circ g_c \circ v$ *eine zulässige Dehnung von* G, *es gilt*

$$|\kappa'(0)| = \frac{1 + |c|^2}{2|c|}. \tag{8.14}$$

Beweis. Nach Lemma 8.14 ist $g_c \circ v : G \to \mathbb{E}$ und also auch $\kappa : G \to \mathbb{E}$ eine Dehnung. Wäre $\kappa(G) = \mathbb{E}$, so wäre auch $v(G) = \mathbb{E}$ und wegen $g_{c^2} = v^2$ wäre weiter $g_{c^2}(G) = \mathbb{E}$, d.h. $G = \mathbb{E}$, was nicht zutrifft. Auf Grund von Satz 8.30 ist κ also zulässig. Die Gleichung (8.14) ist Gleichung (8.10). $\qquad\square$

Das Quadratwurzelverfahren liefert speziell zu jedem KOEBE-Gebiet G eine zulässige Dehnung $\kappa : G \to \mathbb{E}$ mit $\kappa'(0) > 1$; diese „normierten" Dehnungen spielen in der CARATHÉODORY-KOEBE-Theorie eine herausragende Rolle, vgl. Abschnitt 8.2.3. $\qquad\square$

Für Rechnungen ist folgende Darstellung der Quadratwurzel v hilfreich:

$$\textit{Mit } G^* := g_{c^2}(G) \textit{ gilt } v = q \circ g_{c^2}, \textit{ wo } q \in \mathcal{O}(G^*) \textit{ mit } q^2 = z|G^*, q(c^2) = c. \tag{8.15}$$

Für alle im obigen Satz konstruierten Dehnungen κ gilt:

$$r(G) < r(\kappa(G)) \quad \textit{(Verschärfung von Satz 1)} \tag{8.16}$$

$$\mathbb{E}\backslash\kappa(G) \quad \textit{hat stets innere Punkte in } \mathbb{E}. \tag{8.17}$$

Beweis. (4) Es sei $b \in \mathbb{E} \cap \partial(\kappa(G))$ mit $|b| = r(\kappa(G))$. Es gibt eine Folge $z_n \in G\backslash 0$ mit $\lim \kappa(z_n) = b$ und $a := \lim z_n \in \partial G$. Dann gilt $|a| \geq r(G)$. Auf Grund von Lemma 8.14 gilt $\mathrm{id} = \psi_c \circ \kappa$, wobei $\psi_c \in \mathcal{O}(\mathbb{E})$ und $|\psi_c(z)| < z$ für $z \in \mathbb{E}\backslash 0$. Es folgt $z_n = \psi_c(\kappa(z_n))$; also $a = \psi_c(b)$, also $|a| < |b|$, also $r(G) < r(\kappa(G))$.

(5) Wegen $\vartheta, g_c g_{c^2} \in \mathrm{Aut}\,\mathbb{E}$ und (8.15) genügt es zu zeigen, dass $\mathbb{E}\backslash q(G^*)$ innere Punkte in $\mathbb{E}$ hat. Das ist klar, da $(-q)(G^*) \subset \mathbb{E}$ und $q(G^*) \cap (-q)(G^*) = \emptyset$ wegen $0 \notin G^*$ (vgl. den Beweis der Aussage von Abschnitt 8.2.2). $\qquad\square$

8.5.3 Die Mondsichel-Dehnung*.

Alle Schlitzgebiete $G_t := \mathbb{E}\backslash[t^2, 1)$, $0 < t < 1$, sind KOEBE-Gebiete. Der Effekt der zulässigen Dehnung $\kappa := g_t \circ v$ auf G_t ist überraschend:

Satz 8.32. *Das Bildgebiet* $\kappa(G_t)$ *ist die „Mondsichel"* $\mathbb{E}\backslash K$, *wo* K *die abgeschlossene Kreisscheibe um* $\rho := (1 + t^2)/2t$ *mit* $t \in \partial K$ *ist (Figur). Speziell gilt* $\kappa(G_t) \not\supset G_t$.

Beweis. Auf Grund von (8.15) faktorisiert sich $\kappa : G \xrightarrow{\sim} \kappa(G)$ wie folgt: □

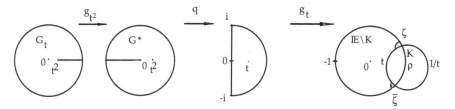

Dabei ist $G^* = g_{t^2}(G_t) = \mathbb{E}\backslash(-1,0]$ und $H := q(G^*) = \{z \in \mathbb{E} : \operatorname{Re} z > 0\}$. Wegen $g_t(t) = 0$ genügt es daher zu zeigen, dass $g_t(\partial H)$ der Rand von $\mathbb{E}\backslash K$ ist. Da $g_t(\partial\mathbb{E}) = \partial\mathbb{E}$, so bildet g_t den Halbkreis in ∂H auf den von $\zeta := g_t(i)$ über $-1 = g_t(1)$ nach $\overline{\zeta} := g_t(-i)$ führenden Kreisbogen in $\partial\mathbb{E}$ ab (man bemerke, dass $\operatorname{Im} \zeta < 0$). Das g_t-Bild der Geraden $i\mathbb{R}$ ist der (in $1/t$ punktierte) Kreis L durch $t = g_t(0)$, der $\partial\mathbb{E}$ in ζ und $\overline{\zeta}$ senkrecht schneidet (Winkeltreue). Die Gleichung für L ist daher $|z - m|^2 = m^2 - 1$ mit $m > 1$ (PYTHAGORAS, die Tangenten an $\partial\mathbb{E}$ in $\zeta, \overline{\zeta}$ stehen senkrecht auf den Radien und schneiden sich auf $\mathbb{R}$). Wegen $t \in L$ folgt $m = \rho$, also $L = (\partial K)\backslash\{t^{-1}\}$. Das beweist $g_t(\partial H) = \partial(\mathbb{E}\backslash K)$.   □

Bemerkung. Die Mondsichel-Dehnung wird in [213], Aufg. 90, Abschnitt IV, rechnerisch diskutiert.

8.6 Der Carathéodory-Koebe-Algorithmus

Ist jedem KOEBE-Gebiet G (nach irgendeiner Vorschrift) eine *nichtleere* Menge $\mathcal{D}(G)$ von *zulässigen* Dehnungen zugeordnet, so nennen wir die Vereinigungsmenge $\mathcal{D} := \bigcup \mathcal{D}(G)$, wo G alle KOEBE-Gebiete durchläuft, eine Dehnungsfamilie. Mit Hilfe solcher Familien lassen sich zu jedem KOEBE-Gebiet G auf mannigfache Weise „Dehnungsfolgen" konstruieren. Man setzt $G_0 := G$ und wählt $\kappa_0 \in \mathcal{D}(G_0)$. Da κ_0 zulässig ist, so ist $G_1 := \kappa_0(G_0)$ ein KOEBE-Gebiet, man kann daher ein $\kappa_1 \in \mathcal{D}(G_1)$ wählen. Da $G_2 := \kappa_1(G_1)$ wieder ein KOEBE-Gebiet ist, so kann man fortfahren und (induktiv) KOEBE-Gebiete G_n und Dehnungen $\kappa_n \in \mathcal{D}(G_n)$ mit $\kappa_n(G_n) = G_{n+1}$ bestimmen, $n \in \mathbb{N}$. Dann ist

$$h_n := \kappa_n \circ \kappa_{n-1} \circ \cdots \circ \kappa_0 : G \to \mathbb{E}, \quad h_n = \kappa_n \circ h_{n-1},$$

wegen Satz 8.28 eine zulässige Dehnung. Wir nennen das beschriebene Verfahren den CARATHÉODORY-KOEBE-*Algorithmus* und die konstruierte Folge h_n eine Dehnungsfolge (zu G bezüglich $\mathcal{D}$). Wir zeigen, dass „richtig gewählte" Dehnungsfolgen gegen biholomorphe Abbildungen $h : G \xrightarrow{\sim} \mathbb{E}$ konvergieren.

8.6.1 Eigenschaften von Dehnungsfolgen. *Für alle Dehnungsfolgen* $h_n : G \to \mathbb{E}$ *gilt:*

$$h_n'(0) \prod_0^n \kappa_\nu'(0), \quad |h_{n+1}(z)| > |h_n(z)| > \cdots > |h_0(z)| > |z|, \quad z \in G\backslash 0, \quad (8.18)$$

$$r(h_n(G)) \le r(h_{n+1}(G)), \quad \lim r(h_n(G)) \le 1, \quad (8.19)$$

$$\lim |\kappa_n'(0)| = 1. \quad (8.20)$$

Beweis. Die Aussagen (8.18) und (8.19) folgen wegen $h_n = \kappa_n \circ h_{n-1}$ sofort, wobei man zum Beweis von (8.19) Satz 8.29 heranzieht. Zum Beweis von (8.20) Satz sei $B_t(0) \subset G, t > 0$. Dann ist jede Abbildung $\mathbb{E} \to \mathbb{E}$, $z \mapsto h_n(tz)$, holomorph. Da $h_n(0) = 0$, so folgt $|h_n'(0)| \le 1/t$ nach SCHWARZ. Die Folge $|h_n'(0)|$ ist also *beschränkt*. Da stets $|\kappa_\nu'(0)| > 1$ nach Satz 8.29, so ist sie wegen (8.18) auch *monoton wachsend*. Also existiert

$$a := \lim |h_n'(0)| = \prod_0^\infty |\kappa_n'(0)|.$$

Da $a \ne 0$ (nämlich $a > 1$), so folgt $\lim |\kappa_n'(0)| = 1$ (vgl. Abschnitt 1.1.1). $\square$

KOEBE nennt 1915 den Algorithmus Schmiegungsverfahren: Die n-te *Schmiegungsoperation* ist die Wahl der Dehnung κ_n, welche das Gebiet G_{n+1} aus G_n entstehen lässt, [144, 183–185]. Die *Schmiegungswirkung* wird durch (8.19) ausgedrückt. Die Gleichung (8.20) ist der Schlüssel, um bei „geschickt" gewählten Folgen κ_n die Wunschgleichung $\lim r(h_n(G)) = 1$ zu erzwingen, vgl. Abschnitt 8.6.3.

8.6.2 Konvergenzsatz. Gesucht werden Dehnungsfolgen $h_n := G \to \mathbb{E}$, die gegen biholomorphe Abbildungen $G \to \mathbb{E}$ konvergieren. Der folgende Konvergenzsatz zeigt, wann dies eintritt. Eine Dehnungsfolge $h_n : G \to \mathbb{E}$ wird *Anschmiegungsfolge* genannt, wenn $h_n'(0)$ stets positiv ist und wenn $\lim r(h_n(G)) = 1$.

Konvergenzsatz 8.33. *1) Es sei* $h_n : G \to \mathbb{E}$ *eine Dehnungsfolge, die in* G *kompakt gegen eine Funktion* h *konvergiert. Dann ist* $h : G \to \mathbb{E}$ *eine Dehnung. Es gilt* $r(h(G)) \ge \lim r(h(G))$.
2) Jede Anschmiegungsfolge $h_n : G \to \mathbb{E}$ *konvergiert in* G *kompakt gegen eine biholomorphe Dehnung* $h : G \xrightarrow{\sim} \mathbb{E}$.

Beweis. 1) Wegen (8.18) gilt $|h(z)| > |h_n(z)| > z$ für alle $z \in G\backslash 0$ und alle $n \in \mathbb{N}$. Daher ist h wegen $h(0) = 0$ nicht konstant und mithin, da alle h_n Injektionen sind, nach HURWITZ injektiv. Also ist $h : G \to \mathbb{E}$ eine Dehnung von G. Mit

Hilfe des Dehnungslemmas 8.27 folgt weiter $r(h(G)) \geq r(h_n(G))$ für alle n, also $r(h(G)) \geq \lim r(h_n(G))$.

2) Da Teilfolgen von Dehnungsfolgen wieder Dehnungsfolgen sind, ist nach Teil 1) jede Grenzfunktion h einer Teilfolge der Folge h_n eine Dehnung, bildet also G biholomorph auf $h(G) \subset \mathbb{E}$ ab. Da weiter $r(h(G)) \geq 1$ wegen 1), so gilt $h(G) = \mathbb{E}$, d.h. $h : G \xrightarrow{\sim} \mathbb{E}$ ist biholomorph. – Um nun die kompakte Konvergenz der Folge h_n einzusehen, genügt es wegen $h_n(G) \subset \mathbb{E}$ zu zeigen, dass alle ihre in G kompakt konvergenten Teilfolgen denselben Limes haben (MONTELsches Konvergenzkriterium 7.1.3). Sind $h, \hat{h}$ solche Limiten, so vermitteln sie nach dem schon Bewiesenen biholomorphe Abbildungen $G \xrightarrow{\sim} \mathbb{E}$ mit $h(0) = \hat{h}(0) = 0$. Da stets $h'_{n+1}(0) \geq h'_n(0) > 0$, so folgt $h'(0) > 0$, $\hat{h}'(0) > 0$ und damit $h = \hat{h}$ auf Grund des Eindeutigkeitssatzes 8.2.5.   □

Man bemerke, dass (8.20) im eben geführten Beweis nicht benutzt wird, und dass die Grenzabbildung in 2) die nach Abschnitt 8.2.5 eindeutig bestimmte Abbildung $G \xrightarrow{\sim} \mathbb{E}$ ist.

Da einfach zusammenhängende Gebiete $\neq \mathbb{C}$ biholomorph auf KOEBE-Gebiete abbildbar sind (vgl. Abschnitt 8.2.2), so folgt aus 2) der RIEMANNsche Abbildungssatz, sobald eine Anschmiegungsfolge h_n zu G konstruiert ist. Dazu benötigt man besondere Dehnungsfamilien. Im folgenden Abschnitt beschreiben wir, wie KOEBE eine solche Familie konstruiert hat. Da er $\lim r(h_n(G)) = 1$ wünscht und $\lim |\kappa'_n(0)| = 1$ weiß (nach (8.20), stellt er „künstlich" eine Beziehung her zwischen inneren Radien und Dehnungsableitungen.

8.6.3 Koebe-Familien und Koebe-Folgen.
Mit τ wird eine in $(0,1)$ *stetige reelle* Funktion bezeichnet, für die gilt $\tau(x) > 1$, $x \in (0,1)$. Eine Dehnungsfamilie $\mathcal{K}$ heißt KOEBE-Familie zu τ, wenn

$$\kappa'(0) = \tau(r(G)) \quad \text{für alle} \quad \kappa : G \to \mathbb{E} \quad \text{aus} \quad \mathcal{K}. \tag{8.21}$$

Eine Dehnungsfolge $h_n = \kappa_n \circ \kappa_{n-1} \circ \cdots \circ \kappa_0 : G \to \mathbb{E}$ bezüglich einer KOEBE-Familie $\mathcal{K}$ heißt KOEBE-Folge. Ist τ die zu $\mathcal{K}$ gehörende Funktion, so folgt mit (8.21):

$$\tau(r(h_n(G))) = \kappa'_{n+1}(0), \quad n \in \mathbb{N}. \tag{8.22}$$

Mit (8.22) und (8.20) ergibt sich nun sofort das entscheidende Anschmiegungslemma.

Lemma 8.34 (Anschmiegungslemma). *Jede KOEBE-Folge ist eine Anschmiegungsfolge.*

Beweis. Es gilt $r := \lim r(h_n(G)) \in (0,1]$ nach (8.19). Wäre $r < 1$, so würde wegen der Stetigkeit von τ in r aus (8.22) folgen: $\lim \kappa'_n(0) = \tau(r)$. Wegen

$\tau(r) > 1$ widerspricht dies (8.20). Also gilt $r = 1$. Da stets $h'_n(0) > 0$ wegen $\kappa'_\nu(0) > 0$ nach (8.18), so ist h_n eine Anschmiegungsfolge. □

Um die CARATHÉODORY-KOEBE-Theorie zu einem gutem Abschluss zu bringen, hat man jetzt „nur noch" die Existenz von KOEBE-Familien zu zeigen. Wir konstruieren für jedes KOEBE-Gebiet G mittels des Quadratwurzel-Verfahrens aus Abschnitt 8.5.1 *alle Dehnungen* $\kappa : G \to \mathbb{E}$ *mit* $\kappa'(0) > 0$, *wobei* $c \in \mathbb{E}$ *stets so gewählt wird, dass* c^2 *ein dem Nullpunkt nächst gelegener Randpunkt von* G *ist*. Wir lassen G alle KOEBE-Gebiete durchlaufen und bezeichnen mit $\mathcal{K}_2$ die Menge aller so gewonnenen Dehnungen. Wir setzen

$$\tau_2(x) := \frac{1}{2} \frac{x - x^{-1}}{x^{1/2} - x^{-1/2}} = \frac{1+x}{2\sqrt{x}}, \ \ x \in (0,1);$$

diese Funktion ist stetig in $(0,1)$, und es gilt $\tau_2(x) > 1$ für alle $x \in (0,1)$.

Satz 8.35. *Die Familie* $\mathcal{K}_2$ *ist eine* KOEBE-*Familie zu* τ_2.

Beweis. Wegen Satz 8.31 ist $\mathcal{K}_2$ eine Dehnungsfamilie. Für alle $\kappa \in \mathcal{K}_2$ gilt $\kappa'(0) = \tau_2(r(G))$ auf Grund von (8.14), da $\kappa'(0) > 0$ und $|c|^2 = r(G)$ nach Wahl von c. □

Im Paragraphen 8.7 werden weitere KOEBE-Familien konstruiert.

8.6.4 Resümee, Konvergenzgüte. Die CARATHÉODORY-KOEBE-Theorie enthält als Spezialfall den Hauptsatz von KOEBE.

Hauptsatz von Koebe 8.36. *Zu jedem* KOEBE-*Gebiet* G *existieren* KOEBE-*Gebiete* G_n *mit* $G_0 = G$ *und Dehnungen* $\kappa_n : G_n \to \mathbb{E}$ *mit* $\kappa_n(G_n) = G_{n+1}$, *derart, dass die Folge* $\kappa_n \circ \kappa_{n-1} \circ \cdots \circ \kappa_0 : G \to \mathbb{E}$ *in* G *kompakt gegen eine biholomorphe Dehnung* $G \xrightarrow{\sim} \mathbb{E}$ *konvergiert. Jede Dehnung* κ_n *ist explizit mittels einer Quadratwurzel-Operation konstruierbar:* $\kappa_n \in \mathcal{K}_2$.

Für alle Dehnungen $\kappa \in \mathcal{K}_2$ gilt $r(G) < r(\kappa(G))$ nach (8.16). Wegen $|c|^2 = r(G)$ lässt sich sogar beweisen [37, 285–286] auch [213, Abschn. IV, Aufg. 91]:

$$r(\kappa(G)) \geq \frac{\sqrt{r}}{1+r}(\sqrt{2(1+r^2)} + r - 1), \ \ \text{falls} \ \ r := r(G), \ \ \kappa \in \mathcal{K}_2.$$

Für numerische Approximation der RIEMANNschen Abbildungsfunktion $h : G \xrightarrow{\sim} \mathbb{E}$ konvergiert das Quadratwurzel-Verfahren *sehr langsam*. Wählt man als Maß für die Güte der n-ten Approximation $h_n = \kappa_n \circ \kappa_{n-1} \circ \cdots \circ \kappa_0$ den inneren Radius r_n des Gebietes $h_n(G)$, so zeigte OSTROWSKI 1929 [197, S. 174]:

Es gibt eine von $r(G)$ abhängige Konstante $M > 0$, so dass $r_n > 1 - M/n$, $n > 0$.

8.6.5 Historisches: Der Wettstreit zwischen Carathéodory und Koebe.

Quadratwurzel-Abbildungen kommen schon früh bei KOEBE vor, z.B. 1907 in [141, S. 203 und S. 644] sowie 1909 in [142, S. 209 und 216]. Konsequent benutzt hat sie aber erst 1912 CARATHÉODORY bei seinem rekurrenten Verfahren zur Konstruktion der RIEMANNschen Abbildungsfunktion: er arbeitet explizit mit der Funktion

$$z\frac{(1 + r^2)z - 2re^{i\theta}}{2rz - (1 + r^2)e^{i\theta}}, \quad [33, \text{S. } 401],$$

das ist in der Terminologie von Abschnitt 8.2.3 die Funktion $e^{-i\theta}\psi_c$ mit $c := re^{i\theta}$.

Zum Beweis der kompakten Konvergenz seiner Folge zieht CARATHÉODORY den Satz von MONTEL heran, loc. cit. S. 376–378. 1914 hat er in der SCHWARZ-Festschrift seine Methode im Detail dargelegt; er formuliert hier explizit den Konvergenzsatz und beweist ihn direkt, ohne MONTEL zu bemühen, [33, S. 280–284].

CARATHÉODORYs Durchbruch ließ KOEBE nicht ruhen. Sofort (1912) konnte er, der sein Leben den konformen Abbildungen widmete und diese Theorie durch eine übergroße Fülle von Beiträgen bereicherte – allein von 1905 bis 1909 schrieb er über 14 zum Teil recht lange Arbeiten – die bei CARATHÉODORY auftretenden RIEMANNschen Approximationsflächen „automatisch entstehen lassen". Er nimmt, angeregt durch die „interessante Arbeit des Herrn C. CARATHÉODORY", seine „früheren Gedanken wieder auf" und teilt „eine neue elementare Methode der konformen Abbildung des allgemeinsten schlichten einfach zusammenhängenden Bereiches auf die Fläche des Einheitskreises mit", die „in mehr als einer Beziehung ideale Vollkommenheit" besitzt, vgl. [143, 844–845]. Hier skizziert KOEBE erstmals den Quadratwurzel-Algorithmus. Ausführlich stellt er sein „Schmiegungsverfahren" 1914 in [144] dar, er schreibt (S. 182):

„Die [Konstruktion] der konformen Abbildung des gegebenen Bereichs auf das Innere des Einheitskreises werden wir durch unendlich viele Quadratwurzeloperationen bewirken, ..., die wesentliche Eigenschaft der einzelnen dieser Operationen ... ist, eine Verstärkung der Anschmiegung der Begrenzungslinie des jeweilig abzubildenden Bereichs an die Peripherie des Einheitskreises, und zwar vom Innern her zu bewirken." KOEBE argumentiert – wie auch vor ihm CARATHÉODORY – geometrisch, so werden noch zweiblättrige RIEMANNsche

Flächen herangezogen. 1916 referierte E. LINDELÖF auf dem 4. skandinavischen Mathematiker-Kongress ausführlich über den KOEBEschen Beweis, vgl. [166].

G. PÓLYA und G. SZEGÖ haben 1925 den KOEBEschen Beweis in neun Aufgaben zerlegt, [213, Aufg.88–96 IV. Abschnitt 15-16]; sie beweisen – wie natürlich auch KOEBE – den Konvergenzsatz direkt (ohne MONTEL): ihre Argumente sind frei von RIEMANNschen Flächen und einfacher als in den Pionierarbeiten von CARATHÉODORY und KOEBE.

8.7 Die Koebe-Familien $\mathcal{K}_m$ und $\mathcal{K}_\infty$

KOEBE hat 1912 sofort bemerkt, dass in seinem Schmiegungsverfahren die Quadratwurzeloperationen „ohne weiteres auch durch Wurzeloperationen höherer Ordnung oder logarithmische Operationen ersetzt werden können. [142, S. 845]. Wir wollen entsprechende KOEBE-Familien konstruieren. Dabei benutzen wir, dass in Q-Gebieten nullstellenfreie holomorphe Funktionen stets holomorphe $m-$te Wurzeln, $m \in \mathbb{N}$, und holomorphe Logarithmen haben. - Im folgenden spielt die (große) Funktionenfamilie

$$\mathcal{E} := \{f : \mathbb{E} \to \mathbb{E} \; holomorph : f(0) = 0, f \notin \operatorname{Aut} \mathbb{E},$$
$$f(\mathbb{E}) \; ist \; kein \; \text{KOEBE-}Gebiet\}$$

eine wichtige Rolle. Mit G wird wieder stets ein KOEBE-Gebiet bezeichnet. Wir verallgemeinern zunächst das Lemma 8.14.

8.7.1 Ein Lemma.

Lemma 8.37. *Es sei $\varphi \in \mathcal{E}$. Es gebe eine holomorphe Abbildung $\kappa : G \to \mathbb{E}$, so dass $\kappa(0) = 0$ und $\varphi \circ \kappa = \operatorname{id}$. Dann ist κ eine zulässige Dehnung von G.*

Beweis. Da $\varphi \notin \operatorname{Aut} \mathbb{E}$, so gilt nach SCHWARZ $|\varphi(w)| < |w| \in \mathbb{E}^\times$. Wegen $\varphi \circ \kappa = \operatorname{id}$ ist κ injektiv; weiter gilt $|z| = |\varphi(\kappa(z))| < |\kappa(z)|$, falls $\kappa(z) \neq 0$, d.h. falls $z \in G \backslash 0$. Somit ist κ eine Dehnung von G. Wäre $\kappa(G) = \mathbb{E}$, so wäre $\varphi(\mathbb{E}) = G$ ein KOEBE-Gebiet im Widerspruch zu $\varphi \in \mathcal{E}$. Nach Satz 8.30 ist κ somit zulässig. $\square$

Die Kunst ist nun, Funktionen $\varphi \in \mathcal{E}$ aufzuspüren, zu denen ein κ gemäß des Lemmas existiert. Wir geben zwei Beispiele, wo dies möglich ist.

Beispiel 1. Sei $m \in \mathbb{N}$, $m \geq 2$, sei $c \in \mathbb{E}^\times$. Wir bezeichnen die Abbildung $\mathbb{E} \to \mathbb{E}$, $z \mapsto z^m$, mit j_m und behaupten:

Die Abbildung $\psi_{c,m} := g_{c^m} \circ j_m \circ g_c : \mathbb{E} \to \mathbb{E}$ gehört zu $\mathcal{E}$. Es gilt

$$\psi_{c,m}'(0) = mc^{m-1} \frac{|c|^2 - 1}{|c|^{2m} - 1} = m \left(\frac{c}{|c|} \right)^{m-1} \cdot \frac{|c| - |c|^{-1}}{|c|^m - |c|^{-m}} \tag{8.23}$$

Beweis. Wegen $j_m \notin \text{Aut}\,\mathbb{E}$ und $\psi_{c,m}(\mathbb{E}) = \mathbb{E}$ gilt $\psi_{c,m} \in \mathcal{E}$. Gleichung (8.23) folgt (Kettenregel), da $j'_m(c) = mc^{m-1}$ und $g'_a(0) = 1/g'_a(a) = |a|^2 - 1$, $a \in \mathbb{E}$.   □

Beispiel 2. Sei $c \in \mathbb{E}^\times$. Wir wählen $b \in \mathbb{H}$ so, dass $c = e^{ib}$. Die Abbildung

$$q_b : \mathbb{H} \to \mathbb{E}, \quad z \mapsto \frac{z-b}{z+\bar{b}} \quad \text{mit} \quad q_b^{-1} : \mathbb{E} \to \mathbb{H}, \quad z \mapsto \frac{b - \bar{b}z}{1-z}$$

ist biholomorph (verallgemeinerte CAYLEY-Abbildung). Die Funktion $\varepsilon(z) := e^{iz}$ bildet $\mathbb{H}$ auf $\mathbb{E}\backslash 0$ ab. Wir behaupten:
Die Abbildung $\chi_c := g_c \circ \varepsilon \circ q_b^{-1} : \mathbb{E} \to \mathbb{E}$ *gehört zu* $\mathcal{E}$. *Es gilt*

$$\chi'_c(0) = \frac{2c \log |c|}{|c|^2 - 1} = 2\frac{c}{|c|}\frac{\log |c|}{|c||c| - |c|^{-1}}. \tag{8.24}$$

Beweis. Da $\varepsilon : \mathbb{H} \to \mathbb{E}\backslash 0$ nicht biholomorph ist, und da $\chi_c(\mathbb{E})\backslash c$ kein Q-Gebiet ist, so gilt $\chi_c \in \mathcal{E}$. Gleichung (8.24) folgt, da $\chi'_c(0) = g'_c(c)\varepsilon'(b)(q_b^{-1})'(0)$ und $g'_c(c) = 1/(|c|^2 - 1)$, $\varepsilon'(b) = ic$, $(q_b^{-1})'(0) = b - \bar{b} = -i\log|c|^2$.   □

Im nächsten Abschnitt konstruieren wir zu den Funktionen $\psi_{m,c}, \chi_c \in \mathcal{E}$ Abbildungen κ, wie das Lemma sie wünscht.

8.7.2 Die Familien $\mathcal{K}_m$ und $\mathcal{K}_\infty$. Die Funktionen

$$\tau_m(x) = \frac{1}{m}\frac{x - x^{-1}}{x^{1/m} - x^{-1/m}}, \quad m = 2, 3, \ldots; \quad \tau_\infty(x) := \frac{x - x^{-1}}{2\log x}, \quad x \in (0,1), \tag{8.25}$$

sind stetig und bilden $(0,1)$ nach $(1,\infty)$ ab (Beweis!). Wir *konstruieren* zu jedem KOEBE-Gebiet G zulässige Dehnungen κ, so dass $|\kappa'(0)| = \tau_m(r(G))$, $2 \leq m \leq \infty$.

Satz 8.38 (Das m-te Wurzelverfahren, m $\geq$ 2). *Es sei c so gewählt, dass c^m ein dem Nullpunkt nächstgelegener Randpunkt von G ist. Es sei $v \in \mathcal{O}(G)$ die m-te Wurzel aus $g_{c^m}|G$ mit $v(0) = c$. Dann ist $\kappa := g_c \circ v : G \to \mathbb{E}$ eine zulässige Dehnung von G. Es gilt*

$$|\kappa'(0)| = \tau_m(r(G)). \tag{8.26}$$

Beweis. Da $v(G) \subset \mathbb{E}$, so ist $\kappa : G \to \mathbb{E}$ wohldefiniert. Es gilt

$$\kappa(0) = g_c(c) = 0 \quad \text{und} \quad \psi_{c,m} \circ \kappa = \text{id} \quad (\text{wegen } j_m \circ v = g_{c^m}|G). \tag{8.27}$$

Da $\psi_{c,m} \in \mathcal{E}$ nach Beispiel 1 aus Abschnitt 8.7.1, so ist κ nach Lemma 8.37 eine zulässige Dehnung von G. Wegen (8.27) gilt $|\kappa'(0)| = 1/|\psi'_{c,m}(0)|$. Damit folgt (8.26) aus (8.23) wegen $|c^m| = r(G)$.   □

Logarithmus-Verfahren 8.39. *Es sei c ein dem Nullpunkt nächst gelegener Randpunkt von G, es sei $i\nu \in \mathcal{O}(G)$ ein Logarithmus zu $g_c|G$. Dann ist $\kappa := q_b \circ \nu$ mit $b := \nu(0)$ eine zulässige Dehnung von G. Es gilt*

$$|\kappa'(0)| = \tau_\infty(r(G)). \tag{8.28}$$

Beweis. Wegen $e^{i\nu(z)} = g_c(z) \in \mathbb{E}, z \in G$, gilt $\nu(G) \subset \mathbb{H}$, speziell $b \in \mathbb{H}$. Daher ist $\kappa : G \to \mathbb{E}$ wohldefiniert. Es folgt (mit $\varepsilon \circ \nu = g_c$):

$$\kappa(0) = q_b(b) = 0 \quad \text{und} \quad \chi_c \circ \kappa = \text{id} . \tag{8.29}$$

Da $\chi_c \in \mathcal{E}$ nach Beispiel 2 aus Abschnitt 8.7.1, so ist κ nach Lemma 8.37 eine zulässige Dehnung von G. Wegen (8.29) gilt $|\kappa'(0)| = 1/|\chi_c'(0)|$. Damit folgt (8.28) aus (8.24) wegen $|c| = r(G)$. $\qquad\square$

Wir „normieren" noch jede gewonnene Dehnung (durch Multiplikation mit einem $a \in S^1$) so, dass $\kappa'(0) > 0$, diese normierte Dehnung ist wieder zulässig. Es bezeichne nun $\mathcal{K}_m$ bzw. $\mathcal{K}_\infty$ die Familie aller normierten Dehnungen, die sich mittels des m−ten Wurzel-Verfahrens bzw. des Logarithmus-Verfahrens konstruieren lassen. Dann ist (8.21) mit $\tau := \tau_m$ bzw. $\tau := \tau_\infty$ erfüllt. Es folgt:

Satz 8.40. *$\mathcal{K}_m$ ist eine* KOEBE*-Familie zu* τ_m, $m = 2, 3, \ldots$, *und* $\mathcal{K}_\infty$ *ist eine* KOEBE*-Familie zu* τ_∞.

Bemerkung. Die Familie $\mathcal{K}_\infty$ ist der „Limes" der Familien $\mathcal{K}_m$: Bei festem G und $c \in \partial G$ ist jede Dehnung $\kappa \in \mathcal{K}_\infty$ Limes einer Folge $\kappa_m \in \mathcal{K}_m$. Für die Funktionen τ_m, τ_∞ verifiziert man direkt: $\lim \tau_m(x) = \tau_\infty(x)$ für alle $x \in (0, 1)$.

Zum Beweis des RIEMANNschen Abbildungssatzes wird meistens das Quadratwurzel-Verfahren benutzt. CARATHÉODORY verwendet 1928 das Logarithmus-Verfahren. Er wählt $c = h \in (0, 1)$ und arbeitet mit der Funktion

$$\frac{h - \exp\left[(\log h) \cdot \frac{1+z}{1-z}\right]}{1 - h \exp\left[(\log h) \cdot \frac{1+z}{1-z}\right]}, \quad \text{vgl. [33, S. 304, Formel (6.2)];}$$

das ist gerade die Funktion χ_h mit $b = -i \log h$ (Beweis!). Es sagt nebenbei, dass er ebenso gut die Funktion

$$\frac{z(2\sqrt{h} - (1+h)z)}{(1+h) - 2\sqrt{h}z}, \quad \text{also} \quad \psi_{2,h},$$

hätte wählen können (vgl. S. 305). Auch H. CARTAN verwendet in [43, S. 191], das Logarithmus-Verfahren, er arbeitet mit der zulässigen Dehnung $\widehat{\kappa} := q_b \circ \nu$, wo $e^b = -c$ und $\nu \in \mathcal{O}(G)$ ein Logarithmus zu $-g_c$ ist; für $\widehat{\kappa}$ gilt ebenfalls $\widehat{\kappa}'(0) = \tau_\infty(r(G))$. Der Leser führe die Rechnungen durch und bestimme ein $\widehat{\chi} \in \mathcal{E}$ mit $\widehat{\chi} \circ \widehat{\kappa} = \text{id}$. $\qquad\square$

Die Familien $\mathcal{K}_m$, $\mathcal{K}_\infty$ und andere werden ausführlich von P. HENRICI behandelt, vgl. [113, S. 328–345], wo auch die Konvergenzgeschwindigkeit der zugehörigen KOEBE-Algorithmen diskutiert wird.

Die Funktionen $\psi_{h,m}$, $m \geq 2$, $h \in (0, 1)$, und χ_h studiert CARATHÉODORY in [37, 30–31], dort wird auch $\lim \psi_{h,m} = \chi_h$ gezeigt.

9. Automorphismen und endliche innere Abbildungen

Im Mittelpunkt der Paragraphen 9.1 und 9.2 stehen die bereits im Paragraphen 8.4 untersuchten Gruppen Aut G und Halbgruppen Hol G. Bei *beschränkten* Gebieten G hat jede Folge $f_n \in \operatorname{Hol} G$ eine konvergente Teilfolge (MONTEL), diese Tatsache hat überraschende Konsequenzen. So wird z.B. im Satz von H. CARTAN aus dem Konvergenzverhalten der *Iteriertenfolge* zu einer Abbildung $f : G \to G$ abgelesen, wann f ein Automorphismus von G ist. Als Anwendung des CARTANschen Satzes geben wir im Abschnitt 9.2.5 eine *homologische Charakterisierung* von Automorphismen.

Eine naheliegende Verallgemeinerung der biholomorphen Abbildungen $G \to G'$ sind die holomorphen *endlichen* Abbildungen $G \to G'$, bei denen *alle* Fasern endliche Mengen mit stets *gleich vielen* Punkten sind (verzweigte Überlagerungen). Solche Abbildungen werden in den Paragraphen 9.3 und 9.4 studiert; wir zeigen u.a., dass jede endliche holomorphe Abbildung eines nicht entarteten Kreisringes auf sich (gebrochen) *linear*, also biholomorph ist.

9.1 Innere Abbildungen und Automorphismen

Wir zeigen zunächst, dass die Komposition von inneren Abbildungen und die Inversenbildung von Automorphismen mit kompakter Konvergenz verträglich sind, Abschnitt (9.1.1). Die Beweise sind einfach, da die in G *kompakt konvergenten* Folgen $f_n \in \mathcal{O}(G)$ genau die Folgen sind, die in G *stetig* gegen ihren Limes f konvergieren, für die also gilt:

$$\lim f_n(c_n) = f(c), \quad \text{falls} \quad \lim c_n = c \in G$$

(vgl. Fußnote S. 149 oder Abschnitt I.3.1.5).

Wir schreiben $f = \lim f_n$, wenn die Folge $f_n \in \mathcal{O}(G)$ in G kompakt (stetig) gegen $f \in \mathcal{O}(G)$ konvergiert. Ist G *beschränkt* und $f_n \in \operatorname{Hol} G$, so gilt $f = \lim f_n$ nach VITALI bereits dann, wenn die Folge f_n in G *punktweise* gegen f konvergiert.

9.1.1 Konvergente Folgen in Hol G und Aut G. Folgerung (1) aus Paragraph 7.5 ergibt direkt:

Satz 9.1. *Ist $f_n \in \mathrm{Hol}\,G$ und $\lim f_n = f \in \mathcal{O}(G)$ nicht konstant, so gilt $f \in \mathrm{Hol}\,G$.*

Wir notieren weiter (vgl. auch Abschnitt I.3.1.5*):

Satz 9.2. *Falls $f_n \in \mathrm{Hol}\,G$, $g_n \in \mathcal{O}(G)$ und $\lim f_n = f \in \mathrm{Hol}\,G$, $\lim g_n = g \in \mathcal{O}(G)$, so gilt $\lim(g_n \circ f_n) = g \circ f \in \mathcal{O}(G))$.*

Beweis. Sei $c_n \in G$ eine Folge mit Limes $c \in G$. Die stetige Konvergenz impliziert $\lim f_n(c_n) = f(c)$ und weiter $\lim g_n(f_n(c_n)) = g(f(c))$. Die Folge $g_n \circ f_n$ konvergiert also in G stetig gegen $g \circ f$. □

Für die Inversenbildung zeigen wir:

Satz 9.3. *Falls $f_n \in \mathrm{Aut}\,G$ und $\lim f_n = f \in \mathrm{Aut}\,G$, so gilt $\lim f_n^{-1} = f^{-1} \in \mathrm{Aut}\,G$.*

Beweis. Sei $c_n \in G$ eine Folge mit Limes $c \in G$. Für $b := f_n^{-1}(c_n) \in G$, $b_n := f^{-1}(c) \in G$ gilt dann $\lim f_n(b_n) = f(b)$. Nach Paragraph 7.5, Folgerung (2'), folgt $\lim f_n^{-1}(c_n) = f^{-1}(c)$, also die stetige Konvergenz der Folge f_n^{-1} gegen f^{-1}. □

Hinter den Sätzen 9.2 und 9.3 steht ein allgemeiner Satz über die Topologisierung von Transformationsgruppen. Ist X ein *lokal-kompakter* Raum, so betrachtet man in der *Gruppe* Top X *aller Homöomorphismen von X auf sich* alle Mengen $\{f \in \mathrm{Top}\,X : f(K) \subset U\}$, wo K kompakt und U offen in X ist. Die Familie aller endlichen Durchschnitte solcher Mengen bildet eine Basis einer Topologie auf Top X. In dieser sog. KO-Topologie (kompakt-offen Topologie) ist die Gruppenverknüpfung Top $X \times$ Top $X \to$ Top X, $(f,g) \mapsto f \circ g$ stetig. Ist X überdies *lokal zusammenhängend*, so ist auch die Inversenbildung Top $X \to$ Top X, $f \mapsto f^{-1}$ stetig! Es gilt daher:

Satz 9.4 (Arens, 1946 [3]). *Ist X lokal kompakt und lokal zusammenhängend, so ist Top X – versehen mit der KO-Topologie – eine topologische Gruppe.*

Im Fall von Gebieten G in $\mathbb{C}$ ist Aut G eine *abgeschlossene* Untergruppe von Top G; die in der KO-Topologie konvergenten Folgen sind genau die in G kompakt konvergenten Folgen. Ist G beschränkt, so ist die topologische Gruppe Aut G *lokal-kompakt* und sogar eine Lie-Gruppe. Dies wurde 1932 bzw. 1936 von H. Cartan für alle beschränkten Gebiete im $\mathbb{C}^n, 1 \le n < \infty$, bewiesen. [44, 407–420 und 478–538].

9.1.2 Konvergenzsatz für Folgen von Automorphismen.

Satz 9.5. *Ist G beschränkt und $f_n \in \operatorname{Aut} G$ eine Folge mit $f = \lim f_n \in \mathcal{O}(G)$, so sind zwei Fälle möglich:*

(1) f ist nicht konstant: Dann gilt $f \in \operatorname{Aut} G$.

(2) f ist konstant: Dann ist $f(G)$ ein Randpunkt von G.

Beweis. Die Inversenfolge $g_n := f_n^{-1} \in \operatorname{Aut} G$ enthält nach MONTEL eine Teilfolge, die in G kompakt gegen ein $g \in \mathcal{O}(G)$ konvergiert. Wir dürfen $g = \lim g_n$ annehmen (man lasse alle störenden g_n nebst f_n weg). Wir behaupten:

$$g'(f(w)) \cdot f'(w) = 1 \quad \text{für alle } w \in G \text{ mit } f(w) \in G. \tag{9.1}$$

Da stets $g_n \circ f_n = \operatorname{id}$ und also $g_n'(f_n(z)) \cdot f_n'(z) = 1$ für alle $z \in G$ gilt, so ist nur zu zeigen, dass $\lim g_n'(f_n(w)) = g'(f(w))$ für alle $w \in G \cap f^{-1}(G)$ zutrifft. Das aber ist wegen $\lim f_n(w) = f(w)$ und der stetigen Konvergenz der Folge g_n' gegen g' richtig.

Ist nun f nicht konstant, so gilt $f \in \operatorname{Hol} G$ nach Satz 9.1. Wegen (9.1) ist g nicht konstant, nach Satz 9.1 folgt $g \in \operatorname{Hol} G$. Da $g_n \circ f_n = \operatorname{id} = f_n \circ g_n$, so gilt $g \circ f = \operatorname{id} = f \circ g$ nach Satz 9.2, also $f \in \operatorname{Aut} G$.

Ist aber f konstant, so kann $c := f(G)$ auf Grund von (9.1) kein Punkt von G sein. Es folgt $c \in \partial G$. □

Im Entartungsfall (2) lässt sich verschärfend zeigen, dass $f(G)$ kein isolierter Randpunkt von G ist (Beweis!). Beispiele für (2) sind alle Folgen

$$f_n : \mathbb{E} \to \mathbb{E}, \quad z \mapsto \frac{z - c_n}{\bar{c}_n z - 1}, \quad c_n \in \mathbb{E} \text{ mit } \lim c_n =: c \in \partial \mathbb{E};$$

sie konvergieren in $\mathbb{E}$ kompakt gegen $f(z) \equiv c$, wenngleich stets $f_n \circ f_n = \operatorname{id}$.

9.1.3 Beschränkte homogene Gebiete.

Die Scheibe $\mathbb{E}$ ist *homogen*: die Gruppe $\operatorname{Aut} \mathbb{E}$ wird *transitiv* auf $\mathbb{E}$. Es gilt folgende Umkehrung:

Jedes homogene Gebiet $G \ne \mathbb{C}, \mathbb{C}^{\times}$ ist biholomorph auf $\mathbb{E}$ abbildbar.

Dieser Satz lässt sich am bequemsten mit Hilfe des Uniformisierungssatzes gewinnen. Hier zeigen wir einen Spezialfall: *Es sei G beschränkt und homogen, es gebe einen Randpunkt $p \in \partial G$ und eine Umgebung U von p, so dass $U \cap G$ einfach zusammenhängt. Dann ist G biholomorph auf $\mathbb{E}$ abbildbar.*

Beweis. Wir fixieren $c \in G$ und wählen eine Folge $g_n \in \operatorname{Aut} G$ mit $\lim g_n(c) = p$. Wir dürfen $g := \lim g_n \in \mathcal{O}(G)$ annehmen (MONTEL). Dann gilt $g(c) = p \in \partial G$, also $g(z) \equiv p$ nach Satz 9.2. Zu jedem geschlossenen Weg γ in G gibt es also ein m, so dass der Bildweg $\gamma_m := g_m \circ \gamma$ in $U \cap G$ liegt. Da γ_m nach Voraussetzung nullhomotop in $U \cap G$ ist, so ist $\gamma = g_m^{-1} \circ \gamma_m$ nullhomotop in G. Also hängt G einfach zusammen. Mit dem RIEMANNschen Abbildungssatz folgt die Behauptung. □

Randpunkte p mit der geforderten Eigenschaft existieren immer dann, wenn ∂G „glatte Randstücke" enthält.

9.1.4 Innere Abbildungen von $\mathbb{H}$ und Homothetien*.

Satz 9.6. *Es sei $f : \mathbb{H} \to \mathbb{H}$ holomorph, es gebe eine positive reelle Zahl $\lambda \neq 1$, so dass $f(\lambda i) = \lambda f(i)$. Dann ist f eine Homothetie: $f(z) = \alpha z$ für alle $z \in \mathbb{H}$ mit $\alpha := |f(i)|$.*

Beweis. Für $g := \alpha^{-1} f \in \mathrm{Hol}\,\mathbb{H}$ gilt $g(\lambda i) = \lambda g(i)$ und $|g(i)| = 1$. Es ist zu zeigen: $g = \mathrm{id}_{\mathbb{H}}$. Nach dem Lemma von SCHWARZ-PICK, vgl. Abschnitt I.9.2.5, gilt

$$\left| \frac{g(w) - g(z)}{g(w) - \overline{g(z)}} \right| \leq \left| \frac{w - z}{w - \overline{z}} \right| \quad \text{für alle} \quad w, z \in \mathbb{H}. \tag{9.2}$$

für $w := \lambda i, z := i$ folgt:

$$\left| \frac{\lambda g(i) - g(i)}{\lambda g(i) - \overline{g(i)}} \right| \leq \frac{|\lambda - 1|}{\lambda + 1}, \quad \text{also} \quad |\lambda g(i) - \overline{g(i)}| \geq \lambda + 1.$$

Für $\beta := \overline{g(i)}/g(i)$ gilt somit $|\lambda - \beta| \geq \lambda + 1$ und $|\beta| = 1$. Hieraus folgt $\beta = -1$, also $\overline{g(i)} = -g(i)$, d.h. $g(i) \in \mathbb{R}i$. Wegen $g(i) \in \mathbb{H} \cap S^1$ folgt $g(i) = i$ und also $g(\lambda i) = \lambda i$. Somit besteht in (9.2) Gleichheit für $w = \lambda i$ und $z = i$. Nach dem Lemma von SCHWARZ-PICK ist g dann ein Automorphismus von $\mathbb{H}$. Da g die zwei Fixpunkte i und λi hat, folgt $g = \mathrm{id}_{\mathbb{H}}$. $\square$

Der mitgeteilte Beweis stammt von E. MUES und H. KÖDITZ. Unter der stärkeren Voraussetzung $f(\lambda z) = \lambda f(z)$ für alle $z \in \mathbb{H}$ folgt der Satz trivial aus folgendem Satz.

Satz von Carathéodory-Julia-Landau-Valiron 9.7. *Zu jeder Funktion $f \in \mathrm{Hol}\,\mathbb{H}$ existiert eine reelle Konstante $\alpha \geq 0$, so dass gilt: In jedem Winkelraum*

$$S_\varepsilon := \{re^{i\varphi} : r > 0 \quad \text{und} \quad \varepsilon < \varphi < \pi - \varepsilon\}, \quad \text{wo} \quad \varepsilon \in (0, \pi/2),$$

konvergiert $f(z)/z$ gleichmäßig gegen α, wenn z gegen ∞ strebt.

Die Zahl α heißt Winkelderivierte von f in ∞. Beweise des Satzes für $\mathbb{E}$ anstelle von $\mathbb{H}$ findet man bei C. CARATHÉODORY: *Funktionentheorie* II, 26–30, Birkhäuser 1950, A. DINGHAS: *Vorlesungen über Funktionentheorie*, 236–237, Springer 1961 und CHR. POMMERENKE, *Univalent functions*, 306–307, Vandenhoeck & Ruprecht 1975.

Aus dem angegebenen Satz folgt, falls $f(\lambda z) = \lambda f(z)$ für alle $z \in \mathbb{H}$ mit $\lambda > 1$:

$$f(z)/z = f(\lambda^n z)/\lambda^n z, \quad n \in \mathbb{N}, \quad \text{also} \quad f(z)/z = \lim_{n \to \infty} f(\lambda^n z)/\lambda^n z = \alpha, \quad z \in \mathbb{H}.$$

9.2 Iteration innerer Abbildungen

Für jede innere Abbildung $f \in \mathrm{Hol}\,G$ werden die iterierten Abbildungen $f^{[n]} \in \mathrm{Hol}\,G$ induktiv erklärt durch

$$f^{[0]} := \mathrm{id}_G, \quad f^{[n]} := f \circ f^{[n-1]}, \quad n = 1, 2, \ldots.$$

Diese Folge enthält wertvolle Informationen über f, z.B. gilt f $\in \mathrm{Aut}\,G$ bereits dann, wenn $f^{[m]} \in \mathrm{Aut}\,G$ für ein $m \geq 1$. Diese triviale Bemerkung wird im Abschnitt 9.2.1 wesentlich verschärft, als Folgerung erhalten wir im Abschnitt 9.2.2 für beschränkte Gebiete einen Satz von H. CARTAN.
Die sofort durch Induktion einsehbare Gleichung

$$(f^{[n]})'(a) = f'(a)^n \quad \text{für} \quad f \in \mathrm{Hol}_a\,G, \quad a \in G, \quad n \geq 1, \tag{9.3}$$

hat – zusammen mit den Sätzen von MONTEL und CARTAN – überraschende Konsequenzen; wir geben Beispiele dazu, in den Abschnitten 9.2.2, 9.2.3 und 9.2.5. – Wir schreiben oft f_n statt $f^{[n]}$.

9.2.1 Elementare Eigenschaften.

Satz 9.8. *Konvergiert eine Teilfolge f_{n_k} der Iteriertenfolge zu $f \in \mathrm{Hol}\,G$ in G kompakt gegen eine Funktion $g \in \mathcal{O}(G)$, so gilt:*

a) Aus $g \in \mathrm{Aut}\,G$ folgt $f \in \mathrm{Aut}\,G$.

b) Ist g nicht konstant, so hat jede konvergente Teilfolge der Folge $h_k := f_{n_{k+1}-n_k} \in \mathrm{Hol}\,G$ die Grenzfunktion id_G.

Beweis. a) f ist injektiv. Aus $f(a) = f(b)$, $a, b \in G$, folgt $f_n(a) = f_n(b)$ für alle n und mithin $g(a) = g(b)$, also $a = b$ wegen $g \in \mathrm{Aut}\,G$.
f ist surjektiv. Es gilt stets $f_{n_k}(G) \subset f(G)$. Mit Folgerung (1) aus Paragraph 7.5 folgt $g(G) \subset f(G) \subset G$. Da $g(G) = G$ wegen $g \in \mathrm{Aut}\,G$, so folgt $f(G) = G$.

b) Nach Satz 9.1 gilt $g \in \mathrm{Hol}\,G$. Ist nun h Grenzfunktion einer Teilfolge der Folge h_k, so hat $f_{n_{k+1}} = h_k \circ f_{n_k}$ wegen Satz 9.2 zur Konsequenz: $g = h \circ g$. Also ist h auf $g(G)$ die Identität. Da $g(G)$ offen in G ist, folgt $h = \mathrm{id}_G$. □

Die Aussage b) gibt speziell (mit $n_k := k$): *Konvergiert die Folge $f^{[n]}$ in G kompakt gegen eine nicht konstante Funktion, so gilt bereits $f = \mathrm{id}_G$.* Iteriertenfolgen $f^{[n]}, f \neq \mathrm{id}_G$, haben also, wenn sie überhaupt konvergieren, konstante Grenzfunktionen. Wir betrachten ein *Beispiel*. Sei $0 < a < 1$. Für $f := -g_a \in \mathrm{Aut}\,\mathbb{E}$, wo $g_a(z) = (z-a)/(az-1)$, gilt $f^{[n]} = -g_{a_n}$ mit $a_1 := a, a_n := (a + a_{n-1})/(1 + a a_{n-1}), n \geq 2$ (Beweis!). Da $a_1 < a_2 < \cdots < 1$, so folgt daraus $\lim a_n = 1$. Daher ist

$$\lim f^{[n]}(z) = \lim \frac{a_n - z}{a_n z - 1} = \frac{1-z}{z-1} = -1 \quad \text{für alle} \quad z \in \mathbb{E}.$$

Die Folge $f^{[n]}$ konvergiert also in $\mathbb{E}$ kompakt gegen den Fixpunkt -1 von f.

Mittels a) und b) folgt mühelos folgender Satz.

9.2.2 Satz von H. Cartan.

Satz 9.9. *Es sei G beschränkt und $f \in \mathrm{Hol}\, G$. Es gebe eine Teilfolge f_{n_k} der Iteriertenfolge zu f, die in G kompakt gegen eine nicht konstante Funktion konvergiert. Dann gilt $f \in \mathrm{Aut}\, G$.*

Beweis. Die Folge $h_k := f_{n_{k+1}-n_k}$ hat nach MONTEL eine konvergente Teilfolge. Da id_G nach Satz 9.8 b) deren Limes ist, gilt $f \in \mathrm{Aut}\, G$ wegen Satz 9.8 a). $\qquad\square$

Wir demonstrieren die Kraft des CARTANschen Satzes sofort an zwei Beispielen (eine weitere Anwendung findet sich im Abschnitt 9.2.5).

Satz 9.10. *Ist G beschränkt und hat $f \in \mathrm{Hol}\, G$ zwei verschiedene Fixpunkte a, b in G, so ist f ein Automorphismus von G.*

Beweis. Nach MONTEL konvergiert eine Teilfolge f_{n_k} in G gegen eine Funktion g. Da stets $f_n(a) = a$, $f_n(b) = b$, so gilt $g(a) = a \neq b = g(b)$. Daher ist g nicht konstant, nach CARTAN folgt $f \in \mathrm{Aut}\, G$. $\qquad\square$

Satz 9.11. *(Vgl. Satz 8.23). Sei G beschränkt und $a \in G$. Dann gilt $|f'(a)| \leq 1$ für alle $f \in \mathrm{Hol}_a G$. Weiter gilt $\mathrm{Aut}_a G = \{f \in \mathrm{Hol}_a G : |f'(a)| = 1\}$.*

Beweis. Sei wieder $g = \lim f_{n_k} \in \mathcal{O}(G)$ (MONTEL). Wegen Satz 9.3 gilt $\lim f'(a)^{n_k} = g'(a)$. Das ist nur möglich, wenn $|f'(a)| \leq 1$. Im Falle $|f'(a)| = 1$ gilt $|g'(a)| = 1$. Dann ist g nicht konstant, und es folgt $f \in \mathrm{Aut}_a G$ nach CARTAN.

Gilt umgekehrt $f \in \mathrm{Aut}_a G$, so gilt auch $f^{-1} \in \mathrm{Aut}_a G$ und also neben $|f'(a)| \leq 1$ auch $|1/f'(a)| = |(f^{-1})'(a)| \leq 1$, d.h. $|f'(a)| = 1$. $\qquad\square$

Historische Notiz. H. CARTAN hat seinen Satz 1932 publiziert, er betrachtet beliebig beschränkte Gebiete im $\mathbb{C}^n, 1 \leq n < n < \infty$, vgl. [44, 417–418].

Aufgaben.

1. Es sei G beschränkt, $a \in G$ und $f \in \mathrm{Hol}_a G$, aber $f \notin \mathrm{Aut}\, G$. Zeigen Sie, dass die Folge $f^{[n]}$ in G gegen $g(z) \equiv a$ konvergiert.
2. Zeigen Sie, dass im CARTANschen Satz die Folge $f_{n_{k+1}-n_k}$ konvergiert.

Bemerkung. Die Beweise des CARTANschen Satzes bzw. der beiden Folgerungen funktionieren, weil die Folgen h_k bzw. $f^{[n]}$ konvergente Teilfolgen haben. Mittels Uniformisierungstheorie lässt sich zeigen, dass dies für alle Gebiete $\not\simeq \mathbb{C}, \mathbb{C}^\times$ zutrifft.

9.2.3 Die Gruppe $\mathrm{Aut}_a\, G$ für beschränkte Gebiete.

Satz 9.12. *Ist G beschränkt und $a \in G$, so bildet $\sigma : \mathrm{Aut}_a\, G \to \mathbb{C}^\times, f \mapsto f'(a)$ die Gruppe $\mathrm{Aut}_a\, G$ isomorph auf die Kreisgruppe S^1 oder eine endliche zyklische Untergruppe von S^1 ab (vgl. Satz 8.24).*

Beweis. a) Wegen Satz 9.27 gilt Bild $\sigma \subset S^1$. Zeigen wir, dass Bild σ abgeschlossen in S^1 ist, so ist Bild σ entweder S^1 oder endlich zyklisch nach Satz 9.15 (nächster Abschnitt). Sei also $c \in S^1$ Limes einer Folge $c_n \in$ Bild σ. Wähle $h_n \in \mathrm{Aut}_a\, G$ mit $\sigma(h_n) = c_n$. Nach MONTEL konvergiert eine Teilfolge der h_n in G gegen ein $h \in \mathcal{O}(G)$. Da $h(a) = a$, so gilt $h \in \mathrm{Aut}_a\, G$ nach Satz 9.5. Es folgt $\sigma(h) = h'(a) = c$.

b) Es bleibt zu zeigen, dass σ injektiv ist, d.h. dass aus $f \in \mathrm{Aut}_a\, G$ und $f'(a) = 1$ bereits $f = \mathrm{id}_G$ folgt. Wir dürfen $a = 0$ annehmen. Die TAYLOR-Reihe von f um 0 hat die Form: $z + a_m z^m +$ *höhere Glieder, wobei* $m \geq 2$. Dann ist $z + n a_m z^m + \ldots$ die TAYLOR-Reihe von $f^{[n]}$ um 0 (vgl. nachstehende Aussage (9.4)). Da eine Teilfolge der $f^{[n]}$ konvergiert, so ist auch eine Teilfolge von $n a_m = (f^{[n]})^{(m)}(0), n = 1, 2, \ldots$ konvergent. Das geht nur, wenn $a_m = 0$. Es folgt $f(z) \equiv z$. □

Im Beweis von (b) wurde benutzt:

Es sei G ein Gebiet mit $0 \in G$, es sei $z + a_m z^m + \sum\limits_{\nu > m} a_\nu z^\nu$ mit $m \geq 2$ die TAYLOR-*Reihe von $f \in \mathrm{Hol}_0\, G$ um 0. Dann ist*

$$z + n a_m z^m + \quad Glieder \; in \; z^\nu \; mit \; \nu > m \tag{9.4}$$

die TAYLOR-*Reihe von $f^{[n]}$ um $0, n = 1, 2 \ldots$.*

Beweis. (induktiv). Wir setzen $f_n = f^{[n]}$. Der Fall $n = 1$ ist klar. Sei die Behauptung für $n = k \geq 1$ bereits verifiziert. Wegen $f_{k+1} = f \circ f_k$ gilt

$$f_{k+1}(z) = f_k(z) + a_m f_k(z)^m + g(z) \quad \text{mit} \quad g(z) := \sum_{\nu > m} a_\nu f_k(z)^\nu.$$

Da $o_0(g) > m$ wegen $f_k(0) = 0$, so sieht die TAYLOR-Reihe von f_{k+1} um 0 bei Berücksichtigung der Induktionsannahme wie folgt aus

$$z + k a_m z^m + a_m (z + k a_m z^m + \ldots)^m + \cdots = z + (k+1) a_m z^m + \ldots. \quad \square$$

Im Satz ist enthalten (Beweis wie in Abschnitt 8.4.2):

Unitätssatz 9.13. *Es sei G beschränkt, $a \in G$, $f \in \mathrm{Aut}_a\, G$, $f'(a) > 0$. Dann gilt $f = \mathrm{id}_G$.*

Dieser Satz wurde 1913 von L. BIEBERBACH entdeckt und mittels Iteration wie oben bewiesen, [15, 556–557].

9.2.4 Die abgeschlossenen Untergruppen der Kreisgruppe.

Satz 9.14. *Jede abgeschlossene Untergruppe $H \neq S^1$ von S^1 ist endlich und zyklisch.*

Wir beweisen zunächst einen

Hilfssatz 9.15. *Es sei $L \neq \mathbb{R}$ eine abgeschlossene Untergruppe $\neq 0$ der additiven Gruppe $\mathbb{R}$. Dann gilt $L = r\mathbb{Z}$ mit $r := \inf\{x \in L : x > 0\} \in \mathbb{R}$.*

Beweis. 1) Wegen $L \neq 0$ ist r wohldefiniert, es gilt $r \geq 0$. Wäre $r = 0$, so gäbe es zu jedem $\varepsilon > 0$ ein $s \in L$ mit $0 < s < \varepsilon$. In jedem Intervall von $\mathbb{R}$ der Länge 2ε läge nun ein ganzzahliges Vielfaches von s. Daher gäbe es zu jedem $t \in \mathbb{R}$ ein $x \in L$ mit $|t - x| < \varepsilon$. So fände man zu $\varepsilon := 1/n$, $n \geq 1$, ein $x_n \in L$ mit $|t - x_n| < 1/n$. Da L abgeschlossen in $\mathbb{R}$ ist, folgt $t = \lim x_n \in L$, also der Widerspruch $L = \mathbb{R}$.

2) Wir zeigen $L = r\mathbb{Z}$. Es gilt $r \in L$ wegen der Abgeschlossenheit von L. Die Inklusion $r\mathbb{Z} \subset L$ ist klar. Sei $x \in L$ beliebig. Wegen $r > 0$ gibt es ein $n \in \mathbb{Z}$, so dass $r(n - 1) < x \leq rn$. Dies bedeutet $0 \leq rn - x < r$. Da $rn - x \in L$, so folgt $x = rn$ auf Grund der Minimalität von r. □

Nun folgt der Satz über Untergruppen von S^1 sofort: Der „Polarkoordinatenepimorphismus" $p : \mathbb{R} \to S^1, \varphi \mapsto e^{i\varphi}$, ist stetig, daher ist $L := p^{-1}(H)$ eine *abgeschlossene* Untergruppe der additiven Gruppe $\mathbb{R}$. Wegen $H \neq S^1$ gilt $L \neq \mathbb{R}$, also $L = r\mathbb{Z}$ mit $r \geq 0$ nach dem Hilfssatz. Mit $\eta := e^{ir}$ gilt dann $H = p(L) = \{\eta^n : n \in \mathbb{Z}\}$. Da $2\pi \in L$ wegen $p(2\pi) = 1$, so gibt es ein $m \in \mathbb{N}\backslash\{0\}$ mit $rm = 2\pi$. Dies bedeutet $\eta^m = 1$, also $H = \{1, \eta, \eta^2, \ldots, \eta^{m-1}\}$.

9.2.5 Automorphismen von Gebieten mit Löchern. Ringsatz*.

Wir notieren zunächst ein hinreichendes Kriterium dafür, dass eine in einem Gebiet G kompakt konvergente Folge $g_n \in \mathcal{O}(G)$ eine *nichtkonstante* Grenzfunktion g hat.

Satz 9.16. *Es gebe einen geschlossenen Weg γ in G, so dass im Durchschnitt aller Mengen $\mathrm{Int}(g_n \circ \gamma)$ mindestens zwei Punkte liegen. Dann ist g nicht konstant.*

Beweis. Im Fall $g(z) \equiv a$ gäbe es ein $b \in \mathrm{Int}(g_n \circ \gamma)$, $b \neq a$, so dass

$$\int_\gamma \frac{g_n'}{g_n - b} d\zeta = \int_{g_n \circ \gamma} \frac{d\eta}{\eta - b} \in 2\pi i\mathbb{Z}\backslash\{0\} \quad \text{für fast alle} \quad n.$$

Da die Folge $g_n'/(g_n - b)$ auf γ kompakt gegen 0 konvergiert, hat man einen Widerspruch. □

Im folgenden benutzen wir Redeweisen und Resultate aus der Theorie der Gebiete mit Löchern (vgl. hierzu Kapitel 13 und 14). Wir betrachten *beschränkte Gebiete G ohne isolierte Randpunkte, die mindestens ein Loch, aber nicht unendlich viele Löcher haben* (die also m-fach zusammenhängen, $2 \leq m < \infty$). Für solche Gebiete gilt:

Satz 9.17. [44, 448–449]. *Es sei $f \in \operatorname{Hol} G$ so beschaffen, dass jeder geschlossene Weg in G, der nicht nullhomolog in G ist, unter f einen in G nicht nullhomologen Bildweg hat. Dann gilt $f \in \operatorname{Aut} G$.*

Beweis. Sei $g \in \mathcal{O}(G)$ Limes einer Teilfolge g_n der Iterierten von f. Da G Löcher hat, gibt es einen geschlossenen Weg γ in G, der nicht nullhomolog ist (vgl. Abschnitt 13.2.4). Wegen $f^{[n]} \circ \gamma = f \circ (f^{[n-1]} \circ \gamma)$ ist dann kein Weg $g_n \circ \gamma$ nullhomolog in G. Es gibt also zu jedem n ein Loch L_n von G , so dass $L_n \subset \operatorname{Int}(g_n \circ \gamma)$, vgl. Abschnitt 13.1.4. Da G nur endlich viele Löcher hat, dürfen wir annehmen, (Übergang zu einer Teilfolge und Umnummerierung der Löcher), dass stets $L_1 \subset \operatorname{Int}(g_n \circ \gamma)$. Da L_1 mindestens zwei Punkte hat, so ist g nach Satz 9.16 nicht konstant. Mit Satz 9.9 folgt $f \in \operatorname{Aut} G$. □

Die Voraussetzung über f besagt, dass f einen *Monomorphismus* $\widetilde{f} : H(G) \to H(G)$ der Homologiegruppe von G induziert, vgl. Abschnitt 14.1.2. Unter Benutzung elementarer Homologietheorie folgt nun sofort der Ringsatz.

Ringsatz 9.18. *Ist $A := \{z \in \mathbb{C} : r < |z| < s\}$, $0 < r < s < \infty$, ein (nicht entarteter) Kreisring und $f \in \operatorname{Hol} A$ so beschaffen, dass f wenigstens einen in A nicht nullhomologen geschlossenen Weg auf einen ebensolchen Weg abbildet, so gilt $f \in \operatorname{Aut} A$, also $f(z) = \eta z$ oder $f(z) = \eta r s z^{-1}, \eta \in S^1$.*

Beweis. Bezeichnet Γ einen Kreis in A um 0, so gilt (vgl. Abschnitt 14.2.1).

$$H(A) = \mathbb{Z}\overline{\Gamma} \simeq \mathbb{Z} \quad \text{und} \quad \widetilde{f}(H(A)) \neq 0.$$

Daher ist $\widetilde{f} : \mathbb{Z} \to \mathbb{Z}$ injektiv, und es folgt $f \in \operatorname{Aut} A$ auf Grund des Satzes. Wegen Satz 9.22 hat f dann die angegebene Form. □

Historische Notiz. Der Ringsatz wurde 1950 von H. HUBER ohne Benutzung des CARTANschen Satzes bewiesen, vgl. [123, S. 163] . Es gibt direkte Beweise, vgl. z.B. E. REICH: *Elementary proof of a theorem on conformal rigidity*, Proc. Amer. Math. Soc. 17, 644–645 (1966).

Ausblick. Gebiete mir mehreren Löchern haben i.a. *endliche* Automorphismengruppen. M.H. HEINS hat 1946 für Gebiete G_n mit *genau* n Löchern, $2 \leq n < \infty$, gezeigt, vgl. [110]:

Die Gruppe $\operatorname{Aut} G_n$ ist isomorph zu einer endlichen Untergruppe der Gruppe aller gebrochen linearen Transformationen. Die bestmögliche obere Schranke $N(n)$ für die Elementezahl von $\operatorname{Aut} G_n$ ist:

$$N(n) = 2n, \quad \text{falls } n \neq 4, 6, 8, 12, 20;$$
$$N(4) = 12, \quad N(6) = N(8) = 24, \quad N(12) = N(20) := 60.$$

Die Zahlen $2n, 12, 24, 60$ sind die Ordnungen der Dieder-, Tetraeder-, Oktaeder- und Ikosaedergruppe. – (Beschränkte) Gebiete mit unendlich vielen Löchern können unendliche Gruppen haben, z.B.: $\operatorname{Aut}(\mathbb{C}\backslash\mathbb{Z}) \simeq \operatorname{Aut}(\mathbb{H}\backslash\{i + \mathbb{Z}\}) = \{z \mapsto z + n : n \in \mathbb{Z}\}$.

9.3 Endliche holomorphe Abbildungen

Eine Folge $z_n \in G$ heißt *Randfolge* in G, wenn sie keinen Häufungspunkt in G hat. Eine holomorphe Abbildung $f : G \mapsto G'$ heißt *endlich*, wenn gilt

Ist z_n Randfolge in G, so ist $f(z_n)$ Randfolge in G'.

Biholomorphe Abbildungen sind endlich. Eine Abbildung $f : \mathbb{C} \to \mathbb{C}$ ist genau dann endlich, wenn f ein nichtkonstantes Polynom ist (Beweis!).

Im Abschnitt 9.3.2 geben wir alle endlichen holomorphen Abbildungen $\mathbb{E} \to \mathbb{E}$ an. In den weiteren Abschnitten studieren wir endliche holomorphe Abbildungen zwischen Kreisringen. Das Hilfsmittel ist das Minimum- bzw. Maximumprinzip.

9.3.1 Drei allgemeine Eigenschaften. Endliche holomorphe Abbildungen $f : G \to G'$ haben folgende Eigenschaften:

(1) *Jede f-Faser $f^{-1}(w), w \in G'$, ist endlich.*
(2) *Jedes Kompaktum L in G' hat ein kompaktes f-Urbild.*
(3) *f ist surjektiv: $f(G) = G'$.*

Beweis. (1) Zunächst ist f nicht konstant. Daher ist jede f-Faser *lokal endlich* in G. Gäbe es eine unendliche Faser F, so gäbe es in G eine Randfolge $z_n \in F$. Die konstante Bildfolge $f(z_n)$ wäre dann keine Randfolge in G'. Widerspruch.

(2) Wir zeigen, dass jede Folge $z_n \in K := f^{-1}(L)$ einen Häufungspunkt in K hat. Da $f(z_n) \in L$ keine Randfolge in G' ist, so ist z_n keine Randfolge in G. Sie hat daher einen Häufungspunkt $\hat{z} \in G$. Da K abgeschlossen ist, folgt $\hat{z} \in K$.

(3) Wäre $f(G) \neq G'$, so hätte $f(G)$ einen Randpunkt $p \in G'$. Man wähle eine Folge $z_n \in G$ mit $\lim f(z_n) = p$. Dann ist z_n keine Randfolge in G, sie hat also einen Häufungspunkt $\hat{z} \in G$. Es folgt $p = f(\hat{z}) \in f(G)$. Widerspruch. □

Weitere allgemeine Aussagen über endliche holomorphe Abbildungen findet man in Paragraph 9.4.

9.3.2 Endliche innere Abbildungen von $\mathbb{E}$. Zunächst ist klar:

Eine innere Abbildung $f : \mathbb{E} \to \mathbb{E}$ ist genau dann endlich, wenn

$$\lim_{|z| \to 1} |f(z)| = 1 \quad (Randregel). \tag{9.5}$$

Aus dem Maximum- und Minimumprinzip folgt direkt der Hilfssatz:

Hilfssatz 9.19. *Es sei G beschränkt, und es sei g eine Einheit in $\mathcal{O}(G)$. Es gelte $\lim\limits_{z \to \partial G} |g(z)| = 1$. Dann ist g konstant.*

Mit diesen Hilfsmitteln gewinnen wir schnell:

Satz 9.20. *Folgende Aussagen über eine Funktion $f \in \mathcal{O}(\mathbb{E})$ sind äquivalent:*

i) f ist eine endliche Abbildung $\mathbb{E} \to \mathbb{E}$.

ii) Es gibt endlich viele Punkte $c_1, \ldots, c_d \in \mathbb{E}$, $d \geq 1$, und ein $\eta \in S^1$, so dass

$$f(z) = \eta \prod_{\nu=1}^{d} \frac{z - c_\nu}{\overline{c}_\nu z - 1} \quad \text{(endliches BLASCHKE-Produkt).}$$

Beweis. i) $\Rightarrow$ ii). Die Menge $f^{-1}(0) \subset \mathbb{E}$ ist nach den Eigenschaften (1) und (3) aus Abschnitt 9.3.1 endlich und nicht leer. Seien $c_1, \ldots, c_d \in \mathbb{E}$ die Nullstellen von f in $\mathbb{E}$, wobei c_ν so oft vorkommt wie die Ordnung von f in c_ν angibt. Setzt man $f_\nu := (z - c_\nu)/(\overline{c}_\nu z - 1) \in \mathcal{O}(\mathbb{E})$, so ist $g := f/(f_1 f_2 \cdot \ldots \cdot f_d)$ eine Einheit in $\mathbb{E}$. Da $\lim\limits_{|z|\to 1} |f_\nu(z)| = 1$, $1 \leq \nu \leq d$, und da $\lim\limits_{|z|\to 1} |f(z)| = 1$ nach (9.5), so folgt $\lim\limits_{|z|\to 1} |g(z)| = 1$. Der Hilfssatz gibt nun $g(z) = \eta \in S^1$, d.h. $f = \eta f_1 f_2 \cdot \ldots \cdot f_d$.

ii) $\Rightarrow$ i) Da $|(z - c_\nu)/(\overline{c}_\nu z - 1)| < 1$ für alle $z \in \mathbb{E}$, so gilt $f(\mathbb{E}) \subset \mathbb{E}$. Da $\lim\limits_{|z|\to 1} |f(z)| = 1$, so ist f endlich. $\qquad\square$

Folgerung. *Es sei q ein Polynom. Es gebe ein $R \in (0, \infty)$, so dass der Bereich $\{z \in \mathbb{C} : |q(z)| < R\}$ eine Scheibe $B_r(c)$, $0 < r < \infty$, als Zusammenhangskomponente hat. Dann gilt $q(z) = a(z - c)^d$ mit $d \geq 1$ und $|a| = R/r^d$.*

Beweis. Die induzierte Abbildung $B_r(c) \xrightarrow{q} B_R(0)$ ist endlich (!). Das Polynom $p(z) := q(rz + c)/R$ induziert eine endliche Abbildung $\mathbb{E} \to \mathbb{E}$. Nach dem Satz folgt $p(z) = \eta z^d$ mit $\eta \in S^1$, $d \geq 1$. Dies ist die Behauptung. $\qquad\square$

Der Satz zeigt, dass $\mathbb{E}$ *viele endliche innere Abbildungen* zulässt, die keine Automorphismen sind. Die einfachsten solchen Abbildungen mit $f(0) = 0$ werden durch $f(z) = z \frac{z-b}{\overline{b}z - 1}$, $b \in \mathbb{E}$, gegeben. Die Ableitung f' verschwindet in genau einem Punkt c von $\mathbb{E}$, es gilt $b = 2c/(1 + |c|^2)$! Diese Abbildungen wurden in Abschnitt 8.2.3 mit ψ_c bezeichnet. – Im allgemeinen haben beschränkte Gebiete außer Automorphismen *keine* endlichen inneren Abbildungen; die Standardbeispiele sind Kreisringe, vgl. Satz 9.3.4.

Historische Notiz. Den Anstoß zur Theorie der endlichen holomorphen Abbildungen gab 1919 P. FATOU (französischer Mathematiker, 1878–1929). Mittels des SCHWARZschen Spiegelungsprinzips zeigte er unter Benutzung von nicht trivialen Sätzen über das Randverhalten der in $\mathbb{E}$ beschränkten holomorphen Funktionen, dass endliche innere Abbildungen von $\mathbb{E}$ durch rationale Funktionen gegeben werden [67, S. 209–212]; 1923 bemerkte er [68, S. 192], dass diese Funktionen endliche BLASCHKE-Produkte sind. Inzwischen hatte RADÓ 1922 bereits den allgemeinen Begriff der endlichen holomorphen Abbildung eingeführt, der obige elegante Beweis geht auf ihn zurück, vgl. [224, 56–57].

Mit Hilfe der Uniformisierungstheorie lässt sich zeigen:

Ist $f : \mathbb{E} \to G$ holomorph und endlich, so ist G biholomorph auf $\mathbb{E}$ abbildbar (dabei darf G irgendeine RIEMANN*sche* Fläche sein).

9.3.3 Randlemma für Kreisringe.

Es bezeichnen $A := A(r, s)$, $A' := A(r', s')$ stets Kreisringe um 0 in $\mathbb{C}$ mit *inneren* Radien $r, r' \geq 0$ und *äußeren* Radien $s, s' \leq \infty$. Zum Studium endlicher Abbildungen $A \to A'$ benötigen wir ein rein topologisches Lemma, welches die Randregel (9.5) verallgemeinert und anschaulich besagt, dass Randkomponenten von A in Randkomponenten von A' übergehen, wobei eventuell innerer und äußerer Rand vertauscht werden.

Lemma 9.21 (Randlemma). *Ist $f : A \to A'$ holomorph und endlich, so gilt alternativ:*

$$\lim_{|z| \to r} |f(z)| = r' \quad und \quad \lim_{|z| \to s} |f(z)| = s',$$

oder

$$\lim_{|z| \to r} |f(z)| = s' \quad und \quad \lim_{|z| \to s} |f(z)| = r'.$$

Beweis. Sei $t \in (r', s')$ fixiert, sei $S := \{z \in \mathbb{C} : |z| = t\} \subset A'$. Da f endlich ist, so ist $f^{-1}(S)$ kompakt in A nach Eigenschaft (2) aus Abschnitt 9.3.1 und hat also einen positiven Abstand von ∂A. Daher gibt es Zahlen ρ, σ mit $r < \rho < \sigma < s$, so dass für die Kreisringe $C := A(r, \rho)$ und $D := A(\sigma, s)$ gilt, (vgl. Figur):

$$C \cap f^{-1}(S) = \emptyset = D \cap f^{-1}(S).$$

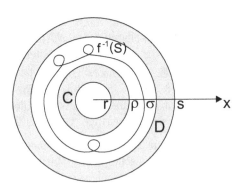

Dies bedeutet:

$$f(C) \subset A' \backslash S \quad und \quad f(D) \subset A' \backslash S.$$

Da f stetig ist, so sind mit C, D auch $f(C)$ und $f(D)$ zusammenhängend; daher muss gelten

1) $f(C) \subset A(r', t)$ oder $f(C) \subset A(t, s')$,
     und

2) $f(D) \subset A(r', t)$ oder $f(D) \subset A(t, s')$

Für jede Folge z_n in A mit $\lim |z_n| = r$ gilt fast immer $z_n \in C$, daher folgt wegen 1) für *alle* solchen Folgen:
Entweder gilt stets $r' < |f(z_n)| < t$ oder stets $t < |f(z_n)| < s'$ für fast alle n. Da $t \in (r', s')$ beliebig ist, so sehen wir:

$$\textit{Es gilt entweder} \lim_{|z| \to r} |f(z)| = r' \textit{ oder } \lim_{|z| \to r} |f(z)| = s'.$$

Entsprechend sieht man unter Verwendung von 2):

$$\textit{Es gilt entweder} \lim_{|z| \to s} |f(z)| = r' \textit{ oder } \lim_{|z| \to s} |f(z)| = s'.$$

Das Lemma wird daher bewiesen sein, wenn wir noch zeigen, dass die Gleichung $\lim_{|z| \to r} |f(z)| = \lim_{|z| \to s} |f(z)|$ unmöglich ist. Da $f(A) = A'$ nach Eigenschaft (3) aus Abschnitt 9.1.1, so gibt es stets Folgen z_n bzw. w_n in A mit $\lim |f(z_n)| = r'$ und $\lim |f(w_n)| = s'$, dabei konvergieren die Folgen $|z_n|$ und $|w_n|$ wegen der Endlichkeit von f gegen r bzw. s. $\square$

Bemerkung. Im Beweis des Lemmas wird nur benutzt, dass f stetig und surjektiv ist und die Randfolgeneigenschaften hat.

9.3.4 Endliche innere Abbildungen von Kreisringen. Jede *Drehung* $z \to \eta z$, $\eta \in S^1$, ist ein Automorphismus des Kreisringes $A = A(r, s)$. Ist A *nicht entartet*, d.h. gilt $0 < r < s < \infty$, so sind auch alle *Drehspiegelungen* $z \mapsto \eta r s z^{-1}$ Automorphismen von A, sie vertauschen die Randkomponenten. Mit Lemma 9.21 folgt schnell, dass dies im nicht entarteten Fall alle endlichen inneren Abbildungen sind.

Satz 9.22. *Ist A nicht entartet, so ist jede endliche holomorphe Abbildung $f : A \to A$ ein Automorphismus; es gilt:*

$$f(z) = \eta z \quad \textit{oder} \quad f(z) = \eta r s z^{-1}, \quad \eta \in S^1.$$

Beweis. Wir definieren eine Funktion $g \in \mathcal{O}(A)$ wie folgt:

$$g(z) := f(z)/z \qquad \textit{falls } \lim_{|z| \to r} |f(z)| = r;$$

$$g(z) := z f(z)/(rs), \quad \textit{falls } \lim_{|z| \to r} |f(z)| = s;$$

diese Definition ist wegen $rs \neq 0$ sinnvoll auf Grund von Lemma 9.21 (mit $A' = A$). Die Funktion g ist *nullstellenfrei* in A. Nach Lemma 9.21 gilt:

$$\lim_{|z| \to r} |g(z)| = 1 = \lim_{|z| \to s} |g(z)|. \textit{ Wegen Hilfssatz 9.19 folgt } g(z) = \eta \in S^1.$$

$\square$

Bemerkung. Ist A entartet, so gibt es endliche innere Abbildungen von A, die nicht biholomorph sind: falls $r = 0$ und $s < \infty$, so ist jede Abbildung

$$A(0, s) \to A(0, s), \quad z \mapsto az^d, \quad \text{wobei } d \in \mathbb{N}\backslash\{0\} \text{ und } a \in \mathbb{C}^\times \text{ mit } |a| = s^{1-d},$$

endlich. Man zeige, dass dies alle endlichen inneren Abbildungen von $A(0, s)$ sind.

Aufgabe. Bestimme alle endlichen inneren Abbildungen von $A(r, \infty)$, $0 < r < \infty$, und von $A(0, \infty) = \mathbb{C}^\times$.

Der Satz lässt sich wesentlich verallgemeinern. Schon RADÓ zeigte 1922 [224]:

Es sei $G \subset \mathbb{C}$ ein Gebiet mit genau n Löchern, $1 \leq n < \infty$; kein Loch sei einpunktig. Dann ist jede endliche holomorphe Abbildung $G \to G$ biholomorph.

Einen eleganten Beweis gab 1941 M.H. HEINS, [110]; die Aussage wird falsch für $n = \infty$.

9.3.5 Bestimmung aller endlichen Abbildungen zwischen Kreisringen.
Wir verallgemeinern Satz 9.22. Zur Vorbereitung beweisen wir

Hilfssatz 9.23. *Sei $f \in \mathcal{O}(A)$. Ist $|f|$ konstant auf jedem Kreis in A um 0, so gilt $f(z) = az^m$ mit $a \in \mathbb{C}$, $m \in \mathbb{Z}$.*

Beweis. Wir dürfen f als nullstellenfrei annehmen. Dann gilt $f(z) = e^{g(z)}z^m$ mit $g \in \mathcal{O}(A)$ und $m \in \mathbb{Z}$ (Einheitenlemma, vgl. Aufg. 4b) aus Abschnitt I.12.1.4) sowie Satz 14.7). Nach Annahme über $|f|$ ist $\operatorname{Re} g$ auf allen Kreisen in A um 0 konstant. Für jedes $\eta \in S^1$ hat dann $\exp[g(z) - g(\eta z)]$ überall in A den Betrag 1. Die Funktion ist also konstant; es folgt $g(z) - g(\eta z) = i\delta$, $\delta \in \mathbb{R}$ für alle $z \in A$, und hieraus (induktiv): $g(z) - g(\eta^n z) = i\delta n$, $n \geq 1$. Da g auf Kreisen um 0 beschränkt ist, folgt $\delta = 0$, also $g(z) = g(\eta z)$ für alle $\eta \in S^1$. Nach dem Identitätssatz ist g dann konstant. $\qquad\square$

Für jeden nicht entarteten Kreisring $A = A(r, s)$ heißt das Radienverhältnis $\mu(A) := s/r > 1$ der *Modul* von A. Wir behaupten:

Satz 9.24. *Folgende Aussage über nicht entartete Kreisringe A, A' sind äquivalent:*

i) Es gibt eine endliche holomorphe Abbildung $f : A \to A'$.

ii) Es gibt eine natürliche Zahl $d \geq 1$, so dass $\mu(A) = \mu(A')^d$.

Ist ii) erfüllt, so werden alle endlichen holomorphen Abbildungen $f : A \to A'$ gegeben durch die Funktionen

$$f(z) = \eta r'(z/r)^d \quad und \quad f(z) = \eta s'(r/z)^d, \quad \eta \in S^1.$$

Beweis. i) $\Rightarrow$ ii). Auf Grund von Lemma 9.21 und Hilfssatz 9.19 sind alle Funktionen $f(z)/f(e^{i\alpha}z)$, $\alpha \in \mathbb{R}$, auf A konstant vom Betrag 1. Insbesondere ist $|f(z)|$ konstant auf jeder Kreislinie in A um 0. Nach dem Hilfssatz gilt also $f(z) = az^m$ mit $m \in \mathbb{Z}\backslash 0$, $a \in \mathbb{C}^\times$. Da $f(A) = A'$ nach Eigenschaft (3) aus Abschnitt 9.3.1, so folgt $\mu(A') = \mu(A)^d$ mit $d := |m|$, weiter sieht man, dass f von der angegebenen Form ist.

ii) $\Rightarrow$ i). Die angegebenen Funktionen induzieren endliche Abbildungen $A \to A'$. $\qquad\square$

Korollar 9.25. *Zwei nicht entartete Kreisringe A und A' sind genau dann biholomorph äquivalent, wenn sie den gleichen Modul haben. Alsdann ist jede endliche holomorphe Abbildung $A \to A'$ biholomorph und von der Form $z \mapsto \eta r'z/r$ oder $z \mapsto \eta s'r/z$, $\eta \in S^1$.*

Setzt man weiterhin endliche äußere Radien s, s' voraus, lässt aber für die inneren Radien auch den Wert 0 zu, so liegen die Verhältnisse anders. Der Leser beweise:

Falls $r = 0$, $r' > 0$ oder $r > 0$, $r' = 0$, so existiert keine endliche Abbildung von A in A'. Falls $r = r' = 0$, so liefern genau die Funktionen $f(z) = \eta s' s^{-d} z^d$, $\eta \in S^1$, $d \in \mathbb{N}\backslash 0$, alle endlichen Abbildungen $A \to A'$.

Aufgabe. Man diskutiere die übrigen Fälle von endlichen Abbildungen zwischen entarteten Kreisringen. $\qquad\square$

Das Korollar findet sich 1914 bei KOEBE, [142, insb. S. 195–200]; dort werden auch alle Entartungsfälle behandelt.

9.4 Satz von Radó. Abbildungssgrad

Bei allen diskutierten endlichen Abbildungen $\mathbb{E} \to \mathbb{E}$, $A \to A'$ hat jeder Bildpunkt gleich viele Urbildpunkte (wenn diese entsprechend ihrer Vielfachheit gezählt werden). Dies ist kein Zufall: wir werden im Abschnitt 9.4.3 sehen, dass bei *jeder* endlichen holomorphen Abbildung alle Fasern gleich viele Punkte besitzen, diese Anzahl ist der sog. *Abbildungsgrad.* Im Abschnitt 9.4.1 werden zunächst endliche Abbildungen ohne Benutzung von Randfolgen charakterisiert. Im Abschnitt 9.4.2 betrachten wir *Windungsabbildungen.* Das sind die einfachsten endlichen Abbildungen. Lokal sind alle nichtkonstanten holomorphen Abbildungen Windungsabbildungen, sie sind die Bausteine endlicher Abbildungen längs jeder Faser (Satz 9.28). – Mit G, G' werden stets Gebiete in $\mathbb{C}$ bezeichnet.

9.4.1 Abgeschlossene Abbildungen. Äquivalenzsatz. Eine Abbildung $f : X \to Y$ zwischen topologischen (metrischen) Räumen *heißt* abgeschlossen, wenn jede in X abgeschlossene Menge ein in Y abgeschlossenes Bild hat. Für solche Abbildungen gilt:

Satz 9.26. *Zu jeder in X offenen Umgebung U einer Faser $f^{-1}(y)$, $y \in Y$, gibt es eine in Y offene Umgebung V von y, so dass $f^{-1}(V) \subset U$.*

Beweis. Da $X \backslash U$ abgeschlossen in X ist, so ist $f(X \backslash U)$ abgeschlossen in Y. Die Menge $V := Y \backslash f(X \backslash U)$ ist eine gewünschte Umgebung. □

Im Beweis des Satzes von RADÓ im Abschnitt 9.3.3 wird Satz 9.26 wesentlich benutzt. Wir zeigen nun folgenden Äquivalenzsatz.

Äquivalenzsatz 9.27. *Äquivalente Aussagen über eine holomorphe Abbildung $f : G \to G'$ sind:*

i) f bildet Randfolgen in G auf Randfolgen in G' ab (Endlichkeit).

ii) Jedes Kompaktum in G' hat ein kompaktes f-Urbild.

iii) f ist nicht konstant und abgeschlossen.

Beweis. i) ⇒ ii). Das ist die Aussage (2) aus Abschnitt 9.3.1. – ii) ⇒ iii) Gewiss ist $f(G)$ kein Punkt, denn dann wäre $G = f^{-1}(f(G))$ kompakt. Sei A abgeschlossen in G. Wir zeigen, dass für jeden Limes $p \in G'$ einer Folge $f(z_n), z_n \in A$ gilt: $p \in f(A)$. Da $L := \{p, f(z_0), f(z_1), \dots\} \subset G'$ kompakt ist, so ist auch $f^{-1}(L) \subset G$ kompakt. Also hat die Folge $z_n \in A \cap f^{-1}(L)$ eine Teilfolge mit einem Limes $\widehat{z} \in A$. Es folgt $p = f(\widehat{z}) \in f(A)$. Mithin ist f abgeschlossen.

iii) ⇒ i). Gäbe es eine Randfolge $z_n \in G$, deren Bildfolge $f(z_n)$ einen Limes $p \in G'$ hat, so gäbe es – da $f^{-1}(p)$ lokal endlich in G liegt – eine Folge $\widehat{z}_n \in G \backslash f^{-1}(p)$, so dass

$$|\widehat{z}_n - z_n| < 1/n \quad \text{und} \quad |f(\widehat{z}_n) - f(z_n)| < 1/n.$$

Dann ist $\widehat{z}_n$ wieder eine Randfolge in G. Da $p = \lim f(\widehat{z}_n)$ und stets $f(\widehat{z}_n) \neq p$, so ist die Menge $\{f(\widehat{z}_n)\}$ nicht abgeschlossen in G'. Sie ist aber das f-Bild der in G abgeschlossenen Menge $\{\widehat{z}_n\}$. Widerspruch. □

9.4.2 Windungsabbildungen. Eine nichtkonstante holomorphe Abbildung $f : U \to V$ heißt *Windungsabbildung* um $c \in U$, wenn gilt:

a) *V ist eine Kreisscheibe um $f(c)$, es gibt eine biholomorphe Abbildung $u : U \xrightarrow{\sim} \mathbb{E}$, $u(c) = 0$, und eine lineare Abbildung $v : \mathbb{E} \to V$, $v(0) = f(c)$.*

b) *f hat die Faktorisierung $U \xrightarrow{u} \mathbb{E} \xrightarrow{z \mapsto z^n} \mathbb{E} \xrightarrow{v} V$ mit $n := \nu(f,c)$.*[1]

---

[1] Die Vielfachheit $\nu(f,c)$ von f in $c \in G$ ist die *Nullstellenordnung* von $f - f(c)$ in c. Für nichtkonstantes f gilt stets $1 \leq \nu(f,c) < \infty$, es gilt $\nu(f,c) = 1$ genau dann, wenn f um c biholomorph ist, d.h. wenn $f'(c) \neq 0$. Vgl. hierzu Abschnitte I.8.1.3 und I.9.4.2.

Solche Abbildungen sind endlich und in $U \setminus c$ lokal biholomorph, die Zahl n heißt der *Grad* von f. Im Kleinen sind holomorphe Abbildungen stets Windungsabbildungen, es gilt nämlich (vgl. I.9.4.4):

(1) *Ist* $f \in \mathcal{O}(G)$ *nicht konstant, so gibt es zu jedem Punkt* $c \in G$ *eine Umgebung* $U \subset G$, *so dass die induzierte Abbildung* $f|U : U \to f(U)$ *eine Windungsabbildung vom Grad* $\nu(f,c)$ *um* c *ist.*

Windungsabbildungen haben folgende „Schrumpfungs-Eigenschaft":

(2) *Ist* $f : U \to V$ *eine Windungsabbildung vom Grad* n *um* c, *so ist für jede Kreisscheibe* $V_1 \subset V$ *um* $f(c)$ *die induzierte Abbildung* $f|U_1 : U_1 \to V_1$, *wo* $U_1 := f^{-1}(V_1)$, *eine Windungsabbildung vom Grad* n *um* c.

Beweis. Sei $v \circ p \circ u$ mit $p(z) := z^n$ eine Faktorisierung von f gemäß a) und b). Da v linear ist, so ist $B' := v^{-1}(V_1)$ eine Kreisscheibe um 0. Ist r ihr Radius, so ist $B := p^{-1}(B')$ die Kreisscheibe um 0 vom Radius $s := \sqrt[n]{r}$. Setzt man nun $u_1(z) := s^{-1}u(z)$, $z \in U_1$, und $v_1(z) := v(rz)$, $z \in \mathbb{E}$, so ist $v_1 \circ p \circ u_1$ eine gesuchte Faktorisierung von $f|U_1$. □

Wir verallgemeinern (1). Wir betrachten Funktionen $f \in \mathcal{O}(G)$, die endliche Fasern haben. Sind $c_1, \ldots, c_m$ die verschiedenen Punkte einer solchen Faser $f^{-1}(p)$, so hat f um $f^{-1}(p)$ folgende Darstellung:

Satz 9.28. *Es gibt eine offene Kreisscheibe* V *um* p *und offene paarweise disjunkte Umgebungen* $U_1, \ldots, U_m \subset G$ *von* $c_1, \ldots, c_m$, *so dass* $V = f(U_\mu)$ *und jede induzierte Abbildung* $f|U_\mu : U_\mu \to V$ *eine Windungsabbildung um* c_μ *vom Grad* $\nu(f,c_\mu)$ *ist,* $1 \le \mu \le m$.
Ist f *endlich, so lässt sich* $f^{-1}(V) = U_1 \cup U_2 \cup \ldots \cup U_m$ *erreichen.*

Beweis. Mit (1) wählen wir $\widetilde{U}_1, \ldots, \widetilde{U}_m \subset G$ paarweise disjunkt um $c_1, \ldots, c_m$, so dass $f|\widetilde{U}_\mu : \widetilde{U}_\mu \to f(\widetilde{U}_\mu)$ eine Windungsabbildung um c_μ vom Grad $\nu(f,c_\mu)$ ist, $1 \le \mu \le m$. Es gibt eine Kreisscheibe $V \subset \bigcap_{\mu=1}^{m} f(\widetilde{U}_\mu)$ um p. Setzt man $U_\mu := f^{-1}(V) \cap \widetilde{U}_\mu$, so ist nach (2) auch $f|U_\mu : U_\mu \to V$ eine Windungsabbildung um c_μ vom Grad $\nu(f,c_\mu)$, $1 \le \mu \le m$.

Ist f endlich, so ist f abgeschlossen und V lässt sich auf Grund von Satz 9.4 und der „Schrumpfungs-Eigenschaft" (2) aus Abschnitt 9.4.2 noch zusätzlich so wählen, dass $f^{-1}(V) = U_1 \cup \ldots \cup U_m$. □

Korollar 9.29. *Ist* $f : G \to G'$ *endlich und lokal-biholomorph, so hat jeder Punkt* $p \in G'$ *eine Umgebung* V, *so dass* $f^{-1}(V)$ *in endlich viele Gebiete* U_j, $j \in J$, *zerfällt, derart, dass jede induzierte Abbildung* $f : U_j \to V$ *biholomorph ist.*

Solche Abbildungen heißen auch *endlich-blättrige (unverzweigte) Überlagerungen*.

9.4.3 Satz von Radó. Ist $f \in \mathcal{O}(G)$ nicht konstant, so wird für jeden Punkt $w \in \mathbb{C}$ die *Anzahl der Punkte in der Faser* $f^{-1}(w)$ durch

$$\operatorname{grad}_w f := \sum_{c \in f^{-1}(w)} \nu(f, c) \quad \text{falls} \quad w \in f(G), \quad \operatorname{grad}_w f := 0 \quad \text{sonst,}$$

gemessen. Es gilt:

$$1 \le \operatorname{grad}_w f < \infty \Leftrightarrow \text{ die Faser } f^{-1}(w) \text{ ist nicht leer und endlich.}$$

Für Polynome q vom Grad $d \ge 1$ gilt:

$$\operatorname{grad}_w q = d \quad \text{für alle} \quad w \in \mathbb{C} \quad \textit{(Fundamentalsatz der Algebra).}$$

Für Windungsabbildungen $f : G \to G'$ um $c \in G$ ist die Gradfunktion ebenfalls konstant: $\operatorname{grad}_w f = \nu(f, c)$ für alle $w \in G'$. Wir zeigen allgemein den Satz von RADÓ:

Satz von Radó 9.30. *Eine holomorphe Abbildung* $f : G \to G'$ *ist genau dann endlich, wenn ihre Gradfunktion* $\operatorname{grad}_w f$ *in* G' *endlich und konstant ist.*

Beweis. Zu jedem $p \in G'$ mit $1 \le \operatorname{grad}_p f < \infty$ wählen wir $V, U_1, \ldots, U_m$ wie in Satz 9.28. Wir setzen $U := U_1 \cup \cdots \cup U_m$. Da $U_1, \ldots, U_m$ paarweise disjunkt sind, so folgt mit Satz 9.28:

$$\operatorname{grad}_w(f|U) = \sum_{\mu=1}^{m} \operatorname{grad}_w(f|U_\mu) = \sum_{\mu=1}^{m} \nu(f, c_\mu) = \operatorname{grad}_w f, \quad w \in V. \quad (9.6)$$

Wir können überdies erreichen, dass $\overline{U}$ kompakt ist und in G liegt.

1. Sei f *endlich*. Sei $p \in G'$ beliebig. Auf Grund von Satz 9.28 dürfen wir $U = f^{-1}(V)$ annehmen. Dann folgt $\operatorname{grad}_w f = \operatorname{grad}_w(f|U)$ für alle $w \in V$, also $\operatorname{grad}_w f = \operatorname{grad}_p f$ für alle $w \in V$ wegen (9.6). Die Gradfunktion $\operatorname{grad}_w f$ ist daher lokal-konstant und mithin konstant in G'.

2. Sei $\operatorname{grad}_w f$ *endlich und konstant* in G'. Wäre f nicht endlich, so gäbe es eine Randfolge z_n in G, deren Bildfolge $f(z_n)$ einen Limes $p \in G'$ hat. Mit (9.6) folgt $\operatorname{grad}_w f = \operatorname{grad}_w(f|U)$ für alle $w \in V$. Daher gilt stets $f^{-1}(w) \in U$ für $w \in V$. Wegen $p = \lim f(z_n)$ folgt somit $z_n \in U$ für fast alle n. Das ist aber nicht möglich, da $\overline{U} \subset G$ kompakt und z_n eine Randfolge in G ist. $\quad \square$

RADÓ hat den Satz 1922 bewiesen, vgl. [224, 57–58]. Satz und Beweis gelten wörtlich für *beliebige* RIEMANNsche Flächen G, G'. $\quad \square$

9.4.4 Abbildungsgrad. Für jede endliche Abbildung $f : G \to G'$ ist

$$\operatorname{grad} f := \operatorname{grad}_w f = \sum_{c \in f^{-1}(w)} \nu(f, c), \quad w \in G',$$

auf Grund von Satz 9.30 eine positive ganze Zahl, sie heißt der *Abbildungsgrad* von f. Polynome d-ten Grades definieren endliche Abbildungen $\mathbb{C} \to \mathbb{C}$ vom Abbildungsgrad d. Die in den Sätzen des Paragraphen 9.3 auftretenden ganzen Zahlen $d \geq 1$ sind stets der Abbildungsgrad der zugehörigen endlichen Abbildungen. Wir stellen heraus:

(1) *Die endlichen Abbildungen $f : G \to G'$ vom Abbildungsgrad eins sind genau die biholomorphen Abbildungen.*

Für jede Funktion $f \in \mathcal{O}(G)$ heißt die Menge $S := \{z \in G : f'(z) = 0\}$ der *Verzweigungsort* von f. Ist f nicht konstant, so ist S lokal endlich in G. Für endliche Abbildungen $f : G \to G'$ ist also $f(S)$ stets lokal endlich in G'. Mit dem Satz von RADÓ folgt sofort:

(2) *Ist $f : G \to G'$ endlich vom Abbildungsgrad d, so hat jede Faser höchstens d verschiedene Punkte. Genau die Fasern über $G' \backslash f(S)$ haben d verschiedene Punkte. (Die induzierte Abbildung $G \backslash f^{-1}(f(S)) \to G' \backslash f(S)$ ist eine d-blättrige Überlagerung).*

Aus dem RADÓschen Satz folgt weiter unmittelbar:

Gradsatz 9.31. *Sind $f : G \to G', g : G' \to G''$ holomorph und endlich, so ist auch $g \circ f : G \to G''$ endlich, und es gilt:* $\operatorname{grad}(g \circ f) = (\operatorname{grad} g) \cdot (\operatorname{grad} f)$.

Diese Aussage ist als Analogon zum Gradsatz $[M : K] = [M : L][L : K]$ der Körpertheorie zu sehen (M ist Oberkörper von L und L ist Oberkörper von K); aus Platzgründen können wir nicht näher auf die interessanten Zusammenhänge eingehen, vgl. Aufgabe. $\square$

Historische Notiz. T. RADÓ führte 1922 den allgemeinen Begriff der endlichen holomorphen Abbildung ein: er nannte sie $(1, m)$-deutige konforme Abbildung, wenn m der Abbildungsgrad ist, vgl. [224].

Aufgabe. Sei $f : G \to G'$ holomorph und endlich. Man fasse $\mathcal{O}(G)$ als Oberring von $\mathcal{O}(G')$ auf (bzgl. der Liftung $f^* : \mathcal{O}(G') \to \mathcal{O}(G)$, $h \mapsto h \circ f$) und zeige:

a) Zu jedem $g \in \mathcal{O}(G)$ existiert ein Polynom $\omega(Z) = Z^n + a_1 Z^{n-1} + \cdots + a_n \in \mathcal{O}(G')[Z]$ mit $n = \operatorname{grad} f$, so dass $\omega(g) = 0$.
b) Ist g beschränkt, so sind auch $a_1, \ldots, a_n$ beschränkt.
c) Ist G beschränkt, so gilt $G' \neq \mathbb{C}$.

9.4.5 Ausblicke.   Im Beweis der Äquivalenzen in Abschnitt 9.4.1 wird die Holomorphie von f nur vordergründig benutzt. (Zur Durchführung des Schlusses iii) $\Rightarrow$ i) benötigt man lediglich, dass f als nicht konstante Funktion nirgends lokal konstant ist). Der Satz ist also verallgemeinerungsfähig. Wir skizzieren eine allgemeinere Situation. Es seien X, Y metrisierbare, lokal kompakte Räume, deren Topologien eine abzählbare Basis haben. Eine stetige Abbildung $f : X \to Y$ heißt *eigentlich*, wenn jedes Kompaktum in Y ein kompaktes f-Urbild hat. Dann lässt sich zeigen:

a) *Eine stetige Abbildung $X \to Y$ ist genau dann eigentlich, wenn sie Randfolgen in X auf Randfolgen in Y abbildet.*

b) *Jede eigentliche Abbildung ist abgeschlossen.*

Man definiert nun endliche Abbildungen als *eigentliche Abbildungen*, deren Fasern alle diskrete Mengen sind: diese Definition ist im holomorphen Fall zu unserer Definition äquivalent.

Endliche holomorphe Abbildungen spielen in der Funktionentheorie mehrerer Veränderlichen eine wichtige Rolle. Mit ihrer Hilfe lässt sich die n-dimensionale lokale Theorie besonders elegant entwickeln, der Leser findet dies konsequent durchgeführt in [96, Chapter 2–3].

Alle eigentlichen holomorphen Abbildungen zwischen Gebieten eines $\mathbb{C}^n$, $1 \leq n < \infty$, sind automatisch endlich. Die Situation ändert sich, wenn man Abbildungen zwischen *beliebigen komplexen Räumen* studiert: da hier holomorphe Abbildungen „dimensionserniedrigend" sein können (ohne konstant zu sein), so gibt es jetzt viele (nicht endliche) eigentliche holomorphe Abbildungen. Für alle solchen Abbildungen gilt der berühmte GRAUERTsche Kohärenzsatz für Bildgarben, vgl. [96, Chapter 10, S. 207].

Teil III

Selecta

10. Sätze von Bloch, Picard und Schottky

Une fonction entière, qui ne devient jamais ni à a
ni à b est nécessairement une constante (E. PICARD, 1879).

Die Sinusfunktion nimmt jede komplexe Zahl als Wert an, die Exponentialfunktion lässt nur 0 als Wert aus. Diese Beispiele sind signifikant für das Werteverhalten ganzer Funktionen. Ein berühmter Satz von E. PICARD besagt nämlich, dass *jede* nicht konstante ganze Funktion höchstens einen Wert auslässt. Dieser sog. kleine PICARDsche Satz ist eine überraschende Verallgemeinerung der Sätze von LIOUVILLE und CASORATI-WEIERSTRASS.

Ausgangspunkt der Überlegungen dieses Kapitels ist ein Satz von A. BLOCH, der von der „Größe der Bildgebiete" $f(\mathbb{E})$ unter holomorphen Abbildungen handelt, dieser Satz wird im Paragraphen 10.1 ausgiebig diskutiert. Mit Hilfe des BLOCHschen Satzes und eines Lemmas von LANDAU gewinnen wir im Paragraphen 10.2 den kleinen PICARDschen Satz. Im Paragraphen 10.3 wird ein klassischer Satz von SCHOTTKY hergeleitet, der kräftige Verschärfungen des kleinen PICARDschen Satzes und der Sätze von MONTEL und VITALI ermöglicht. Im Paragraphen 10.4 wird der Kurzbeweis des großen PICARDschen Satzes mittels des MONTELschen Satzes wiedergegeben.

10.1 Satz von Bloch

One of the queerest things in mathematics,...
the proof itself is crazy (J.E. LITTLEWOOD).

Für jeden Bereich $D \subset \mathbb{C}$ bezeichne $\mathcal{O}(\overline{D})$ die Menge aller Funktionen, die jeweils in einer offenen Umgebung von $\overline{D} = D \cup \partial D$ holomorph sind.

Satz von Bloch 10.1. *Ist* $f \in \mathcal{O}(\overline{\mathbb{E}})$ *und gilt* $f'(0) = 1$, *so enthält das Bildgebiet* $f(\mathbb{E})$ *Scheiben vom Radius* $\frac{3}{2} - \sqrt{2} > \frac{1}{12}$.

Das Eigenartige an dieser Aussage ist (queer!), dass für eine „große Familie" von Funktionen eine *universelle* Aussage über die „Größe des Bildgebietes" gemacht wird. Einen Beweis geben wir im Abschnitt 10.1.2, dabei wird auch ein Mittelpunkt für eine Bildscheibe vom behaupteten Radius angegeben (der Punkt $f(0)$ ist i.a. kein solcher Mittelpunkt, wie die Funktion $f_n(z) := (e^{nz} - 1)/n = z + \ldots$ zeigt, die den Wert $-1/n$ auslässt).

Folgerung 1. *Ist f holomorph im Gebiet $G \subset \mathbb{C}$ und $f'(c) \neq 0$ in einem Punkt $c \in G$, so enthält $f(G)$ Scheiben von jedem Radius $\frac{1}{12}s|f'(c)|$, $0 < s < d(c, \partial G)$.*

Beweis. Man darf $c = 0$ annehmen. Für $0 < s < d(c, \partial G)$ gilt $\overline{B_s(0)} \subset G$, also $g(z) := f(sz)/sf'(0) \in \mathcal{O}(\overline{\mathbb{E}})$. Da $g'(0) = 1$, so enthält $g(\mathbb{E})$ nach BLOCH Scheiben vom Radius $1/12$. Da $f(B_s(0)) = s|f'(0)|g(\mathbb{E})$, so folgt die Behauptung. $\qquad\qquad\square$

In der Folgerung ist insbesondere enthalten:

Ist $f \in \mathcal{O}(\mathbb{C})$ nicht konstant, so enthält $f(\mathbb{C})$ Scheiben von jedem Radius.

Für Liebhaber von Abschätzungen wird die Schranke $\frac{3}{2} - \sqrt{2} \approx 0,0858$ im Abschnitt 10.1.3 zu $\frac{3}{2}\sqrt{2} - 2 \approx 0,1213$ und im Abschnitt 10.1.4 gar zu $\sqrt{3}/4 \approx 0,43301$ verbessert. Der optimale Wert ist nicht bekannt, vgl. Abschnitt 10.1.5. – Für die Anwendungen des BLOCHschen Satzes in den Paragraphen 10.2, 10.3 und 10.4 genügt jede (schlechte) Schranke > 0.

10.1.1 Beweisvorbereitung. Ist $G \subset \mathbb{C}$ ein Gebiet und $f \in \mathcal{O}(G)$ nicht konstant, so ist $f(G)$ nach dem *Offenheitssatz* wieder ein Gebiet. Es gibt ein naheliegendes Kriterium für die Größe von Scheiben im Bildgebiet.

Satz 10.2. *Es sei G beschränkt, es sei $f : \overline{G} \to \mathbb{C}$ stetig und $f|G : G \to \mathbb{C}$ offen. Es sei $a \in G$ ein Punkt, so dass $s := \min\limits_{z \in \partial G} |f(z) - f(a)| > 0$. Dann enthält $f(G)$ die Scheibe $B_s(f(a))$.*

Beweis. Da $\partial f(G)$ kompakt ist, gibt es ein $w_* \in \partial f(G)$, so dass $d(\partial f(G), f(a)) = |w_* - f(a)|$. Da $\overline{G}$ kompakt ist, gibt es eine Folge $z_\nu \in G$ mit $\lim f(z_\nu) = w_*$ und $z_* := \lim z_\nu \in \overline{G}$. Es folgt $f(z_*) = w_* \in \partial f(G)$. Da $f|G$ offen ist, kann z_* nicht zu G gehören. Also gilt $z_* \in \partial G$ und mithin $|w_* - f(a)| \geq s$. Es folgt $B_s(f(a)) \subset f(G)$. $\qquad\qquad\square$

Wir wenden Satz 10.2 auf holomorphe Funktionen f an. Die Zahl s hängt gewiss von $f'(a)$ und $|f|_G$ ab (Beispiel: $f(z) = \varepsilon z$ in $\mathbb{E}$). Für Scheiben $V := B_r(a)$, $r > 0$, gibt es gute Abschätzungen von s nach unten.

Lemma 10.3. *Sei $f \in \mathcal{O}(\overline{V})$ nicht konstant und $|f'|_V \leq 2|f'(a)|$. Dann gilt*

$$B_R(f(a)) \subset f(V) \quad mit \quad R := (3 - 2\sqrt{2})r|f'(a)|. \qquad (3 - 2\sqrt{2} > \tfrac{1}{6}).$$

Beweis. Man darf $a = f(a) = 0$ annehmen. Für $A(z) := f(z) - f'(0)z$ gilt

$$A(z) = \int\limits_{[0,z]} [f'(\zeta) - f'(0)]\, d\zeta, \quad \text{also } |A(z)| \leq \int\limits_0^1 |f'(zt) - f'(0)|\, |z| dt.$$

CAUCHYsche Integralformel und Standardabschätzung geben für $v \in V$:

$$f'(v) - f'(0) = \frac{v}{2\pi i} \int\limits_{\partial V} \frac{f'(\zeta) d\zeta}{\zeta(\zeta - v)}, \quad |f'(v) - f'(0)| \leq \frac{|v|}{r - |v|} |f'|_V.$$

Dann folgt:

$$|A(z)| \leq \int\limits_0^1 \frac{|zt|\, |f'|_V}{r - |zt|} |z|\, dt \leq \frac{1}{2} \frac{|z|^2}{r - |z|} |f'|_V. \tag{10.1}$$

Sei nun $\rho \in (0, r)$. Für z mit $|z| = \rho$ gilt $|f(z) - f'(0)z| \geq |f'(0)|\rho - |f(z)|$. Mit (10.1) folgt wegen $|f'|_V \leq 2|f'(0)|$:

$$|f(z)| \geq \left(\rho - \frac{\rho^2}{r - \rho}\right) |f'(0)|.$$

Nun nimmt $\rho - \rho^2/(r - \rho)$ für $\rho^* := (1 - \frac{1}{2}\sqrt{2})r \in (0, r)$ das Maximum $(3 - 2\sqrt{2})r$ an. Es folgt $|f(z)| \geq (3 - 2\sqrt{2})r|f'(0)| = R$ für alle $|z| = \rho^*$. Mit $G := B_{\rho^*}(0)$ in Satz 10.2 folgt $B_R(0) \subset f(G) \subset f(V)$. $\square$

Aufgabe. Man zeige mit Satz 10.2: Für alle $f \in \mathcal{O}(\overline{\mathbb{E}})$ mit $f(0) = 0$, $f'(0) = 1$ gilt $f(\mathbb{E}) \supset B_r(0)$ mit $r := 1/6|f|_{\mathbb{E}}$.

10.1.2 Beweis des Satzes von Bloch. Jeder Funktion $f \in \mathcal{O}(\overline{\mathbb{E}})$ ordnen wir die in $\mathbb{E}$ stetige Funktion $|f'(z)|(1 - |z|)$ zu. Sie nimmt in einem Punkt $p \in \mathbb{E}$ ihr *Maximum* M an. Der Satz von BLOCH ist enthalten in folgendem

Satz 10.4. *Ist $f \in \mathcal{O}(\overline{\mathbb{E}})$ nicht konstant, so enthält $f(\mathbb{E})$ die Scheibe um $f(p)$ vom Radius* $(\frac{3}{2} - \sqrt{2})M > \frac{1}{12}|f'(0)|$.

Beweis. Mit $t := \frac{1}{2}(1 - |p|)$ gilt:

$$M = 2t|f'(p)|, \quad B_t(p) \subset \mathbb{E}, \quad 1 - |z| \geq t \text{ für } z \in B_t(p).$$

Aus $|f'(z)|(1 - |z|) \leq 2t|f'(p)|$ folgt $|f'(z)| \leq 2|f'(p)|$ für alle $z \in B_t(p)$. Mit Lemma 10.3 folgt daher $B_R(f(p)) \subset f(\mathbb{E})$ für $R := (3 - 2\sqrt{2})t|f'(p)|$. $\square$

Historische Notiz. A. BLOCH entdeckte 1924 den nach ihm benannten Satz (sogar in einer schärferen Form, vgl. Abschnitt 4), [23, S. 2051] und [24]. G. VALIRON und E. LANDAU vereinfachten die BLOCHschen Schlußweisen wesentlich, vgl. z.B. [158], wo ein „3-Zeilen-Beweis im Telegrammstil" steht. Über die Frühgeschichte des Satzes berichtet LANDAU in [159].

Der oben geführte Beweis geht auf T. ESTERMANN zurück, [61], 1971. Er ist natürlicher als LANDAUs Beweis in [156, 99–101], und liefert $\frac{3}{2} - \sqrt{2} > \frac{1}{12}$, was besser ist als LANDAUs $\frac{1}{16}$, vgl. hierzu auch Abschnitt 10.1.5*.

Ein Satz vom BLOCHschen Typ wurde erstmals 1904 von HURWITZ bewiesen. Er zeigte damals mit Hilfsmitteln aus der Theorie der elliptischen Modulformen, vgl. Math. Werke 1, Satz IV, S. 602:

Für jede Funktion $f \in \mathcal{O}(\mathbb{E})$ mit $f(0) = 0$, $f'(0) = 1$ und $f(\mathbb{E}^*) \subset \mathbb{C}^*$ gilt:

$$f(\mathbb{E}) \supset \overline{B_s(0)} \quad \text{für} \quad s \geq \frac{1}{58} = 0,01724.$$

CARATHÉODORY zeigte 1907, Ges. Math. Schriften 3, 6–9, dass in der HURWITZschen Situation $\frac{1}{16}$ (statt $\frac{1}{58}$) die *bestmögliche* Schranke ist.

10.1.3 Verbesserung der Schranke durch Lösen eines Extremalproblems*.

Im Satz 10.1.2 wird unmotiviert die Hilfsfunktion $|f'(z)|(1 - |z|)$ eingeführt. Wir besprechen hier eine Variante, deren Beweis durchsichtiger ist: es stellen sich *von selbst* die andere Hilfsfunktion $|f'(z)|(1 - |z|^2)$ und die bessere Schranke $\frac{3}{2}\sqrt{2} - 2 > \frac{1}{12}\sqrt{2}$ ein.

Sei $f \in \mathcal{O}(\overline{\mathbb{E}})$ nicht *konstant*. Die Hoffnung, dass $f(\mathbb{E})$ umso größere Scheiben enthält, je größer $|f'(0)|$ ist, führt zu folgender

Extremalaufgabe. Finde eine Funktion $F \in \mathcal{O}(\overline{\mathbb{E}})$ mit $F(\mathbb{E}) = f(\mathbb{E})$ und größtmöglicher Ableitung in 0 (Extremalfunktion).

Zur Präzisierung betrachten wir zu f die Familie

$$\mathscr{F} := \{h = f \circ j : j \in \text{Aut}(\mathbb{E})\} \quad \text{mit} \quad j(z) := \frac{\varepsilon z - w}{\overline{w}\varepsilon z - 1}, \quad \varepsilon \in S^1, \ w \in \mathbb{E}.$$
(10.2)

Da $j \in \mathcal{O}(\overline{\mathbb{E}})$ und $j'(0) = \varepsilon(|w|^2 - 1)$, so ist für jedes $h = f \circ j \in \mathscr{F}$ klar:

$$h \in \mathcal{O}(\overline{\mathbb{E}}), \quad h(\mathbb{E}) = f(\mathbb{E}), \quad |h'(0)| = |f'(w)|(1 - |w|^2). \quad (10.3)$$

Wegen $f' \in \mathcal{O}(\overline{\mathbb{E}})$ nimmt die (Hilfs)funktion rechts in einem Punkt $q \in \mathbb{E}$ ihr Maximum $N > 0$ an. Eine Lösung der Extremalaufgabe ist also die Funktion

$$F(z) := f\left(\frac{z - q}{\overline{q}z - 1}\right) \in \mathcal{O}(\overline{\mathbb{E}}) \text{ mit } F(0) = f(q) \text{ und} \quad (10.4)$$

$$|F'(0)| = \max_{|w| \leq 1} |f'(w)|(1 - |w|^2).$$

Entscheidend ist nun folgende Abschätzung der Ableitung von F :

$$|F'(z)| \leq \frac{N}{1 - |z|^2} \quad \text{für} \quad z \in \mathbb{E}, \text{ speziell:} \tag{10.5}$$

$$\max_{|z| \leq r} |F'(z)| \leq \frac{N}{1 - r^2} \quad \text{für} \quad 0 < r < 1.$$

Beweis. Da $\mathscr{F} = \{F \circ j : j \in \text{Aut}\,\mathbb{E}\}$ (Gruppen-Eigenschaft), und da *jedes* $j \in Aut\ \mathbb{E}$ die Form (10.2) hat, so gilt $N \geq |(F \circ j)'(0)| = |F'(w)|(1 - |w|^2)$ für alle $w \in \mathbb{E}$. $\qquad\square$

Es bestätigen sich nun voll die in F gesetzten Hoffnungen.

Satz von Bloch 10.5 (Variante). *Es sei $f \in \mathcal{O}(\overline{\mathbb{E}})$. Die Funktion $|f'(z)|(1 - |z|^2)$ nehme in $q \in \mathbb{E}$ ihr Maximum $N > 0$ an. Dann enthält $f(\mathbb{E})$ die Scheibe um $f(q)$ mit Radius $(\frac{3}{2}\sqrt{2} - 2)N$. – Im Fall $f'(0) = 1$ enthält $f(\mathbb{E})$ Scheiben vom Radius $\frac{3}{2}\sqrt{2} - 2 > \frac{1}{12}\sqrt{2}$.*

Beweis. Wähle F gemäß (10.4). Da $|F'(0)| = N$ und $|F'(z)| \leq N/(1 - |z|^2)$ nach (10.5), so folgt $|F'(z)| \leq 2|F'(0)|$ für alle $|z| \leq \frac{1}{2}\sqrt{2}$. Nach Lemma 10.2 enthält $f(\mathbb{E}) = F(\mathbb{E})$ also die Scheibe um $f(q) = F(0)$ vom Radius $(\frac{3}{2}\sqrt{2} - 2)N$. $\qquad\square$

Das Extremalproblem hat uns zur Hilfsfunktion $|f'(z)|(1 - |z|^2)$ geführt. Es folgt $M \leq N$; die neue untere Schranke ist also sichtlich besser als die im Satz 10.1.

Bemerkung. Die Hilfsfunktion $|f'(z)|(1 - |z|^2)$ und ihr Maximum N in $\overline{\mathbb{E}}$ wurden 1929 von LANDAU eingeführt, [159, S. 83]. Heute nennt man alle Funktionen der Menge

$$\mathscr{B} := \left\{ f \in \mathcal{O}(\mathbb{E}) : \sup_{z \in \mathbb{E}} |f'(z)|(1 - |z|^2) < \infty \right\}$$

BLOCH-*Funktionen.* Man zeigt:

$\mathscr{B}$ *ist ein $\mathbb{C}$-Vektorraum und $\|f\| := |f(0)| + \sup\limits_{z \in \mathbb{E}} |f'(z)|(1 - |z|^2)$ eine Norm auf $\mathscr{B}$, die $\mathscr{B}$ zu einem BANACH-Raum macht. Es gilt $\|f\| \leq 2 \sup\limits_{z \in \mathbb{E}} |f(z)|$.* $\quad\square$

Im nächsten Abschnitt wird der BLOCHsche Satz nochmals verschärft.

10.1.4 Satz von Ahlfors*. Ist $f : G \to \mathbb{C}$ holomorph, so heißt eine Scheibe $B \subset f(G)$ *schlicht* (*bezüglich* f), wenn es ein Gebiet $G^* \subset G$ gibt, das durch f biholomorph auf B abgebildet wird.

Ahlfors (1938) 10.6. *Es sei* $f \in \mathcal{O}(\overline{\mathbb{E}})$ *und* $N := \max\limits_{|z| \leq 1} |f'(z)| \cdot (1 - |z|^2) > 0$.
Dann enthält $f(\mathbb{E})$ *schlichte Scheiben vom Radius* $\sqrt{3}N/4$.

Dieser Satz lässt den BLOCHschen Satz arm aussehen: statt Scheiben hat man jetzt schlichte Scheiben, die neue Schranke $\sqrt{3}/4 \approx 0,433$ ist trotzdem mehr als das Dreifache der alten Schranke $\frac{3}{2}\sqrt{2} - 2 \approx 0,121$.

AHLFORS gewinnt den Satz aus seiner differentialgeometrischen Version des SCHWARZschen Lemmas, [1, S. 364]. Im folgenden geben wir den derzeit wohl einfachsten Beweis von M. BONK, [27], 1990. Entscheidend ist

Lemma 10.7. *Für* $F \in \mathcal{O}(\mathbb{E})$ *gelte* $|F'(z)| \leq 1/(1-|z|^2)$ *und* $F'(0) = 1$. *Dann folgt*

$$\operatorname{Re} F'(z) \geq \frac{1 - \sqrt{3}|z|}{(1 - 1/\sqrt{3}|z|)^3} \quad \textit{für alle } z \textit{ mit } |z| \leq 1/\sqrt{3}. \tag{10.6}$$

Um hieraus den Satz zu gewinnen, benötigen wir ein Biholomorphiekriterium.

a) *Sei* $G \subset \mathbb{C}$ *konvex und* $h \in \mathcal{O}(G)$, *es gelte* $\operatorname{Re} h'(z) > 0$ *für alle* $z \in G$. *Dann wird* G *durch* h *biholomorph auf* $h(G)$ *abgebildet.*

Beweis. Für $u, v \in G$ liegt die Strecke $\gamma(t) = u + (v - u)t$, $0 \leq t \leq 1$, in G. Es folgt:

$$h(v) - h(u) \doteq (v - u)\left[\int_0^1 \operatorname{Re} h'(\gamma(t))dt + i \int_0^1 \operatorname{Im} h'(\gamma(t))dt \right] \neq 0$$

im Fall $u \neq v$, da das erste Integral rechts wegen $\operatorname{Re} h'(z) > 0$ positiv ist. $\quad\square$

Wir verifizieren nun den Satz. Man darf $N = 1$ annehmen. Man wähle F gemäß (10.4). Es gilt $F'(0) = \eta \in S^1$. Sei zunächst $\eta = 1$. Nach dem Lemma gilt dann $\operatorname{Re} F'(z) > 0$ in $B := B_\rho(0)$, $\rho := 1/\sqrt{3}$, daher ist $F|B : B \to F(B)$ nach a) *biholomorph*. Für alle $\zeta = \rho e^{i\varphi} \in \partial B$ gilt auf Grund des Lemmas:

$$|F(\zeta) - F(0)| = \left| \int_0^\rho F'(te^{i\varphi})dt \right| \geq \int_0^\rho \operatorname{Re} F'(te^{i\varphi})dt \geq \int_0^{1/\sqrt{3}} \frac{1 - \sqrt{3}t}{(1 - 1/\sqrt{3}t)^3}dt = \frac{1}{4}\sqrt{3}.$$

Folglich enthält $F(B)$ auf Grund von Satz 10.4 Scheiben vom Radius $\sqrt{3}/4$. Da $f = F \circ g$ mit $g \in Aut\, \mathbb{E}$, so bildet f das Gebiet $G := g^{-1}(B) \subset \mathbb{E}$ biholomorph auf ein Gebiet G^* ab, das Scheiben vom Radius $\sqrt{3}/4$ enthält.

Bei beliebigem $\eta \in S^1$ arbeitet man mit $\eta^{-1}F$. Dann ist $f : G \longrightarrow \eta G^*$ biholomorph, und ηG^* enthält wie G^* schlichte Scheiben mit Radius $\sqrt{3}/4$.$\square$

Wir kommen nun zum Beweis des Lemmas. Wir bemerken vorab:

Es genügt, die Abschätzung (10.6) für alle reellen $z \in [0, 1/\sqrt{3}]$ zu zeigen.

Für jedes $\varphi \in \mathbb{R}$ erfüllt nämlich $F_\varphi(z) := e^{-i\varphi} F(e^{i\varphi} z)$ die Voraussetzungen des Lemmas. Gilt daher (10.6) für F_φ und $z = r$, so gilt (10.6) für F und $z = re^{i\varphi}$.

Der eigentliche Beweis ist nun recht technisch. Man benötigt:

b) *Für $z := p(w) := \sqrt{3} \dfrac{1 - w}{3 - w}$ und $q(w) := \frac{9}{4} w(1 - \frac{1}{3}w)^2$ gilt:*

$$p(\overline{\mathbb{E}}) \subset \mathbb{E}, \ p \ \text{bildet} \ [0, 1] \ \text{auf} \ [0, 1/\sqrt{3}] \ ab,$$

$$q(p^{-1}(w)) = \frac{1 - \sqrt{3}z}{(1 - 1/\sqrt{3}z)^3}, \ \ |q(w)|(1 - |p(w)|^2) = 1 \ \ \text{für alle} \ w \in \partial\,\mathbb{E}.$$

c) *Für $h \in \mathcal{O}(\mathbb{E})$ mit $h'(0) = 1$ und $|h'(z)| \leq 1/(1 - |z|^2)$ gilt $h''(0) = 0$.*

Der Nachweis von b) ist Rechenroutine. – Zum Beweis von c) betrachte man die Stammfunktion

$$\int_0^z h'(\zeta)d\zeta = z + az^2 + \ldots \in \mathcal{O}(\mathbb{E})$$

von h'. Für alle $z = re^{i\varphi} \in \mathbb{E}$ gilt:

$$|z + az^2 + \ldots| \leq \int_0^r |h'(e^{i\varphi}t)|dt \leq \int_0^r \frac{dt}{1 - t^2} = |z| + \tfrac{1}{3}|z|^3 + \ldots \ .$$

Da rechts das quadratische Glied in $|z|$ fehlt, zeigt eine Betrachtung kleiner $|z|$, dass $a = 0$ und also $h''(0) = 2a = 0$ gilt.   □

Nach diesen Vorbereitungen geht der Beweis von (10.6) im Lemma wie folgt. Man betrachtet die Hilfsfunktion

$$H(w) := \left(\frac{F'(p(w))}{q(w)} - 1 \right) \cdot \frac{w}{(1 - w)^2}.$$

Dabei ist $w/(1 - w)^2$ KOEBES Extremalfunktion . Wegen $p(\overline{\mathbb{E}}) \subset \mathbb{E}$ ist H überall in $\overline{\mathbb{E}} \backslash \{1\}$ holomorph. Da $F''(0) = 0$ nach c), so ist H auch in $1 \in \mathbb{C}$ holomorph. Es folgt $H \in \mathcal{O}(\overline{\mathbb{E}})$. Nun ist $w/(1 - w)^2$ für alle $w \in \partial\,\mathbb{E} \backslash \{1\}$ *reell und negativ* $(\leq -\frac{1}{4})$. Daher gilt

$$\operatorname{Re} H(w) = \frac{w}{(1 - w)^2} \operatorname{Re} \left(\frac{F'(p(w))}{q(w)} - 1 \right) \ \text{für alle} \ w \in \partial\,\mathbb{E}.$$

Wegen $|F'(z)|(1 - |z|^2) \leq 1$ und der letzten Gleichung in b) gilt $|F'(p(w))| \leq |q(w)|$ auf $\partial\mathbb{E}$. Da $\operatorname{Re}(a - 1) \leq 0$ für jedes $a \in \overline{\mathbb{E}}$, so folgt also $\operatorname{Re} H(w) \geq 0$ für alle $w \in \partial\mathbb{E}$. Anwendung des Maximumsprinzips auf $e^{-H(w)}$ gibt nun $\operatorname{Re} H(w) \geq 0$ für alle $w \in \overline{\mathbb{E}}$. Da $q(w) \geq 0$ und $w/(1 - w)^2 \geq 0$ für $w \in [0, 1)$, so folgt weiter:

$$\operatorname{Re} F'(p(w)) \geq q(w) \quad \text{für alle } w \in [0, 1].$$

Wegen der Aussagen in b) ist dies (10.6) für alle $z \in [0, 1/\sqrt{3}]$. □

Mit dem AHLFORSschen Satz folgt unmittelbar (vgl. Einleitung):

Ist $f \in \mathcal{O}(\mathbb{C})$ nicht konstant, so enthält $f(\mathbb{C})$ beliebig große schlichte Scheiben.

10.1.5 Landaus Weltkonstanten*.

Der Satz von BLOCH und seine Variationen veranlassten LANDAU, „Weltkonstanten" einzuführen, vgl. [159, 609–615] und [156, S. 149]. Für jedes $h \in \mathscr{F} := \{f \in \mathcal{O}(\overline{\mathbb{E}}) : f'(0) = 1\}$ bezeichne L_h bzw. B_h den Radius der größten Kreisscheibe, die in $h(\mathbb{E})$ liegt bzw. die das biholomorphe Bild eines Teilgebietes von $\mathbb{E}$ unter h ist. Dann heißt

$$L := \inf\{L_h : h \in \mathscr{F}\} \qquad \text{bzw.} \qquad B := \inf\{B_h : h \in \mathscr{F}\}$$

die LANDAUsche bzw. BLOCHsche *Konstante*. Entsprechend definiert LANDAU für die Familie $\mathscr{F}^* := \{h \in \mathscr{F} : h \text{ injektiv}\}$ die Zahlen A_h und A. Dann ist $B \leq L \leq A$ trivial. Für B, L, A kennt man nur Schranken, so haben wir im vorangehenden zuerst $L \geq \frac{3}{2} - \sqrt{2} \approx 0{,}0858$ und dann $L \geq \frac{3}{2}\sqrt{2} - 2 \approx 0{,}1213$ gezeigt. Der AHLFORSsche Satz besagt sogar: $B \geq \frac{1}{4}\sqrt{3} \approx 0{,}4330$. BONK, loc. cit., zeigt darüber hinaus. $B > \frac{1}{4}\sqrt{3} + 10^{-14}$. Da $\frac{1}{2}\log\dfrac{1+z}{1-z} \in \mathscr{F}^*$, so gilt sicher $A \leq \frac{1}{4}\pi \approx 0{,}7853$. Damit hat man

$$0{,}4330 + 10^{-14} < B \leq L \leq A \leq 0{,}7853.$$

Solche Abschätzungen und Verfeinerungen faszinieren die Funktionentheoretiker bis heute; man hat zeigen können (vgl. [156], [172] und [27]):

$$0{,}5 < L < 0{,}544, \qquad 0{,}433 + 10^{-14} < B < 0{,}472, \qquad 0{,}5 \leq A.$$

Es gilt insbesondere $B < L < A$. Die

Vermutung von AHLFORS/GRUNSKY *(1936):*

$$B = \sqrt{\frac{\sqrt{3} - 1}{2}} \cdot \frac{\Gamma\left(\frac{1}{3}\right)\Gamma\left(\frac{11}{12}\right)}{\Gamma\left(\frac{1}{4}\right)} = 0{,}4719\ldots,$$

sie ist ungelöst. □

Auch zum Satz von HURWITZ und CARATHÉODORY (vgl. 10.1.2) gehört eine Weltkonstante. „Diese möchte ich aber nicht die CARATHÉODORYsche Konstante C nennen, da Herr CARATHÉODORY festgestellt hat, dass sie schon einen anderen Namen, nämlich $\frac{1}{16}$, hatte"[159, S. 78].

10.2 Kleiner Satz von Picard

Nicht konstante Polynome nehmen *alle* komplexen Zahlen als Werte an. Nicht konstante ganze Funktionen hingegen können Werte auslassen, wie die *nullstellenfreie* Exponentialfunktion zeigt. Mit Hilfe des BLOCHschen Satzes werden wir zeigen:

Kleiner Picardscher Satz 10.8. *Jede nicht konstante ganze Funktion lässt höchstens eine komplexe Zahl als Wert aus.*

Diese Aussage kann man auch wie folgt formulieren:

Es sei $f \in \mathcal{O}(\mathbb{C})$, es gelte $0 \notin f(\mathbb{C})$ und $1 \notin f(\mathbb{C})$. Dann ist f konstant.

Hieraus folgt das Theorem sofort: Lässt $h \in \mathcal{O}(\mathbb{C})$ nämlich die Werte a, b aus, wobei $a \neq b$, so lässt $[h(z) - a]/(b - a) \in \mathcal{O}(\mathbb{C})$ die Werte 0 und 1 aus, ist also konstant, und somit ist auch h konstant.   □

In $\mathbb{C}$ meromorphe Funktionen können *zwei* Werte auslassen, z.B. wird $1/(1 + e^z)$ nie 0 und nie 1. Dieses Beispiel ist signifikant, es gilt:

Kleiner Picardscher Satz für meromorphe Funktionen 10.9.   *Jede Funktion $h \in \mathcal{M}(\mathbb{C})$, die drei verschiedene Werte $a, b, c \in \mathbb{C}$ auslässt, ist konstant.*

Dann ist nämlich $1/(h - a)$ eine ganze Funktion, die $1/(b - a)$ und $1/(c - a)$ auslässt.   □

In den Abschnitten 10.2.1 und 10.2.2 geben wir den LANDAU-KÖNIGschen Beweis für den kleinen PICARDschen Satz, vgl. [156, 100–102], und [149].

10.2.1 Darstellung von Funktionen, die zwei Werte auslassen.
Hängt $G \subset \mathbb{C}$ einfach zusammen, so besitzen die Einheiten aus $\mathcal{O}(G)$ Logarithmen und Quadratwurzeln in $\mathcal{O}(G)$, vgl. Abschnitt 8.2.6. Allein hieraus erhält man durch elementare Manipulation:

Lemma 10.10. *Es sei $G \subset \mathbb{C}$ einfach zusammenhängend, und es sei $f \in \mathcal{O}(G)$ so beschaffen, dass $1 \notin f(G)$ und $-1 \notin f(G)$. Dann gibt es ein $F \in \mathcal{O}(G)$, so dass gilt*

$$f = \cos F.$$

Beweis. Da $1 - f^2$ nullstellenfrei in G ist, gibt es eine Funktion $g \in \mathcal{O}(G)$, so dass $(f + ig)(f - ig) = f^2 + g^2 = 1$. Dann ist $f + ig$ ohne Nullstellen in G, also gilt $f + ig = e^{iF}$ mit $F \in \mathcal{O}(G)$. Es folgt $f - ig = e^{-iF}$, also $f = \frac{1}{2}(e^{iF} + e^{-iF}) = \cos F$. $\square$

Mit Hilfe des Lemmas zeigen wir nun:

Satz 10.11. *Es sei $G \subset \mathbb{C}$ einfach zusammenhängend, und es sei $f \in \mathcal{O}(G)$ so beschaffen, dass $0 \notin f(G)$ und $1 \notin f(G)$. Dann gibt es ein $g \in \mathcal{O}(G)$, so dass gilt:*

$$f = \frac{1}{2}\left[1 + \cos\pi(\cos\pi g)\right]. \tag{10.7}$$

Ist $g \in \mathcal{O}(G)$ irgendeine Funktion, für die (10.7) gilt, so enthält $g(G)$ keine Scheibe vom Radius 1.

Beweis. a) Die Funktion $2f - 1$ lässt in G die Werte ± 1 aus. Nach dem Lemma 10.10 gilt dann die Gleichung $2f - 1 = \cos\pi F$. Die Funktion $F \in \mathcal{O}(G)$ muss alle ganzzahligen Werte auslassen. Daher gibt es ein $g \in \mathcal{O}(G)$ mit $F = \cos\pi g$.

b) Wir setzen $A := \{m \pm i\pi^{-1}\log(n + \sqrt{n^2 - 1}),\ m \in \mathbb{Z},\ n \in \mathbb{N}\setminus\{0\}\}$ und zeigen zunächst: $A \cap g(G) = \emptyset$. Für $a := p \pm i\pi^{-1}\log(q + \sqrt{q^2 - 1}) \in A$ gilt $\cos\pi a = \frac{1}{2}(e^{\pi i a} + e^{-\pi i a}) = \frac{1}{2}(-1)^p[(q + \sqrt{q^2 - 1})^{-1} + (q + \sqrt{q^2 - 1})] = (-1)^p q$, also $\cos\pi(\cos\pi a) = \pm 1$ im Falle $p, q \in \mathbb{Z}$. Da $0, 1 \notin f(G)$, so ist $g(G) \cap A$ leer.

Die Punkte von A sind die Eckpunkte eines „Rechtecknetzes" in $\mathbb{C}$. Die „Länge" jedes Rechtecks ist 1. Da

$$\log\left(n + 1 + \sqrt{(n+1)^2 - 1}\right) - \log(n + \sqrt{n^2 - 1}) = \log\frac{1 + \frac{1}{n} + \sqrt{1 + \frac{2}{n}}}{1 + \sqrt{1 - \frac{1}{n^2}}}$$

$$\leq \log\left(1 + \frac{1}{n} + \sqrt{1 + \frac{2}{n}}\right) \leq \log(2 + \sqrt{3}) < \pi$$

wegen der Monotonie von $\log x$, so ist die „Höhe" jedes Rechtecks < 1. Zu jedem $w \in \mathbb{C}$ gibt es daher ein $a \in A$ mit $|\operatorname{Re} a - \operatorname{Re} w| \leq \frac{1}{2}$, $|\operatorname{Im} a - \operatorname{Im} w| < \frac{1}{2}$, d.h. $|a - w| < 1$. Jede Scheibe vom Radius 1 trifft mithin A. Wegen $g(G) \cap A = \emptyset$ enthält $g(G)$ also keine Scheibe vom Radius 1. $\square$

In der 1. Auflage dieses Buches wurde anstelle von (10.7) die LANDAUsche Gleichung $f = -\exp[\pi i \cosh(2g)]$ benutzt. Die Darstellung mit der iterierten Cosinusfunktion scheint natürlicher und bequemer; sie wurde 1957 von HEINZ KÖNIG, der damals die zweite Auflage von [156] nicht kannte, angegeben und zum Beweis des SCHOTTKYschen Satzes benutzt, vgl. [149].

10.2.2 Beweis des kleinen Picardschen Satzes.

Beweis. Nach Satz 10.11 gilt $f = \frac{1}{2}[1 + \cos\pi(\cos\pi g)]$ mit $g \in \mathcal{O}(\mathbb{C})$, wobei $g(\mathbb{C})$ keine Kreisscheibe vom Radius 1 enthält. Nach der Folgerung aus dem Satz von BLOCH (vgl. Einleitung zu Paragraph 10.1 ist g konstant. Daher ist auch f konstant. $\qquad\qquad\square$

Bemerkung. Der kleine PICARDsche Satz lässt sich auch so fassen:

Es seien $f, g \in \mathcal{O}(\mathbb{C})$, es gelte $1 = e^f + e^g$. Dann sind f und g konstant.

Diese Aussage ist äquivalent zur PICARDschen Aussage (Beweis!).

Aufgaben.

1. Es seien $f, g, h \in \mathcal{O}(\mathbb{C})$. Dann gilt:
   a) Falls $h = e^f + e^g$, so ist h entweder nullstellenfrei in $\mathbb{C}$, oder h hat unendlich viele Nullstellen in $\mathbb{C}$.
   b) Ist h ein nicht konstantes Polynom, so nimmt he^f jeden Wert an.

Hinweis zu a). Man forme um und wende den kleinen PICARDschen Satz auf $g - f$ an.

2) Konstruiere eine Funktion $f \in \mathcal{O}(\mathbb{E})$, die $\mathbb{E}$ *lokal biholomorph auf* $\mathbb{C}$ abbildet.

Hinweis. Setze $h(z) := ze^z$, $k(z) := 4z/(1-z)^2$ (KOEBE-Funktion) und $f := h \circ k$. Zeige $k(\mathbb{E}) = \mathbb{C}\backslash(-\infty, -1]$ und $h((-\infty, -1)) = h((-1, 0))$.

Ausblick. Ein „Drei-Zeilen-Beweis" des kleinen PICARDschen Satzes ist möglich, wenn man weiß, dass es eine holomorphe Überlagerung $u : \mathbb{E} \to \mathbb{C}\backslash\{0, 1\}$ gibt (Uniformisierung). Dann lässt sich nämlich nach einem allgemeinen Prinzip der Topologie jede holomorphe Abbildung $f : \mathbb{C} \to \mathbb{C}\backslash\{0, 1\}$ zu einer holomorphen Abbildung $\widetilde{f} : \mathbb{C} \to \mathbb{E}$ mit $f = u \circ \widetilde{f}$ „liften". Da $\widetilde{f}$ nach LIOUVILLE konstant ist, so ist f konstant. – Es gibt auch einen Beweis des kleinen PICARDschen Satzes mit Hilfe der *Theorie der* BROWN*schen Bewegung*, vgl. R. DURRETT: *Brownian Motion and Martingales in Analysis*, Wadsworth, Inc. 1984, 139–143.

10.2.3 Zwei Anwendungen.
Holomorphe Abbildungen $f : \mathbb{C} \to \mathbb{C}$ haben i.a. keine Fixpunkte, z.B. ist $f(z) := z + e^z$ fixpunktfrei. Es gilt aber:

Fixpunktsatz 10.12. *Es sei $f : \mathbb{C} \to \mathbb{C}$ holomorph. Dann hat $f \circ f : \mathbb{C} \to \mathbb{C}$ stets einen Fixpunkt, es sei denn, f ist eine Translation $z \mapsto z + b$, $b \neq 0$.*

Beweis. Es sei $f \circ f$ fixpunktfrei. Dann ist auch f ohne Fixpunkt, es folgt $g(z) := [f(f(z)) - z]/[f(z) - z] \in \mathcal{O}(\mathbb{C})$. Diese Funktion lässt die Werte 0 und 1 aus (!); nach PICARD existiert also ein $c \in \mathbb{C} \backslash \{0, 1\}$ mit

$$f(f(z)) - z = c(f(z) - z), \quad z \in \mathbb{C}.$$

Differentiation gibt $f'(z)[f'(f(z)) - c] = 1 - c$. Da $c \neq 1$, so hat f' keine Nullstellen und $f'(f(z))$ keine c-Stellen. Mithin lässt $f' \circ f$ die Werte 0 und $c \neq 0$ aus; nach PICARD ist $f' \circ f$ also konstant. Es folgt $f' = \text{const.}$, also $f(z) = az + b$. Da f ohne Fixpunkt ist, gilt $a = 1, b \neq 0$.   □

Aufgabe.   Zeigen Sie, dass jede ganze periodische Funktion einen Fixpunkt hat.

Die ganzen Funktionen $f := \cos(h)$, $g := \sin(h)$, $h \in \mathcal{O}(\mathbb{C})$, genügen der Gleichung $f^2 + g^2 = 1$ (man zeigt leicht, dass dies alle Lösungen der Gleichung $(f + ig)(f - ig) = 1$ durch ganze Funktionen sind). Wir fragen nach der Lösbarkeit der FERMAT-Gleichung $X^n + Y^n = 1$, $n \geq 3$, durch in $\mathbb{C}$ meromorphe Funktionen.

Satz 10.13. *Es seien $f, g \in \mathcal{M}(\mathbb{C})$, und es gelte $f^n + g^n = 1$ mit $n \in \mathbb{N}$, $n \geq 3$. Dann sind f und g konstant, oder sie haben gemeinsame Polstellen.*

Beweis. Sei $P(f) \cap P(g) = \emptyset$. Wegen $f^n + g^n = 1$ gilt $P(f) = P(g)$, also $f, g \in \mathcal{O}(\mathbb{C})$. Sei $g \neq 0$. Da $N(f) \cap N(g) = \emptyset$, so hat $f/g \in \mathcal{M}(\mathbb{C})$ genau dann in $w \in \mathbb{C}$ den Wert $a \in \mathbb{C}$, wenn $f(w) = ag(w)$. Aus der Faktorisierung

$$1 = \prod_1^n (f - \zeta_\nu g), \quad \zeta_1, \ldots, \zeta_n \quad \text{die } n \text{ Wurzeln von } X^n + 1,$$

folgt nun, dass f/g keinen der n *verschiedenen* Werte $\zeta_1, \ldots, \zeta_n$ annimmt. Da $n \geq 3$, so gilt nach PICARD $f = cg$ mit einer Konstanten $c \neq \zeta_1, \cdots, \zeta_n$. Es folgt $(c^n + 1)g^n = 1$. Mithin ist g und also auch f konstant.   □

Bemerkung 1. Die eben bewiesene Aussage ist beispielhaft für Sätze folgenden Typs. Man betrachtet Polynome $F(z_1, z_2)$ von zwei komplexen Variablen, etwa $z_1^n - z_2^n - 1$, und ihre Nullstellenmengen X in $\mathbb{C}^2$. Dann gilt:

Ist der Einheitskreis $\mathbb{E}$ die universelle Überlagerung der „projektiven Kurve" $\overline{X}$, so gibt es keine nichtkonstanten Funktionen $f, g \in \mathcal{O}(\mathbb{C})$ mit $F(f, g) = 0$.

Die Voraussetzung ist genau dann erfüllt, wenn die Kurve $\overline{X}$ ein Geschlecht $g > 1$ hat; für die FERMAT-Kurven $z_1^n + z_2^n - 1$ gilt $g = \frac{1}{2}(n - 1)(n - 2)$.

Bemerkung 2. Es gibt *nichtkonstante Funktionen $f, g \in \mathcal{M}(\mathbb{C})$ mit gemeinsamen Polen*, so dass $f^3 + g^3 = 1$. Die Gleichung $X^3 + Y^3 = 1$ beschreibt nämlich eine *affine elliptische Kurve* in $\mathbb{C}^2$, die universelle Überlagerung der *projektiven* Kurve ist $\mathbb{C}$, und die Projektion von $\mathbb{C}$ auf die Kurve bestimmt solche Funktionen f, g. Wer mit der WEIERSTRASSschen $\wp$-Funktion vertraut ist, gibt solche Funktionen explizit an. Der Ansatz

$$(a + b\wp')^3 + (a - b\wp')^3 = \wp^3 \quad \text{mit Konstanten} \quad a, b \in \mathbb{C}$$

führt wegen der Differentialgleichung $\wp'^2 = 4\wp^3 - g_2\wp - g_3$ sofort zu

$$24ab^2 = 1, \quad g_2 = 0, \quad 8a^3 = g_3 \,.$$

Nun ist wohlbekannt, dass zum „Dreiecksgitter" $\{m + ne^{2\pi i/3} : m, n \in \mathbb{Z}\}$ der Wert $g_2 = 0$ gehört (und $g_3 = \pm\Gamma(\frac{1}{3})^{18}/(2\pi)^6$). Wählt man also zu diesem Gitter die $\wp$-Funktion, so gilt $f^3 + g^3 = 1$ für

$$f := \frac{a + b\wp'}{\wp}, \quad g := \frac{a - b\wp'}{\wp} \quad \text{mit} \quad a := \tfrac{1}{2}\sqrt[3]{g_3}, \quad b := 1/\sqrt{24a} \,.$$

10.3 Satz von Schottky und Folgerungen

Das Wachstum holomorpher Funktionen, die 0 und 1 auslassen, lässt sich durch eine *universelle* Schranke abschätzen. Wir bezeichnen mit $S(r)$ die Menge aller Funktionen $f \in \mathcal{O}(\overline{\mathbb{E}})$ mit $|f(0)| \leq r$, die nicht die Werte 0 und 1 annehmen.

Wir wählen eine Konstante $\beta > 0$, für welche der BLOCHsche Satz gilt (z.B. $\beta = \frac{1}{12}$) und betrachten in $(0,1) \times (0,\infty)$ die positive Funktion

$$L(\Theta, r) := \exp\left[\pi \exp \pi\left(3 + 2r + \frac{\Theta}{\beta(1 - \Theta)}\right)\right].$$

Satz von Schottky 10.14. *Für jede Funktion* $f \in S(r)$ *gilt*

$$|f(z)| \leq L(\Theta, r) \quad \text{für alle} \ z \in \mathbb{E} \ \text{mit} \ |z| \leq \Theta, 0 < \Theta < 1 \,.$$

Dieser merkwürdige Satz ist – was auf den ersten Blick überraschen mag – kräftiger als der kleine PICARDsche Satz, wie wir im Abschnitt 10.3.2 sehen werden. Im Abschnitt 10.3.3 gewinnen wir mit dem SCHOTTKYschen Satz wesentliche Verschärfungen der Sätze von MONTEL und VITALI. Die explizite Gestalt der Schrankenfunktion $L(\Theta, r)$ ist natürlich unwesentlich; unser $L(\Theta, r)$ lässt sich noch wesentlich verbessern.

10.3.1 Beweis des Schottkyschen Satzes. Der Beweis gelingt mit Hilfe des BLOCHschen Satzes durch geschickte Wahl der Funktion g im Satz 10.11. Wir bemerken vorab:

Aus $\cos \pi a = \cos \pi b$ *folgt* $b = \pm a + 2n$, $n \in \mathbb{Z}$.
Zu jedem $w \in \mathbb{C}$ *gibt es ein* $v \in \mathbb{C}$ *mit* $\cos \pi v = w$ *und* $|v| \leq 1 + |w|$.
$$(10.8)$$

Beweis. Da $\cos \pi a - \cos \pi b = -2 \sin \frac{\pi}{2}(a + b) \sin \frac{\pi}{2}(a - b)$, so ist die erste Behauptung klar. Um die zweite einzusehen, wähle man $v = \alpha + i\beta$ mit $w = \cos \pi v$ so, dass $|\alpha| \leq 1$. Da $|w|^2 = \cos^2 \pi\alpha + \sinh^2 \pi\beta$ und $\sinh^2 \pi\beta \geq \pi^2\beta^2$, so folgt

$$|v| = \sqrt{\alpha^2 + \beta^2} \leq \sqrt{1 + |w|^2/\pi^2} \leq 1 + |w|. \qquad \square$$

Wir gewinnen nun schnell eine Verschärfung des Satzes 10.11.

Satz 10.15. *Lässt* $f \in \mathcal{O}(\overline{\mathbb{E}})$ *die Werte 0 und 1 aus, so gibt es eine Funktion* $g \in \mathcal{O}(\overline{\mathbb{E}})$ *mit folgenden Eigenschaften:*

1) $f = \frac{1}{2}[1 + \cos \pi(\cos \pi g)]$ *und* $|g(0)| \leq 3 + 2|f(0)|$.

2) $|g(z)| \leq |g(0)| + \Theta/\beta(1 - \Theta)$ *für alle* z *mit* $|z| \leq \Theta, 0 < \Theta < 1$.

Beweis. ad 1). Zunächst gilt eine Gleichung $2f - 1 = \cos \pi \widetilde{F}$ mit $\widetilde{F} \in \mathcal{O}(\overline{\mathbb{E}})$. Nach (10.8) gibt es ein $b \in \mathbb{C}$, so dass $\cos \pi b = 2f(0) - 1$ und $|b| \leq 1 + |2f(0) - 1| \leq 2 + 2|f(0)|$. Wegen (10.8) folgt $b = \pm\widetilde{F}(0) + 2k$, $k \in \mathbb{Z}$. Für $F := \pm\widetilde{F} + 2k \in \mathcal{O}(\overline{\mathbb{E}})$ gilt nun $2f - 1 = \cos \pi F$ mit $F(0) = b$. Da F alle ganzzahligen Werte auslässt, gibt es ein $\widetilde{g} \in \mathcal{O}(\overline{\mathbb{E}})$ mit $F = \cos \pi\widetilde{g}$. Nach (10.8) gibt es ein $a \in \mathbb{C}$, so dass $\cos \pi a = b$ und $|a| \leq 1 + |b| \leq 3 + 2|f(0)|$. Da $\cos \pi a = \cos \pi\widetilde{g}(0)$, so kann man – wie eben bei $\widetilde{F}$ – zu einer Funktion $g = \pm\widetilde{g} + 2m$ übergehen mit $g(0) = a$ und $F = \cos \pi g$. Für diese Funktion g gilt 1).

ad 2). Nach (10.7) enthält $g(\mathbb{E})$ keine Scheibe vom Radius 1. Da $d(z, \partial E) \geq 1 - \Theta$ im Fall $|z| \leq \Theta$, so gilt $\beta(1 - \Theta)|g'(z)| \leq 1$, d.h. $|g'(z)| \leq 1/\beta(1 - \Theta)$ auf Grund der Folgerung aus dem BLOCHschen Satz (vgl. Einleitung von §1). Für alle z mit $|z| \leq \Theta$ gilt somit

$$g(z) - g(0) = \int_0^z g'(\zeta)d\zeta \qquad \text{und} \qquad \Big| \int_0^z g'(\zeta)d\zeta \Big| \leq \Theta/\beta(1 - \Theta). \qquad \square$$

Der eben bewiesene Satz liefert sofort den SCHOTTKYschen Satz. Da stets $|\cos w| \leq e^{|w|}$ und $\frac{1}{2}|1 + \cos w| \leq e^{|w|}$, so gibt 1) und 2) für alle z mit $|z| \leq \Theta$:

$$|f(z)| \leq \exp[\pi \exp(\pi|g(z)|)] \leq \exp[\pi \exp \pi(3 + 2|f(0)| + \Theta/\beta(1 - \Theta))].$$

Wegen $|f(0)| \leq r$ folgt die Behauptung.

10.3.2 Landaus Verschärfung des kleinen Picardschen Satzes.

Verschärfung des kleinen Picardschen Satzes 10.16. *Es gibt eine auf* $\mathbb{C}\backslash\{0,1\}$ *definierte positive Funktion* $R(a)$, *so dass keine Funktion* $f \in \mathcal{O}(\overline{B}_{R(a)}(0))$ *mit* $f(0) = a$ *und* $f'(0) = 1$ *existiert, welche die Werte* 0 *und* 1 *auslässt.*

Beweis. Man setze $R(a) := 3L(\frac{1}{2}, |a|)$. Ließe $f(z) = a + z + \ldots \in \mathcal{O}(\overline{B}_{R(a)}(0))$ die Werte 0 und 1 aus, so würde auch $g(z) := f(Rz) = a + Rz + \ldots \in \mathcal{O}(\overline{\mathbb{E}})$, wobei $R := R(a)$, diese Werte auslassen. Nach SCHOTTKY wäre also

$$\max\{|g(z)| : |z| \le \frac{1}{2}\} \le \frac{1}{3}R.$$

Da andererseits $R \le 2\max\{|g(z)| : |z| \le \frac{1}{2}\}$ auf Grund der CAUCHYschen Ungleichungen, so hätte man einen Widerspruch. □

Der LANDAUsche Satz enthält den kleinen PICARDschen Satz: Ist nämlich $f \in \mathcal{O}(\mathbb{C})$ nicht konstant, so wähle man ζ mit $a := f(\zeta)$, $f'(\zeta) \ne 0$. Dann ist

$$h(z) := f(\zeta + z/f'(\zeta)) = a + z \ldots \in \mathcal{O}(\mathbb{C})$$

im Fall $a \in \mathbb{C}\backslash\{0,1\}$ in $\overline{B}_{R(a)}(0)$ nicht durchweg von 0 und 1 verschieden. □

Mittels Uniformisierungstheorie lässt sich LANDAUs Satz sehr einfach beweisen und die bestmögliche Schrankenfunktion $R(a)$ mit Hilfe der Modulfunktion $\lambda(\tau)$ explizit angeben.

Historische Notiz. LANDAU hat 1904 seinen Satz als „unerwartete Tatsache" dem PICARDschen Satz „hinzugefügt", [155, S. 130 ff.]. Er hat „lange mit der Publikation gezögert, da der Beweis richtig, aber der Satz zu unwahrscheinlich schien", Coll. Works 4, S. 375. Er war in einer ähnlichen Situation wie zehn Jahre zuvor STIELTJES, vgl. 7.3.3. – Die klassische Form des Satzes findet man in [156, S. 102]. Den genauen Wert des „LANDAU-Radius" $R(a)$ gab 1905 CARATHÉODORY, Ges. Math. Schriften 3, 6–9.

10.3.3 Verschärfung der Sätze von Montel und Vitali.
Sei G ein Gebiet in $\mathbb{C}$ und $\mathscr{F} := \{f \in \mathcal{O}(G) : f$ lässt die Werte 0 und 1 aus$\}$. Sei $w \in G, r \in (0,\infty)$ und $\mathscr{F}_*$ eine Teilfamilie von $\mathscr{F}$, so dass $|g(w)| \le r$ für alle $g \in \mathscr{F}_*$.

(1) *Es gibt eine Umgebung* B *von* w, *so dass* $\mathscr{F}_*$ *in* B *beschränkt ist.*

Beweis. Sei $\overline{B}_{2t}(w) \subset G$, $t > 0$. Man darf $w = 0$ und $2t = 1$ annehmen. Nach SCHOTTKY folgt $\sup\{|g|_{B_t(w)} : f \in \mathscr{F}_*\} \le L(\frac{1}{2}, r) < \infty$. □

Wir fixieren nun einen Punkt $p \in G$ und setzen $\mathscr{F}_1 := \{f \in \mathscr{F} : |f(p)| \le 1\}$.

(2) *Die Familie $\mathscr{F}_1$ ist lokal beschränkt in G.*

Beweis. Die Menge $U := \{w \in G : \mathscr{F}_1$ ist beschränkt um $w\}$ ist offen in G; nach (1) gilt $p \in U$. Wäre $U \ne G$, so gäbe es wegen (1) einen Punkt $w \in \partial U \cap G$ und eine Folge $f_n \in \mathscr{F}_1$ mit $\lim f_n(w) = \infty$. Es gilt $g_n := 1/f_n \in \mathscr{F}$. Da $\lim g_n(w) = 0$, so ist nach (1) die Familie $\{g_n\}$ beschränkt um w. Nach MON-TEL 7.1 konvergiert eine Teilfolge g_{n_k} in einer Scheibe B um w gleichmäßig gegen ein $g \in \mathcal{O}(B)$. Da alle g_n nullstellenfrei sind und $g(w) = 0$ gilt, folgt $g \equiv 0$ nach HURWITZ (Korollar 7.17). Dann gilt $\lim f_{n_k}(z) = \infty$ auch in Punkten von U, im Widerspruch zur Annahme. □

Man verallgemeinert nun den Begriff der normalen Familie so, dass man auch Folgen zulässt, die in G kompakt gegen ∞ konvergieren. Dann folgt mit (2):

Verschärfung des Satzes von Montel 10.17. *Die Familie $\mathscr{F}$ ist normal in G.*

Beweis. Sei f_n eine Folge aus $\mathscr{F}$. Hat f_n Teilfolgen in $\mathscr{F}_1$, so ist die Behauptung klar wegen (2). Liegen nur endlich viele f_n in $\mathscr{F}_1$, so liegen fast alle $1/f_n$ in $\mathscr{F}_1$. Wähle hieraus eine Teilfolge g_n, die in G kompakt konvergiert. Ist deren Limes g nullstellenfrei, so konvergiert die Teilfolge $1/g_n$ der Folge f_n in G kompakt gegen $1/g$. Hat g Nullstellen, so gilt $g \equiv 0$ (HURWITZ) und $1/g_n$ konvergiert kompakt gegen ∞. □

Man erhält nun unmittelbar eine Verschärfung des VITALIschen Satzes, auf die bereits in 7.3.3 hingewiesen wurde.

Satz von Carathéodory-Landau 10.18. *Es seien $a, b \in \mathbb{C}$, $a \ne b$, und $f_1, f_2, \ldots$ eine Folge holomorpher Abbildungen $G \to \mathbb{C} \setminus \{a, b\}$. Es existiere $\lim f_n(w) \in \mathbb{C}$ für eine Menge von Punkten in G, die mindestens einen Häufungspunkt in G hat. Dann konvergiert die Folge f_n kompakt in G.*

Beweis. Man darf $a = 0$, $b = 1$ annehmen. Die Folge $f_n \in \mathscr{F}$ ist dann notwendig lokal beschränkt in G. □

Aufgaben.

1) Es seien A, B disjunkte beschränkte Mengen in $\mathbb{C}$ mit einem positiven Abstand $d(A, B)$. Dann ist $\{f \in \mathcal{O}(G) : A \not\subset f(G)$ und $B \not\subset f(G)\}$ eine normale Familie in G. Formulieren Sie einen zugehörigen VITALI-Satz.

2) Sei $m \in \mathbb{N}$. Die Familie $\{f \in \mathcal{O}(G) : f$ ist nie 0 und höchstens m-mal 1 in $G\}$ ist normal in G.

10.4 Großer Satz von Picard

Großer Picardscher Satz 10.19. *Es sei $c \in \mathbb{C}$ eine isolierte wesentliche Singularität von f. Dann nimmt f in jeder Umgebung von c jede komplexe Zahl – mit höchstens einer Ausnahme – unendlich oft als Wert an.*

Hierin ist eine Verschärfung des kleinen PICARDschen Satzes enthalten:

Jede ganze transzendente Funktion f nimmt jede komplexe Zahl – mit höchstens einer Ausnahme – unendlich oft als Wert an.

Man wende das Theorem auf $g(z) := f(1/z) \in \mathcal{O}(\mathbb{C}^\times)$ an.

10.4.1 Beweis des großen Picardschen Satzes. Es genügt zu zeigen:

Ist $f \in \mathcal{O}(\mathbb{E}^\times)$ mit $0, 1 \notin f(\mathbb{E}^\times)$, so ist f oder $1/f$ beschränkt um 0.

Beweis. Nach MONTEL gibt es eine Teilfolge (f_{n_k}) der Folge $f_n(z) := f(z/n) \in \mathcal{O}(\mathbb{E}^\times)$, so dass die Folge (f_{n_k}) oder $(1/f_{n_k})$ auf $\partial B_{\frac{1}{2}}(0)$ beschränkt ist. Im ersten Fall gilt $|f(z/n_k)| \leq M$ für $|z| = \frac{1}{2}$ und $n_k \geq 1$ mit $M \in (0, \infty)$. Es folgt $|f(z)| \leq M$ auf jedem Kreis um 0 mit Radius $1/(2n_k)$. Nach dem Maximumprinzip folgt $|f(z)| \leq M$ in jedem Kreisring $1/(2n_{k+1}) \leq |z| \leq 1/(2n_k)$. Somit ist f beschränkt um 0. Im zweiten Fall folgt analog, dass $1/f$ um 0 beschränkt ist. □

Der Beweis zeigt, dass die Familie $\{f(z/n)\}$ nicht normal in $\mathbb{E}^\times$ ist, wenn f in 0 wesentlich singulär ist. Es gibt dann ein $c \in \mathbb{E}^\times$, so dass diese Familie in keiner Umgebung von c normal ist (Beweis). Daraus ergibt sich leicht folgende

Verschärfung des großen Picardschen Satzes 10.20. *Ist $f \in \mathcal{O}(\mathbb{E}^\times)$ wesentlich singulär in 0, so gibt es ein $c \in \mathbb{E}^\times$ und ein $a \in \mathbb{C}$, so dass f in jeder Scheibe $B_{\varepsilon/n}(c/n)$, $0 < \varepsilon < |c|$, alle Werte aus $\mathbb{C} \backslash \{a\}$ annimmt.*

Der Leser führe den Beweis aus.

10.4.2 Historisches zu den Sätzen dieses Kapitels. E. PICARD hat 1879 seine Sätze mit Hilfe elliptischer Modulfunktionen bewiesen, [203], S. 19 und S. 27; seine Resultate markieren den Anfang einer Entwicklung, die schließlich in der Theorie der Werteverteilung von R. NEVANLINNA kulminierte. E. BOREL leitete 1896 den kleinen PICARDschen Satz mit elementaren funktionentheoretischen Hilfsmitteln her, [28, S. 571]. LANDAU, [155], zeigte 1904 durch eine Modifikation des BORELschen Gedankengangs u.a. die Existenz der „Radius-Funktion" $R(a)$. F. SCHOTTKY konnte noch im gleichen Jahr dieses LANDAUsche Ergebnis verallgemeinern, [248, S. 1258].

Die Theorie nahm eine überraschende Wende, als A. BLOCH 1924 den nach ihm benannten Satz entdeckte. Aus diesem Satz folgte nun alles, wie wir gesehen haben.

1971 hat T. ESTERMANN in [61] einen Beweis des großen PICARDschen Satzes mitgeteilt, der ohne Rückgriff auf den SCHOTTKYschen Satz gelingt.

11. Randverhalten von Potenzreihen

Eine in einem Gebiet holomorphe Funktion ist völlig bestimmt, sobald von ihr eine einzige TAYLOR-Entwicklung $\sum a_\nu (z-c)^\nu$ bekannt ist. Alle Eigenschaften der Funktion sind also grundsätzlich in der Koeffizientenfolge a_ν gespeichert. Bereits 1892 hat J. HADAMARD in seiner Arbeit [102] das folgende Problem behandelt:

> Welche Beziehungen bestehen zwischen den Koeffizienten einer Potenzreihe und den Singularitäten der Funktion, die sie darstellt?

HADAMARD sagt dazu, loc. cit. S. 8: „Le développement de Taylor, en effet, ne met pas en évidence les propriétés de la fonction représentée et semble même les masquer complètement." Die HADAMARDsche Fragestellung hat zu vielen schönen Ergebnissen geführt; dieses Kapitel enthält eine Auswahl. Die HADAMARDsche Frage wird dabei enger gefasst:

> Welche Beziehungen bestehen zwischen den Koeffizienten und Partialsummen einer Potenzreihe und der Möglichkeit, die zugehörige Funktion in gewisse Randpunkte der Konvergenzkreisscheibe holomorph oder meromorph fortzusetzen?

Wir besprechen Sätze von FATOU, HADAMARD, HURWITZ, OSTROWSKI, PÓLYA, PORTER, M. RIESZ und SZEGÖ. Die vier Paragraphen dieses Kapitels sind unabhängig voneinander lesbar.

11.1 Konvergenz auf dem Rand

Ist eine Funktion $f \in \mathcal{O}(\mathbb{E})$ holomorph in den Randpunkt $c \in \partial\mathbb{E}$ fortsetzbar, so kann ihre TAYLOR-Reihe um 0 sehr wohl in c divergieren. Die Beispiele

$$\sum z^\nu \text{ mit } c := -1 \quad \text{bzw. } c := 1, \quad \sum z^\nu / \nu^2 \quad \text{mit } c := 1, \quad \sum z^\nu / \nu \quad \text{mit } c := -1$$

zeigen, dass Konvergenz oder Divergenz in Randpunkten i.a. nichts mit der Möglichkeit der holomorphen Fortsetzbarkeit in diese Punkte zu tun hat. Indessen hat man bereits in den frühen zwanziger Jahren entdeckt, dass bei speziellen Reihen durchsichtige Verhältnisse herrschen. Wir stellen im Abschnitt 11.1.1 drei klassische Sätze von FATOU, M. RIESZ und OSTROWSKI vor, die das Fortsetzungsproblem für eine Potenzreihe mit der Beschränktheit bzw. Konvergenz ihrer Partialsummenfolge verknüpfen. In den Abschnitten 11.1.2 und 11.1.3 werden diese Sätze bewiesen, dabei erweist sich der Satz von VITALI erneut als hilfreich. Im Abschnitt 11.1.4 diskutieren wir den OSTROW-SKIschen Satz.

Ist B der Konvergenzkreis von $f = \sum a_\nu z^\nu$, so nennen wir einen *abgeschlossenen* Kreisbogen L in ∂B einen *Holomorphiebogen* von f, wenn f in jeden Punkt von L holomorph fortsetzbar ist. Es gilt $L \neq \partial B$, da auf ∂B notwendig wenigstens ein singulärer Punkt von f liegt (vgl. I.8.1.5).

11.1.1 Sätze von Fatou, M. Riesz und Ostrowski. Die Partialsummenfolge $s_n(z) = (1 - z^{n+1})/(1 - z)$ der geometrischen Reihe $\sum z^\nu$ ist auf jedem Holomorphiebogen $L \subset \partial \mathbb{E} \backslash \{1\}$ gleichmäßig beschränkt, hingegen hat die Partialsummenfolge $t_n(z)$ der Ableitung $\sum \nu z^{\nu-1}$ diese Eigenschaft nicht mehr, z.B. gilt $t_{2m+1}(-1) = m + 1$, $m \in \mathbb{N}$. Der Grund für dieses unterschiedliche Verhalten ist, dass die Koeffizienten der Reihe im ersten Fall beschränkt sind, im zweiten Fall hingegen nicht.

Beschränktheitssatz von M. Riesz 11.1. *Ist $f = \sum a_\nu z^\nu$ eine Potenzreihe mit beschränkter Koeffizientenfolge, so ist ihre Partialsummenfolge $s_n :=$ $\sum_0^n a_\nu z^\nu$ auf jedem Holomorphiebogen L von f (gleichmäßig) beschränkt.*

Die Beschränktheit der Koeffizientenfolge allein ist nicht hinreichend, um die Konvergenz der Folge s_n auf L zu garantieren (geometrische Reihe). Indessen gilt:

Konvergenzsatz von Fatou und M. Riesz 11.2. *Ist $f = \sum a_\nu z^\nu$ eine Potenzreihe mit $\lim a_\nu = 0$, so konvergiert ihre Partialsummenfolge s_n gleichmäßig auf jedem Holomorphiebogen L von f (gegen die holomorphe Fortsetzung von f nach L).*

Dieser Satz hat die Konsequenz:

Ist $\sum a_\nu z^\nu$ holomorph nach 1 fortsetzbar, so gilt (wie in der p-adischen Analysis):

$$\sum a_\nu \quad \text{ist konvergent} \quad \Leftrightarrow \quad \lim a_\nu = 0 \ .$$

Wir nennen eine Potenzreihe $\sum a_\nu z^\nu$ eine *Lückenreihe*, wenn es eine Folge $m_\nu \in \mathbb{N}$ gibt, so dass gilt:

$$a_j = 0, \ \text{falls} \ m_\nu < j < m_{\nu+1}, \ \nu \in \mathbb{N}; \ \lim(m_{\nu+1} - m_\nu) = \infty \ . \tag{11.1}$$

Die Beweismethode für den FATOU-RIESZschen Satz liefert auch den

Konvergenzsatz von Ostrowski 11.3. *Ist* $f = \sum a_{m_\nu} z^{m_\nu}$ *eine Lückenreihe mit beschränkter Koeffizientenfolge, so konvergiert ihre Partialsummenfolge* s_{m_ν} *gleichmäßig auf jedem Holomorphiebogen* L *von* f.

Die angeführten Sätze werden in den nächsten beiden Abschnitten bewiesen. Wir dürfen in allen Fällen annehmen, dass die Potenzreihe den Konvergenzradius 1 hat.

11.1.2 Ein Lemma von M. Riesz. Zu jedem Holomorphiebogen $L \subset \partial\mathbb{E}$ einer Potenzreihe $f = \sum a_\nu z^\nu$ mit Konvergenzradius 1 gibt es einen *kompakten Kreissektor* S mit Spitze in 0, so dass L im *Inneren* $\overset{\circ}{S}$ von S liegt und f eine holomorphe Fortsetzung $\widehat{f}$ in S besitzt.[1] Es seien z_1, z_2 die Eckpunkte $\neq 0$ von S und w_1 bzw. w_2 der

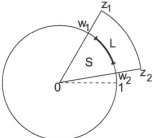

Schnittpunkt von $\partial\mathbb{E}$ mit $[0, z_1]$ bzw. $[0, z_2]$. Es gilt $|w_1| = |w_2| = 1$ und $s := |z_1| = |z_2| > 1$. Zum Beweis der Sätze des Abschnittes 11.1.1 betrachten wir die Funktionen

$$g_n(z) := \frac{\widehat{f}(z) - s_n(z)}{z^{n+1}}(z - w_1)(z - w_2), \quad n \in \mathbb{N}.$$

Jede Funktion g_n ist in S holomorph (!), wir behaupten

Lemma 11.4 (M. Riesz). *Hat die Potenzreihe* $\sum a_\nu z^\nu$ *(mit Konvergenzradius 1) eine beschränkte Koeffizientenfolge, und ist* $\widehat{f}$ *eine holomorphe Fortsetzung von* f *nach* S, *so ist die Folge* g_n *in* S *beschränkt.*

Beweis. Auf Grund des Maximumsprinzips genügt es zu zeigen, dass die Folge $g_n|\partial S$ beschränkt ist. Dieses wird direkt verifiziert. Sei $A := \sup|a_\nu| < \infty$, $M = |\widehat{f}|_S < \infty$. Falls $z = rw_1$ mit $0 < r < 1$, so gilt zunächst

---

[1] Per definitionem ist f in *jeden* Punkt von L holomorph fortsetzbar. Man überlegt sich, dass diese Fortsetzungen in einer Umgebung von L eine holomorphe Funktion bestimmen, die in $\mathbb{E}$ mit f übereinstimmt (man schließt wie beim Beweis der Existenz singulärer Punkte auf dem Rand des Konvergenzkreises, vgl. I.8.1.5.)

$$|\widehat{f}(z) - s_n(z)| = \left| \sum_{n+1}^{\infty} a_\nu z^\nu \right| \leq A(r^{n+1} + r^{n+2} + \ldots) = Ar^{n+1}/(1-r).$$

Da $|z - w_1| = 1 - r$ und $|z - w_2| < 2$, so folgt

$$|g_n(z)| \leq \frac{A}{1-r} r^{n+1} \frac{1}{r^{n+1}}(1-r)2 = 2A, \quad n \in \mathbb{N}.$$

Falls $z = rw_1$ mit $1 < r \leq s$, so gilt zunächst

$$|\widehat{f}(z) - s_n(z)| \leq M + A(1 + r + \ldots + r^n) < M + Ar^{n+1}/(r-1).$$

Da jetzt $|z - w_1| = r - 1$ und $|z - w_2| \leq 1 + s$, so folgt

$$|g_n(z)| \leq \left(M + \frac{A}{r-1} r^{n+1} \right) \frac{1}{r^{n+1}}(r-1)(1+s) < (M + A)(1+s), \; n \in \mathbb{N},$$

wegen $(r-1)/r^{n+1} < 1$. Da stets $g_n(w_1) = 0$ und $|g_n(0)| = |a_{n+1}w_1w_2| \leq A$, so ist die Folge g_n auf der Strecke $[0, z_1]$ beschränkt. Ebenso folgt ihre Beschränktheit auf der Strecke $[0, z_2]$.

Auf dem Kreisbogen zwischen z_1 und z_2 gilt schließlich, da dann $|z| = s$ und $|(z - w_1)(z - w_2)| \leq (1+s)^2$:

$$|g_n(z)| \leq \left(M + \frac{A}{s-1} s^{n+1} \right) \frac{1}{s^{n+1}}(1+s)^2 < \left(M + \frac{A}{s-1} \right)(1+s)^2, \; n \in \mathbb{N},$$

wegen $s > 1$. Also ist die Folge g_n auf ∂S beschränkt. $\square$

Das Lemma von M. RIESZ spielt im nächsten Abschnitt sowie in 11.4.1 eine entscheidende Rolle.

Historische Notiz. M. RIESZ hat das Lemma 1916 aus älteren Beweisen des FATOUschen Satzes herauspräpariert, [227, 145–148, 151–153]. Dem Trick, die „Hilfsfolge" g_n zu betrachten, liegt ein alter Gedanke von RIEMANN zugrunde: Das Verhalten einer Reihe, deren Konvergenz (hier zunächst nur Beschränktheit) in gewissen Mengen untersucht werden soll, wird durch Multiplikation mit einer geeigneten Funktion in zwei Hilfspunkten verbessert, vgl. [227, S. 146].

11.1.3 Beweis der Sätze aus 11.1.1. In allen drei Fällen kann man S und $\widehat{f}$ wie im Abschnitt 11.1.2 wählen. Für alle $n \in \mathbb{N}$ gilt dann, da $|z| = 1$ für $z \in L$:

$$|\widehat{f} - s_n|_L \leq a^{-1}|g_n|_S, \quad wo \quad a := \min_{z \in L}\{|(z - w_1)(z - w_2)|\} > 0. \tag{11.2}$$

Beweis des Beschränktheitssatzes von M. RIESZ. Nach Lemma 11.4 existiert ein $B > 0$, so dass $|g_n|_S \leq B$, $n \in \mathbb{N}$. Aus (11.2) folgt daher $|s_n|_L \leq |\hat{f}|_L + a^{-1}B$ für alle $n \in \mathbb{N}$. □

Beweis des Konvergenzsatzes von FATOU *und* M. RIESZ. Wegen $L \subset \overset{\circ}{S}$ und (11.2) genügt es zu zeigen, dass die Folge g_n in $\overset{\circ}{S}$ kompakt gegen Null konvergiert. Wir fixieren ein $q \in (0,1)$. Da die Folge g_n nach Lemma 11.4 in S beschränkt ist, so ist auf Grund des Satzes von VITALI nur nachzuweisen, dass $\lim g_n(z) = 0$ für alle z mit $|z| = q$. Mit $\varepsilon_n := \sup_{\nu \geq n} |a_\nu|$ gilt:

$$|\hat{f}(z) - s_n(z)| \leq \sum_{n+1}^{\infty} |a_\nu|q^\nu \leq \varepsilon_n q^{n+1}/(1-q), \quad |z| = q, \quad n \in \mathbb{N}.$$

Da $|(z - w_1)(z - w_2)| \leq (1+q)^2$, so sieht man

$$|g_n(z)| \leq \varepsilon_n \frac{q^{n+1}}{1-q} \cdot \frac{1}{q^{n+1}} \cdot (1+q)^2 = \varepsilon_n \frac{(1+q)^2}{1-q}, \quad |z| = q, \quad n \in \mathbb{N}.$$

Da $\lim \varepsilon_n = 0$ wegen $\lim a_\nu = 0$, so folgt $\lim g_n(z) = 0$, falls $|z| = q$. □

Beweis des Konvergenzsatzes von OSTROWSKI. Jetzt ist f eine Lückenreihe, und es ist zu zeigen: $\lim |\hat{f} - s_{m_\nu}|_L = 0$. Wegen (11.2) genügt es zu zeigen, dass die Folge g_{m_ν} in $\overset{\circ}{S}$ kompakt gegen Null strebt. Sei wieder $q \in (0,1)$. Nach VITALI genügt es zu zeigen, dass $\lim g_{m_\nu}(z) = 0$ für $|z| = q$. Mit $A := \sup |a_{m_\nu}|$ gilt

$$|\hat{f}(z) - s_{m_\nu}(z)| \leq \sum_{m_\nu+1}^{\infty} Aq^\mu = Aq^{m_\nu+1}/(1-q),$$

$$|g_{m_\nu}|(z) \leq A \frac{q^{m_\nu+1}}{1-q} \frac{1}{q^{m_\nu+1}} (1+q)^2 = A \frac{(1+q)^2}{(1-q)q} q^{m_\nu+1-m_\nu}.$$

Da $\lim q^{m_\nu+1-m_\nu} = 0$ wegen $\lim(m_{\nu+1} - m_\nu) = \infty$, so folgt $\lim g_{m_\nu}(z) = 0$ für alle z mit $|z| = q$. □

Aus dem Satz von FATOU und M. RIESZ folgt nebenbei, da die Logarithmusfunktion

$$\log(1 - z) = -\sum_1^{\infty} z^\nu/\nu \text{ in jeden Punkt } c \in \partial\mathbb{E}\backslash\{1\} \text{ holomorph fortsetzbar ist:}$$

Die Reihe $\sum z^\nu/\nu$ *ist in* $\partial\mathbb{E}\backslash\{1\}$ *kompakt konvergent.*

Dieses lässt sich natürlich auch elementar mittels *abelscher Summation* einsehen, vergleiche etwa Aufgabe I.4.2.2.

Historische Notiz. P. FATOU hat seinen Satz 1906 bewiesen für den Fall, dass L ein Punkt ist und die Folge a_ν wie $1/\nu$ gegen Null strebt, [69, S. 389]. Die Verschärfung auf Kreisbögen und beliebige Nullfolgen a_ν gab M. RIESZ 1911, [227, S. 77]; den eleganten Beweis mittels des Lemmas 11.4, der auch den Beschränktheitssatz liefert, gab er 1916, [227, 145–164]. A. OSTROWSKI bewies 1921 mittels des VITALIschen Satzes das Analogon des FATOUschen Satzes für Lückenreihen, [195, 19–21].

11.1.4 Ein Kriterium für Nichtfortsetzbarkeit.   *Jede Lückenreihe $\sum a_{m_\nu} z^{m_\nu}$, die in allen Punkten von $\partial\mathbb{E}$ divergiert und eine beschränkte Koeffizientenfolge besitzt, hat $\mathbb{E}$ zum Holomorphiegebiet.*

Das folgt unmittelbar durch Negation des OSTROWSKIschen Satzes in 11.1.

Korollar. *Jede unendliche Lückenreihe $\sum z^{m_\nu}$ hat $\mathbb{E}$ zum Holomorphiegebiet.*

Die Reihen $\sum z^{2^\nu}$ und $\sum z^{\nu!}$ haben also $\partial\mathbb{E}$ zur natürlichen Grenze. Darüber hinaus sehen wir, dass auch die *Thetareihe* $\theta(z) = 1 + 2\sum z^{\nu^2}$ die Scheibe $\mathbb{E}$ zum Holomorphiegebiet hat. Auf dieses Beispiel hat KRONECKER bereits 1863 hingewiesen, vgl. hierzu [249, S. 214], und [151, S. 118 und 182].

KRONECKER gewinnt die Nichtfortsetzbarkeit aus klassischen Transformationsformeln für Thetafunktionen, vgl. z.B. seine sparsamen Hinweise in [151, S. 118]. Man argumentiert wie folgt: die „Thetafunktion"

$$\widetilde\vartheta(\tau) := \sum_{-\infty}^{\infty} e^{\pi i \nu^2 \tau}, \quad \tau \in \mathbb{H},$$

genügt den (überhaupt nicht evidenten) Transformationsformeln

$$\widetilde\vartheta(\tau) = \frac{\zeta}{\sqrt{c\tau+d}}\widetilde\vartheta\left(\frac{a\tau+b}{c\tau+d}\right), \text{wobei} \begin{pmatrix} a & b \\ c & d \end{pmatrix} \in SL(2,\mathbb{Z}), ab, cd \text{ gerade}, \zeta^8 = 1.$$

Hieraus entnimmt man, dass $\widetilde\vartheta(\tau)$ bei *vertikaler* Annäherung aus $\mathbb{H}$ an den Punkt p/q, wo p, q teilerfremde ganze Zahlen mit geradem Produkt pq sind, wie $1/\sqrt{q\tau - p}$ gegen ∞ strebt. Da

$$\theta(z) = \widetilde\vartheta(\tau) \quad \text{mit} \quad z = e^{\pi i \tau},$$

so wird $\theta(z)$ bei radialer Annäherung aus $\mathbb{E}$ an alle Einheitswurzeln der Form $\exp(\pi i p/q), p, q$ wie eben, unendlich groß. Da diese Einheitswurzeln dicht in $\partial\mathbb{E}$ liegen, so ist $\theta(z)$ in keinen Randpunkt von $\mathbb{E}$ holomorph fortsetzbar.

Die hier für $\theta(z)$ gewonnene Wachstumsaussage steht natürlich nicht im Widerspruch zur Gleichung $\theta(z) = \prod_{1}^{\infty}(1 - z^\nu)(1 + z^\nu)(1 + z^{2\nu-1})^2, z \in \mathbb{E}$ (die sofort aus 1.5.1, (J), folgt, wenn man dort $z = 1$ setzt und z statt q schreibt): die in Einheitswurzeln verschwindenden Faktoren suggerieren lediglich, dass $\theta(z)$ bei Annäherung an Einheitswurzeln gegen 0 streben könnte.

11.2 Theorie der Überkonvergenz. Lückensatz

> We can get an analytic extension of our
> power series merely by inserting paren-
> theses (M.B. PORTER, 1906).

Hat eine Potenzreihe $\sum a_\nu z^\nu$ einen endlichen Konvergenzradius $R > 0$, so können gewisse Abschnittfolgen dieser Reihe sehr wohl in Gebieten, die $B_R(0)$ echt umfassen, kompakt konvergieren. Diese Erscheinung nennt man *Überkonvergenz*, sie beruht darauf, dass divergente Reihen durch Klammersetzen konvergent werden können. Ein einfaches Beispiel findet man im Abschnitt 11.2.1.

Es besteht ein enger Zusammenhang zwischen Überkonvergenz und Lücken in der Exponentenfolge der Potenzreihe. Hiervon handelt der Überkonvergenzsatz von OSTROWSKI im Abschnitt 11.2.2. Eine einfache Folgerung ist der HADAMARDsche Lückensatz im Abschnitt 11.2.3. Im Abschnitt 11.2.4 beschreiben wir ein elegantes Verfahren zur Konstruktion überkonvergenter Potenzreihen.

11.2.1 Überkonvergente Potenzreihen. Eine Potenzreihe $\sum a_\nu z^\nu$ mit endlichem Konvergenzradius $R > 0$ heißt *überkonvergent*, wenn es eine *Abschnittfolge*

$$s_{m_k}(z) := \sum_0^{m_k} a_\nu z^\nu \quad \text{mit} \quad m_0 < m_1 < \ldots < m_k < \ldots$$

gibt, die in einem Gebiet, dass $B_R(0)$ *echt* umfasst, kompakt konvergiert. Das wohl einfachste Beispiel stammt von OSTROWSKI, [194, 1926, S. 160]. Er geht aus von der Polynomreihe

$$(1) \qquad \sum_{\nu=0}^\infty d_\nu \big[z(1-z)\big]^{4^\nu} \;, \quad d_\nu^{-1} := \max_{0 \le j \le 4^\nu} \binom{4^\nu}{j} \;;$$

ersichtlich ist d_ν^{-1} der betragsmäßig größte Koeffizient des Polynoms $[z(1 - z)]^{4^\nu}$. Da $[z(1-z)]^{4^\nu}$ nur Terme cz^j mit $4^\nu \le j \le 2 \cdot 4^\nu$ enthält, entsteht durch sukzessive Addition dieser Polynome eine *formale* Potenzreihe

$$\sum a_\nu z^\nu \quad \text{mit} \quad s_{2 \cdot 4^k}(z) = \sum_0^{2 \cdot 4^k} a_\nu z^\nu = \sum_0^k d_\nu [z(1-z)]^{4^\nu}, \quad k \in \mathbb{N}.$$

Satz 11.5. *Die Reihe $\sum a_\nu z^\nu$ ist überkonvergent: Ihr Konvergenzradius ist 1, indessen konvergiert die Abschnittfolge $s_{2 \cdot 4^k}(z)$ kompakt im* CASSINI*-Gebiet*

$$W := \{z \in \mathbb{C} : |z(z-1)| < 2\} \supset (\overline{\mathbb{E}} \backslash \{-1\}) \cup (\overline{B_1(1)} \backslash \{2\})$$

(Figur rechts S. 125).

Beweis. Laut Definition von d_ν in (1) sind alle Koeffizienten in $d_\nu[z(1-z)]^{4^\nu}$ vom Betrag ≤ 1, wenigstens einmal gilt Gleichheit. Daher gilt $|a_\nu| \leq 1$ für alle $\nu \in \mathbb{N}$, wobei unendlich oft Gleichheit eintritt. Es folgt $\overline{\lim} \sqrt[\nu]{|a_\nu|} = 1$.

Die Potenzreihe $\sum d_\nu w^{4^\nu}$ hat den Konvergenzradius 2, da $\lim \sqrt[4^\nu]{d_\nu} = \frac{1}{2}$.[2] Daher konvergiert die Folge $s_{2 \cdot 4^k}(z)$ kompakt in W. $\qquad\square$

Der Punkt -1 ist der einzige singuläre Punkt von $\sum a_\nu z^\nu$ auf $\partial\mathbb{E}$. Die Abschnittfolge $s_{2 \cdot 4^k}(z)$ konvergiert also kompakt in einer Umgebung der Menge aller *nicht singulären Randpunkte*. Hinter dieser Einsicht verbirgt sich ein allgemeiner Satz, dem wir uns nun zuwenden.

11.2.2 Überkonvergenzsatz von Ostrowski.
Eine Potenzreihe $f(z) = \sum a_\nu z^\nu$ heißt OSTROWSKI-Reihe, wenn es ein $\delta > 0$ und zwei Folgen $m_0, m_1 \ldots$ und $n_0, n_1 \ldots$ aus $\mathbb{N}$ gibt, so dass gilt:

a) $0 \leq m_0 < n_0 \leq m_1 < n_1 \leq \ldots \leq m_\nu < n_\nu \leq m_{\nu+1} < \ldots$,
   $n_\nu - m_\nu > \delta m_\nu,\ \nu \in \mathbb{N}$,
b) $a_j = 0$, falls $m_\nu < j < n_\nu,\ \nu \in \mathbb{N}$.

Solche Reihen haben also *unendlich* viele Lücken (zwischen m_ν und n_ν), die *gleichmäßig* größer werden, jedoch dürfen zwischen aufeinander folgenden Lücken beliebig lange (endliche) lückenlose Abschnitte (zwischen n_ν und $m_{\nu+1}$) liegen. OSTROWSKI-Reihen sind also nicht notwendig Lückenreihen im Sinne von 11.1.1. Die Reihe aus 11.2.1 ist eine OSTROWSKI-Reihe mit $m_\nu = 2 \cdot 4^\nu$, $n_\nu = 4^{\nu+1}$ und z.B. $\delta = 0,9$.

Überkonvergenzsatz von Ostrowski 11.6.
Es sei $f = \sum a_\nu z^\nu$ eine OSTROWSKI-Reihe mit Konvergenzradius $R > 0$, es bezeichne $A \subset \partial B_R(0)$ die Menge aller nicht singulären Randpunkte von f. Dann konvergiert die Folge der Abschnitte $s_{m_k}(z) = \sum_0^{m_k} a_\nu z^\nu$ kompakt in einer Umgebung von $B_R(0) \cup A$.

Beweis (nach ESTERMANN [60]). Sei $R = 1$ und $c \in \partial\mathbb{E}$. Wir führen das Polynom

$$q(w) := \tfrac{1}{2}c(w^p + w^{p+1}), \quad \text{wobei } p \in \mathbb{N} \quad \text{und } p \geq \delta^{-1},$$

ein und betrachten die in $q^{-1}(\mathbb{E}) = \{w \in \mathbb{C} : |q(w)| < 1\}$ holomorphe Funktion

$$g(w) := f(q(w)) = \sum a_\nu q(w)^\nu \quad \text{(Kunstgriff von PORTER-ESTERMANN)}.$$

Wir bezeichnen mit $\sum b_\nu w^\nu$ die TAYLOR-Reihe von g um $0 \in q^{-1}(\mathbb{E})$ und mit $s_n(z)$ bzw. $t_n(w)$ die n-te Partialsumme von $\sum a_\nu z^\nu$ bzw. $\sum b_\nu w^\nu$ und behaupten:

---

[2] Da $d_\nu^{-1} = \max\limits_{0 \leq j \leq 4^\nu} \binom{4^\nu}{j}$, so gilt $2^{-4^\nu} \leq d_\nu \leq (4^\nu+1)2^{-4^\nu}$. Für die größte Zahl $\binom{m}{j}$ unter allen Binomialkoeffizient $\binom{m}{\mu}$ hat man nämlich $\frac{1}{m+1}2^m \leq \binom{m}{j} \leq 2^m$, wie man sofort der Gleichung $(1+1)^m = \binom{m}{0} + \binom{m}{1} + \ldots + \binom{m}{m}$ entnimmt.

$$t_{(p+1)m_k}(w) = s_{m_k}(q(w)) \quad \text{für alle} \quad w \in \mathbb{C}, \ k \in \mathbb{N}. \tag{11.3}$$

Nach dem WEIERSTRASSschen Doppelreihensatz aus I.8.4.2 entsteht $\sum b_\nu w^\nu$ aus $\sum a_\nu \, q(w)^\nu$ durch Ausmultiplizieren der Polynome $q(w)^\nu$ und Ordnen der entstehenden Reihe $\sum a_\nu (\ldots)$ nach Potenzen von w. Das Polynom $s_{m_k}(q(w))$ ist vom Grad $\leq (p+1)m_k$. Jedes Polynom $a_\mu q(w)^\mu$, $\mu > m_k$, enthält wegen b) nur Monome aw^j mit $j \geq pn_k$. Da $pn_k > pm_k + p\delta m_k \geq (p+1)m_k$ wegen a) und $p \geq \delta^{-1}$, so liefert kein solches Polynom einen Beitrag zur Partialsumme $t_{(p+1)m_k}(w)$ (die ein Polynom vom Grad $\leq (p+1)m_k$ ist). Damit folgt (11.3).

Nach dieser technischen Vorbereitung geht der Beweis elegant zu Ende. Es gilt $q^{-1}(\mathbb{E}) \supset \overline{\mathbb{E}} \backslash \{1\}$, da $|1 + w| < 2$ und daher $|q(w)| < 1$ für alle $w \in \overline{\mathbb{E}} \backslash \{1\}$. Die Funktion $g = f \circ q \in \mathcal{O}(q^{-1}(\mathbb{E}))$ ist also in jedem Punkt von $\overline{\mathbb{E}} \backslash \{1\}$ holomorph. Falls nun $c \in A$, so ist g wegen $q(1) = c$ auch noch in 1 holomorph. Die TAYLOR-Reihe $\sum b_\nu w^\nu$ von g und also erst recht die Abschnittfolge $t_{(p+1)m_k}(w)$ konvergiert dann in einer offenen Scheibe $B \supset \overline{\mathbb{E}}$. Wegen (∗) konvergiert nun die Folge $s_{m_k}(z)$ kompakt in $q(B)$. Da $q(B)$ ein Gebiet ist, das $c = q(1)$ enthält, so konvergiert die Folge $s_{m_k}(z)$ also kompakt in einer Umgebung eines jeden Punktes $c \in A$. □

11.2.3 Lückensatz von Hadamard.

Eine Potenzreihe $\sum a_\nu z^\nu$ heißt eine HADAMARDsche Lückenreihe , wenn es ein $\delta > 0$ und eine Folge $m_0, m_1, \ldots$ aus $\mathbb{N}$ gibt, so dass gilt

$$m_{\nu+1} - m_\nu > \delta m_\nu, \quad \nu \in \mathbb{N}; \ a_j = 0, \text{ falls } m_\nu < j < m_{\nu+1}, \ a_{m_\nu} \neq 0. \tag{11.4}$$

Jede HADAMARDsche Lückenreihe ist eine Lückenreihe im Sinne von 11.1.1 und auch eine OSTROWSKI-Reihe (mit $n_\nu := m_{\nu+1}$). Die Umkehrung gilt nicht: Für Lückenreihen gemäß 11.1.1 wird nur $\lim(m_{\nu+1} - m_\nu) = \infty$ verlangt; bei OSTROWSKI-Reihen brauchen Lücken nur „ab und zu" aufzutreten, während (11.4) fordert, dass zwischen je zwei aufeinanderfolgenden wirklich vorkommenden Gliedern eine Lücke liegt.

Lückensatz von Hadamard 11.7. *Jede HADAMARDsche Lückenreihe $f = \sum a_\nu z^\nu$ mit Konvergenzradius $R > 0$ hat die Scheibe $B_R(0)$ zum Holomorphiegebiet.*

Beweis. Die Partialsummenfolge $s_n(z)$ ist die Folge $s_{m_k}(z)$ (wobei deren Glieder allerdings mehrfach aufeinander folgen). Die Folge $s_{m_k}(z)$ divergiert daher in jedem Punkt $\zeta \notin \overline{B_R(0)}$. Nach dem Überkonvergenzsatz sind dann alle Punkte von $\partial B_R(0)$ singuläre Punkte von f. □

Der Lückensatz ist in gewissem Sinne ein Paradoxon: Potenzreihen, die wegen ihrer Lücken im Innern des Konvergenzkreises besonders schnell konvergieren, haben gerade infolge dieser Lücken überall auf dem Rand Singularitäten.

Der HADAMARDsche Lückensatz ist weiter und enger zugleich als der OSTROWSKISche Lückensatz 11.3: Weiter, da die Folge a_ν nicht beschränkt sein muss; enger, da OSTROWSKI mit einer schwächeren Lückenbedingung als (11.4) auskommt. Der HADAMARDsche Satz zeigt erneut, dass $\mathbb{E}$ das Holomorphiegebiet von $\sum z^{2^\nu}$ und $\sum z^{\nu!}$ ist; er reicht indessen nicht aus, dies auch für die Thetareihe $1 + 2\sum z^{\nu^2}$ einzusehen.

Beispiel. *Die Reihe* $f(z) = 1 + 2z + \sum b_\nu z^{2^\nu}$ *mit* $b_\nu := 2^{-\nu^2}$ *definiert eine in $\overline{\mathbb{E}}$ injektive, stetige und in $\mathbb{E}$ holomorphe Funktion. Diese Funktion ist in jedem Punkt der Kreislinie $\partial\mathbb{E}$ beliebig oft reell differenzierbar, aber in keinen Punkt von $\partial\mathbb{E}$ holomorph fortsetzbar.*

Beweis. Wegen $\lim(\nu^2/2^\nu) = 0$ gilt $\lim \sqrt[2^\nu]{|b_\nu|} = 1$. Da $2^{\nu k}b_\nu \leq 2^{-\nu}$ für $\nu > k$, so konvergiert die Reihe nebst all ihren Ableitungen gleichmäßig in $\overline{\mathbb{E}}$, daher ist f beliebig oft differenzierbar in $\overline{\mathbb{E}}$. Für alle $w, z \in \overline{\mathbb{E}}, w \neq z$, gilt:

$$\left|\frac{f(w) - f(z)}{w - z}\right| = \left|2 + \sum_1^\infty b_\nu(w^{2^\nu - 1} + w^{2^\nu - 2}z + \ldots + z^{2^\nu - 1})\right|$$

$$\geq 2 - \sum_1^\infty b_\nu 2^\nu = 2 - \sum_1^\infty \frac{1}{2^{\nu(\nu-1)}} > 0,$$

also $f(w) \neq f(z)$. Nach dem Lückensatz ist $\mathbb{E}$ das Holomorphiegebiet von f. $\square$

Die Überraschung in diesem Beispiel ist, dass Singularitäten auf $\partial\mathbb{E}$ sehr wohl mit einem „glatten und bijektiven" Abbildungsverhalten der Funktion dort vereinbar sind. Für Kenner der RIEMANNschen Abbildungstheorie geschieht aber nichts Sensationelles: Es wird lediglich explizit eine biholomorphe Abbildung $\mathbb{E} \xrightarrow{\sim} G$ angegeben, die zu einem C^∞-Diffeomorphismus $\overline{\mathbb{E}} \to \overline{G}$ fortsetzbar ist: ∂G ist ein beliebig oft differenzierbarer geschlossener Weg, der nirgends reell analytisch ist, denn $f|\partial\mathbb{E}$ kann nirgends reell analytisch sein (das folgt sofort aus dem in diesem Buch nicht besprochenen SCHWARZschen Spiegelungsprinzip).

11.2.4 Porters Konstruktion überkonvergenter Reihen. Man wähle irgendwie

- ein Polynom $q \neq 0$ vom Grad d mit $q(0) = 0$, das wenigstens eine Nullstelle $\neq 0$ hat,
- eine Lückenreihe $f = \sum a_{m_\nu} z^{m_\nu}$ mit $m_{\nu+1} > dm_\nu$ und Konvergenzradius $R \in (0, \infty)$.

Man setze

$$g(z) := f(q(z)) = \sum a_{m_\nu} q(z)^{m_\nu}, \quad V := \{z \in \mathbb{C} : |q(z)| < R\} \text{ und}$$
$$r := d(0, \partial V) \in (0, \infty).$$

Satz 11.8. *Die* TAYLOR-*Reihe* $\sum b_\nu z^\nu$ *von* $g \in \mathcal{O}(V)$ *um* $0 \in V$ *ist überkonvergent: Sie hat den Konvergenzradius* r, *ihre Abschnittfolge* $t_{dm_k}(z) = \sum_0^{dm_k} b_\nu z^\nu$ *konvergiert kompakt in* V. *Die Komponente* $\widehat{V}$ *von* V *durch* 0 *umfasst* $B_r(0)$ *echt und ist das Holomorphiegebiet von* $g|\widehat{V}$.

Beweis. Der Schlüssel ist (wie beim Überkonvergenzsatz) die Gleichung

$$t_{dm_k}(z) = \sum_{\nu=0}^{k} a_{m_\nu} q(z)^{m_\nu} , \quad k \in \mathbb{N}. \tag{11.5}$$

Sie folgt, da t_{dm_k} ein Polynom vom Grad $\leq dm_k$ ist und $q(z)^{m_{k+1}}$ nur Terme az^j mit $j \geq m_{k+1} > dm_k$ hat. Mit (11.5) ist die kompakte Konvergenz der Folge t_{dm_k} in V klar.

Die TAYLOR-Reihe $\sum b_\nu z^\nu$ von $g \in \mathcal{O}(V)$ konvergiert in $B_r(0) \subset V$. Wäre ihr Konvergenzradius größer als $r = d(0, \partial V)$, so gäbe es Punkte $v \notin \overline{V}$, so dass $\sum b_\nu v^\nu$ konvergiert. Wegen (11.5) wäre dann $\sum_0^\infty a_{m_\nu} q(v)^{m_\nu}$ konvergent. Das geht nicht, da $|q(v)| > R$. Also ist r der Konvergenzradius von $\sum b_\nu z^\nu$.

Es gilt $\widehat{V} \supset B_r(0)$ (trivial) und $\widehat{V} \neq B_r(0)$ (Folgerung 9.3.2, denn q hat verschiedene Nullstellen). Da $B_R(0)$ nach dem Lückensatz das Holomorphiegebiet von f ist, so ist $\widehat{V}$ nach Hilfssatz 5.16 das Holomorphiegebiet von $g = f \circ q$. $\qquad\square$

Das OSTROWSKIsche Beispiel aus 11.2.1 fällt unter den bewiesenen Satz.

11.2.5 Historisches zum Lückensatz. Das von WEIERSTRASS und KRONECKER in den 60-er Jahren des 19. Jahrhunderts entdeckte Phänomen der Existenz von Potenzreihen mit natürlichen Grenzen fand 1892 durch HADAMARD eine natürliche Erklärung. In [102, S. 72 ff.] beweist er den Lückensatz; einen einfacheren Beweis gab 1921 SZEGÖ, [258, 566–568]. Besonders elegant argumentiert 1927 J.L. MORDELL, [179]; er substituiert Polynome $w^p(1 + w)$. Diese schöne Idee hatte allerdings M.B. PORTER bereits 1906; er gab damals die Konstruktion aus Abschnitt 11.2.4 an und bewies nebenbei den Lückensatz für den Fall $m_{\nu+1} > 2m_\nu$ mittels der Substitution $w(1 + w)$, [217, 191–192]. PORTERs Arbeit blieb bis 1928 unbeachtet, vgl. hierzu den nächsten Abschnitt. OSTROWSKI sah 1921 den HADAMARDschen Satz als Korollar seines Überkonvergenzsatzes, [194, S. 15].

Auf ein Beispiel wie in Abschnitt 11.2.3 hat 1890 der schwedische Mathematiker I. FREDHOLM, ein Schüler von MITTAG-LEFFLER, hingewiesen. Er betrachtet für festes $a, 0 < |a| < 1$, die Potenzreihe

$$g(z) = \sum a^\nu z^{\nu^2} = 1 + az + a^2 z^4 + a^3 z^9 + \dots,$$

vgl. [75]. Wegen $\lim \sqrt[\nu^2]{|a|^\nu} = 1$ ist $\mathbb{E}$ nach dem FABRYschen Lückensatz (vgl. hierzu Abschnitt 7) das Holomorphiegebiet von g. Da $\sum \nu^{2k} |a|^\nu < \infty$ für jedes k und da $\sum\limits_{\nu=2}^\infty \nu^2 |a|^\nu < |a|$ für kleine a, so hat g ebenfalls die im Beispiel in Abschnitt 11.2.3 für f gezeigten Eigenschaften.

MITTAG–LEFFLER nennt 1891 in einem Brief an POINCARÉ die FREDHOLMsche Konstruktion „un résultat assez remarquable", Acta Math. 15, 279–280 (1891). Das FREDHOLMsche Beispiel wurde 1897 auch von HURWITZ diskutiert, [126, S. 478].

Lückenreihen in Form von FOURIER-Reihen kommen bereits früh in der reellen Analysis vor. So berichtet 1872 WEIERSTRASS (vgl. [270, S. 71], dass RIEMANN „im Jahre 1861 oder vielleicht auch schon früher" seinen Hörern die Lückenreihe

$$\sum_1^\infty \frac{\sin n^2 x}{n^2}$$

als Beispiel einer in $\mathbb{R}$ stetigen nirgends differenzierbaren Funktion vorstellte. „Leider ist der Beweis hierfür von RIEMANN nicht veröffentlicht worden und scheint sich auch nicht in seinen Papieren oder durch mündliche Überlieferung erhalten zu haben." Heute weiß man, dass RIEMANNs Funktion nur in den Punkten $\pi(2p + 1)/(2q + 1), p, q \in \mathbb{Z}$, differenzierbar ist, und dass ihre Ableitung dort stets $-\frac{1}{2}$ ist, vgl. [86] und [252].[3]

Da WEIERSTRASS die RIEMANNsche Behauptung nicht beweisen konnte, gab er 1872 seine berühmte Reihe

$$\sum b^n \cos(a^n x \pi), \ a \geq 3, a \text{ ungerade}, \ 0 < b < a, ab > 1 + \frac{3}{2}\pi,$$

als einfaches Beispiel einer stetigen, nirgends differenzierbaren Funktion (loc. cit. S. 72–74).

11.2.6 Historisches zur Überkonvergenz.

Erhard SCHMIDT legte 1921 der Preußischen Akademie die Arbeit [194][13–21] vor, in der A. OSTROWSKI mit Hilfe des Drei-Kreise-Satzes von HADAMARD seinen Überkonvergenzsatz beweist. OSTROWSKI schreibt damals (Fußnote 2 auf S. 14), dass R. JENTZSCH 1917 die Überkonvergenz entdeckt habe, [136, S. 255 und S. 265–270]. Der OSTROWSKIsche Satz erregte sofort Aufsehen. OSTROWSKI hat in mehreren Arbeiten sein Resultat ausgebaut (vgl. [194, 159–172], und die dort auf S. 159 angegebene Literatur); die „sehr elegant konstruierten Beispiele" von JENTZSCH stehen bis 1928 in hohem Ansehen.

---

[3] Vom RIEMANNschen Beispiel handelt auch ein Artikel „RIEMANN's example of a continuous ‚non differentiable‘ function" von E. NEUENSCHWANDER in Math. Int. 1, 40–44 (1978), der im selben Band von S.L. SEGAL wesentlich ergänzt wurde, S. 81/82.

Es war indessen den interessierten Mathematikern entgangen, dass M.B. PORTER bereits 1906 das Phänomen der Überkonvergenz klar beschrieben hatte. Die in 11.2.4 diskutierten PORTERschen Beispiele $\sum a_{m_\nu}[z(1+z)]^{m_\nu}$, [217, 191–192], sind natürlicher als die „etwas künstlich konstruierten" Beispiele von JENTZSCH. Die PORTERschen Reihen wurden – und das war überraschenderweise den Experten gleichfalls verborgen geblieben – im gleichen Jahre 1906 auch von G. FABER in München studiert, [65]; allerdings stellte FABER die Eigenschaft der Überkonvergenz nicht besonders heraus. Die PORTERschen Beispiele wurden von E. GOURSAT wiedergefunden, der sie in der 4. Auflage seines *Cours D'Analyse* Bd. 2, S. 284, diskutiert. Dieses alles wurde erst 1928 bekannt, als OSTROWSKI ein Addendum veröffentlichte, vgl. [194, S. 172].

OSTROWSKIs Beweis des Überkonvergenzsatzes ist kompliziert. 1932 sah T. ESTERMANN, dass der Trick von PORTER, die Polynome $w^p(1+w)$ heranzuziehen, zu einem unmittelbaren Beweis führt, [60].

11.2.7 Ausblicke. Den schärfsten Nichtfortsetzbarkeitssatz, der sowohl HADAMARDs Lückensatz als auch das Kriterium 11.1.4 umfasst, hat bereits 1899 E. FABRY (1856–1944) gefunden. Nennt man eine Reihe $\sum a_\nu z^{m_\nu}$ eine FABRY-*Reihe*, wenn $\lim m_\nu/\nu = \infty$, so gilt der tiefliegende

Fabryscher Lückensatz 11.9. *Ist* $f = \sum a_\nu z^{m_\nu}$ *eine* FABRY-*Reihe mit Konvergenzradius R, so ist die Kreisscheibe* $B_R(0)$ *das Holomorphiegebiet von* f.

Beweise findet man bei [156, 76–84], sowie bei [53, 127–133]. FABRY hat seinen Satz übrigens nur für Lückenreihen, wie wir sie in 11.1.1 definierten, ausgesprochen, [66, S. 382]; die hier gegebene Formulierung findet sich erst 1906 bei FABER [65, S. 581]. Dass diese Fassung schärfer ist, zeigt folgende

Aufgabe. Zeigen Sie, dass jede allgemeine Lückenreihe eine FABRY-Reihe ist. Geben Sie FABRY–Reihen an, die keine Lückenreihen sind.

PÓLYA hat 1939 gesehen, dass sich die Aussage des FABRYschen Satzes umkehren lässt, er zeigt [208][S. 698]:

Es sei m_ν *eine Folge natürlicher Zahlen, mit* $m_0 < m_1 < \ldots$. *Jede Reihe* $\sum a_\nu z^{m_\nu}$ *möge ihren Konvergenzkreis zum Holomorphiegebiet haben. Dann gilt* $\lim m_\nu/\nu = \infty$.

11.3 Ein Satz von Fatou-Hurwitz-Pólya

> Für eine beliebige Potenzreihe lässt sich der
> Konvergenzkreis zur natürlichen Grenze ma-
> chen, bloß durch geeignete Änderung der Vor-
> zeichen der Koeffizienten (G. PÓLYA, 1916)

HADAMARDsche Lückenreihen haben ihren Konvergenzkreis zur natürlichen
Grenze. Diese Erkenntnis führt nun zu der überraschenden Einsicht, dass es
eigentlich gar nicht solcher Reihen bedarf, um unzählige Funktionen mit Kreisscheiben als Holomorphiegebiet anzugeben. Wir werden zeigen:

Satz von Fatou-Hurwitz-Pólya 11.10. *Sei B der Konvergenzkreis der
Potenzreihe $f = \sum a_\nu z^\nu$. Dann hat die Menge aller Funktionen der Gestalt
$\sum \varepsilon_\nu a_\nu z^\nu$, $\varepsilon_\nu \in \{-1, +1\}$, deren Holomorphiegebiet B ist, die Mächtigkeit des
Kontinuums.* [4]

Dieser Satz hat etwas Paradoxes an sich: Es gibt zwar Bedingungen für
die absoluten Beträge der Koeffizienten, die Nichtfortsetzbarkeit garantieren
(z.B. HADAMARD-Lücken), es gibt aber *keine* Bedingung, die sich nur auf die
absoluten Beträge der a_ν bezieht und die Fortsetzbarkeit zur Folge hat.

Im Satz wird *nicht* behauptet, dass höchstens abzählbar unendlich viele
Funktionen $\sum \varepsilon_\nu a_\nu z^\nu$, $\varepsilon_\nu = \pm 1$, die Scheibe B nicht zum Holomorphiegebiet haben. Das trifft allerdings nach F. HAUSDORFF immer dann zu, wenn
$\overline{\lim} \sqrt[\nu]{|a_\nu|} = \lim \sqrt[\nu]{|a_\nu|}$, vgl. [107, S. 103].

11.3.1 Der Hurwitzsche Beweis. Wir dürfen $B = \mathbb{E}$ annehmen. Dann
gilt $\overline{\lim} \sqrt[\nu]{|a_\nu|} = 1$, und es gibt eine Teilreihe $h = \sum a_{m_\nu} z^{m_\nu}$ von f, so dass
$m_{\nu+1} > 2m_\nu$ und $\lim \sqrt[m_\nu]{|a_{m_\nu}|} = 1$. Aus dieser HADAMARDschen Lückenreihe
$h \in \mathcal{O}(\mathbb{E})$ bilden wir unendlich viele Reihen $h_n \in \mathcal{O}(\mathbb{E})$, $n \in \mathbb{N}$, derart, dass
keine von ihnen endlich ist und dass jeder Term $a_{m_\nu} z^{m_\nu}$ in genau einer dieser
Reihen vorkommt. Es gilt

$$h = h_0 + h_1 + h_2 + \dots \text{ in } \mathbb{E} \text{ (normale Konvergenz von Potenzreihen).}$$

Wir setzen $g := f - h$ und ordnen jeder Folge $\eta : \mathbb{N} \to \{+1, -1\}, \nu \mapsto \eta_\nu$, die
Reihe

$$f_\eta := g + \eta_0 h_0 + \eta_1 h_1 + \dots + \eta_n h_n + \dots \in \mathcal{O}(\mathbb{E})$$

zu. Auf Grund der normalen Konvergenz hat die TAYLOR-Reihe jeder Funk-
tion f_η um 0 die Gestalt $\sum \varepsilon_\nu a_\nu z^\nu$, $\varepsilon_\nu = \pm 1$. Es genügt also zu zeigen, dass

---

[4] Bekanntlich hat die Menge aller Folgen $\varepsilon : \mathbb{N} \to \{+1, -1\}$ die Mächtigkeit des
  Kontinuums (Dualzahlsystem); daher existieren jedenfalls „kontinuierlich viele"
  Funktionen der Gestalt $\sum \varepsilon_\nu a_\nu z^\nu, \varepsilon_\nu = \pm 1$.

höchstens abzählbar unendlich viele Funktionen f_η den Einheitskreis $\mathbb{E}$ nicht zum Holomorphiegebiet haben. Träfe das nicht zu, so gäbe es eine *überabzählbare* Menge von Folgen δ, so dass jede Funktion f_δ holomorph in eine Einheitswurzel fortsetzbar wäre. Da die Menge aller Einheitswurzeln *abzählbar* ist, so gäbe es also zwei *verschiedene* Folgen δ, δ', so dass f_δ und $f_{\delta'}$ in *dieselbe* Einheitswurzel holomorph fortsetzbar wären. Dann hätte

$$f_\delta - f_{\delta'} = \alpha_0 h_0 + \alpha_1 h_1 + \dots, \quad \text{wobei } \alpha_\nu = \delta_\nu - \delta'_\nu \in \{-2, 0, 2\},$$

den Einheitskreis nicht zum Holomorphiegebiet. Da wegen $\delta \neq \delta'$ nicht alle α_ν verschwinden, und da nach Konstruktion alle h_n *unendliche Reihen* sind, so ist aber die TAYLOR-Reihe $\sum b_\nu z^\nu$ von $f_\delta - f_{\delta'} \in \mathcal{O}(\mathbb{E})$ um 0 eine HADAMARDsche Lückenreihe (als Teilreihe einer solchen Reihe), und wegen $\lim \sqrt[m_\nu]{|a_{m_\nu}|} = 1$ gilt $\lim \sqrt[\nu]{|b_\nu|} = 1$. Nach Satz 1 ist $\mathbb{E}$ das Holomorphiegebiet von $f_\delta - f_{\delta'}$. Widerspruch! $\qquad\square$

Historische Notiz. P. FATOU hat den Satz 1906 vermutet, [69, S. 400], und bewiesen, falls $\lim a_\nu$ und $\sum |a_\nu| = \infty$; er schrieb damals: „Il est infiniment probable, que cela a lieu dans tous les cas." Für den vollen Satz gaben 1916 A. HURWITZ und G. PÓLYA verschiedene Beweise, [127].

11.3.2 Ausblicke. Schon 1896 waren E. FABRY und E. BOREL der Meinung, dass *fast alle* Potenzreihen in *allen* Randpunkten ihres Konvergenzkreises singulär sind, dass also die holomorphe Fortsetzbarkeit in gewisse Randpunkte die Ausnahme ist. BOREL sah darin ein Problem der Wahrscheinlichkeiten. 1929 hat H. STEINHAUS diese Vorstellungen präzisiert und gezeigt, [254]:

Die Potenzreihe $\sum a_n z^n$ habe den Konvergenzradius 1. Ferner sei $(\varphi_n)_{n \geq 0}$ eine Folge unabhängiger Zufallsgrößen, die im Intervall $[0, 1]$ gleichverteilt sind. Dann hat die Potenzreihe $\sum a_n e^{2\pi i \varphi_n} z^n$ mit Wahrscheinlichkeit 1 den Einheitskreis als Holomorphiegebiet (d.h. die Menge der Folgen $(\varphi_n)_{n \geq 0} \in [0, 1]^{\mathbb{N}}$, für welche die Reihe irgendwo über $\partial\mathbb{E}$ hinaus holomorph fortsetzbar ist, ist eine Nullmenge).

Es war 1929 überhaupt nicht klar, was „Wahrscheinlichkeit" und „unabhängige Zufallsgrößen " mathematisch sind, und STEINHAUS hatte zunächst diese Begriffe zu präzisieren. Er tat es durch Konstruktion eines *Produktmaßes* auf dem unendlichdimensionalen Einheitswürfel $[0,1]^{\mathbb{N}}$ mit dem (eingeschränkten) LEBESGUEschen Maß auf jedem Faktor $[0,1]$.

Einen sehr übersichtlichen Beweis des STEINHAUSschen Satzes verdankt man H. BOERNER, [25]; er gab 1938 dem Satz folgende suggestive Form:

Fast alle Potenzreihen haben ihren Konvergenzkreis zur natürlichen Grenze (fast alle heißt hier „alle bis auf eine Nullmenge" in $[0, 1]^{\mathbb{N}}$).

Man kann den Begriff „fast alle" aber auch topologisch interpretieren und fragen, ob eine entsprechende Präzisierung der Vorstellungen von FABRY und BOREL möglich ist. Dieser Gedanke wurde 1918 von PÓLYA erfolgreich ausgearbeitet. Er zeigte, [207], dass es im *Raum aller Potenzreihen* mit Konvergenzradius 1 eine *natürliche Topologie* gibt, so dass die Menge der nirgends fortsetzbaren Potenzreihen in diesem topologischen Raum offen und überall dicht ist, also in diesem Sinne „fast alle" Potenzreihen des betreffenden Raumes enthält.

Eine „allgemeine Potenzreihe" hat somit stets ihren Konvergenzkreis zum Holomorphiegebiet. Weitere Resultate zu diesem Ideenkreis findet man in [19, 91–104].

11.4 Ein Fortsetzungssatz von Szegö

Geometrische Reihen $\sum z^{m\nu}, m \geq 1$ fest, und HADAMARDsche Lückenreihen $\sum z^{m_\nu}$ haben den Konvergenzradius 1, indessen verhalten sich die zugehörigen holomorphen Funktionen bei Annäherung an den Rand $\partial\mathbb{E}$ grundverschieden; während die einen zu rationalen Funktionen mit Polen in Einheitswurzeln fortsetzbar sind, haben die anderen $\mathbb{E}$ zum Holomorphiegebiet. Diese Situation ist signifikant für Potenzreihen mit nur endlich vielen verschiedenen Koeffizienten.

Satz von Szegö 11.11. *Es sei $f = \sum a_\nu z^\nu$ eine Potenzreihe mit nur endlich vielen verschiedenen Koeffizienten. Dann ist entweder $\mathbb{E}$ das Holomorphiegebiet von f, oder f ist zu einer rationalen Funktion $\widehat{f}(z) = p(z)/(1 - z^k)$ fortsetzbar, wobei $p(z) \in \mathbb{C}[z]$ und $k \in \mathbb{N}$.*

Dieser schöne Satz wird in diesem Paragraphen bewiesen und diskutiert. Man darf annehmen, dass f kein Polynom ist. Dann gilt $\overline{\lim} \sqrt[\nu]{|a_\nu|} = 1$, die Reihe hat also den Konvergenzradius 1. Es genügt folgendes zu zeigen:

(Sz) *Ist $\mathbb{E}$ nicht das Holomorphiegebiet von f, so sind von einem gewissen Koeffizienten an diese periodisch, d. h. es gibt Indizes $\lambda < \mu$, so dass*

$$a_{\lambda+j} = a_{\mu+j} \quad \text{für alle } j \in \mathbb{N}.$$

Alsdann folgt nämlich, wenn $P := \sum_0^{\lambda-1} a_\nu z^\nu$ und $Q := \sum_\lambda^{\mu-1} a_\nu z^\nu$ gesetzt wird:

$$f = P + Q + Qz^{\mu-\lambda} + Qz^{2(\mu-\lambda)} + \ldots = P + Q/(1 - z^{\mu-\lambda}), \ z \in \mathbb{E}.$$

Der Beweis von (Sz) wird im Abschnitt 11.4.1 vorbereitet; dabei wird der kleine RUNGEsche 12.10 benutzt. Im Abschnitt 11.4.2 wird ein Hilfssatz bewiesen, aus dem dann (Sz) im Abschnitt 11.4.3 auf verblüffende Weise folgt. Als Anwendung des SZEGÖschen Satzes charakterisieren wir im Abschnitt 11.4.4 Einheitswurzeln (Satz von KRONECKER) .

11.4.1 Vorbereitungen zum Beweis von (Sz). Es seien $\varphi, \psi, s \in \mathbb{R}$ vorgegebene Zahlen mit $0 < \psi - \varphi < 2\pi, s > 1$; weiter sei $\delta \in [0,1)$ eine Variable. Wir bezeichnen mit G_δ ein Sterngebiet mit Zentrum 0, dessen Rand $\Gamma(\delta)$ aus zwei konzentrischen Kreisbögen $\gamma_1(t) = se^{it}, \varphi \le t \le \psi$, und $\gamma_3(t) = (1 - \delta)e^{it}, \psi \le t \le 2\pi + \varphi$, sowie aus zwei deren Endpunkte verbindenden Strecken $\gamma_2(t) = te^{i\psi}, 1 - \delta \le t \le s$, und $\gamma_4(t) = te^{i\varphi}, 1 - \delta \le t \le s$, besteht (Figur). Wir benötigen

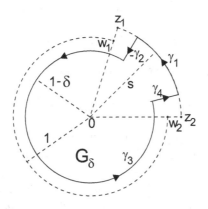

a) *(Approximationssatz). Es gibt ein $\delta_0 > 0$, so dass zu jedem $\eta > 0$ eine (von η unabhängige) Funktion $R(z) = c_0 + c_1/z + c_2/z^2 + \ldots + c_{q-1}/z^{q-1} + 1/z^q, q \in \mathbb{N}$, existiert, so dass*

$$|R|_{\Gamma(\delta)} \le \eta \text{ für alle } \delta \text{ mit } 0 \le \delta \le \delta_0.$$

b) *(Variante des RIESzschen Lemmas). Die Potenzreihe $f = \sum a_\nu z^\nu$ habe beschränkte Koeffizienten, und es gebe ein $\delta > 0$, so dass f eine holomorphe Fortsetzung $\widehat{f}$ in eine Umgebung von G_δ besitzt. Dann gibt es ein $M > 0$, so dass*

$$\left| [\widehat{f}(z) - s_{n-1}(z)]/z^{n+1} \right|_{\Gamma(\delta)} \le M \text{ für alle } n \ge 1.$$

Beweis. ad a). Da $\Gamma(0) \cap \partial\mathbb{E}$ ein Kompaktum $\ne \partial\mathbb{E}$ ist, gibt es nach 12.2.2 (1′) eine Umgebung U von $\Gamma(0) \cap \partial\mathbb{E}$ und eine Funktion $Q(z) = b_0 + b_1/z + \ldots + b_{k-1}/z^{k-1} + 1/z^k$, so dass $|Q|_U < 1$ (kleiner Satz von RUNGE!). Wähle $r > 1$ so, dass $\Gamma(0) \cap B_r(0) \subset U$, und bestimme $l \in \mathbb{N}$ derart, dass für $\widetilde{Q}(z) := z^{-l}Q(z)$ gilt:

$$|\widetilde{Q}(z)| < 1 \text{ für alle } z \in \Gamma(0) \text{ mit } |z| \ge r.$$

Dann folgt $|\widetilde{Q}|_{\Gamma(0)} < 1$. Sei nun V eine Umgebung von $\Gamma(0)$ mit $|\widetilde{Q}|_V < 1$. Zu jedem $\eta > 0$ gibt es jetzt ein $m \in \mathbb{N}$, so dass $|R|_V < \eta$ für $R := \widetilde{Q}^m$. Man wähle nun $\delta_0 > 0$ so klein, dass $\Gamma(\delta) \subset V$ für alle $\delta \le \delta_0$.

ad b). Es gibt einen kompakten Kreissektor S mit Spitze 0 und Eckpunkten z_1, z_2, so dass γ_1, γ_2 und γ_4 in S verlaufen (Figur) und dass $\widehat{f}$ noch in S holomorph ist. Nach dem RIESZschen Lemma 11.4 ist die Folge

$$g_n(z) := \frac{\widehat{f}(z) - s_n(z)}{z^{n+1}}(z - w_1)(z - w_2), \ n \in \mathbb{N},$$

in S beschränkt. Mit $A := \sup |a_\nu|$ gilt für alle Punkte $z \in \gamma_3$:

$$|g_n(z)| = |a_{n+1} + a_{n+2}z + \ldots| \cdot |z - w_1||z - w_2| \leq \left(A \sum_0^\infty |z|^\nu\right) \cdot 4 = 4A/\delta.$$

Mithin ist die Folge g_n auf $\Gamma(\delta)$ beschränkt. Da

$$[\widehat{f}(z) - s_{n-1}(z)]/z^{n+1} = g_{n-1}(z)/z(z - w_1)(z - w_2),$$

und da $|z(z - w_1)(z - w_2)|$ ein Minimum > 0 auf $\Gamma(\delta)$ hat, ergibt sich die Beschränktheit der Folge $[\widehat{f}(z) - s_{n-1}(z)]/z^{n+1}$ auf $\Gamma(\delta)$.

Hilfssatz 11.12. *Es sei $f = \sum a_\nu z^\nu$ eine Potenzreihe mit beschränkten Koeffizienten und Konvergenzradius 1, die $\mathbb{E}$ nicht zum Holomorphiegebiet hat. Dann gibt es zu jedem $\varepsilon > 0$ ein $q \in \mathbb{N}$ und Zahlen $c_0, c_1, \ldots, c_{q-1} \in \mathbb{C}$, so dass gilt:*

$$|c_0 a_n + c_1 a_{n+1} + \ldots + c_{q-1} a_{n+q-1} + a_{n+q}| \leq \varepsilon \ \ \text{für alle} \ \ n \geq 1.$$

Beweis. Wir wählen $\delta_0 > 0$ gemäß 11.4.1, a). Da $\partial\mathbb{E}$ nicht die natürliche Grenze von f ist, gibt es ein Gebiet G_δ von der im Abschnitt 11.4.1 angegebenen Art, so dass f eine holomorphe Fortsetzung $\widehat{f}$ in eine Umgebung von $G_\delta \cup \Gamma(\delta)$ hat. Wir dürfen $\delta < \delta_0$ annehmen. Wir wählen M gemäß 1,b) und bestimmen gemäß 11.4.1, a) die Funktion $R(z) = c_0 + c_1/z + \ldots + c_{q-1}/z^{q-1} + 1/z^q$ so, dass $|R|_{\Gamma(\delta)} \leq 2\pi\varepsilon/ML$, wobei L die euklidische Länge von $\Gamma(\delta)$ bezeichnet. Dann gilt

$$\left| R(z)\frac{\widehat{f}(z) - s_{n-1}(z)}{z^{n+1}} \right|_{\Gamma(\delta)} \leq 2\pi\varepsilon/L \quad \text{für alle } n \geq 1. \tag{11.6}$$

Nun entnimmt man der Gleichung

$$R(z)\frac{\widehat{f}(z) - s_{n-1}(z)}{z^{n+1}} = \left(c_0 + \frac{c_1}{z} + \ldots + \frac{c_{q-1}}{z^{q-1}} + \frac{1}{z^q}\right)\left(\frac{a_n}{z} + a_{n+1} + a_{n+2}z + \ldots\right)$$

sofort, dass die Zahl $c_0 a_n + c_1 a_{n+1} + \ldots + c_{q-1} a_{n+q-1} + a_{n+q}$ das Residuum der Funktion links im Nullpunkt ist. Da diese Funktion in $\overline{G_\delta}\backslash\{0\}$ holomorph ist, so folgt (Residuensatz, der Weg $\Gamma(\delta)$ ist einfach geschlossen):

$$c_0 a_n + \ldots + c_{q-1} a_{n+q-1} + a_{n+q} = \frac{1}{2\pi i} \int\limits_{\Gamma(\delta)} R(\zeta) \frac{\widehat{f}(\zeta) - s_{n-1}(\zeta)}{\zeta^{n+1}} d\zeta \, , n \geq 1.$$

Die Standardabschätzung für Integrale impliziert wegen (11.6) die Behauptung. □

Der Hilfssatz besagt, dass kein Koeffizient der TAYLOR-Entwicklung von $(1 + c_{q-1}z + \ldots + c_0 z^q) f(z)$ vom q-ten an absolut größer als ε ist.

11.4.2 Beweis von (Sz). Es seien $d_1, \ldots, d_k$ die paarweise verschiedenen Zahlen, die als Werte der Koeffizienten $a_0, a_1, \ldots$ auftreten. Da (Sz) für $k = 1$ trivial ist (geometrische Reihe), darf man $k \geq 2$ annehmen. Dann gilt

$$d := \min_{\kappa \neq \lambda} |d_\kappa - d_\lambda| > 0.$$

Da die Folge $a_0, a_1, \ldots$ beschränkt ist, lässt sich Hilfssatz 11.12 mit $\varepsilon := \frac{1}{3}d$ anwenden. Es gibt also ein $q \in \mathbb{N}$ und Zahlen $c_0, c_1 \ldots, c_{q-1} \in \mathbb{C}$, so dass

$$|c_0 a_n + c_1 a_{n+1} + \ldots + c_{q-1} a_{n+q-1} + a_{n+q}| \leq \frac{1}{3}d \quad \text{für alle} \quad n \in \mathbb{N}. \tag{11.7}$$

Wir betrachten nun alle q-Tupel $(a_n, a_{n+1}, \ldots, a_{n+q-1}), n \in \mathbb{N}$. Da man aus den k Zahlen $d_1, \ldots, d_k$ nur *endlich viele verschiedene* q-Tupel bilden kann (nämlich k^q), so gibt es Zahlen $\lambda, \mu \in \mathbb{N}$ mit $\lambda < \mu$, so dass

$$(a_\lambda, a_{\lambda+1}, \ldots, a_{\lambda+q-1}) = (a_\mu, a_{\mu+1}, \ldots, a_{\mu+q-1}).$$

Aus der Ungleichung (11.7) folgt nun, da $a_{\lambda+j} = a_{\mu+j}$ für $0 \leq j < q$:

$$|a_{\lambda+q} - a_{\mu+q}| = \left| \sum_0^{q-1} c_j a_{\lambda+j} + a_{\lambda+q} - \left(\sum_0^{q-1} c_j a_{\mu+j} + a_{\mu+q} \right) \right| \leq \tfrac{1}{3}d + \tfrac{1}{3}d < d.$$

Auf Grund der Wahl von d impliziert dies $a_{\lambda+q} = a_{\mu+q}$, also auch

$$(a_{\lambda+1}, a_{\lambda+2}, \ldots, a_{\lambda+q}) = (a_{\mu+1}, \ldots, a_{\mu+q}) \, .$$

Hieraus folgt wie eben, dass $a_{\lambda+q+1} = a_{\mu+q+1}$. Man sieht so (Induktion): $a_{\lambda+j} = a_{\mu+j}$ für alle $j \in \mathbb{N}$. Damit ist (Sz) und also der SZEGÖsche Satz bewiesen. □

Historische Notiz. Erste Untersuchungen über Potenzreihen mit endlich vielen verschiedenen Koeffizienten machte 1906 P. FATOU [69]. Um 1918 entstanden Arbeiten von F. CARLSON, R. JENTZSCH und G. PÓLYA, vgl. hierzu [19, S. 114 ff]; 1922 hat SZEGÖ die Fragen durch seinen Fortsetzungssatz in gewisser Weise zum Abschluss gebracht, [258, 555–560].

11.4.3 Eine Anwendung. Wir zeigen zunächst

Satz 11.13 (Fatou 1905). *Es sei R eine rationale Funktion mit folgenden Eigenschaften:*

1) *R ist holomorph in $\mathbb{E}$, auf $\partial\mathbb{E}$ hat R genau k Pole, alle von erster Ordnung, $k \geq 1$.*
2) *Die Menge $\{a_0, a_1, \ldots\}$ der Koeffizienten der Taylorreihe $\sum a_\nu z^\nu$ von R um 0 hat keinen Häufungspunkt in $\mathbb{C}$.*

Dann gilt $R(z) = P(z)/(1 - z^k)$, wobei $P(z) \in \mathbb{C}[z]$.

Beweis. Sind $\lambda_1^{-1}, \ldots, \lambda_k^{-1} \in \partial\mathbb{E}$ die Pole von R auf $\partial\mathbb{E}$, so besteht eine Gleichung

$$R(z) = \frac{B_1}{1 - z\lambda_1} + \ldots + \frac{B_k}{1 - z\lambda_k} + \sum b_\nu z^\nu,$$

wo die Reihe rechts einen Konvergenzradius > 1 hat. Es gilt also $\lim b_\nu = 0$. Da $1/(1 - z\lambda) = \sum \lambda^\nu z^\nu$, so folgt (Koeffizientenvergleich):

$$a_\nu = B_1\lambda_1^\nu + \ldots + B_k\lambda_k^\nu + b_\nu, \text{ also } |a_\nu| \leq |B_1| + \ldots + |B_k| + |b_\nu|, \ \nu \in \mathbb{N}.$$

Die Menge $\{a_0, a_1, \ldots\}$ ist folglich beschränkt und mithin, da sie ohne Häufungspunkte ist, endlich. Nach dem SZEGÖschen Satz folgt die Behauptung.   □

Wir notieren ein überraschendes

Korollar (Satz von Kronecker). *Ein Polynom $Q(z) = z^n + q_1 z^{n-1} + \ldots + q_{n-1}z + q_n \in \mathbb{Z}[z], n \geq 1$, das nur Nullstellen vom Betrag 1 hat, hat nur Einheitswurzeln als Nullstellen.*

Beweis. Wir dürfen annehmen, dass Q irreduzibel über $\mathbb{Z}$ ist (GAUSSsches Lemma). Dann hat Q nur Nullstellen erster Ordnung (Division mit Rest von Q durch Q' in $\mathbb{Q}[z]$!), und die rationale Funktion $1/Q$ hat nur Pole erster Ordnung, die alle auf $\partial\mathbb{E}$ liegen. Da $\pm q_n$ das Produkt aller Nullstellen von Q ist, so gilt $|q_n| = 1$, also $q_n = \pm 1$. Mithin sind alle TAYLOR-Koeffizienten von $1/Q$ ganzzahlig (geometrische Reihe für $1/(\pm 1 + v)$ mit $v := q_{n-1}z + \ldots + z^n$). Unser Satz liefert daher eine Gleichung

$$\frac{1}{Q(z)} = \frac{P(z)}{1 - z^k}; \text{ d.h. } 1 - z^k = P(z)Q(z).$$

Es gilt also $Q(\alpha) = 0$ nur dann, wenn $\alpha^k = 1$.   □

KRONECKER hat seinen Satz 1857 veröffentlicht, [150, 105]. Der Satz wird in der Algebra gewöhnlich wie folgt formuliert:

Eine ganz-algebraische Zahl ≠ 0, die nebst allen ihren konjugierten Zahlen den absoluten Betrag ≤ 1 hat, ist eine Einheitswurzel.

Selbstverständlich gibt es einfache algebraische Beweise; neben [150] vergleiche man etwa [213, Abschn. VIII, Aufg. 200, S. 149 und S. 368]. Eine besonders elegante Variante des KRONECKERschen Beweises gab L. BIEBERBACH 1953 in *Über einen Satz Pólyascher Art*, Arch. Math. 4, 23–27 (1953).

11.4.4 Ausblicke. Neben Potenzreihen mit endlich vielen verschiedenen Koeffizienten haben – seit EISENSTEIN, 1852 – Potenzreihen mit *ganzzahligen* Koeffizienten viele Mathematiker fasziniert. Kann diese Ganzzahligkeit eine greifbare Wirkung auf das Verhalten der Funktion ausüben? Eine unerwartete Antwort gibt ein

Satz von Pólya-Carlson 11.14. *Es sei* $f = \sum a_\nu z^\nu$ *eine Potenzreihe mit ganzzahligen Koeffizienten und mit Konvergenzradius* $R = 1$. *Dann ist entweder* $\mathbb{E}$ *das Holomorphiegebiet von* f, *oder* f *ist zu einer rationalen Funktion der Form* $p(z)/(1 - z^m)^n$ *fortsetzbar, wobei* $p(z) \in \mathbb{Z}[z]$ *und* $m, n \in \mathbb{N}$.

Dieser Satz wurde 1915 von G. PÓLYA formuliert [206, S. 44 und 1921] von F. CARLSON bewiesen, [41]. Die Voraussetzung $R = 1$ ist angemessen: im Fall $R > 1$ ist f wegen $\overline{\lim} \sqrt[\nu]{|a_\nu|} = R^{-1} < 1$ und $a_\nu \in \mathbb{Z}$ offensichtlich ein Polynom, im Fall $R < 1$ zeigen die Reihen

$$\frac{1}{\sqrt{1 - 4z^m}} = \sum_{0}^{\infty} \binom{2\nu}{\nu} z^{m\nu}, \text{ wo jeweils } R = 1/\sqrt[m]{4}, \ m = 1, 2, \ldots,$$

dass f nichtrationale Fortsetzungen haben kann. – Der Satz von PÓLYA-CARLSON wurde 1931 von H. PETERSSON auf *Potenzreihen mit ganzen algebraischen Koeffizienten* verallgemeinert, vgl. Abh. Math. Sem. Univ. Hamburg 8, 315–322. Weitere Beiträge verdankt man W. SCHWARZ: *Irrationale Potenzreihen*, Arch. Math. 17, 435–437 (1966).

F. HAUSDORFF hatte bereits 1919 „als Stütze für die PÓLYAsche Vermutung" bemerkt, dass es nur abzählbar viele in $\mathbb{E}$ konvergente Potenzreihen mit ganzzahligen Koeffizienten gibt, die $\mathbb{E}$ nicht zum Holomorphiegebiet haben, [108, S. 103] Im Jahre 1921 gab G. SZEGÖ einen neuen Beweis des PÓLYA-CARLSONschen Satzes, [258, 577–581]; im selben Jahre schließlich hat PÓLYA dem Satz folgende endgültige Form gegeben, [206, S. 176]:

Satz von Pólya 11.15. *Es sei* G *ein einfach zusammenhängendes Gebiet mit* $0 \in G$, *und es sei* f *eine in* G *bis auf isolierte Singularitäten holomorphe Funktion, deren* TAYLOR*reihe um* 0 *nur ganzzahlige Koeffizienten hat. Dann gilt, wenn* $\rho(G)$ *den Abbildungsradius von* G *bezüglich* 0 *8.4.3 bezeichnet:*

1. *Ist* $\rho(G) > 1$, *so ist* f *zu einer rationalen Funktion fortsetzbar.*
2. *Ist* $\rho(G) = 1$ *und ist* ∂G *ein einfach geschlossener Weg, so ist entweder* f *nirgends über* ∂G *hinaus holomorph fortsetzbar, oder aber* f *ist zu einer rationalen Funktion fortsetzbar.*

Aus diesem tief liegenden Satz, der so heterogene Eigenschaften wie die Rationalität einer Funktion, die Ganzzahligkeit von TAYLOR-Koeffizienten und die konforme Abbildbarkeit von Gebieten miteinander kombiniert, erhält man leicht den Satz von PÓLYA-CARLSON, wenn man beachtet, dass $\rho(G) < \rho(G')$ im Falle $G \subsetneqq G'$ 8.4.3. Eine schöne Darstellung des Problemkreises findet man in [206, 192–198].

12. Runge-Theorie für Kompakta

Die RUNGEsche Approximationstheorie besticht durch ihr wunderbares Gleichgewicht zwischen Freiheit und Notwendigkeit.

In Kreisscheiben B werden alle holomorphen Funktionen kompakt durch ihre TAYLOR-Polynome approximiert: Insbesondere gibt es *zu jedem $f \in \mathcal{O}(B)$ und zu jedem Kompaktum K in B eine Polynomfolge p_n, so dass $\lim |f - p_n|_K = 0$.* In beliebigen Gebieten ist eine Polynomapproximation nicht immer möglich, so gibt es zu $1/z \in \mathcal{O}(\mathbb{C}^\times)$ keine Polynomfolge p_n, die $1/z$ auf einer Kreislinie γ um 0 gleichmäßig approximiert, da sonst folgen würde

$$2\pi i = \int_\gamma \frac{d\zeta}{\zeta} = \lim \int_\gamma p_n(\zeta) d\zeta = 0. \ ^{[1]}$$

Das Problem der Polynomapproximation ordnet sich einem allgemeineren Approximationsproblem unter. Ist $K \subset \mathbb{C}$ ein Kompaktum, so heißt jede Funktion $f : K \to \mathbb{C}$, zu der es eine offene Umgebung U von K und eine in U holomorphe Funktion g mit $g|K = f$ gibt, *holomorph in K*. Für Bereiche $D \supset K$ stellen wir die folgende Frage:

Wann sind alle in K holomorphen Funktionen auf K gleichmäßig durch in D holomorphe Funktionen approximierbar?

Das Beispiel $K = \partial \mathbb{E}$, $D = \mathbb{C}$ zeigt, dass dies nicht stets zutrifft: Die RUNGE-Theorie, so genannt nach dem Göttinger Mathematiker Carl RUNGE, beantwortet die Frage erschöpfend. Ausgangspunkt ist der klassische

Approximationssatz von Runge 12.1. *Jede in K holomorphe Funktion ist auf K gleichmäßig approximierbar durch rationale Funktionen mit Polen außerhalb von K.*

Da sich die Lage der Pole gut kontrollieren lässt, erhält man hiermit folgende überraschende Antwort auf obige Frage (vgl. Theorem 12.11):

Genau dann ist jede in K holomorphe Funktion auf K gleichmäßig durch in D holomorphe Funktionen approximierbar, wenn der topologische Raum $D \backslash K$ keine Zusammenhangskomponente hat, die relativ-kompakt in D ist.

Hierin ist speziell enthalten:

---

[1] Allgemeiner gilt: *Eine in einer Umgebung einer Kreislinie γ um c holomorphe Funktion f ist auf γ gleichmäßig durch Polynome approximierbar genau dann, wenn es eine Kreisscheibe B um c mit $\gamma \subset B$ und eine Funktion $\hat{f} \in \mathcal{O}(B)$ gibt, so dass $\hat{f}|\gamma = f$.* Der Leser beweise dies.

Kleiner Satz von Runge 12.2. *Hängt $\mathbb{C}\backslash K$ zusammen, so ist jede in K holomorphe Funktion auf K gleichmäßig durch Polynome approximierbar.*

Wir gewinnen diese auf den ersten Blick merkwürdigen Approximationssätze im Paragraphen 12.2 aus einer CAUCHYschen Integralformel für Kompakta mittels einer „Polstellenverschiebungsmethode". Diese Hilfsmittel werden im Paragraphen 12.2 bereitgestellt.

Bereits der kleine RUNGEsche Satz gestattet überraschende Anwendungen; wir zeigen im Paragraphen 12.3 mit seiner Hilfe u.a.

- die Existenz von Polynomfolgen, die in $\mathbb{C}$ punktweise gegen nicht überall stetige Funktionen konvergieren,
- die Existenz einer *holomorphen Einbettung* des Einheitskreises in den $\mathbb{C}^3$.

Im Paragraphen 12.4 gehen wir näher auf die CAUCHYsche Integralformel 12.4 ein, die am Anfang der RUNGEschen Approximationstheorie steht.

12.1 Hilfsmittel

Die CAUCHYsche Integralformel für *Kreisscheiben* reicht aus, um nahezu alle grundlegenden Sätze der lokalen Funktionentheorie zu gewinnen. Für die Approximationstheorie benötigt man indessen eine CAUCHYsche Integralformel für Kompakta in beliebigen Bereichen. Ausgangspunkt ist die in I.7.2.2 notierte

Cauchysche Integralformel für Rechtecke 12.3. *Es sei R ein kompaktes Rechteck in einem Bereich D. Dann gilt für jede Funktion $f \in \mathcal{O}(D)$ die Gleichung*

$$\frac{1}{2\pi i}\int_{\partial R}\frac{f(\zeta)}{\zeta-z}d\zeta = \begin{cases} f(z), & \text{falls } z \in \mathring{R} \\ 0, & \text{falls } z \notin R \end{cases}.$$

Wir wenden diese Formel im folgenden für *achsenparallele* Rechtecke an und gewinnen so im Abschnitt 12.1 die für die RUNGE-Theorie grundlegende CAUCHYsche Integralformel für kompakte Mengen. Die Struktur des CAUCHY-Kerns in der Integralformel legt den Versuch nahe, holomorphe Funktionen durch Linearkombinationen von Funktionen des Typs $(z - w_\mu)^{-1}$ zu approximieren. Das Approximationslemma 12.6 beschreibt, wie man vorzugehen hat. Im Abschnitt 12.1.3 schließlich zeigen wir, wie sich die Pole approximierender Funktionen noch „verschieben" lassen.

12.1.1 Cauchysche Integralformel für Kompakta.

Cauchysche Integralformel für Kompakta 12.4. *Es sei $K \neq \emptyset$ ein Kompaktum in D. Dann gibt es endlich viele verschiedene, orientierte, horizontale oder vertikale Strecken $\sigma^1, \ldots, \sigma^n$ gleicher Länge in $D\backslash K$, so dass für jede Funktion $f \in \mathcal{O}(D)$ gilt:*

$$f(z) = \frac{1}{2\pi i}\sum_{\nu=1}^{n}\int_{\sigma^\nu}\frac{f(\zeta)}{\zeta-z}d\zeta, \quad z \in K \ . \tag{12.1}$$

Beweis. Wir dürfen $D \neq \mathbb{C}$ annehmen. Dann gilt $\delta := d(K, \partial D) > 0$.[2] Wir legen ein achsenparalleles Gitter *kompakter* Quadrate auf die Ebene, für die „Maschenweite" d dieses Gitters gelte $\sqrt{2}d < \delta$. Da K kompakt ist, so wird K nur von endlich vielen Gitterquadraten getroffen (vgl. Figur).

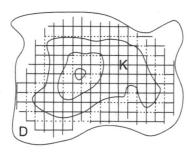

Wir bezeichnen sie mit $Q^1, \ldots, Q^k$ und behaupten

$$K \subset \bigcup_{\kappa=1}^{k} Q^\kappa \subset D \, .$$

Die linke Inklusion ist klar. Um $Q^\kappa \subset D$ zu zeigen, fixieren wir einen Punkt $c_\kappa \in Q^\kappa \cap K$. Dann gilt $B_\delta(c_\kappa) \subset D$ nach Definition von δ. Da das Quadrat Q^κ den Durchmesser $\sqrt{2}d$ hat, so hat jeder Punkt aus Q^κ von c_κ eine Entfernung $\leq \sqrt{2}d$. Da $\sqrt{2}d < \delta$, so folgt $Q^\kappa \subset B_\delta(c_\kappa) \subset D$, $1 \leq \kappa \leq k$.

Wir betrachten nun diejenigen Strecken, die Teilwege der Ränder ∂Q^κ sind, aber nicht als gemeinsame Seite von zwei Quadraten $Q^p, Q^q, p \neq q$, vorkommen. Diese Strecken mögen $\sigma^1, \ldots, \sigma^n$ heißen. Wir behaupten

$$\bigcup_{\nu=1}^{n} |\sigma^\nu| \subset D \backslash K \, . \tag{12.2}$$

Würde nämlich K von einer Strecke σ^j getroffen, so hätten die beiden an σ^j angrenzenden Quadrate des Gitters Punkte mit K gemeinsam, was der Auswahl der Strecken $\sigma^1, \ldots, \sigma^n$ widerspricht.

Da gemeinsame Seiten verschiedener Gitterquadrate in deren Rändern mit entgegengesetzter Orientierung vorkommen, so folgt

$$\sum_{\kappa=1}^{k} \int_{\partial Q^\kappa} \frac{f(\zeta)}{\zeta - z} d\zeta = \sum_{\nu=1}^{n} \int_{\sigma^\nu} \frac{f(\zeta)}{\zeta - z} d\zeta \quad \text{für alle } z \in D \backslash \bigcup_{\kappa=1}^{k} \partial Q^\kappa \, .$$

---

[2] Es bezeichnet $d(A, B) := \inf\{|a - b| : a \in A, b \in B\}$ den *Abstand* zweier Mengen $A, B \neq \emptyset$. Ist A kompakt und B abgeschlossen in $\mathbb{C}$, so gilt $d(A, B) > 0$ immer, wenn $A \cap B = \emptyset$.

Ist nun c innerer Punkt eines Quadrates, etwa $c \in \overset{\circ}{Q}{}^{\iota}$, so gilt

$$\int_{\partial Q^\iota} \frac{f(\zeta)}{\zeta - c} d\zeta = 2\pi i f(c) \,, \quad \int_{\partial Q^\kappa} \frac{f(\zeta)}{\zeta - c} d\zeta = 0 \quad \text{für alle} \quad \kappa \neq \iota$$

nach der Integralformel für Rechtecke. Damit ist (12.1) bereits für alle Punkte der Menge $\bigcup \overset{\circ}{Q}{}^{\kappa}$ verifiziert. Sein nun $c \in K$ ein Randpunkt eines Quadrates Q^j. Wegen (12.2) liegt c auf keiner Strecke σ^ν. Die Integrale rechts in (12.1) sind somit auch in diesem Fall wohldefiniert. Wir wählen eine Folge $c_l \in \overset{\circ}{Q}{}^j$ mit $\lim c_l = c$. Nach dem bereits Bewiesenen gilt die Gleichung (12.1) für alle Punkte $z := c_l$. Ihre Gültigkeit für $z := c$ folgt daher aus Stetigkeitsgründen, wenn man bemerkt, dass der ν-te Summand rechts in (12.1) eine stetige Funktion in $z \in D \backslash |\sigma^\nu|$ ist.[3] □

Bemerkung. Der Satz wurde wohl erstmals von S. SAKS und A. ZYGMUND in ihrem Lehrbuch [240, S. 155], herausgestellt und zur Begründung der RUNGE-Theorie benutzt. Die Integralformel (12.1) spielt im folgenden eine fundamentale Rolle. Es ist dabei zunächst unnötig zu wissen, dass sich die Strecken $\sigma^1, \ldots, \sigma^n$ von selbst zu einfach geschlossenen Polygonen zusammenfügen, vgl. hierzu 12.4.

12.1.2 Approximation durch rationale Funktionen.
Ausgangspunkt ist folgender

Hilfssatz 12.5. *Es sei σ eine zu K disjunkte Strecke in $\mathbb{C}$, und es sei h stetig auf $|\sigma|$. Dann ist die Funktion $\int_\sigma \dfrac{h(\zeta)}{\zeta - z} d\zeta$, $z \in \mathbb{C} \backslash |\sigma|$, auf K gleichmäßig approximierbar durch rationale Funktionen der Form*

$$\sum_{\mu=1}^{m} \frac{c_\mu}{z - w_\mu} \,, \quad c_1, \ldots, c_m \in \mathbb{C}, \quad w_1, \ldots, w_m \in |\sigma| \,.$$

Beweis. Die Funktion $v(\zeta, z) := h(\zeta)/(\zeta - z)$ ist stetig in $|\sigma| \times K$. Da $|\sigma| \times K$ kompakt ist, so ist v gleichmäßig stetig in $|\sigma| \times K$, es gibt folglich zu jedem $\varepsilon > 0$ ein $\delta > 0$, so dass gilt:

---

[3] Man kann auch direkt schließen: zunächst gilt für alle l:

$$\int_{\sigma^\nu} \frac{f(\zeta)}{\zeta - c_l} d\zeta - \int_{\sigma^\nu} \frac{f(\zeta)}{\zeta - c} d\zeta = (c_l - c) \int_{\sigma^\nu} \frac{f(\zeta)}{(\zeta - c_l)(\zeta - c)} d\zeta.$$

Wählt man nun $\rho > 0$ derart, dass $|(\zeta - c_l)(\zeta - c)| \geq \rho$ auf $|\sigma^\nu|$ für alle l, so wird der Betrag der Integraldifferenz links nach oben abgeschätzt durch $|c_l - c| \cdot |f|_{\sigma^\nu} \cdot \rho^{-1} \cdot L(\sigma^\nu)$, sie strebt also mit wachsendem l gegen Null.

$$|v(\zeta, z) - v(\zeta', z)| \leq \varepsilon \text{ für alle } (\zeta, \zeta', z) \in |\sigma| \times |\sigma| \times K \text{ mit } |\zeta - \zeta'| \leq \delta.$$

Wir unterteilen σ in Teilstrecken $\pi^1, \ldots, \pi^m$ der Länge $\leq \delta$ und wählen $w_\mu \in |\pi^\mu|$. Mit $c_\mu := -h(w_\mu) \int_{\pi^\mu} d\zeta$ gilt dann für $z \in K$ (Standardabschätzung):

$$\left| \int_{\pi^\mu} v(\zeta, z) d\zeta - \frac{c_\mu}{z - w_\mu} \right| = \left| \int_{\pi^\mu} (v(\zeta, z) - v(w_\mu, z)) d\zeta \right| \leq \varepsilon \cdot L(\pi^\mu).$$

Für $q(z) := \sum_{\mu=1}^{m} c_\mu (z - w_\mu)^{-1} \in \mathscr{C}(K)$ folgt nun, da $L(\sigma) = \sum_{\mu=1}^{m} L(\pi^\mu)$:

$$\left| \int_{\sigma} v(\zeta, z) d\zeta - q(z) \right| \leq L(\sigma) \cdot \varepsilon \text{ für alle } z \in K. \qquad \square$$

Mit dem Hilfssatz und der Integralformel (12.1) folgt nun leicht das grundlegende

Lemma 12.6 (Approximationslemma). *Zu jedem Kompaktum K in einem Bereich D gibt es endlich viele Strecken $\sigma^1, \ldots, \sigma^n$ in $D \backslash K$, so dass jede Funktion $f \in \mathcal{O}(D)$ auf K gleichmäßig approximierbar ist durch rationale Funktionen der Gestalt*

$$\sum_{\kappa=1}^{k} \frac{c_\kappa}{z - w_\kappa}, \quad c_\kappa \in \mathbb{C}, \quad w_\kappa \in \bigcup_{\nu=1}^{n} |\sigma^\nu|.$$

Beweis. Wir wählen gemäß Satz 12.4 Strecken $\sigma^1, \ldots, \sigma^n$ in $D \backslash K$, so dass (12.1) gilt. Nach dem Hilfssatz gibt es zu gegebenem $\varepsilon > 0$ Funktionen

$$q_\nu(z) = \sum_{\mu=1}^{m_\nu} \frac{c_{\mu\nu}}{z - w_{\mu\nu}}, \quad w_{\mu\nu} \in |\sigma^\nu|, \quad 1 \leq \nu \leq n,$$

so dass gilt:

$$\left| \frac{1}{2\pi i} \int_{\sigma^\nu} \frac{f(\zeta)}{\zeta - z} d\zeta - q_\nu(z) \right|_K \leq \frac{\varepsilon}{n}, \quad 1 \leq \nu \leq n.$$

Für $q := q_1 + \cdots + q_n$ gilt dann $|f - q|_K \leq \varepsilon$. Nach Konstruktion ist q eine endliche Summe von Termen der Form $c_\kappa/(z - w_\kappa)$, wobei $w_\kappa \in \bigcup |\sigma^\nu|$. $\quad \square$

Die Menge $\bigcup |\sigma^\nu|$, in der die Pole von q liegen, ist – unabhängig von der Güte der Approximation – allein durch D und K bestimmt (sie hängt allerdings von der Wahl des Gitters im Beweis von Satz 12.4 ab). Wird ε verkleinert, so vermehren sich auf $\bigcup |\sigma^\nu|$ zwar die Polstellen w_κ der approximierenden Funktionen q, sie rücken aber nicht näher an K heran. Im nächsten Abschnitt zeigen wir, dass man diese Polstellen noch verschieben kann, wenn man anstelle der Funktionen $c/(z - w)$ Polynome in $(z - w)^{-1}$ zulässt.

12.1.3 Polstellenverschiebungssatz. Jeder topologische Raum X ist in eindeutiger Weise darstellbar als Vereinigung seiner *Komponenten* (= maximale zusammenhängende Teilräume), man vergleiche hierzu I.0.6.4 und den Abschnitt 13.3. In diesem Abschnitt ist X ein Raum $\mathbb{C}\backslash K$, wo K ein Kompaktum in $\mathbb{C}$ bezeichnet. Dann ist jede Komponente von $\mathbb{C}\backslash K$ ein *Gebiet* in $\mathbb{C}$. Es gibt genau eine *unbeschränkte* Komponente.

Polstellenverschiebungssatz 12.7. *Es seien a, b beliebige Punkte aus einer Komponente Z von $\mathbb{C}\backslash K$. Dann ist $(z - a)^{-1}$ auf K gleichmäßig durch Polynome in $(z - b)^{-1}$ approximierbar. Ist Z insbesondere die unbeschränkte Komponente von $C\backslash K$, so ist $(z - a)^{-1}$ auf K gleichmäßig durch Polynome approximierbar.*

Beweis. Für $w \notin K$ bezeichne L_w die Menge aller $f \in \mathcal{O}(K)$, die auf K gleichmäßig durch Polynome in $(z - w)^{-1}$ approximierbar sind. Dann ist klar:

$$\text{Aus } (z - s)^{-1} \in L_c \text{ und } (z - c)^{-1} \in L_b \text{ folgt } (z - s)^{-1} \in L_b \text{ (Transitivität)}. \tag{12.3}$$

Die erste Behauptung des Satzes ist, dass $S := \{s \in Z : (z - s)^{-1} \in L_b\} = Z$. Da $b \in S$, so genügt es zu zeigen:

Ist $c \in S$ und $B \subset Z$ eine Scheibe um c, so gilt $B \subset S$.[4]

Sei $s \in B$. Die (geometrische) Reihe $\sum (s - c)^\nu / (z - c)^{\nu+1}$ konvergiert in $\mathbb{C}\backslash B$ normal gegen $(z - s)^{-1}$. Da $K \cap B = \emptyset$, so konvergiert die Folge der Partialsummen auf K gleichmäßig gegen $(z - s)^{-1}$. Also gilt $(z - s)^{-1} \in L_c$. Wegen $c \in S$ und (12.3) folgt nun $(z - s)^{-1} \in L_b$, d.h. $s \in S$.

Ist Z unbeschränkt, so gibt es ein $d \in Z$, so dass $K \subset B_{|d|}(0)$. Dann werden alle Funktionen $(z - d)^{-n}$ auf K gleichmäßig von ihren TAYLOR-Polynomen um 0 approximiert. Auf Grund des schon Bewiesenen (Transitivität!) ist daher auch $(z - a)^{-1}$ auf K gleichmäßig durch Polynome approximierbar. $\square$

Die Aussage über die unbeschränkte Komponente $\mathbb{C}\backslash K$ wird häufig so interpretiert, dass der Pol nach ∞ verschiebbar ist (wobei man übereinkommt, dass Polynome rationale Funktionen mit Polen in ∞ sind).

Bemerkung. Die Voraussetzung, dass a, b in der gleichen Komponente von $\mathbb{C}\backslash K$ liegen, ist notwendig für die Gültigkeit des Polstellenverschiebungssatzes: Wählt man z.B. $K := \partial\mathbb{E}$, $a \in \mathbb{E}$ und $b \in \mathbb{C}\backslash\overline{\mathbb{E}}$, so ist $(z - a)^{-1}$ auf $\partial\mathbb{E}$ nicht durch Polynome in $(z - b)^{-1}$ gleichmäßig approximierbar, denn solche Funktionen g sind holomorph in einer Umgebung von $\overline{\mathbb{E}}$, und es gilt folglich

---

[4] Wir benutzen folgende Aussage, die der Leser begründen möge: *Es sei $S \neq \emptyset$ eine Teilmenge eines Gebietes G, so dass jede Scheibe $B \subset G$ um einen Punkt $c \in S$ in S liegt. Dann gilt $S = G$.*

$$2\pi i = \int\limits_{\partial E} \left[\frac{1}{\zeta - a} - g(\zeta)\right] d\zeta \ , \ \text{ also } \ \left|\frac{1}{z - a} - g(z)\right|_{\partial E} \geq 1 \ .$$

Allgemein gilt:

Sei Z eine Komponente von $\mathbb{C}\backslash K$, $a \in Z$, $b \notin K \cup Z$ und $\delta = |z - a|_K > 0$. Dann gilt $|(z - a)^{-1} - g(z)|_K \geq \delta^{-1}$ für jede holomorphe Funktion g, die ein nicht konstantes Polynom in $(z - b)^{-1}$ ist und für die gilt $\lim\limits_{z \to \infty} g(z) = 0$.

Beweis. Man bemerke zunächst, dass $\partial Z \subset K$ (vgl. 12.2.3 (1)). Gäbe es nun ein g mit $|(z - a)^{-1} - g(z)|_K < \delta^{-1}$, so wäre $|1 - (z - a)g(z)|_K < 1$. Wegen $\partial Z \subset K$ folgt mit dem Maximumprinzip, da $\lim g(z) = 0$ gilt: $|1 - (z - a)g(z)|_Z < 1$, was wegen $a \in Z$ absurd ist. □

12.2 Runge-Theorie für Kompakta

Für jedes Kompaktum $K \subset \mathbb{C}$ ist die Menge $\mathcal{O}(K)$ aller in K holomorphen Funktionen eine $\mathbb{C}$-Algebra (Beweis!). Wir zeigen zunächst, dass jede Funktion aus $\mathcal{O}(K)$ auf K *gleichmäßig durch rationale Funktionen mit Polen außerhalb K approximierbar* ist; die Lage dieser Pole wird näher angegeben (Abschnitt 12.2.1). Als Spezialfall erhalten wir, dass bei zusammenhängendem Raum $\mathbb{C}\backslash K$ jede Funktion aus $\mathcal{O}(K)$ gleichmäßig durch Polynome approximierbar ist. Die Beweise sind mit den Hilfsmitteln des 12.1 einfach.

Im Abschnitt 12.2.3 beweisen wir den Hauptsatz der RUNGE-Theorie für Kompakta.

12.2.1 Approximationssätze von Runge. Für jede Menge $P \subset \mathbb{C}$ ist die Gesamtheit $\mathbb{C}_P[z]$ aller rationalen Funktionen, deren Pole sämtlich in P liegen, eine $\mathbb{C}$-Algebra. Es gilt $\mathbb{C}[z] \subset \mathbb{C}_P[z] \subset \mathcal{O}(\mathbb{C}\backslash\overline{P})$. Die Bedeutung der Algebren $\mathbb{C}_P[z]$ für die RUNGE-Theorie liegt in folgendem

Approximationssatz (1. Fassung) 12.8. *Trifft $P \subset \mathbb{C}\backslash K$ jede beschränkte Komponente von $\mathbb{C}\backslash K$, so ist jede Funktion aus $\mathcal{O}(K)$ auf K gleichmäßig durch Funktionen aus $\mathbb{C}_P[z]$ approximierbar.*

Beweis. Es sei $f \in \mathcal{O}(K)$ und $\varepsilon > 0$. Da f in einer offenen Umgebung von K holomorph ist, gibt es nach dem Approximationslemma 12.6 ein zu K disjunktes Kompaktum L in $\mathbb{C}$ und eine Funktion

$$q(z) = \sum_{\kappa=1}^{k} \frac{c_\kappa}{z - w_\kappa} \text{ mit } w_1, \ldots, w_k \in L, \text{ so dass } |f - q|_K \leq \tfrac{1}{2}\varepsilon.$$

Sei Z_κ die w_κ enthaltende Komponente von $\mathbb{C}\backslash K$. Ist Z_κ beschränkt, so gibt es nach Voraussetzung ein $t_\kappa \in P \cap Z_\kappa$. Nach dem Polstellenverschiebungssatz 12.7 gibt es dann ein Polynom g_κ in $(z - t_\kappa)^{-1}$, so dass gilt

$$\left| \frac{c_\kappa}{z - w_\kappa} - g_\kappa(z) \right| \le \frac{1}{2k}\varepsilon \quad \text{für alle} \quad z \in K. \tag{12.4}$$

Ist hingegen Z_κ unbeschränkt, so gilt (12.4) auf Grund jenes Satzes sogar mit einem Polynom g_κ in z. Die Funktion $g := \sum\limits_{\kappa=1}^{k} g_\kappa$ ist nun rational, ihre Pole liegen sämtlich in P, und es gilt

$$|f - g|_K \le |f - q|_K + |q - g|_K \le \frac{1}{2}\varepsilon + \sum_{\kappa=1}^{k} \left| \frac{c_\kappa}{z - w_\kappa} - g_\kappa(z) \right|_K \le \varepsilon. \qquad \square$$

Die Menge P kann unendlich sein, z.B. für $K := \{0\} \cup \bigcup\limits_{n=1}^{\infty} \partial B_{1/n}(0)$. – Aus dem eben bewiesenen Satz folgt sofort:

Approximationssatz (2. Fassung) 12.9. *Ist K ein Kompaktum im Bereich D und trifft jede beschränkte Komponente von $\mathbb{C}\backslash K$ die Menge $\mathbb{C}\backslash D$, so ist jede Funktion aus $\mathcal{O}(K)$ auf K gleichmäßig durch rationale Funktionen approximierbar, die sämtlich holomorph in D sind.*

Beweis. Man kann die Menge $P \subset \mathbb{C}\backslash K$ außerhalb von D wählen. $\square$

Für den Fall $D = \mathbb{C}$ folgt insbesondere:

Kleiner Satz von Runge für Polynomapproximation 12.10. *Hängt $\mathbb{C}\backslash K$ zusammen, so ist jede Funktion aus $\mathcal{O}(K)$ auf K gleichmäßig durch Polynome approximierbar.*

Die in diesem Abschnitt angegebenen hinreichenden Bedingungen für Approximierbarkeit sind auch notwendig, wie sich im Abschnitt 12.1.3 zeigen wird.

Ausblicke. Der kleine RUNGEsche Satz steht am Anfang einer Kette von Sätzen über die Approximierbarkeit durch Polynome im Komplexen. Man möchte die Voraussetzung der Holomorphie von f auf K abschwächen. Gewiss muss f auf K stetig und in allen inneren Punkten von K holomorph sein, wenn man f auf K gleichmäßig durch Polynome approximieren will. 1951 zeigte MERGELYAN, nachdem WALSH, KELDYCH und LAVRENTIEFF Spezialfälle erledigt hatten, dass diese notwendige Bedingung für Polynomapproximation auch hinreicht, wenn $\mathbb{C}\backslash K$ wieder als zusammenhängend vorausgesetzt wird. Lesern, die sich näher mit diesem Problemkreis Beschäftigen wollen, sei das Buch [78] von D. GAIER empfohlen, vgl. auch [79]. Dort wird auch darauf eingegangen, wie sich approximierende Polynome konstruieren lassen.

12.2.2 Folgerungen aus dem kleinen Satz von Runge. Ganz schnell folgt

(1) *Ist $K \neq \partial\mathbb{E}$ ein nichtleeres Kompaktum in $\partial\mathbb{E}$, so gibt es ein Polynom P, so dass $P(0) = 1$ und $|P|_K < 1$.*

Beweis. Da $\mathbb{C}\backslash K$ zusammenhängt, gibt es nach RUNGE ein Polynom $\widetilde{P}$, so dass $|\widetilde{P} + 1/z|_K < 1$. Dann ist $P := 1 + z\widetilde{P}$ ein gesuchtes Polynom. $\square$

Bemerkung. Jedes Polynom $P(z) = 1 + b_1 z + \cdots + b_n z^n, b_n \neq 0, n \geq 1$, nimmt auf $\partial\mathbb{E}$ Werte vom Betrag > 1 an (Maximumprinzip). Dieses ist kein Widerspruch zu (1).

In 11.4.1 wurde folgende Variante von (1) benutzt:

(1') *Ist $K \neq \partial\mathbb{E}$ ein Kompaktum in $\partial\mathbb{E}$, so gibt es eine Umgebung U von K und eine Funktion $Q(z) = b_0 + b_1/z + \cdots + b_{k-1}/z^{k-1} + 1/z^k$ mit $k \geq 1$, so dass $|Q|_U < 1$.*

Beweis. Nach (1) gibt es ein Polynom $P(z) = 1 + a_1 z + \ldots + a_k z^k$ mit $|P|_K < 1$. Für $Q(z) := P(z)/z^k$ gilt dann ebenfalls $|Q|_K < 1$. Aus Stetigkeitsgründen gibt es eine Umgebung U von K, so dass $|Q|_U < 1$. $\square$

In 12.3.2 benötigen wir

(2) *Es seien $A_1, \ldots, A_k, B_l, \ldots, B_1$ paarweise disjunkte Kompakta in $\mathbb{C}$, so dass $\mathbb{C}\backslash(A_1 \cup \cdots \cup B_l)$ zusammenhängt, es seien weiter $u_1, \ldots, u_k, v_1, \ldots, v_l$ ganze Funktionen. Dann gibt es zu je zwei reellen Zahlen $\varepsilon > 0, M > 0$ ein Polynom p, so dass gilt:*

$$|u_\kappa + p|_{A_\kappa} \leq \varepsilon \,, 1 \leq \kappa \leq k, \quad und \quad \min\{|v_\lambda(z) + p(z)|; z \in B_\lambda\} \geq M, 1 \leq \lambda \leq l.$$

Beweis. Sei $K := A_1 \cup \ldots \cup B_l$. Da $A_1, \ldots, B_l$ paarweise disjunkt sind, so ist die auf A_κ durch u_κ und auf B_λ durch $v_\lambda - M - \varepsilon$ definierte Funktion h holomorph auf K. Nach RUNGE gibt es also ein Polynom p, so dass $|h+p|_K \leq \varepsilon$. Dies bedeutet $|u_\kappa + p|_{A_\kappa} \leq \varepsilon$, $1 \leq \kappa \leq k$. Weiter folgt für alle $z \in B_\lambda$, $1 \leq \lambda \leq l$, da $v_\lambda + p = M + \varepsilon + h + p$ auf B_λ:

$$|v_\lambda(z) + p(z)| \geq M + \varepsilon - |h(z) + p(z)| \geq M \,. \qquad \square$$

Man kann auch *gleichzeitig* approximieren und interpolieren. Für jeden positiven Divisor $\mathfrak{d}$ in $\mathbb{C}$ mit *endlichem* Träger A gilt z.B., wenn K ein Kompaktum mit $A \subset K$ und zusammenhängendem Rest $\mathbb{C}\backslash K$ bezeichnet:

(3) *Falls $\varepsilon > 0$, so existiert zu jedem $f \in \mathcal{O}(K)$ ein Polynom p, so dass*

$$|f - p|_K \leq \varepsilon \quad und \quad o_a(f - p) \geq \mathfrak{d}(a) \quad für \ alle \ a \in A \,.$$

Beweis. Wähle $\widetilde{p} \in \mathbb{C}[z]$ so, dass $o_a(f - \widetilde{p}) \geq \mathfrak{d}(a), a \in A$. Mit $q(z) := \prod_{a \in A} (z - a)^{\mathfrak{d}(a)}$ gilt dann $F := (f - \widetilde{p})/q \in \mathcal{O}(K)$. Wir dürfen $|q|_K \neq 0$ annehmen, da der Fall $A = K$ trivial ist. Nach RUNGE existiert dann ein $\widehat{p} \in \mathbb{C}[z]$ mit $|F - \widehat{p}|_K \leq \varepsilon |q|_K^{-1}$. Nun ist $p := \widetilde{p} + q\widehat{p}$ ein gesuchtes Polynom. $\square$

12.2.3 Hauptsatz der Runge-Theorie für Kompakta. Der Approximationssatz 12.9 wird vertieft. Wir notieren vorab zwei einfache Aussagen:

(1) *Für jede Komponente Z von $D \backslash K$ gilt $D \cap \partial Z \subset K$. Liegt Z überdies relativ-kompakt*[5] *in D, so gilt $|f|_Z \leq |f|_K$ für alle $f \in \mathcal{O}(D)$.*

Beweis. Gäbe es ein $c \in D \cap \partial Z$ mit $c \notin K$, so gäbe es eine Scheibe $B \subset D \backslash K$ um c. Wegen $Z \cap B \neq \emptyset$ wäre dann B in Z enthalten, (denn Z ist Komponente von $D \backslash K$), im Widerspruch zu $c \in \partial Z$. Also gilt $D \cap \partial Z \subset K$.
Liegt Z relativ-kompakt in D, so gilt $\partial Z \subset D$, also $\partial Z \subset K$. Die Abschätzung folgt nun aus dem Maximumprinzip für beschränkte Gebiete. $\square$

(2) *Jede Komponente Z_0 von $\mathbb{C} \backslash K$, die in D liegt, ist eine Komponente von $D \backslash K$. Ist Z_0 zusätzlich beschränkt, so liegt Z_0 relativ-kompakt in D.*

Beweis. Da Z_0 ein Gebiet in $D \backslash K$ ist, gibt es eine Komponente Z_1 von $D \backslash K$, so dass $Z_0 \subset Z_1$. Da Z_1 ein Gebiet in $\mathbb{C} \backslash K$ ist, folgt $Z_0 = Z_1$ wegen der Maximalität von Z_0.
Ist Z_0 beschränkt, so ist $\overline{Z}_0 := Z_0 \cup \partial Z_0$ kompakt. Da $\partial Z_0 \subset K$ (wegen (1) mit $D := \mathbb{C}$), so folgt $\overline{Z}_0 \subset D \cup K \subset D$. $\square$

Wir zeigen jetzt:

Theorem 12.11. *Folgende Aussagen über ein Kompaktum K in D sind äquivalent:*

  i) *Der Raum $D \backslash K$ hat keine in D relativ-kompakte Komponente.*
 ii) *Jede beschränkte Komponente von $\mathbb{C} \backslash K$ trifft $\mathbb{C} \backslash D$.*
iii) *Jede Funktion aus $\mathcal{O}(K)$ ist auf K gleichmäßig durch rationale Funktionen ohne Pole in D approximierbar.*
 iv) *Jede Funktion aus $\mathcal{O}(K)$ ist auf K gleichmäßig durch in D holomorphe Funktionen approximierbar.*
  v) *Zu jedem $c \in D \backslash K$ gibt es eine Funktion $h \in \mathcal{O}(D)$, so dass $|h(c)| > |h|_K$.*

Beweis. i) $\Rightarrow$ ii). Klar wegen (2). – ii) $\Rightarrow$ iii). Das ist Approximationssatz 12.9. – iii) $\Rightarrow$ iv). Trivial. – iv) $\Rightarrow$ i). Hat $D \backslash K$ eine in D relativ-kompakte Komponente Z, so sei $a \in Z$ und $\delta := |z - a|_K \in (0, \infty)$. Zu $(z - a)^{-1} \in \mathcal{O}(K)$ gibt es ein $g \in \mathcal{O}(D)$, so dass

---

[5] Eine Teilmenge M von D liegt *relativ-kompakt* in D, wenn es ein Kompaktum $L \subset D$ gibt mit $M \subset L$.

$$|(z - a)^{-1} - g(z)|_K < \delta^{-1}, \quad \text{also} \quad |1 - (z - a)g(z)|_K < 1 \ .$$

Mit (1) folgt $|1 - (z - a)g(z)| < 1$ für alle $z \in Z$, was für $z = a$ absurd ist.

i) $\Rightarrow$ v). Der Bereich $D \backslash (K \cup c)$ hat dieselben Komponenten wie $D \backslash K$ bis auf eine, aus der c entfernt ist. Also gilt i) und damit nach dem schon Bewiesenen auch iv) für $K \cup c$ statt K. Zu der durch

$$g(z) := 0 \quad \text{für} \quad z \in K, \quad g(c) := 1$$

definierten Funktion $g \in \mathcal{O}(K \cup c)$ gibt es also ein $h \in \mathcal{O}(D)$, so dass $|h|_K < \frac{1}{2}$ und $|1 - h(c)| < \frac{1}{2}$. Es folgt $|h(c)| > \frac{1}{2}$, also v).

v) $\Rightarrow$ i). Hätte $D \backslash K$ eine in D relativ-kompakte Komponente Z, so wäre v) wegen (1) für jeden Punkt $c \in Z$ verletzt. $\qquad\square$

Für $D = \mathbb{C}$ erhalten wir eine Präzisierung des kleinen RUNGEschen Satzes.

Korollar 1. *Jede Funktion aus $\mathcal{O}(K)$ ist auf K gleichmäßig durch Polynome approximierbar genau dann, wenn $\mathbb{C} \backslash K$ zusammenhängt. Das ist genau dann der Fall, wenn zu jedem $c \in \mathbb{C} \backslash K$ ein Polynom p existiert, so dass $|p(c)| > |p|_K$.*

Beweis. Genau dann hängt $\mathbb{C} \backslash K$ zusammen, wenn $\mathbb{C} \backslash K$ keine in $\mathbb{C}$ relativ-kompakte Komponente hat. Das Korollar folgt daher sofort aus dem Theorem, da jede ganze Funktion in $\mathbb{C}$ kompakt durch TAYLOR-Polynome approximierbar ist. $\qquad\square$

Wir haben nun auch die Umkehrung der 1. Fassung des Approximationssatzes aus 12.8.

Korollar 2. *Ist $P \subset \mathbb{C} \backslash K$ so beschaffen, dass jede Funktion aus $\mathcal{O}(K)$ auf K gleichmäßig durch Funktionen aus $\mathbb{C}_P[z]$ approximierbar ist, so trifft P jede beschränkte Komponente von $\mathbb{C} \backslash K$.*

Beweis. Auf Grund des Polstellenverschiebungssatzes 12.7 darf man annehmen, dass P *jede Komponente von $\mathbb{C} \backslash K$ in höchstens einem* Punkt trifft. Dann ist $D := \mathbb{C} \backslash P$ ein Bereich mit $K \subset D$. Da $\mathbb{C}_P[z] \subset \mathcal{O}(D)$, so wird auf Grund von iv) $\Rightarrow$ ii) jede beschränkte Komponente von $\mathbb{C} \backslash K$ von $\mathbb{C} \backslash D = P$ getroffen. $\qquad\square$

Die Äquivalenz i) $\Leftrightarrow$ ii) lässt sich mit Hilfe von (2) sofort verbessern: für eine Menge $B \subset \mathbb{C}$ sind folgende Aussagen äquivalent:

– *B ist eine Komponente von $D \backslash K$, die relativ-kompakt in D liegt,*
– *B ist eine beschränkte Komponente von $\mathbb{C} \backslash K$, die in D liegt.* $\qquad\square$

Die Implikation iv) ⇒ i) lässt sich auch vertiefen. Eine notwendige Bedingung für Approximierbarkeit ist (der Leser führe den Beweis mit (1)):

Ist $f \in \mathcal{O}(K)$ auf K gleichmäßig durch Funktionen aus $\mathcal{O}(D)$ approximierbar, so gibt es zu jeder relativ-kompakt in D liegenden Komponente Z von $D \backslash K$ genau eine in $Z \cup K$ stetige Funktion $\widehat{f}$ mit $\widehat{f}|K = f$ und $f|Z \in \mathcal{O}(Z)$ (holomorphe Fortsetzbarkeit von f nach Z).

12.3 Anwendungen des kleinen Satzes von Runge

> RUNGE's Theorem belongs in every analyst's bag of tricks (L.A. RUBEL).

Es ist leicht, Folgen *stetiger* Funktionen zu konstruieren, die *punktweise* gegen Funktionen mit *Unstetigkeitsstellen* konvergieren. Es ist indessen mühsam, *punktweise konvergente Folgen holomorpher Funktionen* zu finden, deren Grenzfunktionen *nicht holomorph* sind. Der Satz von OSGOOD (vgl. 7.5) könnte sogar als Indiz dafür dienen, dass solche pathologischen Folgen nicht existieren und dass in der Funktionentheorie punktweise Konvergenz der adäquate Konvergenzbegriff ist. Mit Hilfe des kleinen RUNGEschen Satzes ist es leicht, sich vom Gegenteil zu überzeugen; wir kommen damit auf eine Ankündigung aus dem ersten Band zurück (vgl. Fußnote auf S. 82). Wir zeigen im Abschnitt 12.3.1, dass es Polynomfolgen gibt, die in $\mathbb{C}$ punktweise gegen unstetige Grenzfunktionen konvergieren und deren Ableitungsfolgen sämtlich in $\mathbb{C}$ punktweise – aber nicht kompakt – gegen die Nullfunktion streben.

Im Abschnitt 12.3.2 bilden wir mit Hilfe des kleinen RUNGEschen Satzes den Einheitskreis $\mathbb{E}$ biholomorph auf eine *komplexe Kurve im $\mathbb{C}^3$* ab.

12.3.1 Punktweise konvergente Polynomfolgen, die nicht überall kompakt konvergieren. Wir setzen $\mathbb{R}^+ := \{x \in \mathbb{R} : x \geq 0\}$ und zeigen:

Satz 12.12. *Es gibt eine Polynomfolge p_n mit folgenden Eigenschaften:*

1) $\lim\limits_{n \to \infty} p_n(0) = 1$, $\lim\limits_{n \to \infty} p_n(z) = 0$ *für jeden Punkt $z \in \mathbb{C}^\times$.*

2) $\lim\limits_{n \to \infty} p_n^{(k)} = 0$ *für jeden Punkt $z \in \mathbb{C}$ und jedes $k \geq 1$.*

3) *Jede Folge $p_1^{(k)}, \ldots p_2^{(k)}, \ldots, p_n^{(k)}, k \in \mathbb{N}$, konvergiert in $\mathbb{C} \backslash \mathbb{R}^+$ kompakt, indessen konvergiert keine dieser Folgen kompakt in einer Umgebung eines Punktes von $\mathbb{R}^+$.*

Beweis. Wir setzen

$$I_n := \left\{ z \in \overline{B}_n(0) \text{ mit } d(z, \mathbb{R}^+) \geq \frac{1}{n} \right\}, \ K_n := \{0\} \cup [\tfrac{1}{n}, n] \cup I_n \ , \quad n \geq 1.$$

K_n ist kompakt, jede Menge $\mathbb{C} \backslash K_n$ hängt zusammen, (vgl. Figur). Wir legen kompakte Rechtecke R_n bzw. S_n um 0 bzw. $[\tfrac{1}{n}, n]$.

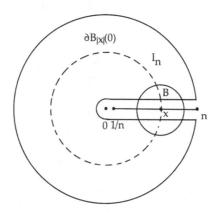

Damit gilt:

Die Mengen R_n, S_n, I_{n+1} sind paarweise disjunkt. Das Kompaktum $L_n :=$ $R_n \cup S_n \cup I_{n+1}$ ist eine Umgebung von K_n, d.h. $K_n \subset \overset{\circ}{L}_n$, die Menge $\mathbb{C} \backslash L_n$ hängt zusammen.

Da die durch

$$g_n(z) := 0 \ \text{ für } z \in L_n \backslash R_n, \ \ g_n(z) := 1 \ \text{ für } z \in R_n$$

definierte Funktion g_n holomorph in L_n ist, gibt es nach RUNGE ein Polynom p_n, so dass gilt:

$$|p_n - g_n|_{L_n} \leq \frac{1}{n}, \ n = 1, 2, \ldots . \tag{12.5}$$

Da $g_n' \equiv 0$ auf $\overset{\circ}{L}_n$, so kann man in (12.5) sogar so stark approximieren, dass überdies gilt:

$$|p_n^{(k)}|_{K_n} \leq \frac{1}{n} \ \text{ für } \ k = 1, \ldots, n \ ; \ n = 1, 2, \ldots .^{6} \tag{12.6}$$

---

[6] Dieses folgt direkt aus den CAUCHYschen Abschätzungen für Ableitungen in kompakten Mengen, vgl. I.8.3.1.

Mit (12.5) und (12.6) folgen wegen $\bigcup K_n = \mathbb{C}$ die Behauptungen 1) und 2).

Nach Konstruktion konvergieren alle Folgen $p_n^{(k)}$ in $\mathbb{C}\backslash\mathbb{R}^+$ kompakt. Gewiss konvergiert die Folge p_n in keiner Scheibe um 0 kompakt. Würde sie in einer Scheibe B um $x > 0$ kompakt konvergieren, so wäre die Folge auf $\partial B_{|x|}(0)$ gleichmäßig konvergent. Nach dem Maximumprinzip wäre sie dann auch in $B_{|x|}(0)$ kompakt konvergent, was nicht geht. Es folgt nun weiter, dass keine der Ableitungsfolgen um Punkte von $\mathbb{R}^+$ kompakt konvergiert, vgl. I.8.4.4. □

Historische Notiz. RUNGE konstruierte 1885 eine Polynomfolge, die in $\mathbb{C}$ überall punktweise gegen 0 konvergiert, ohne dass die Konvergenz dabei in ganz $\mathbb{C}$ kompakt ist. Er zeigte „an einem Beispiel einer Summe von ganzen rationalen Functionen..., dass die gleichmässige Convergenz eines Ausdrucks nicht nothwendig ist, sondern dass dieselbe auf irgend welchen Linien in der Ebene der complexen Zahlen aufhören kann, während der Ausdruck dennoch überall convergirt und eine monogene analytische [= holomorphe] Function darstellt", [237, S. 245]. RUNGE approximiert die Funktionen $1/[n(nz - 1)]$ durch Polynome: seine Folge „convergiert ungleichmässig auf dem positiven Theil der imaginären Achse". RUNGE hat als erster gefragt, ob im WEIER-STRASSschen Konvergenzsatz „die gleichmässige Convergenz nothwendig ist, damit eine monogene analytische Function dargestellt werde". Sein Gegenbeispiel hat damals kaum Beachtung gefunden.   □

Wir wissen nicht, wer das erste Beispiel einer Folge holomorpher Funktionen angegeben hat, die punktweise konvergiert und deren Grenzfunktion nicht stetig ist. Um 1901 war dies bereits mathematische Folklore, vgl. z. B. [192, S. 32]. Spätestens seit 1904 war es leicht, solche Folgen explizit anzugeben. Damals konstruierte MITTAG-LEFFLER nämlich eine ganze Funktion F, die folgende paradoxe (dem LIOUVILLEschen Satz aber nicht widersprechende) Eigenschaft hat, vgl. [174], théorème E, auf S. 263:

$$(1) \qquad F(0) \neq 0, \quad \lim_{r \to \infty} F(re^{i\varphi}) = 0 \quad \text{für jedes (feste)} \quad \varphi \in [0, 2\pi) \,.$$

Die Folge $g_n(z) := F(nz)$ konvergiert nun in $\mathbb{C}$ punktweise gegen eine unstetige Grenzfunktion. Die MITTAG-LEFFLERsche Funktion F lässt sich als „geschlossener analytischer Ausdruck" anschreiben, vgl. z.B. [213], Bd. 1, III; Aufg. 158 und Bd. 2, IV, Aufg. 184. MONTEL hat 1907 systematisch Eigenschaften solcher Grenzfunktionen, die er „fonctions de première classe" nennt, untersucht ([175, S. 315 und 326]). F. HARTOGS und A. ROSENTHAL haben 1928 sehr detaillierte Resultate erzielt, [106].

Eine besonders einfache Konstruktion einer ganzen Funktion, die (1) erfüllt, gab 1976 D.J. NEWMAN. Er betrachtet die *nicht konstante* ganze Funktion

$$G(z) := g(z + 4i), \quad \text{wobei} \quad g(z) := \int\limits_0^\infty e^{zt} t^{-t} dt, \quad z \in \mathbb{C} \,,$$

und zeigt, vgl. [184]:

Die Funktion G ist auf jeder Geraden durch $0 \in \mathbb{C}$ beschränkt.

Dann ist offensichtlich, wenn $G - G(0)$ in 0 von der Ordnung k verschwindet, $F(z) :=$ $[G(z) - G(0)]/z^k$ eine ganze Funktion, für die (1) gilt.

Bemerkung. Es lassen sich auch „explizit" Folgen in $\mathcal{O}(\mathbb{C})$ angeben, die in $\mathbb{C}$ punktweise, aber nicht kompakt gegen 0 konvergieren. Bezeichnet F die durch (1) gegebene „Mittag-Leffler Funktion", so gilt:

Die Folge $f_n(z) := F(nz)/n \in \mathcal{O}(\mathbb{C})$ konvergiert in $\mathbb{C}$ punktweise gegen 0, indessen ist diese Konvergenz in keiner Umgebung des Nullpunktes gleichmäßig.

Beweis. Wegen (1) konvergiert die Folge f_n in $\mathbb{C}$ punktweise gegen 0. Würde sie um 0 gleichmäßig konvergieren, so wäre sie insbesondere um 0 beschränkt. Es gäbe dann ein $r > 0$ und ein $M > 0$, so dass $|F(z)| \leq nM$ für alle $n \geq 1$ und alle $z \in \mathbb{C}$ mit $|z| \leq nr$. Für die Taylor-Koeffizienten $a_0, a_1 \ldots$ von F um 0 folgt dann

$$|a_\nu| \leq (nM)/(nr)^\nu \quad \text{für alle} \quad \nu \geq 0 \text{ und alle } n \geq 1 \ .$$

Da $\lim\limits_{n \to \infty} (nM)/(nr)^\nu = 0$ für $\nu \geq 2$, so wäre F höchstens linear und wegen $\lim\limits_{r \to \infty} F(re^{i\varphi}) = 0$ also identisch Null im Widerspruch zu $F(0) \neq 0$.   □

Aufgabe. Es sei $f \in \mathcal{O}(\mathbb{C})$. Man konstruiere eine Polynomfolge p_n, die punktweise gegen die Funktion

$$g(z) := \begin{cases} 0 & \text{für } z \in \mathbb{C}\backslash\mathbb{R} \\ f(z) & \text{für } z \in \mathbb{R} \end{cases}$$

konvergiert. Man richte es so ein, dass die Konvergenz in $\mathbb{C}\backslash\mathbb{R}$ kompakt ist, und dass alle Ableitungsfolgen $p_n^{(k)}$ überall in $\mathbb{C}$ punktweise konvergieren.

12.3.2 Holomorphe Einbettung des Einheitskreises in den $\mathbb{C}^3$.

Sind $f_1, \ldots, f_n \in \mathcal{O}(D), 1 \leq n < \infty$, so heißt die Abbildung $D \to \mathbb{C}^n, z \mapsto (f_1(z), \ldots, f_n(z))$, *holomorph.* Eine solche Abbildung heißt *glatt,* wenn $(f_1'(z), \ldots, f_n'(z)) \neq (0, \ldots, 0)$ für alle $z \in D$. Injektive, abgeschlossene[7] und glatte holomorphe Abbildungen $D \to \mathbb{C}^n$ heißen *holomorphe Einbettungen* von D in den $\mathbb{C}^n$. Man kann zeigen, dass alsdann die Bildmenge von D in $\mathbb{C}^n$ eine glatte (singularitätenfreie), abgeschlossene komplexe Kurve in $\mathbb{C}^n$ (= komplexe Untermannigfaltigkeit des $\mathbb{C}^n$ der reellen Dimension 2) ist. Bereiche $D \neq \mathbb{C}$ gestatten keine holomorphen Einbettungen in $\mathbb{C}$, da jede holomorphe Einbettung in $D \to \mathbb{C}$ biholomorph ist. Unser Ziel ist, folgendes zu zeigen:

Einbettungssatz 12.13. *Es gibt eine holomorphe Einbettung $\mathbb{E} \to \mathbb{C}^3$.*

---

[7] Eine Abbildung $X \to Y$ zwischen topologischen Räumen heißt *abgeschlossen,* wenn jede in X abgeschlossene Menge ein in Y abgeschlossenes Bild hat, vgl. auch 9.4.1.

Zum Beweis genügt es, zwei Funktionen $f, g \in \mathcal{O}(\mathbb{E})$ zu konstruieren, so dass für jede Folge $z_n \in \mathbb{E}$, die gegen einen Punkt aus $\partial\mathbb{E}\backslash\{1\}$ konvergiert, gilt: $\lim(|f(z_n)| + |g(z_n)|) = \infty$. Alsdann vermitteln die drei Funktionen f, g, h mit $h(z) := 1/(z-1)$ eine *abgeschlossene holomorphe* Abbildung $\mathbb{E} \to \mathbb{C}^3$: Da $h: \mathbb{E} \to \mathbb{C}$ injektiv ist und da stets $h'(z) \neq 0$, so ist diese Abbildung $\mathbb{E} \to \mathbb{C}^3$ auch injektiv und glatt.

Die Konstruktion von f, g geschieht mit Hilfe des kleinen RUNGEschen Satzes. Wir wählen eine „Hufeisenfolge" K_n von kompakten, paarweise disjunkten Mengen in $\mathbb{E}$, die gegen den Rand $\partial\mathbb{E}$ streben und dabei keilförmig auf 1 zulaufen, so dass $\mathbb{C}\backslash(K_0 \cup \cdots \cup K_n)$ stets zusammenhängt (Figur).

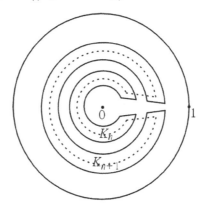

Lemma 12.14. *Es gibt eine holomorphe Funktion* $f \in \mathcal{O}(\mathbb{E})$, *so dass für alle* $n \in \mathbb{N}$ *gilt:* $\min\{|f(z)|; z \in K_n\} \geq 2^n$.

Beweis. Wir wählen eine aufsteigende Folge $V_0 \subset V_1 \subset \ldots$ von kompakten Kreisscheiben um 0 mit $\bigcup V_\nu = \mathbb{E}$, so dass gilt:

$$K_0 \cup K_1 \cup \cdots \cup K_{n-1} \subset V_n, \quad V_n \cap K_n = \emptyset, \quad n \in \mathbb{N}.$$

Dann ist $\mathbb{C}\backslash(V_n \cup K_n)$ zusammenhängend. Wir konstruieren induktiv eine Polynomfolge (p_n). Wir setzen $p_0 := 3$. Sei $n \geq 1$ und seien $p_0, p_1, \ldots, p_{n-1}$ bereits konstruiert. Nach 12.2.2 (2) (mit $A_1 := V_n, B_1 := K_n, u_1 := 0, v_1 := p_0 + \cdots + p_{n-1}$) gibt es ein Polynom p_n, so dass gilt:

$$|p_n|_{V_n} \leq 2^{-n}, \quad \min\{|p_0(z) + \cdots + p_{n-1}(z) + p_n(z)|; z \in K_n\} \geq 2^n + 1. \quad (12.7)$$

Die Reihe $\sum p_\nu$ konvergiert nun in $\mathbb{E}$ *normal* gegen eine Funktion $f \in \mathcal{O}(\mathbb{E})$, da $|p_\nu|_{V_n} \leq |p_\nu|_{V_\nu} \leq 2^{-\nu}$ für alle $\nu \geq n$ und folglich $\sum_{\nu=0}^{\infty} |p_\nu|_{V_n} < \infty$ für alle $n \geq 1$. Da $K_n \subset V_\nu$ für $\nu > n$, so gilt $|p_\nu|_{K_n} \leq 2^{-\nu}$ für $\nu > n$ wegen (12.7). Damit folgt, wenn man noch die zweite Ungleichung in (12.7) heranzieht, für alle $z \in K_n$:

$$|f(z)| \geq |p_0(z) + \cdots + p_{n-1}(z) + p_n(z)| - \sum_{\nu > n}^{\infty} |p_\nu|_{K_n} \geq 2^n + 1 - \sum_{\nu > n}^{\infty} 2^{-\nu} \geq 2^n. \square$$

In analoger Weise wählen wir eine zweite Hufeisenfolge L_n in $\mathbb{E}$, so dass L_n den Ring zwischen K_n und K_{n+1} bis auf ein Trapez mit der reellen Achse als Mittelachse überdeckt (in der Figur ist L_n gestrichelt). Gemäß dem Lemma gibt es dann ein $g \in \mathcal{O}(\mathbb{E})$, so dass $\min\{|g(z)|; z \in L_n\} \geq 2^n$ für alle n. Aus der Konstruktion von f und g folgt direkt, dass für jede Folge $z_n \in \mathbb{E}$ mit $\lim z_n \in \partial\mathbb{E}\setminus\{1\}$ gilt:

$$\lim(|f(z_n)| + |g(z_n)|) = \infty \tag{12.8}$$

Damit ist der Einbettungssatz bewiesen. $\square$

Bemerkung. Die Konstruktion der Funktionen f, g lässt sich so verfeinern, dass (12.8) zusätzlich auch für alle Folgen $z_n \in \mathbb{E}$ mit $\lim z_n = 1$ gilt. Dies hat H. CARTAN bereits 1931 bemerkt, [44, S. 301], vgl. auch [233, 187–190]. Es existieren also *endliche* holomorphe Abbildungen $\mathbb{E} \to \mathbb{C}^2$ (zum Begriff der endlichen Abbildung vgl. 9.3). Darüber hinaus lässt sich zeigen, dass sogar holomorphe Einbettungen von $\mathbb{E}$ in den $\mathbb{C}^2$ existieren, vgl. hierzu etwa [84]. Es lässt sich ferner beweisen, dass *jedes* Gebiet in $\mathbb{C}$ holomorph in den $\mathbb{C}^3$ einbettbar ist.

12.4 Diskussion der Cauchyschen Integralformel für Kompakta

Es ist unbefriedigend, dass in der CAUCHYschen Integralformel (12.1) (1), die am Anfang der RUNGE-Theorie steht, über Strecken und nicht über geschlossene Wege integriert wird. In diesem Paragraphen geben wir dem Satz 12.4 eine gefälligere Form. Es zeigt sich, dass man i.a. zwar nicht mit einem *einzigen* geschlossenen Weg auskommt, dass es aber immer endlich viele solche Wege mit angenehmen Eigenschaften gibt. – Um bequem formulieren zu können, führen wir einige Redeweisen ein, die auch im nächsten Kapitel benutzt werden. Wir nennen jede (formale) Linearkombination

$$\gamma = a_1\gamma^1 + \cdots + a_n\gamma^n, \ a_\nu \in \mathbb{Z}, \ \gamma^\nu \text{geschlossener Weg in D}, \ 1 \leq \nu \leq n,$$

einen *Zyklus in D*. Der *Träger* $|\gamma| = \bigcup |\gamma^\nu|$ von γ ist kompakt. *Integrale über Zyklen* werden durch

$$\int_\gamma f d\zeta := \sum_{\nu=1}^n a_\nu \int_{\gamma^\nu} f d\zeta, \ f \in \mathscr{C}(|\gamma|),$$

definiert. Die *Indexfunktion*

$$\operatorname{ind}_\gamma(z) := \frac{1}{2\pi i} \int\limits_\gamma \frac{d\zeta}{\zeta - z} \in \mathbb{Z}, \quad z \in \mathbb{C}\backslash|\gamma|\,,$$

ist lokal-konstant. *Inneres* und *Äußeres* von γ werden durch

$$\operatorname{Int} \gamma := \{z \in \mathbb{C}\backslash|\gamma| : \operatorname{ind}_\gamma(z) \neq 0\}, \quad \operatorname{Ext} \gamma := \{z \in \mathbb{C}\backslash|\gamma| : \operatorname{ind}_\gamma(z) = 0\}$$

erklärt; diese Mengen sind *offen in* $\mathbb{C}$, dass Äußere ist *nie leer*.

Ein geschlossenes Polygon $\tau = [p_1 p_2 \ldots p_k p_1]$ aus k gleich langen Strecken $[p_1, p_2], [p_2, p_3], \ldots, [p_k, p_1]$ heißt *Treppenpolygon*, wenn jede Strecke horizontal oder vertikal in $\mathbb{C}$ liegt und wenn alle „Ecken" $p_1, p_2, \ldots, p_k$ paarweise verschieden sind. Dann wird jeder Punkt $\neq p_1$ aus τ *genau einmal* durchlaufen.

12.4.1 Finale Form von Satz 12.4.

Wir benutzen die Bezeichnungen aus Abschnitt 12.1.1. Es seien also $\sigma^1, \ldots, \sigma^n \in D\backslash K$ orientierte Strecken eines achsenparallelen Quadratgitters in $\mathbb{C}$, so dass Satz 12.4 gilt. *Wir dürfen annehmen, dass $\sigma^\mu \neq \pm \sigma^\nu$ für $\mu \neq \nu$.* Die Integralformel (12.1) (1), angewendet auf $f(z)(z - c)$ mit $c \in K$, gibt den Integralsatz

$$\sum_{\nu=1}^{n} \int\limits_{\sigma^\nu} f(\zeta)d\zeta = 0 \quad \text{für alle } f \in \mathcal{O}(D). \tag{12.9}$$

Diese Formel hat zur Folge, dass sich die Strecken σ^ν *von selbst* zu Treppenpolygonen zusammenfügen. Wir behaupten:

Cauchysche Integralformel für Kompakta (finale Form) 12.15. *Zu jedem Kompaktum $K \neq \emptyset$ in einem Bereich D gibt es endlich viele Treppenpolygone $\tau^1, \ldots, \tau^m$ in $D\backslash K$, so dass für den Zyklus $\gamma := \tau^1 + \cdots + \tau^m$ gilt:*

$$f(z) = \frac{1}{2\pi i} \int\limits_\gamma \frac{f(\zeta)}{\zeta - z}d\zeta \quad \text{für alle } f \in \mathcal{O}(D) \quad \text{und alle } z \in K. \tag{12.10}$$

Speziell gilt

$$K \subset \operatorname{Int} \gamma \subset D \quad \text{und } \operatorname{ind}_\gamma(z) = 1 \quad \text{für alle } z \in K. \tag{12.11}$$

Beweis. Wir schreiben $\sigma^\nu = [a_\nu, b_\nu]$ und zeigen zunächst:

($*$) *Jeder Punkt $c \in \mathbb{C}$ ist genauso oft Anfangspunkt a_ν wie Endpunkt b_ν einer der Strecken $\sigma^1, \ldots, \sigma^n$.*

Es bezeichne k bzw. ℓ die *Vielfachheit*, mit der c im n-Tupel $(a_1, \ldots, a_n)$ bzw. $(b_1, \ldots, b_n)$ vorkommt. Wir wählen ein Polynom p, so dass

$$p(c) = 1, \quad p(a_\nu) = 0 \ \text{für } a_\nu \neq c, \quad p(b_\mu) = 0 \ \text{für } b_\mu \neq c.$$

Dann gilt $\sum_{\nu=1}^{n} p(a_\nu) = k$ und $\sum_{\mu=1}^{n} p(b_\mu) = \ell$. Mit (12.9) ergibt sich

$$0 = \sum_{\nu=1}^{n} \int_{\sigma^\nu} p'(\zeta)d\zeta = \sum_{\nu=1}^{n} [p(b_\nu) - p(a_\nu)], \quad \text{also } k = \ell, \ \text{d.h. } (*).$$

Nun folgt mühelos:

$(\overset{*}{*})$ *Es gibt eine Nummerierung der σ^ν und natürliche Zahlen $0 = k_0 < k_1 < \cdots < k_{m+1} = n$, so dass $\tau^\mu := \sigma^{k_\mu} + \sigma^{k_\mu+1} + \cdots + \sigma^{k_{\mu+1}}$ ein Treppenpolygon ist, $1 \leq \mu \leq m$.*

Auf Grund von $(*)$ lassen sich aus den σ^ν endlich viele geschlossene Polygone bilden. Sei $\delta = [d_1 d_2 \ldots d_k d_1]$ ein solches Polygon. Wir zeigen durch Induktion nach k, dass δ in Treppenpolygone zerfällt. Der Fall $k = 4$ ist klar. Ist $k > 4$ und δ kein Treppenpolygon, so gibt es Indizes $s < t$ mit $d_s = d_t$. Dann sind $[d_1 d_2 \ldots d_s d_{t+1} \ldots d_k d_1]$ und $[d_s d_{s+1} \ldots d_t]$ geschlossene Polygone mit weniger als k Teilstrecken, auf die man die Induktionsvoraussetzung anwenden kann. Also gilt $(\overset{*}{*})$. Auf Grund von 12.4 ist damit die Existenz eines Zyklus, für den (12.10) gilt, bewiesen.

Da aus (12.10) wiederum der Integralsatz für γ folgt, und da $1/(z - c) \in \mathcal{O}(D)$ für alle $c \notin D$, so gilt Int $\gamma \subset D$. Weiter folgt $\text{ind}_\gamma(K) = 1$ aus (12.10) mit $f \equiv 1$. $\qquad\qquad\qquad\qquad\qquad\qquad\qquad\qquad\qquad$ $\square$

Warnung. Im allgemeinen gibt es keinen geschlossenen Weg γ in $D \backslash K$ mit $K \subset$ Int $\gamma \subset D$ und also erst recht keinen geschlossenen Weg, für den die Formel (12.10) richtig ist. Ist z.B. K ein Kreis um 0 in $D := \mathbb{E}^\times$, so liegt jeder geschlossene Weg γ mit $K \subset$ Int γ im Äußeren von K. Die von K berandete Scheibe liegt dann in Int γ, so dass Int $\gamma \not\subset \mathbb{E}^\times$. In diesem Beispiel gilt der Satz für alle Zyklen $\gamma^1 + \gamma^2$ mit entgegengesetzt orientierten Kreisen in $\mathbb{E}^\times$ um 0, von denen einer außerhalb und einer innerhalb von K verläuft.

Bemerkung. Dass sich die Strecken $\sigma^1, \ldots, \sigma^n$ im Satz 12.4 von selbst zu geschlossenen Polygonen zusammenfügen hat 1979 R.B. BURCKEL bemerkt; in [31, 259–260], leitet er $(*)$ etwas anders her.

12.4.2 Umlaufungssatz. Es ist anschaulich klar, dass man jedes zusammenhängende Kompaktum K in D durch einen geschlossenen Weg in $D \backslash K$ umlaufen kann. Diese Aussage wird im folgenden präzisiert; wir benötigen neben Satz 12.15 den JORDANschen Kurvensatz für Treppenpolygone:

Lemma 12.16. *Jedes Treppenpolygon τ zerlegt $\mathbb{C}$ in genau zwei Gebiete:*

$$\mathbb{C}\backslash|\tau| = \text{Int } \tau \cup \text{Ext } \tau \quad und \quad \text{ind}_\tau(\text{Int } \tau) = \pm 1 \; .$$

Beweis. Wir führen den Beweis in drei Schritten. Sei $\tau = [p_1 p_2 \ldots p_k p_1]$ mit den sukzessiven Strecken $\pi_\kappa = [p_{\kappa+1}], 1 \leq \kappa \leq k$ wobei $p_{k+1} := p_1$. Wir legen um jede Strecke π_κ das offene Rechteck R_κ der Länge d (= Maschenweite des Gitters) und Breite $\frac{1}{4}d$ mit π_κ als Mittellinie. Wir wählen in jedem Teilrechteck von $R_1\backslash|\pi_1|$ einen Punkt p bzw. q.

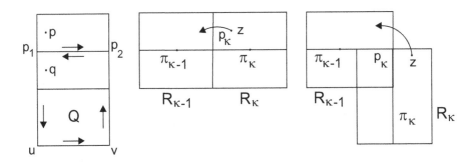

Wir bezeichnen mit U und V die *Komponenten* von $\mathbb{C}\backslash|\tau|$ mit $p \in U, q \in V$ und zeigen als erstes:

a) $\text{ind}_\tau(U) = \text{ind}_\tau(V) \pm 1$, *insbesondere also* $U \cap V = \emptyset$.

Ist Q das Quadrat mit $|\pi_1|$ als Seite, welches q enthält, so sei $\gamma \in \{\pm\partial Q\}$ so gewählt, dass $-\pi_1$ Teilstrecke von γ ist (Figur links). Mit dem Hilfspolygon $\delta := [p_1 u v p_2 \ldots p_k p_1]$ gilt dann

$$\text{ind}_\delta(z) = \text{ind}_\tau(z) + \text{ind}_\gamma(z) \text{ für alle } z \in \mathbb{C}\backslash(|\delta| \cup [p_1, p_2]).$$

Da die Indexfunktion lokal konstant ist, gilt $\text{ind}_\delta(p) = \text{ind}_\delta(q)$ wegen $[p, q] \subset \mathbb{C}\backslash|\delta|$. Da $\text{ind}_\gamma(p) = 0$ und $\text{ind}_\gamma(q) = \pm 1$, so folgt $\text{ind}_\tau(p) = \text{ind}_\tau(q) \pm 1$ und damit a). – Wir bemerken als nächstes:

b) *Für alle* $\kappa = 1, \ldots, k$ *gilt* $R_\kappa\backslash|\pi_\kappa| \subset U \cup V$.

Jeder Punkt aus $R_\kappa\backslash|\pi_\kappa|$ ist in $\mathbb{C}\backslash|\tau|$ durch einen Weg mit einem Punkt aus $R_{\kappa-1}\backslash|\pi_{\kappa-1}|$ verbindbar, $2 \leq \kappa \leq k$ (die beiden möglichen Situationen sind in den Figuren mitte und rechts dargestellt; da τ ein Treppenpolygon ist, so gehören die beiden von $\pi_{\kappa-1}$ und π_κ verschiedenen Teilstrecken des Gitternetzes, die sich in p_κ treffen, nicht zu τ). Damit folgt b) induktiv, da $R_1\backslash|\pi_1| \subset U \cup V$ nach Wahl von U und V trivial ist.

Nach diesen Vorbereitungen geht nun der Beweis des Lemmas schnell zu Ende. Sei $w \in \mathbb{C}\backslash|\tau|$ beliebig. Wir legen durch w eine Gerade g mit $g \cap |\tau| \neq \emptyset$, die keine Ecke p_κ von τ trifft. Auf g gibt es einen w nächst gelegenen Punkt $w' \in |\tau|$. Da w' kein Eckpunkt ist, liegt auf der Strecke $[w, w']$ ein Punkt eines Rechtecks R_κ. Da $[w, w'] \subset \mathbb{C}\backslash|\tau|$, so folgt $\mathbb{C}\backslash|\tau| \subset U \cup V$ auf Grund von b). Die Gebiete U und V sind also die einzigen Komponenten von $\mathbb{C}\backslash|\tau|$. Da $U \cap V = \emptyset$ nach a), so folgt $U = \text{Int } \tau$, $V = \text{Ext } \tau$ oder umgekehrt. In beiden Fällen erhält man $\text{ind}_\tau(\text{Int } \tau) = \pm 1$ wegen a). $\square$

Bemerkung. Der Beweis lässt sich so modifizieren, dass er für alle einfach geschlossenen Polygone richtig bleibt, man kann auch leicht einsehen, dass das Polygon der *gemeinsame* Rand seines Inneren und Äußeren ist. – Der mitgeteilte Beweis geht wohl auf A. PRINGSHEIM zurück; [220, 41–43].

Mit Satz 12.4 und dem Lemma folgt nun

Umlaufungssatz 12.17. *Ist K ein Kompaktum in D, so gibt es zu jeder zusammenhängenden Teilmenge L von K einen geschlossenen Weg (Treppenpolygon) τ in $D\backslash K$, so dass $\text{ind}_\tau(L) = 1$.*

Beweis. Man wähle $\gamma = \tau^1 + \cdots + \tau^m$ gemäß Satz 12.4. Sei $c \in L$. Da $1 = \text{ind}_\gamma(c) = \sum\limits_{\mu=1}^{m} \text{ind}_{\tau^\mu}(c)$, so gibt es ein k, so dass $\text{ind}_{\tau^k}(c) \neq 0$. Das Lemma liefert dann $\text{ind}_\tau(c) = 1$ für $\tau := \tau^k$ oder $\tau := -\tau^k$. Wegen des Zusammenhangs von L folgt $\text{ind}_\tau(L) = 1$. $\square$

Bemerkung. Man kann nicht stets Int $\tau \subset D$ erreichen, z. B. nicht im Falle $L = K := \partial\mathbb{E}$ und $D := \mathbb{C}^\times$.

13. Runge-Theorie für Bereiche

> Jede eindeutige analytische Function kann durch eine einzige unendliche Summe von rationalen Functionen in ihrem ganzen Gültigkeitsbereich dargestellt werden (C. RUNGE, 1884).

Wir übertragen zunächst die im Kapitel 12 für Kompakta gewonnenen Approximationssätze auf Bereiche. Wir stellen folgende Frage:

Wann sind Bereiche D, D' mit $D \subset D'$ ein RUNGEsches Paar, d.h. wann ist jede in D holomorphe Funktion in D kompakt approximierbar durch in D' holomorphe Funktionen?

Das Paar $\mathbb{E}^{\times}, \mathbb{C}$ ist *nicht* RUNGEsch, da $1/z \in \mathcal{O}(\mathbb{E}^{\times})$ auf Kreisen um 0 nicht approximierbar ist. Es müssen topologische Bedingungen an die relative Lage von D in D' gestellt werden. Ausgangspunkt ist jetzt folgender

Approximationssatz von Runge 13.1. *Jede in D holomorphe Funktion ist in D kompakt approximierbar durch in D polfreie rationale Funktionen* (Theorem 13.2).

Da sich wie bei Kompakta die Lage der Pole in $\mathbb{C} \backslash D$ gut übersehen lässt, so folgt hieraus mit zusätzlichen Überlegungen:

Genau dann bilden D, D' ein RUNGEsches Paar, wenn der Raum $D' \backslash D$ keine kompakte Komponente hat (Theorem 13.5).

Hierin ist enthalten:

Hat D kein Loch ($=$ kompakte Komponente von $\mathbb{C} \backslash D$), so ist jede in D holomorphe Funktion in D kompakt durch Polynome approximierbar.

Die Beweise werden in den Paragraphen 13.1 und 13.2 geführt. Sie bereiten keine funktionentheoretischen Schwierigkeiten, indessen sind topologische Hindernisse zu überwinden. Ein wichtiges Hilfsmittel ist ein im Anhang zu diesem Kapitel bewiesener Satz von ŠURA-BURA über kompakte Komponenten lokal kompakter Räume.

Als Anwendung des Approximationssatzes geben wir in Abschnitt 13.1.3 einen kurzen Beweis des Hauptsatzes der CAUCHYschen Funktionentheorie. Im Paragraphen 13.2 zeigen wir u.a., dass D, D' genau dann ein RUNGEsches Paar bilden, wenn jeder Zyklus in D, der in D' nullhomolog ist, bereits in D nullhomolog ist (Satz von BEHNKE-STEIN).

Im Paragraphen 13.3 führen wir den Begriff der holomorph-konvexen Hülle ein; dies führt zu einer weiteren Charakterisierung RUNGEscher Paare.

13.1 Die Rungeschen Sätze für Bereiche

Sind $\mathscr{A}, \mathscr{B}$ Unteralgebren der $\mathbb{C}$-Algebra aller in D stetigen, $\mathbb{C}$-wertigen Funktionen und gilt $\mathscr{A} \subset \mathscr{B}$, so sagen wir, dass die Funktionenalgebra $\mathscr{A}$ dicht in $\mathscr{B}$ liegt, wenn *jede* Funktion aus $\mathscr{B}$ in D *kompakt durch Funktionen aus $\mathscr{A}$ approximierbar* ist, d. h. wenn zu jedem $g \in \mathscr{B}$ eine Folge $f_n \in \mathscr{A}$ existiert, die in D kompakt gegen g konvergiert. Wir bemerken sofort:

Eine Funktion $g \in \mathscr{B}$ ist in D kompakt durch Funktionen aus $\mathscr{A}$ approximierbar, wenn sie auf jedem Kompaktum von D gleichmäßig durch Funktionen aus $\mathscr{A}$ approximierbar ist.

Beweis. Jede Menge $K_n := \{z \in D : |z| \leq n \text{ und } d(z, \partial D) \geq 1/n\} \subset D, n \geq 1$, ist kompakt. Wähle $f_n \in \mathscr{A}$, so dass $|g - f_n|_{K_n} \leq 1/n, n \geq 1$. Da $K_m \subset K_n$ für $m \leq n$, so gilt:

$$|g - f_n|_{K_m} \leq |g - f_n|_{K_n} \leq \frac{1}{n}, \quad 1 \leq m < n\,.$$

Die Folge (f_n) konvergiert also auf jedem K_m gleichmäßig gegen g. Da jedes Kompaktum in D in einer Menge K_m enthalten ist (Beweis!), konvergiert die Folge f_n in D kompakt gegen g. □

In den weiteren Überlegungen spielen die Komponenten des (lokal kompakten) Raumes $\mathbb{C} \backslash D$ eine entscheidende Rolle. Sie sind abgeschlossen in $\mathbb{C} \backslash D$ (vgl. Anhang) und also auch in $\mathbb{C}$. Es kann *überabzählbar viele* beschränkte und unbeschränkte Komponenten geben, der Leser zeichne Beispiele CANTOR-Mengen, vgl. Anhang). Die beschränkten Komponenten sind *kompakt*, wir nennen sie – in Übereinstimmung mit der Anschauung – *Löcher von D (in $\mathbb{C}$)*.

Warnung. Die „Theorie der Löcher" ist komplizierter als man zunächst glauben mag. So sind isolierte Randpunkte offensichtlich einpunktige Löcher; indessen ist gar nicht klar, dass isoliert liegende einpunktige Löcher auch isolierte Randpunkte sind (unbeschränkte Komponenten von $\mathbb{C} \backslash D$ könnten sich noch gegen solche Löcher häufen; der Satz von ŠURA-BURA zeigt, dass dies nicht geht).

13.1.1 Auffüllung von Kompakta. Runges Beweis des Satzes von Mittag-Leffler. Im Approximationssatz 12.9 (2. Fassung) muss jede beschränkte Komponente von $\mathbb{C} \backslash K$ die Menge $\mathbb{C} \backslash D$ treffen. Durch Vergrößerung von K lässt sich das stets erreichen.

(1) *Zu jedem Kompaktum K in D gibt es ein Kompaktum $K_1 \supset K$ in D, so dass jede beschränkte Komponente von $\mathbb{C} \backslash K_1$ ein Loch von D enthält.*

Beweis. Ist $D = \mathbb{C}$, so sei $K_1 \supset K$ eine kompakte Scheibe. Dann hat $\mathbb{C} \backslash K_1$ keine beschränkte Komponente. Sei also $D \neq \mathbb{C}$. Wir wählen ein ρ mit $0 < \rho < d(K, \partial D)$.

Für $M := \{z \in D : d(z, \partial D) \geq \rho\}$ gilt $K \subset M$. Aus der Definition von M folgt direkt

$$\mathbb{C} \backslash M = \bigcup_{w \in \mathbb{C} \backslash D} B_\rho(w). \tag{13.1}$$

Mithin ist M abgeschlossen in $\mathbb{C}$. Wir wählen eine kompakte Scheibe $\overline{B}$ mit $K \subset \overline{B}$. Für die kompakte Menge $K_1 := M \cap \overline{B}$ gilt dann $K \subset K_1 \subset D$.

Sei nun Z eine *beschränkte* Komponente von $\mathbb{C} \backslash K_1$. Da $\mathbb{C} \backslash \overline{B}$ zusammenhängt und *unbeschränkt* ist und da $\mathbb{C} \backslash K_1 = (\mathbb{C} \backslash \overline{B}) \cup (\mathbb{C} \backslash M)$, so folgt $Z \subset \mathbb{C} \backslash M$. Für jede Kreisscheibe $B_\rho(w) \subset \mathbb{C} \backslash M$ gilt entweder $B_\rho(w) \subset Z$ oder $B_\rho(w) \cap Z = \emptyset$. Daher folgt mit (13.1) weiter:

$$Z = \bigcup_{w \in Z \backslash D} B_\rho(w).$$

Somit trifft Z die Menge $\mathbb{C} \backslash D$. Es gibt folglich eine Komponente S von $\mathbb{C} \backslash D$, so dass $Z \cap S \neq \emptyset$. Da S wegen $\mathbb{C} \backslash D \subset \mathbb{C} \backslash K_1$ eine zusammenhängende Teilmenge von $\mathbb{C} \backslash K_1$ ist, so liegt S in der maximalen zusammenhängenden Teilmenge Z von $\mathbb{C} \backslash K_1$. Da Z beschränkt ist, so ist auch S beschränkt und somit ein Loch von D. $\qquad \square$

Die Konstruktion zeigt, dass K_1 durch K *nicht eindeutig* bestimmt ist. In 13.3.1 werden wir sehen, dass man für K_1 immer die *holomorph-konvexe Hülle* $\widehat{K}_D$ von K in D wählen kann und dass $\widehat{K}_D$ das kleinste Kompaktum $K_1 \supset K$ in D mit der Eigenschaft (1) ist.

Mit (1) und dem Approximationssatz 12.9 lässt sich der Satz 6.8 von MITTAG-LEFFLER elegant herleiten: Wir benutzen die Bezeichnungen des Kapitels 6. Gegeben sei also eine Hauptteil-Verteilung (d_ν, q_ν) mit Träger T in $D := \mathbb{C} \backslash T'$. Zunächst wählt man eine Folge $K_1 \subset K_2 \subset \ldots$ von Kompakta K_n in D mit $T \cap K_1 = \emptyset$, so dass jedes Kompaktum von D in einer Menge K_m liegt (Ausschöpfungsfolge von D). Wegen (1) kann man erreichen, dass jede beschränkte Komponente von $\mathbb{C} \backslash K_n$ die Menge $\mathbb{C} \backslash D$ trifft, $n \geq 1$. Da T lokal endlich in D ist, so ist jede Menge $T_n := T \cap (K_{n+1} \backslash K_n)$, $n \geq 1$, endlich. Wir dürfen $T_n \neq \emptyset$ annehmen. Sei k_n die Anzahl der Punkte von T_n. Da für jeden Punkt $d_\nu \in T_n$ der Hauptteil q_ν holomorph in K_n ist, gibt es nach 12.2.1 ein $g_\nu \in \mathcal{O}(D)$, so dass $|q_\nu - g_\nu|_{K_n} \leq \dfrac{1}{k_n} 2^{-n}$. Nun ist $h := \sum\limits_{1}^{\infty}(q_\nu - g_\nu)$ eine gesuchte MITTAG-LEFFLER-Reihe zur Verteilung (d_ν, q_ν): Jedes Kompaktum aus D liegt in fast allen K_n und die Reihe wird nach Fortlassen endlich vieler Glieder in K_n durch $\sum 2^{-\nu}$ majorisiert; also hat man normale Konvergenz in $D \backslash T$. $\qquad \square$

Historische Notiz. Der Beweis wurde 1885 von C. RUNGE mitgeteilt; vgl. [238, 243–244].

13.1.2 Approximationssätze von Runge.

Als Analogon zum Approximationssatz 12.2.1 haben wir nun das

Theorem von Runge für rationale Approxmimation 13.2. *Es sei $P \subset \mathbb{C} \backslash D$ eine Menge, deren Abschluss $\overline{P}$ in $\mathbb{C}$ jedes Loch von D trifft. Dann liegt die Algebra $\mathbb{C}_P[z] \subset \mathcal{O}(D)$ dicht in $\mathcal{O}(D)$.*

Beweis. Sei K ein Kompaktum in D. Wir wählen K_1 gemäß 13.1.1 (1). Dann wird jede beschränkte Komponente von $\mathbb{C} \backslash K_1$ von $\overline{P}$ und folglich auch von P getroffen. Nach dem Approximationssatz 12.2.1 ist somit jede Funktion aus $\mathcal{O}(D) \subset \mathcal{O}(K_1)$ auf K_1 und also erst recht auf K gleichmäßig durch Funktionen aus $\mathbb{C}_P[z]$ approximierbar. Aus der in der Einleitung gemachten Bemerkung folgt die Behauptung.   □

Als unmittelbare Folgerung notieren wir (mit $P := \emptyset$):

Satz von Runge für Polynomapproximation 13.3. *Hat D keine Löcher, so liegt die Polynomalgebra $\mathbb{C}[z]$ dicht in der Algebra $\mathcal{O}(D)$.*

Weiter gewinnen wir (auch, wenn D *überabzählbar* viele Löcher hat):

Zu jedem Bereich D in $\mathbb{C}$ gibt es eine höchstens abzählbare Menge P von Randpunkten von D, so dass die Algebra $\mathbb{C}_P[z]$ dicht in $\mathcal{O}(D)$ liegt.

Beweis. Jedes Loch von D trifft ∂D, vgl. Abschnitt 13.4.1(3). Da ∂D ein Unterraum von $\mathbb{C}$ ist, gibt es eine abzählbare Menge $P \subset \partial D$ mit $\overline{P} = \partial D$ (abzählbare Topologie von ∂D).   □

13.1.3 Hauptsatz der Cauchyschen Funktionentheorie.

In I.9.5 wurde mittels einer von DIXON stammenden Schlussweise gezeigt, dass für geschlossene Wege in D, deren Inneres in D liegt, der CAUCHYsche Integralsatz gilt. Wir haben damals auf einen kurzen Beweis mittels RUNGE-Theorie hingewiesen. Wir geben diesen Beweis jetzt sogleich für beliebige Zyklen. Wie für Wege gilt für Zyklen γ der Konvergenzsatz

(1) *Konvergiert eine Folge $f_n \in \mathscr{C}(|\gamma|)$ gleichmäßig auf $|\gamma|$, so folgt*

$$\lim \int_{\gamma} f_n d\zeta = \int_{\gamma} (\lim f_n) d\zeta .$$

Wir nennen einen Zyklus γ in D *nullhomolog* in D, wenn sein Inneres in D liegt: Int $\gamma \subset D$. Dann gilt:

Hauptsatz der Cauchyschen Funktionentheorie 13.4. *Folgende Aussagen über einen Zyklus γ in D sind äquivalent.*

i) *Für alle $f \in \mathcal{O}(D)$ gilt der Integralsatz $\int_\gamma f d\zeta = 0$.*

ii) *Für alle $f \in \mathcal{O}(D)$ gilt die Integralformel*

$$\mathrm{ind}_\gamma(z) f(z) = \frac{1}{2\pi i} \int_\gamma \frac{f(\zeta)}{\zeta - z} d\zeta \, , \quad z \in D \backslash |\gamma| \, .$$

iii) *γ ist nullhomolog in D.*

Beweis. Die Äquivalenz i) ⇔ ii) folgt analog wie bei Wegen. Die Implikation i) ⇒ iii) ist trivial, da $1/(\zeta - w) \in \mathcal{O}(D)$ für alle $w \in \mathbb{C} \backslash D$. Die Implikation iii) ⇒ i) bildet den Schwerpunkt des Satzes und ergibt sich jetzt wie folgt: Sei $f \in \mathcal{O}(D)$ vorgegeben. Nach dem RUNGEschen Theorem 13.2 existiert eine Folge q_n von rationalen Funktionen, deren Pole sämtlich in $\mathbb{C} \backslash D$ liegen und die auf dem Träger $|\gamma|$ von γ gleichmäßig gegen f konvergiert. Mit (1) folgt

$$\int_\gamma f d\zeta = \lim \int_\gamma q_n d\zeta \, . \tag{13.2}$$

Nun gilt, wenn P_n die endliche Polstellenmenge von q_n bezeichnet:

$$\frac{1}{2\pi i} \int_\gamma q_n d\zeta = \sum_{c \in P_n \cap \mathrm{Int} \gamma} \mathrm{ind}_\gamma(c) \mathrm{res}_c q_n \quad (\textit{Residuensatz}).$$

Da $P_n \cap \mathrm{Int}\, \gamma = \emptyset$ wegen $P_n \subset \mathbb{C} \backslash D$ und $\mathrm{Int}\, \gamma \subset D$, so verschwinden in (13.2) rechts alle Integrale.   □

13.1.4 Zur Theorie der Löcher. Die RUNGEschen Sätze des Abschnittes 13.1.2 führen dazu, über Löcher von Bereichen nachzudenken. Zunächst folgt ganz einfach:

(1) *Ist γ ein nicht nullhomologer Zyklus in D, so enthält das Innere von γ wenigstens ein Loch von D.*

Beweis. Wegen $\mathrm{Int}\, \gamma \not\subset D$ existiert ein Punkt $a \in \mathbb{C} \backslash D$ mit $\mathrm{ind}_\gamma(a) \neq 0$. Da die Indexfunktion lokal konstant ist und die Komponente L von $\mathbb{C} \backslash D$ durch a zusammenhängt, gilt $\mathrm{ind}_\gamma(z) = \mathrm{ind}_\gamma(a)$ für alle $z \in L$. Es folgt $L \subset \mathrm{Int}\, \gamma$. Da die Funktion ind_γ für große Argumente verschwindet, ist L beschränkt, also ein Loch von D.   □

Negation von (1) gibt direkt:

(2) *Hat D keine Löcher, so hängt D (homologisch) einfach zusammen.*

Beweis. Die Umkehrung von (2) ist richtig, aber nicht so bequem zu erhalten. Wir gewinnen sie in 13.2.4 über einen funktionentheoretischen Umweg. In 14.1.3 werden wir (1) umkehren und zeigen (was unmittelbar einleuchtet), dass zu jedem Loch L von D geschlossene Wege γ in D mit $L \subset \text{Int } \gamma$ existieren. Die Konstruktion solcher Wege ist mühsam, da die Löcherfamilie von D sehr unangenehm sein kann (CANTOR-Mengen). □

Die Theorie der Löcher ist kompliziert. Die Definition des Loches basiert auf der „Lage von D in $\mathbb{C}$", es ist *keine* Definition durch „innere Eigenschaften von D" und a priori keine Invariante von D. Es könnte sein, dass Gebiete mit *zwei* Löchern topologisch oder sogar biholomorph auf Gebiete mit *drei* Löchern abbildbar sind. Dass dies nicht so ist, werden wir in 14.2.2 sehen.

Während einfach zusammenhängende Gebiete in $\mathbb{R}^2$ ($\simeq \mathbb{C}$) nach dem oben Gesagten genau die Gebiete ohne Löcher sind, können Gebiete im $\mathbb{R}^n$, $n \geq 3$, Löcher haben und sehr wohl einfach zusammenhängen: Entfernt man z.B. aus $\mathbb{R}^n$ (un)endlich viele paarweise disjunkte kompakte Kugeln, so ist der Rest, falls $n \geq 3$, ein einfach zusammenhängendes Gebiet im $\mathbb{R}^n$ mit (un)endlich vielen Löchern.

13.1.5 Historisches zur Runge-Theorie. Das Jahr 1885 markiert den Beginn der *kompakten und reellen* Approximationstheorie: RUNGE veröffentlichte seinen richtungsweisenden Satz – unser Theorem 13.2 – in den Acta Mathematica, [238]; WEIERSTRASS publizierte in den Sitzungsberichten der Königlichen Akademie der Wissenschaften zu Berlin seinen Satz über die Approximation stetiger Funktionen durch Polynome auf reellen Intervallen, [276]. Der RUNGEsche Approximationssatz wurde zunächst wenig beachtet, erst ab den zwanziger Jahren des 20. Jahrhunderts hat er die Entwicklung der Funktionentheorie wesentlich beeinflusst, vgl. etwa [79].

RUNGE approximiert das CAUCHYsche Integral durch RIEMANNsche Summen. Dadurch erhält er bereits rationale Funktionen, die allerdings noch „in Punkten unendlich werden, in denen die Function sich regulär verhält. Um diesem Übelstande abzuhelfen", entwickelt er die POLVERSCHIEBUNGSTECHNIK, womit er die Pole auf den Rand verlagert. Zur Approximation durch Polynome sagt RUNGE nichts, wenngleich seine Methoden auch den Satz für Polynomapproximation enthalten. Kein Geringerer als D. HILBERT hat 1897 diesen wichtigen Spezialfall auf andere Weise bewiesen ([117]); HILBERT erwähnt die RUNGEsche Arbeit nicht.

Anlass für RUNGEs Überlegungen war die Frage, ob jedes Gebiet in $\mathbb{C}$ ein Holomorphiegebiet ist. Mittels seines Approximationssatzes konnte er dies bejahen (vgl. hierzu auch 5.2.5); überdies zeigte er, dass sich der zwei Jahre zuvor von MITTAG-LEFFLER aufgestellte Satz seinem Approximationssatz unterordnet.

Die Methode von RUNGE bildet auch heute noch den bequemsten Zugang zur komplexen Approximation. Andere Zugänge zur RUNGE-Theorie findet man bei [71], [122] und [181].

Das RUNGEsche Theorem wurde 1943 von H. BEHNKE und K. STEIN verallgemeinert. In ihrer Arbeit [6], die infolge des Krieges erst 1948 erschien, betrachten sie anstelle von $\mathbb{C}$ beliebige *nicht kompakte* RIEMANNsche Flächen X; sie zeigen (vgl. S. 456 und 460):

Zu jedem Bereich D in X gibt es eine höchstens abzählbare Menge T von Randpunkten von D (in X), so dass jede Funktion aus $\mathcal{O}(D)$ in D kompakt approximierbar ist durch in X meromorphe Funktionen mit jeweils nur endlich vielen Polen, die alle in T liegen.

Mit Hilfe dieses Theorems lässt sich z. B. zeigen, dass nicht kompakte RIEMANNsche Flächen STEINsche Mannigfaltigkeiten sind.

13.2 Rungesche Paare

In diesem Paragraphen bezeichnen D, D' stets Bereiche in $\mathbb{C}$ mit $D \subset D'$. Wir nennen D, D' ein RUNGEsches *Paar*, wenn jede Funktion aus $\mathcal{O}(D)$ in D kompakt durch Funktionen $h|D$, $h \in \mathcal{O}(D')$, approximierbar ist (dann liegt die durch Einschränkung $\mathcal{O}(D') \to \mathcal{O}(D), h \mapsto h|D$ entstehende Unteralgebra von $\mathcal{O}(D)$ dicht in $\mathcal{O}(D)$). Im Abschnitt 13.2.1 charakterisieren wir solche Paare topologisch durch Eigenschaften des *lokal kompakten* Restraumes $D'\backslash D$; seine Komponenten spielen eine entscheidende Rolle. Wir benötigen aus der mengentheoretischen Topologie den Satz von ŠURA-BURA (vgl. Anhang dieses Kapitels).

Im Abschnitt 13.2.2 betrachten wir RUNGEsche *Hüllen*, im Abschnitt 13.2.3 charakterisieren wir u. a. RUNGEsche Paare nach BEHNKE und STEIN durch eine *Homologie*-Eigenschaft. Im Abschnitt su13.2.4 werden die approximierbaren Funktionen durch eine *Fortsetzungseigenschaft* beschrieben.

Von besonderem Interesse sind RUNGEsche Paare D, D' mit $D' = \mathbb{C}$; man nennt D dann einen RUNGEschen *Bereich*. Im Abschnitt 13.2.5 zeigen wir u.a., dass jedes RUNGEsche Gebiet $\neq \mathbb{C}$ biholomorph auf die Einheitskreisscheibe $\mathbb{E}$ abbildbar ist.

13.2.1 Topologische Charakterisierung Rungescher Paare. Wir beweisen vorab zwei Hilfsaussagen.

(1) *Jede Komponente L von $\mathbb{C}\backslash D$ mit $L \subset D'$ ist eine Komponente von $D'\backslash D$.*

Beweis. Es gilt $L \subset D'\backslash D$. Da L zusammenhängt, gibt es eine Komponente L' von $D'\backslash D$ mit $L' \supset L$. Da $L' \subset \mathbb{C}\backslash D$ und da L' zusammenhängt, so folgt $L' = L$ laut Definition von Komponenten. $\square$

(2) *Zu jedem in $D'\backslash D$ offenen Kompaktum A gibt es eine in D' offene, relativ-kompakte Menge V mit $A \subset V$ und $\partial V \subset D$.*

Beweis. Es gilt $D'\backslash D = A \cup B$, $A \cap B = 0$, wo B abgeschlossen in $D'\backslash D$ ist. Da $D'\backslash D$ in D' abgeschlossen liegt, so ist B auch geschlossen in D'. Es gibt also eine Überdeckung von A durch in $D'\backslash B$ relativ-kompakte Scheiben. Mit HEINE-BOREL erhält man eine in D' relativ-kompakte, offene Menge V mit $A \subset V, \overline{V} \cap B = \emptyset$. Aus $\partial V \cap B = \emptyset = \partial V \cap A$ folgt $\partial V \cap (D'\backslash D) = \emptyset$. Da indessen $\partial V \subset D'$, so folgt $\partial V \subset D$. □

Mit (1),(2) und dem Korollar 13.4.2 folgt nun schnell:

Theorem 13.5. *Folgende Aussagen über Bereiche D, D' mit $D \subset D'$ sind äquivalent:*

i) *Der Raum $D'\backslash D$ hat keine kompakte Komponente.*

ii) *Die Algebra aller rationalen Funktionen ohne Pole in D' liegt dicht in* $\mathcal{O}(D)$.

iii) *D, D' ist ein RUNGEsches Paar.*

iv) *Im Raum $D'\backslash D$ gibt es kein offenes Kompaktum $\neq \emptyset$.*

Beweis. i) $\Rightarrow$ ii). Die Menge $P := \mathbb{C}\backslash D'$ trifft wegen (1) jedes Loch von D. Da $P \subset \mathbb{C}\backslash D$, so liegt die Algebra $\mathbb{C}_P[z]$ nach 13.2 dicht in $\mathcal{O}(D)$.

ii) $\Rightarrow$ iii). Klar, da rationale Funktionen ohne Pole in D' zu $\mathcal{O}(D')$ gehören.

iii) $\Rightarrow$ iv). Sei A ein offenes Kompaktum in $D'\backslash D$. Wir wählen V gemäß (2); dann ist ∂V kompakt, und es gilt $\partial V \subset D$. Gäbe es einen Punkt $a \in A$, so wähle man zu $(z - a)^{-1} \in \mathcal{O}(D)$ eine Folge $g_n \in \mathcal{O}(D')$ mit $\lim |(z - a)^{-1} - g_n|_{\partial V} = 0$. Dann gilt auch $\lim |1 - (z - a)g_n(z)|_{\partial V} = 0$. Da $\overline{V} \subset D'$, so konvergiert die Folge $(z - a)g_n(z)$ in $\overline{V}$ auf Grund des Maximumsprinzips gleichmäßig gegen 1, was wegen $a \in A \subset V$ aber nicht geht. Also ist A leer.

iv) $\Rightarrow$ i). Klar auf Grund von Korollar 1 aus Abschnitt 13.4.2. □

Hinter der rein topologischen Implikation iv) $\Rightarrow$ i) steht der Satz von ŠURA-BURA, vgl. Anhang. Kompakte Komponenten von $D'\backslash D$ sind i.a. *nicht offen in $D'\backslash D$*, wie Beispiele $D := D'\backslash$CANTOR-Menge zeigen.

Wir haben nun auch die Umkehrung von Theorem 13.2

Korollar. *Ist $P \subset \mathbb{C}\backslash D$ so beschaffen, dass die Algebra $\mathbb{C}_P[z]$ dicht in* $\mathcal{O}(D)$ *liegt, so trifft $\overline{P}$ jedes Loch von D.*

Beweis. Da $D \subset \mathbb{C}\backslash\overline{P}$ und $\mathbb{C}_P[z] \subset \mathcal{O}(\mathbb{C}\backslash\overline{P})$, so bilden $D, \mathbb{C}\backslash\overline{P}$ ein RUNGEsches Paar. Auf Grund von iii) $\Rightarrow$ i) hat daher $(\mathbb{C}\backslash\overline{P})\backslash D = \mathbb{C}\backslash(\overline{P} \cup D)$ keine kompakte Komponente. Dies heißt aber, dass $\overline{P}$ jedes Loch von D trifft. □

13.2.2 Rungesche Hüllen. Es sei D' ein *fest vorgegebener* Bereich in $\mathbb{C}$ (Totalraum). Für jeden Teilbereich D von D' setzen wir

$\widetilde{D} := D \cup R_D$, wobei $R_D := $ *Vereinigung aller offenen Kompakta von $D'\backslash D$.*

Die Menge R_D kann sehr pathologisch sein, z.B. eine *Cantor*-Menge, (vgl. Abschnitt 13.4.4). Nach Korollar 1 aus Abschnitt 13.4.2 ist R_D die Vereinigung *aller kompakten Komponenten von $D'\backslash D$*. Mit 13.4.3(1) folgt nun:

(1) *Die Menge $\widetilde{D}$ ist ein Teilbereich von D'. Der Restraum $D'\backslash\widetilde{D}$ enthält kein offenes Kompaktum.*

Wir nennen $\widetilde{D}$ die RUNGEsche *Hülle* von D (in D'). Im Falle $D' = \mathbb{C}$ entsteht $\widetilde{D}$ aus D durch „Stopfen aller Löcher von D". Wir rechtfertigen nun die Wortwahl „RUNGEsche Hülle".

Satz 13.6. *Das Paar $\widetilde{D}, D'$ ist RUNGEsch. Es gilt $\widetilde{D} = D$ genau dann, wenn D, D' ein RUNGEsches Paar ist. Für jedes RUNGEsche Paar E, D' mit $D \subset E$ gilt $\widetilde{D} \subset E$.*

Beweis. Wegen (1) und Theorem 13.5 sind die ersten beiden Aussagen klar. – Im Falle $D \subset E \subset D'$ liegt $D'\backslash E$ abgeschlossen in $D'\backslash D$. Somit ist $(D'\backslash E)\cap K$ kompakt und offen in $D'\backslash E$ für jedes in $D'\backslash D$ offene Kompaktum K. Nach Theorem 13.5 ist daher $(D'\backslash E)\cap K$ leer, da E, D' RUNGEsch ist. Es folgt $K \subset E$, also $R_D = \bigcup K \subset E$ und $\widetilde{D} = D \cup R_D \subset E$. □

Wir sehen, dass $\widetilde{D}$ der „kleinste Bereich zwischen D und D' ist, der bezüglich D' RUNGEsch ist". Mit dem Satz folgt direkt:

$$\widetilde{\widetilde{D}} = \widetilde{D} , \quad D \subset E(\subset D') \Rightarrow \widetilde{D} \subset \widetilde{E} .$$

13.2.3 Homologische Charakterisierung Rungescher Hüllen. Satz von Behnke-Stein. Die Bereiche D, D' mit $D \subset D'$ seien vorgegeben. Wir bezeichnen mit $\mathscr{S}$ die Familie aller Zyklen γ in D, die in D' nullhomolog sind, für die also Int γ ein Teilbereich von D' ist.

Theorem 13.7. *Es gilt $\widetilde{D} = \bigcup_{\gamma \in \mathscr{S}} \text{Int } \gamma$.*

Beweis. Sei $w \in \widetilde{D} = D \cup R_D$. Falls $w \in D$, so gilt $w \in \text{Int } \gamma$ für jeden Kreis $\gamma \in \mathscr{S}$ um w. Falls $w \in R_D$, so liegt w in einem *offenen* Kompaktum K von $D'\backslash D$. Dann ist $D_0 := D \cup K$ ein Teilbereich von D' (vgl. 13.4.3 (1)). Nach 12.11 existiert in $D = D_0\backslash K$ ein Zyklus γ mit $K \subset \text{Int}\gamma \subset D_0$. Speziell gilt $\gamma \in \mathscr{S}$ und $w \in \text{Int } \gamma$.

Sei umgekehrt $w \in \text{Int } \gamma$ mit $\gamma \in \mathscr{S}$. Um $w \in \widetilde{D}$ zu zeigen, dürfen wir $w \notin D$ annehmen. Wegen $|\gamma| \subset D$ gilt dann $Z \cap |\gamma| = \emptyset$ für die Komponente Z von $D'\backslash D$ durch w. Die Indexfunktion ind_γ ist nun auf Z wohldefiniert und konstant. Da $w \in \text{Int } \gamma$, so folgt $Z \subset \text{Int } \gamma$. Also gilt $Z \subset (\text{Int } \gamma \cup |\gamma|)\backslash D$. Daher ist Z kompakt. Es folgt $Z \subset R_D$, also $w \in R_D \subset D$. □

Korollar (Behnke-Stein). *Ein Paar D, D' von Bereichen mit $D \subset D'$ ist genau dann* RUNGE*sch, wenn jeder Zyklus γ in D, der in D' nullhomolog ist, bereits in D nullhomolog ist.*

Beweis. Genau dann ist D, D' ein RUNGEsches Paar, wenn $D = \widetilde{D}$, d.h. wenn Int $\gamma \subset D$ für alle $\gamma \in \mathscr{S}$. $\square$

Im Theorem und Korollar *müssen* Zyklen und nicht nur geschlossene Wege zugelassen werden. Für $D := \mathbb{C}^{\times} \setminus \partial \mathbb{E}$, $D' := \mathbb{C}^{\times}$ gilt $\widetilde{D} = \mathbb{C}^{\times}$, aber Int $\gamma \subset D$ für *jeden Weg* $\gamma \in \mathscr{S}$. Alle Zyklen $\gamma^1 + \gamma^2$ mit entgegengesetzt orientierten Kreisen γ^1 in $\mathbb{E}^{\times}$ und γ^2 in $\mathbb{C} \setminus \overline{E}$ um 0 sind nullhomolog in D', aber nicht in D.

Ist D ein Gebiet G, so kommt man im Theorem mit Wegen $\gamma \in \mathscr{S}$ aus. Jeder Zyklus in G lässt sich dann nämlich zu einem geschlossenen Weg in G machen, indem man die Komponenten des Zyklus durch Wege in G verbindet.

Historische Notiz. H. BEHNKE und K. STEIN haben ihren Satz 1943 in [6] für beliebige *nicht kompakte* RIEMANNsche Flächen bewiesen; die Homologie-Bedingung sprechen sie so aus, dass D *relativ zu D' einfach zusammenhängt*, loc. cit. S. 444–445.

13.2.4 Rungesche Bereiche. Ein Bereich D in $\mathbb{C}$ heißt RUNGE*scher Bereich*, wenn jede in D holomorphe Funktion in D kompakt durch Polynome approximierbar ist. Da $\mathbb{C}[z]$ dicht in $\mathcal{O}(\mathbb{C})$ liegt, so ist D genau dann ein RUNGEscher Bereich, wenn $D, \mathbb{C}$ ein RUNGEsches Paar ist. Die Aussagen des Theorems 13.5 und des Satzes von BEHNKE-STEIN für $D' = \mathbb{C}$ ermöglichen eine einfache Charakterisierung RUNGEscher Bereiche.

Satz 13.8. *Folgende Aussagen über einen Bereich D in $\mathbb{C}$ sind äquivalent:*

  i) *D hat keine Löcher.*
  ii) *D ist ein* RUNGE*scher Bereich.*
  iii) *Im Raum $\mathbb{C} \setminus D$ gibt es kein offenes Kompaktum $\neq \emptyset$.*
  iv) *D hängt homologisch einfach zusammen.*
  v) *Jede Komponente von D ist ein einfach zusammenhängendes Gebiet.*

Beweis. i) $\Rightarrow$ ii) $\Rightarrow$ iii) $\Rightarrow$ i). Das ist Theorem 13.5 , i) $\Rightarrow$ iii) $\Rightarrow$ iv) $\Rightarrow$ i) mit $D' = \mathbb{C}$.

ii) $\Leftrightarrow$ iv). Das ist der Satz von BEHNKE-STEIN mit $D' = \mathbb{C}$, denn in $\mathbb{C}$ sind *alle* Zyklen nullhomolog.

iv) $\Leftrightarrow$ v). Da D genau dann homologisch einfach zusammenhängt, wenn dies für jede Komponente von D gilt, folgt die Behauptung aus Satz 8.18, i) $\Leftrightarrow$ ix). $\square$

Die Äquivalenz i) $\Leftrightarrow$ v) besagt speziell, dass die einfach zusammenhängenden Gebiete im $\mathbb{R}^2$ genau die Gebiete ohne Löcher sind, vgl. 13.1.4 Weiter folgt direkt:

Ein beschränktes Gebiet G in $\mathbb{C}$ hängt genau dann einfach zusammen, wenn $\mathbb{C}\backslash G$ zusammenhängt.

Hingegen gibt es *unbeschränkte* einfach zusammenhängende Gebiete G in $\mathbb{C}$, bei denen $\mathbb{C}\backslash G$ (un)endlich viele Komponenten hat (der Leser zeichne Beispiele).

Mit Hilfe von i) $\Rightarrow$ v) lässt sich der Injektionssatz (Abschnitt 8.2.2) verallgemeinern:

Zu jedem Gebiet G in $\mathbb{C}$, dessen Komponente $\mathbb{C}\backslash G$ eine mehrpunktige Komponente hat, gibt es eine holomorphe Injektion $G \to \mathbb{E}$.

Beweis. Hat $\mathbb{C}\backslash G$ eine *unbeschränkte* Komponente Z, so ist $\mathbb{C}\backslash Z \neq \mathbb{C}$ ein Gebiet(!) ohne Löcher und also biholomorph auf $\mathbb{E}$ abbildbar. Daher ist $G \subset \mathbb{C}\backslash Z$ holomorph und injektiv in $\mathbb{E}$ abbildbar.

Sei nun M eine mehrpunktige Komponente von $\mathbb{C}\backslash G$. Durch $z \mapsto 1/(z - a)$, $a \in M$, wird $\mathbb{C}\backslash M$ biholomorph auf ein Gebiet G_1 abgebildet, dessen Komplement mindestens eine unbeschränkte Komponente hat. G_1 und also auch $G \subset \mathbb{C}\backslash M \simeq G_1$ gestattet daher eine holomorphe Injektion nach $\mathbb{E}$. $\square$

13.2.5 Approximation und holomorphe Fortsetzbarkeit. Bilden D, D' kein *Runge*sches Paar, so sind nicht alle Funktionen aus $\mathcal{O}(D)$ in D durch Funktionen aus $\mathcal{O}(D')$ approximierbar. Wir zeigen:

Satz 13.9. *Folgende Aussagen über eine Funktion $f \in \mathcal{O}(D)$ sind äquivalent:*

i) *f ist in D kompakt durch Funktionen aus $\mathcal{O}(D')$ approximierbar.*

ii) *Es gibt eine eindeutige holomorphe Fortsetzung $\tilde{f}$ von f in die* RUNGE*sche Hülle $\tilde{D}$.*

Beweis. ii) $\Rightarrow$ i). Klar, da $\tilde{f}|D = f$ und $\tilde{D}, D'$ nach Satz 13.6 ein RUNGEsches Paar ist.

i) $\Rightarrow$ ii). Wir definieren $\mathscr{S}$ wie im Abschnitt 13.2.3 und betrachten in D' alle Teilbereiche $D_\gamma := D \cup \text{Int } \gamma, \gamma \in \mathscr{S}$. Ein Paar D_γ, f_γ mit $f_\gamma \in \mathcal{O}(D_\gamma), \gamma \in \mathscr{S}$, heiße eine *$f$-Fortsetzung*, wenn $f_\gamma|D = f$. Wir behaupten:

a) *Zu jedem $\gamma \in \mathscr{S}$ gibt es eine f-Fortsetzung.*
b) *Für f-Fortsetzungen D_γ, f_γ und D_δ, f_δ gilt stets $f_\gamma = f_\delta$ auf $D_\gamma \cap D_\delta$.*

Mit a) und b) folgt sofort, dass auf $\bigcup\limits_{\gamma \in \mathscr{S}} D_\gamma$ genau eine holomorphe Funktion $\tilde{f}$ mit $\tilde{f}|D_\gamma = f_\gamma, \gamma \in \mathscr{S}$, existiert. Mit Theorem 13.7 folgt somit ii).

Zum Beweis von a) wählen wir eine Folge $g_n \in \mathcal{O}(D')$, die in D kompakt gegen f konvergiert. Für jedes $\gamma \in \mathscr{S}$ ist dann g_n wegen $\lim |f - g_n||_{|\gamma|} = 0$ eine CAUCHY-Folge auf $|\gamma|$. Da Int $_\gamma$ ein beschränkter Bereich mit $\partial(\text{Int } \gamma) \subset |\gamma|$ ist, so ist g_n nach dem Maximumprinzip auch eine CAUCHY-Folge auf Int γ und also auf D_γ. Dann ist D_γ, f_γ mit $f_\gamma := \lim\limits_{n \to \infty} (g_n|D_\gamma)$ eine f-Fortsetzung.

Zum Beweis von b) genügt es zu zeigen (Identitätssatz), dass jede Komponente Z von $(\text{Int } \gamma) \cap (\text{Int } \delta)$ den Bereich D trifft. Das ist aber klar, da

$$\partial Z \subset \partial(\text{Int } \gamma) \cup \partial(\text{Int } \delta) \subset |\gamma| \cup |\delta| \subset D . \qquad \square$$

13.3 Holomorph-konvexe Hüllen und Rungesche Paare

Ist M eine Teilmenge eines Bereiches D in $\mathbb{C}$, so heißt die Menge

$$\widehat{M}_D := \{z \in D : |f(z)| \leq |f|_M \text{ für alle } f \in \mathcal{O}(D)\}$$

die *holomorph-konvexe Hülle von M bezüglich D*. Man schreibt oft $\widehat{M}$ statt $\widehat{M}_D$. Für die Kreislinie $S := \partial \mathbb{E}$ gilt $\widehat{S}_{\mathbb{C}} = \overline{\mathbb{E}}$, $\widehat{S}_{\mathbb{C}^\times} = S$. Aus dem Maximumprinzip für beschränkte Gebiete folgt direkt:

Für jede in D relativ-kompakte offene Menge V gilt $(\widehat{\partial V})_D \supset \overline{V}$.

Da $|e^{(\alpha + i\beta)z}| \leq e^r$ mit $\alpha, \beta, r \in \mathbb{R}$, $z = x + iy$, genau dann gilt, wenn $\alpha x - \beta y \leq r$, so liegt $\widehat{M}$ stets im Durchschnitt aller M enthaltenden abgeschlossenen Halbebenen; es folgt:

Die holomorph-konvexe Hülle $\widehat{M}$ ist enthalten in der linear-konvexen Hülle von M.

RUNGEsche Paare D, D' lassen sich analytisch dadurch charakterisieren, dass jedes Kompaktum $K \subset D$ bezüglich D und D' dieselbe holomorph-konvexe Hülle hat; diese Äquivalenz ist das Hauptergebnis dieses die RUNGE-Theorie abschließenden Paragraphen.

13.3.1 Eigenschaften des Hüllenoperators.   Aus der Definition folgt direkt:

(1) $\widehat{M}$ ist abgeschlossen in D. Es gilt stets

$$M \subset \widehat{M} = \widehat{\widehat{M}} \subset D, \ M \subset M' \Rightarrow \widehat{M} \subset \widehat{M'}, \quad D \subset D' \Rightarrow \widehat{M}_D \subset \widehat{M}_{D'}.$$

(2) *Es gilt $c \in D \backslash \widehat{M}$ genau dann, wenn es ein $h \in \mathcal{O}(D)$ gibt, so dass $|h|_M < 1 < |h(c)|$.*
Wichtig für die weiteren Überlegungen ist:

(3) *Es gilt stets: $d(M, \mathbb{C}\backslash D) = d(\widehat{M}, \mathbb{C}\backslash D)$. Mit M ist auch $\widehat{M}$ kompakt.*

Beweis. Wegen $M \subset \widehat{M}$ ist nur $d(M, \mathbb{C}\backslash D) \leq d(\widehat{M}, \mathbb{C}\backslash D)$ zu zeigen. Sei $\zeta \notin D$. Wegen $(z - \zeta)^{-1} \in \mathcal{O}(D)$ gilt $|w - \zeta|^{-1} \leq \sup\{|z - \zeta|^{-1} : z \in M\}$ für alle $w \in \widehat{M}$. Es folgt $d(\widehat{M}, \zeta) = \inf\{|z - \zeta| : z \in M\} \leq |w - \zeta|$ für alle $w \in \widehat{M}$, also $d(M, \zeta) \leq d(\widehat{M}, \zeta)$ für alle $\zeta \in \mathbb{C}\backslash D$. – Ist M kompakt, so ist $\widehat{M}$ wegen $0 < d(M, \mathbb{C}\backslash D) = d(\widehat{M}, \mathbb{C}\backslash D)$ *abgeschlossen in $\mathbb{C}$*. Da $\widehat{M}$ in der linear-konvexen Hülle von M liegt und diese mit M beschränkt ist, ist auch $\widehat{M}$ beschränkt. $\qquad \square$

Auf Grund von (2) gilt $M = \hat{M}_D$ genau dann, wenn zu jedem $c \in D \backslash M$ ein $h \in \mathcal{O}(D)$ mit $|h(c)| > |h|_M$ existiert. Das Theorem 12.11 besagt daher:

Satz 13.10. *Folgende Aussagen über ein Kompaktum K in D sind äquivalent:*

i) *Es gilt $K = \hat{K}_D$.*
ii) *Der Raum $D \backslash K$ hat keine in D relativ-kompakte Komponente.*
iii) *Jede beschränkte Komponente von $\mathbb{C} \backslash K$ enthält ein Loch von D.*
iv) *Die Algebra $\mathcal{O}(D)$ liegt dicht in $\mathcal{O}(K)$.*

Beweis. Zum Beweis ist nur zu bemerken, dass eine beschränkte Komponente von $\mathbb{C} \backslash K$ genau dann ein Loch von D enthält, wenn sie $\mathbb{C} \backslash D$ trifft. $\qquad \square$

Mit der Äquivalenz i) $\Leftrightarrow$ iii) gewinnt man sofort folgende Präzisierung von 13.1.1 (1):

Zu jedem Kompaktum K in D gibt es ein kleinstes Kompaktum $K_1 \supset K$ in D, nämlich $\hat{K}_D$, so dass jede beschränkte Komponente von $\mathbb{C} \backslash K_1$ ein Loch von D enthält.

Die Implikation i) $\Rightarrow$ ii) lässt sich wie folgt verallgemeinern.

(4) *Für jedes Kompaktum K in D ist $\hat{K}_D$ die Vereinigung von K mit all den Komponenten von $D \backslash K$, die relativ-kompakt in D liegen.*

Beweis. Es bezeichne A die Vereinigung aller in D relativ-kompakten Komponenten von $D \backslash K$; mit B sei die Vereinigung aller restlichen Komponenten von $D \backslash K$ bezeichnet. Da jede Komponente ein Gebiet ist, so gilt:

$$A, B \text{ sind offen in } D \, , \quad D \backslash K = A \cup B \, , \quad A \cap B = \emptyset \, .$$

Wir setzen $M := K \cup A$. Mit 12.2.3 (1) und (1) folgt $M \subset \hat{K}_D \subset \hat{M}_D$. Daher gilt $M = \hat{K}_D$, wenn $M = \hat{M}_D$. Da $D \backslash M = B$ offen ist, so ist M abgeschlossen in D und also kompakt, da $\hat{K}_D$ nach (3) kompakt ist. Da nach Definition von B keine Komponente von $D \backslash M$ relativ-kompakt in D liegt, so folgt $M = \hat{M}_D$ aus dem Satz. $\square$

Durch Übergang von K zu $\hat{K}_D$ werden „also die Löcher von D aufgefüllt". Die durch (4) gegebene rein topologische Beschreibung holomorph-konvexer Hüllen wird in der Literatur gelegentlich zur Definition von $\hat{K}_D$ benutzt, vgl. [181, S. 112–113] und [71, S. 204].

Durch einfache Überlegung lässt sich noch zeigen, vgl. [181, S. 112–113].

Falls $K = \hat{K}_D$, so hat $\mathbb{C} \backslash K$ nur endlich viele Komponenten.

Der Begriff der holomorph-konvexen Hülle stammt aus der Funktionentheorie mehrerer Veränderlichen, er wurde in den dreißiger Jahren geprägt, vgl. [11, Kapitel VI] und dort den Anhang von O. FORSTER. Für Bereiche D in $\mathbb{C}^n, n > 1$, ist die Hülle $\hat{K}_D$ eines Kompaktums $K \subset D$, die wörtlich so wie oben definiert, i. a. *nicht mehr kompakt*. Es gilt:

Ein Gebiet G im $\mathbb{C}^n$, $1 \leq n < \infty$, ist genau dann ein Holomorphiegebiet, wenn für jedes Kompaktum $K \subset G$ die holomorph-konvexe Hülle $\hat{K}_G$ lauter kompakte Komponenten hat (schwache Holomorphie-Konvexität von G); das trifft genau dann zu, wenn $\hat{K}_G$ immer kompakt ist (Holomorphie-Konvexität von G).

13.3.2 Charakterisierung Rungescher Paare mittels holomorph-konvexer Hüllen. *Folgende Aussagen über Bereiche D, D' mit $D \subset D'$ sind äquivalent:*

i) D, D' *ist ein* RUNGE*sches Paar.*
ii) *Für jedes Kompaktum $K \subset D$ gilt $\widehat{K}_{D'} = \widehat{K}_D$.*
iii) *Für jedes Kompaktum $K \subset D$ gilt $D \cap \widehat{K}_{D'} = \widehat{K}_D$.*
iv) *Für jedes Kompaktum $K \subset D$ ist $D \cap \widehat{K}_{D'}$ kompakt.*

Beweis. Wir schließen nach folgendem Schema

$$
\begin{array}{c}
\text{i)} \\
\Downarrow \quad \Uparrow \\
\text{ii)} \Rightarrow \text{iii)} \Rightarrow \text{iv)} \Rightarrow \text{ii)} \ .
\end{array}
$$

Die Implikationen ii) $\Rightarrow$ iii) $\Rightarrow$ iv) sind klar, letztere wegen 13.3.1 (3).

i) $\Rightarrow$ iii). Da $\widehat{K}_D \subset \widehat{K}_{D'}$ und $\widehat{K}_D \subset D$, so ist nur $D \cap \widehat{K}_{D'} \subset \widehat{K}_D$ zu zeigen, oder äquivalent dazu: $D \backslash \widehat{K}_D \subset D \backslash \widehat{K}_{D'}$. Sei $c \in D \backslash \widehat{K}_D$. Nach 13.3.1 (2) gibt es ein $h \in \mathcal{O}(D)$ mit $|h|_K < 1 < |h(c)|$. Da h auf $K \cup \{c\}$ gleichmäßig durch Funktionen aus $\mathcal{O}(D')$ approximierbar ist, gibt es ein $g \in \mathcal{O}(D')$ mit $|g|_K < 1 < |g(c)|$. Aus 1(2) folgt $c \notin \widehat{K}_{D'}$.

iv) $\Rightarrow$ i) *und* ii). Neben $K' := D \cap \widehat{K}_{D'}$ ist auch $K'' := (\mathbb{C} \backslash D) \cap \widehat{K}_{D'}$ als Durchschnitt einer abgeschlossenen Menge mit einem Kompaktum kompakt. Sei $f \in \mathcal{O}(D)$ beliebig. Da $K' \cap K'' = \emptyset$, so wird durch

$$
h(z) := f(z) \ \text{für} \ z \in K' \ \text{und} \ h(z) := 2 \ \text{für} \ z \in K''
$$

eine Funktion $h \in \mathcal{O}(K' \cup K'')$ definiert. Da $\widehat{K}_{D'} = K' \cup K''$, so ist h nach Satz 1 – angewendet auf $\widehat{K}_{D'}$ in D' – gleichmäßig durch Funktionen aus $\mathcal{O}(D')$ approximierbar. Das beweist i), da $K \subset K'$. Wählt man speziell $f = 0$, so folgt die Existenz einer Funktion $g \in \mathcal{O}(D')$ mit $|g|_K < 1 < |g(w)|$ für alle $w \in K''$. Hieraus folgt $K'' = \emptyset$, da sich sonst mit 13.3.1 (2) der Widerspruch $w \notin \widehat{K}_{D'}$ einstellt. Es gilt also $\widehat{K}_{D'} = D \cap \widehat{K}_{D'}$. Da mit i) nach dem schon Bewiesenen auch iii) zutrifft, so sehen wir $\widehat{K}_D = D \cap \widehat{K}_{D'} = \widehat{K}_{D'}$. $\qquad\square$

Der Satz gilt wörtlich auch für Bereiche im $\mathbb{C}^n$, $1 \leq n < \infty$, wenn man D und D' als *Holomorphiebereiche* voraussetzt, vgl. [122, S. 91]. Eine rein topologische Charakterisierung RUNGEscher Paare – etwa in Analogie zum Satz von BEHNKE-STEIN – ist im Fall $n > 1$ nicht mehr möglich; vgl. hierzu den Anhang von O. FORSTER zum Kapitel VI in [11], wo allgemein RUNGEsche Paare von STEINschen Räumen betrachtet werden.

Jeder Menge M in $\mathbb{C}$ ordnet man ihre *polynom-konvexe Hülle*

$$
M' := \{ z \in \mathbb{C} : |p(z)| \leq |p|_M \ \text{für alle Polynome } p \}
$$

zu; es gilt $M' = \widehat{M}_{\mathbb{C}}$. Ein Bereich D in $\mathbb{C}$ heißt *polynom-konvex*, wenn für jedes Kompaktum $K \subset D$ die (kompakte) Menge K' in D liegt. Im Satz ist enthalten:

Ein Bereich in $\mathbb{C}$ ist genau dann RUNGE*sch, wenn er polynom-konvex ist.*

Auch diese Äquivalenz bleibt richtig für Gebiete im $\mathbb{C}^n$.

13.4 Anhang: Über Komponenten lokal kompakter Räume. Satz von Šura-Bura

Das Theorem 13.5 besagt speziell, dass ein Restraum $D'\backslash D$ genau dann kompakte Zusammenhangskomponenten hat, wenn in ihm nicht-leere offene Kompakta existieren. Dies ist ein Satz der mengentheoretischen Topologie (der sich nicht in den gängigen Lehrbüchern findet); wir beweisen ihn hier in einer allgemeineren Situation, vgl. Satz aus 13.4.2 und Korollar 13.4.2 – Mit X wird stets ein topologischer Raum bezeichnet.

13.4.1 Komponenten. Wir betrachten zusammenhängende Teilräume von X; jeder einpunktige Teilraum $\{x\}$, $x \in X$, hängt zusammen. Ist $A_\iota, \iota \in J$, eine Familie zusammenhängender Teilräume von X, die zu je zweien einen nichtleeren Durchschnitt haben, so hängt der Vereinigungsraum $\bigcup A_\iota$ zusammen. Daher ist die Vereinigung aller zusammenhängenden Teilräume von X, die einen fixierten Punkt enthalten, ein *maximaler zusammenhängender* Teilraum von X. Jeder solche Teilraum heißt eine *Komponente* – genauer: eine *Zusammenhangskomponente* – *von* X.

(1) *Verschiedene Komponenten von X sind disjunkt. Jede Komponente von X ist abgeschlossen in X.*

Die letzte Aussage folgt, da mit A auch der Abschluss $\overline{A}$ von A in X zusammenhängt. – Komponenten von X sind i. a. *nicht offen* in X.

(2) *Jeder zugleich offene und abgeschlossene Teilraum von X ist die Vereinigung von Komponenten von X.*

Beispiele. 1) Sei $X := \mathbb{Q} \subset \mathbb{R}$, versehen mit der Relativtopologie. Die Komponenten sind die Punkte von X; keine Komponente von X ist offen, es gibt in X keine offenen Kompakta $\neq \emptyset$.

2) Sei $X := \{0, 1, 1/2, \ldots, 1/n, \ldots\} \subset \mathbb{R}$, versehen mit de Relativtopologie. Die Komponenten von X sind die Punkte von X, jede Komponente $\neq \{0\}$ ist offen in X. Die Komponente $\{0\}$ ist der Durchschnitt aller sie umfassenden offenen Kompakta von X.

3) Sei X eine *Cantor-Menge* in $[0,1]$. Die Komponenten sind die Punkte von X; keine Komponente von X ist offen; es gibt in X offene Kompakta $\neq \emptyset$.

4) Für Bereiche $D \subset D' \subset \mathbb{C}$ ist der Restraum $D'\backslash D$ *lokal kompakt*. Im Falle $D := D'\backslash\text{Cantor-Menge}$ hat $D'\backslash D$ *überabzählbar viele* kompakte Komponenten, keine Vereinigung von D mit endlich vielen dieser Komponenten ist ein Bereich.

In 13.1.2 wurde benutzt:

(3) *Ist D' ein Gebiet, so trifft jede Komponente Z von $D'\backslash D$ den Rand von D.*

Beweis. Seien $a \in Z, b \in D$ und γ ein Weg in D' von a nach b. Auf γ liegt ein „erster" Punkt $c \in \partial D$. Da Z zusammenhängt und der Teilweg $\widehat{\gamma}$ von a nach c in $D'\backslash D$ verläuft, so gilt $|\widehat{\gamma}| \subset Z$, also $c \in Z$. $\square$

13.4.2 Existenz offener Kompakta. *Jede kompakte Komponente A eines lokal kompakten (hausdorffschen) Raumes X hat eine Umgebungsbasis in X, deren Mengen in X offene Kompakta sind.*

Dieser Satz wurde 1941 von M. ŠURA-BURA für (bi)kompakte Räume bewiesen, vgl. [257]. Implizit findet man den Satz bei N. BOURBAKI, vgl. [30, S. 225] *Corollaire nebst Beweis*. Die Bedeutung des Satzes für die Funktionentheorie hat R.B. BURCKEL herausgestellt, vgl. [31]. Wir beweisen den Satz von ŠURA-BURA im Abschnitt 13.4.4 und ziehen hier und im Abschnitt 13.4.3 zunächst einige Folgerungen. Da offene Kompakta nach 13.3.1 (2) stets die Vereinigung von kompakten Komponenten sind, so folgt:

Korollar 1. *Ein lokal kompakter Raum X hat genau dann kompakte Komponenten, wenn es in X nicht leere offene Kompakta gibt. Die Vereinigung aller kompakten Komponenten von X stimmt mit der Vereinigung aller offenen Kompakta von X überein und ist insbesondere offen in X.*

Hierin ist die Äquivalenzaussage i) ⇔ iv) von Theorem 13.5 enthalten.

Korollar 2. *Hat der lokal kompakte Raum X nur endlich viele kompakte Komponenten, so ist jede dieser Komponenten offen in X.*

Beweis. Sei A eine kompakte Komponente von X. Sind $A_1, \ldots, A_k$ die übrigen kompakten Komponenten, so ist $U := X \backslash (A_1 \cup \cdots \cup A_k)$ eine Umgebung von A, die keine andere kompakte Komponente von X trifft. Nach dem Satz gibt es ein in X offenes Kompaktum B mit $A \subset B \subset U$. Da B die Vereinigung kompakter Komponenten ist, folgt $A = B$.   □

Korollar 3. *Es sei X ein zusammenhängender, mehrpunktiger kompakter Raum, es sei $p \in X$ ein Punkt. Dann ist p ein Häufungspunkt jeder Komponente von $X \backslash p$.*

Beweis. Es sei A eine Komponente von $X \backslash p$. Da A abgeschlossen in $X \backslash p$ ist, so wäre A im Fall $p \notin \overline{A}$ auch abgeschlossen in X und also kompakt. Da $X \backslash p$ lokal kompakt ist, gäbe es ein in $X \backslash p$ offenes Kompaktum $B \supset A$. Dann hängt X aber nicht zusammen, da $X = B \cup (X \backslash B)$ mit nicht leeren, in X abgeschlossenen Mengen.   □

13.4.3 Auffüllungen. Wir wenden den Satz von ŠURA-BURA auf den Restraum $D' \backslash D$ zweier Bereiche $D \subset D' \subset \mathbb{C}$ an, (vgl. Beispiel in 13.1.4). Wir bemerken vorab:

(1) *Ist M offen in $D' \backslash D$, so ist $D \cup M$ ein Teilbereich von D'. Ist M zusätzlich eine Vereinigung von Komponenten von $D' \backslash D$, so sind die Komponenten von $D' \backslash (D \cup M)$ genau die Komponenten von $D' \backslash D$, die nicht in M liegen.*

Zum Beweis ist nur zu zeigen, dass $D \cup M$ offen in D' ist. Da es eine in D' offene Menge U mit $M = (D'\backslash D) \cap U$ gibt, so folgt:

$$D \cup M = D \cup [(D'\backslash D) \cap U] = D \cup (U\backslash D) = D \cup U \ . \qquad \Box$$

Eine wichtige Anwendung von (1) und des Korollars 13.4.2 haben wir bereits in 13.2.2 (1) gegeben. Hier notieren wir noch:

(2) *Hat $D'\backslash D$ genau n kompakte Komponenten $L_1, \ldots, L_n, 1 \leq n < \infty$, so ist $D \cup L_1$ ein Teilbereich von D'; der Raum $D'\backslash(D \cup L_1)$ hat genau die $(n-1)$ kompakten Komponenten $L_2, \ldots, L_n$.*

(3) *Ist L ein kompakte Komponente von $\mathbb{C}\backslash D$ (Loch von D) und N abgeschlossen in $\mathbb{C}$ und gilt $L \cap N = \emptyset$, so existiert ein Kompaktum K in $\mathbb{C}\backslash D$ mit $L \subset K \subset \mathbb{C}\backslash N$, so dass $D \cup K$ ein Bereich in $\mathbb{C}$ ist.*

Beweis. (2) ist klar wegen (1) und Korollar 13.4.2 – ad(3). Da $(\mathbb{C}\backslash N) \cap (\mathbb{C}\backslash D)$ eine Umgebung von L in $\mathbb{C}\backslash D$ ist, gibt es nach Šura-Bura ein in $\mathbb{C}\backslash D$ offenes Kompaktum K mit $L \subset K \subset \mathbb{C}\backslash N$. Nach (1) ist $D \cup K$ dann ein Bereich. $\Box$

Die Aussage (3) wird in 14.1.3 benötigt.

13.4.4 Beweis des Satzes von Šura-Bura. Wir reduzieren die Behauptung zunächst auf den kompakten Fall. Sei der Satz also für kompakte Räume bewiesen. Es sei U irgendeine Umgebung von A in X. Da X lokal kompakt ist, gibt es eine offene Umgebung V von A in X, deren Hülle $\overline{V}$ ein Kompaktum von U ist. Nun ist A auch eine Komponente des Raumes $\overline{V}$ (jeder zusammenhängende Teilraum von $\overline{V}$ hängt auch als Teilraum von X zusammen). Nach Annahme gibt es ein in $\overline{V}$ offenes Kompaktum B mit $A \subset B \subset V$. Dann ist B auch offen in V und also auch in X. Daher ist B ein in X offenes Kompaktum mit $A \subset B \subset U$. $\qquad \Box$

Der Reduktionsschritt lässt sich bequemer durchführen, wenn man von X zur ALEXANDROFF-Kompaktifizierung $X \cup \{\infty\}$ übergeht.

Sei nun X kompakt. Ist A *irgendein* Kompaktum in X, so bezeichnen wir mit $\mathscr{F}$ die Familie aller in X *offenen Kompakta* F mit $F \supset A$. Es gilt $X \in \mathscr{F}$. Der Durchschnitt B aller Mengen aus $\mathscr{F}$ ist kompakt und umfasst A.

($\circ$) *Jede in X offene Menge $U \supset B$ enthält eine Menge aus $\mathscr{F}$.*

Beweis. Es gilt $(X \backslash U) \cap \bigcap\limits_{F \in \mathscr{F}} F = \emptyset$. Da $X \backslash U$ kompakt ist, gibt es *endlich*

viele Mengen $F_1, \ldots, F_p \in \mathscr{F}$, so dass $(X \backslash U) \cap \bigcap\limits_{j=1}^{p} F_j = \emptyset$. [1] Da $\bigcap\limits_{j=1}^{p} F_j$ zu $\mathscr{F}$

gehört, ist ($\circ$) bewiesen. $\square$

Wir beweisen nun die Aussage aus 13.4.2 für kompakte Räume X. Sei also A eine *kompakte Komponente* von X. Wir behalten die vorangehenden Bezeichnungen bei. Beweisen wir, dass B zusammenhängt, so folgt $A = B$ aus $A \subset B$, da A ein *maximaler zusammenhängender* Teilraum von X ist. Es genügt daher, folgendes zu zeigen:

Gilt $B = B_1 \cup B_2$ mit disjunkten, in X abgeschlossenen Mengen B_1, B_2, so ist B_1 oder B_2 leer.

Aus $A = (B_1 \cap A) \cup (B_2 \cap A)$ und dem Zusammenhang von A folgt $A = B_1 \cap A$ oder $A = B_2 \cap A$. Sei etwa $A \subset B_1$. Da B_1, B_2 disjunkte Kompakta sind, gibt es in X offene Mengen V_1, V_2 mit $B_1 \subset V_1$, $B_2 \subset V_2$ und $V_1 \cap V_2 = \emptyset$. Da $B \subset V_1 \cup V_2$, so gibt es nach ($\circ$) ein $F \in \mathscr{F}$ mit $B \subset F \subset V_1 \cup V_2$. Nun gilt (!)

$$F \cap (X \backslash V_2) = F \cap V_1 =: W \ .$$

Mithin ist W ein in X offenes Kompaktum, denn F und V_1 sind offen und F und $X \backslash V_2$ sind kompakt. Da $A \subset W$ wegen $A \subset B \subset F$ und $A \subset B_1 \subset V_1$, so folgt $W \in \mathscr{F}$ und $B \subset W \subset V_1$. Dann ist $B \cap V_2$ leer, womit $B_2 = \emptyset$ folgt. Damit ist die Aussage 13.4.2 bewiesen.

---

[1] Wir benutzen hier folgende

Hilfsaussage: Ist X kompakt und ist $\mathscr{N}$ ein System von abgeschlossenen Teilmengen von X mit $\bigcap\limits_{N \in \mathscr{N}} N = \emptyset$, so gibt es endlich viele Mengen $N_1, \ldots, N_p \in \mathscr{N}$, so

dass $\bigcap\limits_{j=1}^{p} N_j = \emptyset$.

Zum Beweis bemerkt man, dass die offene Überdeckung $\{X \backslash N\}_{N \in \mathscr{N}}$ von X eine *endliche* Überdeckung enthält. – Wir wenden die Hilfsaussage auf die Familie $\mathscr{F} \cup \{X \backslash U\}$ an.

14. Invarianz der Löcherzahl

Ist es anschaulich klar, dass biholomorph (allgemeiner: topologisch) äquivalente Gebiete *gleich viele* Löcher haben? Es gibt keinen direkten Beweis für diesen Invarianzsatz. Die Eigenschaft „gleich viele Löcher haben" wird durch die Lage von G in $\mathbb{C}$ definiert und ist zunächst keine Invariante von G. Um die Invarianz der Löcherzahl nachzuweisen, ordnen wir jedem Gebiet in $\mathbb{C}$ seine (*erste*) *Homologiegruppe* zu. Der *Rang* dieser Gruppe, die sog. BETTI-*Zahl von G*, ist eine biholomorphe (sogar topologische) Invariante des Gebietes. Die Invarianz der Löcherzahl folgt nun aus der Gleichung

$$\textit{Löcherzahl von } G = \textit{Betti-Zahl von } G.$$

Den Beweis führen wir in 14.2.2 mit Hilfe von speziellen, sog. *orthonormalen* Familien von Wegen. Die (anschaulich klare) Existenz solcher Wege-Familien gewinnen wir in 14.1.3. mit Hilfe des Satzes von ŠURA-BURA und des Umlaufungssatzes 12.17.

14.1 Homologietheorie. Trennungslemma

Im Abschnitt 14.1.1 ordnen wir jedem Bereich in $\mathbb{C}$ die (erste) *Homologiegruppe* (mit Koeffizienten im Ring $\mathbb{Z}$ der ganzen Zahlen) zu. Im Abschnitt 14.1.2 zeigen wir u.a., dass biholomorph äquivalente Bereiche isomorphe Homologiegruppen haben. Im Abschnitt 14.1.3 präzisieren wir die Vorstellung, dass sich Löcher in Bereichen stets durch umlaufende Wege „trennen" lassen. – Mit U, V, W werden Bereiche in $\mathbb{C}$ bezeichnet.

14.1.1 Homologiegruppen. Betti-Zahl. Die Menge $Z(U)$ *aller* Zyklen

(1) $\gamma = a_1\gamma_1 + \cdots + a_n\gamma_n$, $a_\nu \in \mathbb{Z}$, γ_ν *geschlossener Weg in U*,
        $n \in \mathbb{N}\backslash\{0\}$,

in U bildet bezüglich (natürlicher) Addition eine *freie abelsche Gruppe* mit den geschlossenen Wegen als *Basis*. Jeder Zyklus (1) definiert die $\mathbb{C}$-Linearform

(2) $\overline{\gamma} : \mathcal{O}(U) \to \mathbb{C}, f \mapsto \overline{\gamma}(f) := \int\limits_{\gamma} f d\zeta.$

Auf Grund von Satz 13.4 gilt

(3)   *Ein Zyklus* $\gamma \in Z(U)$ *ist genau dann nullhomolog in U, wenn* $\overline{\gamma} = 0$.

Nullhomologie und Löcher stehen zueinander in folgender Beziehung:

(4)   *Ein Zyklus γ in U ist genau dann nullhomolog in U, wenn die Indexfunktion* indγ *auf jedem Loch L von U identisch verschwindet.*

Beweis. Es gilt Int $\gamma \subset U$ genau dann, wenn $\text{ind}_\gamma(\mathbb{C}\backslash U) = 0$. Da ind_γ *stets* auf *allen unbeschränkten* Komponenten von $\mathbb{C}\backslash U$ verschwindet, so folgt (4).$\square$

Die Menge der durch (2) definierten $\mathbb{C}$-Linearformen

$$H(U) := \{\overline{\gamma} : \gamma \in Z(U)\}$$

ist eine Untergruppe des $\mathbb{C}$-Vektorraumes *aller* $\mathbb{C}$-Linearformen auf $\mathcal{O}(U)$. Wir nennen $H(U)$ die (*erste*) *Homologiegruppe von U* (*mit Koeffizienten in* $\mathbb{Z}$). Es gilt $H(U) = 0$ genau dann, wenn U homologisch einfach zusammenhängt. Wegen (3) ist klar:

(5)   *Die Abbildung $Z(U) \rightarrow H(U), \gamma \mapsto \overline{\gamma}$, ist ein Gruppen-Epimorphismus mit der Gruppe $B(U) := \{\gamma \in Z(U) : \text{Int } \gamma \subset U\}$ als Kern, sie induziert einen Gruppen-Isomorphismus*

$$Z(U)/B(U) \xrightarrow{\sim} H(U) . \tag{14.1}$$

Die linke Seite von (14.1) gibt eine *topologische* Beschreibung von $H(U)$. In der algebraischen Topologie heißen in U nullhomologe Zyklen *Ränder in U* (anschaulich: γ „berandet" die in U liegende Fläche Int γ). Zwei Zyklen γ, γ' in U heißen *homolog in U*, wenn $\gamma - \gamma'$ ein Rand in U ist, d. h. wenn $\overline{\gamma} = \overline{\gamma'}$. „Homolog sein" ist eine Äquivalenzrelation. Die Menge aller zu γ homologen Zyklen ist die Homologieklasse $\overline{\gamma} \in H(U)$.

Die abelsche Gruppe $H(U)$ hat einen wohlbestimmten *Rang $b(U)$*($=$ Maximalzahl von $\mathbb{Z}$-linear unabhängigen Elementen in $H(U)$). Dieser Rang $b(U)$ heißt die (*erste*) *Betti-Zahl von U*.

Es lässt sich zeigen, dass $H(U)$ *stets* eine *freie* abelsche Gruppe von *höchstens abzählbar unendlichem* Rang $b(U)$ ist.

Der Vektorraum $\mathcal{O}'(U)$ aller Ableitungen $f', f \in \mathcal{O}(U)$, wird durch

(6) $\mathcal{O}'(U) = \{f \in \mathcal{O}(U) : \overline{\gamma}(f) = 0 \text{ für alle } \overline{\gamma} \in H(U)\}$

homologisch charakterisiert.

14.1.2 Induzierte Homomorphismen. Natürliche Eigenschaften.

Jede holomorphe Abbildung $h : U \to V$ induziert den Gruppen-Homomorphismus

$$h : Z(U) \to Z(V), \quad \gamma = \sum a_\nu \gamma_\nu \mapsto h \circ \gamma := \sum a_\nu (h \circ \gamma_\nu) \;.$$

Aus Linearitätsgründen gilt auch für Zyklen die *Substitutionsregel*:

$$\overline{h \circ \gamma}(f) = \overline{\gamma}((f \circ h) \cdot h') \quad \text{für alle} \;\; \gamma \in Z(U), f \in \mathcal{O}(V)$$

Man sieht: *Sind* $\gamma_1, \gamma_2 \in Z(U)$ *homolog, so sind* $h(\gamma_1), h(\gamma_2) \in Z(V)$ *homolog.* Daher induziert h einen Homomorphismus $\widetilde{h} : H(U) \to H(V)$ der Homologiegruppen, genauer gilt (senkrechte Pfeile bedeuten Übergang zu Homologieklassen):

Satz 14.1. *Zu h existiert genau eine Abbildung* $\widetilde{h} : H(U) \to H(V)$, *die das Diagramm*

$$Z(U) \overset{h}{\longrightarrow} Z(V)$$
$$\downarrow \qquad \downarrow$$
$$H(U) \overset{\widetilde{h}}{\longrightarrow} H(V)$$

kommutativ macht. Die Abbildung $\widetilde{h}$ ist ein Gruppen-Homomorphismus, es gilt:

$$(1) \qquad \widetilde{h}(\overline{\gamma}) = \overline{h \circ \gamma} \quad \text{für alle} \; \gamma \in Z(U) \;.$$

Beweis. Nach dem oben Gesagten wird durch (1) eine Abbildung $H(U) \to H(V)$ definiert, die ersichtlich additiv ist. Offensichtlich ist dies die einzige Abbildung, die das Diagramm kommutativ macht. $\qquad \square$

Die Zuordnung $h \leadsto \widetilde{h}$ hat folgende „natürliche" Eigenschaften:

(2) *Für* $id : U \to U$ *ist* $\widetilde{id} : H(U) \to H(U)$ *die identische Abbildung. Sind* $h : U \to V$ *und* $g : V \to W$ *holomorph, so gilt* $\widetilde{g \circ h} = \widetilde{g} \circ \widetilde{h}$.

Beweis. Die erste Aussage gilt, da $\widetilde{id}(\overline{\gamma}) = \overline{id \circ \gamma} = \overline{\gamma}$ wegen (1). Die zweite Aussage trifft zu, da wegen (1) für alle $\gamma \in Z(U)$ gilt:

$$(\widetilde{g \circ h})(\overline{\gamma}) = \overline{(g \circ h) \circ \gamma} \quad \text{und} \quad (\widetilde{g} \circ \widetilde{h})(\overline{\gamma}) = \widetilde{g}(\overline{h \circ \gamma}) = \overline{g \circ (h \circ \gamma)} \;. \qquad \square$$

Nun ergibt sich unmittelbar:

Invarianzsatz 14.2. *Ist* $h : U \overset{\sim}{\longrightarrow} V$ *biholomorph, so ist* $\widetilde{h} : H(U) \to H(V)$ *ein Isomorphismus. Speziell haben U und V gleiche* BETTI-*Zahlen.*

Beweis. Klar mit (2) für $g := h^{-1}$, da $g \circ h = id_U$ und $h \circ g = id_V$.   □

Der Invarianzsatz verfeinert die Aussage, dass bei einer biholomorphen Abbildung $h : U \xrightarrow{\sim} V$ ein Zyklus γ in U genau dann nullhomolog in U ist, wenn sein Bildzyklus $h \circ \gamma$ nullhomolog in V ist.

Bemerkung. Wir haben – in moderner Terminologie – gezeigt:

Die Zuordnungen $U \rightsquigarrow H(U)$ und $h \rightsquigarrow \tilde{h}$ sind ein kovarianter Funktor der Kategorie aller Bereiche in $\mathbb{C}$ (mit den holomorphen Abbildungen als Morphismen) in die Kategorie der abelschen Gruppen (mit den Gruppen-Homomorphismen als Morphismen).

Die Homomorphismen $\tilde{h}$ lassen sich für alle *stetigen* Abbildungen $h : U \to V$ definieren. Dabei bleibt die *funktorielle* Eigenschaft (2) erhalten; der Invarianzsatz gilt daher für alle Homöomorphismen $U \xrightarrow{\sim} V$.

14.1.3 Trennung von Löchern durch geschlossene Wege.   Wir notieren vorab:

(1) *Es seien $L_1, L_2 \ldots, L_n$ endliche viele Löcher eines Gebietes G. Dann gibt es in $\mathbb{C}$ eine abgeschlossene, unbeschränkte, zusammenhängende Menge N, die L_1 nicht trifft und alle übrigen Löcher $L_2, \ldots, L_n$ umfasst.*

Beweis. Sei $p \in G$ fixiert. Zu jeder Komponente $M \neq L_1$ von $\mathbb{C} \backslash G$ gibt es in $\mathbb{C} \backslash L_1$ Wege von p zu Punkten von $M \cap \partial G$ (es gibt ein $q \in M \cap \partial G$, vgl. Beispiel 4) auf Seite 299 und dazu eine Strecke $[q, \widehat{q}] \subset \mathbb{C} \backslash L_1$ mit $\widehat{q} \in G$). Wir bestimmen zu $L_2, L_3, \ldots L_n$ solche Wege $\gamma_2, \gamma_3, \ldots, \gamma_n$ und setzen $N' := L_2 \cup |\gamma_2| \cup L_3 \cup |\gamma_3| \cup \cdots \cup L_n \cup |\gamma_n|$. Wir wählen weiter eine Halbgerade σ in $\mathbb{C} \backslash L_1$ mit Anfangspunkt $w \in G$ und in G einen Weg σ von p nach w. Dann ist $N := |\sigma| \cup |\delta| \cup N'$ eine gesuchte Menge.   □

Mit Hilfe von (1), 13.4.3 (3) und des Umlaufungssatzes 12.17 folgt nun das anschaulich klare

Trennungslemma. *Es seien $L_1, L_2, \ldots, L_n$ endlich viele Löcher eines Gebietes G. Dann existieren geschlossene Wege $\gamma_1, \ldots, \gamma_n$ in G, so dass gilt:*

$$\text{ind}_{\gamma_\mu}(L_\nu) = \delta_{\mu\nu} = \begin{cases} 0 & \text{für} \quad \mu \neq \nu \\ 1 & \text{für} \quad \mu = \nu \end{cases} \quad \text{(Orthonormalitätsrelationen)}.$$

Beweis. Es genügt, den Weg γ_1 zu konstruieren. Wir wählen N gemäß (1). Wegen $N \cap L_1 = \emptyset$ gibt es nach 13.4.3 (3) ein Kompaktum $K \subset \mathbb{C} \backslash G$ mit $L_1 \subset K \subset \mathbb{C} \backslash N$, so dass $G \cup K$ offen in $\mathbb{C}$ ist. Das Kompaktum K liegt im *Bereich* $D := (G \cup K) \backslash N$. Da $L_1 \subset K$, so gibt es nach dem Umlaufungssatz 12.15 einen geschlossenen Weg γ_1 in $D \backslash K \subset G$ mit $\text{ind}_{\gamma_1}(L_1) = 1$. Da

$|\gamma_1| \cap N = \emptyset$ und da N *unbeschränkt und zusammenhängend* ist, so gilt $\mathrm{ind}_{\gamma_1}(N) = 0$. Da $L_2 \cup \cdots \cup L_n \subset N$, so folgt $\mathrm{ind}_{\gamma_1}(L_\nu) = 0$ für $\nu > 1$. $\square$

Das Trennungslemma findet sich in der Lehrbuchliteratur wohl erstmals bei S. SAKS und A. ZYGMUND, vgl. [240, S. 209]. Das Lemma schließt *nicht* aus, dass im Innern des Weges γ_ν noch andere Löcher $\neq L_\nu$ von G liegen. Gibt es z.B. im Löcherraum zu G eine CANTOR-Menge $\mathcal{C}$, so enthält jeder Weg in G der ein Loch aus $\mathcal{C}$ umschließt, *überabzählbar viele* weitere Löcher aus $\mathcal{C}$ in seinem Inneren.

14.2 Invarianz der Löcherzahl. Produktsatz für Einheiten

In den Abschnitten 14.2.1 und 14.2.2 werden die Homologiegruppe $H(G)$ und der $\mathbb{C}$-Vektorraum $\mathcal{O}(G)/\mathcal{O}'(G)$ eines beliebigen Gebietes G untersucht; dabei ergibt sich u.a. die Gleichheit von BETTI-Zahl $b(G)$ und Löcherzahl. Im Abschnitt 14.2.3 werden die multiplikative Gruppe $\mathcal{O}(G)^\times$ aller *Einheiten* von $\mathcal{O}(G)$ und ihre Untergruppe $\exp \mathcal{O}(G)$ studiert; dabei zeigt sich u.a., dass in Gebieten mit endlich vielen Löchern zu jeder Funktion $f \in \mathcal{O}(G)^\times$ eine rationale Funktion q mit $q|G \in \mathcal{O}(G)^\times$ existiert, so dass qf in G einen holomorphen Logarithmus hat (Produktsatz).

14.2.1 Zur Struktur der Homologiegruppe. Sind $L_1, \ldots, L_n$ verschiedene Löcher in G und bilden $\gamma_1, \ldots, \gamma_n$ eine zugehörige *orthonormale* Familie von Wegen (gemäß des Trennungslemmas 14.1.3), so betrachten wir die beiden Abbildungen

$$\varepsilon : H(G) \to H(G), \quad \widehat{\gamma} \mapsto \sum_{\nu=1}^{n} \mathrm{ind}_\gamma(L_\nu)\overline{\gamma}_\nu,$$
$$\eta : \mathcal{O}(G) \to \mathbb{C}^n, \quad f \mapsto \overline{\gamma}_1(f), \ldots, \overline{\gamma}_n(f);$$

die erste ist $\mathbb{Z}$-*linear* (Additivität des Index!), die zweite ist $\mathbb{C}$-*linear*.

Lemma 14.3. *Es gilt* $H(G) = Kern\varepsilon \oplus Bild\varepsilon$. *Die Elemente* $\overline{\gamma}_1, \ldots, \overline{\gamma}_n$ *bilden eine Basis von Bildε, für jedes* $\overline{\gamma} \in Bild\varepsilon$ *gilt* $\overline{\gamma} = \sum\limits_{\nu=1}^{n} \mathrm{ind}_\gamma(L_\nu)\overline{\gamma}_\nu$. *Die Abbildung* η *ist surjektiv, es gilt* $\mathcal{O}'(G) \subset Kern\eta$.

Beweis. a) Da $\varepsilon(\overline{\gamma}_\mu) = \overline{\gamma}_\mu$ wegen der Orthonormalität der $\overline{\gamma}_1, \ldots, \overline{\gamma}_n$, so gilt $\varepsilon^2 = \varepsilon$ (Projektion) und damit $H(G) = \mathrm{Kern}\ \varepsilon \oplus \mathrm{Bild}\ \varepsilon$. Sei $\sum\limits_{\nu=1}^{n} a_\nu \overline{\gamma}_\nu = 0$, $a_\nu \in \mathbb{Z}$. Anwendung dieser Linearform auf eine Funktion $(z - c)^{-1} \in \mathcal{O}(G)$ mit $c \in L_\mu$ gibt $a_\mu = 0$ für alle μ. Mithin bilden $\overline{\gamma}_1, \ldots, \overline{\gamma}_n$ eine Basis von Bild ε.

b) Wegen 14.1.1 gilt: $\mathcal{O}'(G) \subset \mathrm{Kern}\ \eta$. Da $\eta((z-c)^{-1})$, $c \in L_\nu$, der ν-te Einheitsvektor $(0, \ldots, 1, \ldots, 0) \in \mathbb{C}^n$ ist, so ist η auch surjektiv. $\square$

Es folgt nun schnell:

Satz 14.4. *Hat G genau n verschiedene Löcher $L_1, \ldots, L_n, n \in \mathbb{N}$, und ist $\gamma_1, \ldots, \gamma_n$ eine zu diesen Löchern orthonormale Wegefamilie in G, so gilt:*

1) $\overline{\gamma}_1, \ldots, \overline{\gamma}_n$ ist eine Basis der Gruppe $H(G)$, man hat

$$\overline{\gamma} = \sum \mathrm{ind}_\gamma(L_\nu)\overline{\gamma}_\nu, \quad \text{für jede Homologieklasse } \overline{\gamma} \in H(G) \ .$$

2) $\eta : \mathcal{O}(G) \to \mathbb{C}^n$ induziert einen $\mathbb{C}$-Vektorraum-Isomorphismus

$$\mathcal{O}(G)/\mathcal{O}'(G) \overset{\sim}{\to} \mathbb{C}^n \ .$$

Beweis. Auf Grund des Lemmas genügt es zu zeigen: Kern $\varepsilon = 0$ und Kern $\eta = \mathcal{O}'(G)$.

1) Da Kern $\varepsilon = \{\overline{\gamma} : \mathrm{ind}_\gamma(L_\nu) = 0$ für $\nu = 1, \ldots, n\}$ nach dem Lemma, und da $L_1, \ldots, L_n$ *alle* Löcher von G sind, so folgt Kern $\varepsilon = 0$ mit 14.1.1 (3) und (4).

2) Auf Grund von 1) gilt Kern $\eta = \{f \in \mathcal{O}(G) : \overline{\gamma}(f) = 0$ für alle $\overline{\gamma} \in H(G)\}$. Mit 14.1.1 (6) folgt Kern $\eta = \mathcal{O}'(G)$. $\qquad\qquad\square$

Im Satz ist speziell enthalten:

Ist A ein Kreisring mit Loch L und $\Gamma \subset A$ ein Kreis um L, so gilt

$$H(A) = \mathbb{Z}\overline{\Gamma} \quad \text{und} \quad \overline{\gamma} = \mathrm{ind}_\gamma(L)\overline{\Gamma} \quad \text{für alle } \overline{\gamma} \in H(A) \ .$$

14.2.2 Löcherzahl und Betti-Zahl. Ein Gebiet G heißt $(n+1)$-*fach zusammenhängend*, $0 \leq n \leq \infty$, wenn es genau n verschiedene Löcher hat (wir unterscheiden nicht zwischen unendlich großen Kardinalzahlen). Einfach zusammenhängende Gebiete sind nach 13.2.4 gerade die Gebiete *ohne Löcher*; zweifach zusammenhängende Gebiete sind z.B. alle Kreisringe, vgl. hierzu Abschnitt 14.2.3.

Wir zeigen dort, dass die Anzahl der Löcher von G eine Invariante und also ein Maß für die Art des inneren Zusammenhangs von G ist. Mit den bisher gewonnenen Einsichten in die Struktur von $H(G)$ und $\mathcal{O}(G)$ und $\mathcal{O}(G)/\mathcal{O}'(G)$ folgt sofort:

Satz 14.5. *Für jedes $(n+1)$-fach zusammenhängende Gebiet G gilt:*

1) Falls $n \in \mathbb{N}$, so sind die Gruppen $H(G)$ und $\mathbb{Z}^n$ sowie die $\mathbb{C}$-Vektorräume $\mathcal{O}(G)/\mathcal{O}'(G)$ und $\mathbb{C}^n$ isomorph; speziell ist $b(G) = n$.

2) Falls $n = \infty$, so gilt $b(G) = \infty = \dim_\mathbb{C} \mathcal{O}(G)/\mathcal{O}'(G)$

Beweis. ad 1). Folgt direkt aus Satz 14.4.

ad 2). Zu jedem $k \in \mathbb{N}$ gibt es k verschiedene Löcher in G. Nach Lemma 14.3
– enthält $H(G)$ dann eine zu $\mathbb{Z}^k$ isomorphe Untergruppe (nämlich Bild ε),
– gibt es einen $\mathbb{C}$-Epimorphismus $\mathcal{O}(G)/\mathcal{O}'(G) \to \mathbb{C}^k$ (induziert von η).

Der Rang von $H(G)$ und die Dimension von $\mathcal{O}(G)/\mathcal{O}'(G)$ sind also mindestens
gleich k. $\square$

Wir haben speziell die Gleichungen

BETTI-Zahl von G = Löcherzahl von G = $\dim_{\mathbb{C}} \mathcal{O}(G)/\mathcal{O}'(G)$.

Da BETTI-Zahlen nach 14.1.2 biholomorphe Invarianten sind, so folgt die
Invarianz der Löcherzahl. *Biholomorph äquivalente Gebiete in $\mathbb{C}$ haben
gleich viele Löcher.*

Die Invarianz folgt auch aus der rechten Gleichung, da für jede biholomor-
phe Abbildung $h : G \xrightarrow{\sim} G_1$ die Abbildung $\mathcal{O}(G_1) \to \mathcal{O}(G), f \mapsto (f \circ h)h'$
ein $\mathbb{C}$-Vektorraum-Isomorphismus ist, der $\mathcal{O}'(G_1)$ auf $\mathcal{O}'(G)$ abbildet, (vgl.
Aufg. I.9.4.4).

Ausblick. Die topologische Invarianz der Löcherzahl ist enthalten in einem allgemeinen (recht tief liegenden) *Dualitätssatz* der algebraischen Topologie für Kompakta in orientierten Mannigfaltigkeiten. Bezeichnet G ein Gebiet in der 2-dimensionalen
Sphäre $S^2 := \mathbb{C} \cup \{\infty\}$, so gilt

$$H_2(S^2, G; \mathbb{Q}) \xrightarrow{\sim} \overline{H^0}(S^2 \backslash G; \mathbb{Q}) ,$$

wo links die 2. Homologiegruppe des Paares S^2, G mit Koeffizienten in $\mathbb{Q}$ steht
und die rechts auftretende 0-te Homologiegruppe isomorph zur *Gruppe der lokal
konstanten Funktionen* $S^2 \backslash G \to \mathbb{Q}$ ist (siehe z. B. E.H. SPANIER: *Algebraic Topology*,
McGraw-Hill und Springer 1966): Im Theorem 17 auf S. 296 setze man $X : S^2 :=
\mathbb{C} \cup \{\infty\}, A := S^2 \backslash G, B := \emptyset, G := \mathbb{Q}, n := q := 2$ und benutze dann das Theorem
auf S. 309 unten). Hat G nun n Löcher in $\mathbb{C}$, so hat $S^2 \backslash G$ genau $n+1$ Komponenten
(alle *unbeschränkten* Komponenten von G in $\mathbb{C}$ häufen sich gegen ∞ und bilden
deshalb – zusammen mit ∞ – *eine* Komponente von $S^2 \backslash G$). Im Fall $n < \infty$ folgt
$\overline{H^0}(S^2 \backslash G; \mathbb{Q}) \simeq \mathbb{Q}^{n+1}$. Aus der exakten Homologiesequenz des Paares (S^2, G) ergibt
sich wegen $H_2(G, \mathbb{Q}) = H_1(S^2, \mathbb{Q}) = 0$, dass $H_2(S^2, G; \mathbb{Q}) \simeq \mathbb{Q} \oplus H_1(G; \mathbb{Q})$ nur vom
Gebiet G und nicht von der Einbettung $G \subset S^2$ abhängt (Exactness Axiom, loc.
cit. S. 200). Damit folgt die topologische Invarianz der Löcherzahl.

Man kann ferner zeigen, vgl. M.H.A. NEWMAN: *Elements of the topology of plane
sets ot points*, Cambridge at the Univ. Press 1951, S. 157:

*Jedes $(n+1)$-fach zusammenhängende Gebiet in $\mathbb{C}$, wobei $n \in \mathbb{N}$, ist homöomorph
zur n-fach punktierten Ebene $\mathbb{C} \backslash \{1, 2, \ldots, n\}$.*

Gebiete in $\mathbb{C}$ mit gleicher BETTI-Zahl aus $\mathbb{N}$ sind also stets homöomorph.

14.2.3 Normalformen mehrfach zusammenhängender Gebiete. Ist G ein $(n+1)$-fach zusammenhängendes Gebiet, $n \in \mathbb{N}$, und sind $L_1, L_2, \ldots,$ L_n die Löcher von G, so ist $G \cup L_1 \cup L_2 \cup \cdots \cup L_n$ nach 13.4.3 (2) ein einfach zusammenhängendes Gebiet und also nach dem RIEMANNschen Abbildungssatz biholomorph auf $\mathbb{C}$ oder $\mathbb{E}$ abbildbar. Das Gebiet G ist daher biholomorph äquivalent zu einem Gebiet, das aus $\mathbb{C}$ bzw. $\mathbb{E}$ durch „Ausbohren" von n Löchern entsteht. Es lässt sich aber viel mehr sagen.

Abbildungssatz 14.6. *Jedes $(n+1)$-fach zusammenhängende Gebiet in $\mathbb{C}$ ist biholomorph abbildbar auf ein Kreisgebiet, das ist eine Scheibe $B_r(0)$, $0 < r \leq \infty$, aus der n paarweise punktfremde kompakte (evtl. punktförmige) Kreisscheiben entfernt sind, $n \in \mathbb{N}$.*

Jede biholomorphe Abbildung zwischen Kreisscheiben wird durch eine linear gebrochene Funktion vermittelt.

Diesen Satz hat KOEBE als erster bewiesen. Wir verweisen den an Einzelheiten interessierten Leser auf [77] oder [100], dort wird auch das Problem der konformen Abbildbarkeit beliebiger Gebiete auf Schlitzgebiete behandelt.

Für $n = 1$ lässt sich präziser zeigen (wir schreiben $\simeq$ für „biholomorph äquivalent" und A_{r1} für den Kreisring $\{z \in \mathbb{C} : r < |z| < 1\}, 0 < r < 1$):

Ist L das einzige Loch von G, so gilt:

a) *L ist einpunktig und $G \cup L = \mathbb{C} \Leftrightarrow G \simeq \mathbb{C}^{\times}$,*
b) *L ist einpunktig und $G \cup L \neq \mathbb{C} \Leftrightarrow G \simeq \mathbb{E}^{\times}$,*
c) *L ist mehrpunktig und $G \cup L = \mathbb{C} \Leftrightarrow G \simeq \mathbb{E}^{\times}$,*
d) *L ist mehrpunktig und $G \cup L \neq \mathbb{C} \Leftrightarrow G \simeq A_{r1}$.*

Der nicht ausgeartete Fall d) bereitet die eigentlichen Schwierigkeiten. Einen Beweis, der mittels des Logarithmus das Problem auf einfach zusammenhängende Gebiete zurückspielt, gibt. H. KNESER, [139, S. 372–375].

14.2.4 Zur Struktur der multiplikativen Gruppe $\mathcal{O}(G)^{\times}$. Die Gruppe $\mathcal{O}(G)^{\times}$ *aller in G nullstellenfreien holomorphen Funktionen* enthält die Menge $\exp \mathcal{O}(G)$ aller Funktionen $\exp g, g \in \mathcal{O}(G)$, als Untergruppe. Es gilt (vgl. Abschnitt I.9.3.1)

$$(1) \qquad \exp \mathcal{O}(G) = \left\{ f \in \mathcal{O}(G)^{\times} : \int_{\gamma} (f'/f) d\zeta = 0 \ \text{ für alle } \ \gamma \in Z(G) \right\}.$$

Um die Faktorgruppe $\mathcal{O}(G)^{\times} / \exp \mathcal{O}(G)$ zu beschreiben, ordnen wir jeder Funktion $f \in \mathcal{O}(G)^{\times}$ die $\mathbb{Z}$-*lineare Periodenabbildung*

$$\lambda_f : H(G) \to \mathbb{Z}, \quad \overline{\gamma} \mapsto \frac{1}{2\pi i} \overline{\gamma}(f'/f) = \frac{1}{2\pi i} \int_{\gamma} \frac{f'}{f} d\zeta$$

zu. Wir bezeichnen mit $H(G)^*$ die *abelsche* Gruppe aller $\mathbb{Z}$-Linearformen auf $H(G)$ (*Dual von* $H(G)$) und·notieren sogleich:

(2) *Die Abbildung* $\mathcal{O}(G)^\times \to H(G)^*, f \mapsto \lambda_f$, *ist ein Gruppen-Homomorphismus mit der Gruppe* $\exp \mathcal{O}(G)$ *als Kern.*

Beweis. Wegen $(fg)'/fg = f'/f + g'/g$ ist $f \mapsto \lambda_f$ homomorph. Wegen (1) ist $\exp \mathcal{O}(G)$ der Kern dieses Homomorphismus.   □

Es seien nun $L_1, \ldots, L_n$ verschiedene Löcher von $G, n \in \mathbb{N}$. Wir wählen gemäß Abschnitt 14.1.3 eine *orthonormale* Familie $\gamma_1, \ldots, \gamma_n$ von Wegen in G. Wir fixieren Punkte $c_\nu \in L_\nu, 1 \le \nu \le n$. Dann sind die Formen $\lambda_{z-c_1}, \ldots, \lambda_{z-c_n} \in H(G)^*$ wohldefiniert, und es gilt

$$\lambda_{z-c_\nu}(\overline{\gamma}_\mu) = \mathrm{ind}_{\gamma_\nu}(L_\nu) = \delta_{\mu\nu} . \tag{14.2}$$

Damit folgt:

(3) *Die Formen* $\lambda_{z-c_1}, \ldots, \lambda_{z-c_n}$ *sind linear unabhängig. Falls* $b(G) = n$, *so bilden sie eine Basis von* $H(G)^*$, *für alle* $f \in \mathcal{O}(G)^\times$ *gilt dann*

$$\lambda_f = a_1 \lambda_{z-c_1} + \cdots + a_n \lambda_{z-c_n} \;\; mit \;\; a_\nu := \lambda_f(\overline{\gamma}_\nu), \;\; 1 \le \nu \le n < \infty .$$

Beweis. Im Fall $b(G) = n$ sind $\overline{\gamma}_1, \ldots, \overline{\gamma}_n$ nach Satz 14.4 eine Basis von $H(G)$. Wegen (14.2) bilden dann $\lambda_{z-c_1}, \ldots, \lambda_{z-c_n}$ die duale Basis von $H(G)^*$.   □

In (2) und (3) ist ein Existenz- und Eindeutigkeitssatz enthalten.

14.2.5 Produktsatz für Einheiten. *Es sei* G *ein Gebiet mit genau* n *Löchern* $L_1, \ldots, L_n$; *es sei* $\gamma_1, \ldots, \gamma_n$ *eine zugehörige orthonormale Familie von Wegen in* G, $n \in \mathbb{N}$. *Es sei* $c_\nu \in L_\nu$ *irgendwie gewählt. Dann hat jede Funktion* $f \in \mathcal{O}(G)^\times$ *eine Darstellung*

$$f(z) = e^{g(z)}(z - c_1)^{k_1} \cdot \ldots \cdot (z - c_n)^{k_n} \; mit \; g \in \mathcal{O}(G),$$

$$k_\nu := \frac{1}{2\pi i} \int\limits_{\gamma_\nu} (f'/f) d\zeta \in \mathbb{N} , \;\;\; 1 \le \nu \le n.$$

Ist $f(z) = e^{h(z)}(z - c_1)^{m_1} \cdot \ldots \cdot (z - c_n)^{m_n}$ *eine weitere Darstellung mit* $h \in \mathcal{O}(G)$ *und* $m_1, \ldots, m_n \in \mathbb{Z}$, *so gilt* $h - g \in 2\pi i \mathbb{Z}$, *und* $m_\nu = k_\nu, 1 \le \nu \le n$.

Beweis. Nach (3) gilt $\lambda_f = \sum k_\nu \lambda_{z-c_\nu}$. Für $v := (z - c_1)^{\ell_1} \cdot \ldots \cdot (z - c_n)^{\ell_n} \in \mathcal{O}(G)^\times, \ell_\nu \in \mathbb{Z}$, gilt entsprechend $\lambda_v = \sum \ell_\nu \lambda_{z-c_\nu}$. Nach (2) gilt $f = e^g v$ mit $g \in \mathcal{O}(G)$ genau dann, wenn $\lambda_f = \lambda_v$, d.h. $\ell_1 = k_1, \ldots, \ell_n = k_n$.   □

Für Gebiete ohne Löcher besagt der Produktsatz (was wir schon wissen), dass jede nullstellenfreie Funktion $f \in \mathcal{O}(G)$ einen holomorphen Logarithmus in G hat.

Mit (2) und (3) ergibt sich weiter:

Satz 14.7. *Die Faktorgruppe $\mathcal{O}(G)^{\times}/\exp\mathcal{O}(G)$ ist (vermöge der von λ induzierten Abbildung) isomorph zu einer Untergruppe von $H(G)^{*}$.*

Es gilt $b(G) < \infty$ genau dann, wenn $\mathcal{O}(G)^{\times}/\exp\mathcal{O}(G)$ endlich erzeugbar ist; alsdann ist $\mathcal{O}(G)^{\times}/\exp\mathcal{O}(G)$ isomorph zur Gruppe $H(G)^{*} \simeq \mathbb{Z}^{b(G)}$.

Beweis. Wegen (2) ist 'die Gruppe $T := \mathcal{O}(G)^{\times}/\exp\mathcal{O}(G)$ isomorph zur Untergruppe Bild λ von $H(G)^{*}$. Falls $b(G) < \infty$, so gilt Bild $\lambda = H(G)^{*} \simeq \mathbb{Z}^{b(G)}$ nach (3). Ist umgekehrt T endlich erzeugbar, so hat T und also auch Bild λ einen endlichen Rang m. Wegen (3) hat G dann höchstens m Löcher, d.h. $b(G) \leq m$. □

14.2.6 Ausblicke. Der Produktsatz für Einheiten lässt sich verallgemeinern:

(∗) *Jede stetige Abbildung $f : G \to \mathbb{C}^{\times}$ eines Gebietes $G \subset \mathbb{C}$ mit genau n Löchern, $n \in \mathbb{N}$, ist von der Form $f(z) = e^{g(z)} \prod_{1}^{n}(z - c_{\nu})^{k_{\nu}}$, wobei $g \in \mathscr{C}(G)$, $k_{\nu} \in \mathbb{Z}$.*

Diese Aussage geht zurück auf EILENBERGS Arbeit [57] aus dem Jahre 1936, siehe S. 88 ff. Zu diesem Themenkreis gehört auch die Arbeit [154] von KURATOWSKI (1945), vgl. S. 332 ff. In Lehrbüchern steht der Satz bei [240, 3. Aufl., S. 211 ff] und [31, S. 111 ff]; in [31] findet man weitere historische Angaben.

Aus (∗) folgt mit $f(z,t) := e^{(1-t)g(z)}\prod(z - c_{\nu})^{k_{\nu}}, 0 \leq t \leq 1$, dass die stetige Abbildung $f(z) = f(z,0) : g \to \mathbb{C}^{\times}$ durch die „*stetige Schar*" $f(z,t)$ von Abbildungen $G \times [0,1] \to \mathbb{C}^{\times}$ in die *holomorphe Abbildung* $f(z,1) : G \to \mathbb{C}^{\times}$ *deformiert* wird. Man sagt, dass jede stetige Abbildung $G \to \mathbb{C}^{\times}$ zu einer holomorphen Abbildung *homotop* ist. In dieser Form lässt sich (∗) wesentlich vertiefen:

Ist X eine STEINsche Mannigfaltigkeit und L eine komplexe LIEsche Gruppe, so ist jede stetige Abbildung $X \to L$ homotop zu einer holomorphen Abbildung $X \to L$ (Spezialfall des OKA-GRAUERT-Prinzip, vgl. [92]).

Der Perioden-Homomorphismus $\lambda : \mathcal{O}(G)^{\times} \to H(G)^{*}$ aus Abschnitt 14.2.4 wurde 1943 von H. BEHNKE und K. STEIN systematisch untersucht; sie zeigten, dass er *immer surjektiv* ist, vgl. [6, Satz 10, S. 451]. *Die Gruppen $\mathcal{O}(G)^{\times}/\exp\mathcal{O}(G)$ und $H(G)^{*}$ sind also stets kanonisch isomorph.* Da $H(G)^{*}$ im Falle $b(G) = \infty$ eine überabzählbare Basis hat, so haben wir folgendes Phänomen:

$\mathcal{O}(G)^{\times}/\exp\mathcal{O}(G)$ *ist für jedes Gebiet G eine freie abelsche Gruppe, ihr Rang ist entweder endlich oder überabzählbar unendlich.*

Die Surjektivität von λ ist ein Spezialfall eines Satzes über die Existenz von *additiv automorphen* Funktionen zu willkürlich vorgegebenen komplexen Perioden auf beliebigen nicht kompakten RIEMANNschen Flächen. Eine moderne Darstellung gibt O. FORSTER, [74, S. 190–194].

15. Schlichte Funktionen. Bieberbachsche Vermutung

Der Begriff der *schlichten* Funktion wurde seit Anfang des zwanzigsten Jahrhunderts etwa in den Arbeiten von KOEBE [141, 142] allgemein für eine biholomorphe Funktion benutzt. Nach dem RIEMANNschen Abbildungssatz gibt es zu jedem einfach zusammenhängenden Gebiet $G \subsetneq \mathbb{C}$ eine biholomorphe Abbildung $f : \mathbb{E} \to G$. Diese wird auch als eine auf $\mathbb{E}$ holomorphe Funktion $f : \mathbb{E} \to \mathbb{C}$ ohne Festlegung des Bildgebietes *schlicht* genannt. Zur Untersuchung schlichter Funktionen ist die Normierung $f(0) = 0$ und $f'(0) = 1$ zweckmäßig. Die Klasse aller solchen auf $\mathbb{E}$ schlichten Funktionen

$$f(z) = z + a_2 z^2 + a_3 z^3 + \ldots$$

wird mit S bezeichnet. Der Übergang zu auf dem Komplement $\Delta := \mathbb{C} \backslash \overline{\mathbb{E}}$ meromorphen, injektiven Funktionen

$$g(\zeta) := \frac{1}{f(1/\zeta)} = \zeta + \frac{b_1}{\zeta} + \frac{b_2}{\zeta^2} + \ldots$$

liefert eine allgemein mit Σ' bezeichnete Funktionenklasse. Für diese zeigten GRONWALL [97] und BIEBERBACH [16] unabhängig voneinander die Beziehung

$$\sum_{n=1}^{\infty} n \cdot |b_n|^2 \leq 1 .$$

Aus der darin enthaltenen Ungleichung $|b_1| \leq 1$ folgerte BIEBERBACH 1916 in [16] für die Funktionen der Klasse S die Abschätzung

$$|a_2| \leq 2 .$$

Der extreme Fall $|b_1| = 1$, d.h. $b_2 = b_3 = \cdots = 0$ tritt nur dann auf, wenn f eine Rotation der KOEBE-Funktion $z/(1-z)^2$ ist.

BIEBERBACH schreibt in einer Fußnote, dass vielleicht stets $|a_n| \leq n$ sei. Diese „BIEBERBACH-Vermutung" wurde erst 1985 von DE BRANGES in [50] bewiesen.

Verallgemeinerungen der BIEBERBACHschen Vermutung gaben 1936 ROBERTSON [229] und 1971 MILIN [171], siehe 15.1.4 und 15.1.5. Die MILIN-Vermutung impliziert die ROBERTSON-Vermutung, und diese hat die BIEBERBACH-Vermutung zur Folge.

Das Ziel dieses Kapitels ist, die MILINsche und damit die BIEBERBACHsche Vermutung herzuleiten. Wir übernehmen den Beweis, den WEINSTEIN 1991 in [278] gegeben hat.

Wichtige Hilfsmittel zum Beweis sind einparametrige Familien schlichter Funktionen und die LÖWNERsche Differentialgleichung. Diese werden im zweiten Paragraphen behandelt, zusammen mit dem grundlegenden Satz von CARATHÉODORY über Konvergenz von einfach zusammenhängenden Gebieten gegen ihren Kern. Im dritten Paragraphen geben wir eine ausführliche Darstellung des Beweises von WEINSTEIN. Dieser benutzt nur die genannten Methoden und führt die Aussage der MILIN-Vermutung auf eine klassische Formel von LEGENDRE zurück, die auch unter dem Namen „Additionstheorem für Kugel(flächen)funktionen" bekannt ist. Den inneren Zusammenhang der Ansätze von DE BRANGES und WEINSTEIN klärten TODOROV [261] sowie KOEPF und SCHMERSAU [148] auf. Methoden der Computer-Algebra wandte KOEPF in [147] an. Mehr zur geometrischen Funktionentheorie findet der Leser etwa in den Lehrbüchern von Duren [56], Golusin [89] und Pommerenke [214].

15.1 Schlichte Funktionen

Durch Normierung wird eine ausgezeichnete Klasse injektiver holomorpher Funktionen gewonnen.

Definition 15.1. *Es sei* $G \subset \overline{\mathbb{C}}$ *ein Gebiet. Eine holomorphe Funktion* $f : G \to \mathbb{C}$ *heißt schlicht, wenn sie injektiv ist.*

Wegen des Offenheitssatzes I.8.5.1 ist eine schlichte Funktion eine biholomorphe Abbildung von G auf das Gebiet $f(G)$. Insbesondere ist die Ableitung einer schlichten Funktion nullstellenfrei.

Für die Untersuchung der schlichten Funktionen, die auf dem Einheitskreis $\mathbb{E}$ erklärt sind, bedeutet die Normierung

$$f(0) = 0, \quad f'(0) = 1 \tag{15.1}$$

sicherlich keine Einschränkung. Es sei

$$S := \{f : \mathbb{E} \to \mathbb{C} : f \text{ schlicht}, \ f(0) = 0, \ f'(0) = 1\}$$

die zugehörige Familie.

Jede Funktion $f \in S$ besitzt also die auf $\mathbb{E}$ konvergente Potenzreihe

$$f(z) = z + \sum_{n=2}^{\infty} a_n z^n . \tag{15.2}$$

15.1.1 Die Koebe-Funktion. Zentrales Beispiel einer Funktion aus der Klasse S ist die KOEBE-Funktion.

Definition 15.2. *Die Funktion*

$$k(z) = \frac{z}{(1-z)^2} = \frac{1}{4}\left(\frac{1+z}{1-z}\right)^2 - \frac{1}{4}$$

heißt KOEBE-*Funktion.*

Satz 15.3. *Die Funktion k ist in S enthalten und hat die Potenzreihenentwicklung*

$$k(z) = \sum_{n=1}^{\infty} n\, z^n\,.$$

Es gilt $k(\mathbb{E}) = \mathbb{C}\backslash(-\infty, -\frac{1}{4}]$.

Beweis. Die CAYLEY-Abbildung

$$h : \mathbb{E} \to \mathbb{H}\,, \quad z \mapsto i\,\frac{1+z}{1-z}$$

aus I.2.2.2 ist schlicht, und ihr negatives Quadrat $p : \mathbb{E} \to \mathbb{C}^-$, $z \mapsto \left(\frac{z+1}{z-1}\right)^2$ aus I.2.2.3 bildet $\mathbb{E}$ schlicht auf $\mathbb{C}^- = \mathbb{C}\backslash(-\infty, 0]$ ab. Damit bildet $k(z) = \frac{1}{4}p(z) - \frac{1}{4}$ die Einheitskreisscheibe schlicht auf $\mathbb{C}\backslash(-\infty, -\frac{1}{4}]$ ab. Ferner ist $k(z) = z \cdot \frac{d}{dz}\left(\frac{1}{1-z}\right) = \sum_{n=1}^{\infty} n \cdot z^n$. $\qquad\square$

15.1.2 Elementare Eigenschaften. Die Klasse S ist unter gewissen Transformationen invariant.

Bemerkung. (i) Es sei $\varphi \in Aut\,(\mathbb{E})$ (vgl. Abschnitt I.2.3.2) und $f \in S$. Dann ist

$$g(z) = \frac{f(\varphi(z)) - f(\varphi(0))}{f'(\varphi(0)) \cdot \varphi'(0)} \in S\,.$$

Insbesondere ist für Winkel $\alpha \in \mathbb{R}$ die Rotation

$$h(z) = e^{-i\alpha} f(e^{i\alpha} z) \in S\,. \tag{15.3}$$

(ii) Sei $f \in S$ und $b \notin f(\mathbb{E})$. Dann ist

$$g(z) = \frac{b \cdot f(z)}{b - f(z)}$$

aus S.

Für den Flächensatz aus Abschnitt 15.1.3 benötigen wir die Quadratwurzel-transformation.

Wir bezeichnen mit T die Familie der Funktionen $f(z) = z + a_2 z^2 + \ldots$ aus $\mathcal{O}(\mathbb{E})$, die in $\mathbb{E}^\times$ *nullstellenfrei* sind. Es gilt $S \subset T$. Eine Funktion $g \in \mathcal{O}(\mathbb{E})$ heißt *Quadratwurzeltransformierte* von $f \in \mathcal{O}(T)$, wenn

$$g(z)^2 = f(z^2) \quad \text{und} \quad g'(0) = 1$$

gilt. Dann ist g *eindeutig* durch f bestimmt. Aus $g(z)^2 = g(-z)^2$ und $g'(0) = 1$ folgt unmittelbar, dass g *ungerade* ist und in T liegt.

Satz 15.4. *Jede Funktion $f \in T$ hat eine Quadratwurzeltransformierte g. Im Falle $f \in S$ gilt auch $g \in S$.*

Beweis. Die Funktion $f(z^2)$ ist nullstellenfrei in $\mathbb{E}^\times$ und hat in 0 eine Nullstelle zweiter Ordnung. Wir schreiben $f(z^2) = z^2 \tilde{f}(z)$. Nach Abschnitt I.9.3.3 besitzt $\tilde{f}$ eine holomorphe Quadratwurzel, so dass f eine Quadratwurzel g in $\mathcal{O}(\mathbb{E})$ besitzt mit $g'(0) = 1$. – Aus $g(a) = g(b)$ folgt $f(a^2) = f(b^2)$, also $a = \pm b$, wenn $f \in S$. Im Falle $b = -a$ ist $g(a) = -g(a)$, also $g(a) = 0$. Da g in $\mathbb{E}^\times$ nullstellenfrei ist, folgt $a = 0$. Also gilt stets $a = b$. Das beweist $g \in S$.   □

Die Aussage von Satz 15.4 ist umkehrbar:

Zusatz 15.5. *Jede ungerade Funktion $g \in T$ ist Quadratwurzeltransformierte einer Funktion $f \in T$. Falls $g \in S$, so auch $f \in S$.*

Beweis. Es gilt $g(z) = zh(z^2)$ mit $h \in \mathcal{O}(\mathbb{E})$. Für $f(z) = zh(z)^2$ folgt $f(z^2) = g(z)^2$ und weiter $f \in T$. – Für Punkte $a^2, b^2 \in \mathbb{E}$ gilt $f(a^2) = f(b^2)$ nur dann, wenn $g(a) = \pm g(b) = g(\pm b)$ ist. Im Falle $g \in S$ folgt $a = \pm b$, also $a^2 = b^2$, d.h. $f \in S$.   □

Ist

$$g(z) = z + \sum_{n=1}^\infty \alpha_{2n+1} z^{2n+1}$$

die Quadratwurzeltransformierte von f, so gilt mit $\alpha_1 := 1$

$$a_n = \sum_{k=1}^n \alpha_{2(n-k)+1} \cdot \alpha_{2k-1}, \quad n \geq 1,$$

also z.B.

$$a_2 = 2\alpha_3 \tag{15.4}$$

$$a_3 = 2\alpha_5 + \alpha_3^2 \tag{15.5}$$

$$a_4 = 2\alpha_7 + 2\alpha_3\,\alpha_5 \tag{15.6}$$

$$a_5 = 2\alpha_9 + 2\alpha_3\,\alpha_7 + \alpha_5^2. \tag{15.7}$$

Man schreibt auch

$$g(z) = \sqrt{f(z^2)}$$

für eine Quadratwurzeltransformierte.

15.1.3 Die Klassen Σ und Σ'. Es sei $f \in S$. Dann wird durch

$$g(\zeta) = \frac{1}{f(1/\zeta)} \tag{15.8}$$

eine auf dem Komplement $\Delta := \mathbb{C} \backslash \overline{\mathbb{E}}$ *schlichte* Funktion erklärt, welche im Punkte $\infty \in \overline{\mathbb{C}}$ einen *einfachen* Pol mit *Residuum eins* besitzt. Die Klasse *aller* schlichten Funktionen auf Δ mit einem einfachen Pol in ∞ und Residuum eins wird mit Σ bezeichnet, während die Funktionen vom Typ (15.8) die Teilklasse Σ' bilden.

Die LAURENT-Entwicklung für $g \in \Sigma$ schreiben wir als

$$g(\zeta) = \zeta + \sum_{n=0}^{\infty} b_n \, \zeta^{-n}. \tag{15.9}$$

Wir bemerken, dass Funktionen aus Σ' den Wert null nicht annehmen. Aus Satz 15.4 folgt unmittelbar

Satz 15.6. *Sei $g \in \Sigma'$. Dann gibt es eine ungerade Funktion $h \in \Sigma'$ derart, dass*

$$h(\zeta)^2 = g(\zeta^2) \,.$$

Die Schlichtheit einer holomorphen Funktion bewirkt, dass sich die Flächeninhalte von Teilgebieten leicht mit denjenigen der Bildgebiete vergleichen lassen. Die zugehörige quantitative Aussage ist der GRONWALLsche Flächensatz.

Flächensatz von Gronwall 15.7. *Sei $g \in \Sigma$. Dann gilt*

$$\sum_{n=1}^{\infty} n \, |b_n|^2 \le 1 \,. \tag{15.10}$$

Beweis. Es sei $r > 1$, wir bezeichnen mit Γ_r die Kreislinie $\{z \in \mathbb{C} : |z| = r\}$. Wegen der Schlichtheit von g ist $g(\Gamma_r) =: C_r$ eine reell-analytische, doppelpunktfreie Kurve. Sei $\Delta_r = \{z \in \mathbb{C} : |z| \ge r\}$ und

$$A_r = \mathbb{C} \backslash g(\Delta_r) \,.$$

Die offene Menge $A_r \subset \mathbb{C}$ hat den reell-analytischen Rand C_r. Mit $w = x + iy$ wird der Flächeninhalt F_r von A_r durch das Integral

$$F_r = \int\limits_{A_r} dx \, dy = \frac{i}{2} \int\limits_{A_r} dw \wedge \overline{dw}$$

bestimmt. Die Aussage des Satzes folgt nach Auswertung des Integrals aus der Tatsache, dass $F_r \ge 0$ für alle $r > 1$ gilt:

Wir benutzen den STOKESschen Satz (bzw. die GREENsche Formel) der reellen Analysis. Wegen $dw \wedge \overline{dw} = d(w\,\overline{dw})$ und der Transformationsformel für Integrale (Schlichtheit von g !) gilt

$$0 \le F_r = \frac{i}{2} \int\limits_{C_r} w\,\overline{dw} = \frac{i}{2} \int\limits_{\Gamma_r} g(\zeta) \cdot \overline{g'(\zeta)}\,\overline{d\zeta}\,.$$

Letzteren Ausdruck kann man leicht mit Hilfe der Potenzreihenentwicklung (15.9) von g berechnen.

Es ist

$$g'(\zeta) = 1 - \sum_{n=1}^{\infty} n \cdot b_n\,\zeta^{-n-1}\,,$$

d.h. für $\zeta = re^{i\varphi}$ gilt

$$F_r = \frac{i}{2} \int\limits_0^{2\pi} \left(re^{i\varphi} + \sum_{m=0}^{\infty} b_m\,r^{-m}\,e^{-im\varphi} \right) \cdot \left(1 - \sum_{n=1}^{\infty} \overline{b_n}\,n\,r^{-n-1}\,e^{+i(n+1)\varphi} \right).$$

$$\cdot (-i\,r\,e^{-i\varphi})\,d\varphi\,.$$

Nun verschwindet für alle $\ell \in \mathbb{Z}$, $\ell \ne 0$ das Integral $\int\limits_0^{2\pi} e^{i\ell\varphi}\,d\varphi$, so dass

$$F_r = \pi \left(r^2 - \sum_{n=1}^{\infty} n \cdot |b_n|^2\,r^{-2n} \right).$$

Die Beziehung $F_r \ge 0$ für alle $r > 1$ liefert die Behauptung.   □

Zusatz: *In (15.10) gilt Gleichheit genau dann, wenn $\mathbb{C} \backslash g(\Delta)$ das LEBESGUE-Maß null besitzt.*

Korollar 15.8. *Für $g \in \Sigma$ gilt $|b_1| \le 1$. Falls $|b_1| = 1$, ist*

$$g(\zeta) = \zeta + b_0 + \frac{b_1}{\zeta}$$

und das Bild $g(\Delta)$ ist das Komplement einer Strecke der Länge 4 in $\mathbb{C}$.

Beweis. Für $|b_1| = 1$ folgt die explizite Form von $g(\zeta)$ unmittelbar aus dem Flächensatz. Die Bilder von Kreislinien vom Radius $r > 1$ sind Ellipsen mit den Halbachsen $r + \frac{1}{r}$ und $r - \frac{1}{r}$, die gegen eine Strecke der Länge 4 mit $r \to 1$ konvergieren.   □

15.1.4 Der Satz von Bieberbach und die Bieberbachsche Vermutung.

Der Satz von GRONWALL wurde 1916 von BIEBERBACH in [16] auf die Quadratwurzeltransformation im Sinne von Satz 15.4 einer schlichten Funktion angewandt.

Satz 15.9 (Bieberbach). *Es sei* $f(z) = z + \sum_{n=2}^{\infty} a_n z^n$ *eine schlichte Funktion auf der Einheitskreisscheibe. Dann gilt* $|a_2| \leq 2$. *Es ist* $|a_2| = 2$ *genau dann, wenn* f *eine Rotation der* KOEBE-*Funktion ist.*

Beweis. Für die Quadratwurzeltransformation

$$h(z) = z + \sum_{n=1}^{\infty} \alpha_{2n+1} z^{2n+1}$$

von f gilt nach (15.4)

$$2\alpha_3 = a_2.$$

Wir betrachten die zugehörige Funktion $g(\zeta) = 1/h(1/\zeta)$ aus der Klasse Σ' mit

$$g(\zeta) = \zeta + \sum_{n=1}^{\infty} b_n \zeta^{-n}.$$

Es folgt unmittelbar

$$g(\zeta) = \zeta - \frac{a_2}{2} \frac{1}{\zeta} \pm \cdots,$$

d.h.

$$b_1 = -\frac{a_2}{2}.$$

Nach Satz 15.7 ist $|a_2| \leq 2$. Für $|a_2| = 2$ ergibt Korollar 15.8, dass $g(\zeta) = \zeta + \frac{b_1}{\zeta}$, und damit $h(z) = z/(1 + b_1 z^2)$. Schließlich ist $f(z^2) = h(z)^2 = z^2/(1 + b_1 z^2)^2$, d.h. $f(z) = z/(1 + b_1 z)^2$. Mit $b_1 = -e^{i\varphi}$ ist also $f(z) = e^{-i\varphi} k(e^{i\varphi} z)$ eine Rotation der KOEBE-Funktion k.   □

In einer Fußnote zu der Arbeit [16] äußert BIEBERBACH die nach ihm benannte Vermutung. **Bieberbachsche Vermutung:** *Sei*

$$f(z) = z + \sum_{n=2}^{\infty} a_n z^n \quad \text{eine auf } \mathbb{E}$$

schlichte Funktion. Dann gilt

$$\boxed{|a_n| \leq n. \quad (B_n)}$$

Eine etwas allgemeinere Vermutung wurde 1936 aufgestellt [200].

Robertson-Vermutung: *Es sei*

$$g(z) = z + \sum_{n=1}^{\infty} c_{2n+1} \, z^{2n+1} \in S$$

eine ungerade schlichte Funktion. Dann gilt

$$\sum_{k=1}^{n} |c_{2k-1}|^2 \le n. \qquad (R_n)$$

Satz 15.10. *Die Gültigkeit der* ROBERTSON-*Vermutung* (R_n) *für alle ungeraden Funktionen aus* S *impliziert die* BIEBERBACH-*Vermutung* (B_n) *für alle* $f \in S$.

Beweis. Seien $f(z) = \sum_{n=1}^{\infty} a_n \, z^n \in S$ und $g(z) = \sum_{n=0}^{\infty} c_{2n+1} \, z^{2n+1} \in S$ die Quadratwurzeltransformierte von f im Sinne von Abschnitt 15.1.2, d.h.

$$f(z^2) = g(z)^2 \,.$$

Also

$$a_n = \sum_{k=1}^{n} c_{2(n-k)+1} \cdot c_{2k-1} \,.$$

Dann folgt mit (R_n) und der CAUCHY-SCHWARZschen Ungleichung die Behauptung.   □

15.1.5 Die Milin-Vermutung.   Die 1971 aufgestellte MILIN-Vermutung ist noch allgemeiner als die ROBERTSON-Vermutung, und sowohl DE BRANGES als auch WEINSTEIN wählten den Weg über diese Aussage, um die BIEBERBACH-Vermutung zu beweisen.

Die logarithmische Ableitung einer schlichten Funktion wird im folgenden eine wichtige Rolle spielen (vgl. auch Abschnitt 15.2.4).

Definition 15.11. *Es sei* $f(z) = z + \sum_{n=2}^{\infty} a_n \, z^n$ *schlicht. Es sei*

$$\log \frac{f(z)}{z} = \sum_{n=1}^{\infty} d_n \, z^n \,.$$

Dann heißen die $d_n = d_n(f)$ *logarithmische Koeffizienten von* f.

In einer etwas allgemeineren Situation gilt der folgende Satz.

Satz 15.12 (Milin-Lebedev). *Es sei*

$$\psi(z) = \sum_{k=0}^{\infty} \beta_k \, z^k \quad mit \ \beta_0 = 1$$

holomorph auf einer Umgebung des Nullpunktes und

$$\varphi(z) := \log \psi(z) = \sum_{k=1}^{\infty} \alpha_k \, z^k \, .$$

Dann gilt

$$\frac{1}{n+1} \sum_{k=0}^{n} |\beta_k|^2 \ \leq \ \exp\left(\frac{1}{n+1} \sum_{k=1}^{n} (n+1-k) \cdot \left(k\,|\alpha_k|^2 - \frac{1}{k}\right)\right). \quad (15.11)$$

Beweis. Mit Hilfe der CAUCHY-SCHWARZ-Ungleichung folgt aus $\varphi'(z) \cdot \psi(z) = \psi'(z)$ die Ungleichung

$$n^2 \, |\beta_n|^2 \ \leq \ A_n \cdot B_{n-1}$$

mit

$$A_n = \sum_{k=1}^{n} k^2 \, |\alpha_k|^2, \quad B_n = \sum_{k=0}^{n} |\beta_k|^2 \, .$$

Nun ist

$$B_n = B_{n-1} + |\beta_n|^2 \ \leq \ \left(1 + \frac{1}{n^2} \, A_n\right) \cdot B_{n-1}$$

$$= \frac{n+1}{n} \left(1 + \frac{A_n - n}{n(n+1)}\right) B_{n-1} \ \leq \ \frac{n+1}{n} \, \exp\left(\frac{A_n - n}{n(n+1)}\right) \cdot B_{n-1},$$

und durch sukzessives Anwenden derselben Ungleichung für absteigende Werte von n mit $B_0 = 1$

$$B_n \leq (n+1) \, \exp\left(\sum_{k=1}^{n} \frac{A_k - k}{k(k+1)}\right)$$

$$= (n+1) \, \exp\left(\sum_{k=1}^{n} \left(\frac{A_k}{k(k+1)} - \frac{1}{k+1}\right)\right).$$

Es ist

$$\sum_{k=1}^{n} A_k \, \frac{1}{k(k+1)} = \sum_{k=1}^{n} \sum_{\ell=1}^{k} \ell^2 |\alpha_\ell|^2 \left(\frac{1}{k} - \frac{1}{k+1}\right)$$

$$= \sum_{\ell=1}^{n} \sum_{k=\ell}^{n} \ell^2 |\alpha_\ell|^2 \left(\frac{1}{k} - \frac{1}{k+1}\right)$$

$$= \sum_{\ell=1}^{n} \ell^2 |\alpha_\ell|^2 \left(\frac{1}{\ell} - \frac{1}{n+1}\right)$$

$$= \frac{1}{n+1} \sum_{\ell=1}^{n} \ell \, |\alpha_\ell|^2 (n+1-\ell),$$

also

$$\sum_{k=1}^{n}\left(A_k\,\frac{1}{k(k+1)}-\frac{1}{k+1}\right)=\frac{1}{n+1}\sum_{k=1}^{n}\left(k\,|\alpha_k|^2-\frac{1}{k}\right)\cdot(n+1-k)\,.$$

Insgesamt folgt

$$B_n\le(n+1)\exp\left(\frac{1}{n+1}\sum_{k=1}^{n}(n+1-k)\cdot\left(k\,|\alpha_k|^2-\frac{1}{k}\right)\right)\,.$$

$\square$

Die MILIN-Vermutung macht eine Aussage über die gemischten quadratischen Mittel der logarithmischen Koeffizienten einer schlichten Funktion. **Milin-Vermutung:** *Es seien $f(z)\in S$ und d_n die logarithmischen Koeffizienten von f. Dann gilt*

$$\sum_{m=1}^{n}\sum_{k=1}^{m}\left(k\,|d_k|^2-\frac{4}{k}\right)\le0\qquad(15.12)$$

für alle $n\in\mathbb{N}$, d.h. die äquivalente Aussage

$$\sum_{k=1}^{n}(n+1-k)\cdot\left(k\,|d_k|^2-\frac{4}{k}\right)\le0\,.\qquad(M_n)$$

für alle $n\in\mathbb{N}$.

Insgesamt haben wir nun eine Hierarchie von Aussagen über die Koeffizienten schlichter Funktionen. Mit Hilfe von (15.11) werden wir abschließend den folgenden Satz zeigen.

Satz 15.13. *Die Gültigkeit der MILIN-Vermutung für ein $n\in\mathbb{N}$ und alle $f\in S$ impliziert die Aussage der ROBERTSON-Vermutung für den Wert $n+1$ und alle f.*

Beweis. Es sei $f(z)=\sum_{n=1}^{\infty}c_{2n-1}\,z^{2n-1}\in S$ eine *ungerade* Funktion. Wir schreiben $f(z)$ als Quadratwurzeltransformierte einer Funktion $h(z)\in S$ gemäß Zusatz 15.5.

$$f(z)^2=h(z^2)\,.$$

Die MILIN-Vermutung wird auf die Funktion $h(z)\in S$ angewandt: Wir setzen $\log\frac{h(z)}{z}=\sum_{n=1}^{\infty}d_n\,z^n$, und es gilt die Ungleichung (M_n). Im Sinne der Notation von Satz 15.12 schreiben wir

$$\varphi(z) = \frac{1}{2} \log \frac{h(z)}{z} = \sum_{k=1}^{\infty} \alpha_k z^k,$$

d.h. $\alpha_k = d_k/2$. Wegen (M_n) ist

$$\sum_{k=1}^{n} (n+1-k) \cdot \left(k |\alpha_k|^2 - \frac{1}{k} \right) \leq 0,$$

so dass für die Koeffizienten β_k von $\psi(z) = \exp \varphi(z)$ nach (15.11) gilt

$$\sum_{k=0}^{n} |\beta_k|^2 \leq n+1.$$

Es ist $\psi(z^2) = f(z)/z$, so dass $c_{2j+1} = \beta_j$, d.h.

$$\sum_{j=1}^{n+1} |c_{2j-1}|^2 \leq n+1 \qquad (R_{n+1}).$$

Dies ist genau die Aussage der ROBERTSON-Vermutung für die gegebene (ungerade) Funktion f und den Index $n+1$. $\qquad\square$

15.1.6 Weitere Anwendungen. In derselben Arbeit [16] berechnete BIEBERBACH die sogenannte KOEBEsche Verzerrungskonstante als $1/4$. Heute spricht man meist vom „$1/4$-Theorem".

Satz 15.14. *Sei $f \in S$. Dann enthält $f(\mathbb{E})$ die offene Kreisscheibe vom Radius $\frac{1}{4}$ um den Nullpunkt.*

Auch für diesen Satz nimmt die KOEBE-Funktion k eine besondere Rolle ein: Das Gebiet $k(\mathbb{E})$ enthält offensichtlich keine größere Kreisscheibe um den Nullpunkt.

Beweis. Sei $b \notin f(\mathbb{E})$, $f(z) = z + \sum_{n=2}^{\infty} a_n z^n$. Nach Bemerkung 15.1.2 (ii) ist

$$g(z) = \frac{f(z)}{1 - \frac{1}{b} f(z)} = z + \left(a_2 + \frac{1}{b} \right) z^2 + \cdots \in S.$$

Also gilt nach Satz 15.9:

$$\left| a_2 + \frac{1}{b} \right| \leq 2,$$

also

$$2 \geq \left| \frac{1}{b} \right| - |a_2| \geq \left| \frac{1}{b} \right| - 2$$

und damit

$$|b| \geq \frac{1}{4}.$$

$\qquad\square$

Etwas komplizierter folgt der KOEBEsche Verzerrungssatz.

Satz 15.15 (Koebe). *Sei $f \in S$. Dann gelten für alle $z \in \mathbb{E}$ die Abschätzungen*

$$\frac{1 - |z|}{(1 + |z|)^3} \leq |f'(z)| \leq \frac{1 + |z|}{(1 - |z|)^3}, \tag{15.13}$$

$$\frac{|z|}{(1 + |z|)^2} \leq |f(z)| \leq \frac{|z|}{(1 - |z|)^2}. \tag{15.14}$$

Beweis. Wir zeigen (15.13). Dazu realisieren wir einen gegebenen Punkt $z_0 \in \mathbb{E}$ unter $\varphi \in Aut(\mathbb{E})$ als $z_0 = \varphi(0)$ und benutzen Bemerkung 15.1.2 (i) mit

$$\varphi(z) = \frac{z + z_0}{1 + \overline{z_0}\, z}.$$

Es ist $\varphi'(0) = 1 - |z_0|^2$. Also ist

$$g(z) = \frac{f(\varphi(z)) - f(z_0)}{(1 - |z_0|^2) \cdot f'(z_0)} \in S.$$

Wir schreiben

$$g(z) = z + \sum_{n=2}^{\infty} \alpha_n z^n$$

und berechnen α_2 als $\frac{1}{2} g''(0)$. Es gilt wegen $\varphi'(0) = 1 - |z_0|^2$ und $\varphi''(0) = -2\overline{z_0}\,(1 - |z_0|^2)$ die Beziehung

$$g''(0) = \frac{f''(z_0)}{f'(z_0)}(1 - |z_0|^2) - 2\overline{z_0}.$$

Wir benutzen $|\alpha_2| \leq 2$ nach Satz 15.9 und folgern (nachdem wir für z_0 einfach z schreiben)

$$4 \geq \left| \frac{f''(z)}{f'(z)}(1 - |z|^2) - 2\overline{z} \right|,$$

d.h.

$$\left| z \cdot \frac{f''(z)}{f'(z)} - \frac{2|z|^2}{1 - |z|^2} \right| \leq \frac{4|z|}{1 - |z|^2}.$$

Nach Satz I.9.3.3 finden wir einen holomorphen Logarithmus von $f'(z)$, da diese auf $\mathbb{E}$ holomorphe Funktion nirgends verschwindet. Wegen $f'(0) = 1$ kann $\log(f'(z))$ so gewählt werden, dass der Wert im Nullpunkt verschwindet. Wir benutzen Polarkoordinaten $z = re^{i\theta}$ und stellen fest, dass für eine *holomorphe* Funktion $F(z)$ die partielle Ableitung

$$\frac{\partial F(z)}{\partial r} = \frac{\partial z}{\partial r} \cdot \frac{\partial F(z)}{\partial z} = e^{i\theta} \cdot F'(z)$$

ist, also

$$r \cdot \frac{\partial F(z)}{\partial r} = z \cdot F'(z). \tag{15.15}$$

Wir setzen $F(z) = \log f'(z)$ und erhalten

$$\left| r\frac{\partial}{\partial r} \log f'(z) - \frac{2r^2}{1-r^2} \right| \le \frac{4r}{1-r^2}.$$

Da für eine komplexe Zahl w stets $-|w| \le \operatorname{Re}(w) \le |w|$ gilt, folgt

$$-\frac{4}{1-r^2} \le \operatorname{Re}\left(\frac{\partial}{\partial r} \log f'(z)\right) - \frac{2r}{1-r^2} \le \frac{4}{1-r^2}.$$

Da partielle Ableitungen komplexwertiger Funktionen auf Real- und Imaginärteil getrennt anzuwenden sind und $\operatorname{Re} \log w = \log|w|$ für jeden Zweig des Logarithmus gilt, folgt

$$\frac{2r-4}{1-r^2} \le \frac{\partial}{\partial r} \log|f'(z)| \le \frac{4+2r}{1-r^2}. \tag{15.16}$$

Wir schreiben einen gegebenen festen Punkt $z_0 \in \mathbb{E}$ als $z_0 = R\,e^{i\theta}$, $0 < R < 1$ und integrieren über r bei festgehaltenem Argument θ von null bis R. Wegen $\log f'(0) = 0$ erhalten wir

$$\int_0^R \frac{2r-4}{1-r^2}\,dr \le \log|f'(R\,e^{i\theta})| \le \int_0^R \frac{4+2r}{1-r^2}\,dr. \tag{15.17}$$

Nach Auswertung der Integrale gilt

$$\log\frac{1-R}{(1+R)^3} \le \log|f'(R\,e^{i\theta})| \le \log\frac{1+R}{(1-R)^3}, \tag{15.18}$$

d.h.

$$\frac{1-|z_0|}{(1+|z_0|)^3} \le |f'(z_0)| \le \frac{1+|z_0|}{(1-|z_0|)^3}$$

für alle $z_0 \in \mathbb{E}$.

Wir beweisen als nächstes die obere Abschätzung in (15.14): Es ist für $z_0 = R\,e^{i\theta}$

$$f(z_0) = \int_0^R f'(r\,e^{i\theta}) \cdot e^{i\theta}\,dr,$$

also

$$|f(z_0)| \le \int_0^R |f'(r\,e^{i\theta})|\,dr \le \int_0^R \frac{1+r}{(1-r)^3}\,dr = \frac{R}{(1-R)^2}. \tag{15.19}$$

Für die untere Abschätzung unterscheiden wir die Fälle $|f(z_0)| \geq \frac{1}{4}$ und $|f(z_0)| < \frac{1}{4}$. Im ersteren Fall bemerken wir, dass für alle $0 < r < 1$ der Wert von $\frac{r}{(1+r)^2}$ nicht größer als $\frac{1}{4}$ ist, womit die untere Abschätzung in (15.14) gezeigt ist. Im zweiten Fall benutzen wir das 1/4-Theorem 15.14. Im Bild $f(\mathbb{E})$ ist die Strecke von 0 nach $f(z_0)$ enthalten. Der Weg γ in $\mathbb{E}$ sei das Urbild dieser Strecke: Also ist $|f(z_0)|$ genau die Länge der Wegstrecke $f \circ \gamma$, d.h. gleich dem Integral

$$|f(z_0)| = \int_{f \circ \gamma} |dw| = \int_\gamma |f'(z)| \cdot |dz| = \int_0^1 |f'(\gamma(t))| \cdot |\gamma'(t)|\, dt$$

(vgl. Abschnitt I.6.3.1).

Nach (15.13) gilt

$$\int_\gamma |f'(z)|\, |dz| \geq \int_\gamma \frac{1-|z|}{(1+|z|)^3} |dz| \geq \int_0^R \frac{1-r}{(1+r)^3}\, dr = \frac{R}{(1+R)^2}\,. \qquad (15.20)$$

(Die letzte Ungleichung gilt wegen $|dz| \geq dr$ für Polarkoordinaten $z = r\, e^{i\varphi}$.)

$\square$

Die Rotationen der KOEBE-Funktion $k(z)$ im Sinne von (15.3) sind genau die Funktionen

$$k_\lambda(z) = \frac{z}{(1 - \lambda z)^2} \quad \text{mit } \lambda \in \mathbb{C},\ |\lambda| = 1\,. \qquad (15.21)$$

Satz 15.16. *Es sei $f(z) = k_\lambda(z)$. Dann gilt für jede der Ungleichungen aus (15.13) und (15.14) an mindestens einer von null verschiedenen Stelle Gleichheit. Wird umgekehrt für ein $c \neq 0$ in einer der vier Ungleichungen Gleichheit angenommen, so ist $f(z)$ eine Rotation der KOEBE-Funktion.*

Beweis. Für $0 < r < 1$ und $z = \overline{\lambda} r$ bzw. $z = -\overline{\lambda} r$ erhält man in (15.14) Gleichheit. Ferner ist $k'_\lambda(z) = \frac{1 + \lambda z}{(1 - \lambda z)^3}$, so dass dieselben Punkte auch für (15.13) das Gewünschte leisten. Umgekehrt gelte an einer Stelle $z = R e^{i\theta}$ in (15.14) die Gleichheit

$$|f(z)| = \frac{R}{(1-R)^2} \qquad \text{oder} \qquad |f(z)| = \frac{R}{(1+R)^2}\,.$$

(Man beachte, dass stets $R/(1+R)^2 < 1/4$ gilt.) Es folgt, dass in den Ungleichungen (15.19) bzw. (15.20) Gleichheit gilt, und damit wegen (15.13)

$$|f'(r\, e^{i\theta})| = \frac{1+r}{(1-r)^3} \qquad (15.22)$$

bzw.

$$|f'(r\,e^{i\theta})| = \frac{1-r}{(1+r)^3} \tag{15.23}$$

für *alle* $0 \leq r \leq R$.

Mit (15.15), wiederum angewandt auf $F(z) = \log f'(z)$ folgt, dass die Funktion $r\frac{\partial}{\partial r}\log\frac{1-r}{(1+r)^3}$ bzw. $r\frac{\partial}{\partial r}\log\frac{1+r}{(1-r)^3}$ für alle r gleich $r\frac{\partial}{\partial r}\log|f'(r\,e^{i\theta})| = \mathrm{Re}(z\frac{\partial}{\partial z}\log f'(z)) = \mathrm{Re}(z\frac{f''(z)}{f'(z)})$ mit $z = re^{i\theta}$ ist. Division durch r ergibt $\mathrm{Re}(e^{i\theta}\frac{f''(z)}{f'(z)}) = \frac{\pm 4 + 2r}{1-r^2}$, insbesondere $\pm 4 = \mathrm{Re}(e^{i\theta}\frac{f''(0)}{f'(0)}) = \mathrm{Re}(e^{i\theta}2a_2)$. Mit $|a_2| \leq 2$ gemäß Satz 15.9 folgt $|a_2| = 2$ und mit demselben Satz, dass f eine Rotation der KOEBE-Funktion ist.

Sei nun für $z = R\,e^{i\theta}$ eine der Gleichungen

$$|f'(R\,e^{i\theta})| = \frac{1 \pm R}{(1 \mp R)^3}$$

erfüllt. Damit gilt in (15.18) und folglich (15.17) an einer der beiden Stellen Gleichheit. Dasselbe trifft nun auf (15.16) zu für alle $0 < r < R$. Durch Integration über das Intervall $[0, r]$ erhalten wir, dass (15.22) bzw. (15.23) für alle $0 < r < R$ gelten, woraus wie gehabt folgt, dass f eine Rotation der KOEBE-Funktion ist. $\square$

15.2 Löwner-Theorie

Kern der geometrischen Funktionentheorie ist der Ansatz von LÖWNER. Nach Einschränkung einer schlichten Funktion $f : \mathbb{E} \to \mathbb{C}$ aus S auf Kreisscheiben $B_r(0)$ mit $0 < r < 1$ und Renormierung kann angenommen werden, dass die gegebene schlichte Funktion auf $\partial\mathbb{E}$ analytisch fortsetzbar und das Bild von $\partial\mathbb{E}$ eine doppelpunktfreie Kurve ist.

In einer solchen Situation konstruiert LÖWNER eine reelle einparametrige Familie von Schlitzgebieten, die gegen das Bild $f(\mathbb{E})$ in einem noch zu präzisierenden Sinne konvergieren. Die Abhängigkeit vom Parameter gibt Anlass zur LÖWNERschen Differentialgleichung.

15.2.1 Normalität und Abgeschlossenheit der Familie S. Eine Klasse holomorpher Funktionen, die auf einem Gebiet $G \subset \mathbb{C}$ erklärt sind, heißt *abgeschlossen*, wenn die Grenzfunktion einer normal konvergenten Folge solcher Funktionen wiederum in dieser Klasse enthalten ist.

Satz 15.17. *Die Klasse S bildet eine normale abgeschlossene Familie.*

Beweis. Aufgrund der KOEBEschen Formel (15.14) sind die Funktionen aus S auf Kompakta in $\mathbb{E}$ gleichmäßig beschränkt, bilden also eine normale Familie. Gemäß Satz I.8.5.12 (Folgerung aus dem Satz von HURWITZ) ist die

Grenzfunktion f einer kompakt konvergenten Folge schlichter Funktionen f_n schlicht oder konstant. Letzteres ist ausgeschlossen, da $f(0) = 0$ und nach dem WEIERSTRASSschen Konvergenzsatz I.8.4.1 bzw. I.8.4.2 der Wert $f'(0) = 1$ ist. Also gilt $f \in S$.   □

15.2.2 Der Carathéodorysche Konvergenzsatz. Wir benötigen den Begriff des *Kerns* einer Folge von (einfach zusammenhängenden) Gebieten $0 \in D_n \subsetneq \mathbb{C}$, $n \in \mathbb{N}$.

Proposition 15.18. *Falls die Gebiete D_n eine gemeinsame Umgebung $B_\rho(0)$ des Nullpunktes enthalten, gibt es ein größtes Gebiet D mit den Eigenschaften*

(i) $0 \in D$
(ii) $K \subset D$ *kompakt* $\Rightarrow K \subset D_n$ *für fast alle* $n \in \mathbb{N}$.

Beweis. Es hat sicher $B_\rho(0)$ die obigen Eigenschaften (i) und (ii). Es bezeichne $\{G_\iota : \iota \in I\}$ die Menge aller solcher Gebiete. Wir behaupten, dass $G := \cup_{\iota \in I} G_\iota$ das größte aller solchen Gebiete ist, d.h. wir behaupten, dass die Vereinigung ebenfalls (i) und (ii) erfüllt. Ist $K \subset D$ ein Kompaktum, also $K \subset \cup_{\ell=1}^k G_{\iota_\ell}$, so findet man Kompakta $K_\ell \subset G_{\iota_\ell}$ mit $K = \cup K_\ell$. Also ist K in fast allen D_n enthalten.   □

Für eine solche Folge von Gebieten treffen wir die folgende

Definition 15.19. *(i) Das Gebiet D im Sinne von Proposition 15.18 heißt Kern der Folge D_n. Falls 0 kein innerer Punkt von $\cap D_n$ ist, sei der Kern gleich $\{0\}$.*
(ii) Es heißen Gebiete D_n gegen ihren Kern konvergent, falls jede ihrer Teilfolgen denselben Kern besitzt.

Ziel ist es, einen Zusammenhang mit dem Begriff der Konvergenz holomorpher Funktionen herzustellen.

Satz 15.20. *Es seien $f_n : \mathbb{E} \to \mathbb{C}$ schlichte Funktionen, die kompakt gegen eine schlichte Funktion f konvergieren. Ist $K \subset f(\mathbb{E})$ eine kompakte Teilmenge, so gibt es eine Zahl $n_0 = n_0(K)$, so dass $K \subset f_n(\mathbb{E})$ für alle $n \geq n_0$.*

Beweis. Es existiert zu K eine Zahl $0 < r < 1$, so dass K in der offenen Menge $f(B_r(0))$ enthalten ist. Insbesondere ist $f(\partial B_r(0)) \cap K = \emptyset$ und $\delta = d(K, f(\partial B_r(0))) > 0$. Sei $\|f_n - f\|_K < \delta$ für alle $n \geq n_0 = n_0(K)$. Nach dem Satz von ROUCHÉ (Abschnitt I.13.2.3) nehmen die Funktionen f_n und f jeden Wert auf $B_r(0)$ gleich oft an. Für $w \in K$ geschieht dies einmal. Also ist $K \subset f_n(B_r(0)) \subset f_n(\mathbb{E})$ für alle $n \geq n_0$.   □

Im Folgenden werden wir den *Konvergenzsatz von* CARATHÉODORY formulieren und beweisen. Wir betrachten die folgende Situation.

Situation: *Es sei* $0 \in D_n \subsetneqq \mathbb{C}$ *eine Folge einfach zusammenhängender Ge-biete und* $f_n : \mathbb{E} \to D_n$ *die eindeutig bestimmten biholomorphen Abbildungen mit* $f_n(0) = 0$ *und* $f_n'(0) > 0$. *Es bezeichne* D *den Kern der* D_n.

Wir schicken den entarteten Fall voraus.

Proposition 15.21. *Es konvergieren die* f_n *genau dann kompakt gegen die Nullfunktion, wenn* $D = \{0\}$ *ist.*

Beweis. Es gelte $f_n \to 0$. Angenommen $D \neq \{0\}$, dann gibt es eine Zahl $\rho > 0$, so dass $B_\rho(0) \subset D_n$ für alle n. Seien $\varphi_n : B_\rho(0) \to \mathbb{E}$ holomorphe Abbildungen mit $f_n \circ \varphi_n = id$. Nach dem SCHWARZschen Lemma gilt $|\varphi_n'(0)| \leq 1/\rho$ und damit $|f_n'(0)| \geq \rho$ im Widerspruch zur kompakten Konvergenz der f_n gegen null (vgl. Abschnitt I.8.4.1). Also ist der Kern der Folge D_n gleich $\{0\}$. Dasselbe Argument gilt für jede Teilfolge, so dass die Folge D_n gegen $\{0\}$ konvergiert.

Sei nun umgekehrt $D = \{0\}$. Es folgt $f_n'(0) \to 0$: Andernfalls hätte man eine Teilfolge $f_{n_k}'(0) \geq \varepsilon > 0$ für alle k. Wegen des KOEBEschen $1/4$-Theorems 15.14 folgt $B_{\varepsilon/4}(0) \subset D_{n_k}$ im Widerspruch zur Voraussetzung der Konvergenz $D_n \to \{0\}$. Nach (15.14) des KOEBEschen Verzerrungssatzes 15.15 und Umnormierung gilt

$$|f_n(z)| \leq f_n'(0) \cdot \frac{|z|}{(1 - |z|)^2} \qquad \text{für alle } z \in \mathbb{E}. \tag{15.24}$$

Damit konvergieren die f_n auf $\mathbb{E}$ kompakt gegen null.

Falls die gegebenen Funktionen f_n auf $\mathbb{E}$ kompakt konvergieren, ist die Grenzfunktion f nach dem Satz von WEIERSTRASS I.8.4.1 holomorph und nach Satz I.8.5.12 schlicht oder konstant, letzteres bedeutet $f = 0$ wegen $f_n(0) = 0$. $\square$

Satz 15.22 (Carathéodory). *In der oben festgelegten Situation gilt*

(i) Es konvergiere die Folge der f_n *kompakt gegen eine schlichte Funktion* f. *Dann ist der Kern* D *der Gebiete* $D_n = f_n(\mathbb{E})$ *ein (einfach zusam-menhängendes) Gebiet und die* D_n *konvergieren gegen* D. *Es bildet* f *konform* $\mathbb{E}$ *auf* D *ab und die inversen Abbildungen* f_n^{-1} *konvergieren auf jedem Kompaktum* $K \subset D$ *für* $n \geq n(K)$ *gleichmäßig gegen* $f^{-1}|K$.
(ii) Falls die D_n *gegen ein Gebiet* $D \subsetneqq \mathbb{C}$ *konvergieren, konvergieren die* f_n *kompakt gegen eine schlichte Funktion* $f \in \mathcal{O}(\mathbb{E})$.

Beweis. (i): Es gilt $f(0) = 0$ und $f'(0) > 0$. Wir zeigen zunächst $f(\mathbb{E}) \subset D$. Sei dazu $K \subset f(\mathbb{E})$ eine kompakte Teilmenge. Nach Satz 15.20 ist $K \subset f_n(\mathbb{E})$ für $n \geq n_0(K)$. Nach Definition des Kerns bedeutet dies $f(\mathbb{E}) \subset D$.

Die $\varphi_n := f_n^{-1} : D_n \to \mathbb{E}$ sind für $n \geq n_0(K)$ auf K sämtlich definiert (und gleichmäßig beschränkt). Eine Teilfolge konvergiert auf K gleichmäßig.

Wir schöpfen nun $f(\mathbb{E})$ durch eine aufsteigende Folge K_j von Kompakta aus. Ist $(\varphi_{n_j(\ell)})_{\ell\in\mathbb{N}}$ eine auf K_j gleichmäßig konvergente Teilfolge der φ_n, so sei für $K_j \subset K_{j+1}$ die Folge $(\varphi_{n_{j+1}(\ell)})$ in $(\varphi_{n_j(\ell)}y)$ enthalten. Die Diagonalfolge $\varphi_{n(\ell)} := \varphi_{n_\ell(\ell)}$ ist auf den K_j für $\ell \geq j$ erklärt und dort gleichmäßig konvergent gegen eine auf $f(\mathbb{E})$ holomorphe Funktion $\varphi : f(\mathbb{E}) \to \mathbb{E}$. (Randpunkte von $\mathbb{E}$ kommen wegen des Maximumsprinzips als Werte nicht vor). Sei $w \in f(\mathbb{E})$, für große ℓ ist $z_\ell = \varphi_{n(\ell)}(w)$ erklärt, und $z := \lim\limits_{\ell\to\infty} z_\ell = \lim\limits_{\ell\to\infty} \varphi_{n(\ell)}(w) = \varphi(w)$. Da die z_ℓ zusammen mit z eine kompakte Menge bilden, gilt wegen der kompakten Konvergenz der f_n, dass $\lim\limits_{\ell\to\infty} f_{n(\ell)}(z_\ell) = f(z)$. Andererseits ist $f_{n(\ell)}(z_\ell) = w$ für alle ℓ, d.h. $f(\varphi(w)) = w$ für alle $w \in f(\mathbb{E})$. Da f injektiv ist, folgt $\varphi \circ f = id_{\mathbb{E}}$.

Dieses Argument lässt sich auf eine beliebige Teilfolge der φ_n anwenden: Diese besitzt eine gegen f^{-1} im obigen Sinn kompakt konvergente Teilfolge. Damit konvergiert die Folge φ_n selbst gegen $\varphi = f^{-1}$ auf $f(\mathbb{E})$.

Sei jetzt eine kompakte Menge $L \subset D$ vorgegeben. Da L in fast allen D_n enthalten ist, folgt wörtlich wie oben, indem man $f(\mathbb{E})$ durch D ersetzt, die kompakte Konvergenz einer Teilfolge der φ_n gegen eine Funktion $\psi : D \to \mathbb{E}$, wiederum mit $f \circ \psi = id_D$. Nun ist $f(\mathbb{E}) \subset D$, also gilt $\varphi = \psi$ und $D = f(\mathbb{E})$.

Das obige Argument, angewandt auf Teilfolgen $D_{n(k)}$, liefert, dass der Kern stets derselbe, nämlich $f(\mathbb{E})$ ist. Dies bedeutet genau die Konvergenz $D_n \to D$.

(ii): Es gelte nun umgekehrt die Konvergenz $D_n \to D$, wobei $D \subsetneq \mathbb{C}$ ein einfach zusammenhängendes Gebiet sei. Wir überzeugen uns davon, dass die Folge $f_n'(0)$ beschränkt ist. Wäre $\lim\limits_{k\to\infty} f_{n(k)}'(0) = \infty$ für eine Teilfolge, so wäre nach dem KOEBEschen 1/4-Theorem (Satz 15.14) $B_{r_k}(0) \subset D_{n(k)}$ mit $r_k = \frac{1}{4} f_{n(k)}'(0)$, so dass der Kern der Folge $D_{n(k)}$ gleich $\mathbb{C}$ wäre. Wie im Beweis von Proposition 15.21 benutzen wir die Abschätzung (15.24), die aus dem KOEBEschen Verzerrungssatz folgt, und sehen, dass die f_n lokal gleichmäßig beschränkt sind. Nach dem MONTELschen Konvergenzkriterium 7.1.3 ist nur zu zeigen, dass die Grenzfunktionen sämtlich gleich sind. Seien $f_{n(k)} \to f$ und $f_{\tilde{n}(\ell)} \to \tilde{f}$ solche Folgen. Es sind nach dem bereits bewiesenen Teil (i) die f bzw. $\tilde{f}$ schlichte, durch $f(0) = \tilde{f}(0) = 0$ und $f'(0)$, $\tilde{f}'(0) > 0$ normierte biholomorphe Abbildungen von $\mathbb{E}$ auf den jeweiligen Kern der Folge $D_{n(k)}$ bzw. $D_{\tilde{n}(\ell)}$. Da diese Kerne übereinstimmen, gilt $f = \tilde{f}$. $\square$

15.2.3 Dichte Teilfamilien von S. Versieht man S mit der Topologie der kompakten Konvergenz, so genügt es im Hinblick auf den Beweis der BIEBERBACHschen Vermutung bzw. der MILIN-Vermutung, dichte Teilfamilien zu betrachten.

Für eine schlichte Funktion $f(z) \in S$ liefert der Übergang zu $f_n(z) = \frac{1}{r_n} f(r_n z)|\mathbb{E} \in \mathcal{O}(\mathbb{E})$ mit einer Folge von $r_n \to 1$ mit $0 < r_n < 1$ eine gegen f kompakt konvergente Folge von $f_n \in S$. Hier wird $f_n(\mathbb{E})$ durch eine geschlossene, reell-analytische, doppelpunktfreie Kurve in $\mathbb{C}$, d.h. eine geschlossene, reell-analytische JORDAN-*Kurve*, berandet.

Daneben betrachtet man Schlitzgebiete.

Definition 15.23. *Sei* $0 < T \leq \infty$. *Eine injektive, stetige Abbildung* γ : $[0, T] \to \overline{\mathbb{C}}$, $\gamma(T) = \infty \in \overline{\mathbb{C}}$, *heißt* JORDAN*scher Kurvenbogen, und das Komplement* $G = \mathbb{C} \backslash \gamma([0, T))$ *wird* Schlitzgebiet *genannt.*

Der JORDANsche Kurvensatz der Topologie beinhaltet die sinnfällige Tatsachen, dass eine geschlossene JORDAN-Kurve die komplexe Ebene in ein einfach zusammenhängendes Gebiet und eine unbeschränkte Zusammenhangskomponente teilt, sowie dass Schlitzgebiete (im etwas eingeschränkten Sinne der obigen Definition) einfach zusammenhängend sind. Der interessierte Leser findet einen Beweis z.B. in [214].

Wir nennen eine schlichte Funktion $f \in S$, deren Bild ein Schlitzgebiet ist, auch *Schlitzabbildung*. Als unmittelbare Anwendung des CARATHÉODORYschen Satzes zeigen wir die folgende Aussage.

Satz 15.24. *Die Menge der Schlitzabbildungen liegt dicht in S. Dabei kann man zusätzlich annehmen, dass jeweils eine Gerade* $(-\infty, c]$ *Teil des Randes eines zugehörigen Schlitzgebietes ist.*

Beweis. Es sei $f \in S$, derart dass $f(\mathbb{E})$ durch eine reell-analytische, geschlossene JORDAN-Kurve Γ berandet wird. Wir wählen eine Gerade, etwa die negative reelle Achse, und es sei $w_0 = \min\{\Gamma \cap \mathbb{R}\}$. Es sei $w_n \in \Gamma$ eine Folge von Punkten, die „monoton" im Sinne einer Parametrisierung von Γ gegen w_0 konvergiere. Wir bemerken noch, dass bereits die Gerade $(-\infty, -1/4]$ wegen des $1/4$-Theorems die Kurve Γ schneidet.

Es sei nun Γ_n die JORDAN-Kurve, welche ausgehend von $-\infty$ die negative reelle Achse bis w_0 durchlaufe, entlang Γ den Nullpunkt umlaufe und in w_n ende. Wir setzen $D_n = \mathbb{C} \backslash \Gamma_n$ und bezeichnen mit $f_n : \mathbb{E} \to D_n$ diejenige biholomorphe Abbildung, für welche $f_n(0) = 0$ und $f'_n(0) > 0$ sei. Da nach dem JORDANschen Kurvensatz die geschlossene Kurve Γ die offene Menge $\mathbb{C} \backslash \Gamma$ in ein einfach zusammenhängendes Gebiet und eine weitere, unbeschränkte Zusammenhangskomponente teilt, folgt, dass der Kern der D_n gleich $D = f(\mathbb{E})$ ist und die D_n gegen D konvergieren. Nach Satz 15.22 (ii) konvergieren die f_n kompakt gegen f. $\square$

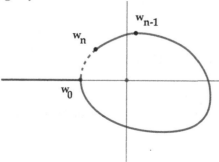

15.2.4 Löwner-Theorie. Ziel dieses Abschnittes ist es, die LÖWNERsche Differentialgleichung für Schlitzabbildungen aufzustellen. Wir benutzen im wesentlichen die von LÖWNER eingeführte Schreibweise.

Subordinationsprinzip

Satz 15.25. *Es seien* $f, g \in \mathcal{O}(\mathbb{E})$ *schlichte Funktionen mit* $g(0) = f(0)$ *und* $g(\mathbb{E}) \subset f(\mathbb{E})$. *Dann gilt* $|g'(0)| \leq |f'(0)|$ *und* $g(B_r(0)) \subset f(B_r(0))$ *für alle* $0 < r \leq 1$.

Beweis. Es ist die Funktion $f^{-1} \circ g : \mathbb{E} \to \mathbb{E}$ erklärt. Mit dem SCHWARZschen Lemma I.9.2.1 folgt unmittelbar die Behauptung. □

Einparametrige Familien

Es sei $f \in S$ eine Schlitzabbildung, wobei $f(\mathbb{E})$ das Komplement einer analytischen JORDAN-Kurve Γ im Sinne von Definition 15.23 sei. Mit $\psi : [0, T) \to \mathbb{C}$, $\lim_{t \to T} \psi(t) = \infty$, sei eine injektive, stetige und stückweise differenzierbare Parametrisierung von Γ bezeichnet. Es sei $\Gamma_t = \psi([t, T])$ und $D_t = \mathbb{C} \backslash \Gamma_t$. Es seien $g_t : \mathbb{E} \to D_t$ biholomorphe Abbildungen, die durch $g_t(0) = 0$ und $\beta(t) := g_t'(0) > 0$ eindeutig bestimmt werden. Wegen Satz 15.22 hängen die $g_t(z)$ von t stetig ab. Wir schreiben $g_t(z) = g(z, t)$ für $z \in \mathbb{E}$, $t \in [0, T)$. Es seien

$$g(z, t) = \beta(t) \cdot (z + b_2(t) z^2 + b_3(t) z^3 + \ldots)$$

die Potenzreihenentwicklungen, die Koeffizienten $\beta(t)$, $b_j(t)$ sind in t stetig.

Lemma 15.26. *Die* $\beta(t)$ *sind monoton wachsend.*

Beweis. Wegen $D_s \subset D_t$ für $s \leq t$ folgt mit Satz 15.25 die Behauptung. □

Korollar 15.27. *Nach Umparametrisierung gilt* $\beta(t) = e^t$ *mit* $T = \infty$.

Beweis. Wegen Lemma 15.26 ist nur zu zeigen, dass $T = \infty$, falls $\beta(t) = e^t$. Sei dazu $M > 0$ fest gewählt. Dann ist $|\psi(t)| > M$ für $t \geq t_0$. Damit ist die Abbildung g_t^{-1} auf $B_M(0)$ definiert und nach dem SCHWARZschen Lemma gilt $\left| \frac{g_t^{-1}(w)}{w} \right| \leq \frac{1}{M}$ für alle $|w| < M$ und $t \geq t_0$, d.h. $e^t = g_t'(0) \geq M$ für alle $t \geq t_0$. □

Wir schreiben von jetzt an

$$g(z, t) = e^t \left(z + \sum_{n=2}^{\infty} b_n(t) z^n \right) ; \quad z \in \mathbb{E}, \quad t \in [0, \infty),$$

und nennen $\psi(t)$ *Standardparametrisierung* von Γ. Im Zuge einer geometrischen Aufbereitung des Problems führt man die Funktionenfamilie $f_t : \mathbb{E} \to \mathbb{E}$, $f_t(z) = f(z, t)$ ein, die durch

$$f(z,t) = g^{-1}(f(z),t) = e^{-t}\left(z + \sum_{n=2}^{\infty} a_n(t)z^n\right)$$

gegeben ist. Es ist $f(z,0) = z$ für alle $z \in \mathbb{E}$ und nach Konstruktion $f_t(\mathbb{E})$ das Komplement eines Kurvenstückes in $\mathbb{E}$, welches sich zum Rande hin erstreckt. Durch Einsetzen der Potenzreihen in einander sieht man, dass die $a_n(t)$ als Polynome in den $b_2(t), \ldots, b_n(t)$ stetig sind. Der Hauptsatz der LÖWNER-Theorie beinhaltet eine Differentialgleichung.

Satz 15.28. *Es sei $f : \mathbb{E} \to \mathbb{C}\backslash\Gamma$, $f \in S$, Schlitzabbildung und $\psi(t)$ für $t \in [0, \infty)$ die Standardparametrisierung von Γ. Dann gilt für $f(z,t)$ die Differentialgleichung*

$$\frac{\partial f(z,t)}{\partial t} = -f(z,t)\frac{1 + \kappa(t)f(z,t)}{1 - \kappa(t)f(z,t)}, \tag{15.25}$$

wobei $\kappa(t)$ in t stetig ist mit $|\kappa(t)| = 1$. Ferner gilt

$$\lim_{t\to\infty} e^t f(z,t) = f(z), \quad z \in \mathbb{E},$$

wobei der Grenzwert im Sinne kompakter Konvergenz existiert.

Korollar 15.29. *Sei*

$$p(z,t) = \frac{\partial g}{\partial t} \Big/ \left(z \cdot \frac{\partial g}{\partial z}\right). \tag{15.26}$$

Dann gilt

$$p(z,t) = \frac{1 + \kappa(t)z}{1 - \kappa(t)z} \tag{15.27}$$

und damit $\mathrm{Re}(p(z,t)) > 0$ für alle $z \in \mathbb{E}$, $t \geq 0$.

Beweis. Wegen $g(f(z,t),t) = f(z)$ gilt

$$\frac{\partial g(f(z,t),t)}{\partial t} + \frac{\partial g(f(z,t),t)}{\partial z} \cdot \frac{\partial f(z,t)}{\partial t} = 0.$$

Wegen (15.25) folgt (15.27) für $z \in \mathbb{E}$, $t \geq 0$ und daraus leicht mit $|\kappa| = 1$ die Behauptung über den Realteil von $p(z,t)$. $\qquad\square$

Beweis des Satzes: Es wird (15.14) auf $w = g_t(z)$ angewandt:

$$\frac{e^t|z|}{(1+|z|)^2} \leq |g(z,t)| \leq \frac{e^t|z|}{(1-|z|)^2} \quad \text{für alle } z \in \mathbb{E}, \ t \geq 0,$$

also

$$(1 - |g_t^{-1}(w)|)^2 \leq e^t\left|\frac{g_t^{-1}(w)}{w}\right| \leq (1 + |g_t^{-1}(w)|)^2 \leq 4, \tag{15.28}$$

insbesondere

$$|g_t^{-1}(w)| \leq 4e^{-t}|w|.$$

Damit ist $\lim\limits_{t \to \infty} g_t^{-1}(w) = 0$ kompakt konvergent. Dies in (15.28) eingesetzt ergibt, dass $e^t \left| \frac{g_t^{-1}(w)}{w} \right|$ gegen eins kompakt konvergiert und $\{e^t \frac{g_t^{-1}(w)}{w} : t \geq 0\}$ eine normale Familie ist. Sei für eine geeignete Teilfolge

$$G(w) = \lim_{\nu \to \infty} e^{t_\nu} \frac{g_{t_\nu}^{-1}(w)}{w}$$

kompakt konvergent. Dann folgt $|G(w)| = 1$, $G(0) = 1$, also $G(w) \equiv 1$ und damit

$$e^{t_\nu} g_{t_\nu}^{-1}(w) \longrightarrow w$$

kompakt konvergent. Da jede Teilfolge $t_\mu \to \infty$ ihrerseits eine Teilfolge $t_{\mu(\nu)}$ mit

$$e^{t_{\mu(\nu)}} g_{t_{\mu(\nu)}}^{-1}(w) \longrightarrow w$$

besitzt, gilt

$$\lim_{t \to \infty} e^t g_t^{-1}(w) = w.$$

Damit ist

$$e^t g^{-1}(f(z), t) = e^t \cdot f(z, t) \to f(z)$$

kompakt konvergent.

Um die LÖWNERsche Differentialgleichung aufzustellen, argumentiert man geometrisch: Sei für feste $0 \leq s < t < \infty$

$$\zeta = h_{s,t}(z) = g_t^{-1}(g_s(z)) = e^{s-t} z + \dots. \tag{15.29}$$

Im Folgenden benutzen wir einen Satz von CARATHÉODORY im Spezialfall ohne Beweis. Wir erinnern an Satz 8.20.

Satz 15.30 (Carathéodory [35]). *Es sei das Gebiet $G \subset \overline{\mathbb{C}}$ durch eine geschlossene JORDAN-Kurve berandet und $f : \mathbb{E} \to G$ holomorph. Dann kann f zu einem Homöomorphismus von $\overline{\mathbb{E}}$ nach $\overline{G}$ fortgesetzt werden. Dieselbe Aussage gilt für Schlitzgebiete, wenn die Punkte der JORDAN-Kurve nach ∞ bis auf den Endpunkt des Schlitzes doppelt gezählt werden.*

Analog gilt die Aussage des obigen Fortsetzungssatzes auch für geschlitzte Gebiete, deren Rand ansonsten eine geschlossene JORDAN-Kurve darstellt. Der Leser findet Näheres in [8, IV.8] oder [89, II.3].

Wir setzen den *Beweis von Satz 15.28* fort. Nach Konstruktion bildet $h_{s,t}$ die Einheitskreisscheibe schlicht auf das Komplement $\mathbb{E} \backslash J_{s,t}$ ab, wobei $J_{s,t}$ ein stetiges Kurvenstück bezeichnet, mit Endpunkt $\lambda(t) \in \partial \mathbb{E}$, welches ansonsten im Innern von $\mathbb{E}$ verläuft und keine Doppelpunkte besitzt. Es ist der Endpunkt

$\lambda(t) = g_t^{-1}(\psi(t))$ unabhängig von s. Aufgrund von Satz 15.30 lässt sich $h_{s,t}$ zu einem Homöomorphismus von $\overline{\mathbb{E}}$ nach $\overline{\mathbb{E}}$ fortsetzen, wobei die Punkte $J_{s,t}$, abgesehen vom Anfangspunkt des Kurvenstückes im Innern von $\mathbb{E}$, doppelt gezählt werden müssen. Wir bezeichnen diesen wieder mit $h_{s,t}$. Das Urbild $h_{s,t}^{-1}(J_{s,t}) \subset \partial\mathbb{E}$ werde mit $B_{s,t}$ bezeichnet. Es enthält den Punkt $\lambda(s) = g_s^{-1}(\psi(s))$, der auf den Anfangspunkt von $J_{s,t}$ abgebildet wird.

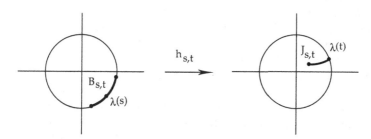

Nach dem KOEBEschen 1/4-Theorem angewandt auf $h_{s,t}$ liegt wegen (15.29) das Kurvenstück $J_{s,t}$ außerhalb von $B_{\frac{1}{4}e^{s-t}}(0)$. Auf diese Situation wird nun das SCHWARZsche Spiegelungsprinzip angewandt: Vermöge der MÖBIUS-Transformation kann man die Spiegelung $z \mapsto \overline{z}$ an der reellen Achse durch die Spiegelung $z \mapsto 1/\overline{z}$ an der Einheitskreislinie ersetzen. Die holomorphe Fortsetzung von $h_{s,t}$, die wir wieder mit $h_{s,t}$ bezeichnen, bildet $\mathbb{C}\backslash B_{s,t}$ biholomorph auf $\mathbb{C}\backslash(J_{s,t} \cup J_{s,t}^*)$ ab, wobei $J_{s,t}^*$ die an $\partial\mathbb{E}$ gespiegelte Kurve $J_{s,t}$ bezeichne. Nun liegt $J_{s,t}^*$ innerhalb $B_{4e^{t-s}}(0)$. Es ist

$$\lim_{z\to\infty} \frac{h_{s,t}(z)}{z} = \lim_{z\to\infty} \frac{1/\overline{h_{s,t}(1/\overline{z})}}{z}$$

$$= \lim_{z\to 0} \frac{z}{\overline{h_{s,t}(\overline{z})}} = \lim_{z\to 0} \left(\overline{\frac{\overline{z}}{h_{s,t}(\overline{z})}}\right)$$

$$= \lim_{z\to 0} \left(\overline{\frac{z}{h_{s,t}(z)}}\right) = e^{t-s}.$$

Damit ist die Funktion $h_{s,t}(z)/z$ auf $\overline{\mathbb{C}}\backslash B_{s,t}$ holomorph (mit Werten in $\mathbb{C}$) und auf den Rand stetig fortsetzbar. Das Maximum ihres Betrages wird am Rande angenommen, der in $\partial\mathbb{E}$ enthalten ist. Da $J_{s,t}^*$ innerhalb $B_{4e^{t-s}}(0)$ liegt, folgt, dass auf $\overline{\mathbb{C}}\backslash B_{s,t}$ die Abschätzung

$$\left|\frac{h_{s,t}(z)}{z}\right| \leq 4e^{t-s}$$

gilt.

Nach Konstruktion und wegen der stetigen Fortsetzung der $h_{s,t}$ auf den Rand konvergieren mit $t \to s$ die $B_{s,t}$ gegen $\{\lambda(s)\}$ und die $J_{s,t}$ für $s \to t$ gegen $\{\lambda(t)\}$.

Es konvergiert für $t \to s$, $t > s$ der Quotient $\frac{h_{s,t}}{z}$ gleichmäßig auf jedem Kompaktum, das $\lambda(s)$ nicht enthält, gegen eine beschränkte ganze Funktion $\varphi(z)$, d.h. $\varphi(z) = \varphi(0) = 1$ für alle z.

Wir zeigen, dass $\lambda(s)$ stetig ist: Es sei $s \geq 0$ festgehalten und $\varepsilon > 0$. Der Bogen $B_{s,t}$ enthält den festen Punkt $\lambda(s)$ und konvergiert mit $t \to s$, $s < t$, gegen $\{\lambda(s)\}$. Es sei für alle $s < t < s + \delta$ der Bogen $B_{s,t}$ in der Kreisscheibe $B_\varepsilon(\lambda(s))$ enthalten.

Die nach $\overline{\mathbb{C}} \backslash B_{s,t}$ holomorph, mit Werten in $\overline{\mathbb{C}} \backslash (J_{s,t} \cup J_{s,t}^*)$ fortgesetzte Abbildung $h(z, s, t) = h_{s,t}(z)$ besitzt eine homöomorphe Fortsetzung auf den Rand $B_{s,t}$ bzw. $(J_{s,t} \cup J_{s,t}^*)$, wobei jeweils alle Punkte bis auf die Endpunkte der Bögen doppelt gezählt werden.

Wir wissen, dass für $s < t < s + \delta$ und $t \to s$ die $h_{s,t}$ auf $\partial B_\varepsilon(\lambda(s))$ gleichmäßig gegen die Identität konvergieren. Da sich $\lambda(t)$ nun im Innern von $h_{s,t}(\partial B_\varepsilon(\lambda(s)))$ befindet, folgt die Konvergenz von $\lambda(t)$ gegen $\lambda(s)$.

Es sei nun $\delta > 0$ so klein gewählt, dass der Durchmesser von $h_{s,t}(B_\varepsilon(\lambda(s)))$ für $s < t < s + \delta$ kleiner als ε ist. Dann folgt für einen beliebigen Punkt $z_0 \in \partial B_\varepsilon(\lambda(s))$, dass

$$|\lambda(s) - \lambda(t)| \leq |\lambda(s) - z_0| + |z_0 - h_{s,t}(z_0)| + |h_{s,t}(z_0) - \lambda(t)|$$
$$\leq \varepsilon + \varepsilon + \varepsilon = 3\varepsilon.$$

Für die Konvergenz $0 \leq s < t$, $s \to t$ kann man ähnlich argumentieren.   □

Es sei nun

$$\Phi(z) = \Phi_{s,t}(z) = \log \frac{h_{s,t}(z)}{z} \in \mathcal{O}(\mathbb{E})$$

der Hauptzweig des Logarithmus mit dem Wert $\Phi_{s,t}(0) = s - t$. Für $z \in \partial \mathbb{E} \backslash B_{s,t}$ ist nach Konstruktion $\operatorname{Re}\Phi(z) = 0$, während $\operatorname{Re}\Phi(z) \leq 0$ für $z \in B_{s,t}$ gilt. Es wird nun die SCHWARZsche Integralformel aus Abschnitt I.7.2.5 benutzt:

$$\Phi(z) = \frac{1}{2\pi i} \int\limits_{B_{s,t}} \frac{\operatorname{Re}\Phi(\zeta)}{\zeta} \frac{\zeta + z}{\zeta - z} \, d\zeta + i \operatorname{Im}\Phi(0)$$

$$= \frac{1}{2\pi} \int\limits_{\alpha}^{\beta} \operatorname{Re}\Phi(e^{i\varphi}) \frac{e^{i\varphi} + z}{e^{i\varphi} - z} \, d\varphi, \tag{15.30}$$

wenn $e^{i\alpha}$ und $e^{i\beta}$ Anfangs- und Endpunkt von $B_{s,t}$ darstellen. Also gilt

$$\Phi(0) = s - t = \frac{1}{2\pi} \int\limits_{\alpha}^{\beta} \operatorname{Re}\Phi(e^{i\varphi}) \, d\varphi. \tag{15.31}$$

Wegen $h_{s,t} \circ f_s = f_t$ folgt nach Ersetzen von z durch f_s aus (15.30) die Gleichung

$$\log \frac{f_t}{f_s} = \frac{1}{2\pi} \int\limits_{\alpha}^{\beta} \operatorname{Re} \Phi(e^{i\varphi}) \, \frac{e^{i\varphi} + f_s}{e^{i\varphi} - f_s} \, d\varphi \, .$$

Es wird der Mittelwertsatz (einzeln) auf Real- und Imaginärteil des Integrals angewandt:

$$\log f_t(z) - \log f_s(z) =$$

$$= \left(\operatorname{Re} \left(\frac{e^{i\sigma} + f_s(z)}{e^{i\sigma} - f_s(z)} \right) + i \operatorname{Im} \left(\frac{e^{i\tau} + f_s(z)}{e^{i\tau} - f_s(z)} \right) \right) \cdot \frac{1}{2\pi} \int\limits_{\alpha}^{\beta} \operatorname{Re} \Phi(e^{i\varphi}) \, d\varphi$$

für $\alpha < \sigma, \tau < \beta$. Division durch $t - s$ unter Berücksichtigung von (15.31) und Grenzübergang $t \to s$, $t > s$ liefert wegen $e^{i\alpha}$, $e^{i\beta} \to \lambda(s)$ die Gleichung

$$\frac{\partial}{\partial s} \log f(z, s) = -\frac{\lambda(s) + f_s(z)}{\lambda(s) - f_s(z)} \, .$$

Mit $\kappa = 1/\lambda$ folgt die Behauptung. $\qquad \square$

Die Rotationen der KOEBE-Funktion spielen auch für die LÖWNERsche Differentialgleichung eine besondere Rolle. Wir diskutieren ein Beispiel, das wir noch im Beweis der BIEBERBACHschen Vermutung benutzen werden.

Es sei $\Gamma \subset \mathbb{C}$ der Weg zu dem Intervall $(-\infty, -1/4]$ und Γ_λ dessen Rotation um λ mit $|\lambda| = 1$.

Beispiel 15.31. *Es sei $f(z)$ gleich der Rotation k_λ der Koebe-Funktion. Dann gilt*

$$g(z, t) = e^t k_\lambda(z). \qquad (15.32)$$

Ferner ist (15.25) mit $\kappa(t) = -\lambda$ erfüllt.

Beweis. Gleichung (15.32) gilt aufgrund der Konstruktion, und Einsetzen in (15.26) bzw. (15.27) zeigt, dass $\kappa(t) = -\lambda$ gilt. $\qquad \square$

Es sei nun eine Schlitzabbildung $f(z) \in S$ mit den Voraussetzungen von Satz 15.24 gegeben: Für $t \geq t_0$ durchlaufe $\psi(t)$ das Intervall $(-\infty, c]$.

Proposition 15.32. *Es gilt*

$$g(z, t) = \beta e^t k(z) = \beta e^t \frac{z}{(1 - z)^2}, \, \beta > 0 \qquad (15.33)$$

für $t \geq t_0$.

Beweis. Nach Konstruktion ist $g(z, t) = \beta(t) k(z)$. Dies eingesetzt in (15.26) und (15.27) liefert mit $z = 0$, dass $\beta(t) = \beta e^t$. $\qquad \square$

15.3 Beweis der Bieberbachschen Vermutung

Im Jahre 1985 veröffentlichte LOUIS DE BRANGES seinen Beweis der MILIN-Vermutung. Er zeigte diese für alle n, indem er gewisse reelle Funktionen $\tau_k^n(t)$ für $t \geq 0$ einführte sowie die Funktion

$$\psi(t) = \sum_{k=1}^{n} \tau_k^n(t) \left(k|d_k(t)|^2 - \frac{4}{k} \right) .$$

Hier sind die $d_k(t)$ die logarithmischen Koeffizienten von $e^{-t} f(z,t)$ zu einer LÖWNERschen Funktion $f(z,t)$. Der Beweis beruht auf $\tau_k^n(0) = n+1-k$ und $\psi(0) \leq 0$.

In den folgenden Abschnitten geben wir den Beweis von LENARD WEINSTEIN aus dem Jahre 1989, der für alle n gleichzeitig das Problem löste, indem er eine erzeugende Funktion einführte. Später stellte P.G. TODOROV einen Bezug zwischen den Ableitungen der Funktionen $\tau_k^n(t)$ und den bei WEINSTEIN auftretenden Koeffizienten $\Lambda_k^n(t)$ her. Bemerkenswert ist, dass die Lösung von WEINSTEIN ohne das Resultat von ASKEY und GASPER aus dem Jahre 1979 auskommt, welches die von DE BRANGES benötigte Positivität gewisser hypergeometrischer Funktionen beinhaltet. Zu erwähnen bleibt noch die Vereinfachung des Beweises von DE BRANGES durch FITZGERALD und POMMERENKE [73].

15.3.1 Ansatz. Es sei $f(z) = z + \sum_{n=2}^{\infty} a_n z^n \in S$ eine schlichte Funktion deren Bild ein Schlitzgebiet im Sinne von Satz 15.24 sei. Benutzt wird die Existenz einer Familie von schlichten holomorphen Funktionen

$$g(z,t) = g_t(z) \quad \text{für} \quad z \in \mathbb{E}, \ t \geq 0$$

im Sinne der LÖWNER-Theorie (vgl. Abschnitt 15.2), WEINSTEIN benutzt hier allerdings die Notation $f_t(z)$ anstelle von $g(z,t)$.

(i) $g_0 = f$

(ii) $g_t(z) = e^t z + \sum_{k=2}^{\infty} a_k(t) z^k$

(iii) $\log \dfrac{g_t(z)}{e^t z} = \sum_{k=1}^{\infty} c_k(t) z^k$

   mit $c_k(\infty) = \lim\limits_{t \to \infty} c_k(t) = \dfrac{2}{k}$ für alle k,　　　　(15.34)

(iv) $\operatorname{Re} p(z,t) > 0$ für alle t und z, wobei

$$p(z,t) = \frac{\partial g_t(z)}{\partial t} \left/ z \frac{\partial g_t(z)}{\partial z} \right. .$$

Die obigen Bedingungen wurden in Abschnitt 15.2 bereitgestellt, wir bemerken noch, dass die asymptotische Bedingung an die Koeffizienten $c_k(t)$ aus (iii) eine Folgerung aus (15.33) ist.

WEINSTEINs Beweis besteht in der Konstruktion von Funktionen $g_n(t) \geq 0$, derart, dass

$$\sum_{n=1}^{\infty} \left(\sum_{k=1}^{n} \left(\frac{4}{k} - k\,|c_k(0)|^2 \right) \cdot (n-k+1) \right) z^{n+1} = \sum_{n=1}^{\infty} \int_0^{\infty} g_n(t)\,dt\, z^{n+1}$$

$$(15.35)$$

gilt. Diese Darstellung hat dann unmittelbar die Gültigkeit der MILIN-Vermutung zur Folge.

Benutzt wird eine Familie schlichter Funktionen $w = w_t(z)$ auf $\mathbb{E}$ deren Bild eine geschlitzte Einheitskreisscheibe ist. Die Konstruktion entspricht derjenigen aus Abschnitt 15.2.4, angewandt auf die KOEBE-Funktion selbst. Diese Familie wird durch

$$e^t \frac{w}{(1-w)^2} = \frac{z}{(1-z)^2} \quad \text{für } z \in \mathbb{E},\ t \geq 0$$

d.h. $w = w_t(z) = k^{-1}(e^{-t}k(z))$ beschrieben. Es folgt offensichtlich $w_0(z) = z$ und durch Differenzieren der vorstehenden Gleichung

$$\frac{\partial w_t}{\partial t} = -w \frac{1-w}{1+w}.$$

$$(15.36)$$

15.3.2 Konstruktion der erzeugenden Funktionen $g_n(t)$. Die linke Seite der Gleichung (15.35) wird umgeformt. Die Potenzreihe wird als ein CAUCHY-Produkt

$$\frac{z}{(1-z)^2} \cdot \sum_{k=1}^{\infty} \left(\frac{4}{k} - k\,|c_k(0)|^2 \right) z^k$$

geschrieben und mit dem Hauptsatz der Differential- und Integralrechnung wegen (15.34) (iii) und $w_0(z) = z$ zu

$$-\int_0^{\infty} \frac{z}{(1-z)^2} \frac{d}{dt} \left(\sum_{k=1}^{\infty} \left(\frac{4}{k} - k\,|c_k(t)|^2 \right) w_t(z)^k \right) dt$$

umgeformt. Nach Konstruktion der w_t und wegen (15.36) ist dies

$$\int_0^{\infty} \frac{e^t w}{(1-w)^2} \sum_{k=1}^{\infty} \left(k\, \frac{\partial}{\partial t}(|c_k(t)|^2) + (4 - k^2|c_k(t)|^2) \cdot \frac{1-w}{1+w} \right) w^k\, dt$$

$$= \int_0^{\infty} \frac{e^t w}{1-w^2} \sum_{k=1}^{\infty} \left(\frac{1+w}{1-w} \cdot k\, \frac{\partial}{\partial t}(|c_k(t)|^2) + (4 - k^2|c_k(t)|^2) \right) w^k\, dt. \quad (15.37)$$

Nach der CAUCHYschen Integralformel gilt für $0 < r < 1$

$$c_k(t) = \frac{1}{2\pi i} \int\limits_{|\zeta|=r} \frac{\log\left(\frac{g_t(\zeta)}{e^t \zeta}\right)}{\zeta^{k+1}} \, d\zeta \, ,$$

also

$$\frac{\partial}{\partial t} \, c_k(t) = \frac{1}{2\pi} \int\limits_0^{2\pi} \frac{\partial}{\partial t} \log\left(\frac{g_t(\zeta)}{e^t \zeta}\right) \frac{d\theta}{\zeta^k} \, ; \quad \zeta = re^{i\theta} \, .$$

Es ist

$$\frac{\partial}{\partial t} \log\left(\frac{g_t(\zeta)}{e^t \zeta}\right) = \frac{\frac{\partial}{\partial t} g_t(\zeta)}{g_t(\zeta)} - 1 = \frac{\zeta \cdot p(\zeta,t) \cdot \frac{\partial g_t(\zeta)}{\partial \zeta}}{g_t(\zeta)} - 1$$

und damit (der Wert -1 liefert wegen $k \geq 1$ keinen Beitrag zum Integral)

$$\frac{\partial c_k(t)}{\partial t} = \frac{1}{2\pi} \int\limits_0^{2\pi} \zeta \cdot p(\zeta,t) \frac{g'(\zeta,t)}{g(\zeta,t)} \frac{d\theta}{\zeta^k}$$

Gemäß (15.34) (iii) gilt

$$\frac{g_t'(z)}{g_t(z)} = \frac{1}{z}\left(1 + \sum_{k=1}^{\infty} c_k(t) \cdot k \, z^k\right),$$

Also

$$\frac{\partial c_k(t)}{\partial t} = \frac{1}{2\pi} \int\limits_0^{2\pi} \frac{p(\zeta,t)}{\zeta^k}\left(1 + \sum_{\ell=1}^{\infty} c_\ell(t) \cdot \ell \, \zeta^\ell\right) d\theta \, ,$$

dies unabhängig von $0 < r < 1$, also

$$= \frac{1}{2\pi} \lim_{r \to 1} \int\limits_0^{2\pi} p(\zeta,t)\left(1 + \sum_{\ell=1}^{\infty} c_\ell(t) \cdot \ell \, \zeta^\ell\right)\overline{\zeta}^k \, d\theta \, .$$

Damit schreiben wir die linke Seite von (15.35) in der Form

$$U + \tilde{U} + V$$

nach Einfügen eines tautologischen Summanden. Es ist (wiederum mit $w = w_t(z)$)

$$U = \int\limits_0^{\infty} \frac{e^t w}{1 - w^2} \frac{1+w}{1-w} \cdot$$

$$\cdot \left(1 + \sum_{k=1}^{\infty} \lim_{r \to 1} \frac{1}{2\pi} \int\limits_0^{2\pi} p(\zeta,t)\left(1 + \sum_{\ell=1}^{\infty} c_\ell(t) \cdot \ell \, \zeta^\ell\right) \cdot k \, \overline{c_k(t)} \, \overline{\zeta}^k \, d\theta \, w^k\right) dt \, ,$$

und

$$\tilde{U} = \int\limits_0^\infty \frac{e^t \, w}{1 - w^2} \, \frac{1 + w}{1 - w} \cdot$$

$$\cdot \left(1 + \sum_{k=1}^\infty \lim_{r \to 1} \frac{1}{2\pi} \int\limits_0^{2\pi} \overline{p(\zeta, t)} \left(1 + \sum_{\ell=1}^\infty \overline{c_\ell(t) \cdot \ell \, \zeta^\ell} \right) \cdot k \, c_k(t) \, \zeta^k \, d\theta \, w^k \right) dt \, ,$$

und (nach Auswerten der Reihe $\sum_{k=1}^\infty 4 w^k$)

$$V = \int\limits_0^\infty \frac{e^t \, w}{1 - w^2} \left(-2 \, \frac{1 + w}{1 - w} + \frac{4w}{1 - w} - \sum_{k=1}^\infty k^2 \, |c_k(t)|^2 \, w^k \right) dt$$

$$= \int\limits_0^\infty \frac{e^t \, w}{1 - w^2} \left(-2 \, - \sum_{k=1}^\infty k^2 \, |c_k(t)|^2 \, w^k \right) dt \, .$$

Wir schreiben für $k > 0$ als Abkürzung

$$\eta_k := \lim_{r \to 1} \frac{1}{2\pi} \int\limits_0^{2\pi} p(\zeta, t) \left(1 + \sum_{\ell=1}^\infty c_\ell(t) \cdot \ell \, \zeta^\ell \right) k \, \overline{c_k(t)} \, \overline{\zeta}^k \, d\theta$$

$$= \lim_{r \to 1} \frac{1}{2\pi} \int\limits_0^{2\pi} p(\zeta, t) \left(1 + \sum_{\ell=1}^k c_\ell(t) \cdot \ell \, \zeta^\ell \right) k \, \overline{c_k(t)} \, \overline{\zeta}^k \, d\theta \, .$$

(Die Gleichheit, d.h. der Übergang zur endlichen Summe, gilt wegen der Holomorphie von $p(\zeta, t)$ in ζ wegen des CAUCHYschen Integralsatzes). Ferner setzen wir

$$\eta_0 := 1 \, .$$

Ferner sei

$$\gamma_\ell(\zeta, t) := c_\ell(t) \cdot \ell \cdot \zeta^l \, .$$

Damit ist

$$\frac{1}{2\pi} \int_0^{2\pi} p(\zeta, t) \gamma_\ell \overline{\gamma_j} = \begin{cases} 0 & \text{für } \ell > j \\ |c_j(t)|^2 j^2 & \text{für } \ell = j, \end{cases} \tag{15.38}$$

wegen der Holomorphie von $p(\zeta, t)$ in ζ und $p(0, t) = 1$ für alle t.

$$U = \int_0^\infty \frac{e^t\, w}{1-w^2} \frac{1+w}{1-w} \cdot \sum_{k=0}^\infty \eta_k\, w^k\, dt$$

$$= \int_0^\infty \frac{e^t\, w}{1-w^2} \cdot \left(2\sum_{k=0}^\infty w^k - 1\right)\left(\sum_{k=0}^\infty \eta_k\, w^k\right) dt$$

$$= \int_0^\infty \frac{e^t\, w}{1-w^2}\left(1 + \sum_{k=1}^\infty \left(2\left(1+\eta_1+\cdots+\eta_k\right)-\eta_k\right)w^k\right) dt.$$

Wir benutzen (15.38) und erhalten

$$\sum_{j=1}^k \eta_j = \lim_{r\to 1}\frac{1}{2\pi}\int_0^{2\pi} p(\zeta,t)\sum_{j=1}^k\left(1+\sum_{\ell=1}^j\gamma_\ell\right)\overline{\gamma_j}\, d\theta$$

$$= \lim_{r\to 1}\frac{1}{2\pi}\int_0^{2\pi} p(\zeta,t)\sum_{j=1}^k\left(1+\sum_{\ell=1}^k\gamma_\ell\right)\overline{\gamma_j}\, d\theta$$

$$= \lim_{r\to 1}\frac{1}{2\pi}\int_0^{2\pi} p(\zeta,t)\cdot\left|1+\sum_{\ell=1}^k\gamma_\ell\right|^2 d\theta - \lim_{r\to 1}\frac{1}{2\pi}\int_0^{2\pi} p(\zeta,t)\left(1+\sum_{\ell=1}^k\gamma_\ell\right)d\theta$$

$$= \lim_{r\to 1}\frac{1}{2\pi}\int_0^{2\pi} p(\zeta,t)\cdot\left|1+\sum_{\ell=1}^k\gamma_\ell\right|^2 d\theta - 1.$$

Also

$$\delta_k := 2(1+\eta_1\ldots\eta_k)-\eta_k$$

$$= \lim_{r\to 1}\frac{1}{2\pi}\int_0^{2\pi} p(\zeta,t)\left(2\left|1+\sum_{j=1}^k\gamma_j\right|^2 - \left(1+\sum_{j=1}^k\gamma_j\right)\cdot\overline{\gamma_k}\right)d\theta.$$

Wir bemerken, dass

$$\lim_{r\to 1}\frac{1}{2\pi}\int_0^{2\pi}\overline{p(\zeta,t)}\left(1+\sum_{\ell=1}^k\gamma_\ell\right)\cdot\overline{\gamma_k}\, d\theta = |c_k(t)|^2\cdot k^2$$

ist und berechnen

$$\delta_k + \overline{\delta_k} - |c_k(t)|^2\cdot k^2 = \lim_{r\to 1}\frac{1}{2\pi}\int_0^{2\pi}\mathrm{Re}(p(\zeta,t))\left|2\left(1+\sum_{j=1}^k\gamma_j\right)-\gamma_k\right|^2 d\theta$$

und setzen dies in $U+\widetilde{U}+V$ ein. Damit ist die linke Seite von (15.35) gleich

$$\int_0^\infty \frac{e^t\, w}{1-w^2}\sum_{k=1}^\infty\lim_{r\to 1}\frac{1}{2\pi}\int_0^{2\pi}\mathrm{Re}(p(\zeta,t))\left|2\left(1+\sum_{j=1}^k\gamma_j\right)-\gamma_k\right|^2 d\theta\; w^k\, dt.$$

$$(15.39)$$

Dieser Ausdruck wird nun geschrieben in der Form

$$\int\limits_0^\infty \frac{e^t\,w}{1-w^2}\,\left(\sum_{k=1}^\infty A_k(t)\,w^k\right)dt\,.$$

Wegen (15.34)(iv) (LÖWNER-Theorie!) sind die $A_k(t) \geq 0$ für alle $t \geq 0$ und alle k. Wir setzen

$$\frac{e^t\,w^{k+1}}{1-w^2} = \sum_{n=0}^\infty \Lambda_k^n(t)\,z^{n+1}\,. \tag{15.40}$$

Nun können die (nur von t abhängigen) Funktionen $g_n(t)$ als

$$g_n(t) := \sum_{k=1}^\infty A_k(t)\Lambda_k^n(t)$$

definiert werden, so dass die Gleichung (15.35) erfüllt ist.

Im nächsten Abschnitt soll gezeigt werden, dass für alle $t \geq 0$ die Ungleichung

$$\boxed{\Lambda_k^n(t) \geq 0 \qquad (15.41)}$$

gilt. Die Funktionen $\Lambda_k^n(t)$ sind allein durch die KOEBE-Funktion definiert und insbesondere unabhängig von der gewählten schlichten Funktion $f \in S$.

Zusammen mit $A_k(t) \geq 0$ liefert (15.41), dass für alle n die Ungleichung $g_n(t) \geq 0$ gilt, so dass mit (15.35) die MILIN-Vermutung folgen wird.

15.3.3 Beweis von $\Lambda_k^n(t) \geq 0$. Entscheidend ist die explizite Berechnung der Funktionen $w_t(z)$ und die Berechnung der Koeffizienten $\Lambda_k^n(t)$ mit Hilfe von LEGENDRE-Polynomen. In diesem Abschnitt benötigen wir nur noch die von der KOEBE-Funktion abgeleitete Funktionenfamilie $w_t(z)$, jedoch nicht mehr die mit $f \in S$ zusammenhängenden Notationen.

Wir bemerken, dass die Funktion $z + \frac{1}{z} \in \mathcal{O}(\mathbb{E}^\times)$ Kreisscheiben $B_r(0)$ auf das Äußere von Ellipsen mit den Halbachsen $\frac{1}{r}+r$ und $\frac{1}{r}-r$ abbildet. Das Bild von $(\mathbb{E}^\times)$ ist $\mathbb{C}\backslash[-2,+2]$. Für reelle γ ist das Bild der Funktion $\ell(z) = z - 2\cos\gamma + \frac{1}{z}$ gleich $\mathbb{C}\backslash[-2-2\cos\gamma,\ +2-2\cos\gamma]$. Es ist $\ell \in \mathcal{O}(\mathbb{E}^\times)$ offensichtlich injektiv und damit

$$h_\gamma(z) = \frac{z}{1-2\cos\gamma \cdot z + z^2} \in S\,. \tag{15.42}$$

Für $\cos\gamma \neq \pm1$ ist $h_\gamma(\mathbb{E})$ das Gebiet

$$\mathbb{C}\backslash\left(\left(-\infty,\ \frac{-1}{2(1+\cos\gamma)}\right] \cup \left[\frac{1}{2(1-\cos\gamma)},\ \infty\right)\right)\,. \tag{15.43}$$

Bemerkung. Zu gegebenem Winkel θ und $t \geq 0$ kann man stets die Gleichung

$$\frac{e^{-t}}{2(1 - \cos \gamma)} = \frac{1}{2(1 - \cos \theta)} \qquad (15.44)$$

in γ lösen.

Satz 15.33. *Es sei* (15.44) *erfüllt. Dann gilt*

$$w_t = h_\theta^{-1} \circ (e^{-t} \cdot h_\gamma). \qquad (15.45)$$

Beweis. Sei $g = h_\theta^{-1} \circ (e^{-t} \cdot h_\gamma)$. Wegen (15.44) und (15.42) ist $g(\mathbb{E}) = \mathbb{E}\backslash(-1, s]$, wobei s durch t, γ und θ bestimmt ist. Wegen $h_\theta, h_\gamma \in S$ gilt $g(0) = 0$ und $g'(0) = e^{-t}$. Ebenso ist $w_t(\mathbb{E}) = \mathbb{E}\backslash(-1, \widetilde{s}]$ mit $w_t(0) = 0$, $w_t'(0) = e^{-t}$. Es ist nicht erforderlich, s und $\widetilde{s}$ zu vergleichen. Je nachdem, ob $s \leq \widetilde{s}$ oder $\widetilde{s} \leq s$, ist $g^{-1} \circ w_t$ bzw. $w_t \circ g^{-1}$ erklärt, und nach dem Schwarzschen Lemma folgt $g = w_t$. $\qquad \square$

Wir schreiben (15.45) als

$$e^t h_\theta (w_t(z)) = h_\gamma(z). \qquad (15.46)$$

Es ist mit $w = w_t(z)$

$$e^t h_\theta (w_t(z)) = \frac{e^t w}{1 - w^2} \frac{1 - w^2}{1 - 2 \cos \theta \cdot w + w^2}. \qquad (15.47)$$

Satz 15.34. *Seien $t \geq 0$, γ und θ wie in* (15.44). *Dann gilt*

$$h_\gamma(z) = \frac{e^t w}{1 - w^2} \left(1 + 2 \sum_{k=1}^{\infty} \cos(k\,\theta) \cdot w^k \right). \qquad (15.48)$$

Beweis. Wir schreiben für die reelle Variable x, $|x| < 1$ und festes $\theta \in \mathbb{R}$:

$$\frac{1 - x^2}{1 - 2 \cos \theta \cdot x + x^2} = \mathrm{Re} \left(\frac{1 + e^{i\theta} x}{1 - e^{i\theta} x} \right)$$

$$= \mathrm{Re} \left(1 + 2 \sum_{k=1}^{\infty} e^{ik\theta} x^k \right)$$

$$= 1 + 2 \sum_{k=1}^{\infty} \cos(k\theta) x^k.$$

Diese Beziehung gilt dann für komplexe Variablen vom Betrag kleiner als eins, insbesondere für die $w_t(z)$. Also folgt (15.48) mit (15.47). $\qquad \square$

Wir setzen (15.40) ein und erhalten

Korollar 15.35.

$$h_\gamma(z) = \frac{e^t w_t(z)}{1 - w_t(z)^2} + 2 \sum_{k=1}^{\infty} \left(\sum_{n=0}^{\infty} \Lambda_k^n(t) z^{n+1} \right) \cdot \cos(k\theta). \qquad (15.49)$$

Wir benötigen Eigenschaften der LEGENDRE-Polynome. Es sei

$$\eta(z) = \sqrt{\frac{h_\gamma(z)}{z}} = \frac{1}{\sqrt{1 - 2\cos\gamma \cdot z + z^2}} \in \mathcal{O}(\mathbb{E}). \tag{15.50}$$

Wir schreiben $\cos\gamma = y$. Es gilt

$$\eta(z) = 1 + \sum_{n=1}^{\infty} P_n(y) z^n, \tag{15.51}$$

wobei die $P_n(y)$ die LEGENDRE-Polynome

$$P_n(y) = \frac{1}{n!\,2^n} \frac{d^n}{dy^n}\left((y^2 - 1)^n\right) \tag{15.52}$$

sind.

Der Vollständigkeit halber deuten wir den Beweis für (15.52) an. Die Existenz einer Potenzreihenentwicklung der Form (15.51) mit polynomialen Koeffizienten folgt durch Einsetzen von $z^2 - 2yz$ in die binomische Reihe. Zur Bestimmung der $P_n(y)$ wird nach z differenziert:

$$\sum_{n=1}^{\infty} n \cdot P_n(y) \cdot z^{n-1} = (y - z)(1 - 2yz + z^2)^{-3/2}$$

$$(1 - 2yz + z^2) \sum_{n=1}^{\infty} n\,P_n(y)\,z^{n-1} = (y - z)\left(1 + \sum_{n=1}^{\infty} P_n(y)\,z^n\right),$$

und daraus folgt: $P_1(y) = y$, $P_2(y) = \frac{3y^2 - 1}{2}$ und allgemein

$$(n + 1) P_{n+1}(y) - 2ny \cdot P_n(y) + (n - 1) \cdot P_{n-1}(y) = y \cdot P_n(y) - P_{n-1}(y),$$

d.h.

$$(n + 1)\ P_{n+1}(y) - (2n + 1)\,y \cdot P_n(y) + n \cdot P_{n-1}(y) = 0.$$

Diese letztere Rekursionsformel erfüllen die bereits mit $P_n(y)$ in (15.52) bezeichneten Funktionen, die durch $P_1(y) = y$, $P_0(y) = 1$ und die Rekursionsformel eindeutig bestimmt sind.

WEINSTEIN wendet die Verdopplungsformel für die LEGENDRE-Polynome bzw. Kugel(flächen)funktionen an. In (15.44) schreibt er $e^{-t/2} = \sin\varphi$. Damit folgt

$$\cos\gamma = (1 - e^{-t}) + e^{-t}\cos\theta$$
$$= \cos^2\varphi + \sin^2\varphi\,\cos\theta. \tag{15.53}$$

Aus der bekannten Darstellung der LEGENDRE-Polynome durch Kugelflächenfunktionen erhält man unmittelbar die folgende Formel, die sich in Lehrbüchern der Mathematischen Physik findet.

$$P_n(\cos^2\varphi + \sin^2\varphi\,\cos\theta) =$$
$$(P_n(\cos\varphi))^2 + 2\sum_{k=1}^{n}\frac{(n-k)!}{(n+k)!}\,(P_n^k(\cos\varphi))^2\cos(k\,\theta),$$

wobei P_n^k die assoziierten LEGENDRE-Funktionen

$$P_n^k(y) = (-1)^k(1-y^2)^{k/2}\frac{d^k}{dy^k}P_n(y)$$

bezeichnen. Insgesamt folgt

$$\eta(z) = \frac{1}{\sqrt{1 - 2z(\cos^2\varphi + \sin^2\varphi\cos\theta) + z^2}}$$
$$= 1 + \sum_{n=1}^{\infty}\left(P_n(\cos\varphi)^2 + 2\sum_{k=1}^{n}\frac{(n-k)!}{(n+k)!}P_n^k(\cos\varphi)^2\cos(k\theta)\right)z^n$$

Wir schreiben kurz dafür

$$\eta(z) = 1 + \sum_{n=1}^{\infty}\left(a_n(\varphi) + \sum_{k=1}^{n}b_n^k(\varphi)\cos(k\theta)\right)z^n \qquad (15.54)$$

mit $a_n(\varphi), b_n^k(\varphi) \geq 0$, wobei nach Definition die φ Funktionen von t sind.
Die interessierenden $\Lambda_k^n(t)$ sind als Koeffizienten von $2\cos(k\theta)\cdot z^{n+1}$ in

$$h_\gamma(z) = z\cdot\eta(z)^2$$

zu berechnen. Wegen $2\cos(k\theta)\cdot\cos(\ell\theta) = \cos((k+\ell)\theta) + \cos((k-\ell)\theta)$ liefert das Quadrieren und Multiplizieren mit z des Ausdrucks aus (15.54), dass für alle n, k und $t \geq 0$

$$\Lambda_k^n(t) \geq 0$$

gilt. Damit ist der Beweis der BIEBERBACHschen Vermutung abgeschlossen.

$\square$

15.4 Historisches zur Bieberbach-Vermutung

GRONWALLs Flächensatz [97] für die Klasse aller Funktionen $g(\zeta) = \zeta + \frac{b_1}{\zeta} + \frac{b_2}{\zeta^2} + \cdots$ aus Σ stand am Anfang, bereits mit einem Extremalprinzip, dass $|b_1| = 1$ nur für $b_2 = b_3 = \cdots = 0$ gilt. Ohne Kenntnis dieses Resultats veröffentlichte BIEBERBACH [16] im Jahre 1916 dieselbe Ungleichung $\sum_{n=1}^{\infty}n\,|b_n|^2 \leq 1$, stellte jedoch die Klasse S in den Vordergrund und zeigte

$|a_2| \leq 2$ mit Hilfe der Bedingung $|b_1| \leq 1$. Er folgerte, dass $|a_2| = 2$ nur für Rotationen der KOEBE-Funktionen gelten kann. In einer Fußnote schrieb er „Vielleicht ist überhaupt $k_n = n$". (Hier steht k_n für das Maximum der $|a_n|$ über alle Funktionen aus S.)

Die Ungleichung $|a_n| \leq n$ wird seitdem als BIEBERBACH-Vermutung bezeichnet. Im Jahre 1917 zeigte LÖWNER die Ungleichung $|a_n| \leq 1$ für Funktionen $f \in S$, für welche $f(\mathbb{E})$ konvex ist [168]. Für sternförmige Funktionen zeigte NEVANLINNA 1920 in [183] die Gültigkeit der BIEBERBACH-Vermutung. Sowohl in LÖWNERs als auch NEVANLINNAs Resultat ging eine Abschätzung von CARATHÉODORY ein. Die Beziehung $|a_3| \leq 3$ wurde mit diesen Methoden 1923 von LÖWNER in [168] gezeigt.

Für höhere Werte von n wurden die Beweise immer komplizierter. Für alle n zeigte LITTLEWOOD 1925 in [167] die Abschätzung $|a_n| < e \cdot n$. Man arbeitete nun weiterhin daran, die BIEBERBACHsche Vermutung einerseits in schwächerer Form oder für interessante Teilklassen von S in ihrer schärferen Version oder andererseits für einzelne Werte von n zu zeigen.

DIEUDONNÉ [52] und ROGOSINSKI [232] zeigten 1931 unabhängig die Aussage der BIEBERBACHschen Vermutung für sämtlich *reelle* Koeffizienten a_n.

Die ROBERTSON-Vermutung [229] aus dem Jahre 1936 besagt die Abschätzung

$$\sum_{k=1}^{n} |c_{2k-1}|^2 \leq n$$

für die Koeffizienten *ungerader* Funktionen aus S und impliziert die BIEBERBACH-Vermutung. ROBERTSON selbst zeigte diese für $n = 3$. Wichtig waren ferner Ergebnisse von SCHIFFER [245] und GARABEDIAN und SCHIFFER [80], welche $|a_4| \leq 4$ lieferten. Der Ansatz von GRUNSKY [99] beinhaltete den Übergang zu zwei komplexen Veränderlichen: Für $g \in \Sigma$ betrachtete er die Potenzreihenentwicklung $-\sum_{n=1}^{\infty} \sum_{k=1}^{\infty} \gamma_{nk} z^{-n} \zeta^{-k}$ der auf $(\overline{\mathbb{C}}\backslash\overline{\mathbb{E}}) \times (\overline{\mathbb{C}}\backslash\overline{\mathbb{E}})$ holomorphen Funktion

$$\log \frac{g(z) - g(\zeta)}{z - \zeta}.$$

Er zeigte die nach ihm benannte Ungleichung

$$\left| \sum_{n=1}^{N} \sum_{k=1}^{N} \gamma_{nk}\, \lambda_n\, \mu_k \right| \leq \sum_{n=1}^{N} \frac{|\lambda_n|^2}{n} \sum_{k=1}^{N} \frac{|\mu_k|^2}{k}$$

für alle $\lambda_n,\, \mu_n \in \mathbb{C}$.

CHARZYŃSKI und SCHIFFER benutzten diese 1960 in [47], um auf einfache Weise $|a_4| \leq 4$ zu zeigen, und PEDERSON [200], OZAWA [199] lösten den Fall $n = 6$ auf diese Weise. MILIN [170] konnte 1965 mit den GRUNSKY-Ungleichungen die Abschätzung $|a_n| < 1,243 \cdot n$ zeigen. Später (1972) zeigte

FITZGERALD [72] durch Exponenzieren der GRUNSKYschen Ungleichung die noch bessere Abschätzung

$$|a_n| < \sqrt{\frac{7}{6}} \cdot n \,.$$

Ebenfalls mit diesen Methoden folgte 1972 der Fall $n = 5$ (PEDERSON-SCHIFFER [201]). Die noch stärkere MILIN-Vermutung wurde schließlich in voller Allgemeinheit gelöst.

DE BRANGES bewies diese und damit die ROBERTSON- und BIEBERBACH-Vermutung ausgehend von der Situation der LÖWNER-Theorie [50]. Er betrachtete die logarithmischen Koeffizienten $d_k(t)$ von $e^{-t} f(z,t)$ und definierte (für noch zu wählende Funktionen $\tau_k^n(t)$)

$$\psi(t) := \sum_{k=1}^{n} \tau_k^n(t) \big(k \, |d_k(t)|^2 - \frac{4}{k} \big) \,.$$

Mit $\tau_k^n(0) = n + 1 - k$ für $k = 1, \ldots, n$ ist die MILIN-Vermutung zu $\psi(t) \le 0$ für alle t äquivalent. Die Koeffizienten $\tau_k^n(t)$ müssen wegen der LÖWNERschen Differentialgleichung ihrerseits gewisse Differentialgleichungen erfüllen. DE BRANGES konstruierte aus den Potenzreihenentwicklungen geeigneter hypergeometrischer Funktionen die gesuchten Funktionen $\tau_k^n(t)$. Der Nachweis aller notwendigen Eigenschaften gestaltete sich als mühevoll, und GAUTSCHI benutzte numerische Methoden, um diese für $n \le 30$ zu überprüfen. Schließlich stellte DE BRANGES fest, dass die noch fehlenden Eigenschaften bereits 1976 von ASKEY und GASPER gezeigt worden waren [5]. FITZGERALD und POMMERENKE gaben 1985 eine Vereinfachung an [73].

Der hier vorgestellte Beweis von WEINSTEIN [278] aus dem Jahre 1991 ersetzte die Funktionen τ_k^n durch LEGENDRE-Polynome. Es stellte sich später heraus (TODOROV [261], sowie KOEPF und SCHMERSAU [148]), dass die WEINSTEIN-Koeffizienten $\Lambda_k^n(t)$ mit den Funktionen $\tau_k^n(t)$ von DE BRANGES durch

$$\dot{\tau}_k^n(t) = -k \, \Lambda_k^n(t)$$

miteinander verbunden sind. Der im Original vierseitige Beweis von WEINSTEIN setzt die LÖWNER-Theorie voraus und benutzt lediglich ein klassisches Additionstheorem für LEGENDRE-Funktionen.

Aufgabe. Zeigen Sie, dass die folgenden Funktionen in der Klasse S enthalten sind, verifizieren Sie die Aussagen über die Bildgebiete.

1)

$$f(z) = \frac{z}{1 - z} = \sum_{n=1}^{\infty} z^n \,,$$

$$f(\mathbb{E}) = \{ w \in \mathbb{C} \colon \operatorname{Re}(w) > -\frac{1}{2} \} \qquad \text{(im Sinne von I.5.4.4)}.$$

2) Für $z \in \mathbb{E}$ ist der Hauptzweig des Logarithmus $\mathrm{Log}\left(\frac{1+z}{1-z}\right)$ erklärt. Dann ist für

$$f(z) = \frac{1}{2}\,\mathrm{Log}\left(\frac{1+z}{1-z}\right) = \sum_{n=1}^{\infty} \frac{1}{2n-1}\, z^{2n-1}$$

$$f(\mathbb{E}) = \{w \in \mathbb{C} : -\frac{\pi}{2} < \mathrm{Im}(w) < -\frac{\pi}{2}\}.$$

3) Für die Funktion

$$f(z) = \frac{z}{1-z^2} = \sum_{n=1}^{\infty} z^{2n-1}$$

ist

$$f(\mathbb{E}) = \mathbb{C}\backslash\left(\left(-\infty, -\frac{1}{2}\right] \cup \left[\frac{1}{2}, \infty\right)\right)$$

eine zweifach geschlitzte Zahlenebene.

16. Kurzbiographien

Quelle u.a.: Dictionary of Scientific Biography

Lipman BERS, lettisch-amerikanischer Mathematiker: geb. 1914 in Riga; 1938 Dissertation an der deutschen Universität in Prag; seit 1940 in den USA, gest. 1993 in New Rochelle.

Wilhelm BLASCHKE, österreichischer Mathematiker: geb. 1885 in Graz; Professor in Prag, Leipzig, Königsberg; von 1919 bis 1953 in Hamburg; gest. 1962 in Hamburg. – BLASCHKE war Differentialgeometer, Begründer der Theorie der Gewebe.

André BLOCH, französischer Mathematiker: geb. 1893 in Besancon; 1913 Student an der École Polytechnique; 1914/15 verwundet; 1917 nach blutigem Familendrama Einweisung in eine psychiatrische Klinik, wo er bis zu seinem Tode 1948 blieb; 1948 posthume Verleihung des BECQUEREL-Preises. – Vgl. H. CARTAN und J. FERRAND: *The case of André Bloch*, Math. Intelligencer 10, 23–26 (1988).

Constantin CARATHÉODORY, griechisch-deutscher Mathematiker: geb. 1873 in Berlin; 1891 Abitur in Brüssel; 1895 Ingenieuroffizier an der belgischen École militaire; 1898 in Ägypten beim Nilstaudammbau; 1900 Studium der Mathematik in Berlin; 1905 Habilitation in Göttingen; 1909 Professor in Hannover; 1913 Nachfolger von F. KLEIN in Göttingen; 1920 Gründungsrektor der griechischen Universität in Smyrna; 1922 Flucht nach Athen; 1924 Nachfolger von F. LINDEMANN (Transzendenz von π) in München; gest. 1950 in München.

Leopold FEJÉR, ungarischer Mathematiker: geb. 1880 in Pécs; 1897–1902 Studium in Budapest und Berlin; ab 1911 Professor in Budapest, gest. 1959 in Budapest. – FEJÉR ist Mitbegründer der großen ungarischen Schule der Analysis, zu der u.a. P. ERDÖS, F. und M. RIESZ, J.v. NEUMANN, G. PÓLYA, T. RADÓ, O. SZÁSZ, G. SZEGÖ und J. SZÖKEFALVI-NAGY gehören. – Nachruf: *Leopold Fejér, In memoriam* von J. ACZÉL in Publ. Math. Debrecen 8, 1–24 (1961).

Jacques HADAMARD, französischer Mathematiker: geb. 1865 in Versailles, von 1884 bis 1888 Normalien; 1897–1909 Dozent an der Sorbonne; 1909–1937 Professor am Collège de France; gest. 1963 in Paris. – Nachruf von S. MANDELBROJT und L. SCHWARTZ in Bull. Amer. Math. Soc. 71, 107–129 (1965).

Friedrich HARTOGS, deutscher Mathematiker: geb. 1874 in Brüssel; 1905 Dozent und ab 1927 o. Professor an der Universität München; 1935 zwangspensioniert; gest. 1943 in München durch Freitod wegen rassischer Verfolgung.

Otto HÖLDER, deutscher Mathematiker: geb. 1859 in Stuttgart; Professor in Tübingen, Königsberg und ab 1899 in Leipzig, gest. 1937 in Leipzig. – Bekannt durch die HÖLDER-Ungleichungen und die HÖLDER-Stetigkeit sowie durch den Satz von JORDAN-HÖLDER-SCHREIER über Kompositionsreihen von Gruppen.

Adolf HURWITZ, deutsch-schweizerischer Mathematiker: geb. 1859 in Hildesheim; Gymnasialunterricht bei H.C.H. SCHUBERT, dem Vater des „abzählenden Kalküls" der algebraischen Geometrie; 1877 Studium bei KLEIN, WEIERSTRASS, KRONECKER; 1881 Promotion in Leipzig; 1882 Habilitation in Göttingen, da sich in Leipzig Realgymnasialabiturienten nicht habilitieren durften; 1884 mit 25 Jahren Extraordinarius in Königsberg, dort Freundschaft mit HILBERT und MINKOWSKI; 1892 Ablehnung der SCHWARZ-Nachfolge in Göttingen und Annahme des Rufes als FROBENIUS-Nachfolger an das Eidgenössische Polytechnikum Zürich; gest. 1919 in Zürich. – Arbeiten zur Funktionentheorie, zur Theorie der Modulfunktionen, zur Algebra und zur algebraischen Zahlentheorie.

Carl Gustav Jacob JACOBI, deutscher Mathematiker: geb. 1804 in Potsdam; 1824 Promotion und Habilitation in Berlin, verteidigte die These „Alle Wissenschaften müssen streben, ‚Mathematik' zu werden"; 1826 Dozent in Königsberg, dort 1825 o. Professur; 1829 Freundschaft mit DIRICHLET, dessen Frau Rebecca MENDELSSOHN, deren Zusammensein durch „sie schwiegen Mathematik" beschrieb; 1842 Mitglied des Ordens „Pour le Mérite für Wissenschaft und Künste"; 1844 Umzug nach Berlin, o. Mitglied der Preuss. Akad. Wiss.; 1849 finanzielle Repressalien wegen seines Verhaltens nach der Märzrevolution 1848; 1849 Ruf nach Wien; gest. 1851 in Berlin an Blattern. – JACOBI galt ab etwa 1830 als der nebst GAUSS bedeutendste deutsche Mathematiker. Lit.: *Gedächtnisrede*, gehalten 1852 von L. DIRICHLET, in JACOBIS Ges. Werken 1, 1–28, oder Teubner-Archiv zur Mathematik, Bd. 10, 1988, ed. H. REICHARDT, S. 8–32; ferner L. KÖNIGSBERGER: Carl Gustav Jacob Jacobi, J. DMV 13, 405–433 (1904).

Robert JENTZSCH, deutscher Mathematiker: geb. 1890 in Königsberg; 1914 Promotion in Berlin; 1917 Privatdozent Universität Berlin, gef. 1918.

Paul KOEBE, deutscher Mathematiker: geb. 1882 in Luckenwalde bei Berlin; Schüler von H.A. SCHWARZ; 1907 Habilitation in Göttingen; 1914 o. Prof. in Jena; 1926 o. Prof. in Leipzig; gest. 1945 in Leipzig. – KOEBE war ein Meister der konformen Abbildung und der Uniformisierungstheorie. Er legte Wert darauf, ein berühmter Mathematiker zu sein; eine Anekdote erzählt, dass er immer inkognito reiste, um in Hotels nicht gefragt zu werden, ob er mit dem berühmten Funktionentheoretiker verwandt sei. – Nachrufe von L. BIEBER-BACH und H. CREMER: *Paul Koebe zum Gedächtnis*, Jahresber. DMV 70, 158–161 (1968); und R. KÜHNAU: *Paul Koebe und die Funktionentheorie*, 183–194, in *100 Jahre Mathematisches Seminar der Karl-Marx Universität* Leipzig, ed. H. BECKERT und H. SCHUMANN, VEB Deutscher Verl. Wiss. Berlin 1981.

Edmund LANDAU, deutscher Mathematiker: geb. 1877 in Berlin; Schüler von FROBENIUS; 1909 o. Professor in Göttingen als Nachfolger von MINKOW-SKI; 1905 Schwiegersohn von Paul EHRLICH (Chemotherapie und Salvarsan); 1933 aus rassischen Gründen amtsenthoben; gest. 1938 in Berlin. – Nachruf von K. KNOPP in J. DMV 54, 55–62 (1951), vgl. auch M. PINL: *Kollegen in einer dunklen Zeit*, II. Teil, J. DMV 72, 165–189 (1971). Über den sog. LANDAU-Stil urteilt N. WIENER: „His books read like a Sears-Roebuck catalogue (= Warenhaus-Katalog)."

Magnus Gustaf MITTAG-LEFFLER, schwedischer Mathematiker: geb. 1846 in Stockholm; 1872 Promotion in Uppsala, 1873 Stipendiat in Paris, 1874/75 Hörer bei WEIERSTRASS; 1877 Professor in Helsinki; 1881 Professor in Stockholm; 1882 Gründung der *Acta Mathematica*; 1886 Rektor der Stockholmer Hochschule; gest. 1927 in Stockholm. – Nachrufe auf MITTAG-LEFFLER schrieben N.E. NÖRLUND, Acta Math. 50, I-XXIII (1927), G.H. HARDY, Journ. London Math. Soc. 3, 156–160 (1928) und 1944 der erste Direktor des MITTAG-LEFFLER-Instituts, T. CARLEMAN, Kung. Svenska Vetenskapsakademiens levnadsteckningar 7, 459–471 (1939-48).

MITTAG-LEFFLER war ein Manager der Mathematik. Er minderte mit den *Acta Mathematica* die seit 1870/71 bestehenden wissenschaftlichen Spannungen zwischen den mathematischen Großmächten Deutschland und Frankreich; er ließ u.a. den stark angefeindeten G. CANTOR in den *Acta* publizieren. Er setzte 1886 die Ernennung von Sonja KOVALEWSKY zur Professorin durch; damals wurden Frauen in Berlin noch nicht einmal zum Studium zugelassen, vgl. hierzu L. HÖRMANDER: *The first woman Professor and her male colleague*, (Springer-Verlag, 1991). – MITTAG-LEFFLERs Beziehungen zu A. NOBEL waren gespannt, vgl. hierzu C.-O. SELENIUS: *Warum gibt es für Mathematik keinen Nobelpreis?*, Seiten 613–624 in MATHEMATA, Festschr. für H. GERICKE, Franz Steiner Verlag 1985.

1916 vermachten MITTAG-LEFFLER und seine Frau ihr gesamtes Vermögen und ihre Villa in Djursholm mit einer hervorragenden Bibliothek der Königlich-Schwedischen Akademie der Wissenschaften (Testament veröffentlicht in Acta Math. 40, III-X). Das MITTAG-LEFFLER-Institut ist noch heute ein internationales Zentrum mathematischer Forschung.

Paul MONTEL, französischer Mathematiker: geb. 1876 in Nizza; 1894 Normalien; 1897 Stipendiat der Thiers Stiftung; 1904 Professor in Nantes; 1913 Professor für Statistik und Materialprüfung an der École Nationale Supérieure des Beaux-Arts; 1956 nach dem Tode von É. BOREL Direktor des Institut Henri Poincaré; gest. 1975 in Paris.

Eliakim Hastings MOORE, amerikanischer Mathematiker: geb. 1862 in Marietta, Ohio; 1885 Promotion in Yale; 1885–86 Stipendiat in Göttingen und Berlin; 1892 Professor an der neu gegründeten Universität Chicago; 1896–1931 permanent Chairman des Mathematischen Instituts in Chicago; 1899 Ehrendoktor von Göttingen; gest. 1932 in Chicago. – MOORE ist u.a. bekannt durch die MOORE-SMITH-Folgen und das MOORE-PENROSE-Inverse. Zu seinen Schülern zählen L.E DICKSON, O. VEBLEN und G.D. BIRKHOFF. MOORE war der wohl einflussreichste US-Mathematiker um die Jahrhundertwende; er war z.B. 1894 Mitgründer der American Mathematical Society. MOORE war Mitglied der National Academy of Sciences.

Alexander M. OSTROWSKI, russisch-schweizerischer Mathematiker: geb. 1893 in Kiew; 1912–1918 Studium in Marburg bei HENSEL; 1918–1920 in Göttingen; 1920–1923 Assistent in Hamburg; 1923–1927 Privatdozent in Göttingen; 1927–1958 o. Professor in Basel; gest. 1986 in Montagnola/Lugano. – Nachruf von R. JELTSCH-FRICKER in Elem. Math. 43, 33–38 (1988).

Charles Émile PICARD, französischer Mathematiker: geb. 1856 in Paris; ab 1881 Professor in Paris, 1889 Mitglied und ab 1917 auch Sekretär der Académie des Sciences, ab 1924 Mitglied der Académie francaise; gest. 1941 in Paris. – Bedeutende Arbeiten zur Theorie der Differentialgleichungen und der Funktionentheorie, Vater der Werteverteilungstheorie. In seiner Grußadresse anlässlich des Internationalen Mathematikerkongresses 1920 in Straßburg findet sich das auf LAGRANGE zurückgehende Bonmot: „Les mathématiques sont comme le porc, tout en est bon".

Jules Henri POINCARÉ, französicher Mathematiker: geb. 1854 in Nancy; 1879 Professor in Caen, 1881 Professor an der Sorbonne, gest. 1912 in Paris. – POINCARÉ entdeckte die automorphen Funktionen, er wirkte bahnbrechend in der Himmelsmechanik und in der algebraischen Topologie. Er begründete neben EINSTEIN, LORENTZ und MINKOWSKI die spezielle Relativitätstheorie. POINCARÉ war ein Vetter von Raymond POINCARÉ, dem langjährigen und mehrfachen Ministerpräsidenten Frankreichs.

George PÓLYA, ungarischer Mathematiker: geb. 1887 in Budapest; Studium in Budapest, Wien, Göttingen und Paris, 1912 Promotion in Budapest; 1914 bis 1940 an der ETH Zürich, ab 1928 als o. Professor; 1943–1953 full Professor in Stanford, Calif.; gest. 1985 in Stanford. – PÓLYA bereicherte Analysis und Funktionentheorie durch scharfsinnige und hervorragend aufgeschriebene Arbeiten. Die 1925 erschienenen Bände von PÓLYA und SZEGÖ gehören zu den schönsten Büchern der Funktionentheorie. PÓLYA selbst urteilte 1982 in *On my cooperation with Gabor Szegö*, Coll. Papers of G. Szegö, 1, S. 11: „The book PSz, the resulat of our cooperation, is my best work and also the best work of Gabor Szegö." – Einen Nekrolog findet man im Bull. London Math. Soc. 19, 559–608 (1987).

Tibor RADÓ, ungarisch-amerikanischer Mathematiker: geb. 1895 in Budapest; 1922 Promotion in Szeged bei F. RIESZ; von 1922 bis 1929 Privatdozent in Budapest; 1929 Emigration in die USA, ab 1930 full Professor in Columbus, Ohio; gest. 1965 in Florida.

Frederic RIESZ, ungarischer Mathematiker: geb. 1880 in Györ; Studium in Zürich, Budapest und Göttingen; 1908 Oberschullehrer in Budapest; 1912 Professor in Klausenburg (Cluj); von 1920 bis 1946 Professor in Szeged; ab 1946 in Budapest; gest. 1956 in Budapest.

Marcel RIESZ, ungarisch-schwedischer Mathematiker (Bruder von Frederic): geb. 1886 in Györ; Studium in Budapest, Göttingen und Paris; 1911 Dozent in Stockholm; 1926 o. Prof. in Lund; gest. 1969 in Lund.

Carl David Tolmé RUNGE, deutscher Mathematiker: geb. 30.8.1856 in Bremen; ab 1876 Student in München und Berlin, Freundschaft mit Max PLANCK; 1880 Promotion bei WEIERSTRASS (Differentialgeometrie); 1883 Habilitation mit einer von KRONECKER beeinflußten Arbeit über ein Verfahren zur numerischen Lösung algebraischer Gleichungen; 1884 nach einem Besuch bei MITTAG-LEFFLER in Stockholm Publikation seiner richtungweisenden Arbeit in den *Acta Mathematica*; 1886 o. Professor an der technischen Hochschule Hannover, Beschäftigung mit Spektroskopie; 1904 o. Professor für „angewandte Mathematik" in Göttingen; 1909/10 Gastprofessor an der Columbia Universität New York; gest. 3.1.1927 in Göttingen. – RUNGE war in Deutschland der erste Vertreter der approximativen Mathematik (Numerik), seine vielen Arbeiten (mit KAISER, PASCHEN und VOIGT) zur Spektrophysik haben ihm auch als Physiker hohes Ansehen gebracht.

Friedrich SCHOTTKY, deutscher Mathematiker: geb. 1851 in Breslau, von 1870–1874 Studium in Breslau und Berlin; 1875 Promotion bei WEIERSTRASS; 1882 Professor in Zürich, von 1892 bis 1902 o. Professor in Marburg, von 1902 bis 1922 o. Professor in Berlin, gest. 1935 in Berlin.

Thomas Jan STIELTJES, niederländischer Mathematiker: geb. 1856 in Zwolle; 1877–1883 an der Sternwarte in Leiden; 1883 Professor in Groningen; ab 1886 Professor in Toulouse; gest. 1894 in Toulouse. – Vielseitige Arbeiten zur Analysis, Funktionen- und Zahlentheorie. Er führte 1894 das nach ihm benannte Integral ein.

Gabor SZEGÖ, ungarischer Mathematiker: geb. 1895 in Kunhegyes; in den Jahren 1912/13 Freundschaft mit G. PÓLYA; 1918 Promotion in Wien; 1921

Privatdozent in Berlin (mit S. BERGMANN, S. BOCHNER, E. HOPF, H. HOPF, C. LÖWNER und J. von VON NEUMANN); 1926–1934 o. Professor in Königsberg, 1934 Emigration nach St. Louis, Missouri; 1938–1960 full professor in Stanford, gest. 1985 in Stanford.

Giuseppe VITALI, italienischer Mathematiker: geb. 1875 in Bologna; weitgehend Autodidakt; 1904–1923 Mittelschullehrer; 1923–1932 Professor in Modena, Padua und Bologna; gest. 1932 in Bologna. – VITALI arbeitete vornehmlich in der Theorie der reellen Funktionen und gilt als ein Vorgänger von LEBESGUE.

Joseph Henry MacLagan WEDDERBURN, schottisch-amerikanischer Mathematiker: geb. 1882 in Forfar; 1904 Student in Berlin bei FROBENIUS und SCHUR; 1905–1909 „lecturer" an der Universität Edinburgh; ab 1909 an der Princeton University, wo Woodrow WILSON, der spätere Präsident der Vereinigten Staaten, ihn zum „preceptor" ernannt hatte; 1911–32 Herausgeber der *Annals of Mathematics*; gest. 1948 in Princeton. – WEDDERBURN war Algebraiker: er klassifizierte alle halb-einfachen, endlich-dimensionalen, assoziativen Algebren über *beliebigen* Grundkörpern; er zeigte ferner, dass endliche Körper automatisch kommutativ sind.

Literaturverzeichnis

1. AHLFORS L. *An extension of Schwarz's lemma.* Trans. Amer. Math. Soc., **43**, (1938) 359–364. Coll. Papers 1, 350–364.
2. ALLING N. *Global ideal theory of meromorphic function fields.* Trans. AMS, **256**, (1979) 241–266.
3. ARENS R. *Topologies for homomorphism groups.* Am. Journ. Math., **68**, (1946) 593–610.
4. ARTIN E. *Einführung in die Theorie der Γ-Funktion.* Teubner, 1931.
5. ASKEY R. und GASPER G. *Positive Jacobi polynomial sums II.* Amer. J. Math., **98**, (1976) 709–737.
6. BEHNKE H. und STEIN K. *Entwicklung analytischer Funktionen auf Riemannschen Flächen.* Math. Ann., **120**, (1947/49) 430–461.
7. BEHNKE H. und SOMMER F. *Theorie der analytischen Funktionen einer komplexen Veränderlichen.* Springer, 1962. 2. Auflage.
8. BEHNKE H. und SOMMER F. *Theorie der analytischen Funktionen einer komplexen Veränderlichen.* Springer, 1965.
9. BEHNKE H. und STEIN K. *Analytische Funktionen mehrerer Veränderlichen zu vorgegebenen Null- und Polstellenflächen.* Jber. DMV, **47**, (1937) 177–192.
10. BEHNKE H. und STEIN K. *Elementarfunktionen auf Riemannschen Flächen.* Can. Journ. Math., **2**, (1950) 152–165.
11. BEHNKE H. und THULLEN P. *Theorie der Funktionen mehrerer komplexen Veränderlichen.* Erg. Math. Grenzgeb. 51. Springer, 1970. 2. Auflage mit Anhängen von W. BARTH, O. FORSTER, O. HOLMANN, W. KAUP, H. KERNER, H.-J. REIFFEN, G. SCHEJA und K. SPALLEK.
12. BERNOULLI J. *Ars Conjectandi, Die Werke von Jakob Bernoulli*, 107–286. Birkhäuser, 3 Bände, 1975. Deutsche Übersetzung von R. HAUSSNER, Ostwalds's Klassiker 107 (1895).
13. BERS L. *On rings of analytic functions.* Bull. AMS, **54**, (1948) 311–315.
14. BESSE J. *Sur le domaine d'existence d'une fonction analytique.* Comm. Math. Helv., **10**, (1938) 302–305.
15. BIEBERBACH L. *Über einen Satz des Herrn Carathéodory.* Nachr. Königl. Ges. Wiss. Göttingen, Math.-Phys. Kl., 552–560.
16. BIEBERBACH L. *Über die Koeffizienen derjenigen Potenzreihen, welche eine schlichte Abbildung des Einheitskreises vermitteln.* S.-B. Preuss. Akad. Wiss. Nachr., **38**, (1916) 940–955.
17. BIEBERBACH L. *Neuere Untersuchungen über Funktionen von komplexen Variablen*, 379–532. Teubner, Leipzig, 1921. Encykl. Math. Wiss. II, 3.1379–532.
18. BIEBERBACH L. *Lehrbuch der Funktionentheorie.* Teubner, Leipzig, 1934, 4. Auflage. Band 1.

19. BIEBERBACH L. *Analytische Fortsetzung.* Springer, 1965. Erg. Math. Grenzgeb. 3.

20. BIEBERBACH L. *Theorie der gewöhnlichen Differentialgleichungen.* Grdl. Math. Wiss. 66, 2. Auflage. Springer, 1965.

21. BINET M. *Mémoire sur les intégrales définies Eulériennes.* Journ. l'École Roy. Polyt., **16**, (1839) 123–343.

22. BLASCHKE W. *Eine Erweiterung des Satzes von Vitali über Folgen analytischer Funktionen.* Ber. Verh. Königl. Sächs. Ges. Wiss., Leipzig, 194–200, **67**. Ges. Werke 6, 187-193.

23. BLOCH A. *Les théorèmes de M. Valiron sur les fonctions entières et la théorie de l'uniformisation.* C.R. Acad. Sci. Paris, **178**, (1924) 2051–2052.

24. BLOCH A. *Les théorèmes de M. Valiron sur les fonctions entières et la théorie de l'uniformisation.* Ann. Sci. Univ. Toulouse, **17**, (1925) 1–22.

25. BOERNER H. *Über die Häufigkeit der nicht analytisch fortsetzbaren Potenzreihen.* 165–174. 1938.

26. BOHR H. und MOLLERUP J. *Laerebog i matematisk Analyse.* Band 3. Kopenhagen: Springer, 1922.

27. BONK M. *On Bloch's constant.* Proc. AMS, **110**(2), (1990) 889–894.

28. BOREL E. *Démonstration élémentaire d'un théorème de M. Picard sur les fonctions entières.* C.R. Acad. Sci. Paris, **122**, (1896) 1045–1048. Œuvres 1, 571–574.

29. BOURBAKI N. *Algèbra commutative.* Paris: Diviseurs, 1965. Chapitre 7.

30. BOURBAKI N. *Topologie Générale.* 1965. Chapitre I et II.

31. BURCKEL R. *An introduction to classical complex analysis.* Birkhäuser, Band I, 1979.

32. BURCKEL R. und SAEKI S. *Additive mappings on rings holomorphic functions.* Proc. AMS, **89**, (1983) 79–85.

33. CARATHÉODORY C. *Ges. Math. Schriften 3.*

34. CARATHÉODORY C. *Untersuchungen über die konformen Abbildungen von festen und veränderlichen Gebieten.* Math. Ann., **72**, (1912) 107–144.

35. CARATHÉODORY C. *Über die gegenseitige Beziehung der Ränder bei der Abbildung des Innern einer Jordanschen Kurve auf einem Kreis.* Math. Ann., **73**, (1913) 305–320.

36. CARATHÉODORY C. *Über die gegenseitige Beziehung der Ränder bei der Abbildung des Innern einer Jordanschen Kurve auf einem Kreis.* Math. Ann., **73**, (1913) 305–320.

37. CARATHÉODORY C. *Conformal representation.* Cambridge University Press, 1952. 2. Aufl.

38. CARATHÉODORY C. und FEJÉR L. *Remarques sur le théorème des M. Jensen.* C.R. Acad. Sci., Paris, **145**, (1907) 163–165. CARATHÉODORYS Ges. Math. Schriften 3, 179–181, FEJÉRS Ges. Arb. 1, 300–302.

39. CARATHÉODORY C. und LANDAU E. *Beiträge zur Konvergenz von Funktionenfolgen.* Sitz. Ber. Königl. Preuss. Akad. Wiss. Phys.-Math. Kl., 26, 587–613. Carathéodorys Ges. Math. Schriften 3, 13–44, Landaus Coll. Works 4, 349–375.

40. CARLEMAN T. *Über die Approximation analytischer Funktionen durch lineare Aggregate von vorgegebenen Potenzen.* Ark. för Mat. Astron Fys., **17**(9).

41. CARLSON F. *Über die Potenzreihen mit ganzzahligen Koeffizienten.* Math. Zeitschr., **9**, (1921) 1–13.

42. CARTAN E. *Sur les domaines bornés homogènes de l'espace de n variables complexes.* Abh. Math. Sem. Hamburg, **11**, (1935) 116–162. Œuvres I, 2, 1259–1306.

43. CARTAN H. *Elementare Theorie der analytischen Funktionen einer oder mehrerer komplexer Veränderlichen.* Mannheim: Hochschultaschenbücher BI, 1966.

44. CARTAN H. *Œuvres 1.* Springer, 1979.

45. CARTAN H. *Œuvres 2.* Springer, 1979.

46. CARTAN H. und THULLEN P. *Zur Theorie der Singularitäten der Funktionen mehrerer komplexen Veränderlichen.* Math. Ann., **106**, (1932) 617–647. CARTANs Œuvres 1, 376-406.

47. CHARZYŃSKI Z. und SCHIFFER M. *A new proof of the Bieberbach conjecture for the fourth coefficient.* Arch. Rational Mech. Anal., **5**, (1960) 187–193.

48. COURANT R. *Über die Anwendung des Dirichletschen Prinzipes auf die Probleme der konformen Abbildung.* Math. Ann., **71**, (1912) 145–183.

49. COUSIN P. *Sur les fonctions de n variables complexes.* Acta Math., **19**, (1895) 1–62.

50. DE BRANGES L. *A proof of the Bieberbach conjecture.* Acta Math., **154**, (1985) 137–152.

51. DICKSON L. *History of the theory of numbers.* New York: Chelsea Publ. Comp., Band 2, 1952.

52. DIEUDONNÉ J. *Sur les fonctions univalentes.* C.R. Acad. Sci., Paris, **192**, (1931) 1148–1150.

53. DINGHAS A. *Vorlesungen über Funktionentheorie.* Springer, 1961. Grundlehren der mathematischen Wissenschaften.

54. DIRICHLET P. *Über eine neue Methode zur Bestimmung vielfacher Integrale,* 61–79. Kopenhagen: Abh. Königl. Preuss. Akad. Wiss., 1839. Werke 1, 393–410.

55. DOMAR Y. *Mittag-Leffler's theorem.* Dept. Math. Uppsala University, (1).

56. DUREN P. *Univalent functions,* Band 259. New York-Berlin-Heidelberg-Tokyo: Springer, 1983. Grundlehren der mathematischen Wissenschaften.

57. EILENBERG S. *Transformation continues en circonférence et la topologie du plan.* Fund. Math., **26**, (1936) 61–112.

58. EISENSTEIN F. *Genaue Untersuchung der unendlichen Doppelproducte, aus welchen die elliptischen Functionen als Quotienten zusammengesetzt sind, und der mit ihnen zusammenhängenden Doppelreihen.* Journ. reine angew., **35**, (1847) 153–274. Math. Werke, 1, 357–478.

59. ENESTRÖM G. *Jacob Bernoulli und die Jacobischen Thetafunktionen.* Bibl. Math., **9**(3), (1908-1909) 206–210.

60. ESTERMANN T. *On Ostrowski's gap theorem.* Journ. London Math. Soc., **7**, (1932) 19–20.

61. ESTERMANN T. *Notes on Landau's proof of Picard's 'Great' Theorem.* In L. Mirsky, Herausgeber, *Studies in Pure Mathematics presented to R. Rado,* 101–106. London, New York: Acad. Press, 1971.

62. EULERI L. *Opera omnia, sub auspiciis societatis scientiarum naturalium.* Helveticae, Series I-IV, **A**.

63. EULERI L. *Introductio in Analysin Infinitorum.* Julius Springer, **A**. In [Eu], I-8; deutsche Übersetzung "Einleitung in die Analysis des Unendlichen" 1885 bei Julius Springer, Nachdruck Springer.

64. EWELL J. *Consequences of Watson's quintuple-product identity.* Fibonacci Quarterly, **20**(3), (1982) 256–262.

65. FABER G. *Über Potenzreihen mit unendlich vielen verschwindenden Koeffizienten.* Sitz.-Ber. Königl. Bayer. Akad. Wiss. Math.-Phys. Kl., **36**, (1906) 581–583.

66. FABRY E. *Sur les points singuliers d'une fonction donnée par son développement en série et l'impossibilité du prolongement analytique dans les cas très généraux.* Ann. Sci. Ec. Norm. Sup., **13**(3), (1896) 367–399.

67. FATOU H. *Sur les équations fonctionelles.* Bull. Soc. Math. France, **48**, (1920) 208–314.

68. FATOU H. *Sur les fonctions holomorphes et bornées à l'intérieur d'un cercle.* Bull. Soc. Math. France, **51**, (1923) 191–202.

69. FATOU P. *Séries trigonométriques et séries de Taylor.* Acta Math., **30**, (1906) 335–400.

70. FEJÉR L. *Über die Weierstrasssche Primfunktion.* Ges. Arb. 2, 849–850.

71. FISCHER W. und LIEB, I. *Funktionentheorie.* Braunschweig: Viehweg und Sohn, 1980.

72. FITZGERALD C. *Quadratic inequalities and coefficient estimates for schlicht functions.* Arch. Rational Mech. Anal., **46**, (1972) 356–368.

73. FITZGERALD C. und POMMERENKE C. *The de Branges Theorem on univalent functions.* Trans. Amer. Math. Soc., **290**, (19785) 683–690.

74. FORSTER O. *Riemannsche Flächen.* Springer, 1977.

75. FREDHOLM L. *Om en speciell klass of singulära linier.* Öfversigt K. Vetenskaps-Akad. Förhandl., **3**, (1890) 131–134.

76. FUSS P. *Correspondance mathémathique et physique des quelques célèbres géomètres du XVIIIième siècle.* St. Pétersbourgh: Nachdruck 1968 durch Johnson Reprint Corp., 1843. 2 Bände.

77. GAIER D. *Konstruktive Methoden der konformen Abbildung*, Band 3 von *Springer tracts in Natural Philosophy.* Springer, 1964.

78. GAIER D. *Vorlesungen über Approximation im Komplexen.* Birkhäuser, 1980.

79. GAIER D. *Approximation im Komplexen.* Jber. DMV, **86**, (1984) 151–159.

80. GARABEDIAN P. und SCHIFFER M. *A proof of the Bieberbach conjecture for the fourth coefficient.* J. Rational Mech. Anal., **4**, (1955) 472–465.

81. GAUSS C. *Disquisitiones generales circa seriam infinitam*

$$1 + \frac{\alpha \cdot \beta}{1 \cdot \gamma}x + \frac{\alpha(\alpha+1)\beta(\beta+1)}{1 \cdot 2 \cdot \gamma(\gamma+1)}xx + \frac{\alpha(\alpha+1)(\alpha+2)\beta(\beta+1)(\beta+2)}{1 \cdot 2 \cdot 3 \cdot \gamma(\gamma+1)(\gamma+2)}x^3 + \quad etc.$$

Werke 3, 123–162.

82. GAUSS C. *Summatio quarumdam serierum singularium*, Band 2, 9–45.

83. GAUSS C. *Brief an Bessel.* Werke 10, 1. Abteilung, 362–365. 1839.

84. GAUTHIER P. *Un plongement du disque unité, Sém. F. NORGUET.* Lect. Notes, **482**, (1975) 333–336.

85. GAUTSCHI W. *Reminiscences of my involvement in de Branges's proof of the Bieberbach conjecture.*, Band 21 von *Math. Surveys Monogr.*, 205–211. Providence, RI, 1986.

86. GERVER J. *The differentiability of the Riemann function at certain rational multiples of π.* Am. Journ. Math., **92**, (1970) 33–35.

87. GERVER J. *More on the differentiability of the Riemann function at certain rational multiples of π.* Am. Journ. Math., **93**, (1971) 33–41.

88. GOLITSCHEK M. *A short proof of Müntz's theorem.* Journ. Approx. Theory, **39**, (1983) 394–395.

89. GOLUSIN G. *Geometrische Funktionentheorie.* Berlin, 1957.
90. GORDON B. *Some identities in combinatorial analysis.* The Quart. Journ. Math., **12**, (1961) 285–290.
91. GOURSAT E. *Sur les fonctions à espaces lacunaires.* Bull. Sci. Math., **11 (2)**, (1887) 109–114.
92. GRAUERT H. *Holomorphe Funktionen mit Werten in komplexen Lieschen Gruppen.* Math. Ann., **133**, (1957) 450–472.
93. GRAUERT H. *Analytische Faserungen über holomorph-vollständigen Räumen.* Math. Ann., **135**, (1958) 263–273.
94. GRAUERT H. und FRITZSCHE K. *Einführung in die Funktionentheorie mehrerer Veränderlicher.* Springer, 1974. Hochschultext.
95. GRAUERT H. und REMMERT R. *Theorie der Steinschen Räume*, Band 227 von *Grdl. math. Wissen.* Springer, 1977.
96. GRAUERT H. und REMMERT R. *Coherent analytic sheaves*, Band 265 von *Grdl. math. Wissen.* Springer, 1984.
97. GRONWALL T.H. *Some remarks on conformal representation.* Ann. of Math., **16**, (1914-1915) 72–76.
98. GRONWALL T.H. *On the expressibility of a uniform function of several complex variables as the quotient of two functions of entire character.* Trans. AMS, **18**, (1917) 50–64.
99. GRUNSKY H. *Koeffizientenbedingungen für schlicht abbildende meromorphe Funktionen.* Math. Z., **45**, (1939) 29–61.
100. GRUNSKY H. *Lectures on Theory of Functions in Multiply Connected Domains.* Studia Math., Skript 4. Göttingen: Vandenhoek und Ruprecht, 1978.
101. GUDERMANN C. *Additamentum ad functionis $\Gamma(a) = \int_0^\infty e^{-x} \cdot x^{a-1} \delta x$ theoriam.* Journal reine angew. Mathematik, **29**, (1845) 209–212.
102. HADAMARD J. *Essai sur l'étude des fonctions données par leur développement de Taylor.* Journ. Math. pur. appl., **8**, (1892) 101–186. Œuvres 1, 7–92.
103. HANKEL H. *Die Eulersche Integrale bei unbeschränkter Variabilität des Argumentes.* Zeitschr. Math. Phys., **9**(1), (1864) 1–21.
104. HARDY G. und WRIGHT E. *An introduction to the theory of numbers*, Band 4. Auflage 1960. Oxford at the Clarendon Press, 1960. deutsche Übersetzung der 3. Auflage durch H. Ruoff, Oldenbourg München 1958.
105. HARTOGS F. *Einige Folgerungen aus der Cauchyschen Integralformel bei Funktionen mehrerer Veränderlichen.* Sitz. Ber. math.-phys. Kl. Königl. Bayr. Akad. Wiss., **36**, (1906) 223–242.
106. HARTOGS F. und ROSENTHAL A. *Über Folgen analytischer Funktionen.* Math. Ann., **100**, (1928) 212–263.
107. HAUSDORFF F. *Zur Verteilung der fortsetzbaren Potenzreihen.* Math. Zeitschr., **4**, (1919) 98–103.
108. HAUSDORFF F. *Zur Verteilung der fortsetzbaren Potenzreihen.* Math. Zeitschr., **4**, (1919) 98–103.
109. HAUSDORFF F. *Zum Hölderschen Satz über $\Gamma(x)$.* Math. Ann., **94**, (1925) 244–247.
110. HEINS M. *A note on a theorem of Radó concerning the $(1, m)$ conformal maps of a multiply-connected plane region into itself.* Bull. AMS, **47**, (1941) 128–130.
111. HEINS M. *On a number of 1-1 directly conformal maps which a multiply-connected plane region of finite connectivity $p(> 2)$ admits onto itself.* Bull. AMS, **52**, (1946) 454–457.

112. HELMER O. *Divisibility properties of integral functions.* Duke Math. Journ., **6**, (1940) 345–356.

113. HENRICI P. *Applied and computational complex analysis.* J. Wiley and Sons, 1986. Vol. 3.

114. HENRIKSEN M. *On the ideal structure of the ring of entire functions.* Pac. Journ. Math., **2**, (1952) 179–184.

115. HERMITE C. *Sur quelques points de la theorie de fonctions (Extrait d'une lettre de M. Hermite a. M. Mittag-Leffler).* Journ. reine angew. Math., **91**, (1881) 54–78. Œuvres 4, 48–75.

116. HERMITE C. und STIELTJES J. *Correspondance d'Hermite et de Stieltjes.* Paris: Gauthier-Villars, 1905. Band 2.

117. HILBERT D. *Über die Entwickelung einer beliebigen analytischen Function einer Variabeln in eine unendliche nach ganzen rationalen Functionen fortschreiten-de Reihe.* Nachr. Königl. Ges. Wiss. Göttingen, Math. Phys. Kl., 63–70. Ges. Abh. 3, 3–9.

118. HILBERT D. *Über das Dirichletsche Prinzip.* Jber. DMV, **8**, (1899) 184–188. Ges. Abh. 3, 10–14.

119. HILBERT D. *Ges. Math. Abh.* Springer, 1970 u. 1962, 3 Auflage.

120. HILLE E. *Analytic function theory.* Ginn and Company, 1959. 2 Bände.

121. HÖLDER O. *Über die Eigenschaften der Gammafunktion keiner algebraischen Differentialgleichung zu genügen.* Math. Ann., **28**, (1887) 1–13.

122. HÖRMANDER L. *An introduction to complex analysis in several variables.* North-Holland Publ. Company, 1973. 2.Auflage.

123. HUBER H. *Über analytische Abbildungen von Ringgebieten in Ringgebiete.* Comp. Math., **9**, (1951) 161–168.

124. HURWITZ A. *Über beständig convergierende Potenzreihen mit rationalen Zah-lencoeffizienten und vorgeschriebenen Nullstellen.* Acta Math., **14**, (1890/91) 211–215. Math. Werke 1, 310–313.

125. HURWITZ A. *Sur l'integral finie d'une fonction entiere.* Acta Math., **20**, (1897) 285–312. Math. Werke 1, 436–459.

126. HURWITZ A. *Über die Entwicklung der allgemeinen Theorie der analytischen Funktionen in neuerer Zeit.* Verh. 1 internat. Mathematiker Kongress Zürich, 91–112. Math. Werke 1, 461–480, Leipzig 1898.

127. HURWITZ A. und PÓLYA G. *Zwei Beweise eines von Herrn Fatou vermuteten Satzes.* Acta Math., **40**, (1917) 179–183. Auch in Hurwitz' Math. Werken 1, 731–734, sowie in Pólya's Coll. Pap. 1, 17–21.

128. ISS'SA H. *On the meromorphic function field of a Stein variety.* Math. Ann., **83**, (1966) 34–46.

129. JACOBI C. *Correspondance mathémathique avec Legendre*, 386–461. Ges. Wer-ke 1.

130. JACOBI C. *Fundamenta nova theoriae functionum ellipticarum*, Band Ges. Werke 1, 49–239.

131. JACOBI C. *Demonstratio formulae* $\int_0^1 w^{a-1}(1-w)^{b-1}dw = \ldots.$ Journ. reine angew. Math., **11**, (1833) 307. Ges. Werke 6, 62–63.

132. JACOBI C. *Über unendliche Reihen, deren Exponenten zugleich in zwei ver-schiedenen quadratischen Formen enthalten sind*, 217–288. 1848. Ges. Werke 2, Journ. reine angew. Math. Vol. 37, 61–94 und 221–254.

133. JACOBI C. und VON FUSS P. *Briefwechsel zwischen C.G.J. Jacobi und P.H. von Fuss über die Herausgabe der Werke Leonhard Eulers.* Leipzig: Teubner, 1908.

134. JENSEN J. *Sur un nouvel et important théorème de la théorie des fonctions.* Acta Math., **22**, (1899/99) 359–364.

135. JENTZSCH R. *Untersuchungen zur Theorie der Folgen analytischer Funktionen.* Acta Math., **41**, (1917) 219–251.

136. JENTZSCH R. *Fortgesetzte Untersuchungen über Abschnitte von P otenzreihen.* Acta Math., **41**, (1918) 235–270.

137. KAUP L. und KAUP B. *Holomorphic functions of several variables, An introduction of the fundamental theory.* de Gruyter, 1983.

138. KELLEHER J. *On isomorphisms of meromorphic function fields.* Can. Journ. Math., **20**, (1968) 1230–1241.

139. KNESER H. *Funktionentheorie.* Vandenhoeck & Ruprecht, 1958.

140. KNOPP K. *Theorie und Anwendung der unendlichen Reihen.* Basel Boston: Julius Springer Verlag, 1921. Letzter Nachdruck 1980.

141. KOEBE P. *Über die Uniformisierung beliebiger analytischer Kurven.* Nachr. Königl. Ges. Wiss. Göttingen, Math. phys. Kl., Dritte Mitteilung,, 337–358. Erste Mitteilung 191–210, zweite Mitteilung 633–669.

142. KOEBE P. *Über die Uniformisierung beliebiger analytischer Kurven I.* Math. Ann., **67**, (1909) 145–2247.

143. KOEBE P. *Über eine neue Methode der konformen Abbildung und Uniformisierung.* Nachr. Königl. Ges. Wiss. Göttingen, Math. Phys. Kl., 844–848.

144. KOEBE P. *Abhandlungen zur Theorie der konformen Abbildung., I, Die Kreisabbildung des allgemeinsten einfach und zweifach zusammenhängenden schlichten Bereichs und die Ränderzuordnung bei konformer Abbildung.* Journ. reine angew. Math., **145**, (1915) 177–223.

145. KOEBE P. *Zum Verzerrungssatze der konformen Abbildung.,.* Math. Z., **6**, (1920) 311–313.

146. KOEPF W. *On nonvanishing univalent functions with real coefficients.* Math. Z., **192**, (1986) 575–579.

147. KOEPF W. *Power series, Bieberbach conjecture and the de Branges and Weinstein functions, Proceedings of ISSAC, L.R. Sendra, ed.* 169–175. New York: ACM, 2003.

148. KOEPF W. und SCHMERSAU D. *On the de Branges theorem.* Complex variables, **31**, (1996) 213–230.

149. KÖNIG H. *Über die Landausche Verschärfung des Schottkyschen Satzes.* Arch. Math., **8**, (1957) 112–114.

150. KRONECKER L. *Zwei Sätze über Gleichungen mit ganzzahligen Coeffizienten.* Journ. reine angew. Math., **53**, (1857) 173–175. Werke 1, 103–108.

151. KRONECKER L. *Theorie der einfachen und der vielfachen Integrale.* Leipzig: Teubner, 1894.

152. KUMMER E. *Beitrag zur Theorie der Funktion* $\Gamma(x) = \int_0^\infty e^{-\nu}\nu^{x-1}\,d\nu$. Journ. reine angew. Math., **35**, (1847) 1–4. Coll. Papers II, 325–328.

153. KURATOWSKI . *Théorèmes sur l'homotopie des fonctions continues de variable complexe et leurs rapports à la théorie des fonctions analytiques.* Fund. Math., **33**, (1945) 316–367.

154. KURATOWSKY C. *Théorèmes su l'homotopie des fonctions continues de variable complexe et leurs rapports à la théorie des fonctions analytiques.* Fund. Math., **33**, (1945) 316–367.

155. LANDAU E. *Über eine Verallgemeinerung des Picardschen Satzes.* Sitz.-Ber. Königl. Preuss. Akad. Wiss. Berlin, 1118–1133. Coll. Works 2, 129–144.

156. LANDAU E. *Darstellung und Begründung einiger neuerer Ergebnisse der Funktionentheorie.* Heidelberg: Springer, 1916. 1. Aufl. 1916, 2. Aufl. 1929, 3. erw. Aufl. gemeinsam mit D. GAIER 1986.

157. LANDAU E. *Über die Blaschkesche Verallgemeinerung des Vitalischen Satzes.* Leipzig, 1918. Coll. Works 7, 138–141.

158. LANDAU E. *Der Picard-Schottkysche Satz und die Blochsche Konstante.* 467–474. 1926. Coll. Works 9, 17–24.

159. LANDAU E. *Über die Blochsche Konstante und zwei verwandte Weltkonstanten.* Math. Zeitschr., **30**, (1929) 608–634. Coll. Works 9, 75–101.

160. LEBEDEV N. und MILIN I. *An inequality.* Vestnik Leningrad Univ., **20**, (1965) 157–158. (Russian).

161. LEGENDRE A. *Exercises de calcul integral.* Paris, 1811, 1817, 1816. 3 Bände.

162. LEGENDRE A. *Traité des fonctions elliptiques et des intègrals Eulèriennes.* Paris, 1825, 1826, 1828. 3 Bände.

163. LICHTENSTEIN L. *Neuere Entwicklungen der Potentialtheorie, Konforme Abbildung,* 177–377. Teubner, 1919. Encykl. Math. Wiss. II 3.1.

164. LINDELÖF E. *Le Calcul des Résidus.* Paris. Nachdruck 1947 bei Chelsea Publ. Comp. New York, insbes. Chapter IV.

165. LINDELÖF E. *Démonstration nouvelle d'un théorème fondamental sur les suites de fonctions monogènes.* Bull. Soc. Math. France, **41**, (1913) 171–178.

166. LINDELÖF E. *Sur la représentation conforme d'une aire simplement connexe sur l'aire d'un cercle.* 1920.

167. LITTLEWOOD J. *On inequalities in the theory of functions.* Proc. London Math. Soc., **23**(2), (1925) 481–519.

168. LÖWNER K. *Untersuchungen über schlichte konforme Abbildungen des Einheitskreises I.* Math. Ann., **89**, (1923) 103–121.

169. LÖWNER K. und RADÓ T. *Bemerkung zu einem Blaschkeschen Konvergenzsatze.* Jber. DMV, **32**, (1923) 198–220.

170. MILIN I. *Estimation of coefficients of univalent functions.* Dokl. Adad. Nauk SSSR, **160**, (1965) 769–771. (Russian) = Soviet Math. Dokl. 6 (1965), 196–198.

171. MILIN I. *Univalent functions and orthogonal systems.* Moskau: Izdat. "Nauka", 1971. (Russian). English Translation: Amer. Math. Soc., Providence, R. I., 1977.

172. MINDA C. *Bloch constants.* Journ. D'Analyse Math., **41**, (1982) 54–84. Coll. Works 9, 75–101.

173. MITTAG-LEFFLER G. *Sur la représentation analytique des fonctions monogènes uniformes d'une variable indépendante.* Acta Math., **4**, (1884) 1–79.

174. MITTAG-LEFFLER G. *Sur une classe de fonctions entières,* 258–264. Teubner, 1905. Verh. 2. Int. Math. Kongr. in Heidelberg 1904.

175. MONTEL P. *Sur les suites infinies de fonctions.* Ann. Sci. Ec. Norm. Sup., **24**, (1907) 233–234.

176. MONTEL P. *Lecons sur les familles normales de fonctions analytiques et leurs applications.* Gauthier-Villars, 1927. Nachdruck 1974 bei der Chelsea Publ. Comp. New York.

177. MOORE E. *Concerning the definition by a system of functional properties of the function* $f(z) = \frac{\sin \pi z}{\pi}$. Ann. Math., **9**, (1894) 43–49.

178. MOORE E. *Concerning transcendentally transcendental functions.* Math. Ann., **48**, (1897) 49–74.

179. MORDELL L. *On power series with the circle of convergence as a line of essential singularities.* Journ. London Math. Soc., **2**, (1927) 146–148.

180. MÜNTZ C. *Über den Approximationssatz von Weierstraß.* Julius Springer, 1914. Math. Abh. A. A. SCHWARZ gewidmet, 303–312.

181. NARASIMHAN R. *Complex analysis in one variable.* Birkhäuser Verlag, 1985.

182. NEHER E. *Jacobi's Tripelproduct Identität und η-Identitäten in der Theorie affiner Lie-Algebren,.* Jber. DMV, **87**, (1985) 164–181.

183. NEVANLINNA R. *Über die konforme Abbildung von Sterngebieten.* Översikt av Finska Vetenskaps-Soc. Förh., **63 (A)**(6), (1920-1921) 1–21.

184. NEWMAN D. *An entire function bounded in every direction.* Amer. Math. Monthly, **83**, (1976) 192–193.

185. NEWMAN F. *On* $\Gamma(a)$ *especially when a is negative,.* Cambridge and Dublin Math. Journ., **3**, (1848) 57–60.

186. NIELSEN N. *Handbuch der Theorie der Gammafunktion.* Leipzig, 1906. Nachdruck 1965 bei Chelsea Publ. Comp. New York.

187. OKA K. *III. Deuxieme problème de Cousin.* Journ. Sci. Hiroshima Univ. Ser. A., **9**, (1939) 1–79. Collected Papers, 24-35, Springer 1984.

188. OKA K. *On some arithmetical notions.* Bull. Soc. Math. France, **78**, (1950) 1–27. Coll.Pap. 80–108, Springer, 1984.

189. OKA K. *II. Domaines d'holomorphie.* Journ. Sci. Hiroshima Univ., **7**, (1984) 115–130. Coll.Pap. 11-23, Springer.

190. ORLANDO L. *Sullo sviluppo della funzione* $(1 - z)e^{z + \frac{1}{2}z^2 + \cdots + \frac{z^{p-1}}{p-1}}$. Giornale matem. Battaglini, **41**, (1903) 377–378.

191. OSGOOD W. *On the existence of the Green's function for the most general simply connected plane region.* Trans. AMS, **1**, (1900) 310–314.

192. OSGOOD W. *Note on the functions defined by infinite series whose terms are analytic functions of a complex variable; with corresponding theorems for definite integrals.* Ann. Math, **2**(3), (1901/1902) 25–34.

193. OSGOOD W. *Lehrbuch der Funktionentheorie.* Teubner, 1977. 1. Band.

194. OSTROWSKI A. *Coll. Math. Pap. 5.*

195. OSTROWSKI A. *Über eine Eigenschaft gewisser Potenzreihen mit unendlich vielen verschwindenden Koeffizienten.* 557–563. 1921. Coll. Math. Papers 5, 13–21.

196. OSTROWSKI A. *Zum Hölderschen Satz über* $\Gamma(x)$. Math. Ann., **94**, (1925) 248–251. Coll. Math. Papers 4, 29–32.

197. OSTROWSKI A. *Mathematische Miszellen XV. Zur komformen Abbildung einfach zusammenhängender Gebiete.* Jber. DMV, **38**, (1929) 168–182. Coll. Math. Papers 6, 15–29.

198. OZAWA M. *An elementary proof of the Bieberbach conjecture for the sixth coefficient.* Kōdai Math. Sem. Rep., **21**, (1969) 129–132.

199. OZAWA M. *On the Bieberbach conjecture for the sixth coefficient.* Kōdai Math. Sem. Rep., **21**, (1969) 97–128.

200. PEDERSON R. *A proof of the Bieberbach conjecture for the sixth coefficient.* Arch. Rational. Mech. Anal., **31**, (1968) 331–351.

201. PEDERSON R. und SCHIFFER M. *A proof of the Bieberbach conjecture for the fifth coefficient.* Arch. Rational. Mech. Anal., **45**, (1972) 161–193.

202. PETERSEN J. *Quelques remarques sur les fonctions entières.* Acta Math., **23**, (1899) 85–90.

203. PICARD E. *Œuvres 1.*

204. PINCHERLE S. *Sulla funzioni ipergeometriche generalizzate, II,.* Atti. Rend. Reale Accad. Lincei, **4**(4), (1988) 792–799. Opere scelte, I, 231–238.

205. PLANA J. *Note sur une nouvelle expression analytique des nombres Bernoulliens, propre à exprimer en termes finis la formule générale pour la sommation des suites.* Mem. Reale Acad. Sci Torino, **25**, (1820) 403–418.

206. PÓLYA G. *Coll. Papers 1.*

207. PÓLYA G. *Über die Potenzreihen, deren Konvergenzkreis natürliche Grenze ist.* Acta Math., **41**, (1918) 99–118. Coll. Pap. 1, 64–83.

208. PÓLYA G. *Sur les séries entiéres lacunaires non prolongeables.* C.R. Acad. Sci. Paris, **208**, (1939) 709–711. Coll. Pap. 1, 698–700.

209. POINCARÉ, H. *Sur les fonctions des deux variables.* Acta Math., **2**, (1883) 97–113. Œuvres 4, 147–161.

210. POINCARÉ, H. *Über beständig convergierende Potenzreihen mit rationalen Zahlencoeffizienten und vorgeschriebenen Nullstellen.* Acta Math., **14**, (1890/91) 211–215. Math. Werke 1, 310–313.

211. POINCARÉ, H. *L'Œuvre mathématique de Weierstrass.* Acta Math., **22**, (1898) 1–18. Nicht in Poincarés Werken.

212. POINCARÉ H. *Sur les groupes des équations linéaires.* Acta Math., **4**, (1884) 201–311. Œuvres 2, 300–401.

213. PÓLYA G. und SZEGÖ G. *Aufgaben und Lehrsätze aus der Analysis, Band 2.* Springer, 1925. Zweite unverändet. Aufl. 1954.

214. POMMERENKE C. *Univalent functions.* Vandenhoeck und Ruprecht, 1975.

215. POMMERENKE C. *Boundary Behaviour of conformal maps.* Springer, 1991.

216. PORTER M. *Concerning series of analytic functions.* Ann. Math, **2**(6), (1904/1905) 190–192.

217. PORTER M. *On the polynomial convergents of a power series.* Ann. Math, **8**, (1906) 189–192.

218. PRINGSHEIM A. *Über die Convergenz unendlicher Produkte.* Math. Ann., **33**, (1889) 119–154.

219. PRINGSHEIM A. *Über die Weierstraßsche Produktdarstellung ganzer transzendenter Funktionen und über bedingt konvergente unendliche Produkte.* 387–400. 1915.

220. PRINGSHEIM A. *Über eine charakteristische Eigenschaft sogenannter Treppenpolygone und deren Anwendung auf einen Fundamentalsatz der Funktionentheorie.* Sitz. Ber. Math.-Phys. Kl. Königl. Bayer. Akad. Wiss., 27–57.

221. PRINGSHEIM A. *Vorlesungen über Funktionenlehre. Zweite Abteilung: Eindeutige analytische Funktionen.* 1932.

222. PRYM F.E. *Zur Theorie der Gammafunction.* Journal reine angew. Mathematik, **82**, (1876) 165–172.

223. RADÓ T. *Über die Fundamentalabbildung schlichter Gebiete.* Acta Sci.Math. Szeged, **1**, (1922/23) 240–251. Siehe auch Fejérs Ges. Arb. 2, 841–842.

224. RADÒ T. *Zur Theorie der mehrdeutigen konformen Abbildungen.* Acta Litt. Sci. Szeged, **1**, (1922/23) 55–64.

225. RANGE R. *Holomorphic Functions and Integral Representations in Several Complex Variables.* Springer, 1986.

226. RIEMANN B. *Grundlagen für eine allgemeine Theorie der Functionen einer veränderlichen complexen Größe.*

227. RIESZ M. *Coll. Papers.* Springer, 1980.

228. RITT J. *Representation of analytic functions as infinite products.* Math. Zeitschrift, **32**, (1930) 1–3.

229. ROBERTSON M. *On the theory of univalent functions.* Ann. of Math., **37**, (1936) 374–408.

230. ROGERS L. *A simple proof of Müntz's theorem.* Math. Proc. Cambridge Phil. Soc., **90**, (1981) 1–3.

231. ROGINSKI W. *Über positive harmonische Entwicklungen und typisch-reelle Potenzreihen.* Math. Z., **35**, (1932) 93–121.

232. ROGOSINSKI W. *Über positive harmonische Entwicklungen und typisch-reelle Potenzreihen.* Math. Zeitschr., **35**, (1932) 93–121.

233. RUBEL L. *How to use Runge's theorem.* L'Einseign. Math., **22(2)**, (1976) 185–190. Errata ibid. (2)23, 149, (1977).

234. RUBEL L. *Linear compositions of two entire functions.* Amer. Math. Monthly, **85**, (1978) 505–506.

235. RÜCKERT W. *Zum Eliminationsproblem der Potenzreihenideale.* Math. Ann., **107**, (1933) 259–281.

236. RUDIN W. *Real and complex analysis.* New York: McGraw-Hill Book Comp., 1927. 3. Aufl.

237. RUNGE C. *Zur Theorie der analytischen Funktionen.* Acta Math., **6**, (1885) 245–248.

238. RUNGE C. *Zur Theorie der eindeutigen analytischen Funktionen.* Acta Math., **6**, (1885) 229–244.

239. SAKS S. und ZYGMUND A. *Analytic Functions.* Warschau, 1965. 2. Aufl.

240. SAKS S. und ZYGMUND A. *Analytic functions.* New York: American Elsevier Publ. Comp., 1971. 3. Auflage.

241. SANSONE G. und GERRETSEN J. *Lectures on the theory of functions of a complex variable,* Band I. P. Noordhoff-Groningen, 1960.

242. SCHÄFKE F.W. und FINSTERER A. *On Lindelöf's error bound for Stirling's series.* Journal reine angew. Mathematik, **404**, (1990) 135–139.

243. SCHÄFKE F.W. und SATTLER A. *Restgliedabschätzungen für die Stirlingsche Reihe.* Note Mat. X Suppl. n. 2, 453–470.

244. SCHARLAU W., Herausgeber. R. LIPSCHITZ, *Briefwechsel mit* CANTOR, DEDEKIND, HELMHOLTZ, KRONECKER, WEIERSTRASS *und anderen.* Dok. Gesch. Math. 2. DMV, Viehweg und Sohn, 1986.

245. SCHIFFER M. *A method of variation within the family of simple functions.* Proc. London Math. Soc., **44**, (1938) 432–449.

246. SCHILLING O. *Ideal theory on open Riemann surfaces.* Bull. AMS, **52**, (1946) 945–963.

247. SCHLÖMILCH O. *Einiges über die Eulerischen Integrale der zweiten Art.* Arch. Math. Phys., **4**, (1843) 167–174.

248. SCHOTTKY F. *Über den Picardschen Satz und die Borel'schen Ungleichungen.* Sitz.-Ber. Königl. Preuss. Akad. Wiss. Berlin, 1244–1262.

249. SCHWARZ H. *Über diejenigen Fälle, in welchen die Gaussische hypergeometrische Reihe eine algebraische Function ihres vierten Elementes darstellt.* Journ. reine angew. Math., **75**, (1873) 292–335. Ges. Math. Abh. 2, 211–259.

250. SCHWARZ H. *Gesammelte Mathematische Abhandlungen.* Springer, 1890.

251. SERRE J. *Quelques problèmes globaux relatifs aux variétés des Stein*. Coll. Funct. Plus. Var. Bruxelles, 57–68. Œuvres 1, 259–270.

252. SMITH A. *The differentiability of Riemann's functions*. Proc. Am. Math. Soc., **34**, (1972) 463–468.

253. STEIN K. *Analytische Funktionen mehrerer komplexer Veränderlichen zu vorgegebenen Periodiziätsmoduln und das zweite Cousinsche Problem*. Math. Ann., **123**, (1951) 201–222.

254. STEINHAUS H. *Über die Wahrscheinlichkeit dafür, daß der Konvergenzkreis einer Potenzreihe ihre natürliche Grenze ist*. Math. Zeitschr., **31**, (1930) 408–416.

255. STIELTJES T. *Sur le développmement de log $\Gamma(a)$*, Band 5. 1889. Œuvres 2, Noordhoff 1918, 211-230, 2. Aufl. Springer 1993, 215–234.

256. STIELTJES T. *Recherches sur les fractions continues*. Ann. Fac. Sci. Toulouse, **8**, (1894) 1–22.

257. ŠURA-BURA M. *Zur Theorie der bikompakten Räume*. Rec. Math. Moscou [Math. Sobornik], **9 (2)**, (1941) 385–388. Russisch mit deutscher Zusammenfassung.

258. SZEGÖ A. *Tschebyscheffsche Polynome und nichtfortsetzbare Potenzreihen*. Math. Ann., **87**, (1922) 90–111. Coll. Pap. 1, 563–585.

259. TEST G. *Sopra le serie de functioni analitiche*. Rend. Ist. Lombardo, **36**, (1903) 772–774. An. Mat. pur. appl. 3, Ser. 10, 65–82 (1904).

260. TITCHMARSH E.C. *The theory of the Riemann Zeta-function*. Oxford University Press.

261. TODOROV P. *A simple proof of the Bieberbach conjecture*. Acad. R. Belg., **12**(3), (1992) 335–356.

262. ULLRICH, P. *Weierstraß Vorlesung zur "Einleitung in die Theorie der analytischen Funktionen"*. Arch. Hist. Ex. Sci., **40**, (1989) 143–172.

263. VALIRON G. *Théorie des fonctions*, Band 2. Auflage. Paris: Masson et Cie, 1948.

264. VITALI G. *Sopra le serie de functioni analitiche*. Rend. Ist. Lombardo, **36**, (1903) 772–774. An. Mat. pur. appl. 3, Ser. 10, 65–82 (1904).

265. WALTER W. *Analysis I, Grundwissen 3*. Springer, 1985. 2. Auflage 1990.

266. WATSON G. *Theorems stated by Ramanujan (VII): Theorems on continued fractions*. Journ. London Math. Soc., **4**, (1929) 39–48.

267. WEDDERBURN J. *On matrices whose coefficients are functions of a single variable*. Trans. AMS, **16**, (1915) 328–332.

268. WEIERSTRASS K. *Definitionen analytischer Functionen einer Veränderlichen vermittelst algebraischer Differentialgleichungen*. Math.Werke, **1**, 75–84.

269. WEIERSTRASS K. *Math. Werke 2*.

270. WEIERSTRASS K. *Über continuirliche Functionen eines reellen Arguments, die für keinen Werth des letzteren einen bestimmten Differentialquotienten besitzen*. Math.Werke, **2**, 71–74.

271. WEIERSTRASS K. *Über das sogenannte Dirichletsche Princip, Math. Werke 2*, 49–54.

272. WEIERSTRASS K. *Vorlesungen über die Theorie der elliptischen Funktionen*. Math.Werke, 49–54. Bearbeitet von J.KNOBLAUCH.

273. WEIERSTRASS K. *Zur Functionenlehre*. Math.Werke, **2**, 201–223.

274. WEIERSTRASS K. *Zur Theorie der eindeutigen analytischen Functionen*. Math.Werke, 77–124, **2**.

275. WEIERSTRASS K. *Über die Theorie der analytischen Facultäten.* Journ. reine angew. Mathematik, **51**, (1856) 1–60. Math. Werke, 1, 153–221.

276. WEIERSTRASS K. *Über die analytische Darstellbarkeit sogenannten willkürlicher Functionen reeller Argumente.* Sitz. Ber. Königl. Akad. Wiss., Berlin. Math. Werke 3, 1–37.

277. WEIL A. *Number Theory: an approach through history, from* HAMMURAPI *to* LEGENDRE. Birkhäuser, 1984.

278. WEINSTEIN L. *The Bieberbach conjecture.* Internat. Math. Res. Notices, **5**, (1991) 61–64.

279. WHITTAKER E. und WATSON G. *A course of modern analysis.* Cambridge Univ. Press, **4**. Insbes. Chapter XII.

280. ZAHLEN. *Grundwissen Mathematik 1*, Band 2. Basel Boston: Springer Verlag, 1983. 1988.

281. ZELLER C. *Zu Eulers Recursionsformel für die Divisiorensummen.*

Symbolverzeichnis

Namensverzeichnis

Sachverzeichnis